高等职业教育“互联网+”新形态一体化教材

机械制图与计算机绘图

第 2 版

主　编　赵金凤　郭　君　王霄琳
副主编　吴瑞莉　芦萤萤　张琳吝
参　编　武霄鹏　陈雪云　郭俊莉
　　　　高占华　杨光芒

机 械 工 业 出 版 社

本书根据高等职业院校的机械制图教学大纲，参照制图员国家职业标准对制图基础理论的要求在第1版基础上修订而成。本书在编写模式、编写内容及配套资源等方面都进行了相应的改革与创新，更贴近教师和学生的需求。本书介绍了国家标准规定的机械制图的相关内容，主要内容包括制图的基本知识与基本技能、投影基础、基本几何体及其表面交线、组合体、轴测图、机械图样的表达方法、标准件与常用件、零件图、装配图和计算机绘图。与本书配套使用的辅助教材为《机械制图与计算机绘图习题集　第2版》。

本书可作为高等职业院校及成人高等院校机械类各专业的教材，也可作为1+X职业技能等级证书培训教材。

为便于教学，本书配套有PPT课件、电子教案、习题及答案、操作视频（二维码形式）等教学资源，选择本书作为授课教材的教师可登录机械工业出版社教育服务网（http://www.cmpedu.com）注册后免费下载。

图书在版编目（CIP）数据

机械制图与计算机绘图/赵金凤，郭君，王霄琳主编. —2版. —北京：机械工业出版社，2024.6（2025.9重印）
高等职业教育“互联网+”新形态一体化教材
ISBN 978-7-111-75877-8

Ⅰ.①机… Ⅱ.①赵… ②郭… ③王… Ⅲ.①机械制图-高等职业教育-教材②自动绘图-高等职业教育-教材 Ⅳ.①TH126

中国国家版本馆CIP数据核字（2024）第104200号

机械工业出版社（北京市百万庄大街22号　邮政编码100037）
策划编辑：赵红梅　　责任编辑：赵红梅　章承林
责任校对：潘　蕊　李　婷　　封面设计：张　静
责任印制：单爱军
保定市中画美凯印刷有限公司印刷
2025年9月第2版第3次印刷
210mm×285mm · 18印张 · 534千字
标准书号：ISBN 978-7-111-75877-8
定价：57.00元

电话服务　　网络服务
客服电话：010-88361066　　机　工　官　网：www.cmpbook.com
010-88379833　　机　工　官　博：weibo.com/cmp1952
010-68326294　　金　书　网：www.golden-book.com

机工教育服务网：www.cmpedu.com

前　言

随着科技的进步和制造业的发展，越来越多的新技术应运而生。同时，行业的发展需要大量的人才支撑。党的二十大报告指出：科技是第一生产力、人才是第一资源、创新是第一动力。报告中明确地把“大国工匠”和“高技能人才”作为人才强国战略的重要组成部分，这对未来从业人员的职业素养、知识素养和技能素养等有了更高的要求。

中共中央办公厅、国务院办公厅印发的《关于深化现代职业教育体系建设改革的意见》是党的二十大后，党中央、国务院部署教育改革工作的首个指导性文件。文件指出，优先在现代制造业、现代服务业、现代农业等专业领域，打造一批高质量、符合现代职业教育发展的优质教材。为此，我们做了多方面的调研，邀请相关职教专家进行指导，对本书在第 1 版的基础上进行了修订。

本次修订依据高职高专《机械制图教学基本要求》，参考 1+X 职业技能等级证书考核对制图基础理论的要求，以企业典型任务为教学载体，以注重实践、强化应用为指导思想，采用任务驱动编写模式，按照学生认知规律和能力进阶规律有机组合，内容通俗易懂，体系连贯完整，难度循序渐进。与本书配套的《机械制图与计算机绘图习题集　第 2 版》同时出版，通过系统化的引导，指导学生在完整的工作过程中进行理论实践一体化的学习。

本次修订力求体现以下特点：

1. 以素质为导向，做到立德树人

以党的二十大精神为指导，将素质教育元素有效地融入书中，注重培养学生深厚的爱国主义情怀、爱岗敬业的工匠精神、乐于奉献的服务意识、信息处理能力以及问题解决能力等，最终帮助学生树立正确的世界观、人生观、价值观。

2. 以学生为主体，突出理实结合

根据高职学生的培养目标及认知特点，以实践—理论—再实践的认知规律，突出“做中学，学中做”的教育理念。将理论知识和实践操作有效整合，每个任务的安排，除了基础知识外，还把绘图实践操作有效地整合在一起，让学生“先会后绘”，真正实现理论和实践的双丰收。同时，任务突出层次性，制定任务时，既使任务相互独立，又有一定的梯度，编排顺序从基础到一般、从简单到复杂，层次分明。

3. 以岗位为引领，强化职业能力

结合高等职业教育特点和学生实际，根据企业发展需要和完成职业岗位实际工作任务所需要的素质、知识、能力要求来选取本书内容。在进行充分调研的基础上，与企业共同合作开发完成，内容突出实际生产应用。本书编写充分体现了校企共同开发的原则，编写团队不但包含专职教师，还有熟悉生产一线的技术专家，成员分工明确。

全书共10个模块，由德州职业技术学院赵金凤、郭君、王霄琳任主编。具体分工如下：德州职业技术学院郭君编写模块一、模块二，赵金凤编写模块三、模块四，王霄琳编写模块五、模块六，吴瑞莉编写模块七，芦萤萤编写模块八，张琳斉编写模块九，武霄鹏、陈雪云编写模块十，郭俊莉编写前言，东营职业学院高占华编写附录。山东格瑞德集团有限公司的高级工程师杨光芒提供企业案例，并对书中的案例进行了审核。

在编写本书的过程中，编者参考了国内外出版物中的相关资料以及网络资源，同时，在编写过程中得到了许多同志的帮助，在此一并表示衷心的感谢！

由于编者水平有限，书中不妥之处在所难免，恳请读者批评指正。

编　者

二维码索引

页码	名称	图形	页码	名称	图形	页码	名称	图形
14	1-1　六等分圆周和作正六边形		29	2-2　三视图的形成		40	3-2　正六棱柱	
14	1-2　五等分圆周和作正五边形		30	2-3　部件 1		41	3-3　正三棱锥	
15	1-3　任意等分圆周作正 n 边形		30	2-4　部件 2		43	3-4　玩具粮仓模型	
19	1-4　作圆弧（R）与两直线相切		30	2-5　部件 3		44	3-5　圆柱	
19	1-5　作圆弧（R）与已知直线和圆弧相切		31	2-6　点的三面投影		45	3-6　圆锥	
19	1-6　作圆弧（R）与已知圆弧相外切		36	2-7　直线的投影		46	3-7　圆球	
19	1-7　作圆弧（R）与已知圆弧相内切		38	2-8　$\triangle ABC$ 的投影		48	3-8　钢轨斜接头	
26	2-1　三棒孔明锁及部件立体图		39	3-1　玩具小屋模型		50	3-9　顶尖头部	

（续）

（续）

页码	名称	图形	页码	名称	图形	页码	名称	图形
158	8-7　轴		212	10-4　用 AutoCAD 绘制平面图形		234	10-13　用 AutoCAD 绘制支座轴测图—2 绘制立板	
171	8-8　泵体零件图		222	10-5　用 AutoCAD 绘制支座三视图—1 设置标注样式		236	10-14　用 AutoCAD 绘制机件的局部剖视图—1 绘制主视图	
174	8-9　端盖		223	10-6　用 AutoCAD 绘制支座三视图—2 绘制圆柱筒		238	10-15　用 AutoCAD 绘制机件的局部剖视图—2 绘制俯视图	
180	9-1　机用虎钳		224	10-7　用 AutoCAD 绘制支座三视图—3 绘制凸台		240	10-16　用 AutoCAD 绘制蜗轮轴零件图—1 绘制图框和标题栏	
187	9-2　钳座零件图		226	10-8　用 AutoCAD 绘制支座三视图—4 绘制底板		241	10-17　用 AutoCAD 绘制蜗轮轴零件图—2 绘制主视图	
189	9-3　滑动轴承		226	10-9　用 AutoCAD 绘制支座三视图—5 绘制耳板		243	10-18　用 AutoCAD 绘制蜗轮轴零件图—3 绘制断面图	
198	10-1　用 AutoCAD 绘制支架平面图—1 设置图层		228	10-10　用 AutoCAD 绘制支座三视图—6 绘制肋板		244	10-19　用 AutoCAD 绘制蜗轮轴零件图—4 标注尺寸	
198	10-2　用 AutoCAD 绘制支架平面图—2 绘制支架平面图		229	10-11　用 AutoCAD 绘制支座三视图—7 标注尺寸		245	10-20　用 AutoCAD 绘制蜗轮轴零件图—5 标注表面粗糙度	
207	10-3　用 AutoCAD 绘制吊钩平面图		232	10-12　用 AutoCAD 绘制支座轴测图—1 绘制底板		246	10-21　用 AutoCAD 绘制蜗轮轴零件图—6 标注几何公差、输入技术要求	

目 录

模块一　制图的基本知识与基本技能

学习目标

素质目标：

1）树立现代学习观，具备信息化学习素养。

2）通过学习制图国家标准，树立规范化意识，养成严格遵守各种标准规定的习惯，培养良好的行为习惯。

3）明确尺寸的作用和重要性，培养学生对生产的责任感。

4）培养耐心细致的工作作风以及严肃认真的工作态度。

知识目标：

1）熟悉国家标准《技术制图》和《机械制图》中有关图纸幅面、比例、字体、图线及尺寸标注的规定。

2）掌握等分线段、等分圆周及作正多边形、斜度与锥度、圆弧连接、椭圆等制图中常见几何作图方法。

能力目标：

1）能够进行线段分析，掌握正确的绘图步骤。

2）能够正确使用绘图工具绘制平面图形，基本做到图形布局合理、线型均匀、字体工整、各项内容基本符合国家标准的要求。

项目一　机械制图标准

国家标准《技术制图》和《机械制图》是工程界重要的技术标准，对机械图样中的各项内容均做了统一的规定，如图纸的幅面和格式、比例、字体图线和尺寸注法等，是绘制和阅读机械图样的准则和依据。

国家标准的注写形式由编号和名称两部分组成，如 GB/T 14689—2008《技术制图　图纸幅面和格式》。其中，“GB”是国家标准的简称“国标”二字的汉语拼音字头，“T”为“推”字汉语拼音字头，GB/T 表示推荐性国家标准，14689 为标准顺序代号，2008 为标准发布年号。

任务一　绘制支承座平面图

【任务描述】

图 1-1 所示为某企业生产的支承座立体图和投影图，试绘制这一平面图形，要求符合制图国家标准中图线及应用的有关规定。

【任务分析】

图 1-1b 所示为支承座的平面图形。它是由各种图线组合而成的，准确地表达出了支承座的外形和内部结构。绘制平面图形时，应了解制图国家标准中对各种图线的规定和要求，熟练掌握各种绘图工具的使用方法，掌握科学的绘图方法及步骤。

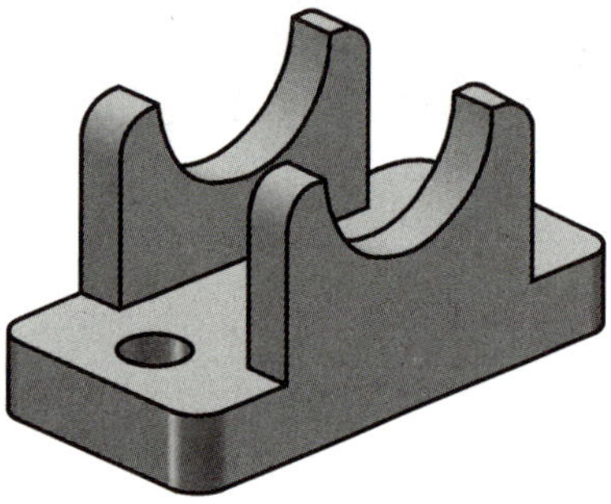

a)

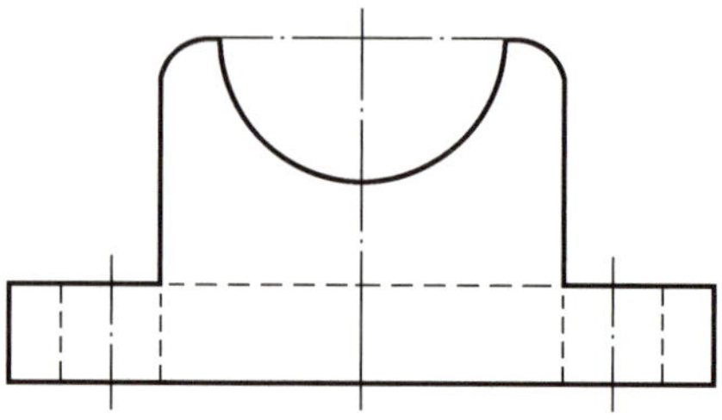

b)

图 1-1 支承座立体图和投影图

【知识链接】

一、常用图线的种类及用途

常用图线的名称、线型、线宽及主要用途见表 1-1，图线应用示例如图 1-2 所示。

表 1-1 常用图线的名称、线型、线宽及主要用途（摘自 GB/T 4457.4—2002）

名称	线型	线宽	主要用途
粗实线	————————	d	可见轮廓线、可见棱边线、相贯线、螺纹牙顶线、螺纹长度终止线、齿顶圆(线)
细实线	————————	$d/2$	过渡线、尺寸线和尺寸界线、指引线和基准线、剖面线、重合断面的轮廓线、螺纹牙底线
细点画线	————·————·————	$d/2$	轴线、对称中心线、分度圆(线)、孔系分布的中心线、剖切线
细虚线	- - - - - - - - - -	$d/2$	不可见棱边线、不可见轮廓线
波浪线	～～～～	$d/2$	断裂处边界线、视图与剖视图的分界线
双折线	—\/——\/—	$d/2$	断裂处边界线、视图与剖视图的分界线
细双点画线	————··————··————	$d/2$	相邻辅助零件的轮廓线、可动零件的极限位置的轮廓线、剖切面前的结构轮廓线
粗点画线	————·————·————	d	限定范围表示线
粗虚线	- - - - - - - - - -	d	允许表面处理的表示线

机械图样中采用粗、细两种图线宽度，线宽的比例关系为 2∶1。图线的宽度 d 应按照图样的类型和大小，在下列宽度中选取：0.13mm、0.18mm、0.25mm、0.35mm、0.5mm、0.7mm、1mm、1.4mm、2mm。为了保证图样清晰，便于复制，图样上尽量避免出现线宽小于 0.18mm 的图线。机械图样中粗线宽度 d 一般优先采用 0.5mm 或 0.7mm。

二、图线的画法规定

1）同一图样中的同类图线的宽度应基本一致。虚线、点画线、双点画线以及双折线的线段长度和间隔应分别大致相等。

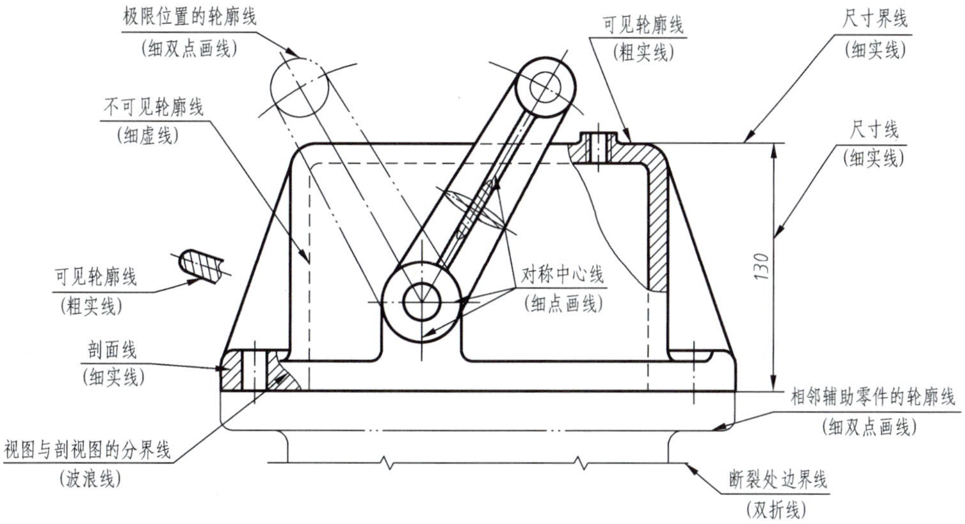

图 1-2　图线应用示例

2）细虚线、细点画线、细双点画线与其他图线相交时都应以画相交，如图 1-3 所示。画圆的中心线时，圆心应是长画的交点，细点画线两端应超出轮廓 3～5mm，如图 1-3 所示；当细点画线较短时（如小圆直径小于 8mm），允许用细实线代替细点画线，如图 1-3 所示。

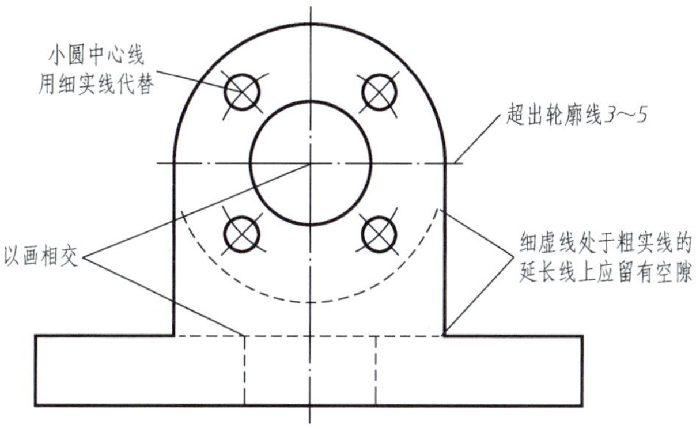

图 1-3　图线的画法规定

3）当细虚线处于粗实线的延长线上时，细虚线与粗实线之间应留有空隙；当细虚线与粗实线垂直相交时，则不留空隙；当细虚线圆弧和粗实线相切时，细虚线圆弧应留有空隙。

4）两条平行线（包括剖面线）之间的距离不小于 0.7mm。

5）线型不同的图线相互重叠时，一般按照粗实线、细虚线、细点画线、细双点画线、细实线的顺序进行绘制，只画出排序在前的图线。

三、绘图工具的使用

1. 图板和丁字尺

图板是用来固定图纸并进行绘图的，其表面应平整光滑，左侧导边应平直、光滑。

丁字尺由尺头和尺身组成。尺身的工作边一侧有刻度，便于画线时度量。使用时，须用左手扶住尺头，并使尺头工作边紧靠左导边，上下滑移到画线位置，然后压住尺身，沿工作边自左向右画水平线，如图 1-4a 所示。禁止直接用丁字尺画铅垂线，也不能用尺身下缘画水平线。

2. 三角板

一副三角板由 45°和 30°（60°）两块直角三角板组成。三角板与丁字尺配合使用可画垂直线，还可画出与水平线成 30°、45°、60°以及 15°的任意倍数的倾斜线，如图 1-5b 所示。

两块三角板配合使用，可画任意已知直线或平行线。

3. 圆规和分规

圆规是画圆或圆弧的工具。画圆时，应将圆规钢针有台阶端朝下，以避免图纸上的针孔不断扩大，并使台阶面与铅芯尖端平齐，针尖及铅芯与纸面垂直，如图 1-5a 所示。为了增加圆规的使用功能，圆规一般配有铅笔插腿（画铅笔线圆用）、鸭嘴插腿（画墨线圆用）、钢针插腿（代替分规用）三种插腿

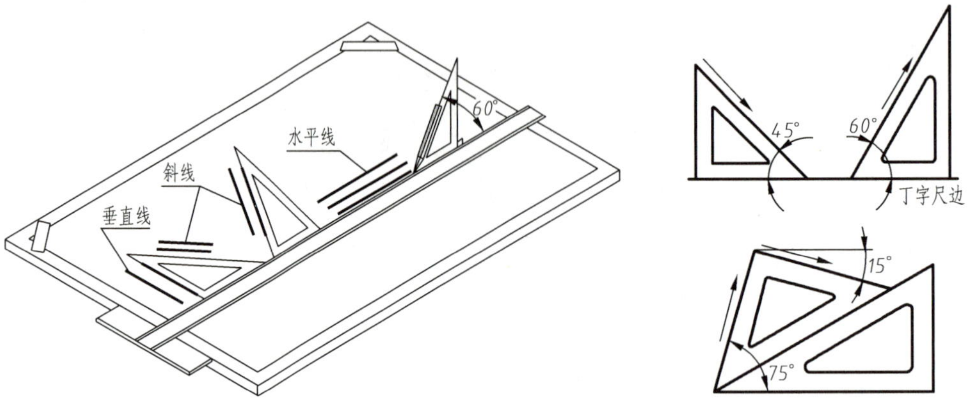

a)　　　b)

图 1-4　图板、丁字尺和三角板的用法

和一支延长杆（画大圆用），如图 1-5b 所示。

分规是用来截取线段和等分直线或圆周，以及量取尺寸的工具，分规的两个针尖并拢时应对齐，如图 1-6 所示。

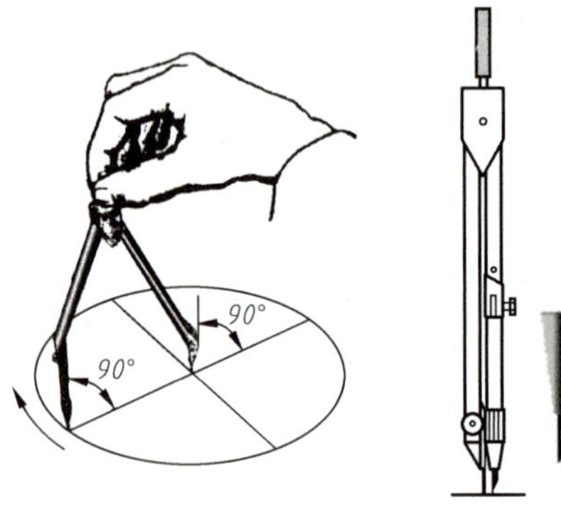

a)　　　b)

图 1-5　圆规的用法

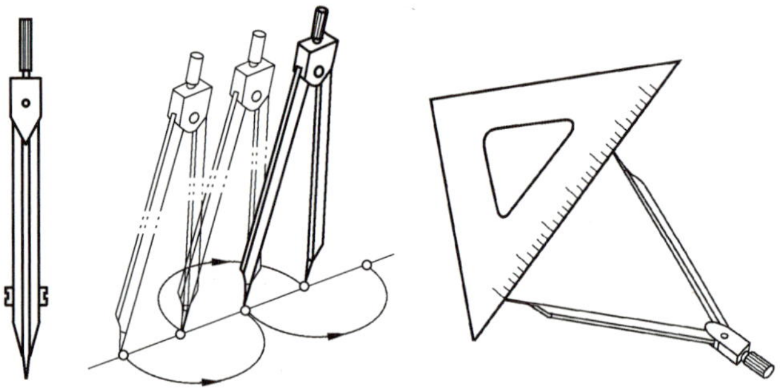

图 1-6　分规的用法

4. 铅笔

绘图铅笔的铅芯有软硬之分。“H”表示硬铅芯，“H”前面的数字越大，表示铅芯越硬（淡）；“B”表示软铅芯，“B”前面的数字越大，表示铅芯越软（黑）。“HB”表示铅芯硬度适中。绘图时，一般用 H 或 2H 铅笔画底稿，用 HB 或 B 铅笔加深粗线，用 H 铅笔加深细线、写字和画各种符号。

铅笔从没有标号的一端开始使用，以保留铅芯硬度的标号。铅芯应磨削的长度及形状如图 1-7 所示，注意画粗、细线的笔尖形状的区别。

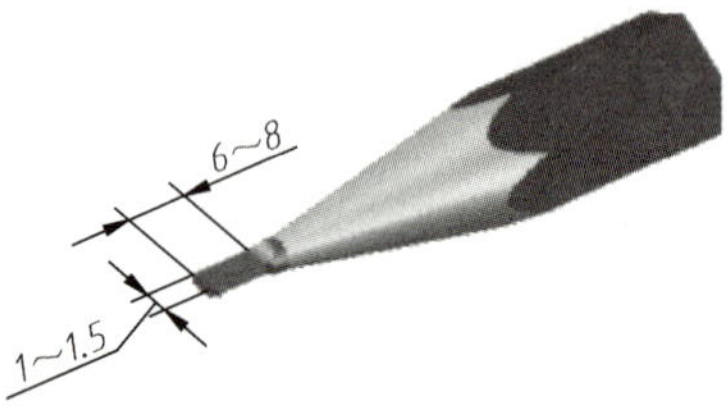

图 1-7　铅笔芯的长度与形状

讨论：如今计算机绘图已经普及，那么，现在还有必要学习手工绘图吗？

常用的手工绘图工具和用品还有比例尺、曲线板、橡皮、胶带纸、擦线纸、小刀、墨线笔、软毛刷、图纸等。

【任务实施】

支承座平面图的作图步骤见表 1-2。

表 1-2　支承座平面图的作图步骤

步骤	1. 在图纸上确定作图的位置（绘制作图的基准线）	2. 绘制可见轮廓线	3. 绘制底座两端的孔轴线
图例	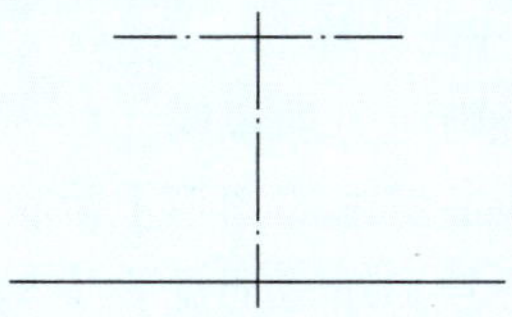	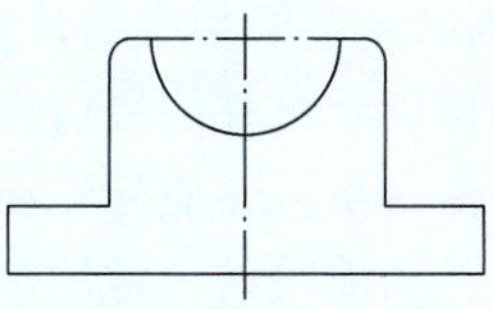	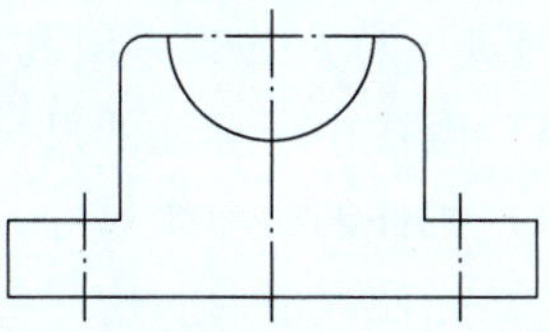
步骤	4. 绘制不可见轮廓线	5. 擦除作图线，按线型描深图线	
图例	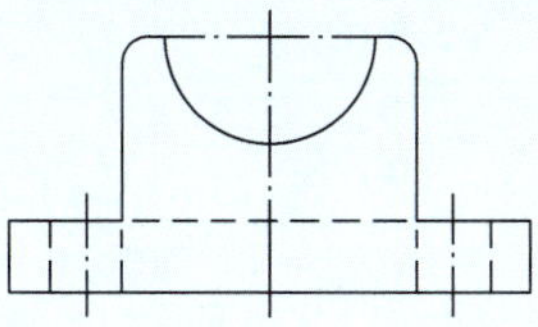	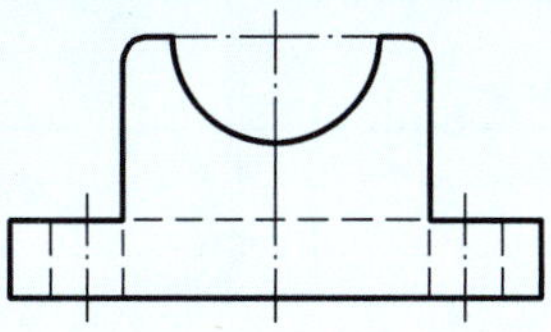	

任务二　标注轴承座平面图形的尺寸

【任务描述】

标注图 1-8 所示某企业生产的轴承座平面图形的尺寸，要求符合制图国家标准中尺寸标注的有关规定。

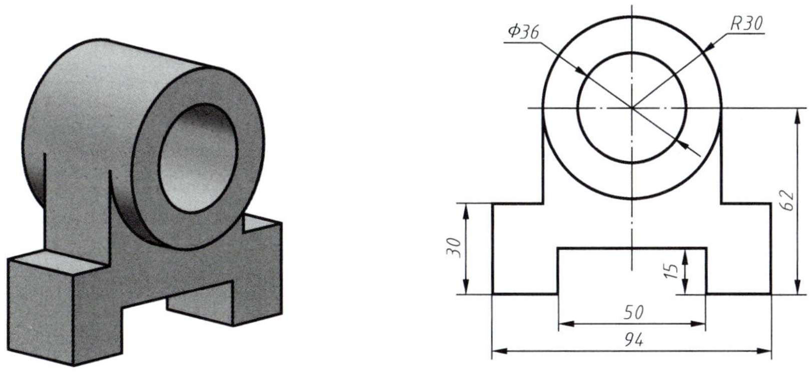

a)　　b)

图 1-8　轴承座立体图和平面图

【任务分析】

在机械图样中，图形只能表达物体的形状结构，而尺寸才能表达物体的大小。尺寸是制造零件的直接依据，不允许出现错误，如果尺寸标注错误将给生产加工带来困难，甚至生产出废品而造成经济损失。因此，国家标准对图样中的字体、尺寸标注都做了统一的规定。在标注尺寸时必须严格遵守国家标准的有关规定，做到正确、完整、清晰和合理。

【知识链接】

一、标注尺寸的基本规则

1）机件的真实大小应以图样上所注的尺寸数值为依据，与图形的大小（即所采用的比例）和绘图的准确度无关。

2）图样中（包括技术要求和其他说明文件中）的尺寸，以 mm 为单位时，不需要标注计量单位的代号或名称。如果采用其他单位，则必须注明相应的计量单位的代号或名称。

3）图样中所标注的尺寸，为该图样所示机件的最后完工尺寸，否则应另加说明。

4）机件的每一个尺寸，一般只标注一次，并应标注在反映该结构最清晰的图形上。

5）标注尺寸时，应尽可能使用符号和缩写词，常用标注尺寸的符号和缩写词见表 1-3。

表 1-3 常用标注尺寸的符号和缩写词（摘自 GB/T 4458.4—2003）

名称	符号和缩写词	名称	符号和缩写词	名称	符号和缩写词
直径	ϕ	厚度	t	沉孔或锪平	⊔
半径	R	正方形	□	埋头孔	∨
球直径	$S\phi$	45°倒角	C	均布	EQS
球半径	SR	深度	↧	弧长	⌒

二、标注尺寸的要素

一个完整的尺寸标注一般由尺寸数字、尺寸线和尺寸界线三部分组成，如图 1-9 所示。

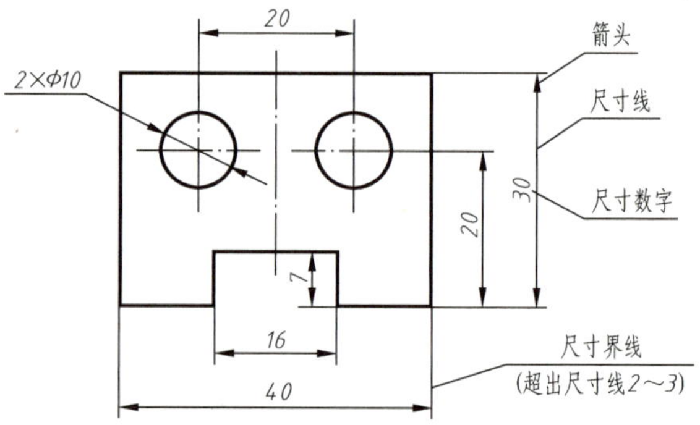

图 1-9 标注尺寸的要素

1. 尺寸界线

尺寸界线用来限定尺寸度量的范围，即表示所标注尺寸的起始和终止位置，用细实线绘制，由图形的轮廓线、轴线或对称中心线等处引出，也可利用轮廓线、轴线或对称中心线作为尺寸界线。

2. 尺寸线

尺寸线用来表示所注尺寸的度量方向，用细实线绘制，不能用其他图线代替，也不得与其他图线重合。绘制尺寸线时，尺寸线必须与所注的线段平行。

尺寸线终端有箭头和斜线两种形式。通常，机械图样的尺寸线终端画箭头，如图 1-10a 所示，图中 d 为粗实线的宽度；土木建筑图的尺寸线终端画斜线，如图 1-10b 所示，图中 h 为尺寸数字的高度。当没有足够位置画箭头时，可用小圆点或斜线代替。同一张图样上直线尺寸应统一采用一种终端符号。

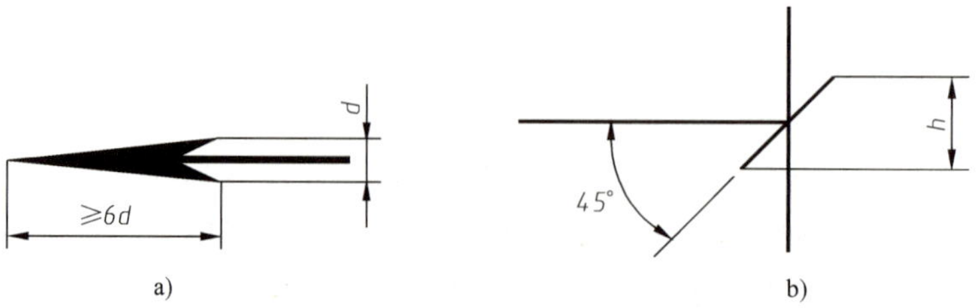

a) b)

图 1-10 尺寸线的终端形式

3. 尺寸数字

尺寸数字表示尺寸度量的大小。线性尺寸数字一般应注写在尺寸线的上方或左方，也允许注写在尺寸线的中断处。注写线性尺寸数字时，如尺寸线为水平方向，尺寸数字规定由左向右书写，字头朝上；尺寸线为竖直方向时，尺寸数字由下向上书写，字头朝左；在倾斜的尺寸线上注写尺寸数字时，必须使字头方向有向上的趋势。角度数字一般都按照字头朝上水平书写。

三、字体

字体的字号规定了八种：20、14、10、7、5、3.5、2.5、1.8。字体的号数即是字体高度，如 10 号字，它的字高为 10mm。具体见表 1-4。

1. 汉字

汉字应写成长仿宋体字，并应采用中华人民共和国国务院正式公布推行的《汉字简化方案》中规定的简化字。汉字的高度 h 不应小于 3.5mm。其字宽一般为 $h/\sqrt{2}$。

2. 字母和数字

字母和数字分斜体和直体两种。斜体字的字体头部向右倾斜 15°。字母和数字各分 A 型和 B 型两种字体。A 型字体的笔画宽度为字高的 1/14，B 型为 1/10。

表 1-4　字体

字体		示例
长仿宋体汉字	10 号	字体工整 笔画清楚 间隔均匀 排列整齐
	7 号	横平竖直 注意起落 结构匀称 填满方格
	5 号	技术制图石油化工机械电子汽车航空船舶土木建筑矿山井坑港口纺织焊接设备工艺
	3.5 号	螺纹齿轮端子接线飞行指导驾驶舱位挖填施工引水通风闸阀坝棉麻化纤
拉丁字母	大写斜体	*ABCDEFGHIJKLMNOPQRSTUVWXYZ*
	小写斜体	*abcdefghijklmnopqrstuvwxyz*
阿拉伯数字	斜体	*0 1 2 3 4 5 6 7 8 9*
	直体	0 1 2 3 4 5 6 7 8 9
罗马数字	斜体	*Ⅰ Ⅱ Ⅲ Ⅳ Ⅴ Ⅵ Ⅶ Ⅷ Ⅸ Ⅹ*
	直体	Ⅰ Ⅱ Ⅲ Ⅳ Ⅴ Ⅵ Ⅶ Ⅷ Ⅸ Ⅹ
字体的应用		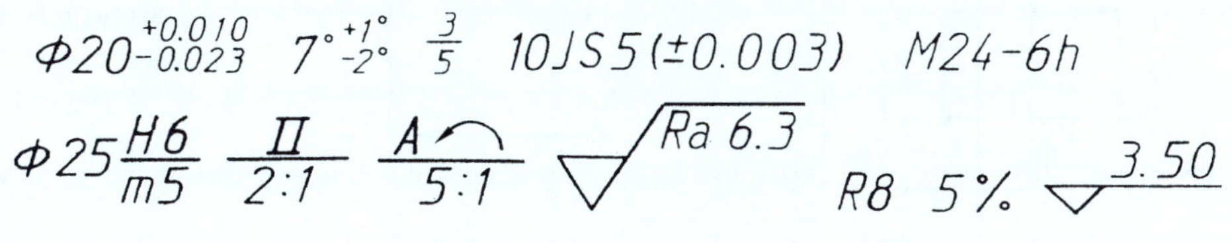

【任务实施】

标注平面图形尺寸的步骤见表 1-5。

表 1-5　标注平面图形尺寸的步骤

步骤	1. 画尺寸界线、尺寸线 1）尺寸界线、尺寸线用细实线绘制 2）尺寸界线由图形的轮廓线、轴线或对称中心线引出，也可利用图形的轮廓线、轴线或对称中心线作为尺寸界线 3）尺寸界线必须超出尺寸线 2~3mm 4）线性尺寸的尺寸线要与标注的线段平行，平行的两尺寸线间距不小于 7mm 5）圆及圆弧的尺寸线要通过圆心	2. 标注尺寸数字 数字采用 3.5 号斜体，水平尺寸数字注写在尺寸线的上方，垂直尺寸数字注写在尺寸线的左方
图例	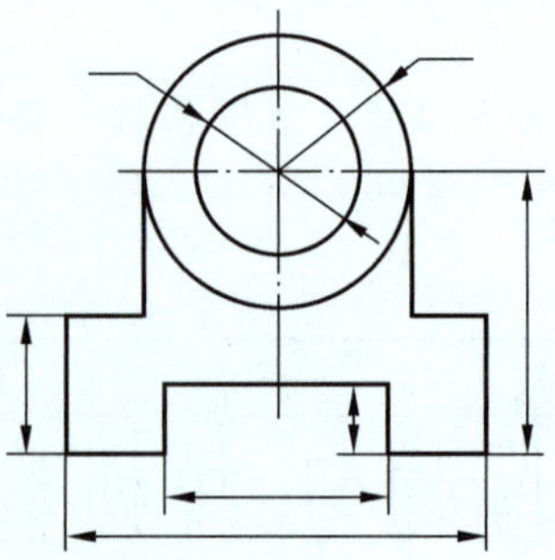	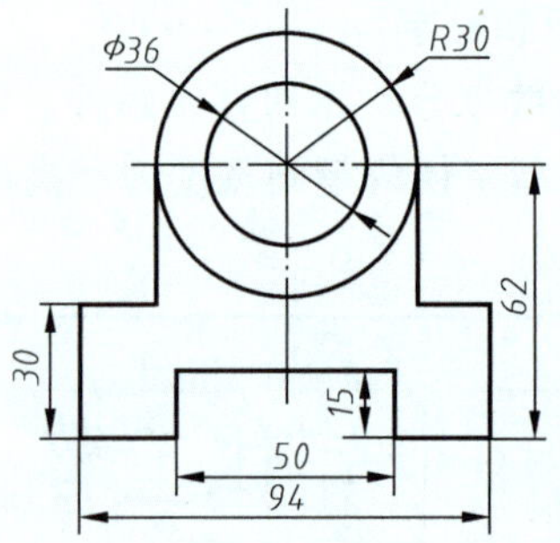

【知识拓展】

常见尺寸注法

国家标准详细规定了尺寸标注的形式，见表 1-6。

表 1-6　尺寸标注的形式

项目	图例	说明
尺寸数字	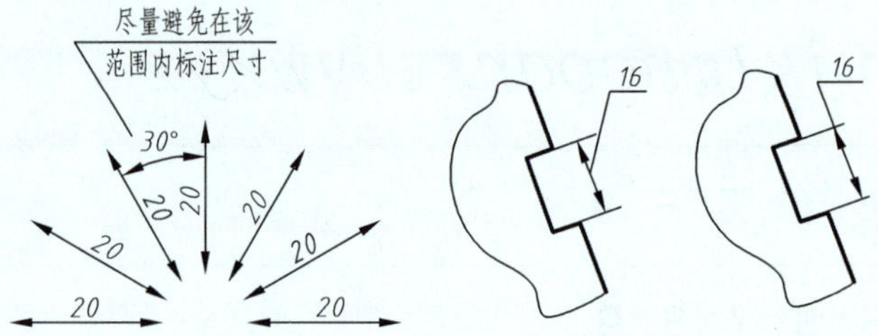 a)　　b)	线性尺寸数字按图 a 所示的方向书写；应尽量避免在图示 30°的范围内标注尺寸，当无法避免时，按图 b 所示的方法标注
	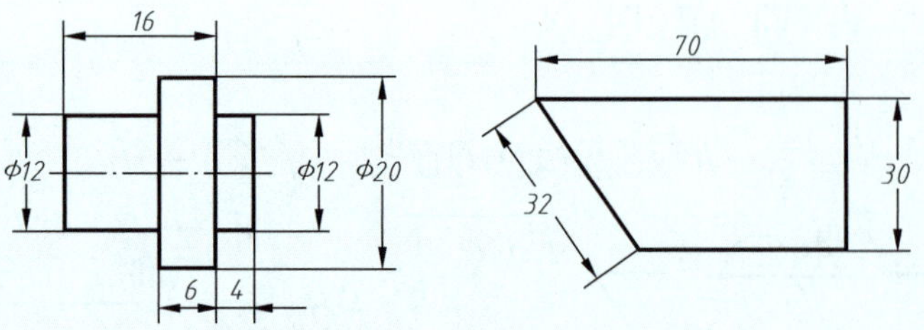	非水平方向的尺寸，其数字允许水平填写在尺寸线的中断处，同一图样中的注法应保持一致

（续）

项目	图例	说明
尺寸数字	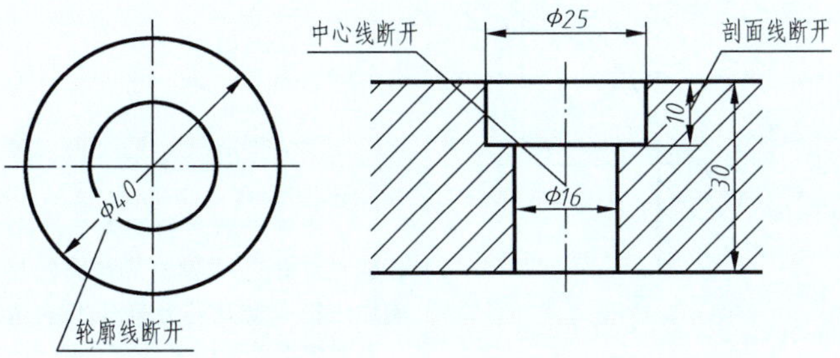	尺寸数字不可以被图样上任何图线所通过，当不可避免时，必须将该图线断开
尺寸线	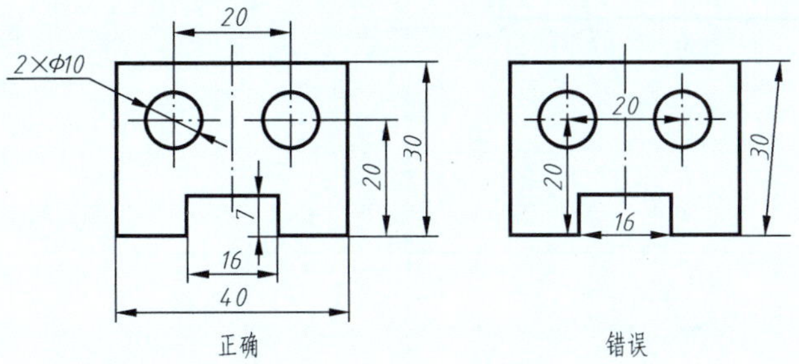	尺寸线不能用其他图线代替，也不得与其他图线重合或画在延长线上 标注线性尺寸时，尺寸线应平行于所标注的线段
	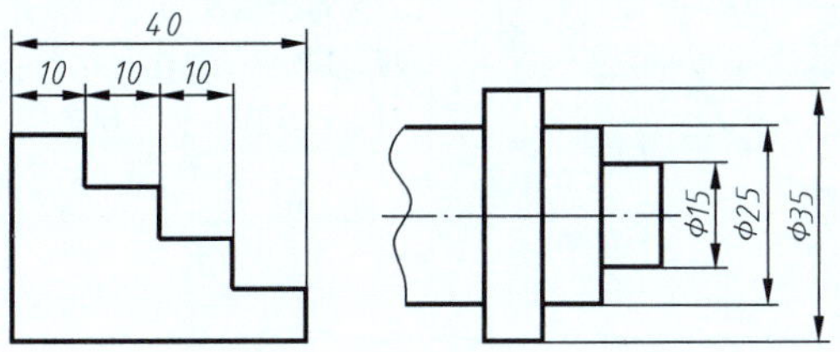	串列尺寸，箭头应对齐 并列尺寸，小尺寸注在内，大尺寸注在外，两尺寸线间距不小于 7mm，且保持间距基本一致
尺寸界线	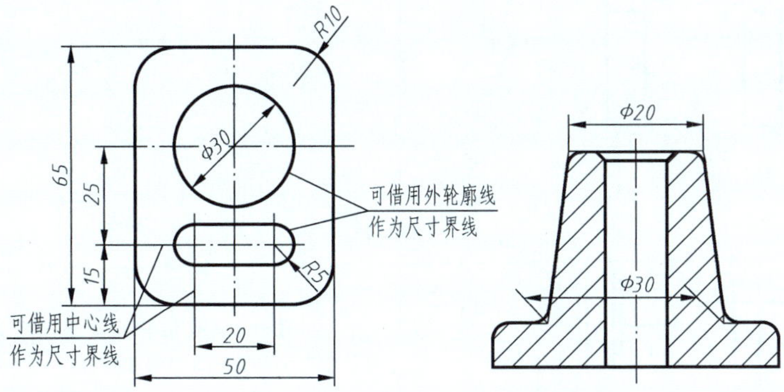	尺寸界线用细实线绘制，由图形的轮廓线、轴线或对称中心线等处引出，也可利用轮廓线、轴线或对称中心线作为尺寸界线 尺寸界线与尺寸线相互垂直（一般情况），外端应超出尺寸线约 2mm，必要时才允许倾斜 在光滑过渡处标注尺寸时，应用细实线将轮廓线延长，从它们的交点处引出尺寸界线
圆	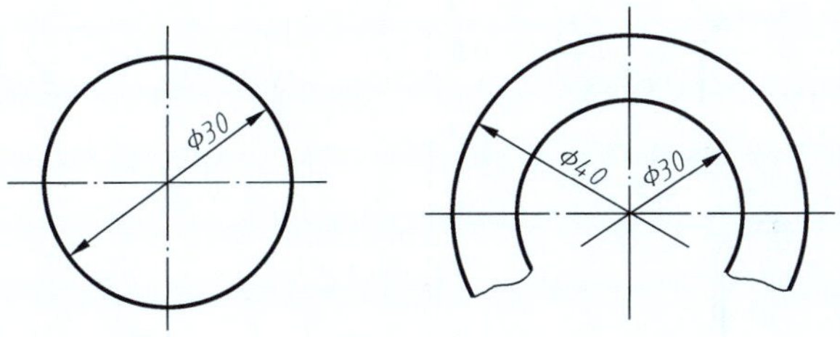	标注整圆的直径时，一般只画尺寸线，且尺寸线应通过圆心，并在尺寸数字前加注符号“ϕ”，若为球面，则在 ϕ 前再加 S 标注大于半圆的圆弧时，应标注直径，其尺寸线应画至略超过圆心，只在尺寸线一端画箭头指向圆弧

（续）

项目	图例	说明
圆弧	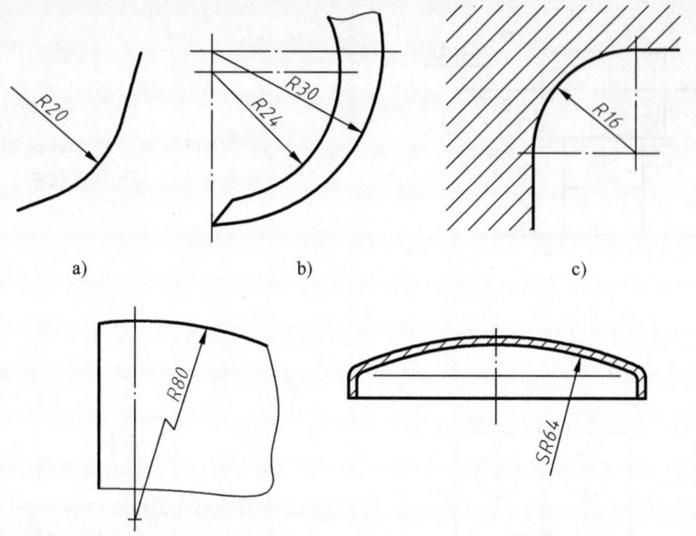 a)　b)　c)　d)　e)	小于或等于半圆的圆弧标注半径，尺寸线自圆心发出，一端画箭头指向圆弧，并在数字前加注符号“*R*”，若为球面，则在 *R* 前再加 *S* 若在图纸范围内无法标出圆心位置，按图 d 所示的形式标注；若不需要标注圆心位置，可按图 e 所示的形式标注
角度	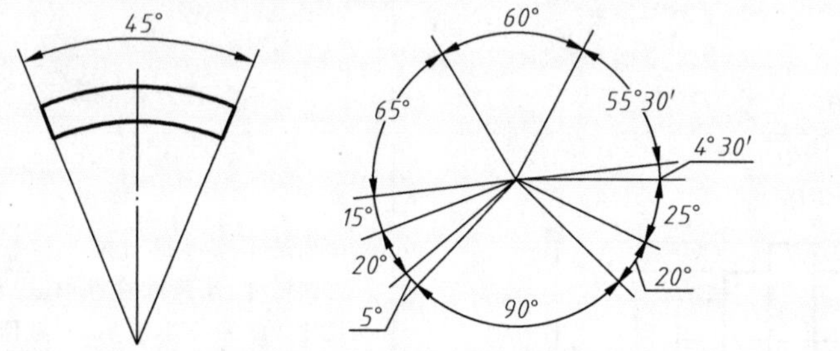 a)　b)	尺寸界线沿径向引出，尺寸线画成圆弧，圆心为角的顶点，如图 a 所示；数字一律水平书写，且数字一般注写在尺寸线的中断处，必要时也可按图 b 所示标注
小尺寸	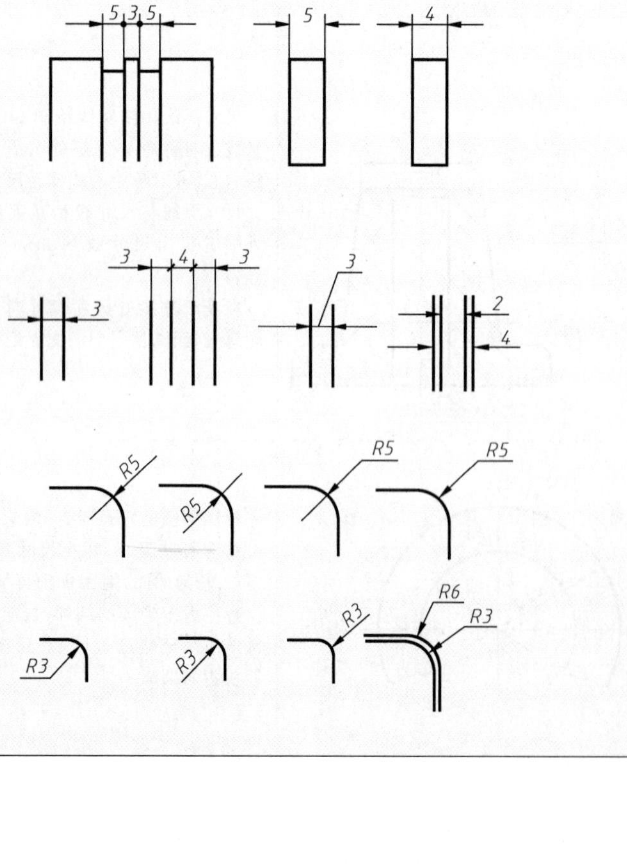	当尺寸很小，没有足够的位置画箭头或注写数字时，可按左图的形式标注

（续）

项目	图例	说明
小尺寸	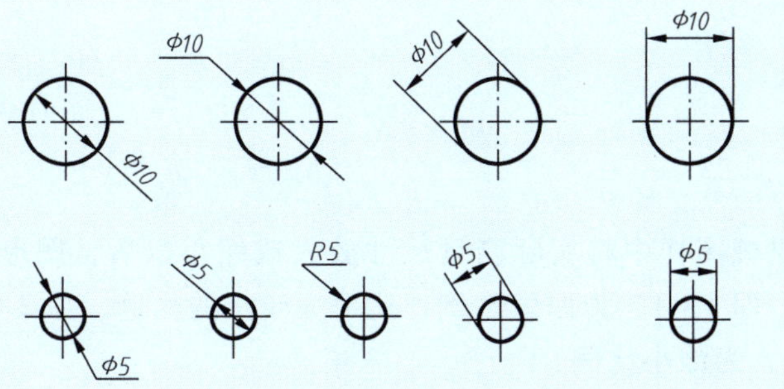	当尺寸很小，没有足够的位置画箭头或注写数字时，可按左图的形式标注
对称图形	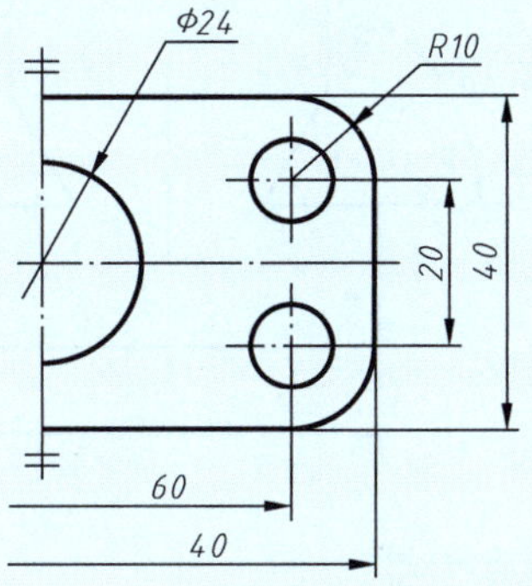	对称图形，应把尺寸标注为对称分布 当对称图形只画出一半或略大于一半时，尺寸线应略超过对称中心线或断裂处的边界线，此时仅在尺寸线的一端画出箭头

任务三　绘制台阶轴平面图

【任务描述】

根据某企业生产的小台阶轴，采用合适的比例绘制如图 1-11b 所示台阶轴的平面图形，并标注尺寸。要求符合制图国家标准中关于比例和线性尺寸、角度尺寸标注的有关规定。

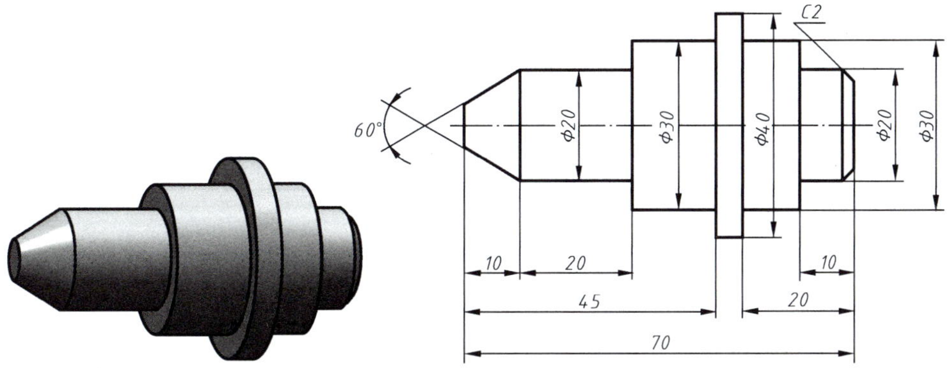

a)　　b)

图 1-11　台阶轴立体图和平面图

【任务分析】

图 1-11b 所示平面图形所表达的机件的大小与实物是否相等？如何将过小或过大的机件清晰完整地表达呢？将实际测量尺寸放大或缩小以后再绘制图形就可以很好地解决这些问题。

【知识链接】

一、比例

绘制图样时所采用的比例，是指在机械图样中将实际测量尺寸放大或缩小以后，图形与实物相应要素的线性尺寸之比。比值为 1 的比例，即 1∶1，为原值比例；比值大于 1 的比例，如 2∶1 等，为放大比例；比值小于 1 的比例，如 1∶2 等，为缩小比例。

应注意的是，图样中标注的尺寸数值必须是零件的真实大小，与绘制图形所采用的比例无关，如图 1-12 所示。

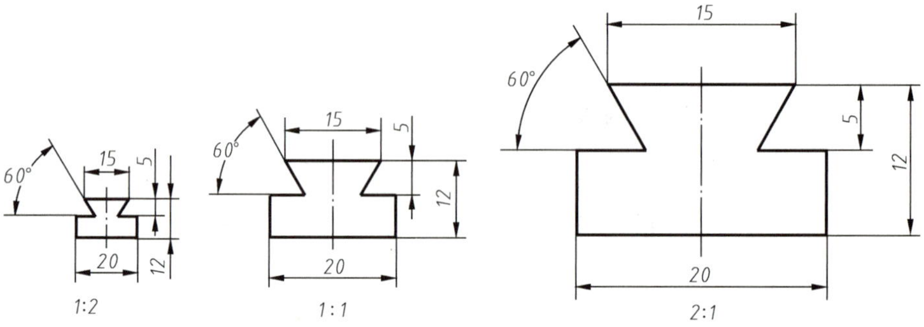

图 1-12 比例的应用效果

二、比例的选用

绘制图样时应尽可能按照机件的实际大小采用 1∶1 的比例画出，以方便绘图和看图。但由于机件的大小及结构复杂程度不同，有时需要放大或缩小比例绘制。选用比例时应优先选用表 1-7 中所规定的“优先选择系列”，必要时也可选取表 1-7 中所规定的“允许选择系列”中的比例。

表 1-7 比例（GB/T 14690—1993）

种类	定义	优先选择系列	允许选择系列
原值比例	比值为 1 的比例	1∶1	
放大比例	比值大于 1 的比例	5∶1　2∶1 5×10^n∶1　2×10^n∶1 1×10^n∶1	4∶1　2.5∶1 4×10^n∶1　2.5×10^n∶1
缩小比例	比值小于 1 的比例	1∶2　1∶5　1∶10 1∶2×10^n　1∶5×10^n 1∶1×10^n	1∶1.5　1∶2.5　1∶3　1∶4　1∶6 1∶1.5×10^n　1∶2.5×10^n 1∶3×10^n　1∶4×10^n　1∶6×10^n

注：n 为正整数。

【任务实施】

如图 1-11 所示，因台阶轴的尺寸较小，为清晰反映出台阶轴的形状和尺寸，可采用 2∶1 的比例作图，作图步骤见表 1-8。

注意：线性尺寸按放大的倍数绘制，角度按原数值绘制。

表 1-8　台阶轴平面图的作图步骤

步骤	1. 作基准线	2. 截取线性尺寸(线性尺寸均乘 2)
图例		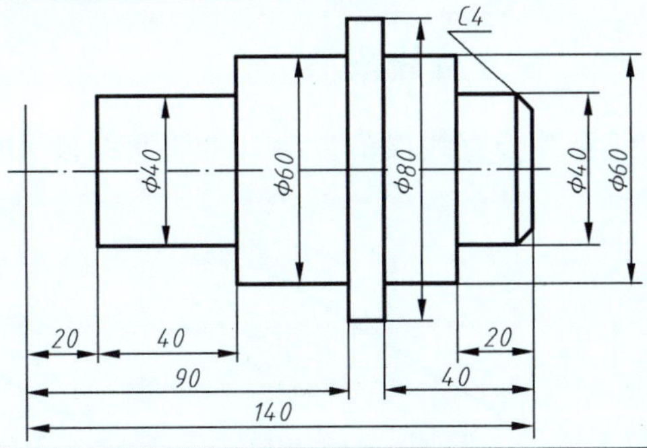
步骤	3. 截取角度尺寸	4. 检查,按规定线型加深图线,标注尺寸数字 注意:图中标注的尺寸是零件的真实大小
图例	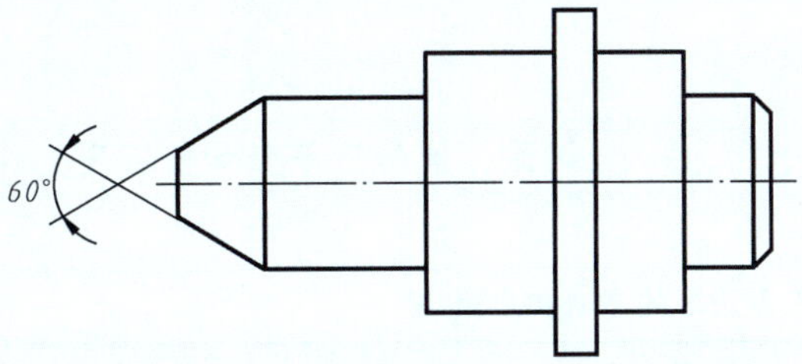	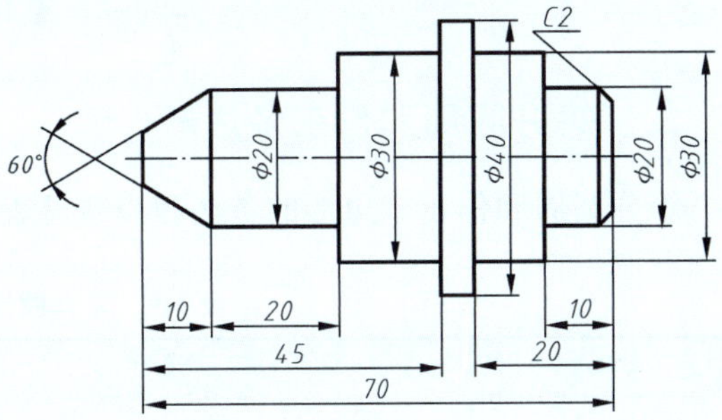

项目二　绘制较复杂的平面图形

任务一　绘制六角开槽螺母平面图

【任务描述】

根据某企业生产的六角开槽螺母，绘制如图 1-13 所示的平面图形，要求符合制图国家标准的有关规定。

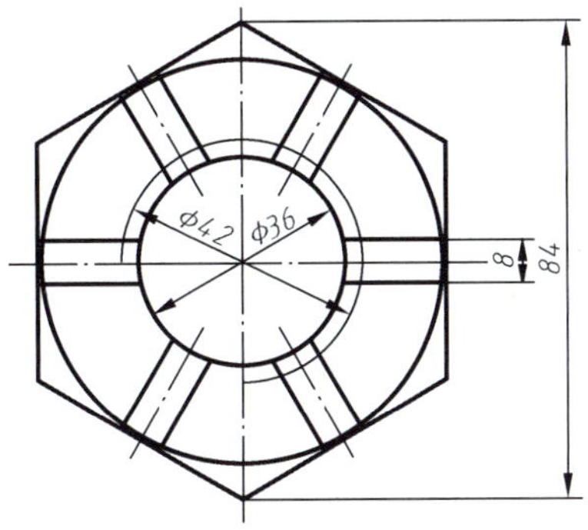

图 1-13　六角开槽螺母

【任务分析】

图 1-13 所示为六角开槽螺母俯视方向的投影图，它由外轮廓正六边形和其他几何图形组成，如何作图呢？正多边形的共同特点是各个边长均相等，可以借助一个辅助圆来实现。

【知识链接】

一、等分直线段

任意等分直线段的方法（如将直线段 AB 分为 n 等份）如图 1-14 所示。

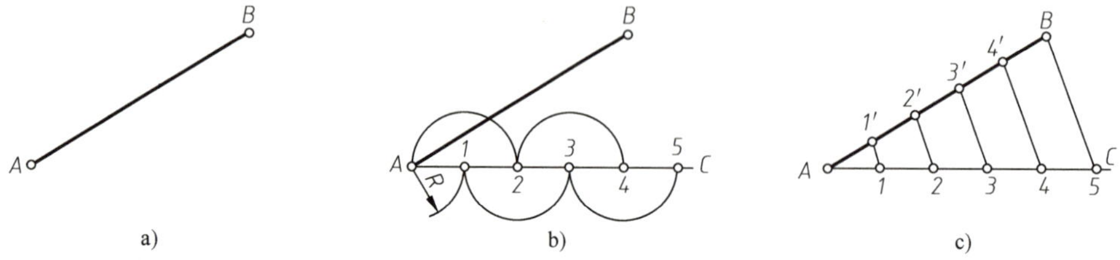

图 1-14　等分直线段

二、等分圆周和作正多边形

讨论：圆的三等分如何实现？

等分圆周和作正多边形的方法和步骤见表 1-9。

表 1-9　等分圆周和作正多边形的方法和步骤

类别	步骤与画法
六等分圆周和作正六边形 六等分圆周和作正六边形	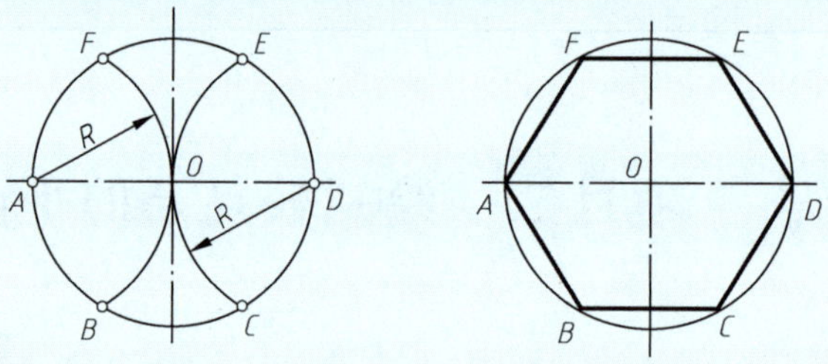 以已知圆周直径的两端点 A、D 为圆心，以已知圆半径 R 为半径画弧与圆周相交，即得等分点 B、F 和 C、E，依次连接各点，即得正六边形
	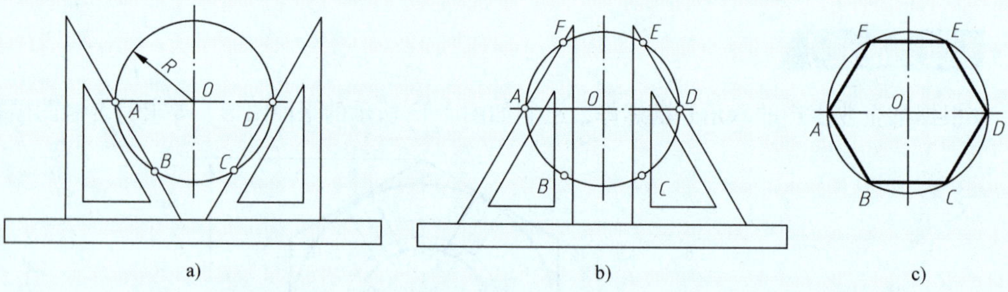 用 30°、60°三角板的短直角边紧贴丁字尺，并使其斜边过点 A、D（圆直径上的两端点），作直线 AB 和 CD；翻转三角板，以同样方法作直线 AF 和 DE；连接 BC 和 FE，即得正六边形
五等分圆周和作正五边形 五等分圆周和作正五边形	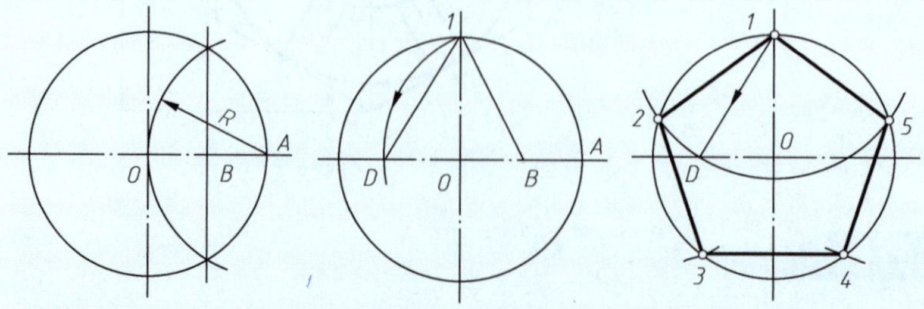 平分半径 OA 得点 B，以点 B 为圆心，$B1$ 为半径画弧，交 OD 于点 D，以 $D1$ 为半径，五等分圆，连接相邻各点即得正五边形

（续）

类别	步骤与画法
任意等分圆周作正 n 边形 任意等分圆周作正n边形	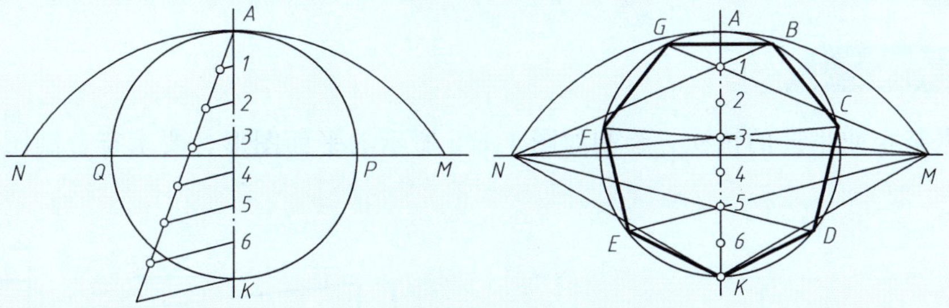 以正七边形作法为例： 1）先将已知直径 AK 七等分，再以点 K 为圆心，以直径 AK 为半径画弧，交直径 PQ 的延长线于 M、N 两点 2）自点 M、N 分别向 AK 上的各偶数点（或奇数点）连线并延长交圆周于点 B、C、D 和 E、F、G，依次连接各点，即得正七边形

【任务实施】

绘制六角开槽螺母平面图的作图步骤见表 1-10。

表 1-10　六角开槽螺母平面图的作图步骤

步骤	1. 绘制直径为 84 的辅助圆	2. 分别以 O_1、O_2 为圆心，42 为半径画圆弧交圆周于点 1、点 2、点 3、点 4，连接各点作出正六边形
图例	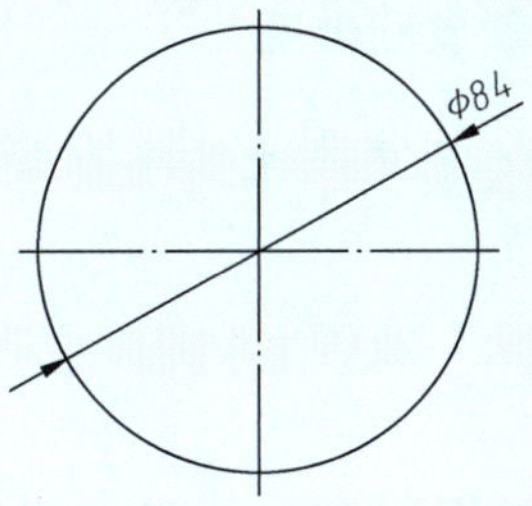	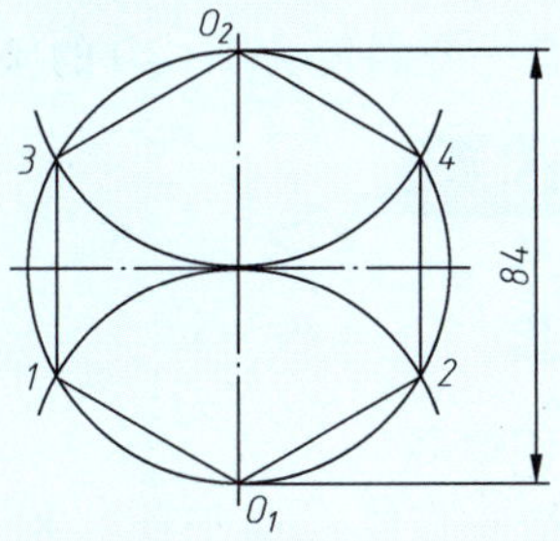
步骤	3. 作正六边形各边的垂直平分线	4. 作间距为 8 的平行线
图例	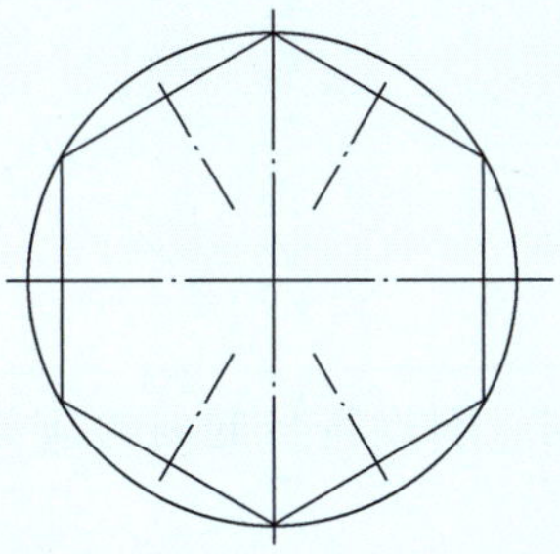	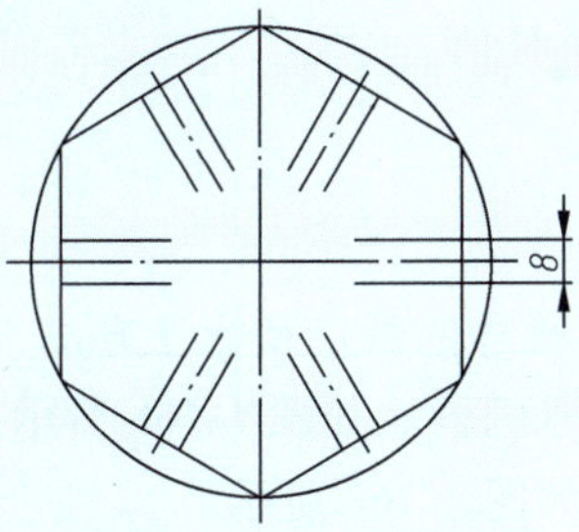
步骤	5. 以 O 点为圆心，分别作出正六边形的内切圆、直径为 34 的整圆和直径为 42 的 3/4 细实线圆	6. 检查无误后，擦掉多余辅助线，按线型描深图线，标注尺寸，完成图形
图例	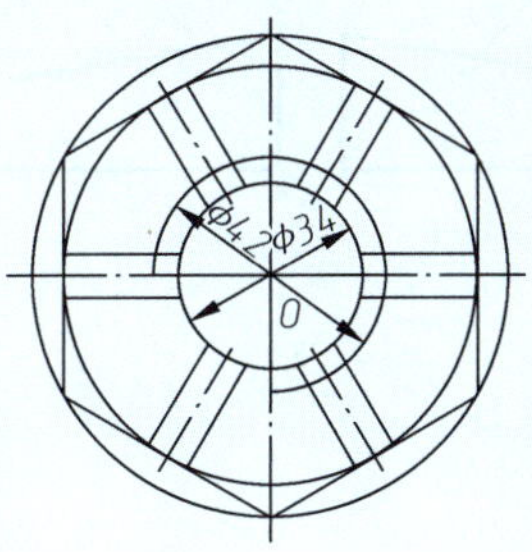	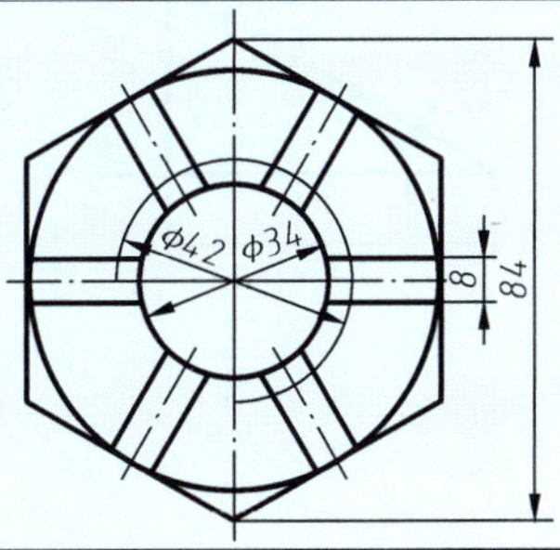

任务二 绘制拉楔平面图

【任务描述】

根据某企业生产的拉楔，绘制如图 1-15b 所示的平面图形，要求符合制图国家标准的有关规定。

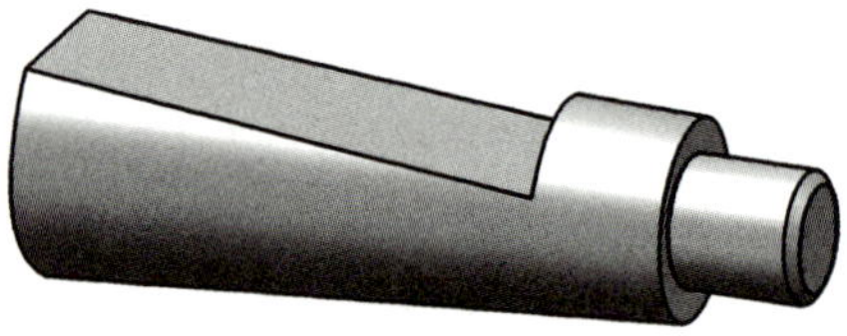

a)

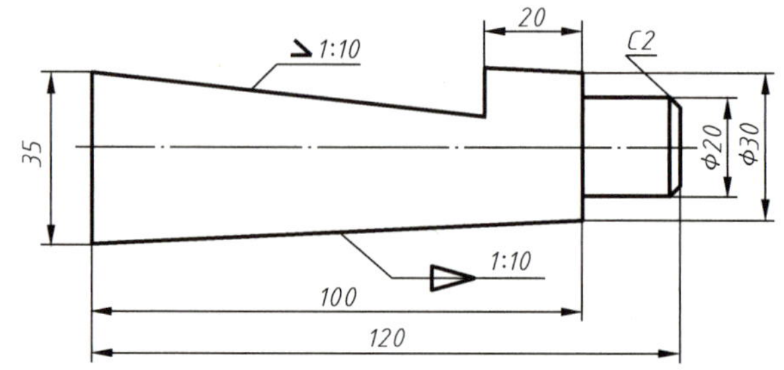

b)

图 1-15 拉楔立体图和平面图

【任务分析】

图 1-15b 所示的拉楔，是一个轴类的机件，其立体图如图 1-15a 所示，左端是锥度为 1：10 的圆锥体，上方切有一个斜度为 1：10 的倾斜平面，按国家标准绘制斜度和锥度。

【知识链接】

讨论：斜度在生活中有哪些应用实例？

一、斜度

1. 斜度的概念

斜度是指一直线（或平面）对另一直线（或平面）的倾斜程度。其大小用两直线（或平面）夹角的正切值来表示，习惯上把比例的前项化为 1，以简单分数 1：n 的形式来表示斜度，如图 1-16a 所示。

$$斜度=\frac{H}{L}=\tan\alpha$$

2. 斜度符号的画法及标注方法

斜度符号的画法如图 1-16b 所示。图样上标注斜度符号时，斜度符号的斜边应与图中斜线的倾斜方向一致，如图 1-16c 所示。

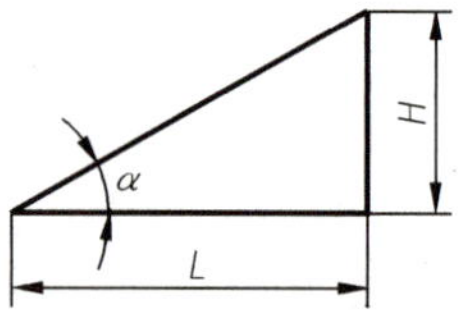

a)

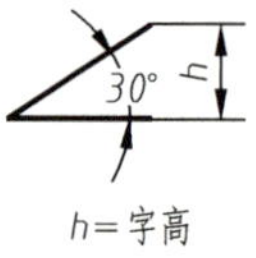

b)

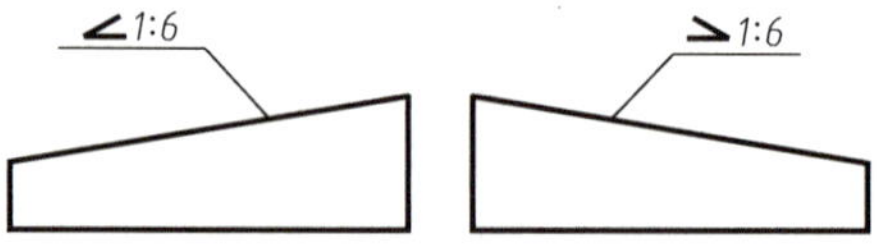

c)

图 1-16 斜度及其符号

3. 斜度的作图方法（见表 1-11）

表 1-11　斜度的作图方法

要求	步骤		
按照下图的尺寸绘图	1. 由已知尺寸作出无斜度的轮廓线	2. 作线段 *AB*，将 *AB* 线段五等分，取 *BC* 为一等份	3. 连接 *AC* 即为 1∶5 的斜度线，并延长 4. 检查，描深，标注尺寸，完成作图
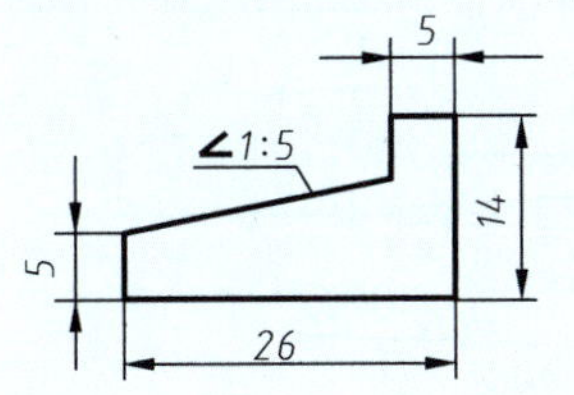	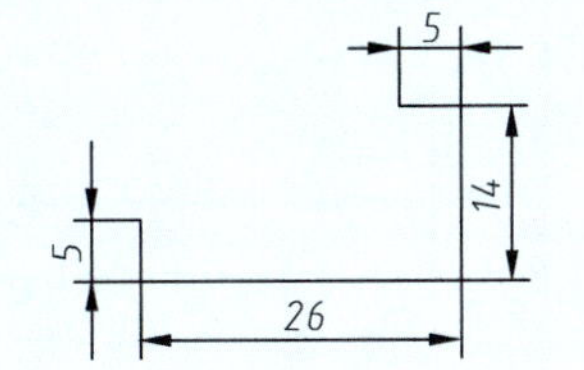	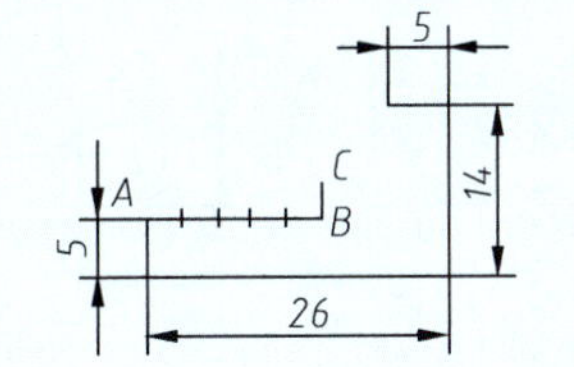	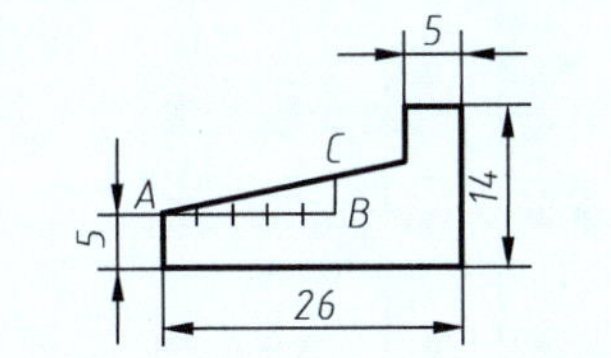

二、锥度

讨论： 锥度在生活中有哪些应用实例？

1. 锥度的概念

锥度是指正圆锥的底圆直径与其高度之比。若是圆锥台，则为上、下两底面圆的直径差与锥台高度之比，并以 1∶*n* 的形式表示，如图 1-17a 所示。

$$锥度=\frac{D-d}{L}=\frac{D}{H}=2\tan\frac{\alpha}{2}$$

2. 符号的画法及标注方法

锥度符号的画法如图 1-17b 所示。在图样上标注锥度符号时，锥度符号的尖点应与圆锥的锥度方向一致，如图 1-17c 所示。

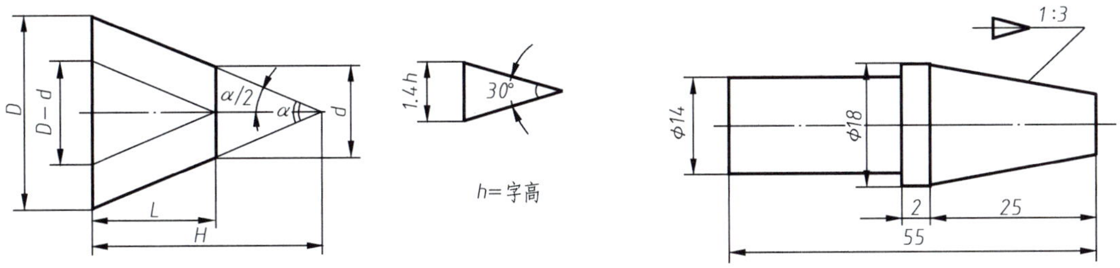

a)　　b)　　c)

图 1-17　锥度及其符号

3. 锥度的作图方法（见表 1-12）

表 1-12　锥度的作图方法

要求	步骤		
按照下图的尺寸绘图	1. 作径向和轴向基准线交于 *A* 点；根据已知尺寸截取 20 交于 *E*、*F* 点，截取长度 60	2. 从 *A* 点向右以任意长度截取三等份，得 *B* 点，过 *B* 点作 *CD*⊥*AB*，取 *CD* 为一等份	3. 连接 *AC*、*AD*，即为 1∶3 的锥度线。过 *E* 点作 *AC* 的平行线，过 *F* 点作 *AD* 的平行线 4. 检查，描深，标注尺寸，完成作图
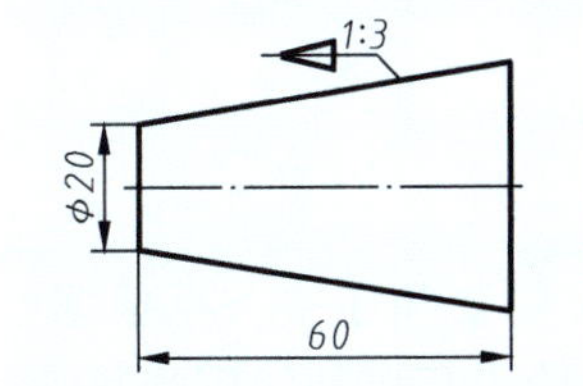	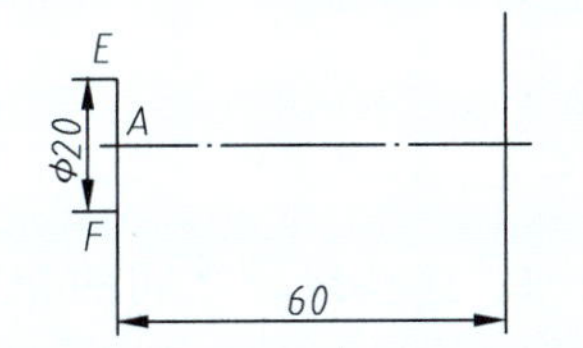	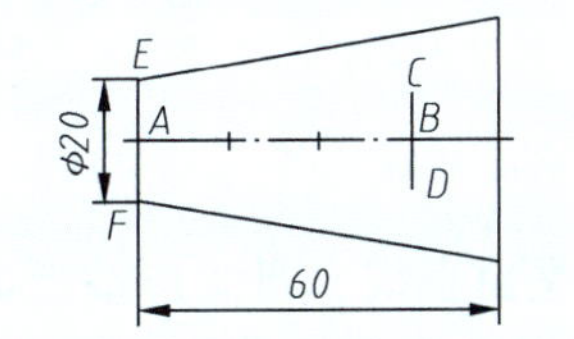	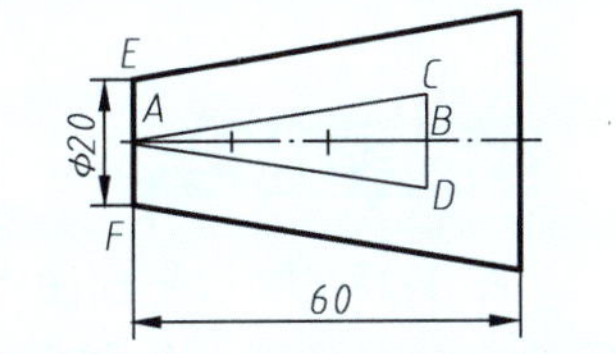

【任务实施】

拉楔平面图的作图步骤见表 1-13。

表 1-13　拉楔平面图的作图步骤

步骤	1. 作基准线 2. 作已知线段	3. 作锥度
图例	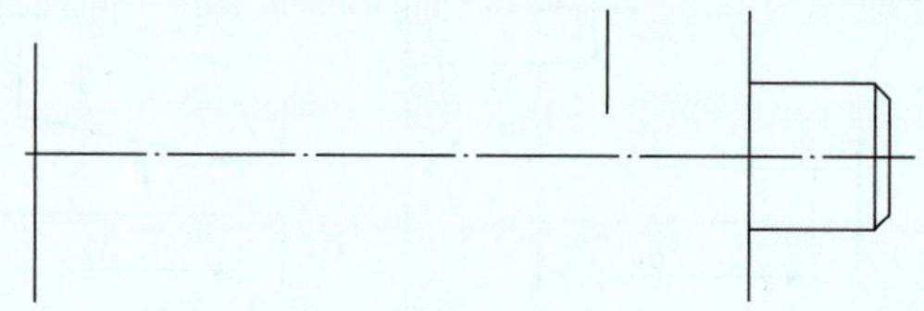	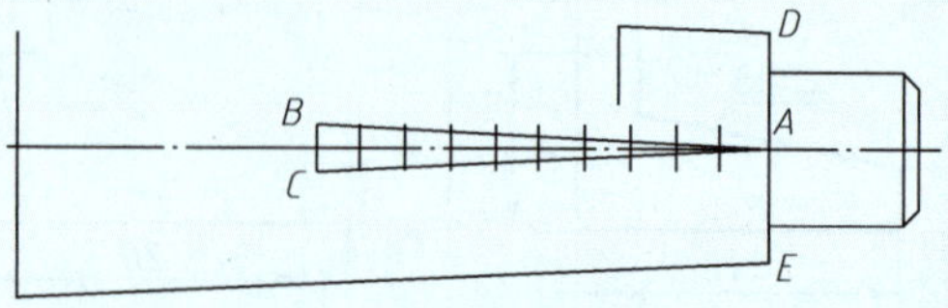
步骤	4. 作斜面	5. 检查无误后，去掉多余辅助线，按线型描深图线，标注尺寸，完成图形
图例	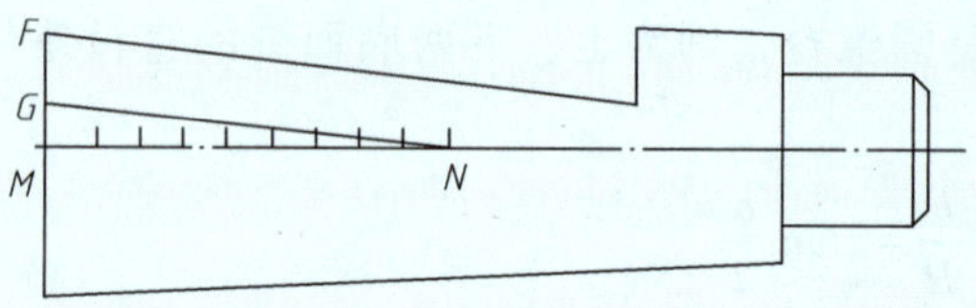	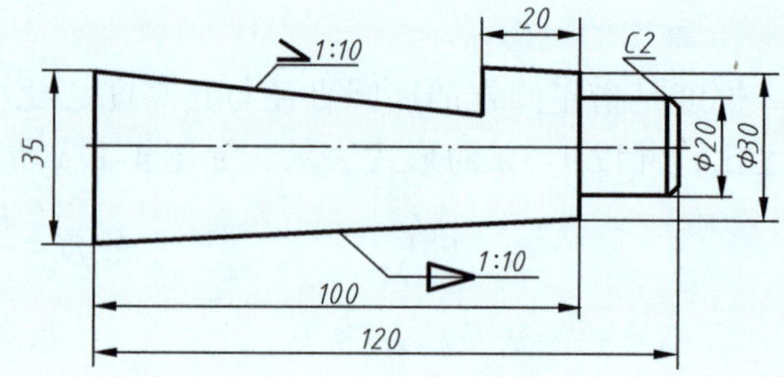

任务三　绘制支架平面图

【任务描述】

根据某企业生产的支架，绘制如图 1-18b 所示支架轮廓的平面图形，要求符合制图国家标准的有关规定。

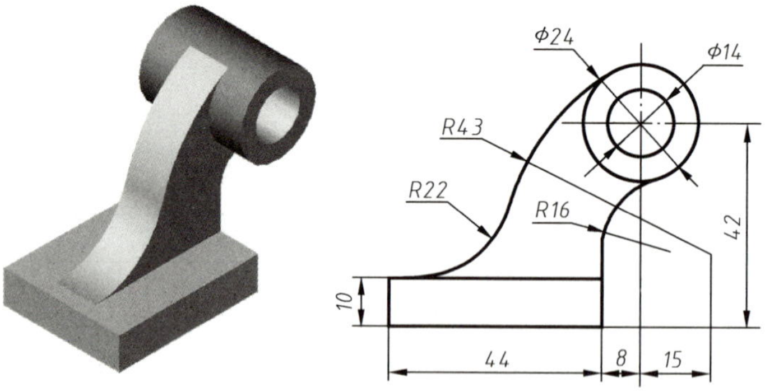

a)　　b)

图 1-18　支架立体图和平面图

【任务分析】

图 1-18b 所示平面图形是由直线、圆弧连接组成的。这些线段之间的相对位置和连接关系根据给定的尺寸来确定。绘制平面图形时，应对平面图形的尺寸和线段进行分析，以确定正确的绘图步骤。

【知识链接】

用一已知半径的圆弧将两直线、两圆弧或一直线和一圆弧光滑连接起来称为圆弧连接。常见的圆弧连接的类型及作图方法见表 1-14。

表 1-14　常见圆弧连接的类型及作图方法

类型	步骤与画法
作圆弧（R）与两直线 AB、BC 相切 作圆弧（R）与两直线相切	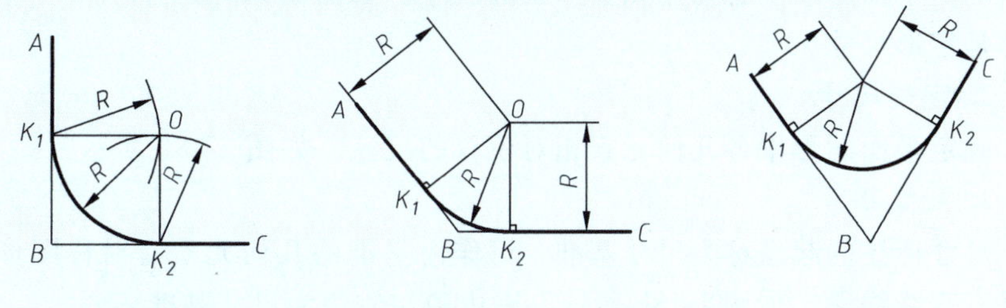 a) 成直角时　b) 成钝角时　c) 成锐角时 1. 求圆心：分别作与两已知直线 AB、BC 相距为 R 的平行线，得交点 O，即为连接弧（R）的圆心 2. 求切点：自点 O 分别向 AB、BC 作垂线，垂足 K_1、K_2，即为切点 3. 画连接弧：以 O 为圆心，以 R 为半径，自点 K_1 至 K_2 画圆弧，即完成作图
作圆弧（R）与已知直线 AB 和已知圆弧（半径为 r，圆心为 P）相切 作圆弧（R）与已知直线和圆弧相切	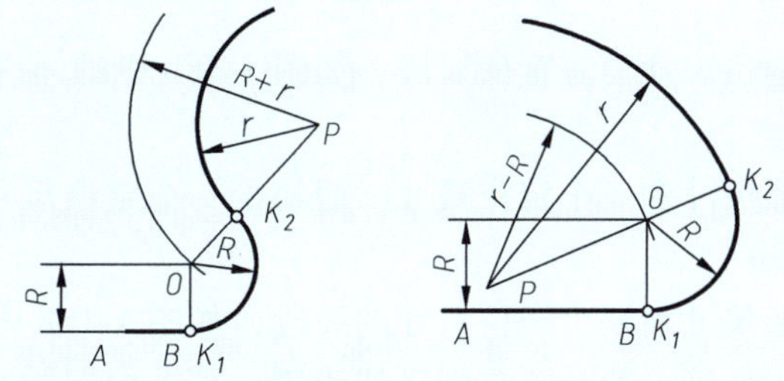 a) 与已知直线和圆弧外切　b) 与已知直线和圆弧内切 1. 求圆心：作与已知直线 AB 相距为 R 的平行线；再以 P 为圆心，以 r+R（外切时）或 r−R（内切时）为半径画弧，此弧与所作平行线的交点 O，即为连接弧（R）的圆心 2. 求切点：自点 O 向 AB 作垂线，得垂足 K_1；再作两圆心连线 OP（外切时）或两圆心连线 OP 的延长线（内切时），与已知圆弧（r）交于点 K_2，则 K_1、K_2 即为切点 3. 画连接弧：以 O 为圆心，以 R 为半径，自点 K_1 至 K_2 画圆弧，即完成作图
作圆弧（R）与已知圆弧相外切 作圆弧（R）与两已知圆弧（半径分别为 r_1、r_2，圆心分别为 P、Q）相切 作圆弧（R）与已知圆弧相内切	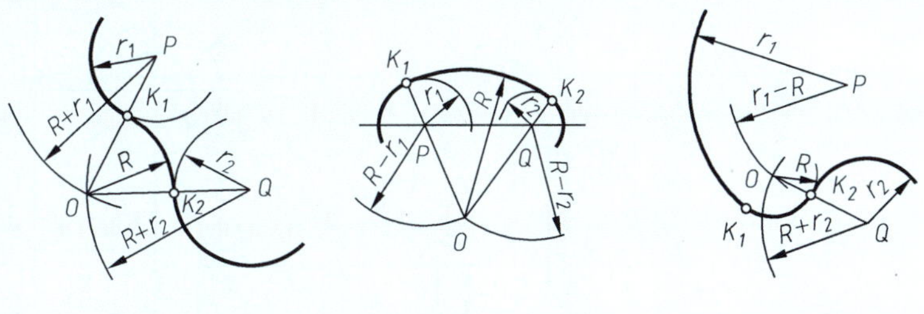 a) 外切　b) 内切　c) 混合相切 1. 求圆心：分别以 P、Q 为圆心，以 $R+r_1$ 和 $R+r_2$（外切时）、或 $R-r_1$ 和 $R-r_2$（内切时）或 r_1-R 和 $R+r_2$（混合相切时）为半径画弧，得交点 O，即为连接弧（R）的圆心 2. 求切点：作两圆心连接 OP、OQ 的延长线，与已知圆弧（r_1、r_2）分别交于 K_1、K_2，即为切点 3. 画连接弧：以 O 为圆心，R 为半径，自点 K_1 至 K_2 画圆弧，即完成作图

【任务实施】

一、支架平面图形的尺寸分析

尺寸是作图的依据，按其作用可分为定形尺寸和定位尺寸。

1. 定形尺寸

确定平面图形中各几何元素形状的尺寸。如图 1-18b 所示，ϕ24、ϕ14、*R*16、*R*43、*R*22、10 和 44 等都是定形尺寸。

2. 定位尺寸

确定平面图形中各几何元素相对位置的尺寸。如图 1-18b 所示，8、15、42 都是定位尺寸。

3. 尺寸基准

尺寸标注的起点称为尺寸基准，可作为基准的几何元素有对称图形的对称线、圆的中心线、水平或垂直直线线段。如图 1-18b 所示，底边和左侧边为尺寸基准。

二、平面图形的线段分析

根据平面图形的尺寸标注和线段间的连接关系，可将平面图形中的线段分为三类。

1. 已知线段

指定形、定位尺寸均齐全的线段，如图 1-18b 中的 ϕ14、ϕ24、10 和 44。

2. 中间线段

指只有定形尺寸和一个定位尺寸，而缺少一个定位尺寸的线段，如图 1-18b 中的 *R*43。

3. 连接线段

指只有定形尺寸而缺少定位尺寸的线段，如图 1-18b 中的 *R*16、*R*22。

注意：绘图顺序一般是首先画已知线段，再画中间线段，最后画连接线段。

三、绘制平面图

支架平面图的作图步骤见表 1-15。

表 1-15　支架平面图的作图步骤

步骤	1. 画基准线	2. 画已知线段 画已知圆 ϕ24、ϕ14，以 10、44 画长方形	3. 画中间线段 以 *O* 为圆心，以 *R*43−*R*12 为半径画圆弧，交辅助线于 O_1，以 O_1 为圆心，以 *R*43 为半径画弧
图例	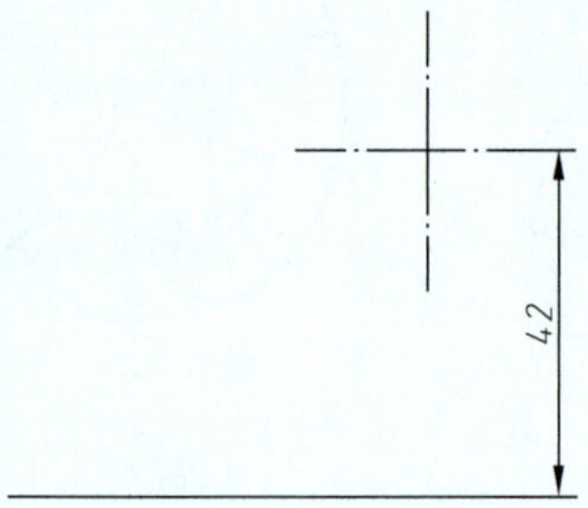	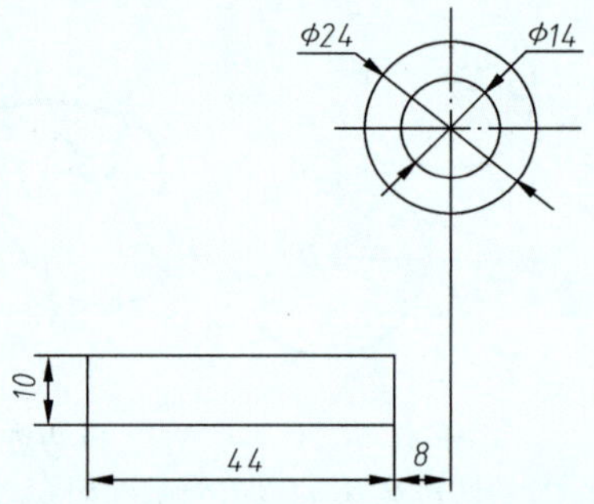	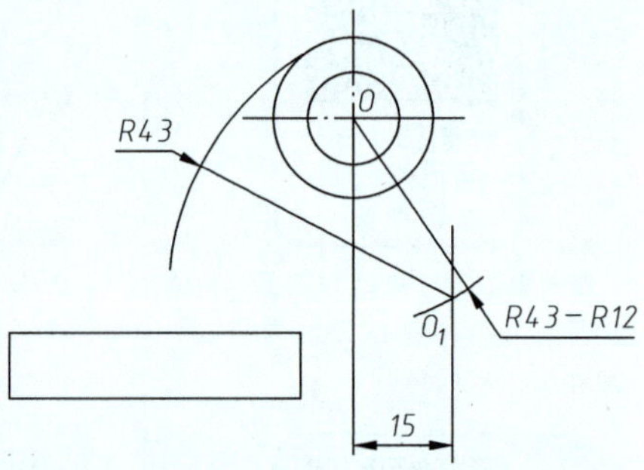
步骤	4. 画连接线段 作长方形右侧边的平行线，使其垂直距离为 16，以 *O* 为圆心，以 *R*12+*R*16 为半径画圆弧，交辅助线于 O_2，以 O_2 为圆心，以 *R*16 为半径画弧	5. 画连接线段 作长方形上边的平行线，使其垂直距离为 22，以 O_1 为圆心，以 *R*43+*R*22 为半径画圆弧，交辅助线于 O_3，以 O_3 为圆心，以 *R*22 为半径画弧	6. 检查 检查无误后，去掉多余的辅助线，按线型描深图线，标注尺寸，完成平面图

（续）

图例	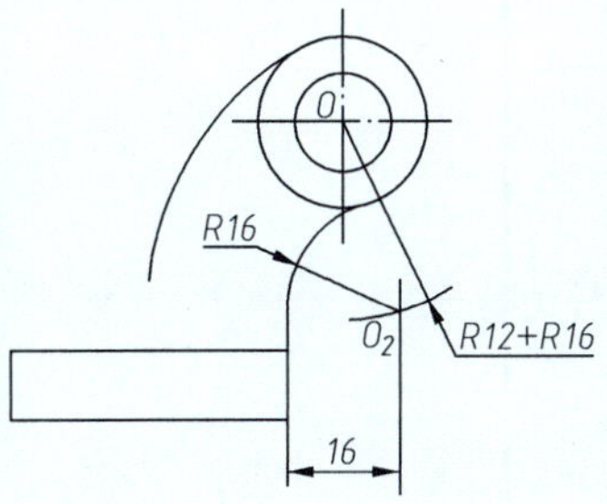	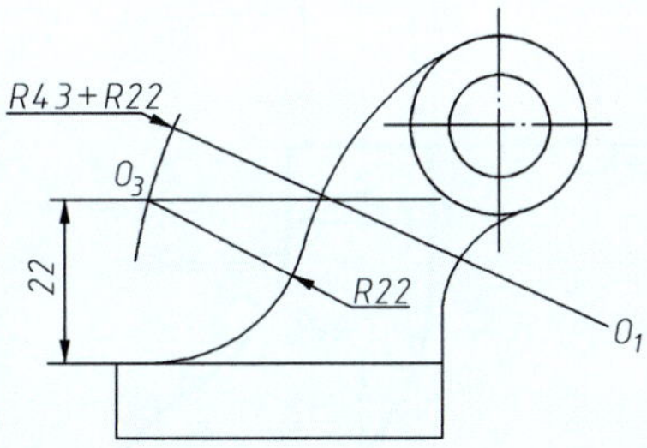	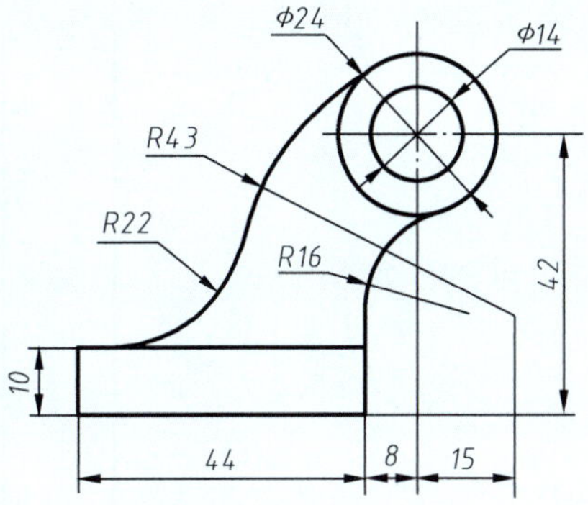

【知识拓展】

椭圆的画法

椭圆的画法见表 1-16。

表 1-16　椭圆的画法

步骤	1. 画椭圆的长轴 AB 和短轴 CD 交于 O 点，以 O 为圆心，以 $AB/2$ 为半径画圆弧，交 CD 的延长线于 E 点，以 C 为圆心，CE 为半径画圆弧，交 AC 于 F 点	2. 作 AF 的垂直平分线分别交 AB、CD 于 O_1、O_2 点，再分别作 O_1、O_2 点的对称点 O_3、O_4 点。这四点即为四段圆弧的圆心	3. 分别以 O_1、O_3 和 O_2、O_4 为圆心，以 O_1A、O_2C 为半径画圆，得到四段圆弧，即为所求。加深图线，完成作图
图例	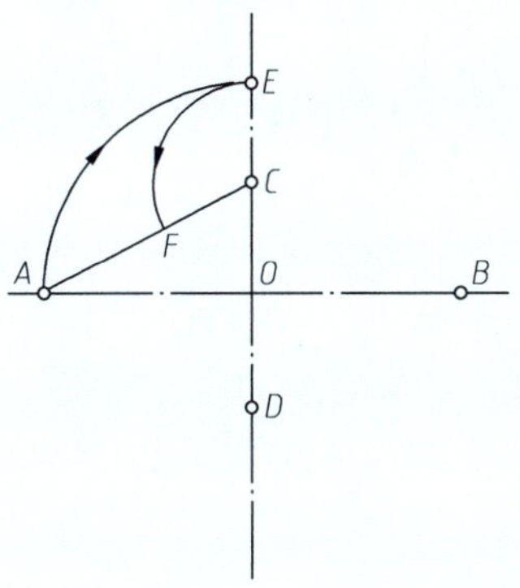	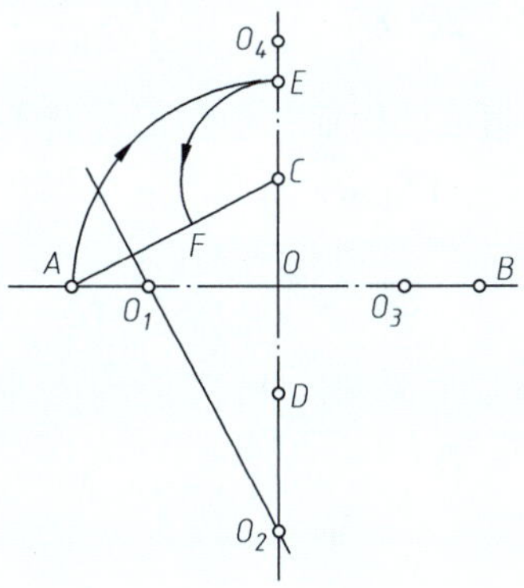	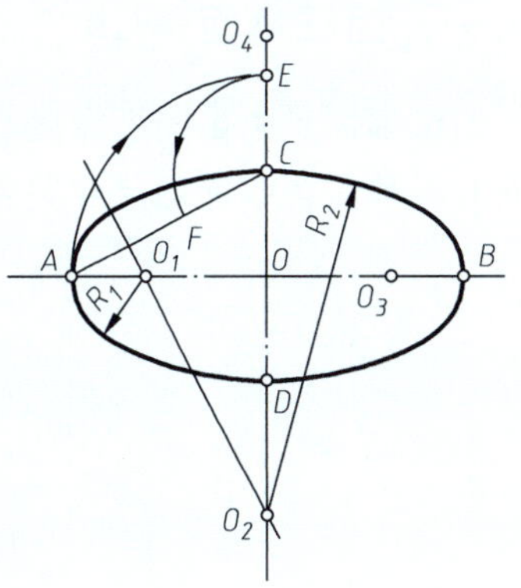

任务四　绘制吊钩平面图

【任务描述】

在 A4 图纸上绘制如图 1-19 所示的吊钩平面图形，要求符合制图国家标准的有关规定。

【任务分析】

一张完整的图样一般由图纸幅面、标题栏、图形、尺寸、技术要求等组成。图 1-19 所示吊钩平面图就是一张完整的图样。

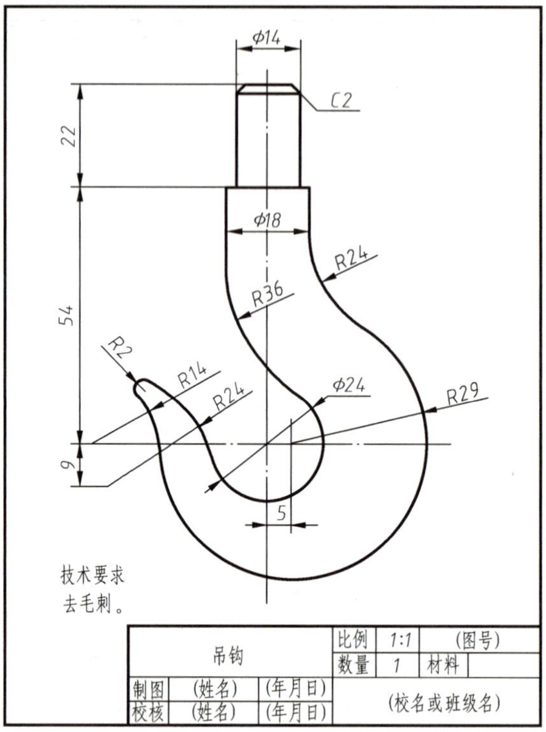

图 1-19　吊钩平面图

【知识链接】

一、图纸幅面（GB/T 14689—2008）

图纸幅面是指由图纸宽度与长度组成的图面。绘图时应优先选用表 1-17 中规定的基本幅面。基本幅面有五种，各幅面的尺寸关系如图 1-20 所示。

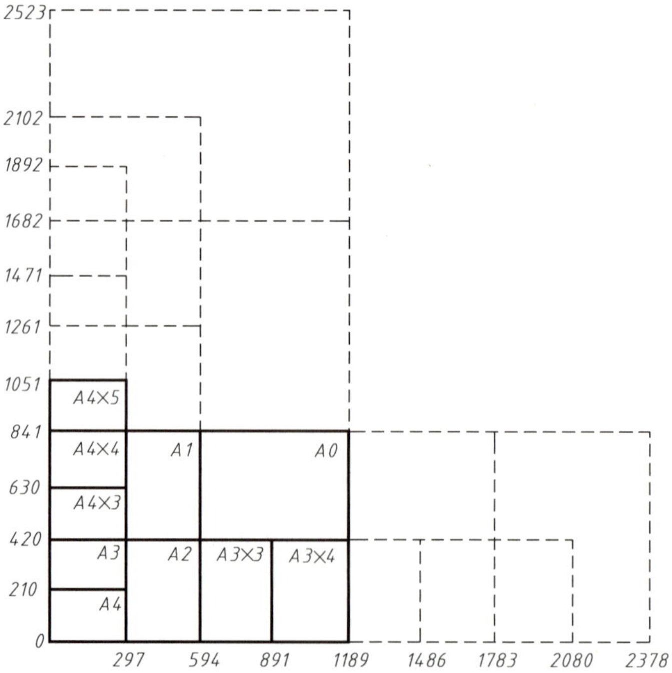

图 1-20　基本幅面的尺寸关系

注意：必要时允许选用加长幅面，其尺寸是由基本幅面的短边以整数倍增加后得出的。

二、图框（GB/T 14689—2008）

图框是图纸上限定绘图区域的线框。根据国家标准规定，图框用粗实线绘制，图框按格式分为不留装订边和留有装订边两种，如图 1-21 和图 1-22 所示。图中的周边尺寸 a、c、e 从表 1-17 中查取。

注意：同一产品的图样只能采用一种图框格式。

讨论：一张 A0 图纸可以裁成几张 A4 图纸？

表 1-17　基本幅面尺寸　（单位：mm）

尺寸代号	幅面代号				
	A0	A1	A2	A3	A4
$B\times L$	841×1189	594×841	420×594	297×420	210×297
a	25				
c	10			5	
e	20		10		

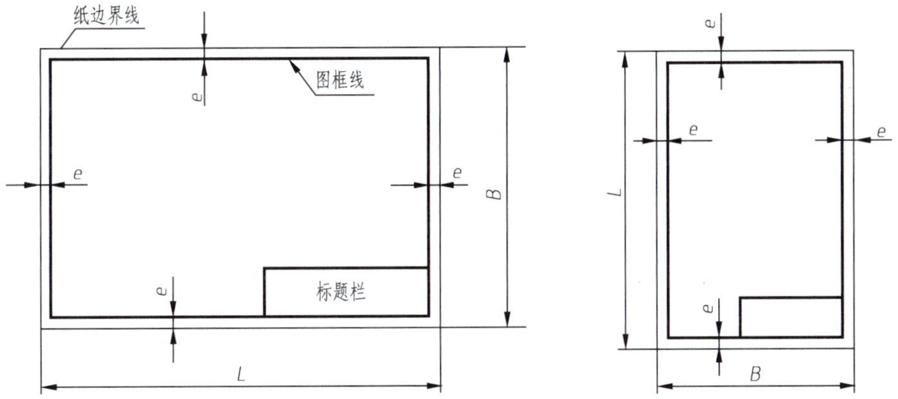

图 1-21　不留装订边的图框格式

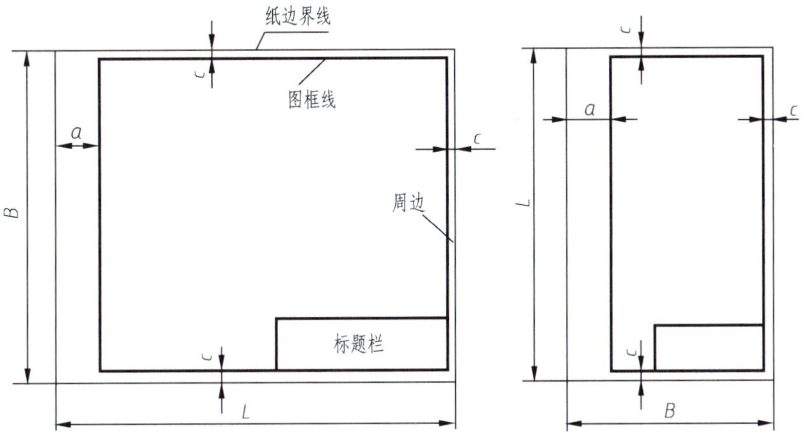

图 1-22　留有装订边的图框格式

三、标题栏（GB/T 10609.1—2008）

每张图样上都必须画出标题栏，国家标准对标题栏的内容、格式及尺寸做了统一规定。标题栏的位置应位于图样的右下角，如图 1-21、图 1-22 所示，标题栏中的文字方向通常与看图的方向保持一致。为了简化作图，在制图作业中建议采用如图 1-23 所示的简化标题栏。

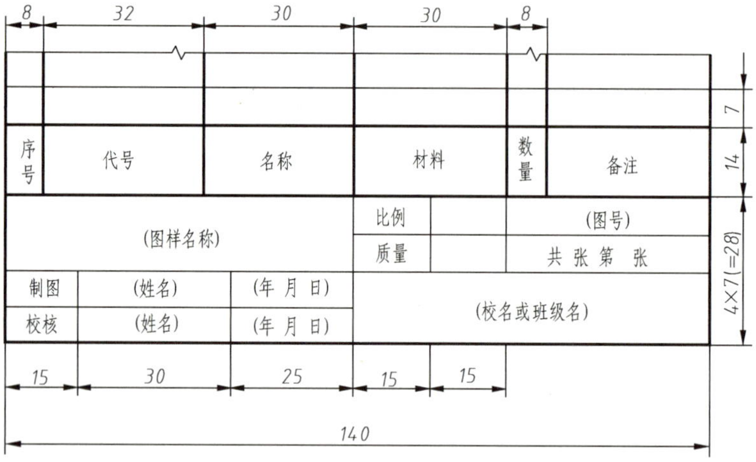

a) 装配图标题栏

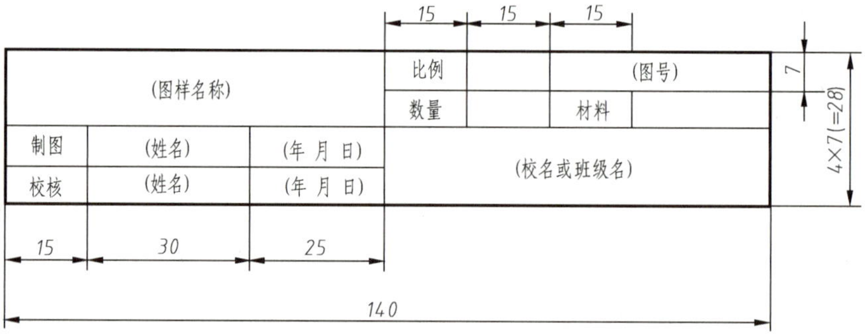

b) 零件图标题栏

图 1-23 制图作业简化标题栏格式

【任务实施】

一、准备工作

1. 确定图纸幅面

根据图形及其尺寸，确定采用 A4 图纸。

2. 确定绘图比例

根据图形的复杂程度和尺寸大小，确定采用 1∶1 的绘图比例。

二、绘制图形

吊钩平面图的作图步骤见表 1-18。

表 1-18　吊钩平面图的作图步骤

步骤	1. 绘制图框、标题栏 2. 绘制基准线 3. 绘制钩柄部分 注意：绘制底稿时图线要尽量清淡、准确，并保持图面整洁	4. 绘制吊钩弯曲中心部分 5. 绘制钩柄过渡部分
图例	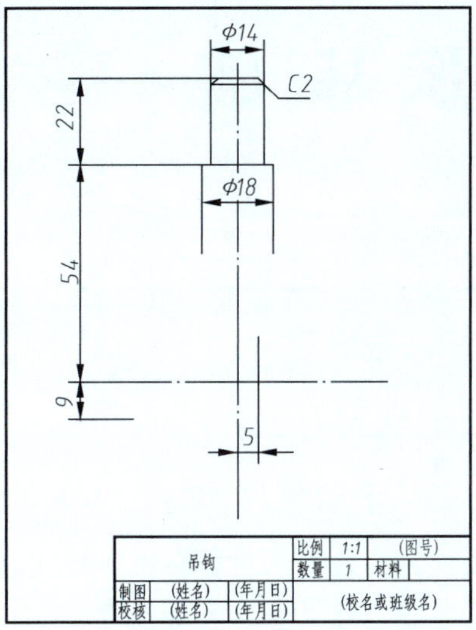	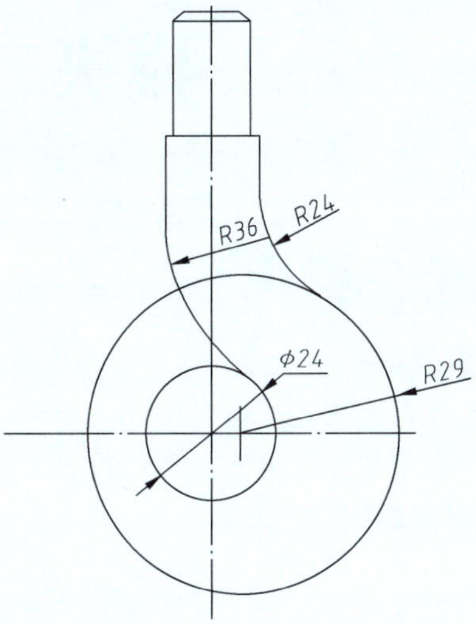
步骤	6. 绘制钩尖部分	7. 检查无误后，擦掉多余的辅助线，按线型描深图线，标注尺寸，完成图形 注意描深图线的顺序：先粗后细、先曲后直、先水平后倾斜 8. 填写标题栏
图例	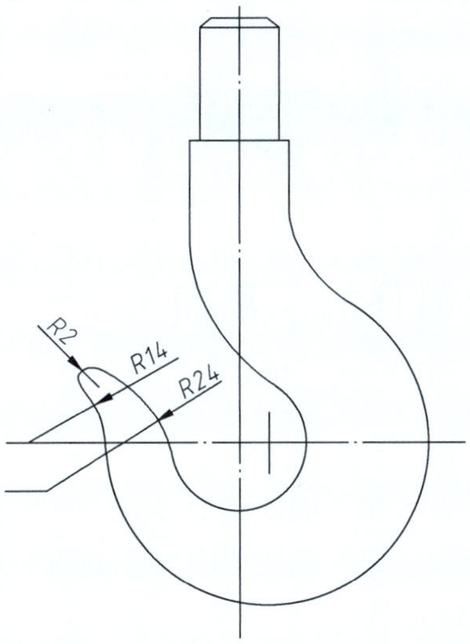	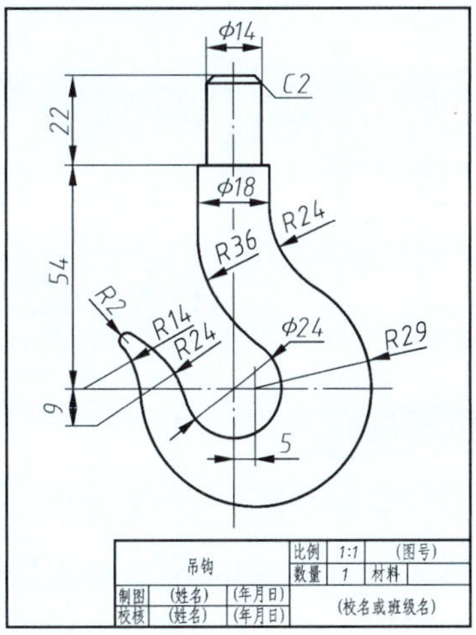

模块二　投影基础

学习目标

素质目标：

1）培养学生良好的思维方式和学习方法。

2）培养学生空间想象与视图表达及空间几何分析能力。

知识目标：

1）了解投影法的基本概念、投影法的种类，掌握正投影法的基本原理和投影特性。

2）掌握三投影面体系的建立与展开，掌握三视图及其“三等关系”投影规律。

3）掌握点、线、面在三投影面体系中的投影规律。

能力目标：

1）能够绘制简单形体的三视图。

2）能够根据投影特性判别直线、平面对投影面的相对位置。

项目一　绘制简单形体的三视图

任务　绘制三棒孔明锁部件的三视图

【任务描述】

孔明锁，也称作八卦锁、鲁班锁，是我国古代传统的土木建筑固定结合器，也是广泛流传于我国民间的一种智力玩具。孔明锁，不用钉子和绳子，完全靠自身结构的连接支承，就像一张纸对折一下就能够立得起来，展现了一种看似简单，却凝结着不平凡的智慧。

现有一玩具生产企业要生产三棒孔明锁，如图 2-1a 所示，需要用图样来准确地表达该孔明锁各

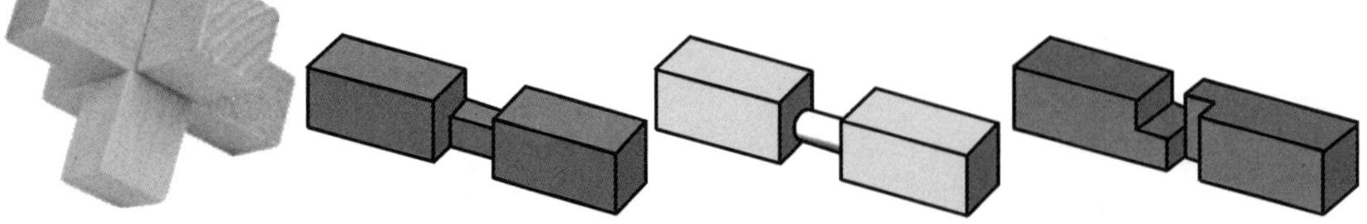

a) 三棒孔明锁　b) 部件1　c) 部件2　d) 部件3

图 2-1　三棒孔明锁及部件立体图

三棒孔明锁及部件立体图

部件的形状和大小，如图 2-1b、c、d 所示。绘制各部件的三视图，要求符合制图国家标准的有关规定。

【任务分析】

在机械设计、生产过程中，需要用图样来准确地表达机器和零件的形状和大小。立体图给人以直观的印象，但是它在表达物体时，某些结构的形状发生了变形（矩形被表达为平行四边形），可见立体图很难准确地表达机件的真实形状。

如果正对着立体物体的前面观察，所看到的图像就能准确地反映此物体前表面的形状和大小。这样只能得到一个视图，只能反映物体一个方向的形状，而不能完整地表达物体的形状。因此，要想表达一个物体的完整形状，就必须从多个方向进行投射，绘制出多个视图，通常采用三个视图来表示。

【知识链接】

讨论： 日常生活中有哪些投影法的应用实例？

一、投影法

在日常生活中，当阳光或灯光照射物体时，就会在地面或墙壁上形成物体的影子。影子在某些方面能反映出物体的形状特征，这就是常见的投影现象。人们对这类现象进行研究，提出了在平面上表示物体形状的方法，建立了投影法。

投射线通过物体，向选定的平面投射，并在该平面上得到图形的方法，称为投影法。根据投影法所得到的图形称为投影（投影图）。投影法中，得到投影的面称为投影面，如图 2-2 所示。

二、投影法分类

1. 中心投影法

投射线汇交于一点的投影法称为中心投影法。如图 2-2 所示，设 S 为投射中心，SA、SB、SC 为投射线，平面 P 为投影面。延长 SA、SB、SC 与投影面 P 相交，交点 a、b、c 即为三角形顶点 A、B、C 在 P 面上的投影。

中心投影法所得投影大小随着投影面、物体和投射中心三者之间距离的变化而变化，不能反映空间物体的真实大小，作图比较复杂，度量性差，因此机械图样中较少采用，但它具有强烈的立体感，广泛用于绘制建筑、机械产品等效果图。

2. 平行投影法

假设将投射中心移至无穷远处，这时的投射线可看作互相平行，这种投射线互相平行的投影法称为平行投影法。按投射线与投影面倾斜或垂直，平行投影法分为斜投影法和正投影法两种。

（1）斜投影法　投射线与投影面倾斜的平行投影法。根据斜投影法所得到的图形，称为斜投影或斜投影图，如图 2-3a 所示。

（2）正投影法　投射线与投影面垂直的平行投影法。根据正投影法所得到的图形，称为正投影或

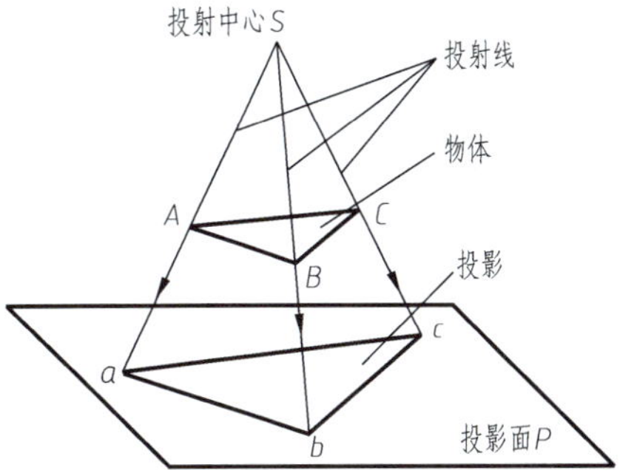

图 2-2　中心投影法

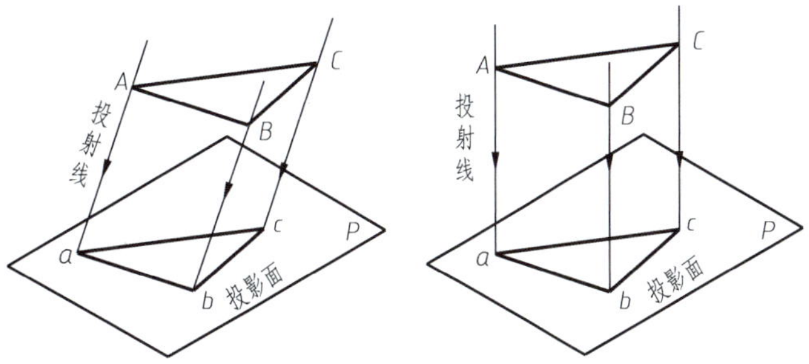

a) 斜投影法　　b) 正投影法

图 2-3　平行投影法

正投影图，如图 2-3b 所示。

由于正投影法能真实地反映物体的形状和大小，度量性好，作图方便，因此在工程上应用十分广泛。机械图样主要是采用正投影法绘制的，为叙述方便，本书将“正投影”简称为“投影”。

三、正投影法的基本特性

（1）真实性　当直线或平面与投影面平行时，直线的投影为反映空间直线实长的直线段，平面投影为反映空间平面实形的图形，正投影的这种特性称为真实性，如图 2-4a 所示。

（2）积聚性　当直线或平面与投影面垂直时，直线的投影积聚成一点，平面的投影积聚成一条直线，正投影的这种特性称为积聚性，如图 2-4b 所示。

（3）类似性　当直线或平面与投影面倾斜时，直线的投影为小于空间直线实长的直线段，平面的投影为小于空间实形的类似形，正投影的这种特性称为类似性，如图 2-4c 所示。

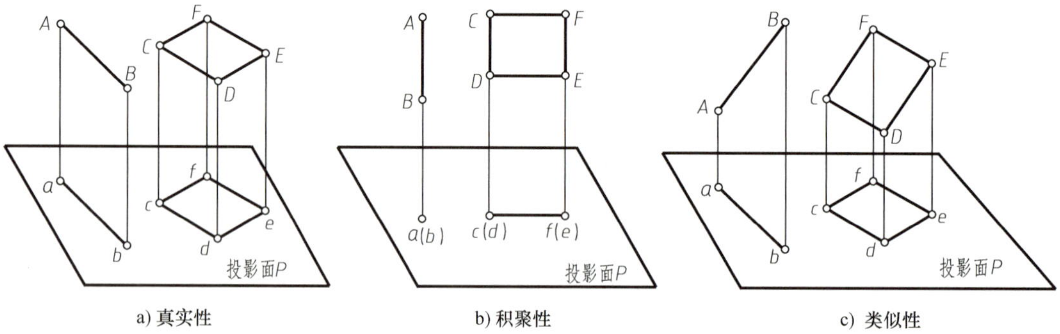

图 2-4　正投影法的基本特性

四、三视图的形成

1. 三投影面体系的建立

一般设立三个相互垂直相交的投影面，构成三投影面体系，如图 2-5a 所示。三个投影面分别为正立投影面（简称正面，用 V 表示）、水平投影面（简称水平面，用 H 表示）及侧立投影面（简称侧面，用 W 表示）。

相互垂直的投影面之间的交线称为投影轴，如 OX、OY、OZ，分别简称为 X 轴、Y 轴、Z 轴。三根投影轴相互垂直，其交点称为原点，用 O 表示。

2. 三面投影的形成

将物体放置在三投影面体系中，按正投影法向各投影面投射，就可以在三个投影面上得到三个视图，如图 2-5a 所示。规定的名称为：

主视图——物体在正立投影面上的投影，即由前向后投射所得的视图；

俯视图——物体在水平投影面上的投影，即由上向下投射所得的视图；

左视图——物体在侧立投影面上的投影，即由左向右投射所得的视图。

3. 三投影面的展开

为了绘图方便，需将三个相互垂直的投影面展开摊平在同一个平面上。如图 2-5b 所示，规定正面不动，将水平面和侧面沿 Y 轴分开，并将水平面绕 X 轴向下旋转 90°，将侧面绕 Z 轴向右旋转 90°。应注意：当水平面和侧面旋转时，Y 轴分为两处，分别用 Y_H（在 H 面上）和 Y_W（在 W 面上）表示。旋转后，俯视图在主视图的下方，左视图在主视图的右方，如图 2-5c 所示。实际绘图时应去掉投影面边框和投影轴，得到如图 2-5d 所示的三视图。

五、三视图的投影对应关系

物体有长、宽、高三个方向的尺寸。通常规定物体左右之间的距离为长，前后之间的距离为宽，

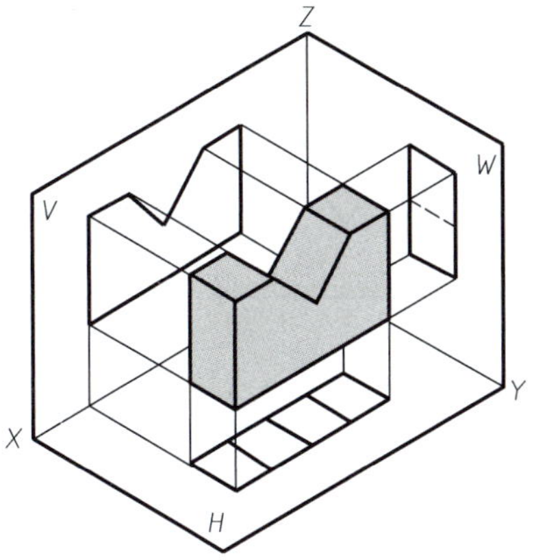

a)

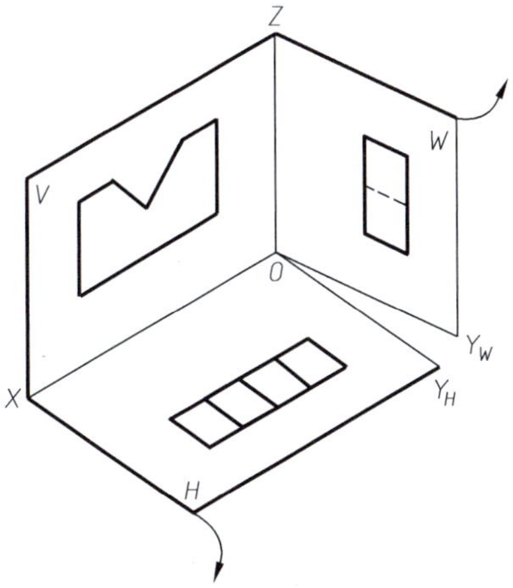

b)

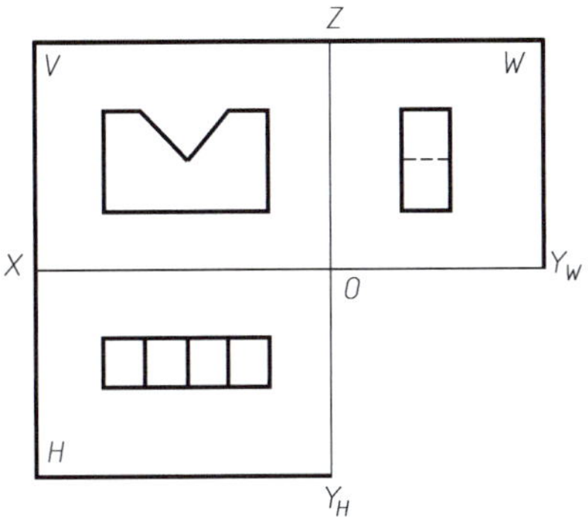

c)

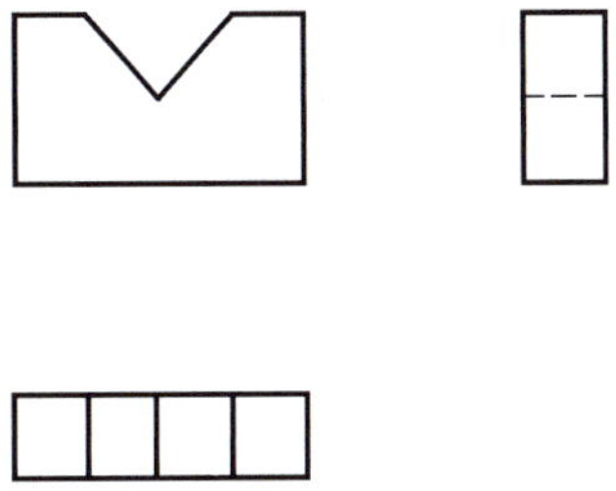

d)

三视图的形成

图 2-5　三视图的形成

上下之间的距离为高，如图 2-6a 所示。一个视图只能反映物体两个方向的尺寸，主视图反映物体的长度和高度，俯视图反映物体的长度和宽度，左视图反映物体的宽度和高度。这样，相邻两个视图同一方向的尺寸必定相等，即：

主视图与俯视图反映物体的长度——长对正；

主视图与左视图反映物体的高度——高平齐；

俯视图与左视图反映物体的宽度——宽相等。

> **讨论：**有哪些好办法可以帮助大家更好地理解“宽相等”？

三视图之间“长对正，高平齐，宽相等”的“三等”关系，就是三视图的投影规律，绘图、读图时，要严格遵循，如图 2-6b 所示。

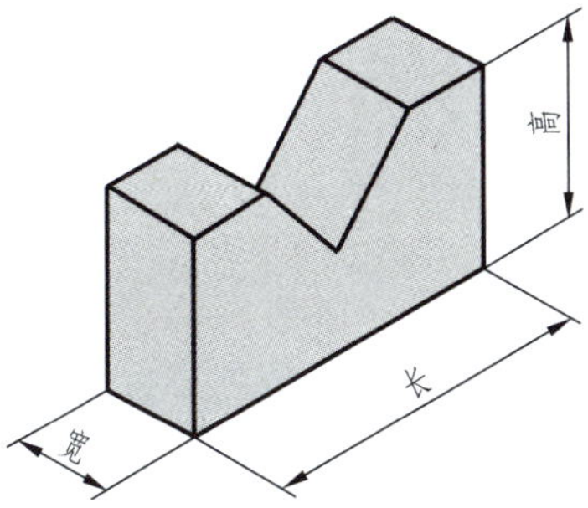

a)

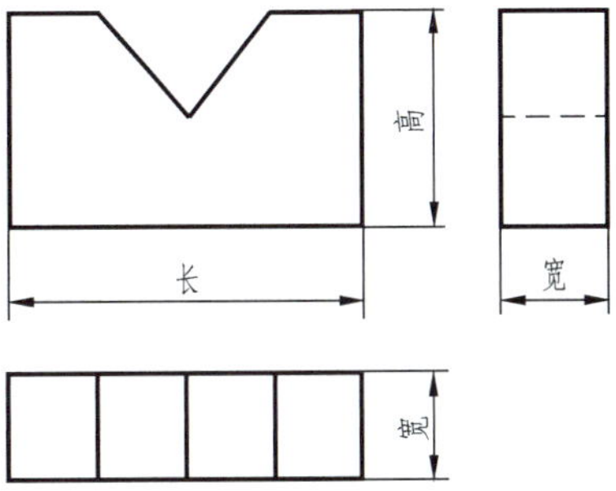

b)

图 2-6　三视图的投影对应关系

六、三视图与物体的方位对应关系

物体有上、下、左、右、前、后六个方位，每一个视图只能反映物体两个方向的位置关系，即：

主视图反映物体的上、下和左、右的相对位置关系；

俯视图反映物体的左、右和前、后的相对位置关系；

左视图反映物体的上、下和前、后的相对位置关系。

注意：在绘图与读图时，要特别注意俯视图和左视图的前、后对应关系。俯、左视图靠近主视图的一侧，表示物体的后面；远离主视图的一侧，表示物体的前面，如图 2-7 所示。

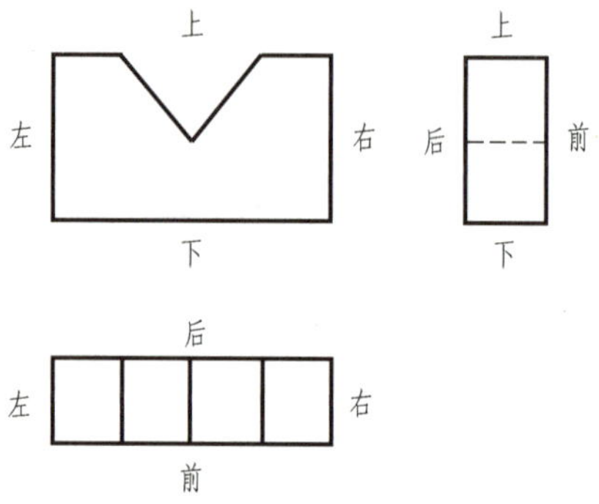

图 2-7　三视图的方位对应关系

【任务实施】

根据物体（或轴测图）绘制三视图时，选择反映物体形状特征最明显的方向作为主视图的投射方向，然后将物体摆正（使物体的主要表面平行于投影面），从三个不同方向对物体进行投影，想象三视图的形状，然后作图。绘图时通常按照形体的主次特征依次画出每个部分的三视图，绘图时需要谨记“长对正、高平齐、宽相等”的投影规律。

三棒孔明锁各部件的三视图如图 2-8 所示。

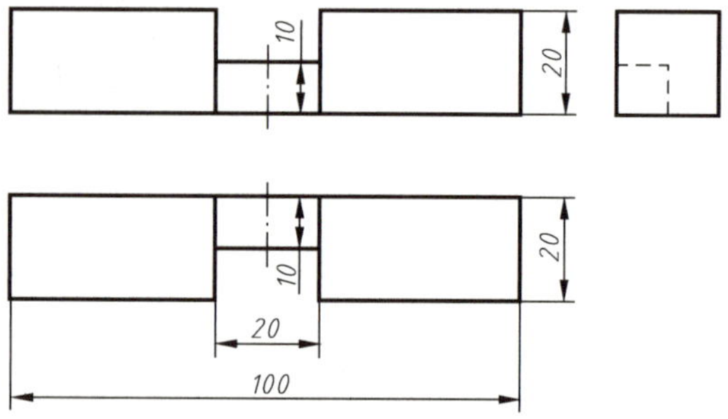

a) 部件1三视图

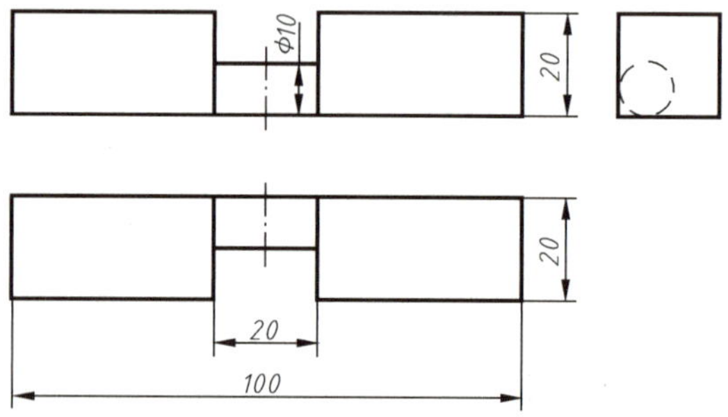

b) 部件2三视图

部件2

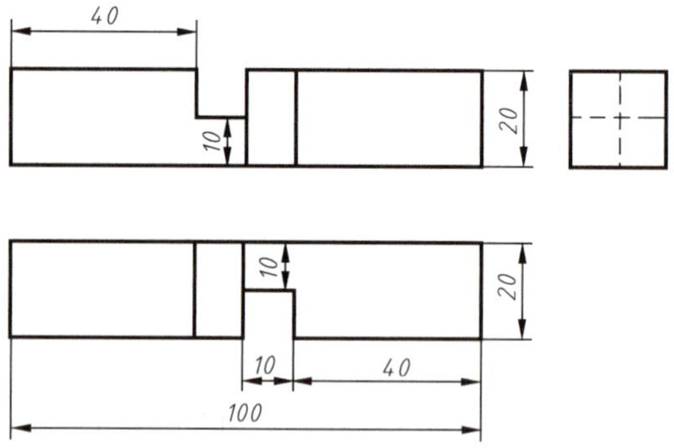

c) 部件3三视图

部件1

部件3

图 2-8　三棒孔明锁各部件的三视图

项目二　绘制点、直线、平面的投影

点、直线、平面是构成物体表面的最基本的几何元素，因此，要准确地绘制物体的三视图，必须掌握这些基本几何元素的投影特性和作图方法。

任务一 根据立体图作点的三面投影

【任务描述】

如图 2-9 所示，将空间点 A 向三个投影面进行投射，得到点的三面投影。试绘制点的三面投影，并分析其投影规律。

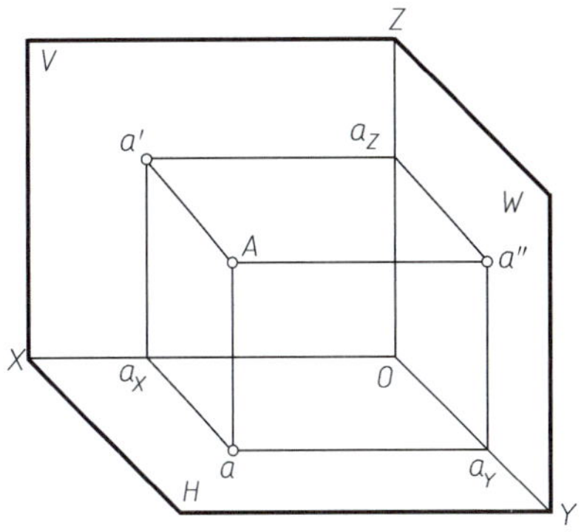

图 2-9 点的投影

【任务分析】

求作点 A 的投影时，需要测量点到投影面的距离。大家想一下，点的正面投影的位置由什么尺寸确定？点的水平投影和侧面投影的位置又由什么尺寸确定？点的三面投影符合三视图的投影规律吗？

【任务实施】

一、绘制点的三面投影图

将空间点 A 分别向三个投影面投射，分别作垂直于 H 面、V 面、W 面的投射线，得到的投影为 a（水平投影）、a'（正面投影）、a''（侧面投影），如图 2-10 所示。

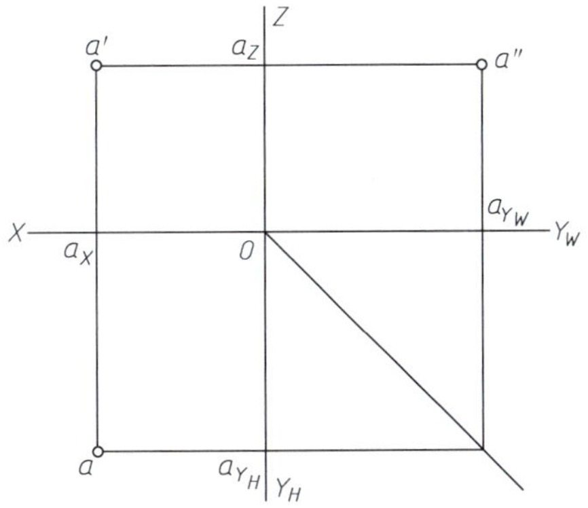

图 2-10 点的三面投影

注意：空间点用大写拉丁字母表示，如 A、B、C、…；H 面投影用相应小写拉丁字母表示，如 a、b、c、…；V 面投影用相应的小写拉丁字母加一撇表示，如 a'、b'、c'、…；W 面投影用相应小写拉丁字母加两撇表示，如 a''、b''、c''、…。

二、分析点的投影规律

点的三面投影有以下投影规律：

1）点的两面投影连线必垂直于相应的投影轴，即 $a'a \perp OX$；$a'a'' \perp OZ$；$aa_{Y_H} \perp OY$；$aa_{Y_W} \perp OY$。

2）点的投影到投影轴的距离等于空间点到相应的投影面的距离，即：

$a'a_X = a''a_{Y_W}$ = 点 A 到 H 面的距离 Aa；

$aa_X = a''a_Z$ = 点 A 到 V 面的距离 Aa'；

$aa_{Y_H} = a'a_Z$ = 点 A 到 W 面的距离 Aa''。

【知识拓展】

一、点的投影与直角坐标的关系

在三投影面体系中，点的位置可由点到三个投影面的距离来确定。如果将三个投影面作为三个坐标面，投影轴作为坐标轴，则点的投影与直角坐标的关系如图 2-11a 所示。

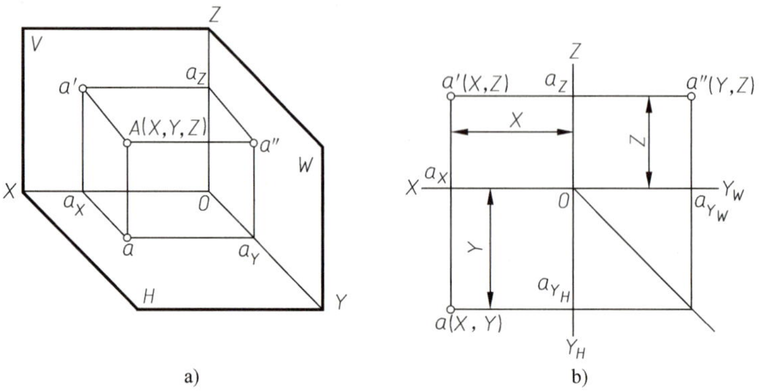

图 2-11 点的投影与直角坐标的关系

由图 2-11 可知：

点 A 的 X 坐标 $Oa_X=a'a_Z=aa_Y=Aa''$（点 A 到 W 面的距离）；点 A 的 Y 坐标 $Oa_Y=aa_X=a''a_Z=Aa'$（点 A 到 V 面的距离）；点 A 的 Z 坐标 $Oa_Z=a'a_X=a''a_Y=Aa$（点 A 到 H 面的距离）。空间点的位置可由该点的坐标（X，Y，Z）确定，点 A 三投影的坐标分别为 $a(X, Y)$、$a'(X, Z)$、$a''(Y, Z)$。所以，点的任意两投影已经反映点的三个坐标，能完全确定点的空间位置。因此，若已知点的三个坐标，就可画出该点的三面投影。

二、两点的相对位置

两点在空间的相对位置可以由两点的坐标来确定：

两点的左、右相对位置由 X 坐标确定，X 坐标值大者在左；

两点的前、后相对位置由 Y 坐标确定，Y 坐标值大者在前；

两点的上、下相对位置由 Z 坐标确定，Z 坐标值大者在上。

如图 2-12 所示，点 A 的 X 坐标小于点 B 的 X 坐标，点 A 在点 B 的右侧；点 A 的 Y 坐标小于点 B 的 Y 坐标，点 A 在点 B 的后方；点 A 的 Z 坐标大于点 B 的 Z 坐标，点 A 在点 B 的上方。

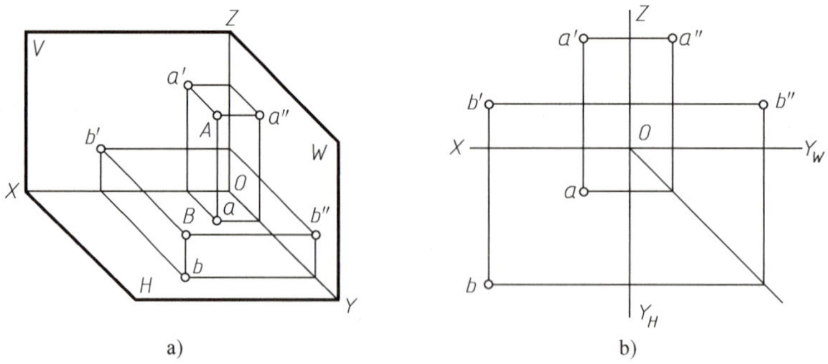

图 2-12 两点的相对位置

三、重影点与可见性

若空间点 A、B 的正投影重合，则该两点称为 V 面的重影点。根据投影原理可知：两点重影时，远离投影面的一点为可见点，另一点为不可见点，通常规定在不可见点的投影符号外加圆括号表示，如图 2-13 所示。

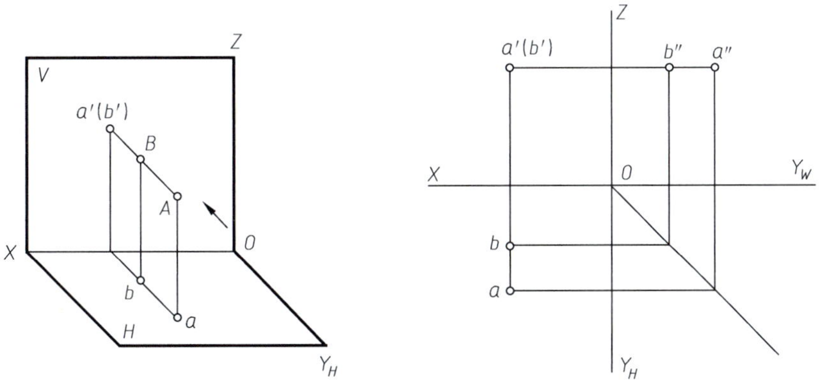

a)　　　　b)

图 2-13　重影点的投影

任务二　绘制直线的三面投影

【任务描述】

将直线 *AB* 放入三投影面体系中，如图 2-14 所示，求作直线 *AB* 的三面投影。

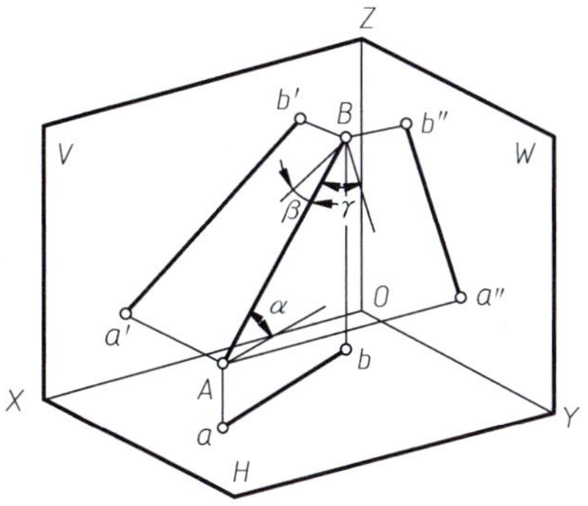

图 2-14　直线的投影

【任务分析】

直线的投影一般仍为直线，其各面投影可由直线上两点的同面投影来确定。因此，求直线的投影，可以分别作出两个端点的投影，然后连接端点的同面投影即可。

【任务实施】

直线 *AB* 三面投影的作图步骤见表 2-1。

表 2-1　直线 *AB* 三面投影的作图步骤

步骤	1. 分别作点 *A*、点 *B* 的三面投影	2. 依次连接 *A*、*B* 两点的同面投影
图例	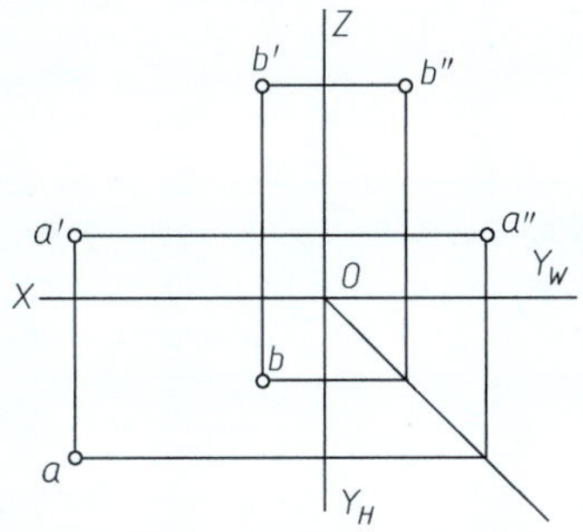	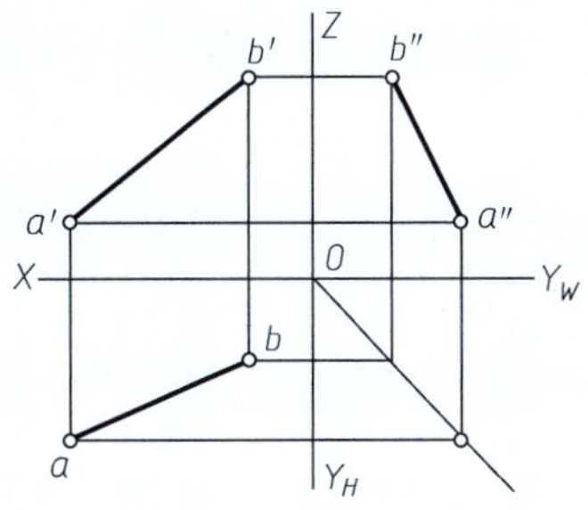

【知识拓展】

直线的投影特性

直线对投影面的相对位置有三种：投影面平行线、投影面垂直线、一般位置直线。

1. 投影面平行线

平行于一个投影面，与另外两个投影面倾斜的直线称为投影面平行线。平行于 *H* 面的直线称为水平线，平行于 V 面的直线称为正平线，平行于 W 面的直线称为侧平线。投影面平行线的投影特性见表 2-2。

表 2-2　投影面平行线的投影特性

名称	水平线（$AB/\!/H$ 面）	正平线（$AC/\!/V$ 面）	侧平线（$AD/\!/W$ 面）
立体图	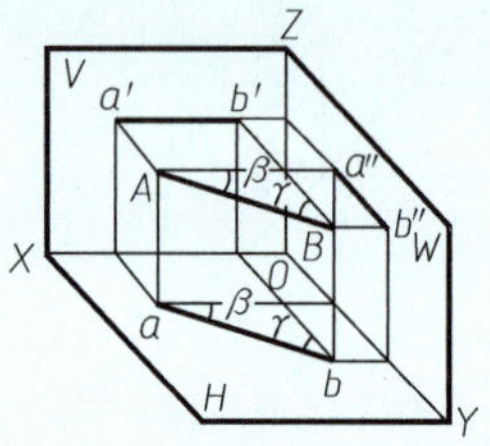	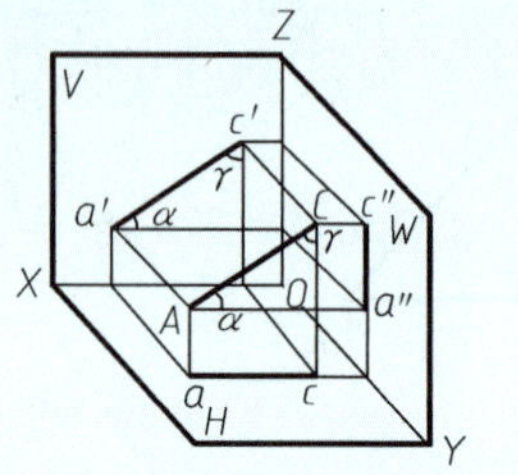	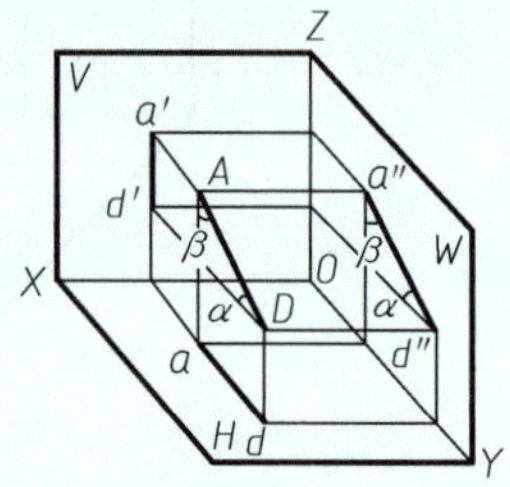
投影图	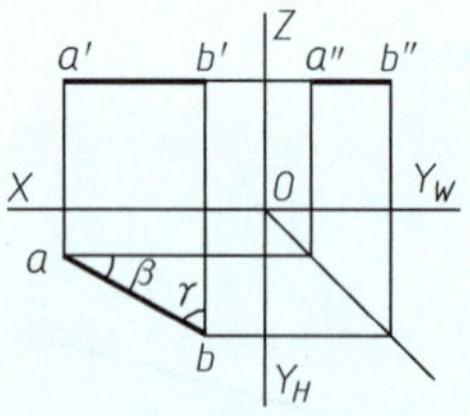	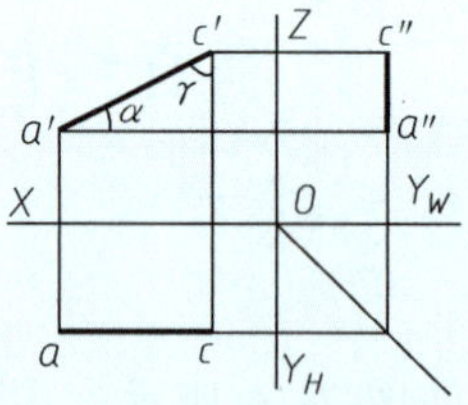	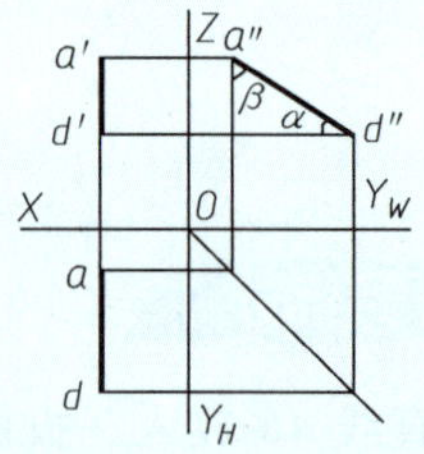
在形体投影图中的位置	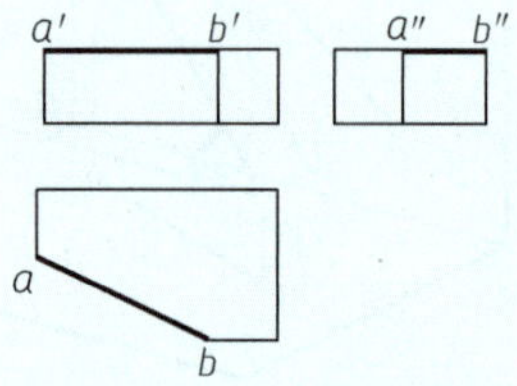	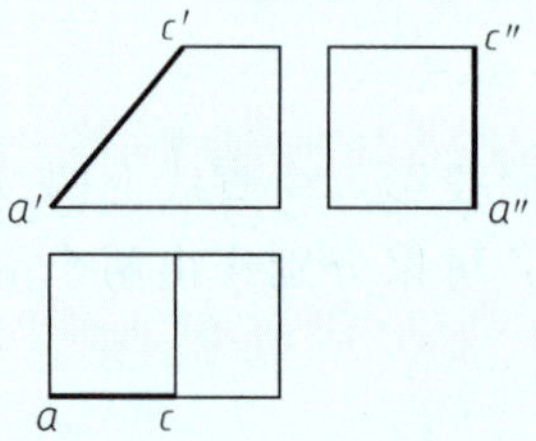	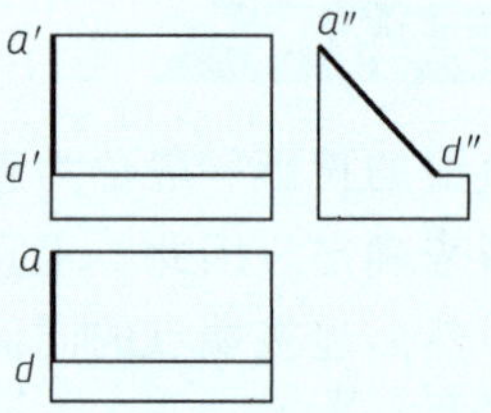
在形体立体图中的位置	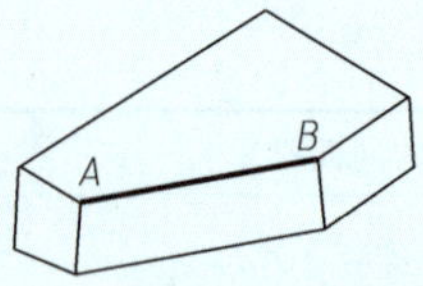	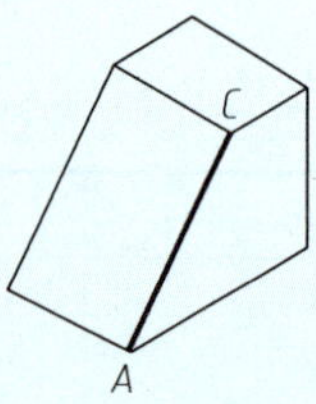	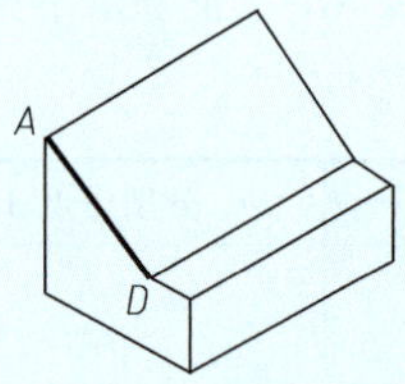
投影特性	1. $ab=AB$，即 H 面投影反映实长，水平投影反映倾角 β 和 γ 2. $a'b'/\!/OX$、$a''b''/\!/OY_W$	1. $a'c'=AC$，即 V 面投影反映实长，正面投影反映倾角 α 和 γ 2. $ac/\!/OX$、$a''c''/\!/OZ$	1. $a''d''=AD$，即 W 面投影反映实长，侧面投影反映倾角 β 和 α 2. $a'd'/\!/OZ$、$ad/\!/OY_H$
	小结： 1. 直线在与其平行的投影面上的投影反映线段实长，而且与投影轴倾斜，与投影轴的夹角等于直线对另外两个投影面的实际倾角 2. 直线的另外两投影都短于线段实长，且分别平行于相应的投影轴		

2. 投影面垂直线

垂直于一个投影面，与另外两个投影面平行的直线称为投影面垂直线。垂直于 H 面的直线称为铅垂线，垂直于 V 面的直线称为正垂线，垂直于 W 面的直线称为侧垂线。投影面垂直线的投影特性见表 2-3。

表 2-3　投影面垂直线的投影特性

名称	铅垂线（$AB \perp H$ 面）	正垂线（$AC \perp V$ 面）	侧垂线（$AD \perp W$ 面）
立体图	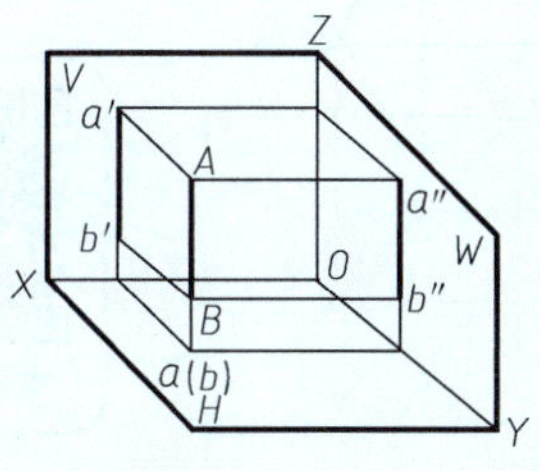	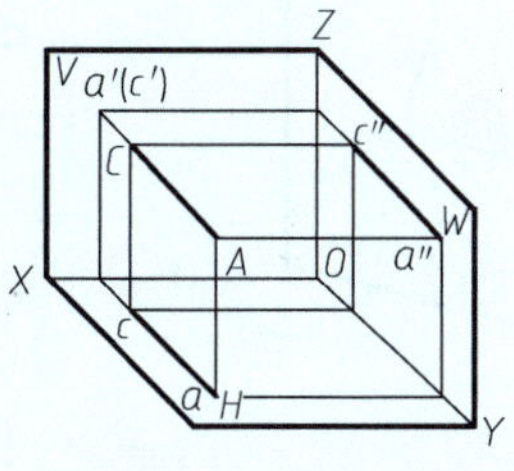	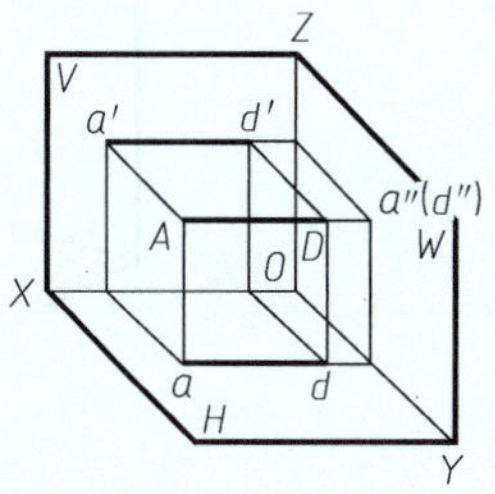
投影图	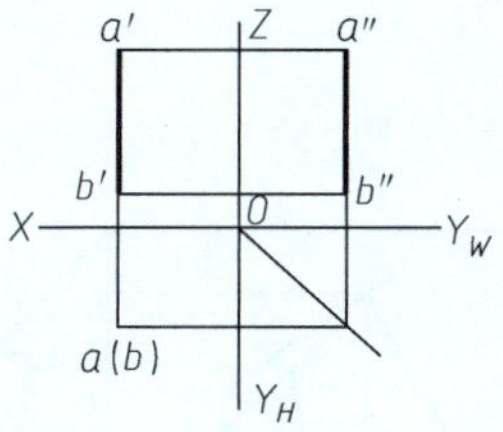	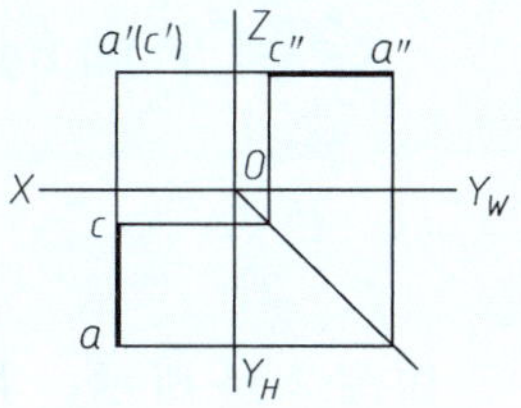	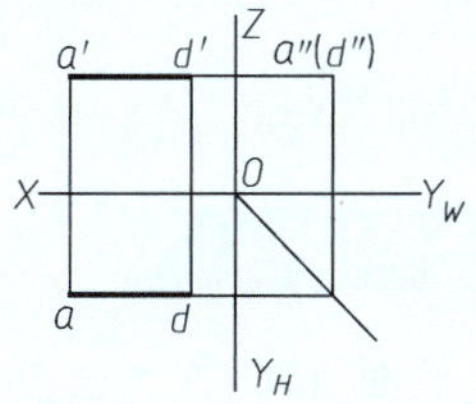
在形体投影图中的位置	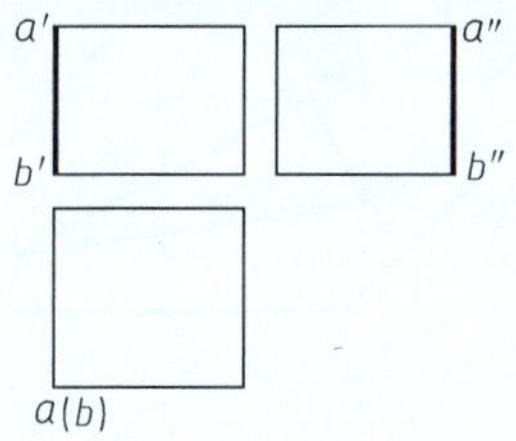	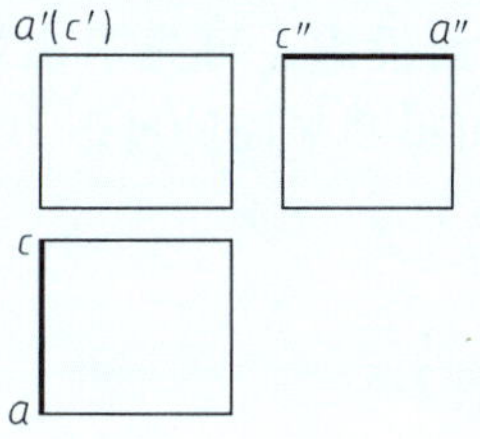	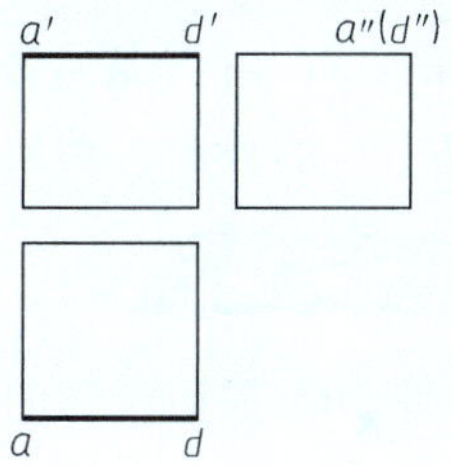
在形体立体图中的位置	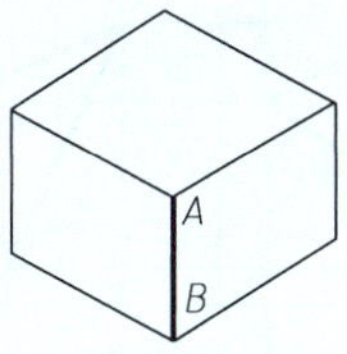	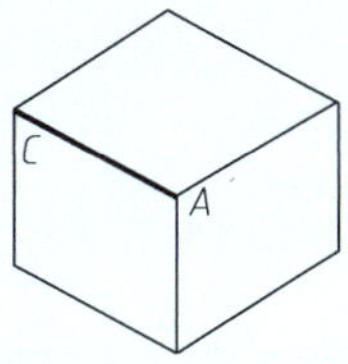	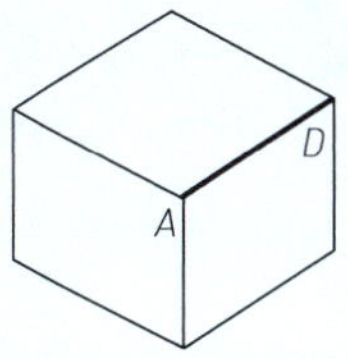
投影特性	1. ab 积聚成一点 2. $a'b'=a''b''=AB$ 3. $a'b' \perp OX$、$a''b'' \perp OY_W$	1. $a'c'$积聚成一点 2. $ac=a''c''=AC$ 3. $ac \perp OX$、$a''c'' \perp OZ$	1. $a''d''$积聚成一点 2. $ad=a'd'=AD$ 3. $ad \perp OY_H$、$a'd' \perp OZ$
	小结： 1. 直线在所垂直的投影面上的投影积聚成一个点 2. 直线的另外两个投影都反映线段实长，且垂直于相应的投影轴		

3. 一般位置直线

对三个投影面都倾斜的直线称为一般位置直线，如图 2-15 所示。一般位置直线的投影特性如下：

1） 三个投影均不反映实长。

2） 三个投影均对投影轴倾斜，且直线的投影与投影轴的夹角不反映空间直线对投影面的倾角。

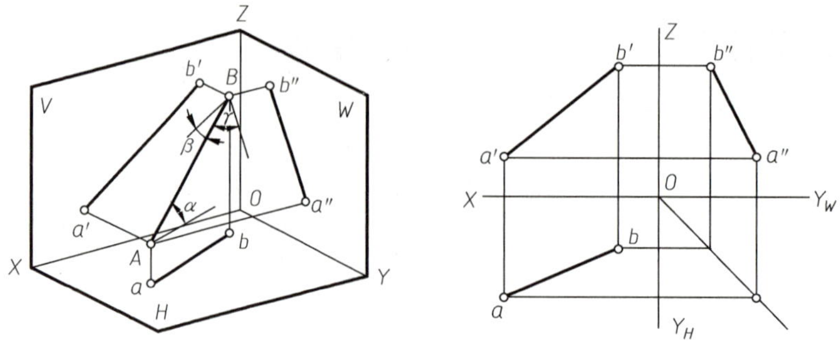

a)　　　　b)

图 2-15　一般位置直线

直线的投影

任务三　绘制平面的三面投影

【任务描述】

将平面 *ABC* 放入三投影面体系中，如图 2-16 所示，求作平面 *ABC* 的三面投影。

【任务分析】

平面 *ABC* 由三条直线围成，作平面投影，可先求出端点 *A*、*B*、*C* 的投影，然后依次连接即可得到平面的投影。

【任务实施】

平面 *ABC* 三面投影的作图步骤见表 2-4。

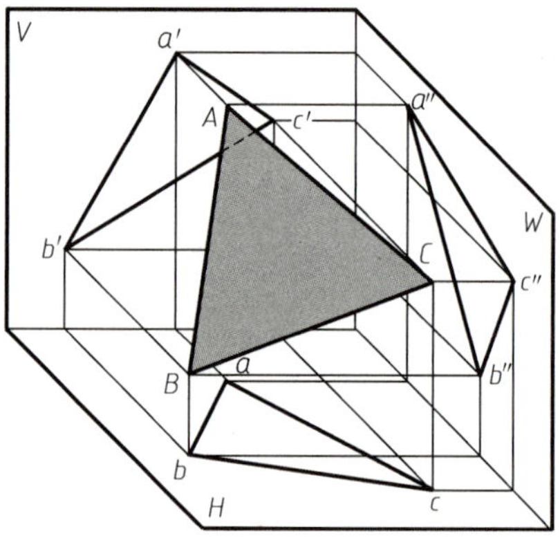

图 2-16　平面的投影

表 2-4　平面 *ABC* 三面投影的作图步骤

步骤	1. 分别作点 *A*、点 *B*、点 *C* 的三面投影	2. 依次连接 *A*、*B*、*C* 三点的同面投影
图例	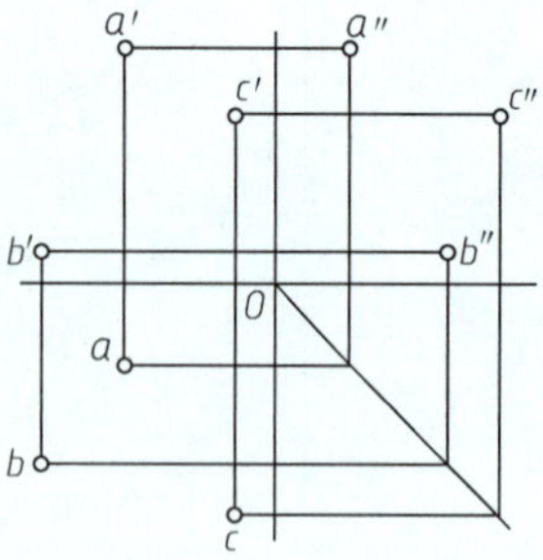	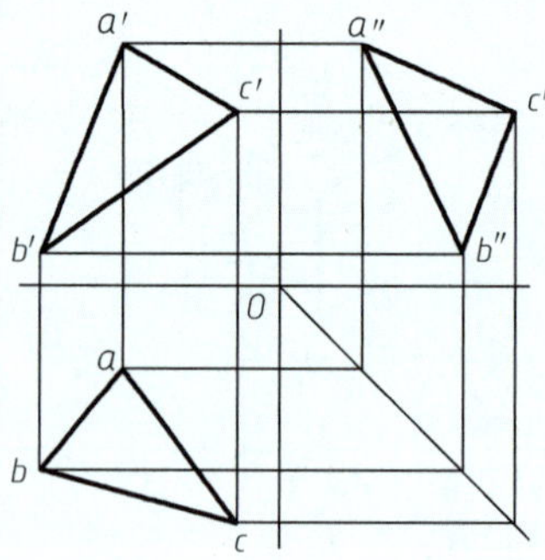

【知识拓展】

平面的投影特性

平面对投影面的相对位置有三种：投影面平行面、投影面垂直面、一般位置平面。

1. 投影面平行面

平行于一个投影面，垂直于另外两个投影面的平面称为投影面平行面。平行于 *H* 面的平面称为水平面，平行于 *V* 面的平面称为正平面，平行于 *W* 面的平面称为侧平面。投影面平行面的投影特性见表 2-5。

表 2-5 投影面平行面的投影特性

名称	水平面（$A/\!/H$）	正平面（$B/\!/V$）	侧平面（$C/\!/W$）
立体图	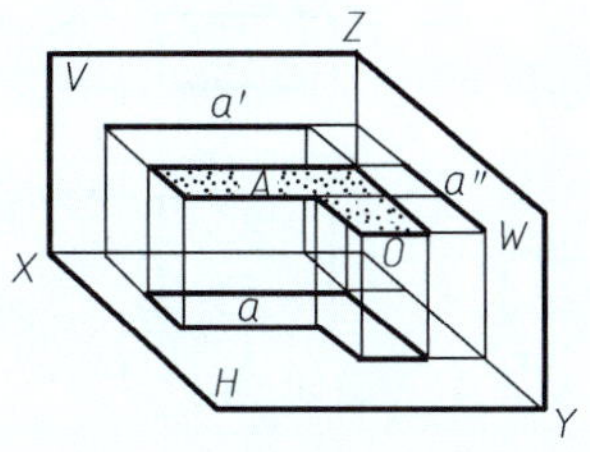	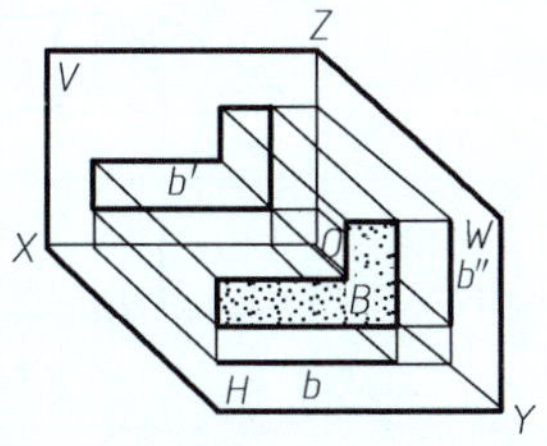	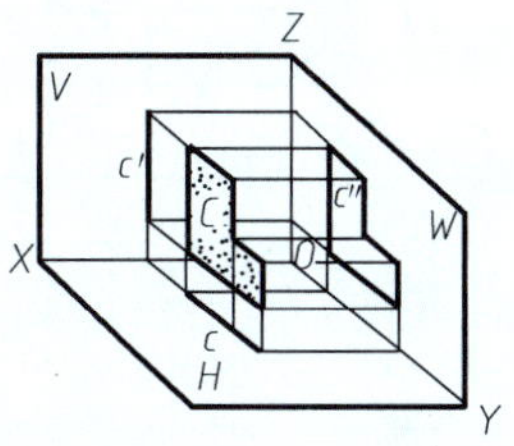
投影图	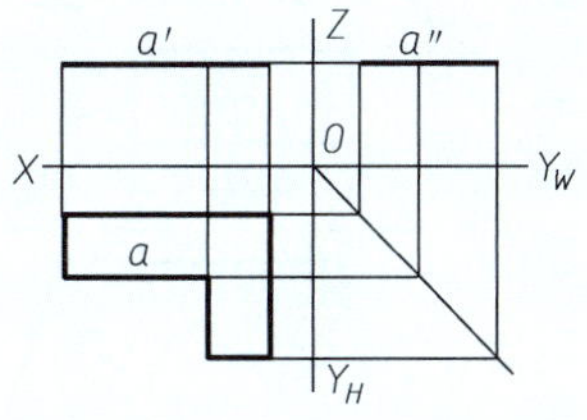	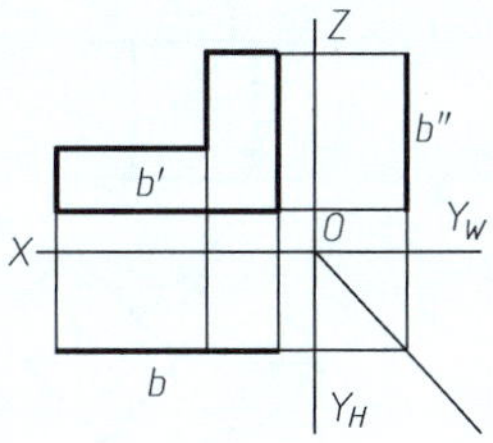	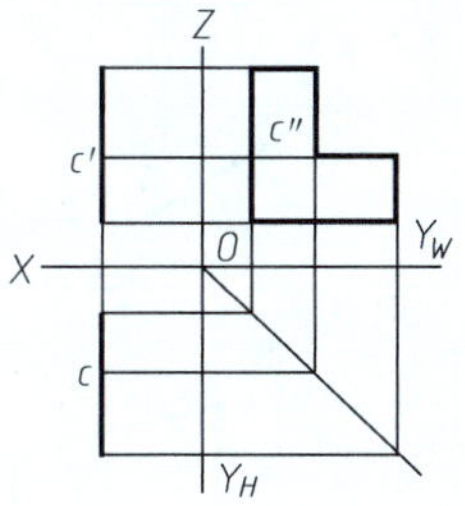
在形体投影图中的位置	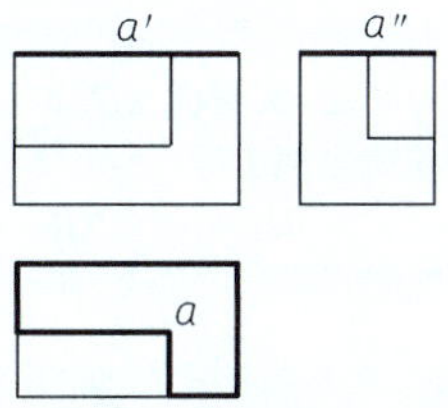	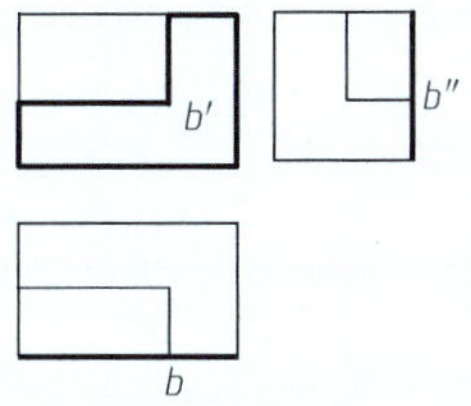	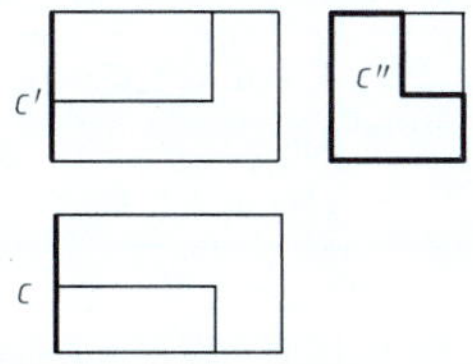
在形体立体图中的位置	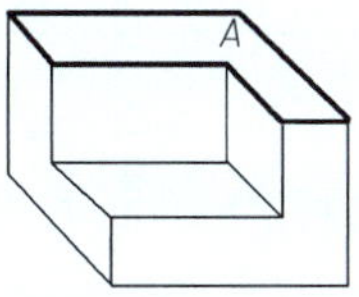	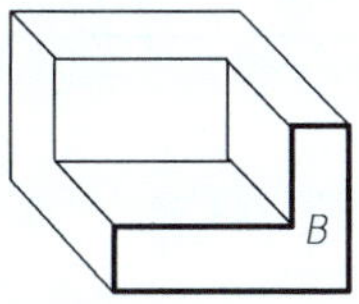	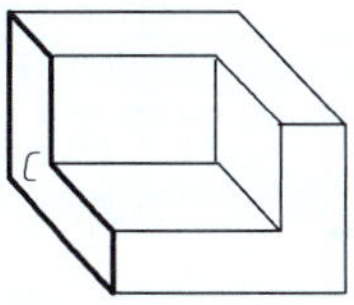
投影特性	1. a 反映平面实形 2. a'和 a''均具有积聚性 3. $a'/\!/OX$、$a''/\!/OY_W$	1. b'反映平面实形 2. b 和 b''均具有积聚性 3. $b/\!/OX$、$b''/\!/OZ$	1. c''反映平面实形 2. c'和 c 均具有积聚性 3. $c/\!/OY_H$、$c'/\!/OZ$
	小结： 1. 平面在所平行的投影面上的投影反映实形 2. 平面的其余两个投影均积聚成直线，且平行于相应的投影轴		

2. 投影面垂直面

垂直于一个投影面，倾斜于另外两个投影面的平面称为投影面垂直面。垂直于 H 面的平面称为铅垂面，垂直于 V 面的平面称为正垂面，垂直于 W 面的平面称为侧垂面。投影面垂直面的投影特性见表 2-6。

表 2-6 投影面垂直面的投影特性

名称	铅垂面（$A\perp H$）	正垂面（$B\perp V$）	侧垂面（$C\perp W$）
立体图	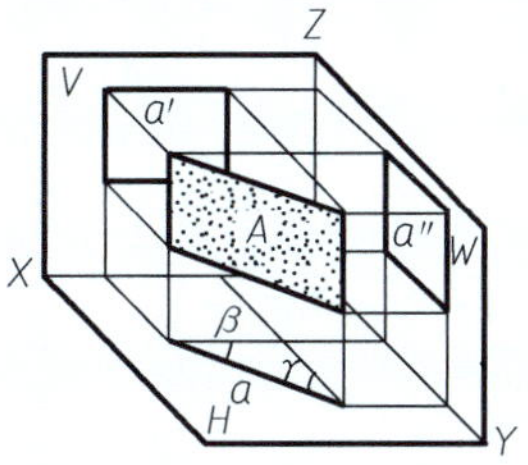	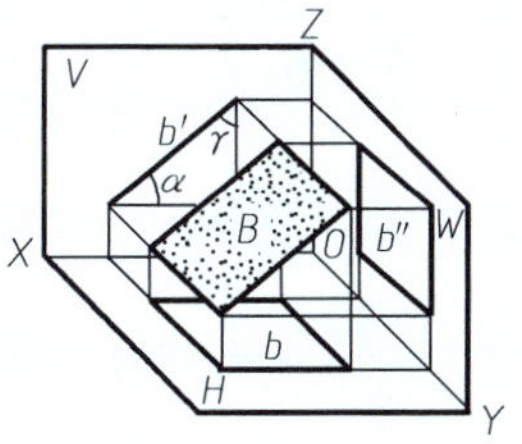	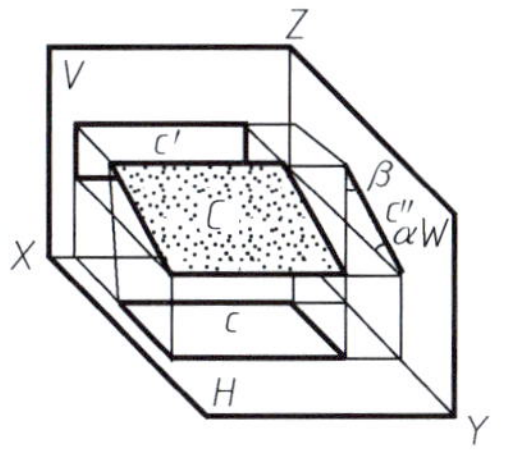

（续）

名称	铅垂面（$A \perp H$）	正垂面（$B \perp V$）	侧垂面（$C \perp W$）
投影图	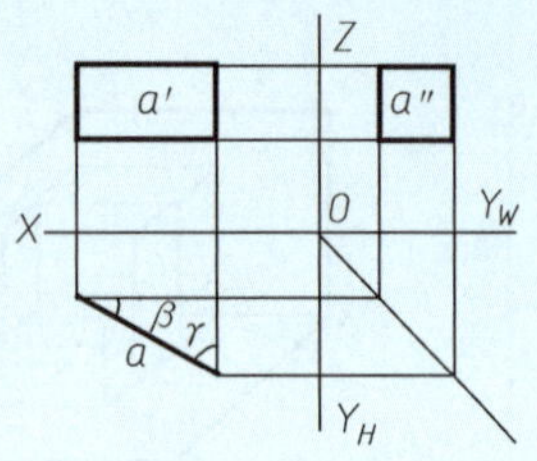	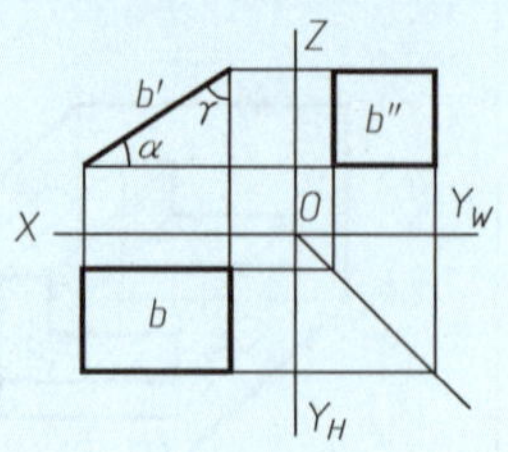	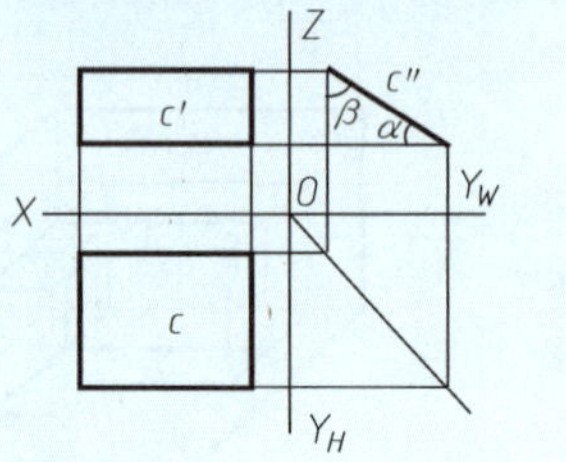
在形体投影图中的位置	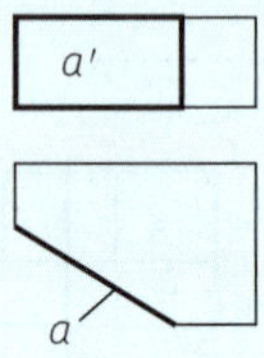	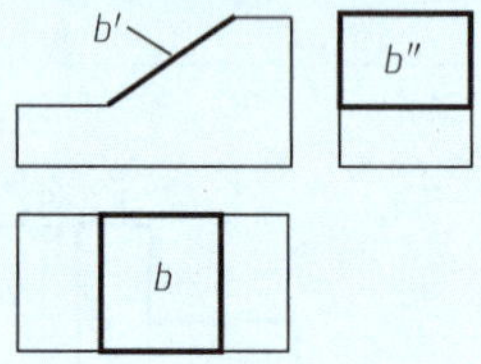	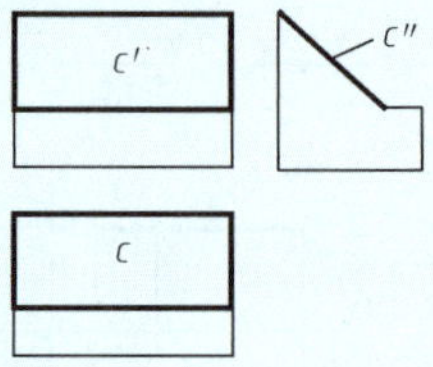
在形体立体图中的位置	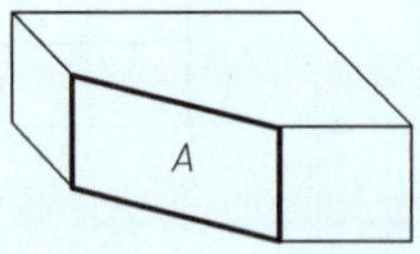	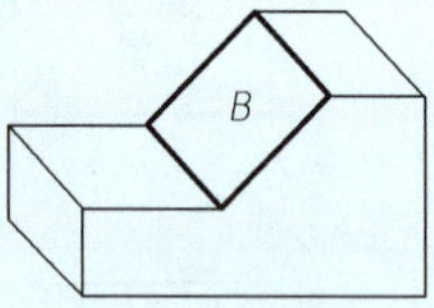	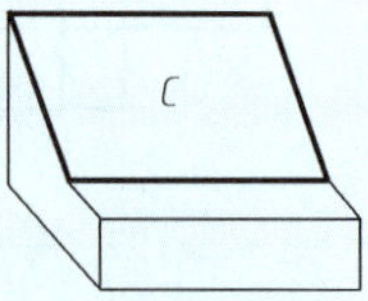
投影特性	1. A 在 H 面投影 a 积聚为一直线，并反映 β 和 γ 2. a'和 a''为类似形	1. B 在 V 面投影 b'积聚为一直线，并反映 α 和 γ 2. b 和 b'' 为类似形	1. C 在 W 面投影 c''积聚为一直线，并反映 β 和 α 2. c 和 c'为类似形
	小结： 1. 平面在所垂直的投影面上的投影为一倾斜线段，具有积聚性，其与投影轴的夹角反映平面与另外两个投影面的倾角 2. 平面的其余两个投影均为小于实形的类似形		

3. 一般位置平面

与三个投影面都倾斜的平面称为一般位置平面，如图 2-17 所示。一般位置平面的投影特性如下：

1）三面投影都是比原形小的类似形。

2）三个投影面上的投影都不能直接反映该平面对投影面的倾角。

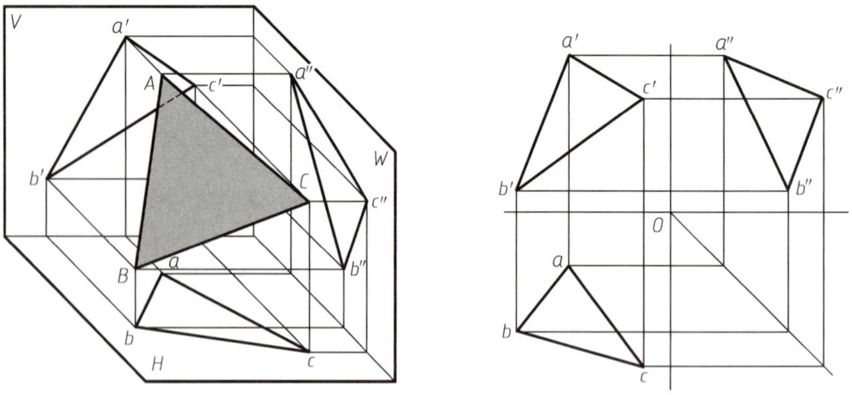

a)　　　　b)

图 2-17　一般位置平面

△ABC的投影

模块三　基本几何体及其表面交线

学习目标

素质目标：

1）培养学生逻辑思维与辩证思维能力，使学生养成良好的思维习惯。

2）培养学生形体构造和表达能力。

3）培养学生认真负责、踏实敬业的工作态度和严谨细致的工作作风。

知识目标：

1）掌握基本几何体的投影特性及三视图的画法。

2）掌握在基本几何体表面上取点的作图方法。

3）了解截交线与相贯线的投影特性，掌握求作截交线与相贯线的基本作图方法。

能力目标：

1）能够绘制基本几何体的三视图。

2）能够正确绘制截交线与相贯线。

项目一　绘制基本几何体的三视图

任何物体均可以看成由若干个基本几何体（简称基本体）组合而成。基本体通常分为两类：

1）平面立体——其表面为若干个平面的几何体，如棱柱、棱锥等。

2）曲面立体——其表面为曲面或曲面与平面的几何体，最常见的是回转体，如圆柱、圆锥、圆球等。

任务一　绘制玩具小屋模型的三视图

【任务描述】

根据某玩具生产企业给定的玩具小屋模型，如图 3-1 所示，绘制其三视图。

图 3-1　玩具小屋模型

玩具小屋模型

【任务分析】

该玩具小屋模型主要由四棱柱和四棱锥组成，四棱柱和四棱锥都是平面立体。其中，平面立体上相邻表面称为棱面，各棱面的交线称为棱线，棱线与棱线的交点称为顶点。绘制平面立体的三视图就是绘制立体上各棱面、各棱线以及各顶点的投影。

【知识链接】

讨论：棱柱在生活中有哪些应用实例？

一、棱柱

棱柱属于平面立体，其棱线互相平行，常见的棱柱有三棱柱、四棱柱、五棱柱和六棱柱等。下面以正六棱柱为例，分析棱柱三视图和棱柱表面上点的投影的求作方法。

1. 棱柱的投影分析

如图 3-2a 所示，正六棱柱由顶面、底面和六个棱面组成，六个棱面均为矩形，两侧面间的交线（即棱线）相互平行。其中顶面和底面平行于水平面，其水平投影重合，反映实形为正六边形。前后两个棱面平行于正面，所有棱面均垂直于水平面，为铅垂面。六个棱面的水平投影分别积聚为正六边形的六条边，另外两个方向投影外轮廓均为矩形，其内部包含若干小矩形。

2. 棱柱三视图的绘制

首先作正六棱柱的对称中心线及底面基准线，再绘制出顶面和底面的投影（在水平投影中它们均反映实形且重影），然后按“长对正”的投影关系和正六棱柱的高绘制出主视图，最后按“高平齐，宽相等”的投影关系绘制出左视图，如图 3-2b 所示。

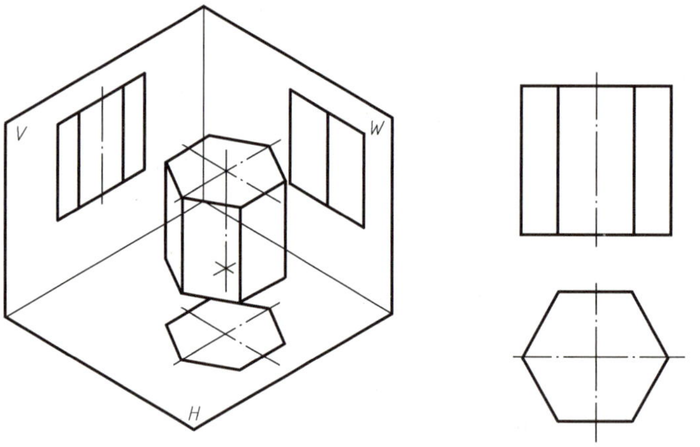

正六棱柱

a)　　　　b)

图 3-2　正六棱柱

3. 棱柱表面上点的投影

若棱柱表面均处于特殊位置，则棱柱表面上点的投影可利用平面投影的积聚性求得。在三个视图中，若平面处于可见位置，则该面上点的投影也是可见的；反之为不可见。

例 3-1　如图 3-3a 所示，已知六棱柱棱面 $ABCD$ 上点 M 的 V 面投影 m'，求点 M 在其他两面的投影。

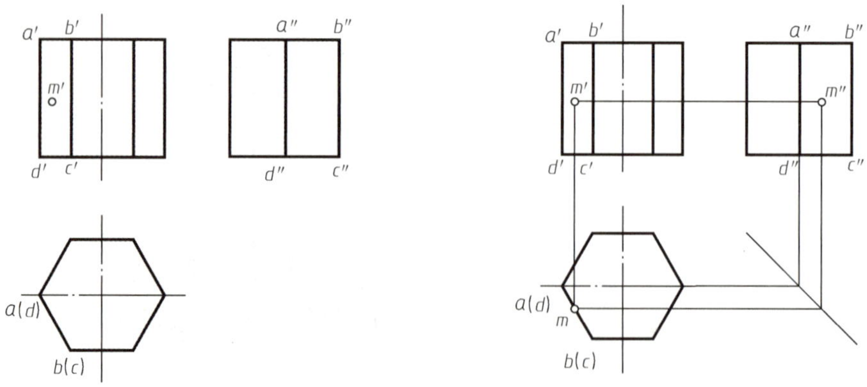

a)　　　　b)

图 3-3　正六棱柱上点的三面投影

如图 3-3b 所示，六棱柱棱面 $ABCD$ 的水平投影 $abcd$ 具有积聚性，因此点 M 在水平面的投影 m 必在 $abcd$ 上，求出 m 后，再根据 m'、m 求得 m''。由于棱面 $ABCD$ 的 W 面投影可见，所以 m''为可见。

二、棱锥

讨论：棱锥在生活中有哪些应用实例？

棱锥的棱线交于一点，常见的棱锥有三棱锥、四棱锥、五棱锥等。下面以正三棱锥为例，分析棱锥三视图和棱锥表面上点的投影的求作方法。

1. 棱锥的投影分析

如图 3-4a 所示，正三棱锥的底面为水平面，其水平投影为正三角形，正面投影和侧面投影为横线。后侧面为侧垂面，其侧面投影为斜线，正面投影和水平投影为三角形（原实形的类似形）。左、右两侧面为一般位置平面，其三面投影皆为三角形。左、右两条棱线为一般位置线，三面投影皆为缩短的斜线。中间的棱线为侧平线，其侧面投影为反映实长的斜线，其正面投影和水平投影为收缩的竖线。

2. 棱锥三视图的绘制

绘制正三棱锥的三视图时，首先绘制出俯视图，其次根据正三棱锥的高度和“长对正”的投影规律绘制出主视图，最后根据“高平齐”和“宽相等”的投影规律绘制出左视图，如图 3-4b 所示。

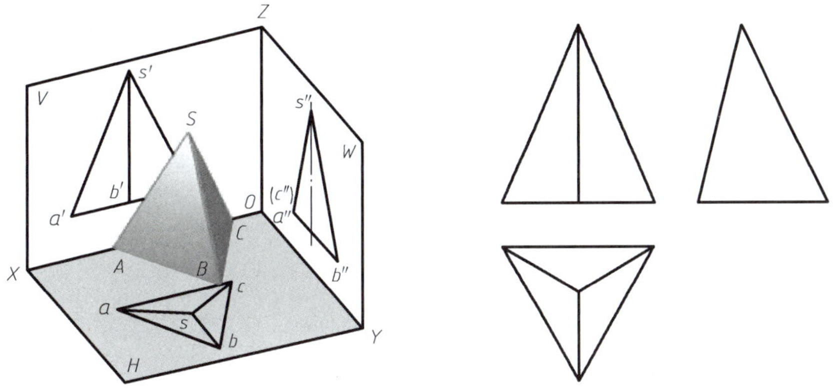

正三棱锥

a)　　　　b)

图 3-4　正三棱锥

3. 棱锥表面上点的投影

棱锥的表面可能是特殊位置平面，也可能是一般位置平面。凡属特殊位置平面上的点，其投影可利用平面投影的积聚性直接求得；一般位置平面上的点，则可通过在该面作辅助线的方法求得。

例 3-2　如图 3-5 所示，已知三棱锥棱面上点 M 的 V 面投影 m'，求点 M 在其他两面的投影。

方法一：过顶点作辅助线求点 M 的投影

如图 3-6 所示，连接 $s'm'$，并延长交 $a'b'$于 d'，得辅助线 SD 的 V 面投影 $s'd'$，求出 SD 的 H 面投影 sd，则 m 必在 sd 上，由此求得点 M 的 H 面投影 m。点 M 的 W 面投影 m''，可由 m'和 m 直接求得。

方法二：作底边的平行线求点 M 的投影

如图 3-7 所示，过 m'作 $a'b'$的平行线 $m'e'$，求出 ME 上点 E 的 H 面投影 e，由 $em//ab$ 求出点 M 的 H 面投影 m。点 M 的 W 面投影 m''，可由 m'和 m 直接求得。

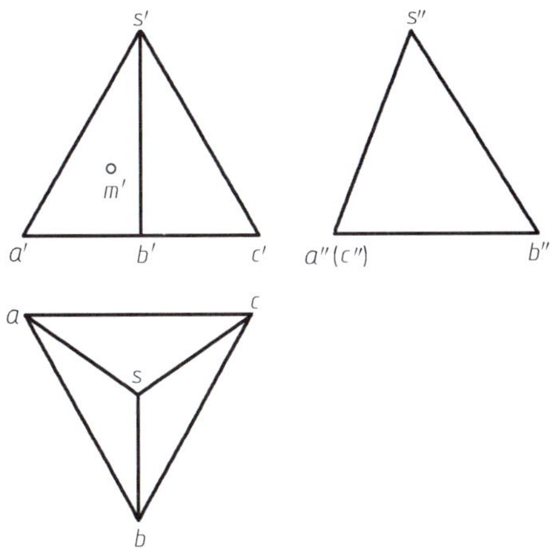

图 3-5　正三棱锥上点的三面投影

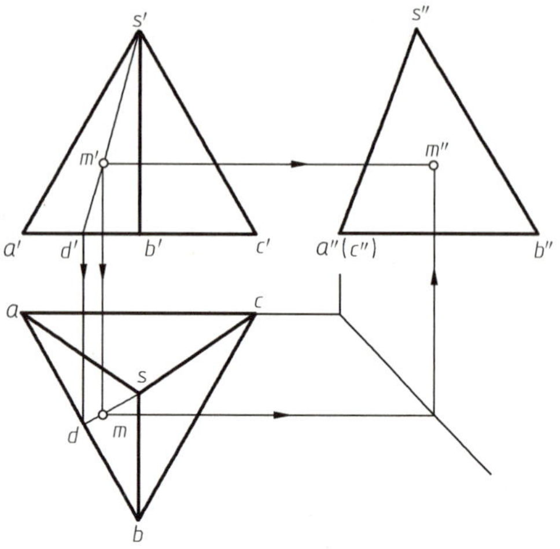

图 3-6　过顶点作辅助线求点 *M* 的投影

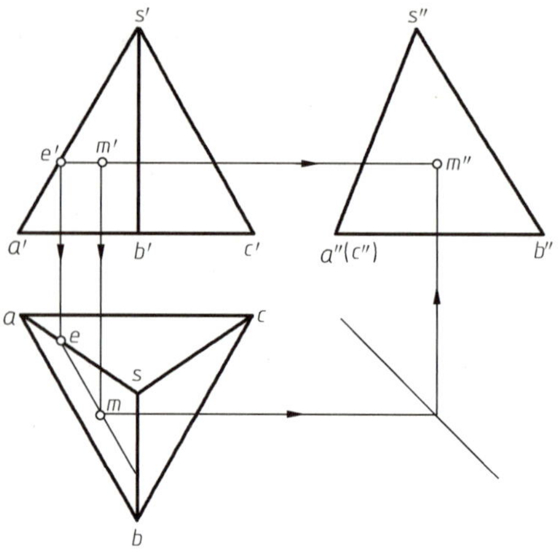

图 3-7　作底边的平行线求点 *M* 的投影

【任务实施】

玩具小屋模型三视图的作图步骤见表 3-1。

表 3-1　玩具小屋模型三视图的作图步骤

步骤	1. 绘制作图基准线	2. 绘制玩具小屋模型主体的三视图
图例	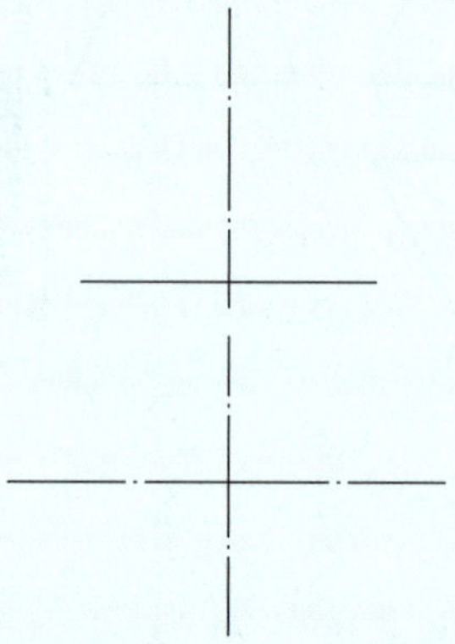	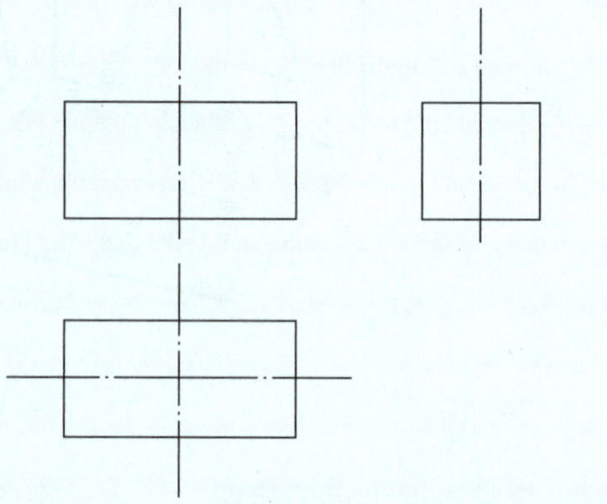
步骤	3. 绘制玩具小屋模型屋顶的三视图 4. 将玩具小屋模型主体俯视图图线修改为细虚线	5. 检查、调整，按线型描深图线
图例	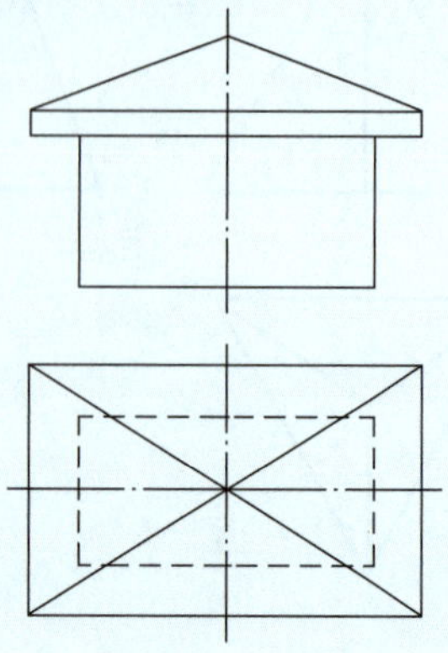	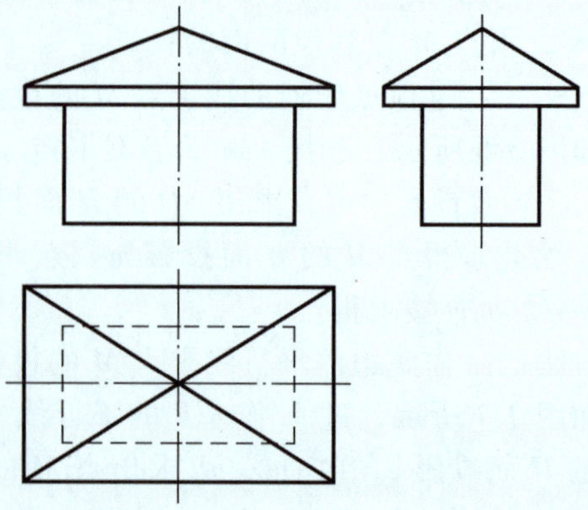

任务二　绘制玩具粮仓模型的三视图

【任务描述】

根据某玩具生产企业给定的玩具粮仓模型，如图 3-8 所示，绘制其三视图。

【任务分析】

该玩具粮仓模型主要由圆柱和圆锥组成，圆柱和圆锥都是曲面立体。常见的曲面立体是回转体，如圆柱、圆锥和圆球等。回转体的表面是回转面或回转面和平面。回转面是由母线（直线或曲线）绕轴线旋转形成的表面，产生曲面的动线称为母线，母线在曲面上的任意位置称为素线。

图 3-8　玩具粮仓模型

玩具粮仓模型

【知识链接】

> **讨论：** 圆柱在生活中有哪些应用实例？

一、圆柱

1. 圆柱的投影分析

如图 3-9a 所示，圆柱由一个圆柱面、圆形的顶面和底面围成。圆柱面可看作是一条直线（母线）绕着与它平行的一条轴线旋转一周形成的，母线在任一位置时，称为素线。圆柱上、下底面为水平面，其水平投影反映实形，正面和侧面投影分别积聚成直线。圆柱面的水平投影积聚为一圆周，与上下底面的水平投影重合。在正面投影中，前、后两半圆柱的投影重合为一矩形，矩形的两条竖线分别为圆柱面最左、最右素线的投影。在侧面投影中，左、右两半圆柱的投影重合为一矩形，矩形的两条竖线分别为圆柱面最前、最后素线的投影。

2. 圆柱三视图的绘制

绘制圆柱三视图时，先绘制各视图的轴线或中心线，再绘制具有积聚性的俯视图，然后根据圆柱的高度以及“长对正、高平齐和宽相等”的投影规律绘制出其他视图，如图 3-9b 所示。

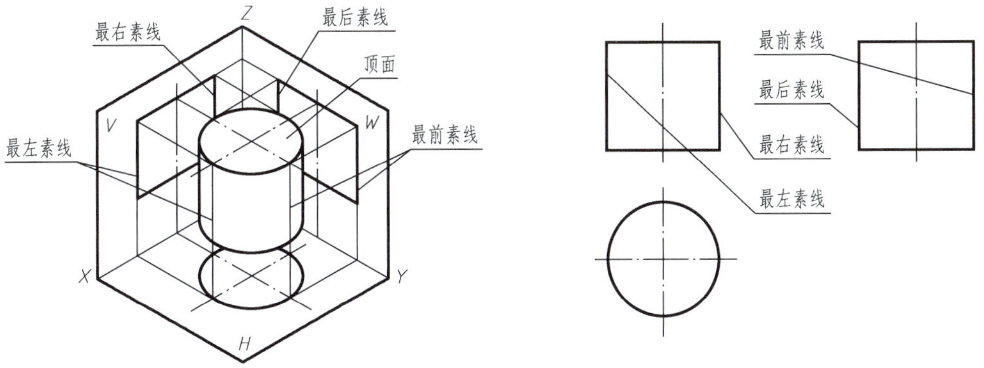

a)　　b)

图 3-9　圆柱

3. 圆柱表面上点的投影

例 3-3　如图 3-10a 所示，已知圆柱表面 *A*、*B* 两点的 *V* 面投影 a' 和（b'），求 *A*、*B* 两点在其他两面的投影。

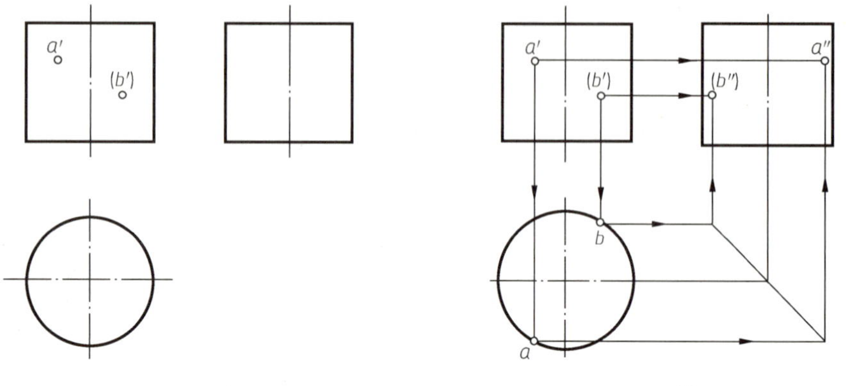

a)　　　　b)

圆柱

图 3-10　圆柱上点的三面投影

如图 3-10b 所示，由于圆柱体的轴线垂直于 H 面，所以点 A、点 B 的 H 面投影可利用圆柱面的 H 面投影积聚性直接求得。由于 a'是可见的，所以点 A 在前半圆柱面上，即在 H 面投影的前半圆的圆周上。点 A 的 W 面投影 a''，可由 a'和 a 直接求得。同理可求出 b 和 b'，由于点 B 在右半圆柱面上，所以 b''为不可见。

二、圆锥

讨论： 圆锥在生活中有哪些应用实例？

1. 圆锥的投影分析

如图 3-11a 所示，圆锥由一个圆锥面和圆形的底面围成。圆锥面可看成是一条与轴线相交的直线（母线）绕轴线旋转一周形成的。锥底平行于水平面，水平投影反映实形，正面和侧面投影积聚成直线。圆锥面的三个投影都没有积聚性，其水平投影与底面投影重合，全部可见；在圆锥的正面投影中，前、后两半圆锥面的投影重合为一等腰三角形，三角形的两腰分别是圆锥最左、最右素线的投影；在圆锥的侧面投影中，左、右两半圆锥面的投影重合为一等腰三角形，三角形的两腰分别是圆锥最前、最后素线的投影。

2. 圆锥三视图的绘制

绘制圆锥的三视图时，先绘制各投影的中心线和底面圆的投影，然后根据圆锥的高绘制出锥顶的投影，最后绘制出特殊位置素线的投影（即等腰三角形的两腰），就完成了圆锥三视图的绘制，如图 3-11b 所示。

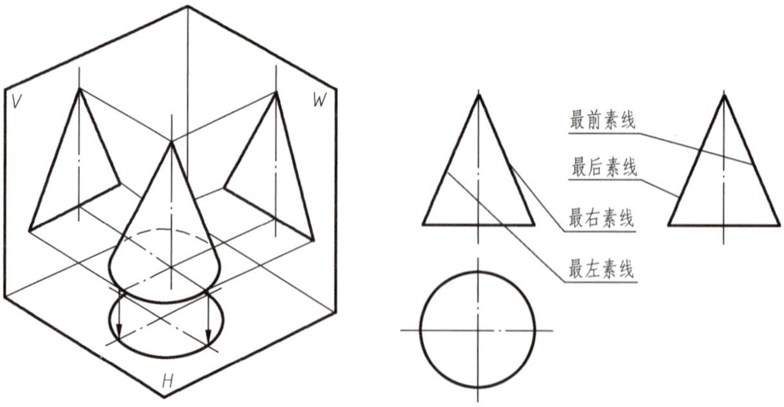

a)　　　　b)

图 3-11　圆锥

3. 圆锥表面上点的投影

例 3-4　如图 3-12 所示，已知圆锥表面上点 A 的 V 面投影 a'，求点 A 在其他两面的投影。

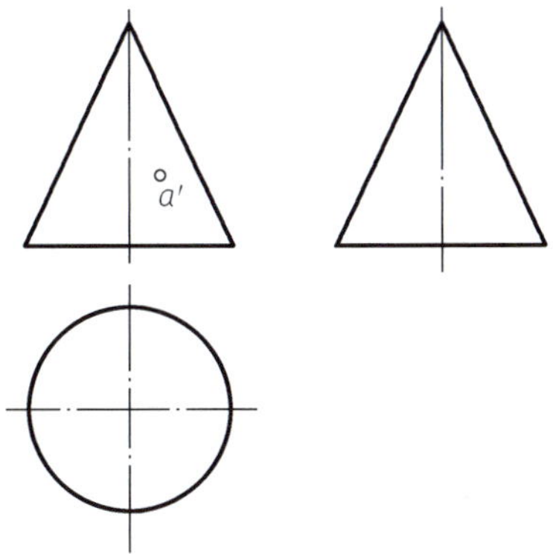

圆锥

图 3-12　圆锥上点的三面投影

方法一：用辅助素线法求圆锥表面一般位置点的投影

如图 3-13 所示，过锥顶 S 和点 A 作辅助素线 SB，求出 SB 的三面投影，则 a、a'分别在 sb、$s'b'$上，由 a'求出 a（可见），再由 a'和 a 求出 a''（不可见）。

方法二：用辅助圆法求圆锥表面一般位置点的投影

如图 3-14 所示，过 a'作圆锥轴线的垂直线，分别交圆锥最左、最右素线于 b'、c'，得辅助圆的 V 面投影，作辅助圆的 H 面投影，由 a'求出 a（可见），再由 a'和 a 求出 a''（不可见）。

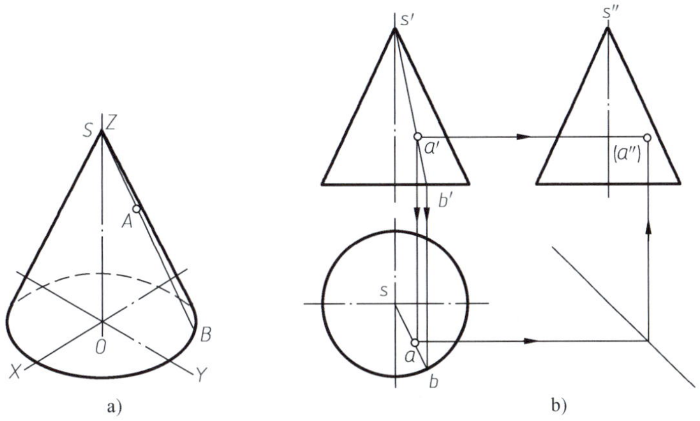

图 3-13　用辅助素线法求圆锥表面一般位置点的投影

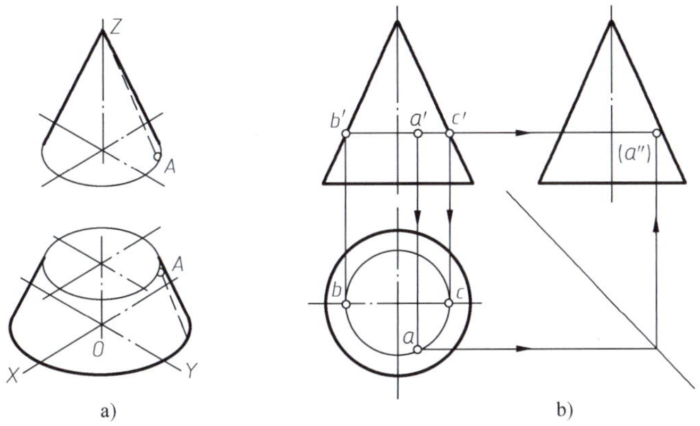

图 3-14　用辅助圆法求圆锥表面一般位置点的投影

三、圆球

> **讨论：** 圆球在生活中有哪些应用实例？

1. 圆球的投影分析

如图 3-15a 所示，球面可看成是一个半圆（母线）绕通过圆心的轴线旋转一周形成的。圆球的三个视图都是与圆球直径相等的圆，并且是球面上平行于相应投影面的三个不同位置的最大轮廓圆。正面投影的轮廓圆是前、后两半球面可见与不可见的分界线；水平投影的轮廓圆是上、下两半球面可见与不可见的分界线；侧面投影的轮廓圆是左、右两半球面可见与不可见的分界线。

2. 圆球三视图的绘制

绘制圆球的三视图时，先绘制出各投影的中心线，然后过球心分别绘制出与球等直径的圆，如图 3-15b 所示。

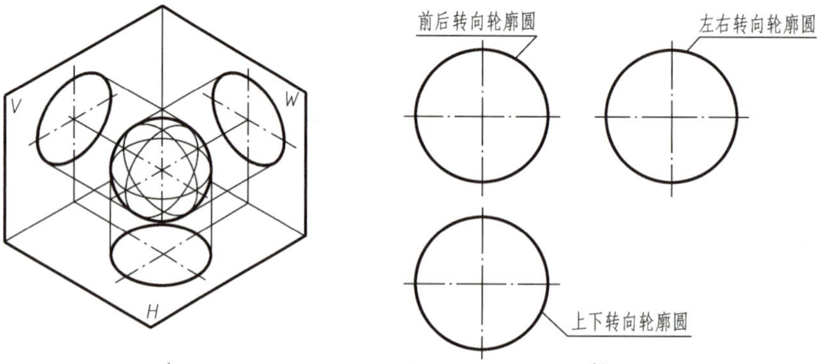

a)　　b)

圆球

图 3-15　圆球

3. 圆球表面上点的投影

例 3-5　如图 3-16a 所示，已知圆球表面上点 A 的 V 面投影 a'，求点 A 在其他两面的投影。

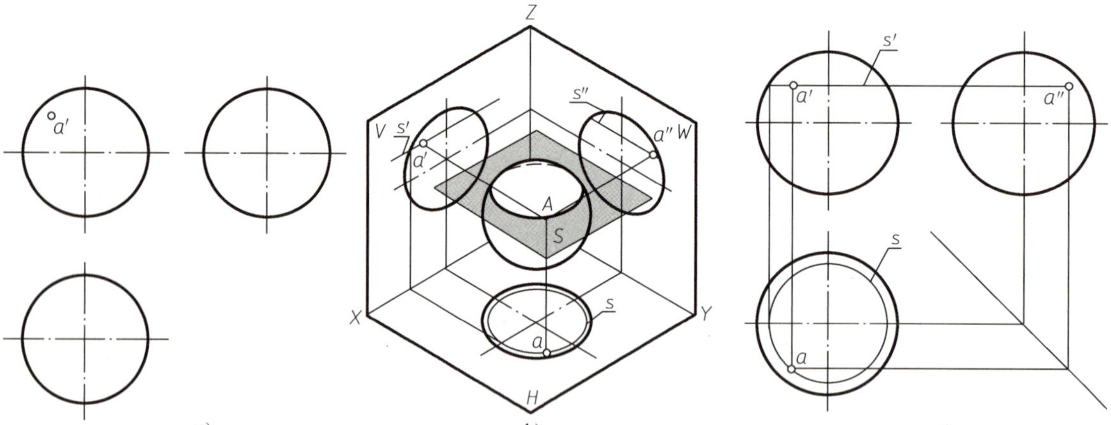

a)　　b)　　c)

图 3-16　圆球上点的三面投影

由于球面的三个投影都没有积聚性，所以要利用辅助圆法求解。过 a' 作水平圆 V 面的投影 s'，再作其 H 面的投影 s，在该圆的 H 面投影上求得 a，再由 a' 和 a 求出 a''。

【任务实施】

玩具粮仓模型三视图的作图步骤见表 3-2。

表 3-2　玩具粮仓模型三视图的作图步骤

步骤	1. 绘制作图基准线	2. 绘制玩具粮仓模型主体的三视图
图例	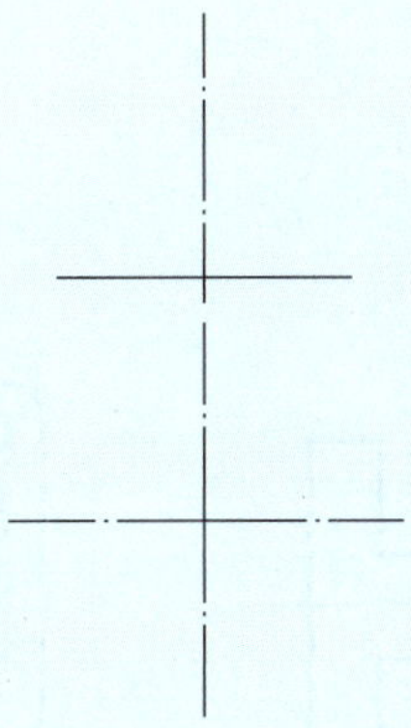	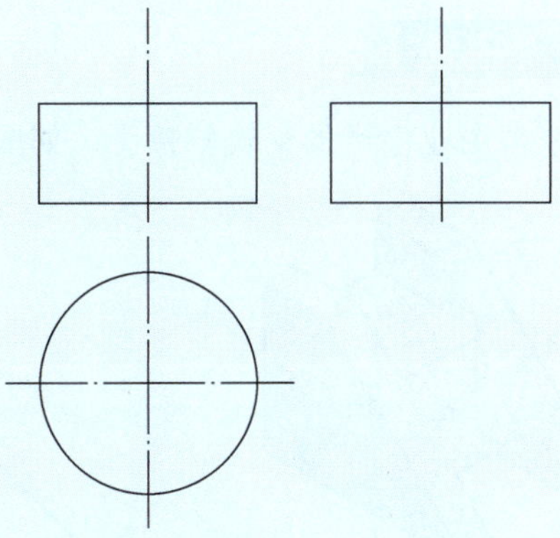
步骤	3. 绘制玩具粮仓模型屋顶的三视图 4. 将玩具粮仓模型主体俯视图图线修改为细虚线	5. 检查、调整，按线型描深图线
图例	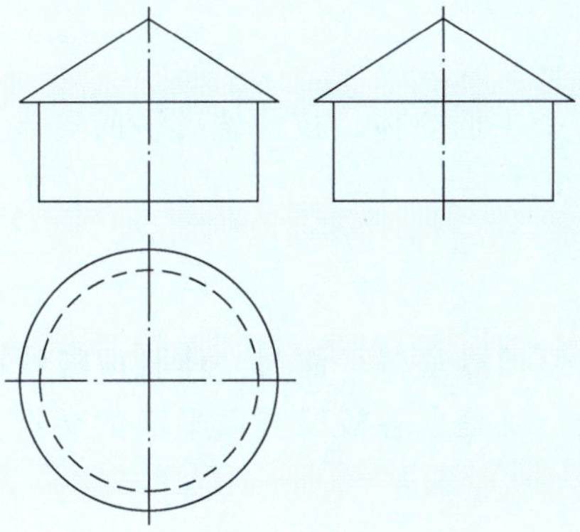	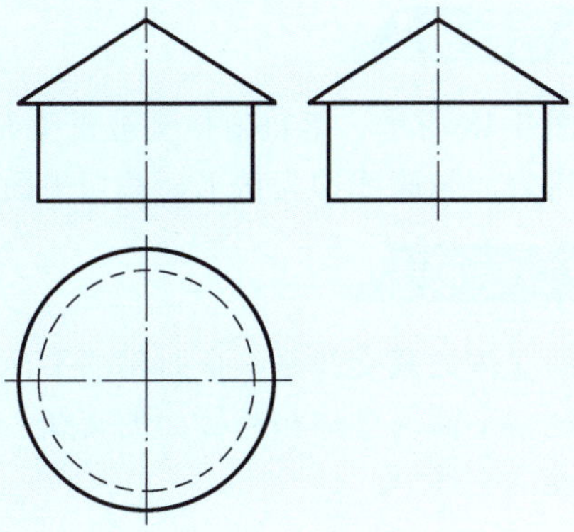

项目二　绘制截交线的投影

基本体被平面切割后，表面会产生截交线。基本体被平面截切后余下的部分称为切割体，截切基本体的平面称为截平面，截平面与基本体表面的交线称为截交线，截交线所围成的图形称为截断面，如图 3-17 所示。

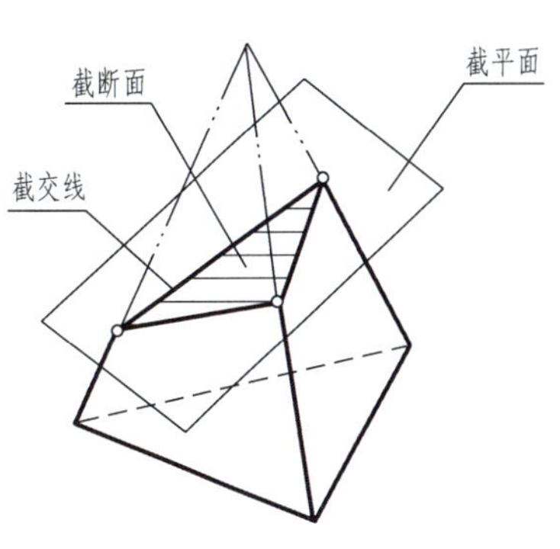

图 3-17　截交线、截平面和截断面

由于立体表面性质和截平面位置不同，所产生的截交线形状也不同，但任何形状的截交线都具有以下两个特征：

（1）共有性　截交线是截平面与基本体表面的共有线。

（2）封闭性　由于立体具有确定的范围，所以任何基本体的截交线都是一个封闭的平面图形。截交线可以是直线段、平面曲线，或是两者组合而成的。

根据截交线的性质可知，截交线上的点必定是截平面与基本体表面的共有点。求截交线的实质就是求出截平面与基本体表面的一系列共有点的投影，然后依次连接各共有点的同面投影即可得到。

任务一　绘制钢轨斜接头的三视图

【任务描述】

根据某企业生产的钢轨斜接头，如图 3-18 所示，补全其三视图。

a)

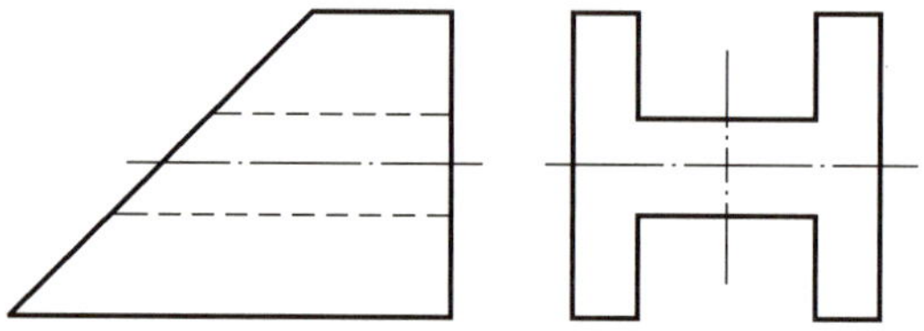

b)

图 3-18　钢轨斜接头

【任务分析】

如图 3-18 所示，钢轨斜接头被正垂面截切之前是一个平面立体，被截切后平面立体上会产生新的表面，该表面轮廓线即为截平面截切平面立体得到的截交线。

【知识链接】

平面立体的截交线是一个封闭的平面多边形，多边形顶点是截平面与立体相应棱线的交点，多边形各边是截平面与立体相应棱面的交线。因此求截交线，就是求各棱线与截平面的交点，或求各棱面与截平面的交线。

一、棱柱的截切

例 3-6　如图 3-19a 所示，已知该斜切正六棱柱的主视图、俯视图，试绘制其左视图。

分析：正六棱柱被正垂面截切，其截交线是平面六边形，六边形的六个顶点分别为正垂面与正六棱柱棱线的交点。由于正六棱柱的六条棱线在俯视图上的投影具有积聚性，所以截交线的水平投影为已知。根据截交线的正面和水平面投影可作出侧面投影，并且截交线的侧面投影为类似水平投影的六边形。

作图：

1）绘制正六棱柱被切割前的左视图。

2）根据截交线各顶点的正面和水平面投影作出截交线的侧面投影，如图 3-19b 所示。

3）用直线依次连接侧面投影上各点，补画遗漏的虚线（注意：正六棱柱上最右棱线的侧面投影为不可见，左视图上不要漏画这一段虚线），擦去被切部分的轮廓线和辅助线并按线型描深图线，完成三视图的绘制，如图 3-19c 所示。

二、棱锥的截切

例 3-7　如图 3-20a 所示，补全斜切正三棱锥的主视图和俯视图。

分析：该三棱锥被一个侧垂面截切，截切三棱锥的平面与三棱锥的三个表面相交必然会有三条交线，因此截断面的形状是一个三角形。截断面之上的部分被切掉，下面的部分被保留。因截交线的形状是一个三角形，因此，只需求出其三个端点即可，而三个端点是截平面与三条棱线的交点。

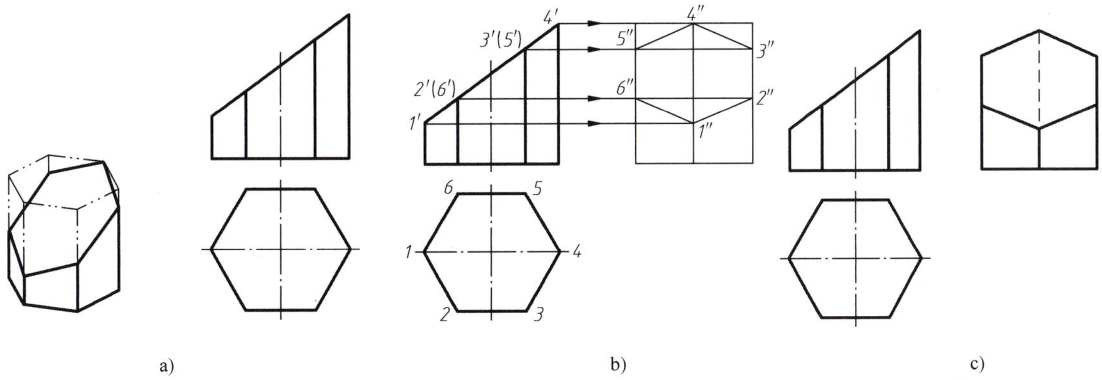

图 3-19　斜切正六棱柱

作图：

1）绘制截平面与三棱锥棱线交点的正面投影和水平面投影，如图 3-20b 所示。

2）用直线连接正面投影和水平面投影上各点。

3）擦去被切部分的轮廓线和辅助线并按线型描深图线，完成三视图的绘制，如图 3-20c 所示。

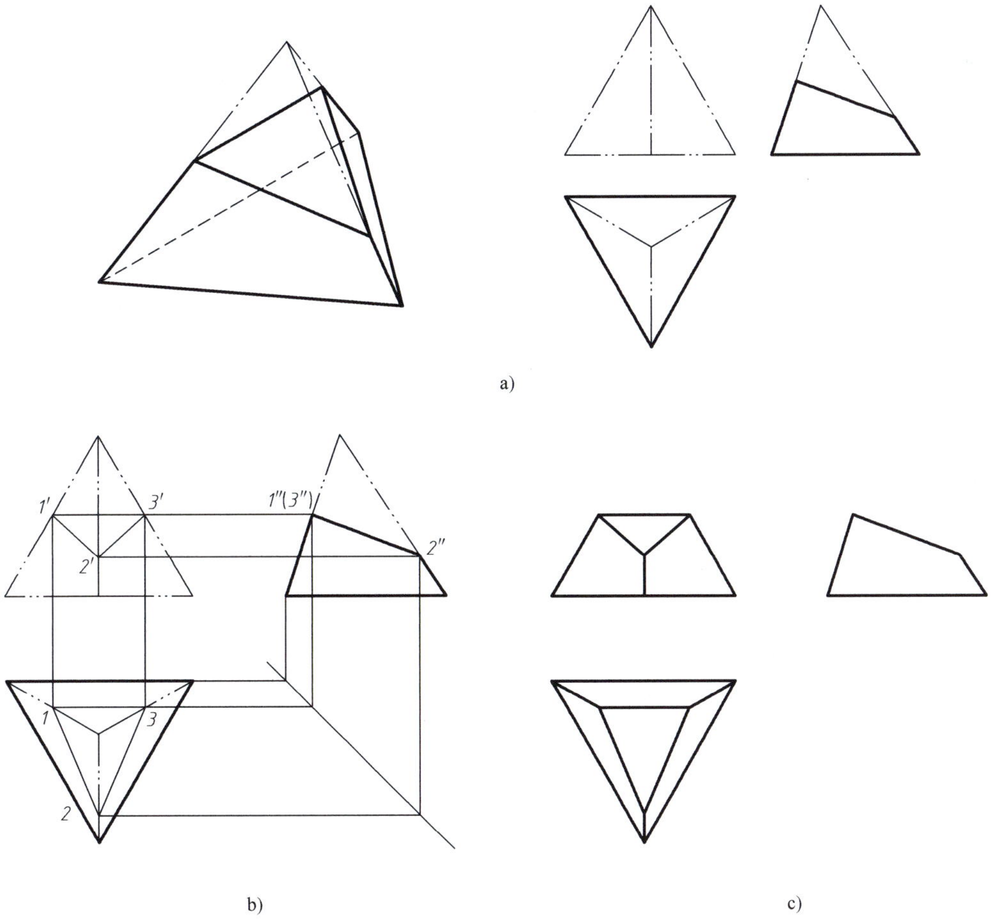

图 3-20　斜切正三棱锥

【任务实施】

钢轨斜接头俯视图的作图步骤见表 3-3。

表 3-3　钢轨斜接头俯视图的作图步骤

步骤	1. 绘制钢轨被切割前的俯视图	2. 根据截交线各顶点的正面和侧面投影作出截交线的水平面投影
图例	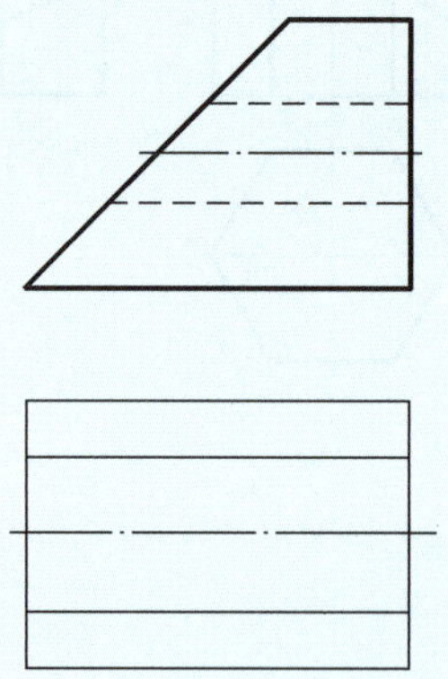	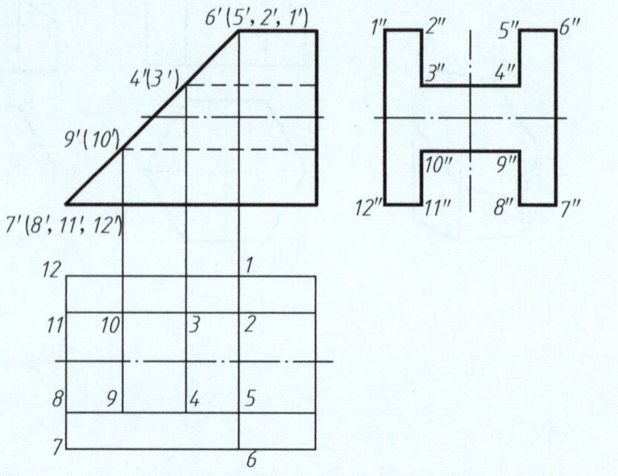
步骤	3. 用直线连接水平面投影上各点 4. 擦去被切部分的轮廓线和辅助线，按线型描深图线	
图例	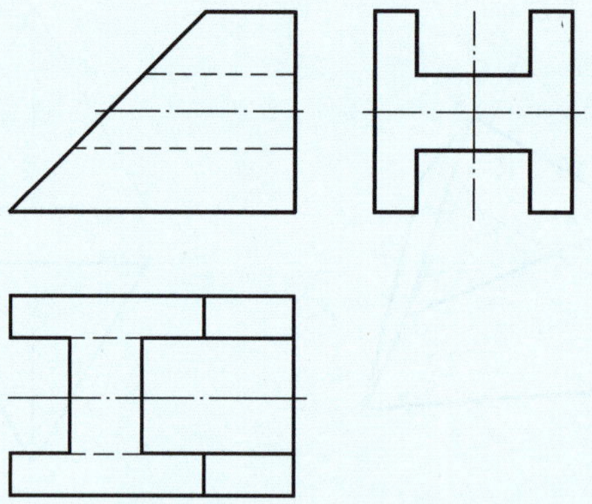	

任务二　绘制顶尖头部的三视图

【任务描述】

根据某企业生产的顶尖头部，如图 3-21 所示，补全其三视图。

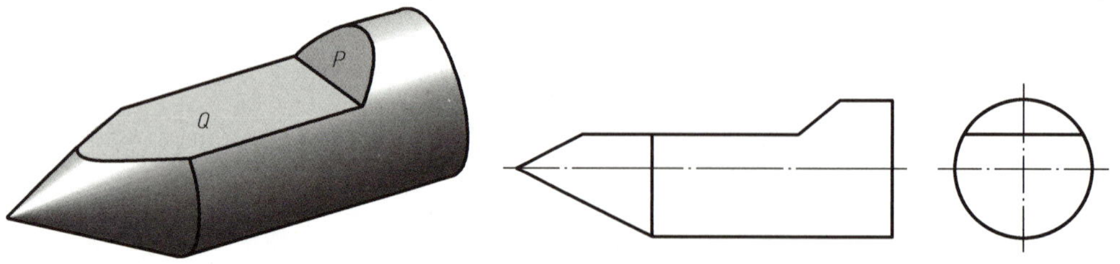

顶尖头部

图 3-21　顶尖头部

【任务分析】

如图 3-21 所示，顶尖头部由同轴（侧垂线）的圆锥和圆柱被水平面和正垂面切割而成。平面 Q 与圆锥面的截交线为双曲线，与圆柱面的截交线为两条侧垂线。平面 P 与圆柱面的截交线为椭圆弧。P、Q 两平面的交线为正垂线。

【知识链接】

平面切割曲面体时，截交线的形状取决于曲面体表面的形状以及截平面与曲面体的相对位置。平面与回转曲面体相交时，其截交线一般为封闭的平面曲线，特殊情况下是直线，或直线与平面曲线组成的封闭的平面图形。作图的基本方法是求出曲面体表面若干条素线与截平面的交点，然后顺次光滑连接即得截交线。截交线上一些能确定其形状和范围的点，如最高与最低点、最左与最右点、最前与最后点以及可见与不可见的分界点等，均称为特殊点。作图时通常先作出截交线上的特殊点，再按需要作出中间点，最后依次连接各点，并注意投影的可见性。

一、圆柱的截切

根据截割平面与圆柱轴线的相对位置不同，圆柱截交线有三种情况，见表 3-4。

表 3-4　圆柱的截交线

截平面的位置	与轴线平行	与轴线垂直	与轴线倾斜
轴测图	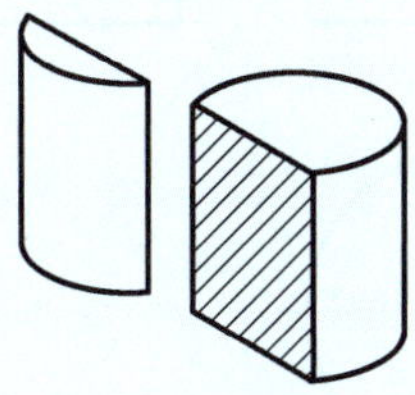	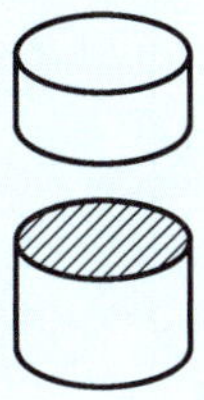	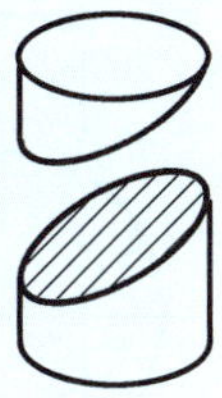
投影图	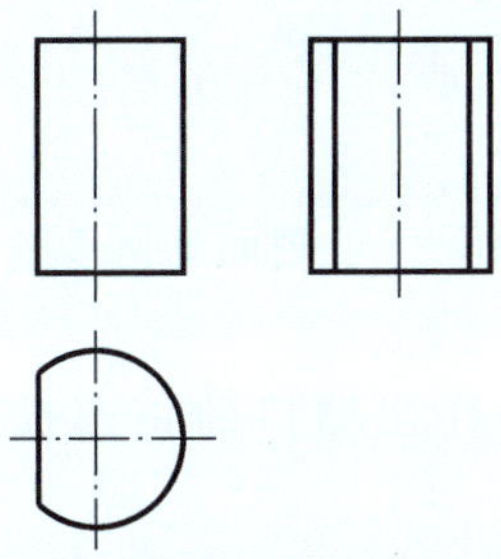	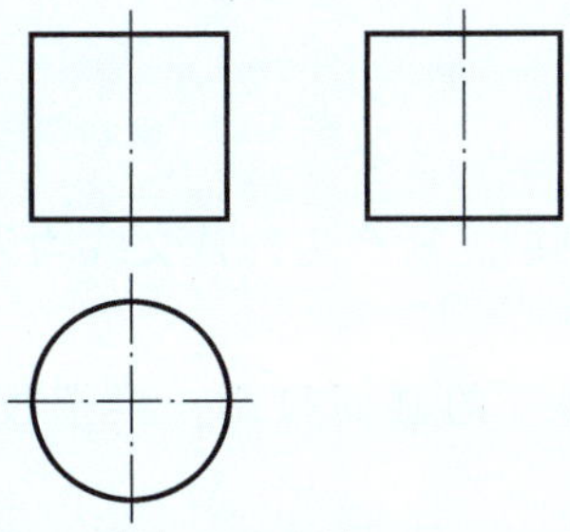	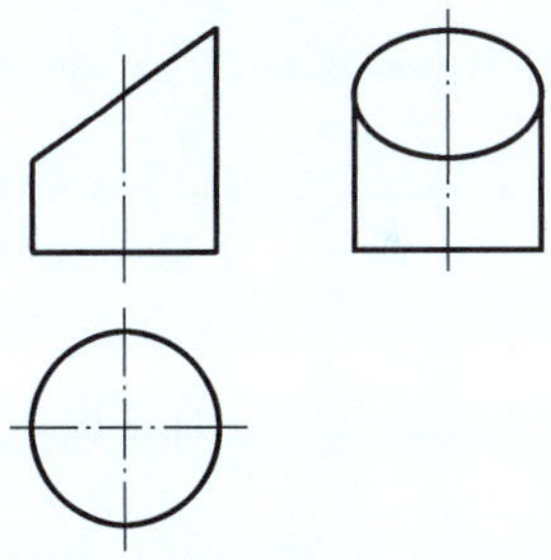
截交线的形状	矩形	圆	椭圆

例 3-8　如图 3-22a 所示，已知该斜切圆柱的主视图、俯视图，试绘制其左视图。

分析：该圆柱被一正垂面斜切，截交线为椭圆，其正面投影积聚为一直线，水平投影与圆柱面的水平投影重合为一圆，侧面投影为椭圆。

作图：

1）绘制截割前圆柱的左视图。

2）求特殊位置点投影。如图 3-22b 所示，特殊点一般指最高、最低、最前、最后、最左、最右等极限点，以及可见性分界点，找出椭圆的四个特殊位置点的正面投影和水平投影，求出其侧面投影。

3）求一般位置点投影。如图 3-22c 所示，在俯视图适当位置找四个一般位置点的水平投影，按投影规律找出其正面投影，求出其侧面投影。

4）光滑连接各点的侧面投影，擦去被切部分的轮廓线和辅助线并按线型描深图线，完成三视图，如图 3-22d 所示。

例 3-9　如图 3-23a 所示，补全切口圆柱的三面投影。

分析：由图 3-23a 可知，圆柱左端开槽是由两个正平面和一个侧平面切割得到的，右端切肩是由

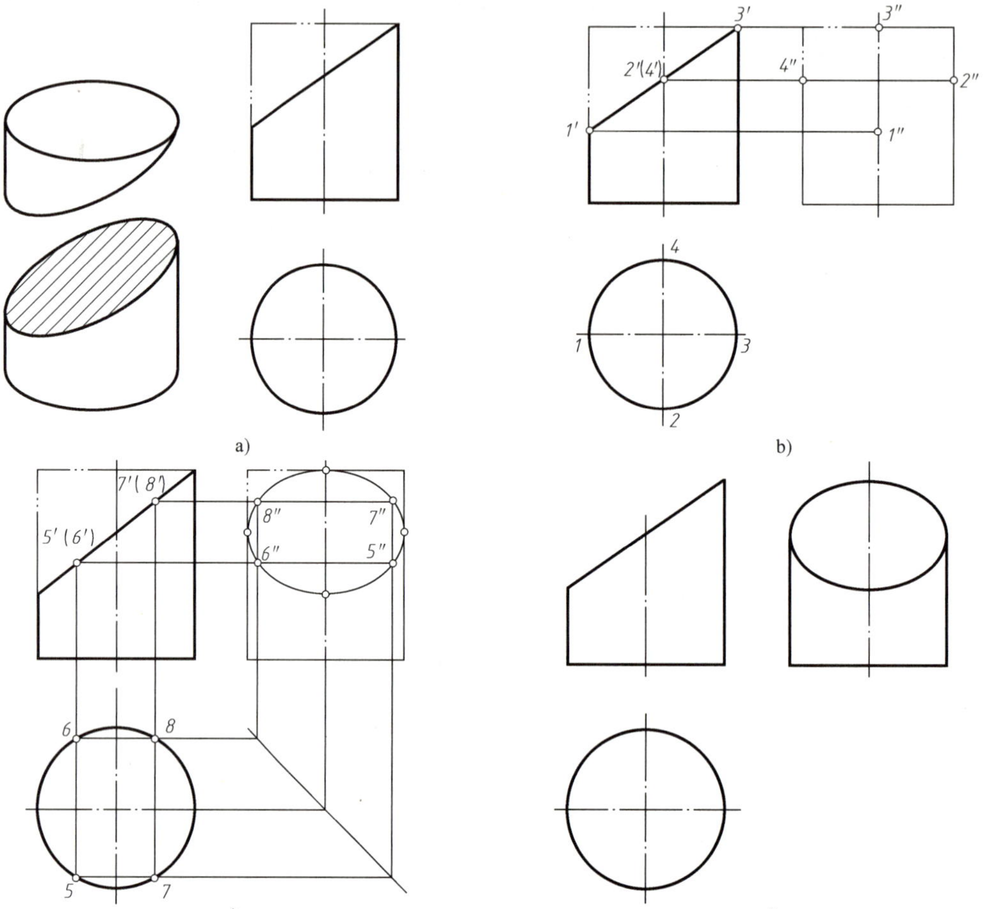

a)　b)　c)　d)

图 3-22　斜切圆柱

两个水平面和一个侧平面切割得到的，所产生的截交线均为直线和平行于侧面的圆弧。

作图：

1）根据槽口的宽度，作出槽口的侧面投影，再按投影关系作出槽口的正面投影，如图 3-23b 所示。

2）根据切肩的厚度，作出切肩的侧面投影，再按投影关系作出切肩的水平投影，如图 3-23c 所示。

3）擦去被切割部分的轮廓及辅助线并按线型描深图线，完成三视图，如图 3-23d 所示。

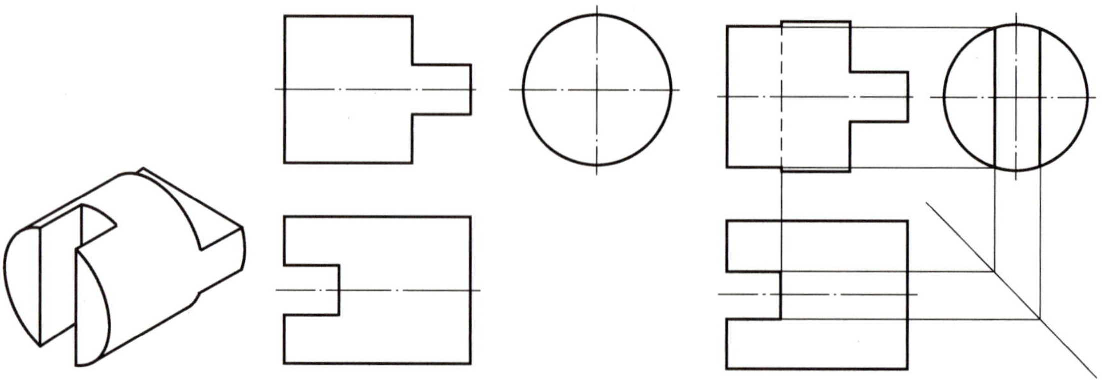

a)　b)

图 3-23　切口圆柱

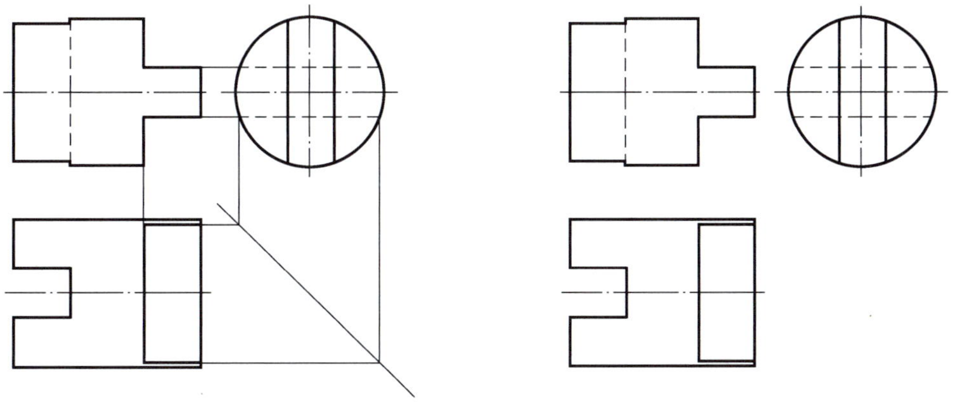

c)　　　　d)

图 3-23　切口圆柱（续）

二、圆锥的截切

根据截割平面与圆锥轴线的相对位置不同，圆锥截交线有五种情况，见表 3-5。

表 3-5　圆锥的截交线

截平面的位置	与轴线垂直	过圆锥顶点	平行于任一素线	与轴线倾斜（不平行于任一素线）	与轴线平行
轴测图	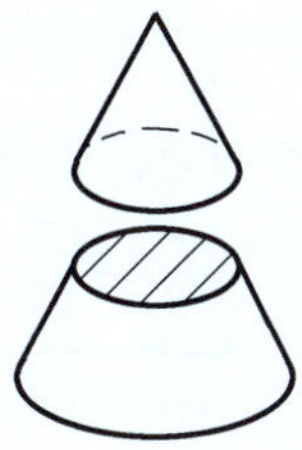	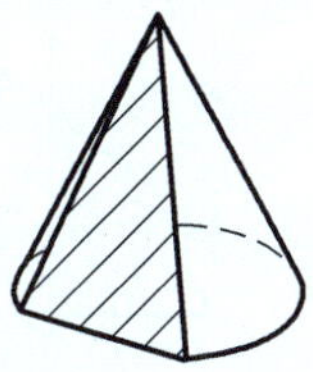	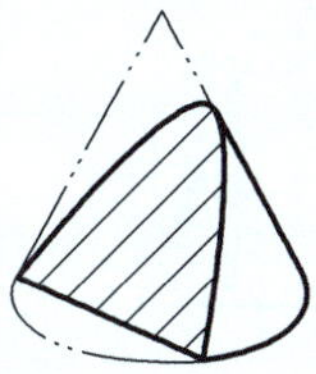		
投影图	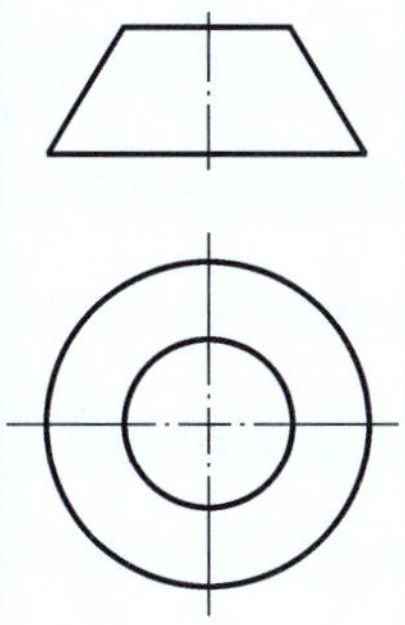	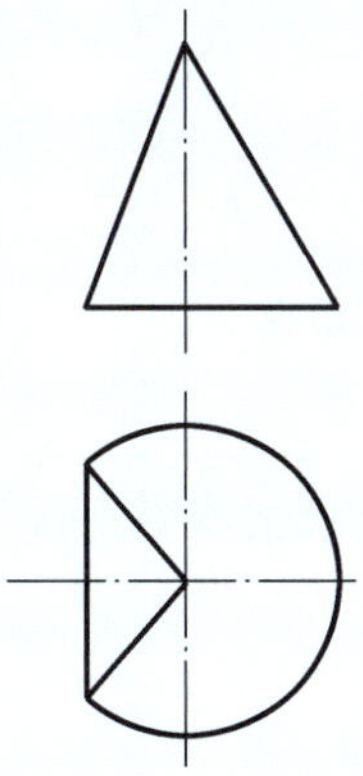	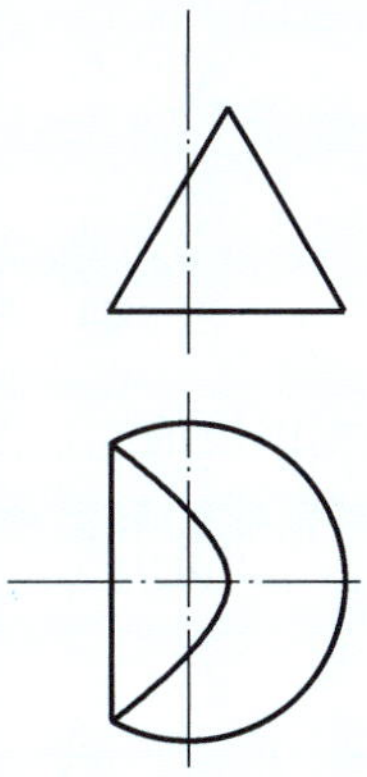	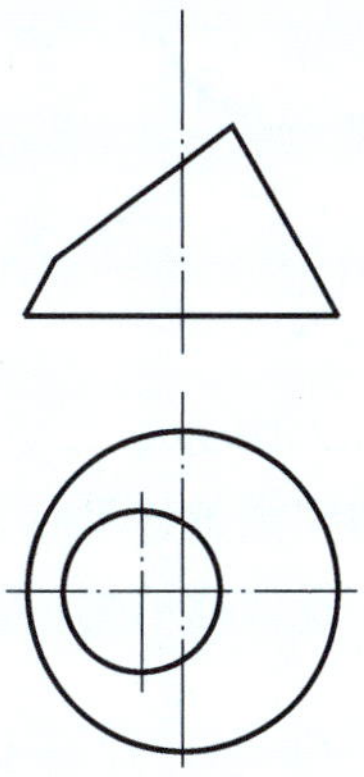	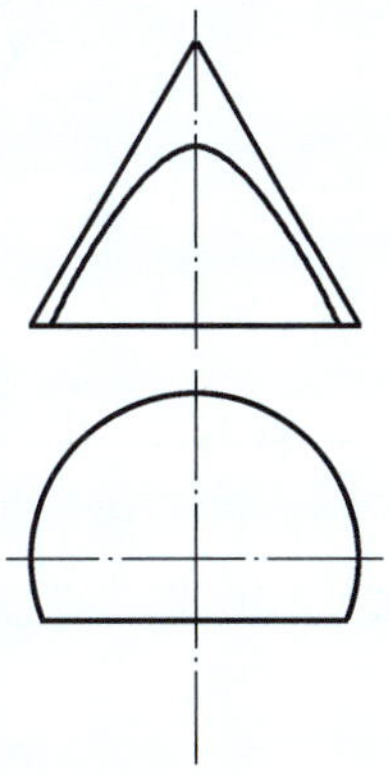
截交线的形状	圆	三角形	抛物线	椭圆	双曲线

例 3-10　如图 3-24a 所示，补全斜切圆锥的主视图和左视图。

分析：该圆锥被一正垂面斜切，截交线为椭圆，其正面投影积聚为一直线，水平投影与侧面投影为椭圆。

作图：

1）求特殊位置点投影。如图 3-24b 所示，椭圆长轴上的两个端点Ⅰ、Ⅱ是截交线上最高、最低和最右、最左点，也是圆锥转向轮廓线上的点，可利用投影关系由 1′、2′求得 1、2 和 1″、2″，椭圆短轴上的两个端点Ⅲ、Ⅳ是截交线上的最前、最后点，其正面投影 3′（4′）与 1′、2′的中点重合，利用辅助圆法可求得 3、4 和 3″、4″。椭圆上的Ⅴ、Ⅵ点也是转向轮廓线上的点，可由 5′、6′求得 5″、6″和 5、6。

2）求一般位置点投影。如图 3-24c 所示，用辅助圆法在特殊点之间再作出若干一般位置点。

3）光滑连接各点的水平投影和侧面投影，擦去被切部分的轮廓线和辅助线并按线型描深图线，完成三视图，如图 3-24d 所示。

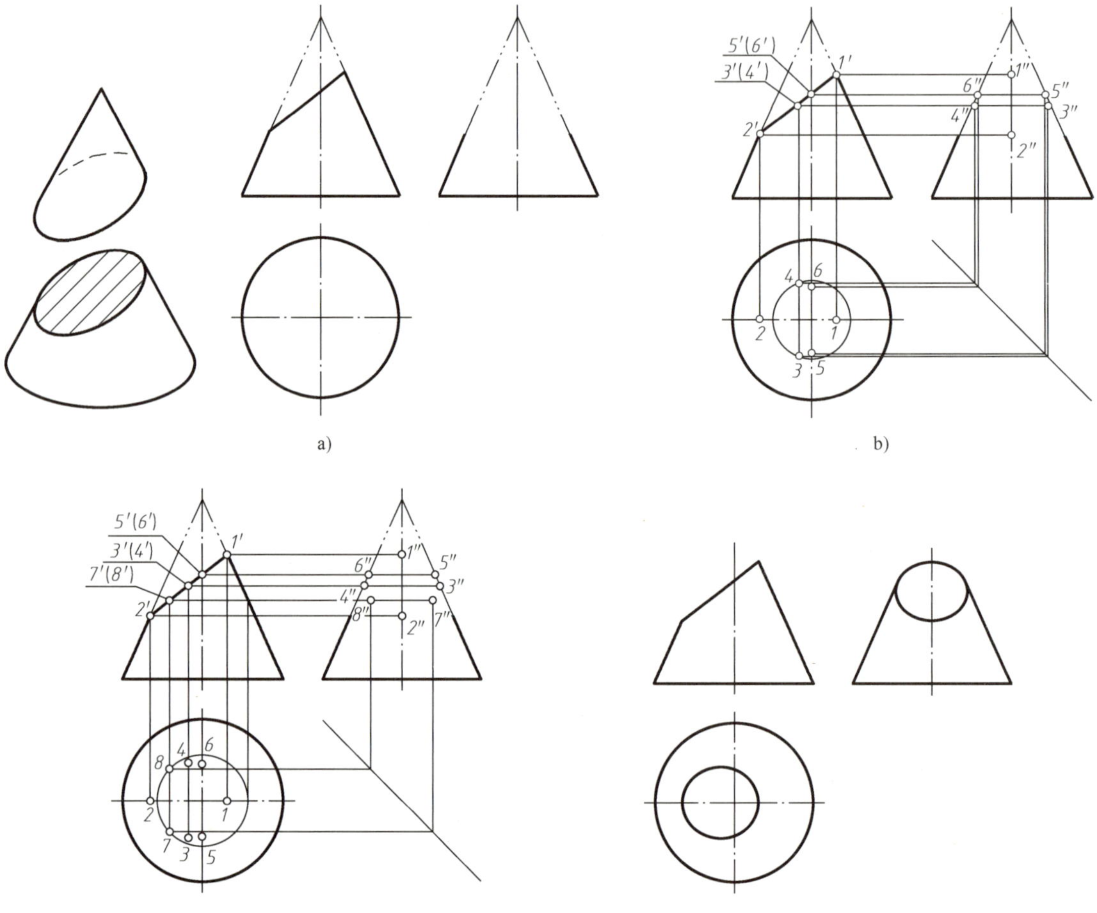

图 3-24　斜切圆锥

例 3-11　如图 3-25 所示，完成切割圆锥的左视图。

分析：截平面与圆锥轴线平行，与圆锥面和底面形成的交线分别为双曲线和直线，可采用辅助圆法或辅助素线法求作双曲线的侧面投影。

作图：

1）求特殊位置点投影。如图 3-25b 所示，求双曲线的最高点和最低点的侧面投影。

2）求一般位置点投影。如图 3-25c 所示，利用辅助圆法，求出若干一般点。

3）光滑连接各点的侧面投影，擦去被切部分的轮廓线和辅助线并按线型描深图线，完成三视图，如图 3-25d 所示。

三、圆球的截切

圆球被任何平面切割时截交线都是圆，但由于截平面相对于投影面的位置不同，其截交线的投影可能为直线、圆或椭圆，具体见表 3-6。

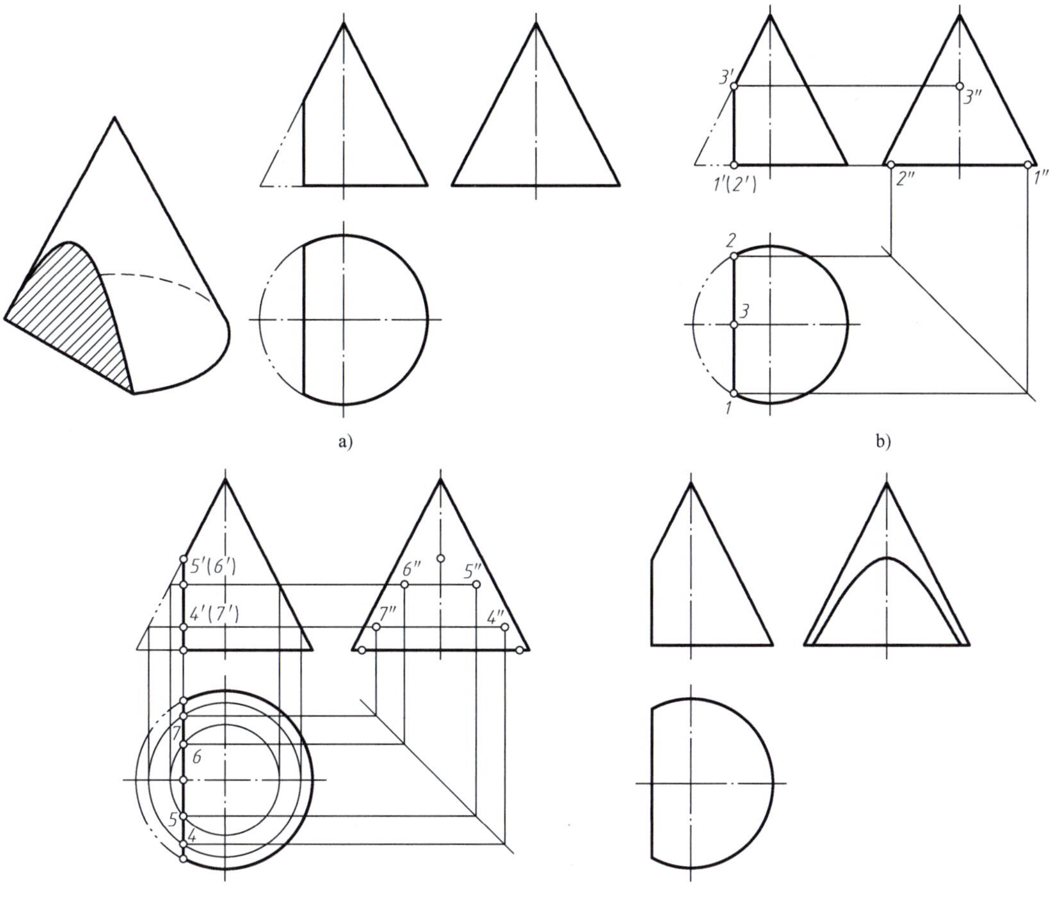

图 3-25　切割圆锥

表 3-6　圆球的截交线

截平面位置	截平面为正平面	截平面为水平面	截平面为正垂面
立体图	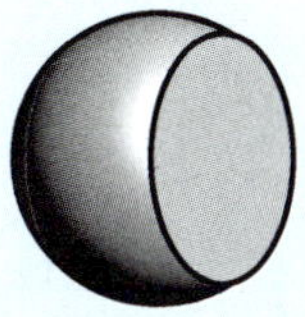	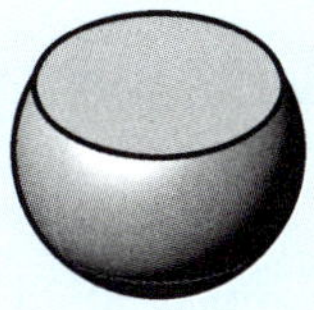	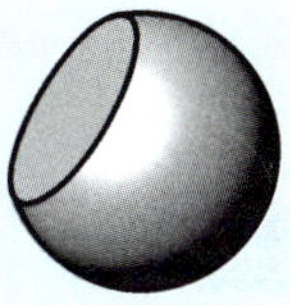
投影图	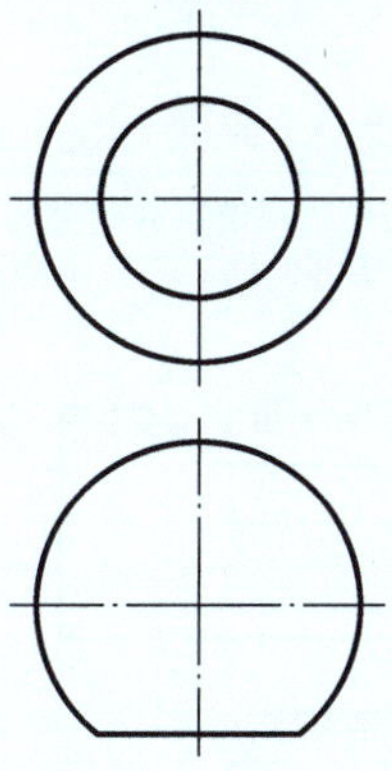	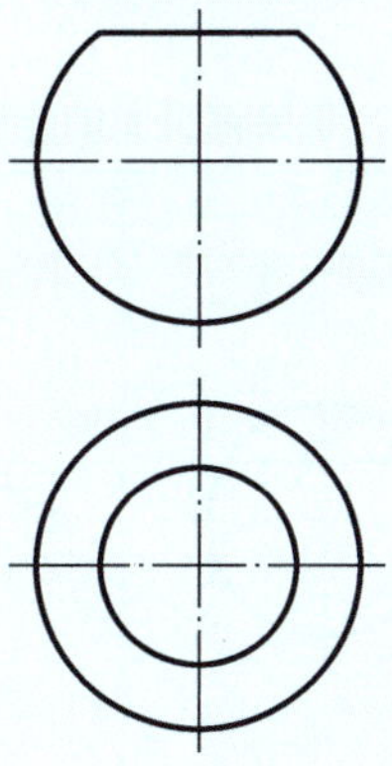	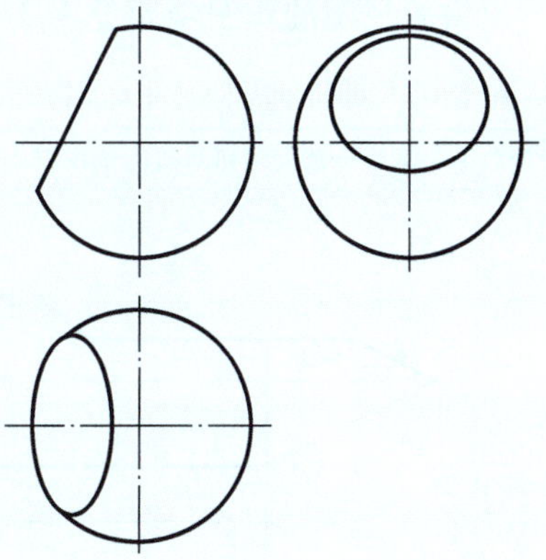

例 3-12　补画如图 3-26a 所示半球开槽后的俯视图的缺线，并作出左视图。

分析：半球开槽是由两个左右对称的侧平面和一个水平面切割而来的，它们与球体相交得到的截交线都是圆弧。

作图：

1）作槽的水平投影。槽底面的水平投影由两段相同的圆弧和两段直线组成，圆弧的半径为 R_1，可从正面投影中量取，如图 3-26b 所示。

2）作槽的侧面投影。槽的两侧为侧平面，其投影为圆弧，半径 R_2 可从正面投影中量取。槽的底面为水平面，侧面投影积聚为一条直线，中间部分不可见，画成虚线，如图 3-26c 所示。

3）擦去被切部分的轮廓线和辅助线并按线型描深图线，完成三视图，如图 3-26d 所示。

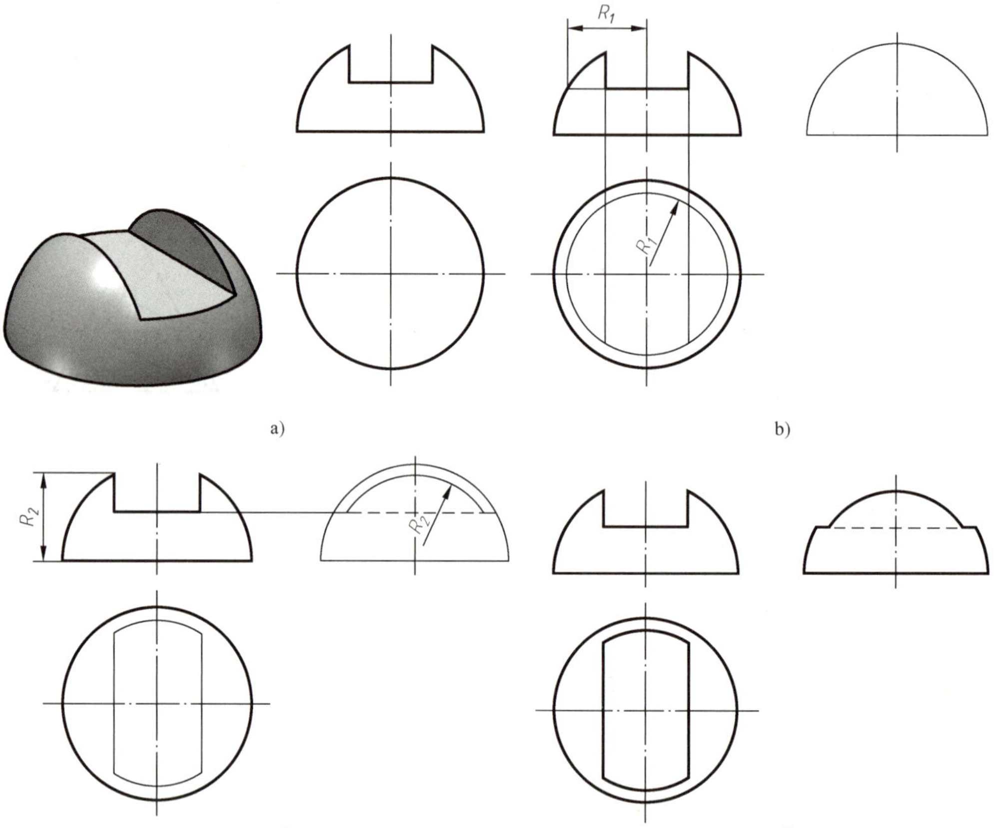

a)　b)　c)　d)

图 3-26　半球开槽

【任务实施】

顶尖俯视图的作图步骤见表 3-7。

表 3-7　顶尖俯视图的作图步骤

步骤	1. 绘制顶尖被切割前的俯视图	2. 利用辅助圆法绘制圆锥体的截交线
图例	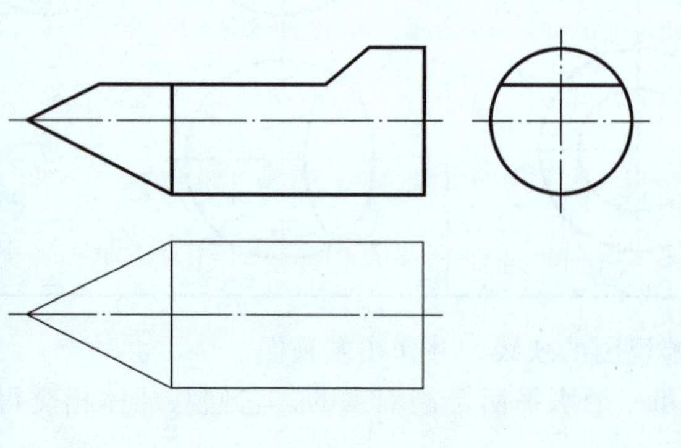	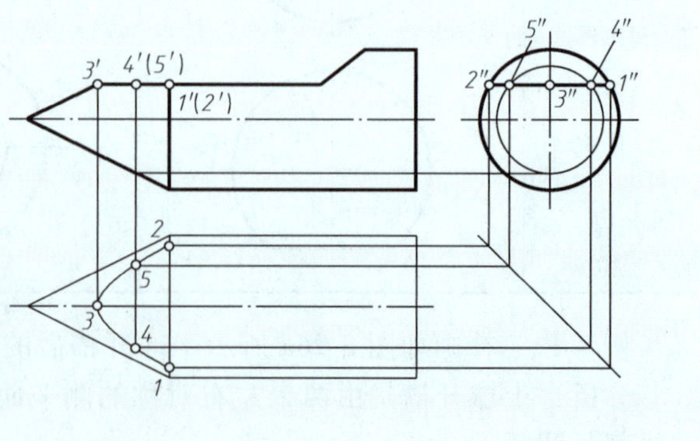

（续）

步骤	3. 绘制圆柱体的截交线	4. 擦去被切部分的轮廓线和辅助线，按线型描深图线
图例	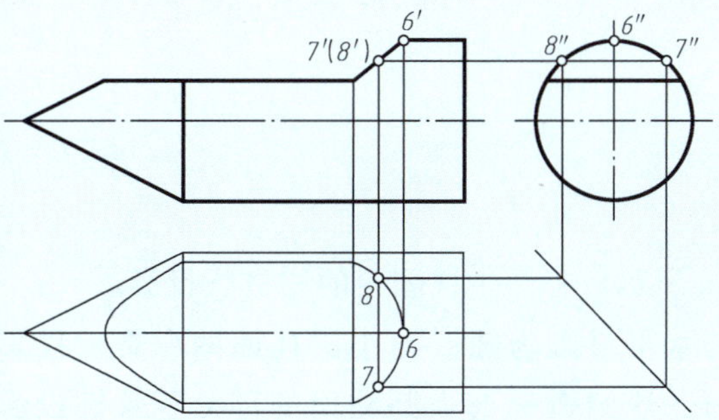	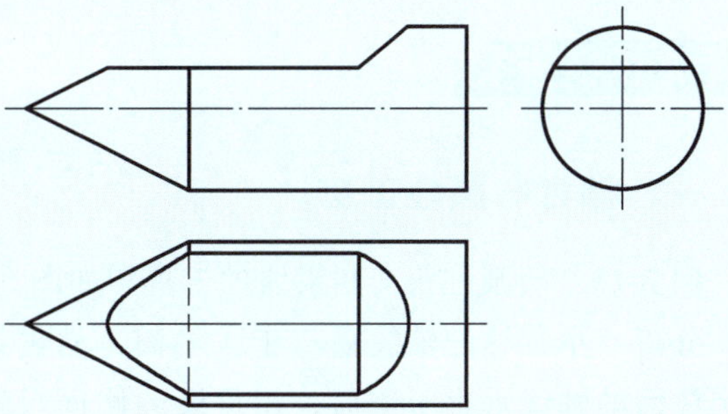

项目三　绘制回转体相贯线的投影

两立体表面相交时产生的交线称为相贯线。相贯线具有以下两个性质：

（1）共有性　相贯线是相交两立体表面的共有线，也是两立体表面的分界线。

（2）封闭性　相贯线一般为封闭的空间曲线，特殊情况下是平面曲线或直线。

由于两相交立体的形状、大小和相对位置不同，相贯线的形状也比较复杂，这里只讨论两回转体的相贯问题。

相贯线的画法实质上就是求两相贯体表面的共有点，就是在两个立体表面上找出若干个共有点，再依次将各点光滑连接，同时判断其可见性。

任务　绘制异径三通管的三视图

【任务描述】

根据某企业生产的异径三通管，如图 3-27 所示，补全其三视图。

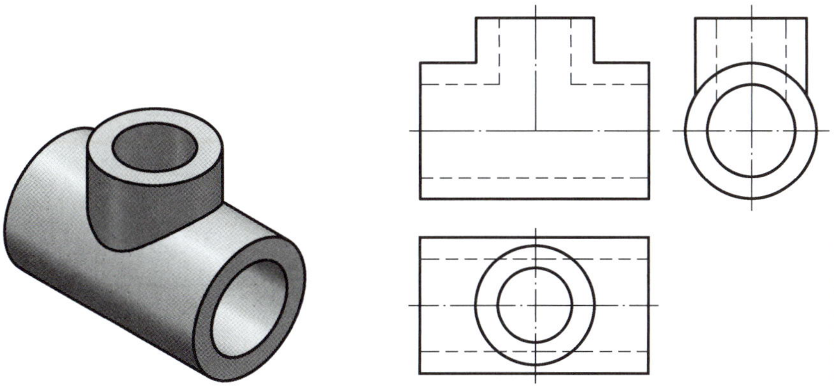

a)　　　　b)

异径三通管

图 3-27　异径三通管

【任务分析】

图 3-27 所示为异径三通管，由一直立圆筒与一水平圆筒正交而成，内外表面都有交线。外表面为

两个直径不等的圆柱面相交，相贯线为一空间曲线，其水平投影和侧面投影都积聚在它们所在圆柱面有积聚性的投影上，正面投影为一段曲线。内表面的相贯线也是一空间曲线，水平投影和侧面投影也都积聚在它们所在圆柱孔有积聚性的投影上，正面投影也为一段曲线。

【知识链接】

一、圆柱与圆柱正交

例 3-13　两圆柱正交相贯线的三视图如图 3-28a 所示，补画主视图上的相贯线投影。

分析：小圆柱的轴线垂直于水平面，相贯线的水平投影为圆（与小圆柱面的积聚性投影重合），大圆柱面的轴线垂直于侧面，相贯线的侧面投影为一段圆弧（与大圆柱面的部分积聚性投影重合），只需补画相贯线的正面投影。

作图：

1）求特殊位置点投影。如图 3-28b 所示，在水平投影上找到相贯线上最左边和最右边投影点 1、2 以及最前边和最后边投影点 3、4，侧面投影 1″（2″）、3″、4″，求出正面投影。

2）求一般位置点投影。如图 3-28c 所示，在适当位置选取一般点，找出其水平面投影，然后根据点的两面投影求作正面投影。

3）光滑连接各点的侧面投影，擦去作图辅助线并按线型描深图线，完成三视图，如图 3-28d 所示。

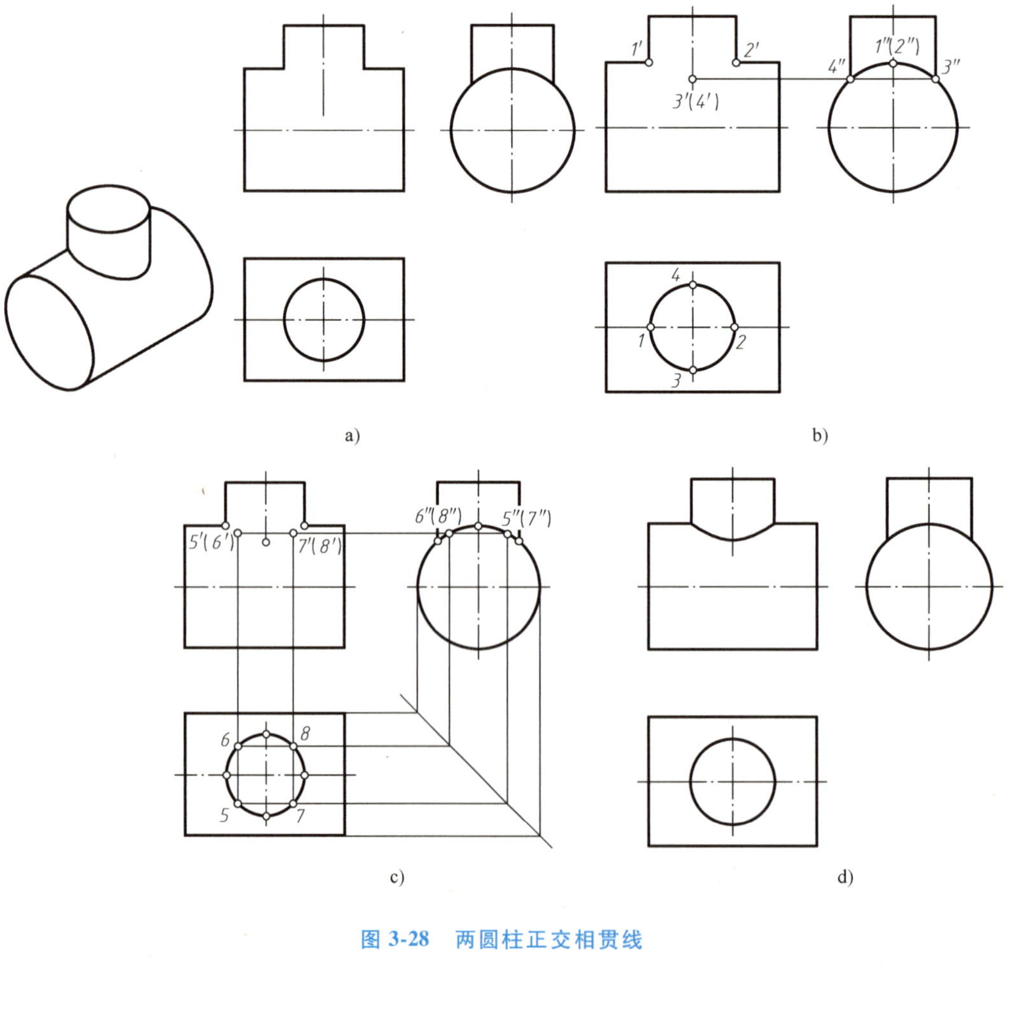

图 3-28　两圆柱正交相贯线

二、两圆柱正交相贯时，相贯线的变化情况（见表 3-8）

表 3-8　两圆柱正交相贯时的相贯线

两圆柱直径不相等	两圆柱直径相等	两圆柱直径不相等
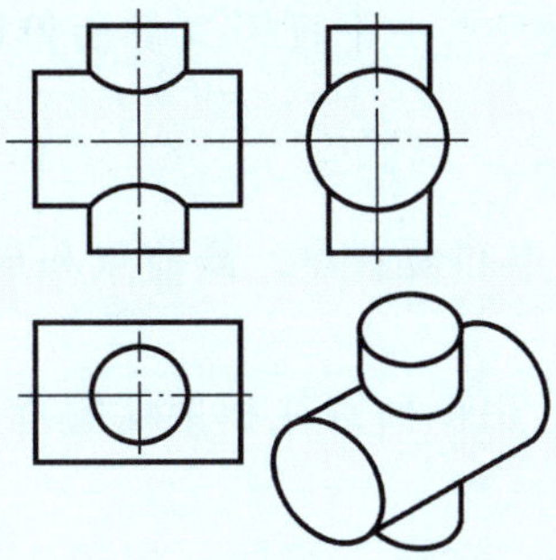	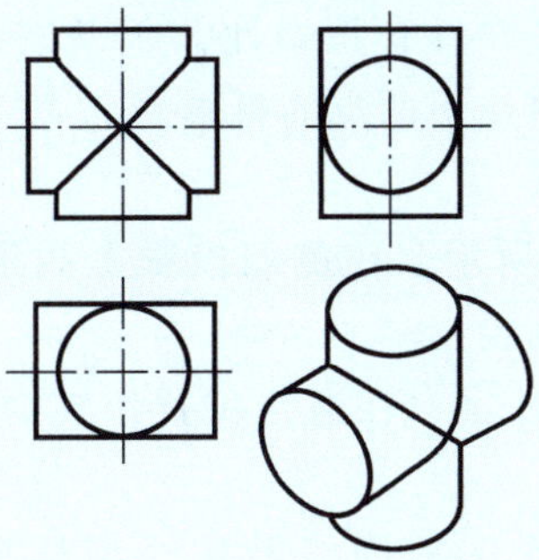	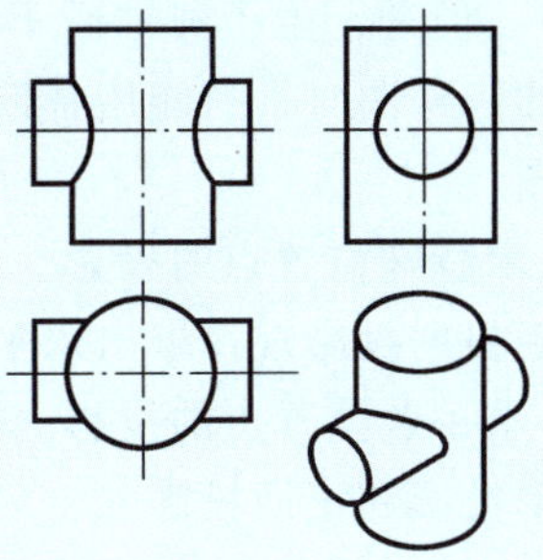

三、圆柱穿孔后的相贯线（见表 3-9）

表 3-9　圆柱穿孔后的相贯线

圆柱外表面与圆柱孔内表面相交	两圆柱孔内表面相交
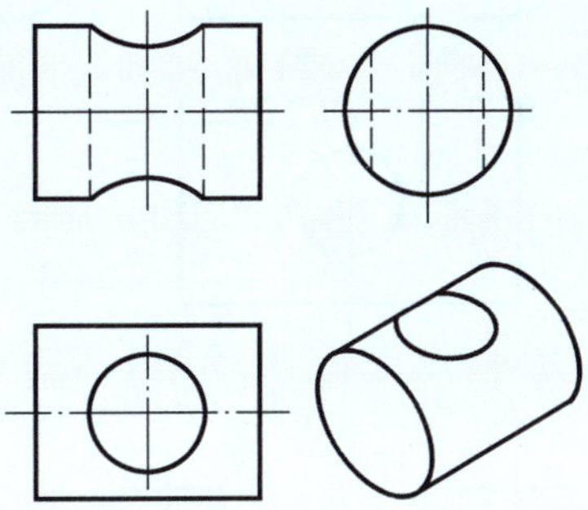	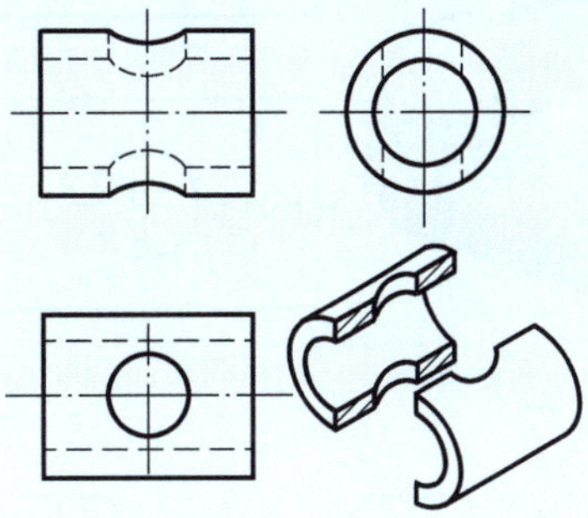

四、相贯线的简化画法

工程上两圆柱正交的实例很多，为了简化作图，国家标准规定，允许采用简化画法作出相贯线的投影，即采用圆弧代替的近似画法。作图时，以大圆柱的半径为半径画圆弧即可，其圆心在小圆柱轴线上，相贯线凸向大圆柱的轴线，如图 3-29 所示。

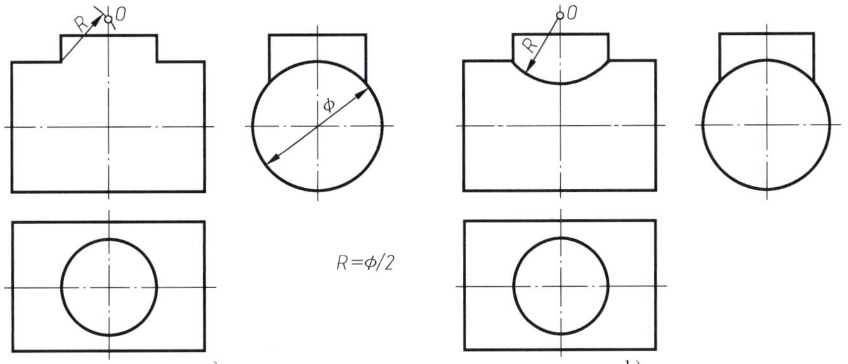

a)　　b)

图 3-29　相贯线的简化画法

五、圆柱与圆锥台正交

例 3-14　图 3-30a 所示为圆柱和圆锥台正交相贯，补画主、俯视图上的相贯线投影。

分析：如图 3-30a 所示，圆柱和圆锥台的轴线垂直相交（正交），其中圆柱的轴线垂直于侧投影面，圆锥的轴线垂直于水平投影面。由于该相贯线是圆柱面上的线，故其侧面投影为圆（与圆柱面投影重合）。但是，由于圆锥面不像圆柱面那样具有积聚性，所以该相贯线只有一个投影（侧面投影）是已知的。作图时，只能用辅助圆法求相贯线上的点的投影。

作图：

1）求特殊位置点的投影。如图 3-30b 所示，在侧面投影上找出最左点和最右点，最前点和最后点，然后根据投影规律求出水平投影和正面投影。

2）求一般位置点的投影。如图 3-30c 所示，在适当位置作辅助平面，由侧面圆柱积聚性的特点，求出水平投影和正面投影。

3）光滑连接各点的侧面投影，擦去作图辅助线并按线型描深图线，完成三视图，如图 3-30d 所示。

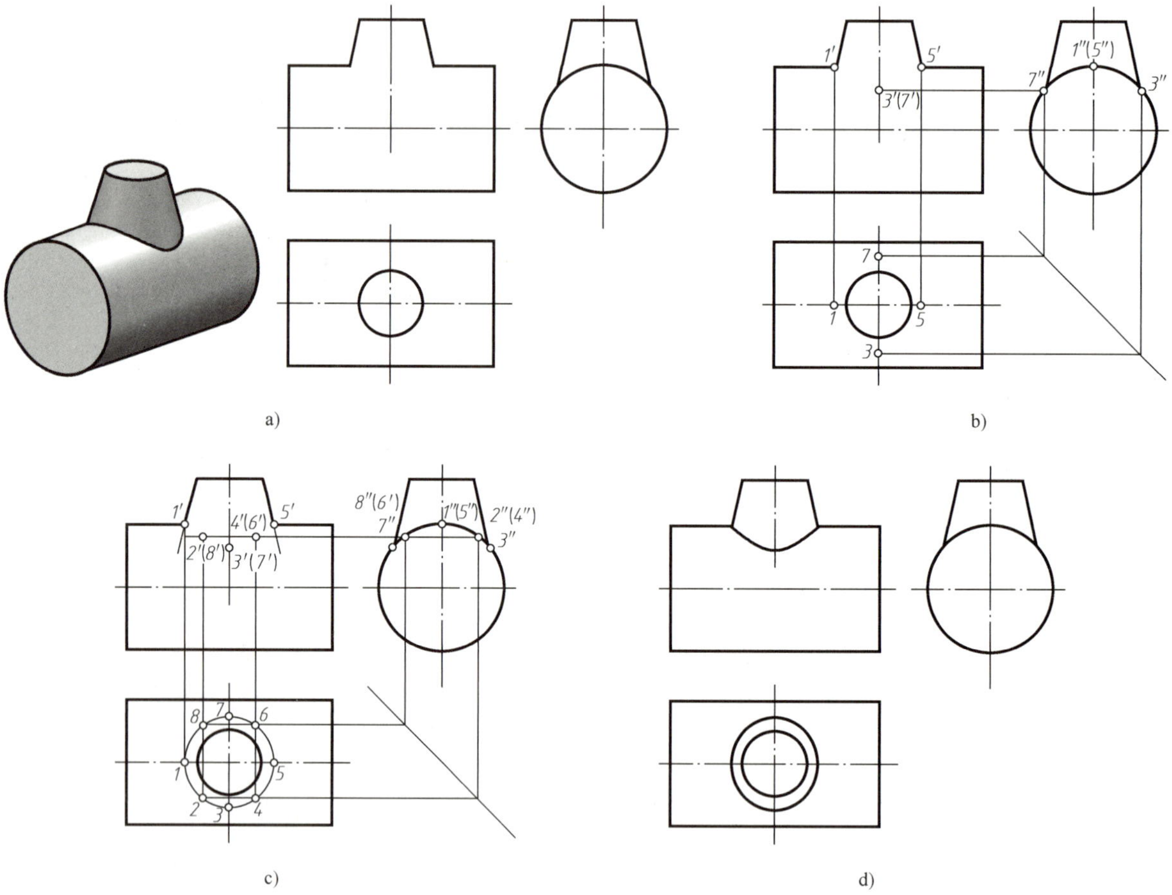

图 3-30　圆柱与圆锥台正交

六、相贯线的特殊情况

1）当两回转体具有公共轴线时，其相贯线为垂直于轴线的圆，该圆在与轴线平行的投影面上的投影为一段直线段，如图 3-31 所示。

2）当圆柱与圆柱、圆柱与圆锥相交，并公切于一个球时，则相贯线为椭圆，它在与两轴线平行的投影面上的投影积聚为直线段，如图 3-32 所示。

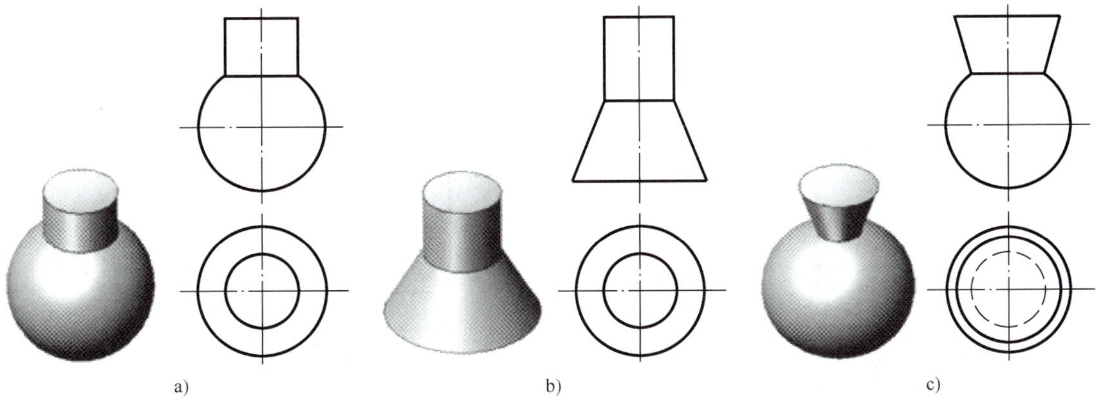

图 3-31　相贯线的特殊情况（一）

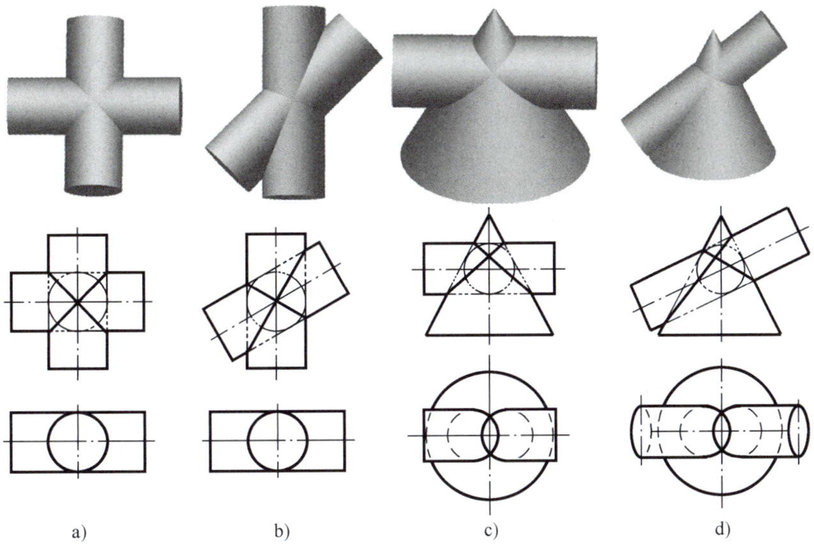

图 3-32　相贯线的特殊情况（二）

3）轴线相互平行的两圆柱相交时，其相贯线是平行于轴线的两条直线段，如图 3-33a 所示。

4）当两圆锥共顶相交时，相贯线为相交的两直线段，如图 3-33b 所示。

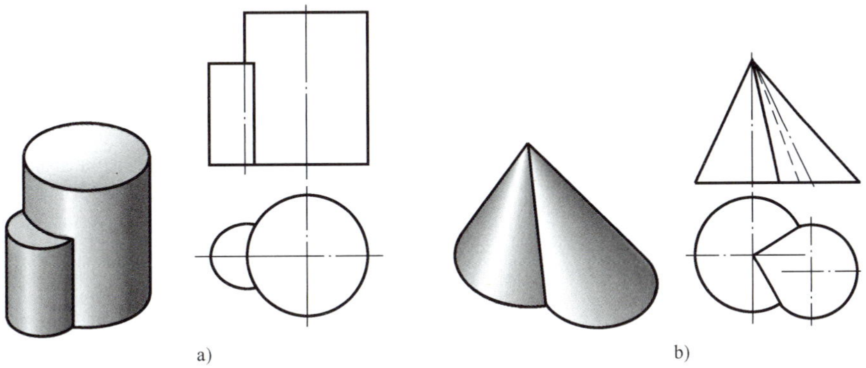

图 3-33　相贯线的特殊情况（三）

【任务实施】

补画异径三通管主视图的作图步骤见表 3-10。

表 3-10　补画异径三通管主视图的作图步骤

步骤	1. 绘制异径三通管内表面的相贯线	2. 绘制异径三通管外表面的相贯线 3. 按线型描深图线
图例	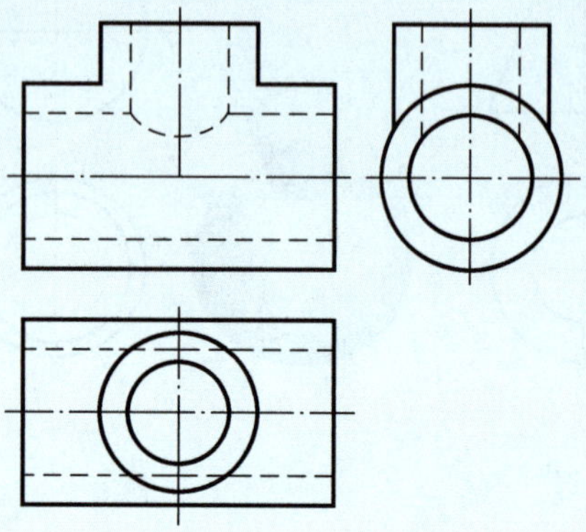	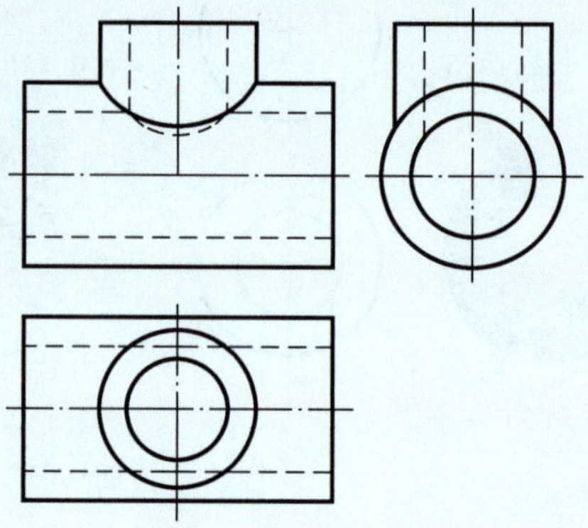

模块四 组 合 体

学习目标

素质目标：

1）结合画图和读图训练，学会用唯物辩证法的思想看待和处理问题，掌握正确的思维方法，养成科学的思维习惯，培养学生逻辑思维与辩证思维能力。

2）培养学生形体分析及表达构型能力。

3）培养学生读图能力及空间想象力。

知识目标：

1）掌握组合体三视图的画图与读图方法。

2）掌握组合体尺寸标注的基本要求、注意事项和常见尺寸注法。

能力目标：

1）能够读懂组合体三视图。

2）能够正确绘制组合体三视图并标注尺寸，基本达到正确、完整、清晰的要求。

项目一 绘制组合体的三视图

任务 绘制轴承座的三视图

【任务描述】

图 4-1 所示为某企业生产的轴承座，绘制其三视图。

图 4-1 轴承座

轴承座

【任务分析】

轴承座是叠加型组合体，绘制叠加型组合体的三视图，要运用形体分析法进行分析，即把比较复杂的组合体视为若干个基本形体的组合，对它们的形状和相对位置及表面连接关系进行分析，最终完成组合体三视图绘制，从而形成对组合形体的完整认识。

讨论： 如何识别组合体的组合形式？

【知识链接】

一、组合体的组合形式

任何机器零件从形体角度分析，都是由一些基本体经过叠加、切割或穿孔等方式组合而成的。这种由两个或两个以上基本体组合而成的整体称为组合体。组合体的组合形式有叠加和切割两种基本形式。由若干基本体叠加而形成的形体称为叠加型组合体，如图 4-2a 所示。由一个完整的基本体经过切割或穿孔后形成的形体称为切割型组合体，如图 4-2b 所示。而多数组合体则是既有叠加又有切割的综合型，如图 4-2c 所示。

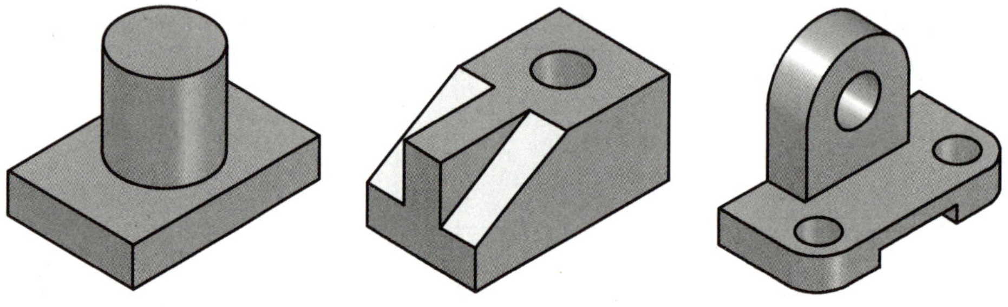

a) 叠加型　　b) 切割型　　c) 综合型

图 4-2　组合体的组合形式

二、表面连接关系

两形体在组合时，由于组合方式或接合面的相对位置不同，形体之间的表面连接关系有以下四种。

1. 共面

当两形体相邻表面共面时，在共面处不应有分界线，如图 4-3 所示。

2. 不共面

当两形体相邻表面不共面时，两形体的投影间应该有线隔开，如图 4-4 所示。

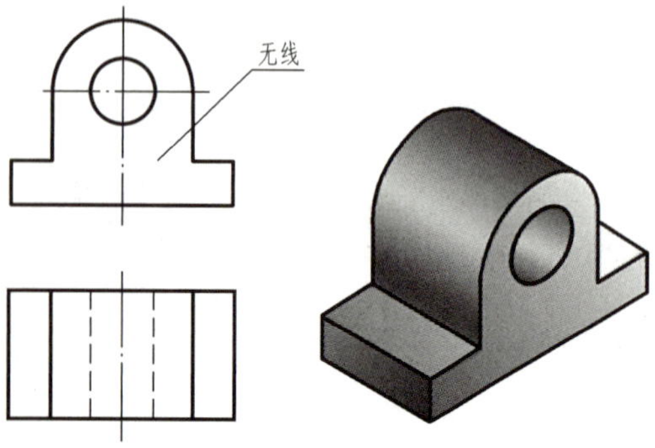

图 4-3　共面

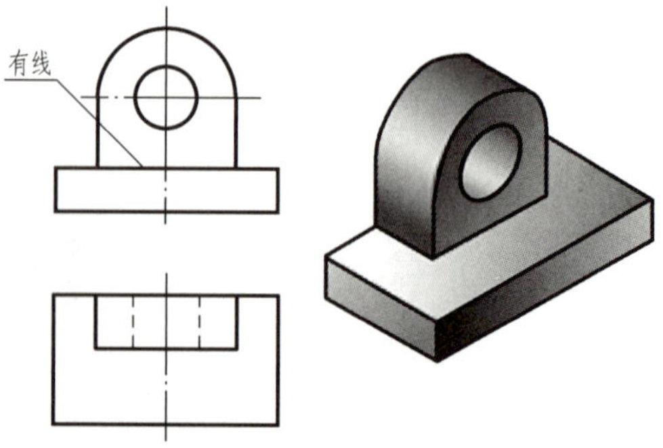

图 4-4　不共面

3. 相切

当两形体相邻表面相切时，由于相切是光滑过渡，所以相切处不存在分界线，如图 4-5 所示。

特殊情况：如图 4-6 所示，当两圆柱面相切时，若它们的公共切平面垂直于投影面，则应画出相切的素线在该投影面上的投影，也就是两个圆柱面的分界线。

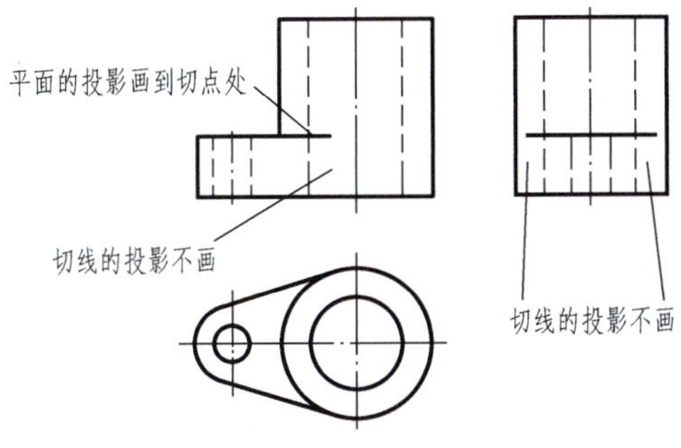

图 4-5　相切的画法

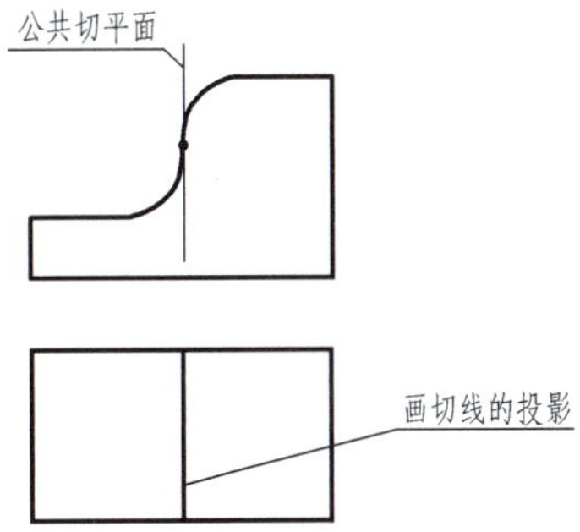

图 4-6　相切的特殊情况

4. 相交

当两形体相交时，两表面交界处有交线，在相交处应画出交线的投影，如图 4-7 所示。

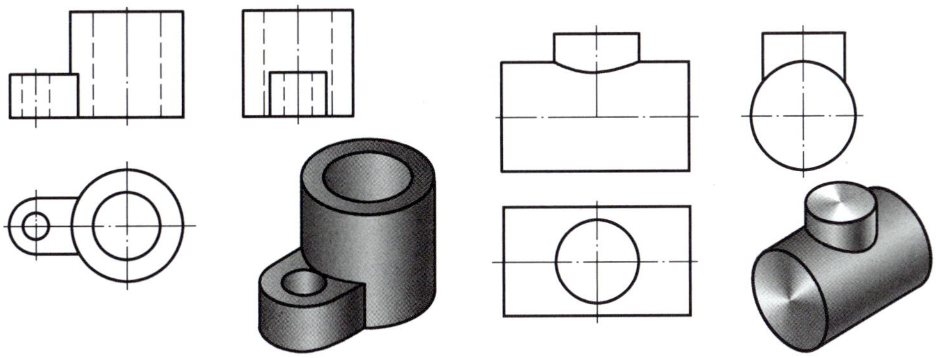

a) 截交线　　b) 相贯线

图 4-7　相交

【任务实施】

一、形体分析

图 4-1 所示为轴承座，可分解为凸台 1、圆筒 2、支承板 3、肋板 4 和底板 5 五个部分，如图 4-8 所示。其中，凸台与圆筒的轴线垂直正交，内外圆柱面都有交线即相贯线；支承板的两侧与圆筒的外圆柱面相切，画图时应注意相切处无轮廓线；肋板的左右侧面与圆筒的外圆柱面相交，交线为两条素线，底板、支承板、肋板相互叠合，并且底板与支承板的后表面平齐。

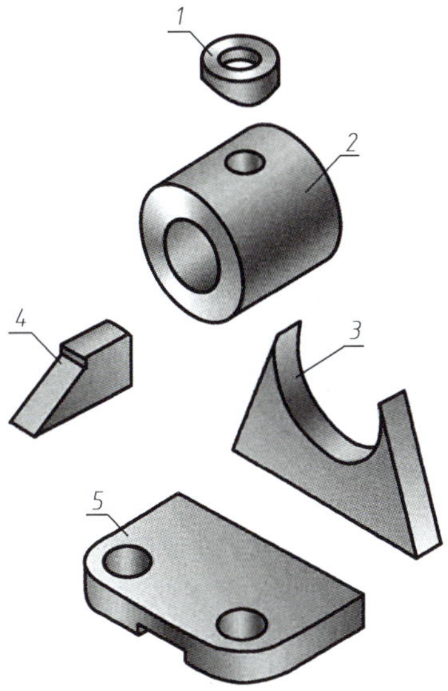

图 4-8　轴承座的形体分析

1—凸台　2—圆筒　3—支承板
4—肋板　5—底板

二、选择主视图

在三视图中，主视图是最主要的视图，因此，主视图的选择尤为重要。选择主视图时通常将物体放正，保证物体的主要平面（或轴线）平行或垂直于投影面，使所选择的投射方向最能反映物体结构形状特征。将轴承座按自然位置安放后，按图 4-1 所示箭头的四个方向进行投射，将所得的视图进行比较，以确定主视图的投射方向。

如图 4-9 所示，若选择 *D* 向作为主视图，主视图的虚线多，没有 *B* 向清楚；若选择 *C* 向作为主视图，左视图的虚线多，没有 *A* 向好，由于 *B* 向投射方向最清楚地反映了轴承座的形状特征及其各组成部分相对位置，比 *A* 向投射好，所以，选择 *B* 向作为主视图的投射方向。

主视图一旦确定了，俯视图和左视图的投影方向也就相应确定了。

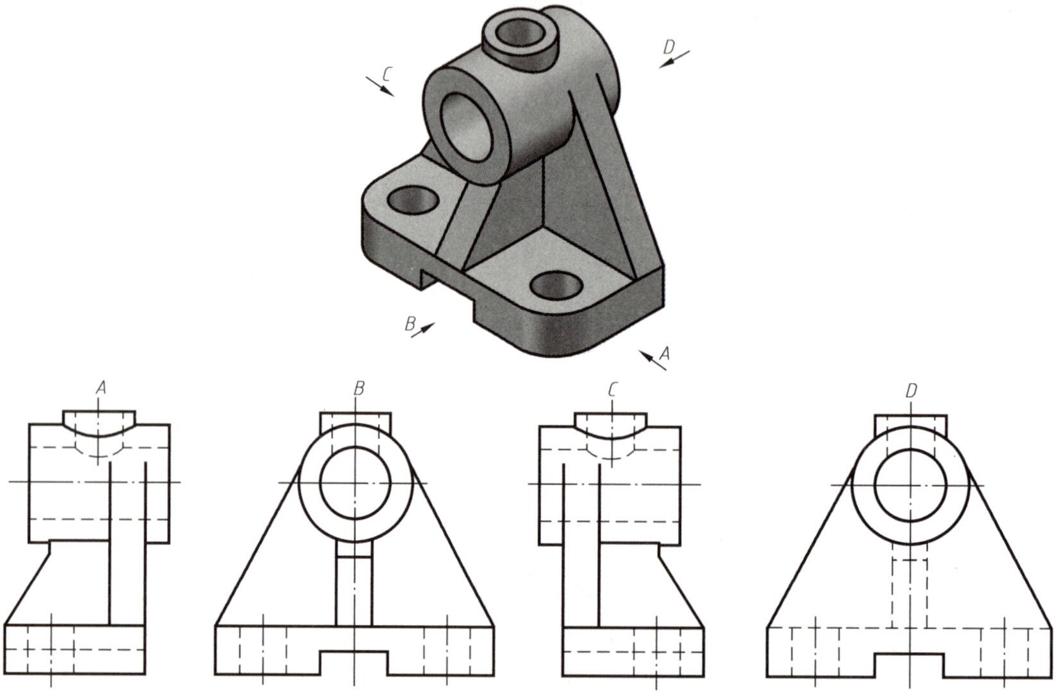

图 4-9　轴承座主视图的选择

三、作图

1. 选择图纸幅面和比例

根据组合体的复杂程度和尺寸大小，应选择国家标准规定的图幅和比例。在选择时，应充分考虑到视图、尺寸、技术要求及标题栏的大小和位置等。在一般情况下，尽量选用 1 : 1 的比例。

2. 布置视图，画作图基准线

根据组合体的总体尺寸，通过简单计算，将各视图均匀地布置在图框内，视图间应预留尺寸标注位置。各视图位置确定后，用细点画线或细实线画出作图基准线。作图基准线一般为底面、对称面、主要端面、主要轴线等。

3. 绘制底稿

绘制底稿时应注意：

1）画图的先后顺序，一般应从形状特征明显的视图入手。先画主要部分，后画次要部分；先画可见部分，后画不可见部分：先画圆或圆弧，后画直线。

2）画图时，组合体的每一组成部分，最好是三个视图配合着画。不要先把一个视图画完再画另一个视图。这样，不但可以提高绘图速度，还能避免多线或漏线。

4. 检查描深

底稿完成后，应在三视图中认真核对各组成部分的投影关系是否正确；分析清楚相邻两形体衔接处的画法有无错误，是否多线、漏线；再以实物（或轴测图）与三视图对照，确认无误后，描深图线，完成三视图。

轴承座三视图的作图步骤见表 4-1。

表 4-1　轴承座三视图的作图步骤

步骤	1. 绘制基准线	2. 绘制底板的三视图
图例	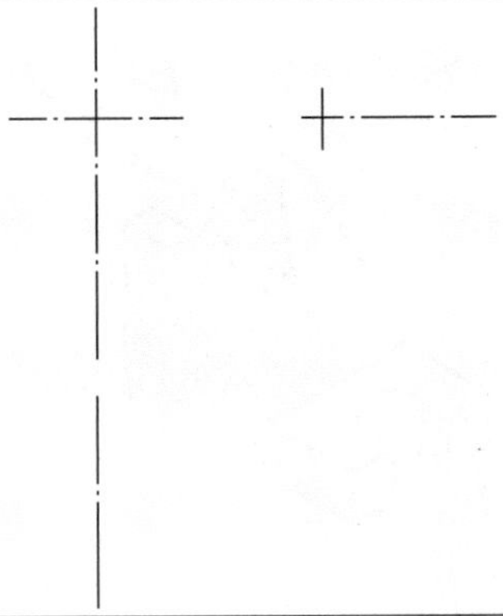	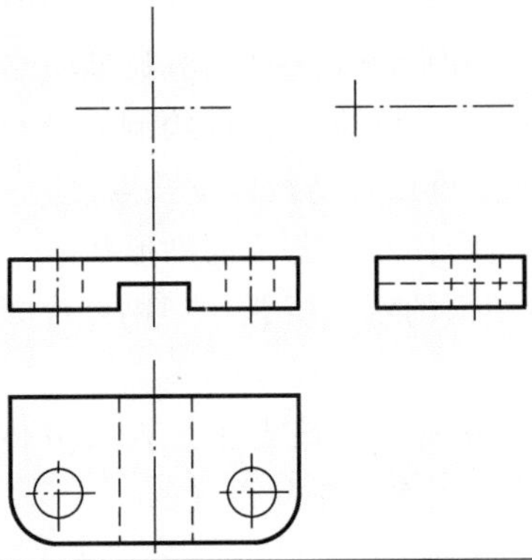
步骤	3. 绘制圆筒的三视图	4. 绘制支承板的三视图
图例	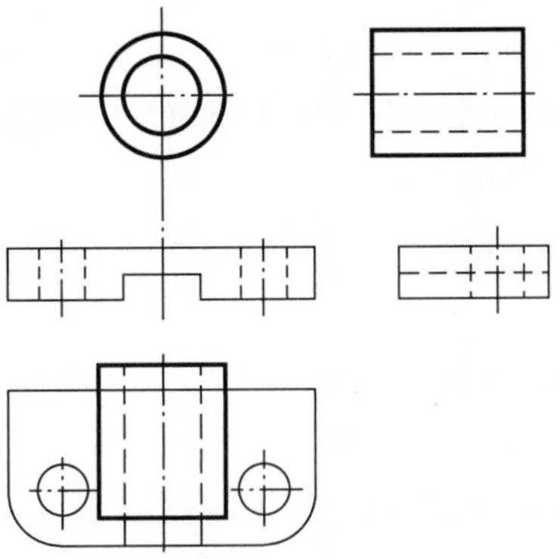	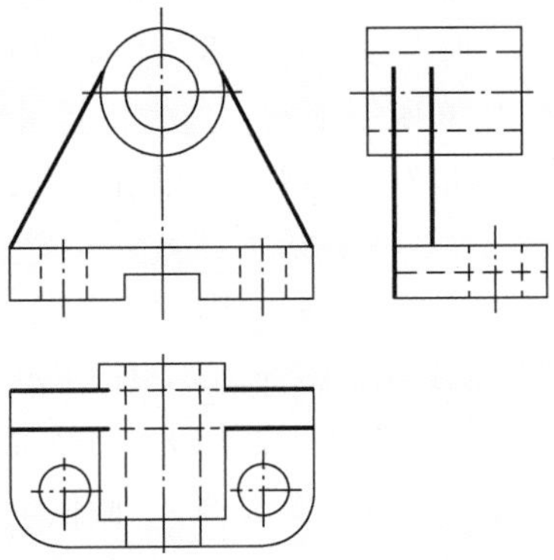
步骤	5. 绘制凸台的三视图	6. 绘制肋板的三视图
图例	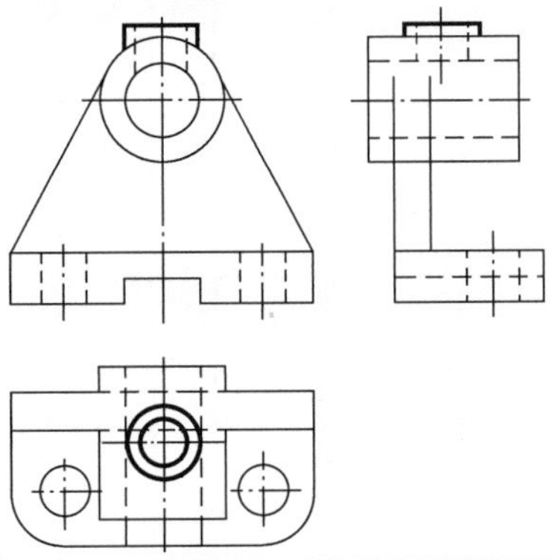	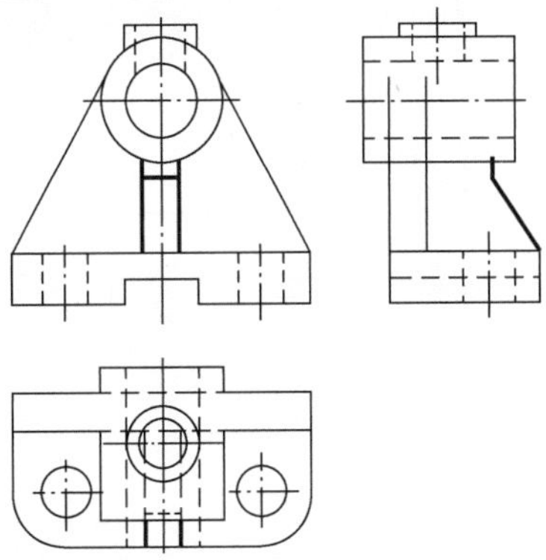
步骤	7. 检查、调整、补画缺线	8. 接线型描深图线
图例	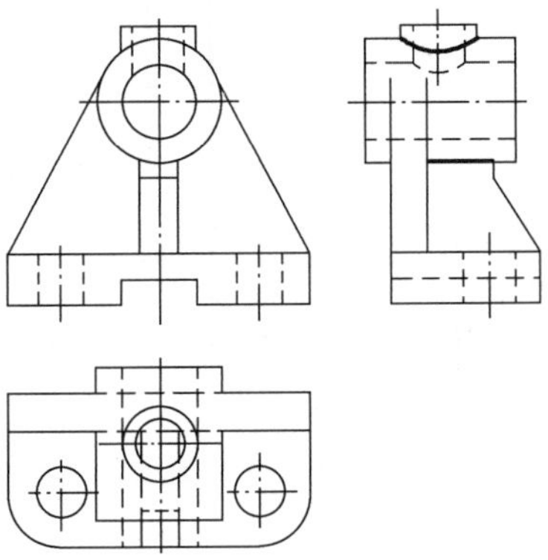	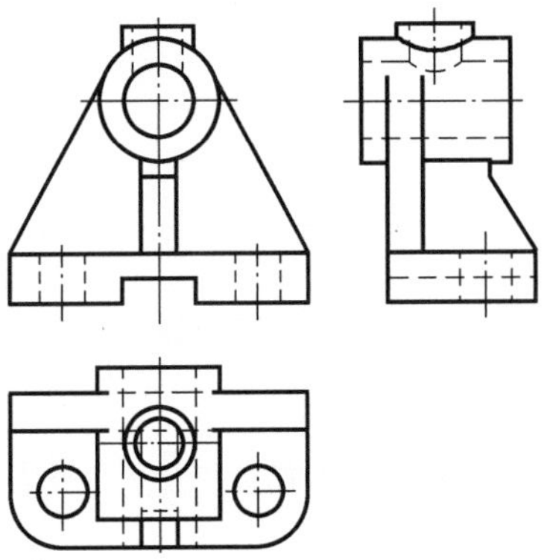

【知识拓展】

例 4-1 绘制图 4-10 所示支座的三视图。

1. 形体分析

支座是切割型组合体。切割型组合体的三视图一般采用“减法”进行绘制。分析切割型组合体时，要重点弄清楚以下几点：

1）该组合体在切割之前的形状。

2）截切面的空间位置、切割顺序及被切去形体的形状。

如图 4-10 所示，该支座是在长方体的基础上，依次进行三次切割所得到的。

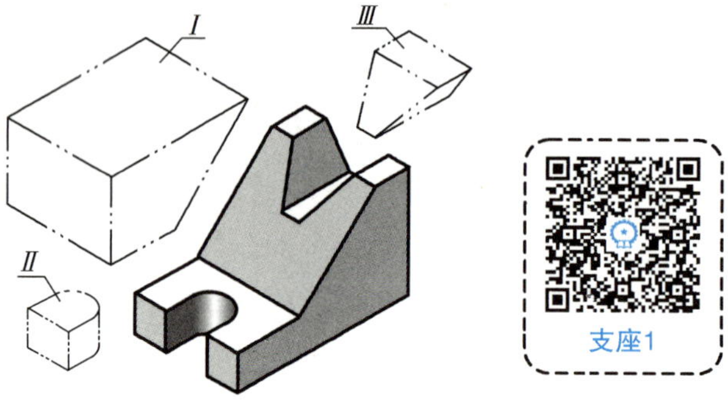

图 4-10 支座

2. 选择主视图

切割型组合体应使尽量多的截切面（切口）处于投影面的垂直或平行位置，使其具有积聚性或反映实形，以简化作图。

对于图 4-10 所示支座，选择将其水平放置，使前后对称面平行于正投影面，将切割较大的部分置于左上方，以此确定主视图的投射方向，这样能较好地反映出支座的形体特征。

3. 作图

1）绘制出切割前长方体的三视图，如图 4-11a 所示。

2）切去第Ⅰ部分，如图 4-11b 所示。

按切割过程逐个减去被切去部分的视图（叠加类组合体是一部分一部分地加在一起的，切割类组合体是一部分一部分地减去的）。画图时，应先画被切割部分的特征图（即截切面或切口有积聚性的投影），再画其他视图，三个视图同时作图。

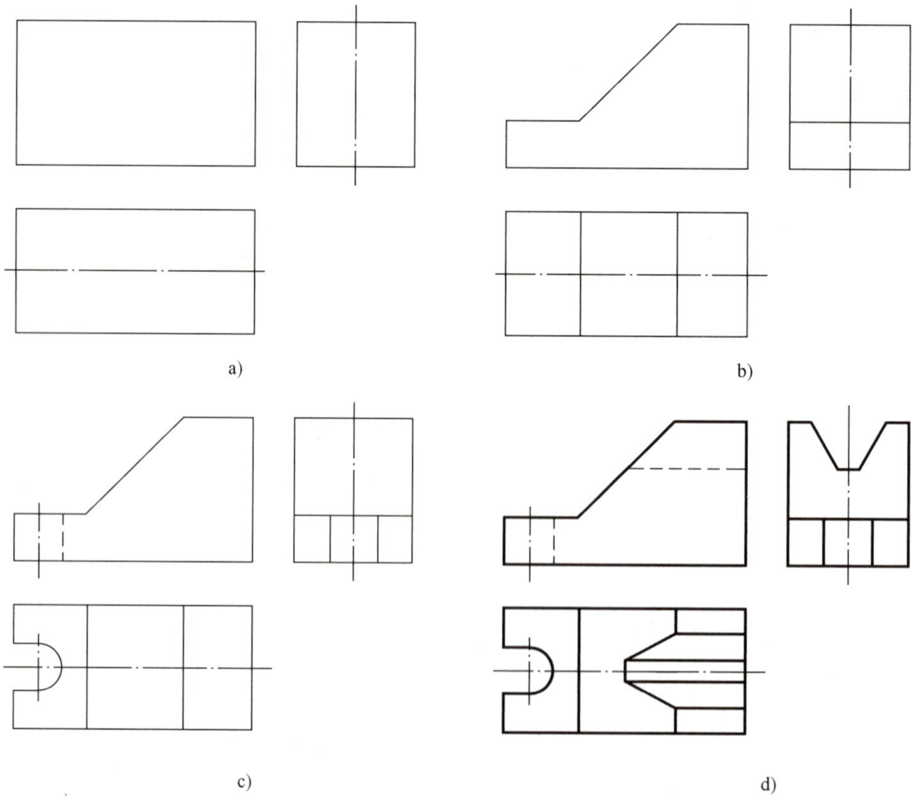

图 4-11 支座三视图

3）切去第Ⅱ部分，如图 4-11c 所示。

4）切去第Ⅲ部分，如图 4-11d 所示。

5）检查并描深，完成三视图。

项目二　组合体的尺寸标注

任务　标注支座的尺寸

【任务描述】

图 4-12 所示为某企业生产的支座，绘制其三视图并标注尺寸。

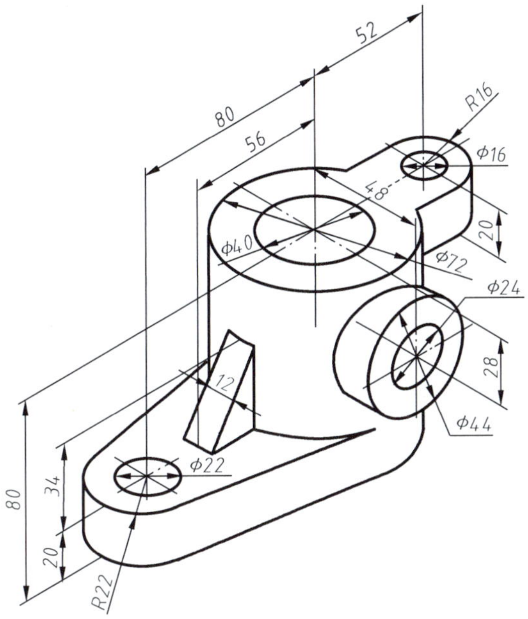

支座2

图 4-12　支座

【任务分析】

视图只能表达组合体的形状，而形体的真实大小及各组成部分的相对位置，则要根据视图上所标注的尺寸来确定。

【知识链接】

一、尺寸标注的基本要求

组合体尺寸标注的基本要求是正确、完整和清晰。

（1）正确　要求所注的尺寸数值要正确无误，注法要严格遵守国家标准《机械制图　尺寸注法》（GB/T 4458.4—2003）。

（2）完整　要求所注的尺寸必须能完全确定组合体的形状、大小及其相对位置，不遗漏、不重复。

（3）清晰　要求所注的尺寸布局整洁、清晰，便于查找和读图。

二、尺寸种类

（1）定形尺寸　确定组合体形状及大小的尺寸称为定形尺寸。如图 4-13 所示，底板的定形尺寸为长 58mm、宽 34mm、高 10mm，圆角半径 R10mm，两圆柱孔直径 ϕ10mm；竖板的定形尺寸为宽 12mm，圆弧半径 R17mm，圆孔直径 ϕ20mm；肋板的定形尺寸为长 8mm，宽 15mm，高 9mm。

（2）定位尺寸　确定组合体上各部分结构相对于基准位置或各部分结构之间相对位置的尺寸称为定位尺寸。如图 4-13 所示，38mm、32mm、24mm 均为定位尺寸。

（3）总体尺寸　表示组合体总长、总宽和总高的尺寸称为总体尺寸。如图 4-13 所示，底板的长度尺寸 58mm 即总长尺寸，底板的宽度尺寸 34mm 即总宽尺寸，尺寸 32mm 和 R17mm 决定了支架的总高尺寸。

讨论： 总体尺寸必须单独标注吗？

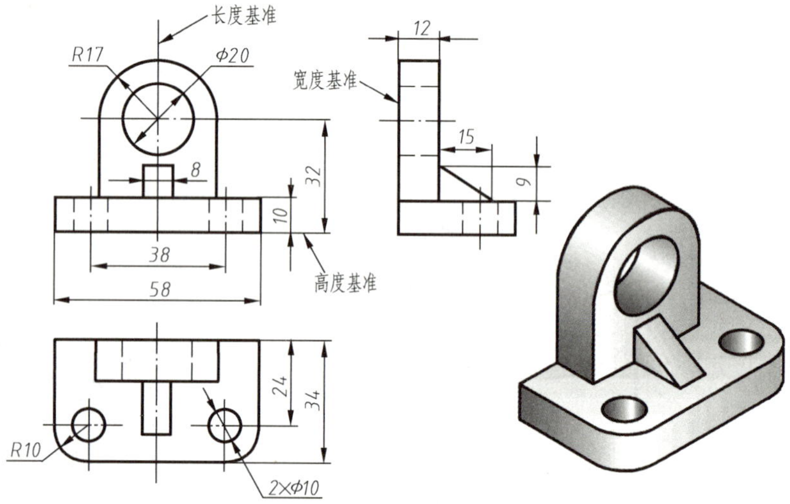

图 4-13　组合体的尺寸标注示例

三、尺寸基准

组合体具有长、宽、高三个方向的尺寸。因此，在标注尺寸时，长、宽、高方向都要选尺寸基准。当组合体较为复杂时，一个基准不够，往往还要选择一个或几个辅助尺寸基准。尺寸基准的确定既与物体的形状有关，也与该物体的加工制造要求、工作位置等有关。对组合体进行尺寸标注时，通常选用底平面、端面、对称面及较大回转体的轴线等作为尺寸基准。

四、标注尺寸的方法和步骤

在对物体进行形体分析的基础上，按下列步骤标注尺寸：

（1）选择尺寸基准　根据组合体的结构特点，选取三个方向的尺寸基准。

（2）标注定形尺寸　假想把组合体分解为若干基本体，逐个注出每个基本体的定形尺寸。

（3）标注定位尺寸　从基准出发，标注各基本体与基准之间的相对位置尺寸。

（4）标注总体尺寸　标注三个方向的总长、总宽、总高的尺寸。

（5）核对尺寸，调整布局　标完尺寸后，应采用形体分析法，对重复和遗漏的尺寸进行修正，并以有利于读图为原则，调整尺寸布局，达到所注尺寸正确、完整、清晰的要求。

五、组合体尺寸标注的注意事项

1）与两视图相关的尺寸，最好注在两视图之间，以保持视图间的联系。长度尺寸尽量标注在主、俯视图上；宽度尺寸尽量标注在俯、左视图上；高度尺寸尽量标注在主、左视图上。

2）尺寸应标注在表达形状特征最明显的视图上。

3）同一尺寸只能标注一次，不能重复。

【任务实施】

绘制支座三视图并标注尺寸的步骤见表 4-2。

表 4-2　绘制支座三视图并标注尺寸的步骤

步骤	1. 绘制支座的三视图，并选择尺寸基准	2. 逐个注出各基本体的定形尺寸
图例	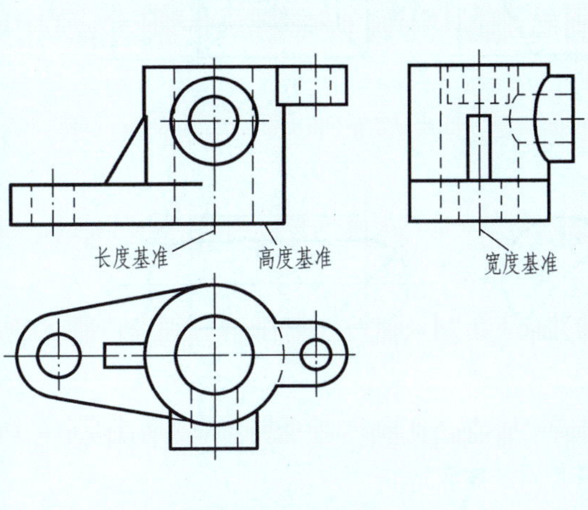	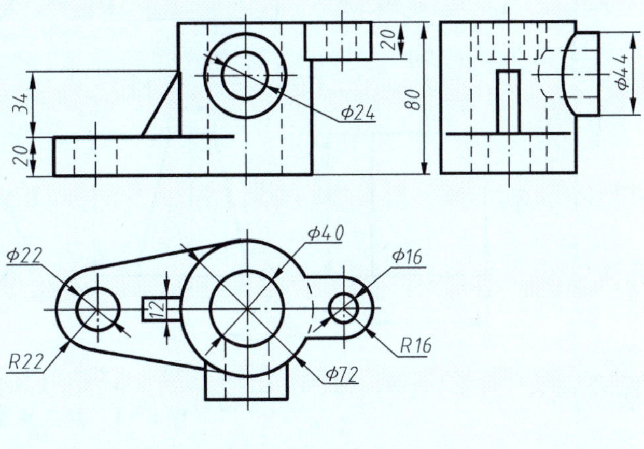
步骤	3. 标注确定各基本体形体相对位置的尺寸	4. 标注总体尺寸
图例	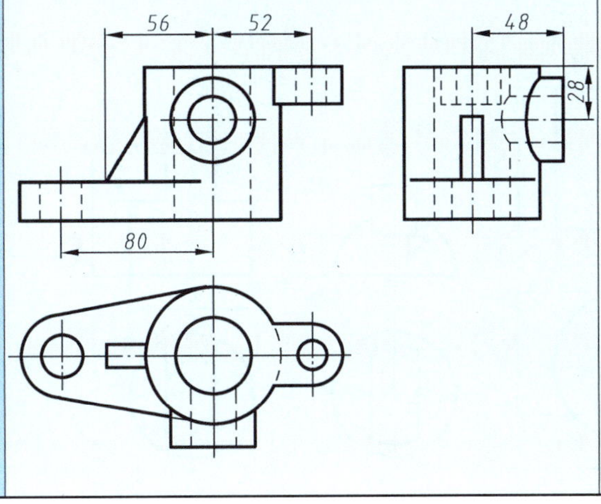	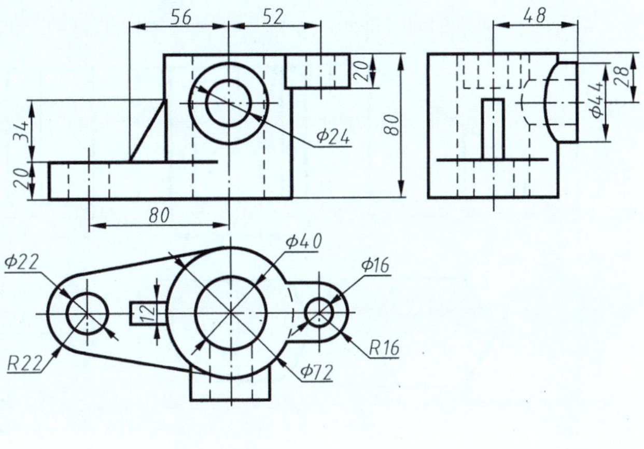

【知识拓展】

一、常见基本体的尺寸标注

对于基本体，一般应注出它的长、宽、高三个方向的尺寸，但并不是每一个基本体都需要注全这三个方向的尺寸。例如，标注圆柱、圆锥的尺寸时，在其投影为非圆的视图上注出直径方向（简称径向）尺寸“φ”后，既可减少一个方向的尺寸，还可省略一个视图，因为尺寸“φ”具有双向尺寸功能。一些常见基本体的尺寸标注如图 4-14 所示。

二、切割体的尺寸标注

在标注切割体的尺寸时，除标注定形尺寸外，还应标注确定截平面位置的定位尺寸。当截平面在

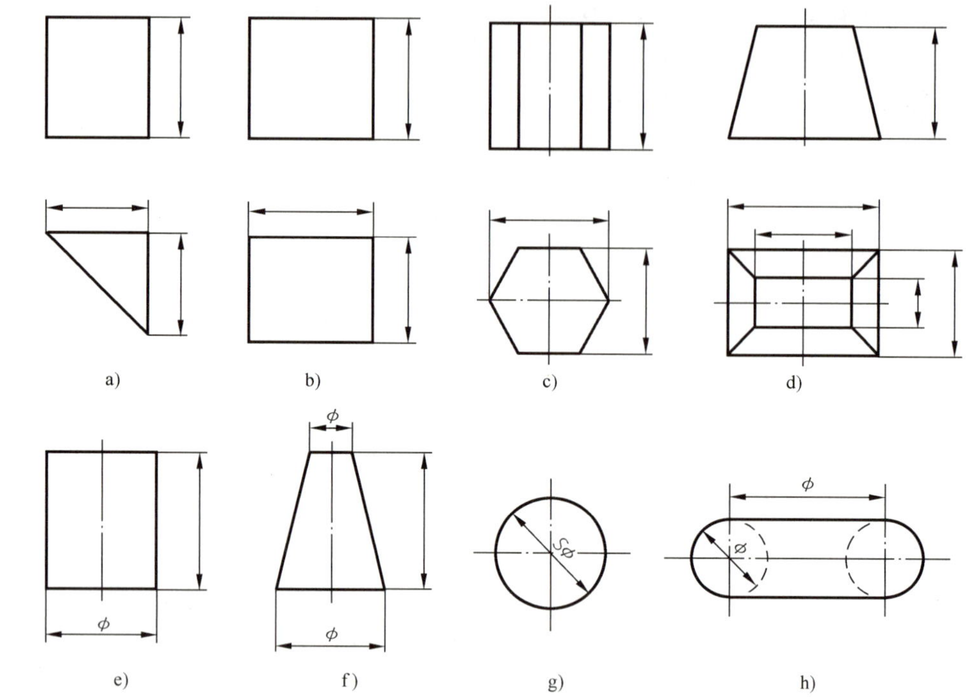

图 4-14　常见基本体的尺寸标注

形体上的相对位置确定后，截交线的形状即被确定，因此对截交线的形状和位置不应再注尺寸，如图 4-15 所示。

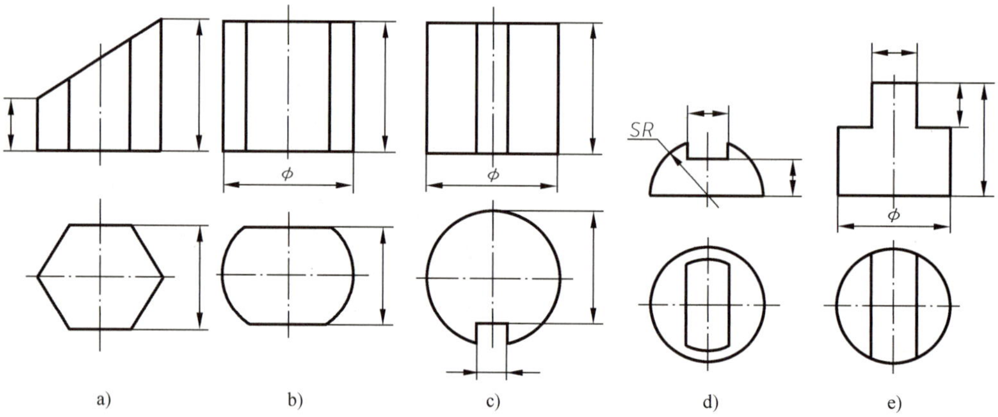

图 4-15　切割体的尺寸标注

三、相交立体的尺寸标注

相交立体除标注相交基本形体的定形尺寸外，还应注出确定两相交基本形体的定位尺寸。当定形、定位尺寸注全后，两相交体的交线（相贯线）即被确定，因此，对相贯线的形状和位置也不需再注出尺寸，如图 4-16 所示。

四、常见薄板的尺寸标注

由图 4-17 所示的常见薄板的尺寸标注中可以看出，由于板的基本形状和孔、槽的分布形式不同，其中心距定位尺寸的标注形式也不同。

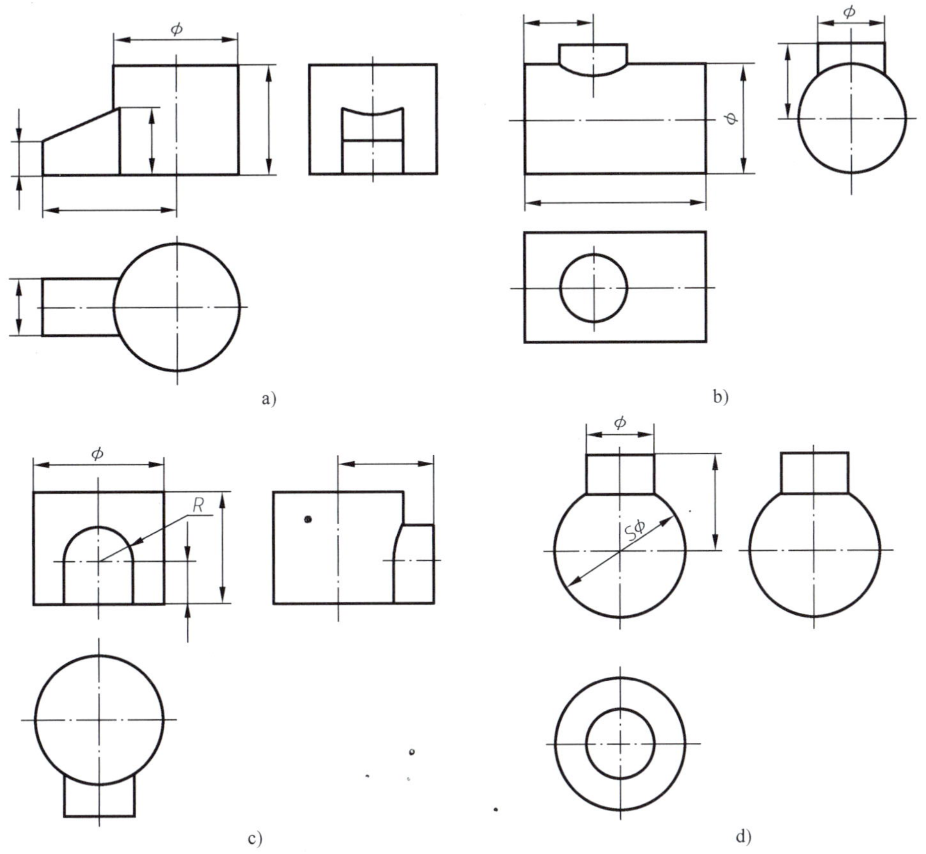

图 4-16 相交立体的尺寸标注

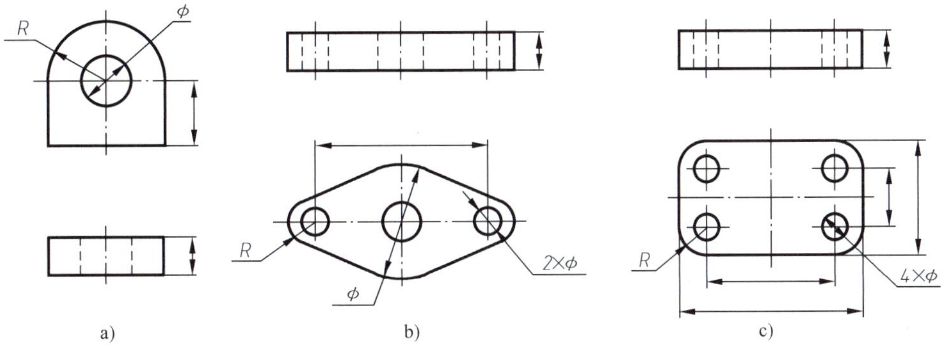

图 4-17 常见薄板的尺寸标注

项目三 读组合体三视图

任务 读轴承座的三视图

【任务描述】

根据图 4-18 所示轴承座的三视图，想象出它的立体形状。

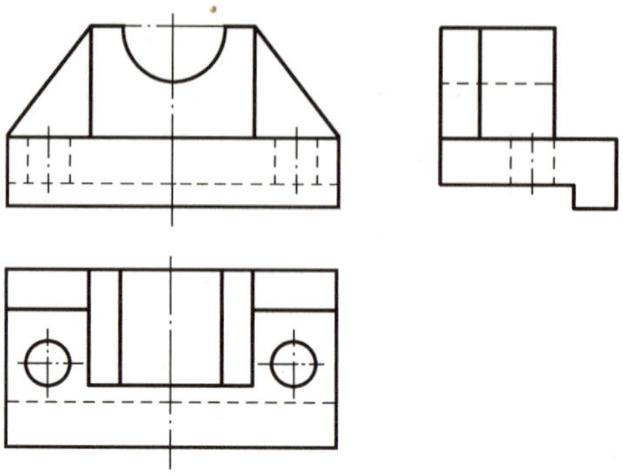

轴承座

图 4-18 轴承座的三视图

【任务分析】

读图是画图的逆过程，画图是运用正投影法把空间的物体表达在平面上，而读图同样是运用正投影原理，根据视图想象出空间物体的结构形状。读图常用的方法有形体分析法和线面分析法。

【知识链接】

一、读图的基本知识

1. 几个视图要联系起来看

看图是一个构思过程，它的依据是前面学过的投影知识以及从画图的实践中总结归纳出的一些规律。在工程中，机件的形状是通过几个视图来表达的，每个视图只能反映机件一个方向的形状。因此，仅仅由一个视图往往不能唯一地表达某一机件的结构。如图 4-19 所示的五组图形，其主视图完全相同，但是联系起俯视图来看，就知道它们表达的是五种不同形状的物体。

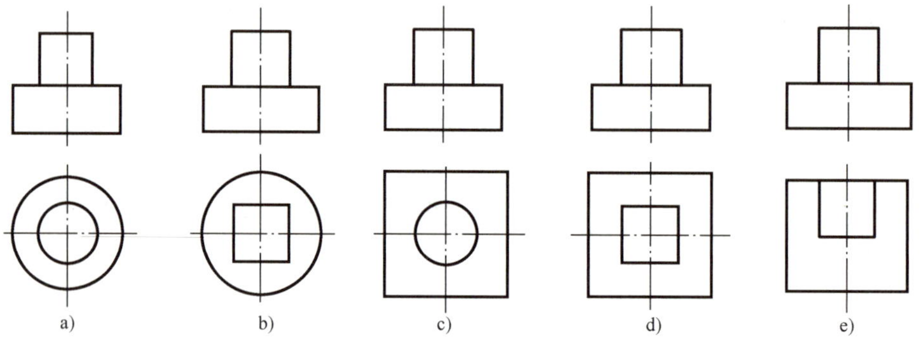

图 4-19 不同形状的物体可有一个相同视图

有时立体的两个视图也不能确定立体的形状。在图 4-20 所示的三组视图中，它们有相同的主视图和俯视图，但左视图不同，因此是三种不同形状的物体。

2. 抓特征视图，想象物体形状

抓特征视图，就是抓物体的形状特征视图和位置特征视图。

（1）形状特征视图　所谓形状特征视图，就是最能表达物体形状的那个视图，如图 4-20 所示的左视图。

（2）位置特征视图　所谓位置特征视图，就是反映组合体的各组成部分相对位置关系最明显的视图。读图时应以位置特征视图为基础，想象各组成部分的相对位置，如图 4-21 所示的左视图。

特征视图是表达形体的关键视图，读图时应注意找出形体的位置特征视图和形状特征视图，再联系其他视图，就能很容易地读懂视图，想象出形体的空间形状了。

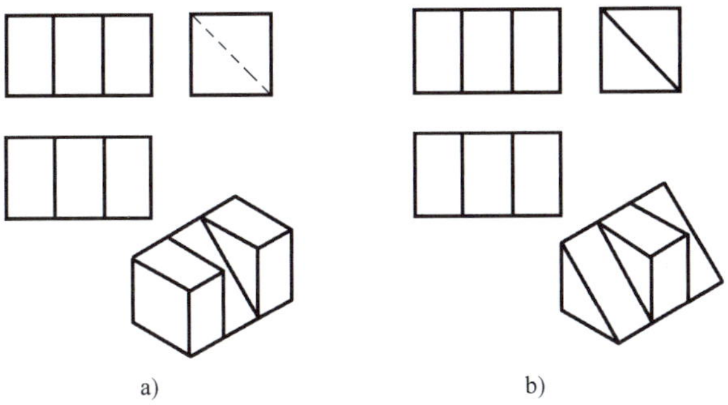

图 4-20 不同形状的物体可有两个相同的视图

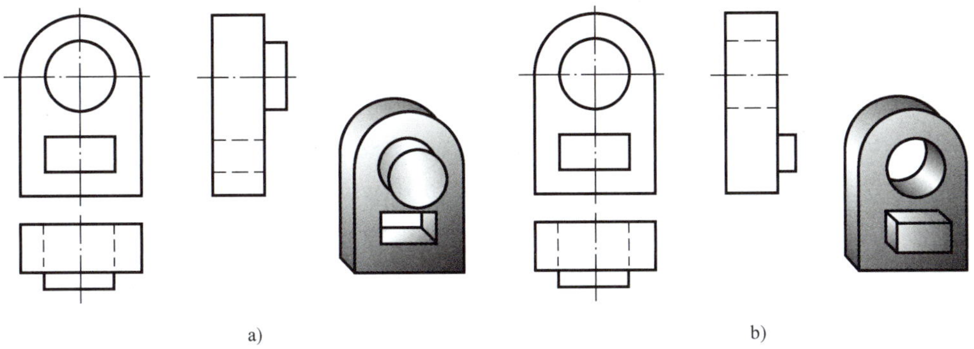

图 4-21 位置特征视图

3. 明确视图中线框和图线的含义

视图中每个封闭线框通常表示物体上的一个表面（平面或曲面）或孔的投影。视图中的每条图线则可能是平面或曲面的积聚性投影，也可能是线的投影。因此，必须将几个视图联系起来对照分析，才能明确视图中的线框和图线的含义。

（1）线框的含义

1）一个封闭线框表示物体上的一个表面（平面、曲面或平面和曲面的组合面）的投影，如图 4-22 所示。

2）大封闭线框内套小封闭线框，可以表示凸起或凹进，如图 4-22a、b 中的俯视图。

3）两个相邻的封闭线框，表示物体不同位置的表面的投影，如图 4-22c、d 中的俯视图。

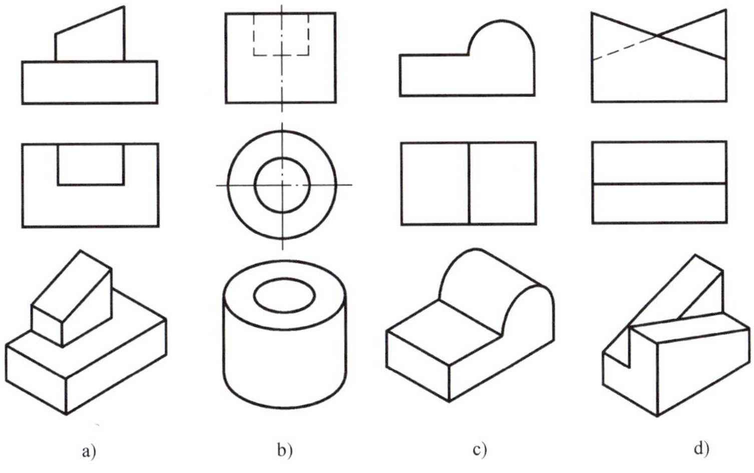

图 4-22 视图中线框的含义

（2）图线的含义

视图中的每条图线，可能表示三种情况，如图 4-23 所示。

1）垂直于投影面的平面或曲面的投影。

2）两个面交线的投影。

3）回转体转向轮廓线的投影。

4. 利用线段及线框的可见性，判断形体的形状

1）利用交线的性质确定物体的形状，如图 4-24 所示。

2）利用线的虚实变化判断物体的形状，如图 4-25 所示。

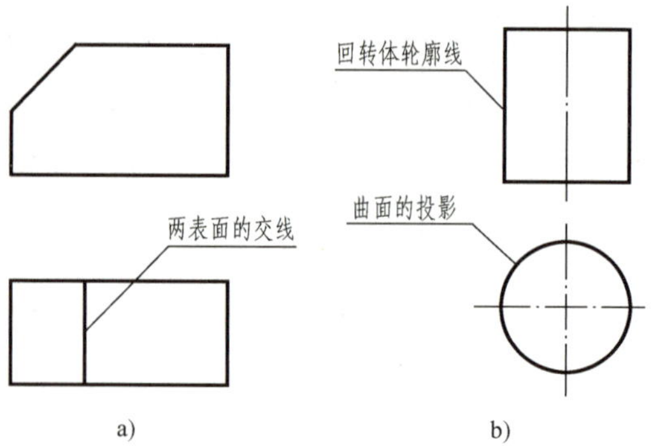

图 4-23　视图中图线的含义

二、读图的基本方法

读图的基本方法与画图一样，主要也是运用形体分析法。从最能反映物体形状和位置形状特征的视图入手，将复杂的视图按线框分成几个部分，然后运用三视图的投影规律，找出各线框在其他视图上的投影，从而分析各组成部分的形状和它们之间的相对位置，最后综合起来，想象组合体的整体形状。

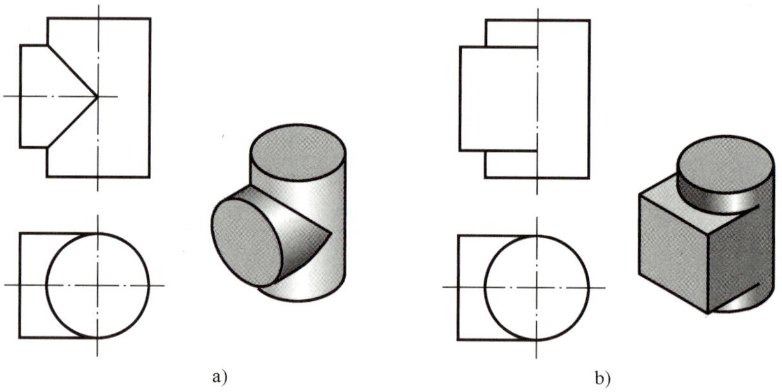

图 4-24　利用交线的性质判断物体的形状

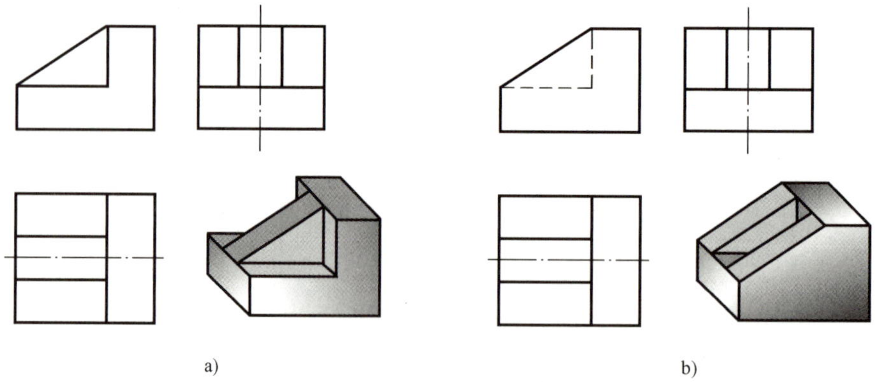

图 4-25　利用虚实线的变化判断物体的形状

【任务实施】

读轴承座三视图的方法与步骤见表 4-3。

表 4-3　读轴承座三视图的方法与步骤

步骤	1. 画线框，分形体 从主视图入手，将该组合体按线框划分为四个部分	2. 对投影，想形状 想形体Ⅰ
图例	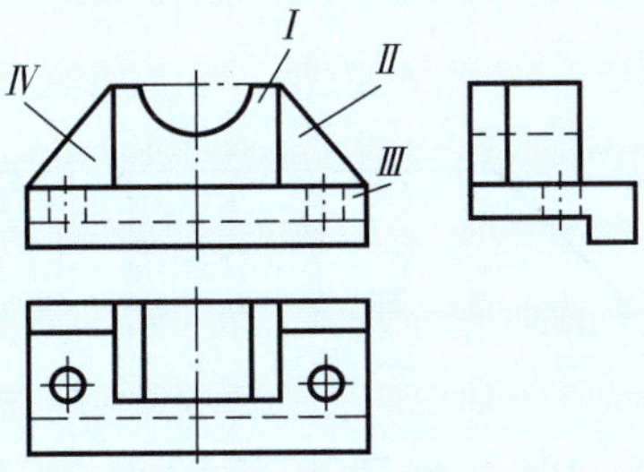 	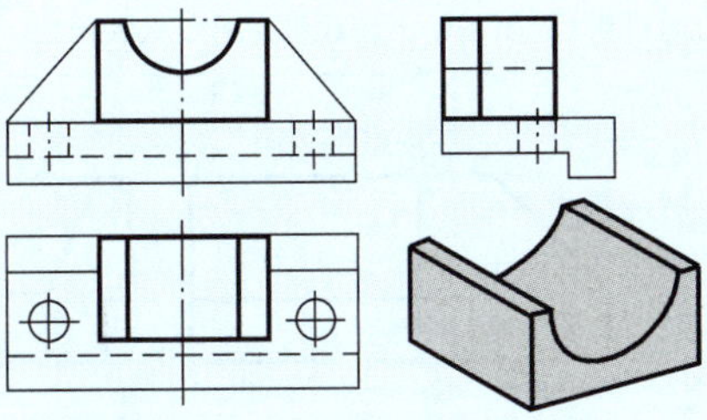
步骤	3. 想形体Ⅲ	4. 想形体Ⅱ、Ⅳ
图例	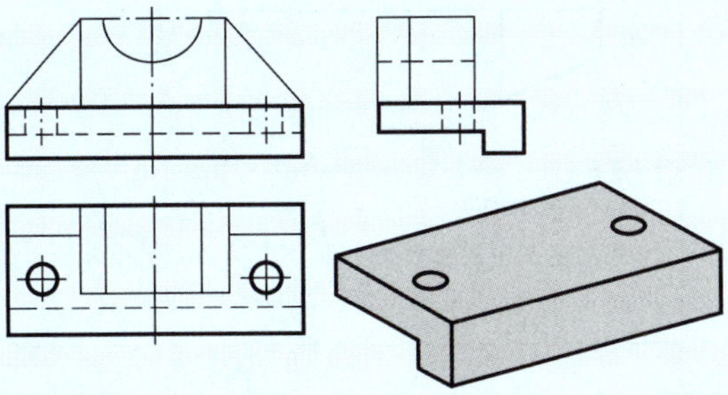	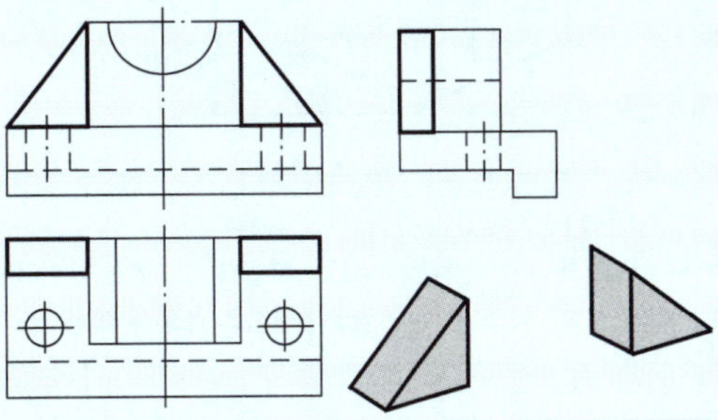
步骤	5. 合起来，想整体 在读懂每部分形状的基础上，根据物体的三视图，进一步研究它们的相对位置和连接关系，综合想象而形成一个整体	
图例	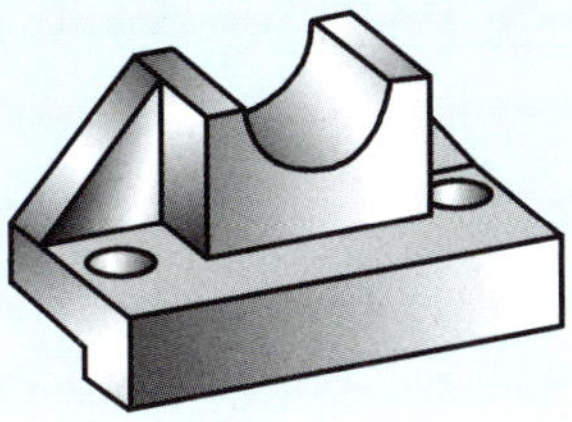	

【知识拓展】

一、线面分析法

有许多切割式组合体，有时无法运用形体分析法将其分解成若干个组成部分，这时看图需要采用线面分析法。所谓线面分析法，就是运用投影规律把物体的表面分解为线、面等几何要素，通过分析这些要素的空间形状和位置，来想象物体各表面形状和相对位置，并借助立体概念想象物体形状，达到看懂视图的目的。

例 4-2　用线面分析法读图 4-26 所示压块的三视图。

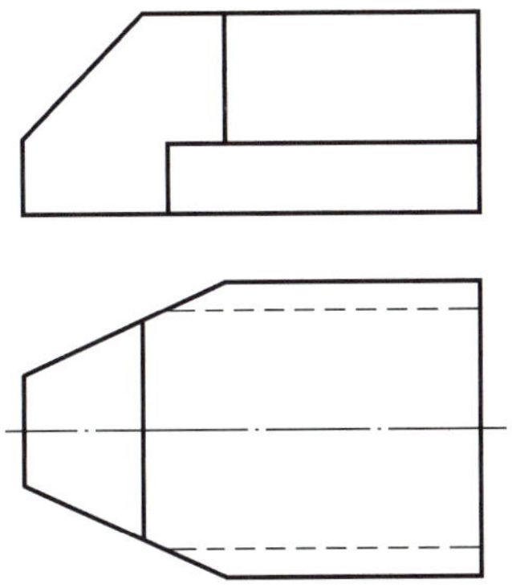

图 4-26　压块的三视图

压块

压块是在基本形体的基础上，被截割而形成的形体，属于切割类组合体，对于这类组合体的读图，可以采用“线面分析法”。读压块三视图的方法与步骤见表 4-4。

表 4-4 读压块三视图的方法与步骤

<table>
<tr><td>步骤</td><td>1. 由压块的三视图看出该压块的基本轮廓是长方体
读图时抓住线段对应投影。所谓抓住线段，是指抓住平面投影成积聚性的线段，按投影对应关系，对应找出其他两投影面上的投影，从而判断出该截切面的形状和位置</td><td>2. 分析平面 P
从主视图中的斜线 p′出发，按长对正、高平齐的对应关系，找出 p 及 p″，可知平面 P 为正垂面，即长方体形体被一正垂面切去左上角</td></tr>
<tr><td>图例</td><td>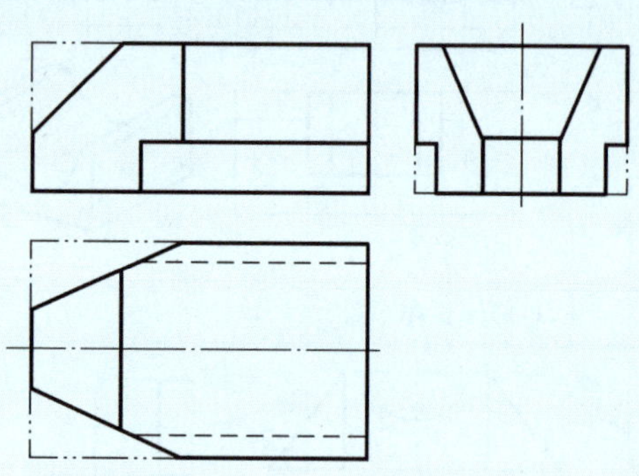</td><td>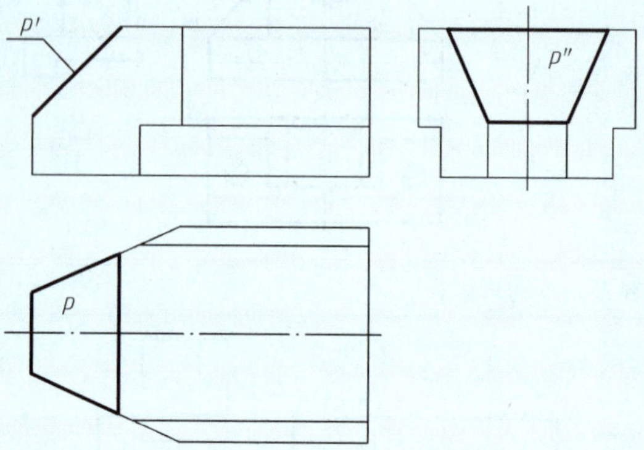
</td></tr>
<tr><td>步骤</td><td>3. 分析平面 Q
从俯视图中的斜线 q 出发，按长对正、宽相等的对应关系，找出 q″及 q′，可知平面 Q 为铅垂面，即将形体的前(后)角切去</td><td>4. 分析平面 R
从左视图中的直线 r″出发，按高平齐、宽相等的对应关系，对应出一直线 r 及线框 r′，可知平面 R 为正平面</td></tr>
<tr><td>图例</td><td>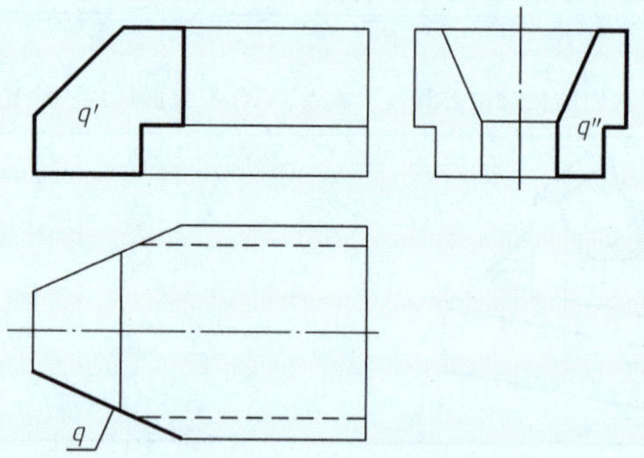
</td><td>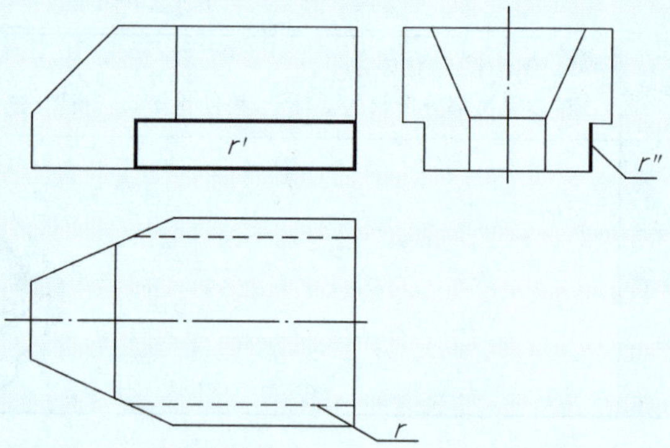
</td></tr>
<tr><td>步骤</td><td>5. 分析平面 S
从主视图中的直线 s′出发，按长对正、高平齐的对应关系，对应出一线框 s 及左视图中直线 s″，可知平面 S 为水平面，由正平面 R 和水平面 S 结合将形体前(后)下部各切去一块长方体</td><td>6. 综合起来想整体
通过上面的分析，可以对压块各表面的结构形状与空间位置进行组装，综合想象出整体形状</td></tr>
<tr><td>图例</td><td>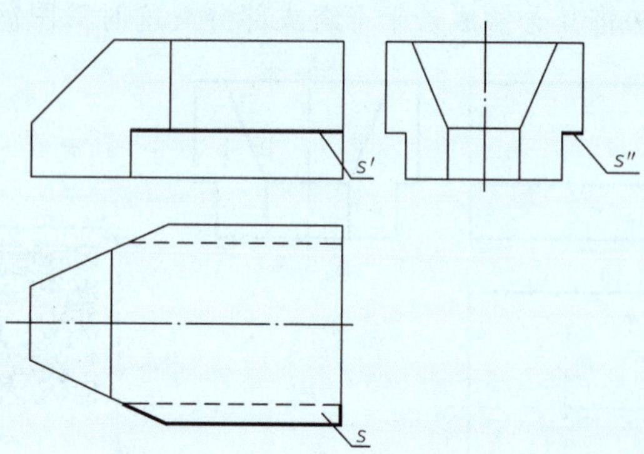
</td><td>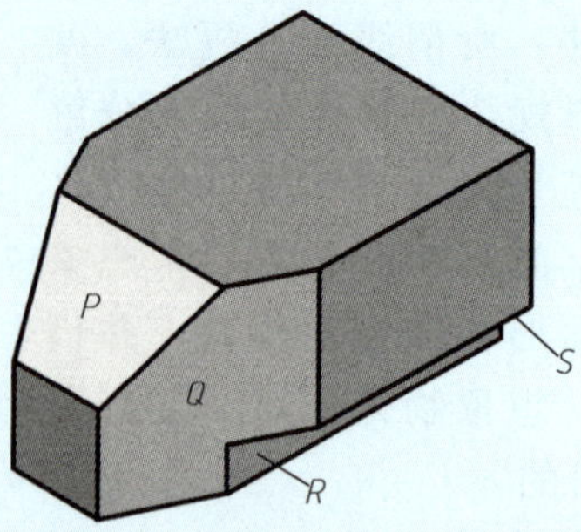
</td></tr>
</table>

二、补画视图

例 4-3 根据图 4-27 所示机件的主、俯两视图，补画其左视图。

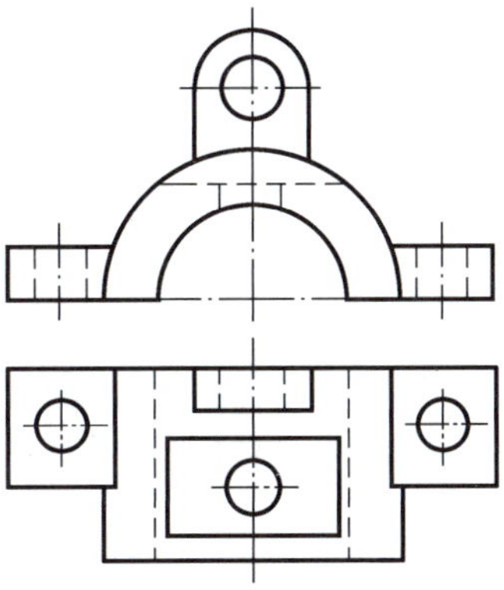

机件

图 4-27 补画机件的左视图

补画机件左视图的作图步骤见表 4-5。

表 4-5 补画机件左视图的作图步骤

<table>
<tr><td>步骤</td><td>1. 画线框，分形体
按线框分成四个组成部分
2. 想形体 Ⅰ
形体 Ⅰ 是一个半圆柱筒</td><td>3. 想形体 Ⅱ
形体 Ⅱ 是一端为圆柱面的小长方体板，上面有一圆孔</td></tr>
<tr><td>图例</td><td>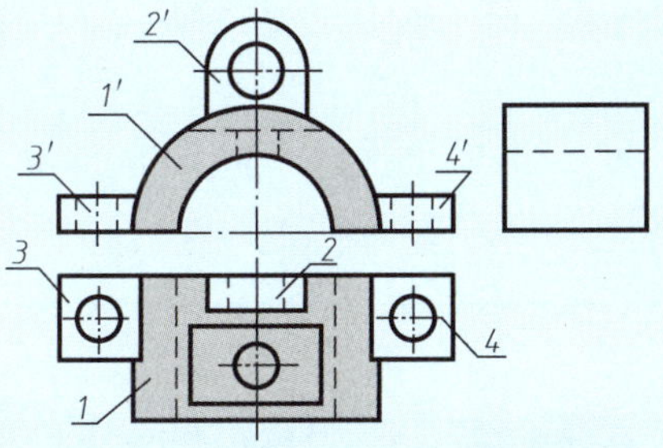</td><td>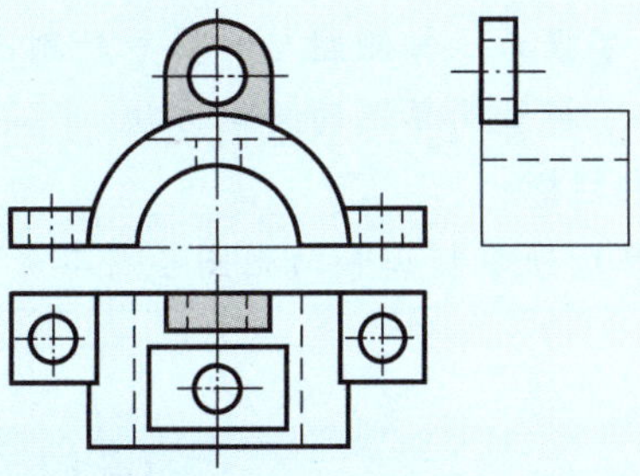</td></tr>
<tr><td>步骤</td><td>4. 想形体 Ⅲ、Ⅳ
形体 Ⅲ、Ⅳ 都是长方体，上面有圆孔</td><td>5. 开槽、开孔
由形体 Ⅰ 可知，上面有一凹槽（底面为水平面）和一铅垂通孔，有截交线和相贯线</td></tr>
<tr><td>图例</td><td>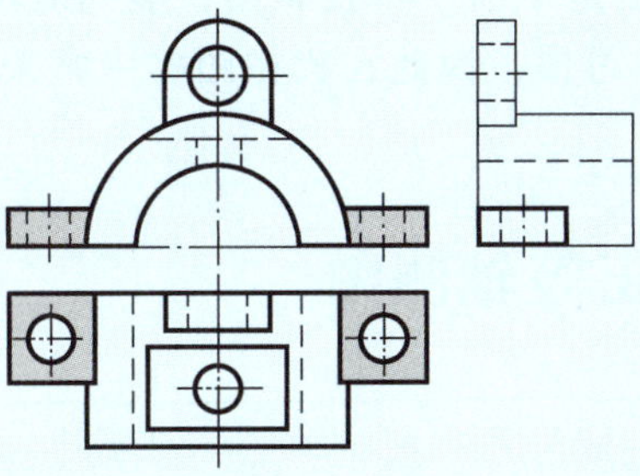</td><td>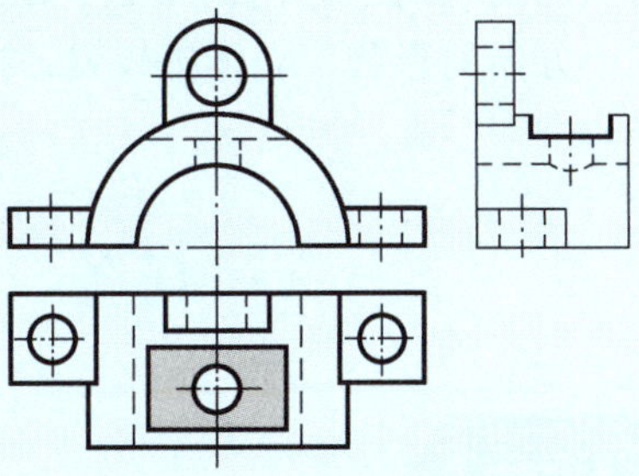</td></tr>
<tr><td>步骤</td><td colspan="2">6. 综合想象，检查
根据想象出的各形体的形状，综合想象出组合体的整体形状，检查所画视图无误后，按线型描深图线</td></tr>
<tr><td>图例</td><td colspan="2">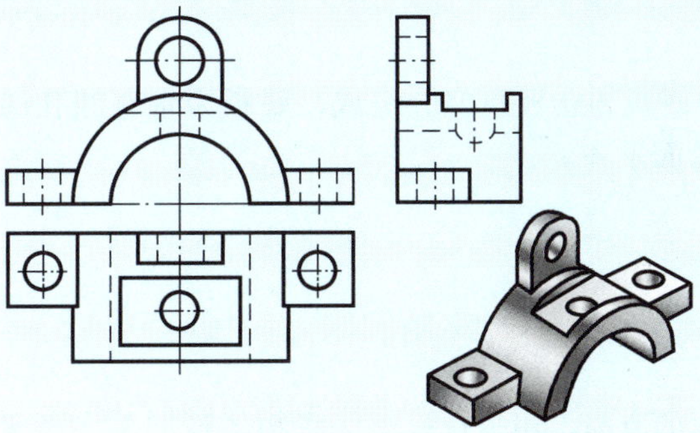</td></tr>
</table>

模块五　轴　测　图

学习目标

素质目标：

鼓励学生解答难题，帮助学生克服畏难情绪，培养学生严于律己、知难而进的意志和毅力及对技术精益求精的良好职业品质。

知识目标：

1）了解轴测图的基本知识。

2）掌握正等轴测图与斜二等轴测图的绘图方法。

3）了解轴测草图的绘制方法。

能力目标：

能够正确绘制正等轴测图与斜二等轴测图。

项目一　绘制正等轴测图

在机械图样中，主要通过视图和尺寸来表示物体的形状和大小。由于视图是按正投影法绘制的，每个视图只能反映两个方向的形状，缺乏立体感。轴测图是单面平行投影图，能同时反映物体的长、宽、高三个方向的形状，立体感较强，接近于人们的视觉习惯，因此在机械图样中常采用轴测图作为辅助图样。

任务　绘制支座的正等轴测图

【任务描述】

根据图 5-1 所示支座的两视图，绘制其正等轴测图。

【任务分析】

如图 5-1 所示，支座由底板和立板两部分组成，底板为带有圆孔的圆角平板，立板为带有圆孔的半圆头板，且底板和立板后面平齐。

【知识链接】

一、轴测图的形成

沿不平行于任一坐标面的方向，用平行投影法将物体连同其参考坐标系投影在单一投影面上所得到的图形称为轴测图，如图 5-2 所示。轴测图又称为轴测投影，该单一投影面称为轴测投影面。

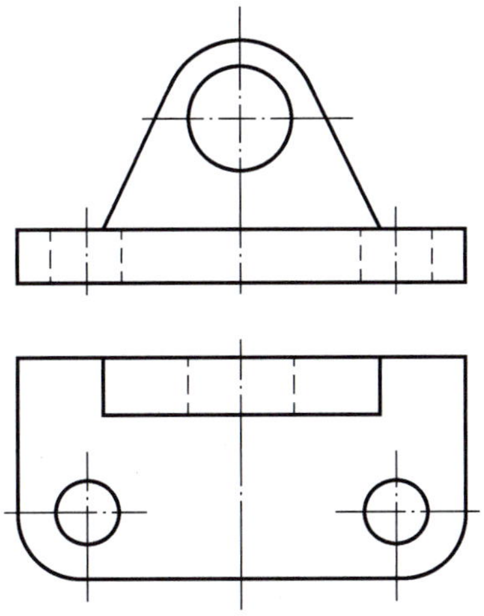

图 5-1　支座的两视图

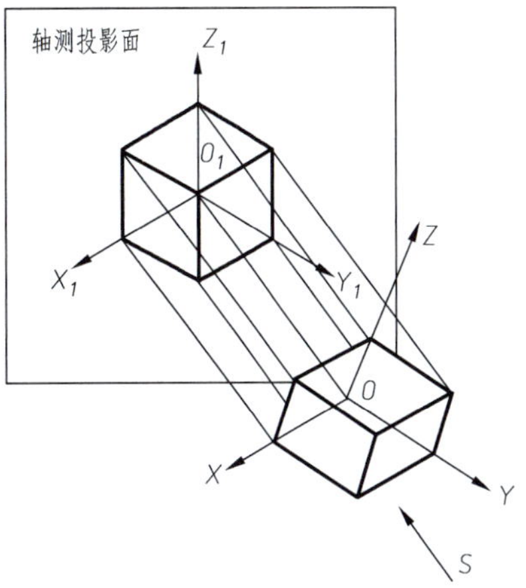

图 5-2　轴测图的形成

二、轴间角和轴向伸缩系数

直角坐标轴 OX、OY、OZ 在轴测投影面上的投影 O_1X_1、O_1Y_1、O_1Z_1 称为轴测轴。轴测轴之间的夹角 $\angle X_1O_1Y_1$、$\angle X_1O_1Z_1$、$\angle Y_1O_1Z_1$ 称为轴间角。

轴测轴的单位长度与相应直角坐标轴上的单位长度的比值称为轴向伸缩系数。OX、OY、OZ 轴上的轴向伸缩系数分别用 p_1、q_1 和 r_1 表示，简化轴向伸缩系数分别用 p、q 和 r 表示。

三、轴测投影的基本性质

1. 平行性

物体上相互平行的线段，在轴测图上仍然平行。平行于坐标轴的线段，轴测投影仍平行于相应的轴测轴，且同一轴向所有线段的轴向伸缩系数相同。

2. 度量性

凡物体上与轴测轴平行的线段的尺寸可沿轴向直接量取（“轴测”之名由此而来）。

画轴测图时，应利用这两个投影特性作图，但对物体上那些与坐标轴不平行的线段，就不能应用等比性量取长度，而应用坐标定位的方法求出直线两端点，然后连成直线。

四、正等轴测图

使描述物体的空间直角坐标轴与轴测投影面具有相同的倾角，用正投影法在轴测投影面所得的图形称为正等轴测图（简称正等测），如图 5-2 所示。

正等轴测图的轴间角均为 120°，如图 5-3 所示。由于物体的三坐标轴与轴测投影面的倾角均相同，因此，正等轴测图的轴向伸缩系数也相同，即 $p=q=r=0.82$。为了作图、测量和计算都方便，常把正等轴测图的轴向伸缩系数简化成 1，这样在作图时，凡是与轴测轴平行的线段，均可按实际长度量取，不必进行换算。这样画出的图形，其轴向尺寸均为原来的 1.22 倍（1 : 0.82 ≈ 1.22），但形状没有改变。

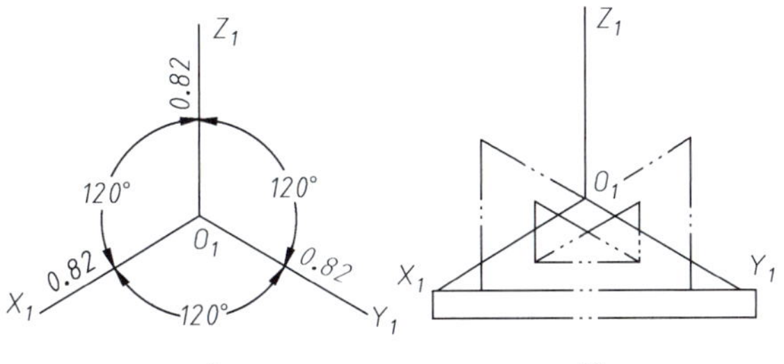

图 5-3　正等轴测图的轴间角和轴向伸缩系数

五、正等轴测图画法

常用的轴测图画法是坐标法和切割法。坐标法是先沿坐标轴方向确定各顶点的轴测投影，然后连接有关各点形成物体的轴测图，主要应用于基本体和结构定位。而对于切割型物体，则是在用坐标法画出基本体的基础上，按切割顺序用切割法完成轴测图。

1. 正六棱柱

例 5-1　绘制图 5-4a 所示正六棱柱的正等轴测图。

分析：绘制正六棱柱的轴测图时，只要画出其一顶面（或底面）的轴测投影，再过顶面（或底面）上各顶点，沿其高度方向作平行线，按高度截取，将所得各点按先后顺序连线（细虚线不画），即得正六棱柱的轴测图。画图的关键是准确地绘制顶面的轴测投影。

作图：

1）在主、俯视图中确定空间坐标轴（OX、OY、OZ）的投影，正六棱柱前后、左右对称，选顶面中心为坐标原点，如图 5-4a 所示。

2）画出轴测轴 O_1X_1、O_1Y_1、O_1Z_1，作轴测轴上的点 A_1、B_1、1、4，如图 5-4b 所示。

3）过 A_1、B_1 两点作 X_1 轴的平行线，求得正六边形的顶点，连接各点，完成正六棱柱顶面的轴测图。

4）沿正六棱柱顶面各顶点垂直向下量取正六棱柱的高，得到正六棱柱底面的各端点，如图 5-4c 所示。

5）用直线连接各点，擦去多余的图线并按线型描深图线，完成正六棱柱的正等轴测图，如图 5-4d 所示。

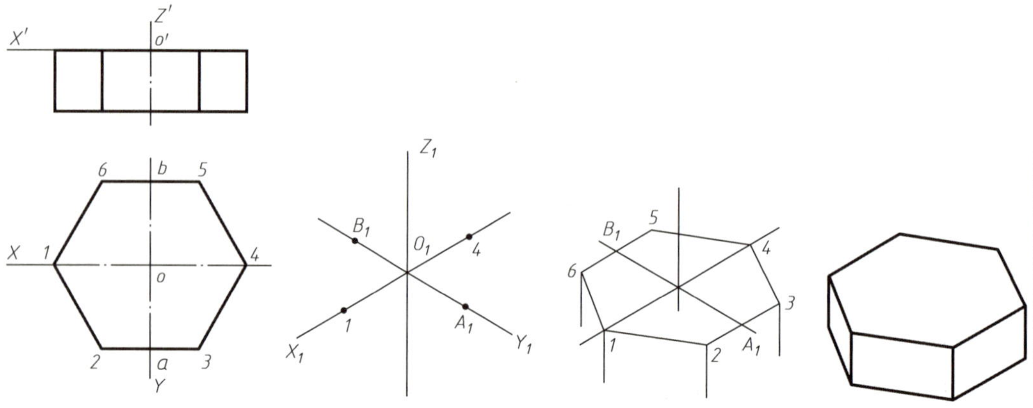

a)　b)　c)　d)

正六棱柱正等轴测图的画法

图 5-4　正六棱柱正等轴测图的画法

例 5-2　绘制图 5-5a 所示切割体的正等轴测图。

分析：如图 5-5 所示，大多数的平面立体都可以看成由长方体切割而成，因此，先画出长方体的正等轴测图，然后进行轴测切割，从而完成物体的正等轴测图。

作图：

1）首先设置主、俯视图的直角坐标轴。由于物体对称，为作图方便，选择直角坐标系如图 5-5a 所示。

2）画轴测轴，如图 5-5b 所示，这种轴测轴的选择方法是为了将物体的特征面放在前面。

3）根据主、俯视图的总长、总宽、总高作出辅助长方体的正等轴测图，如图 5-5c 所示。

4）在平行轴测轴方向上按题意进行比例切割，如图 5-5d 所示。

5）擦去多余的图线，整理描深完成切割体的正等轴测图。

2. 圆柱

如图 5-6a 所示，在正等轴测图中，平行于坐标面的圆的正等轴测图都是椭圆，除了长短轴的方向

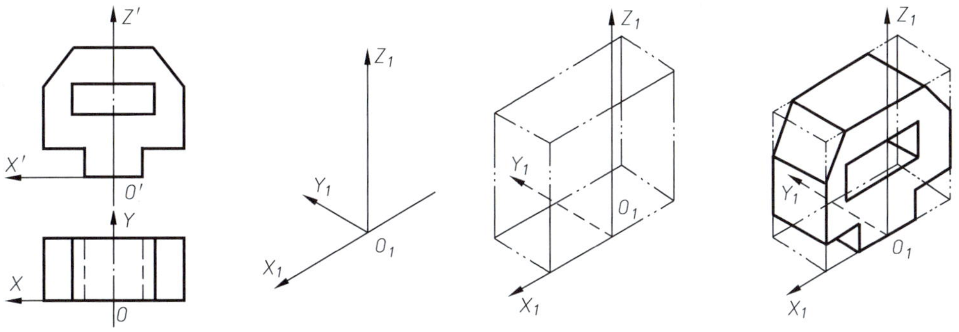

a)　　b)　　c)　　d)

图 5-5　切割体正等轴测图的画法

不同外，画法都是一样的。图 5-6b 所示为轴线平行于不同坐标轴的圆柱的正等轴测图。

作圆的正等轴测图时，必须弄清椭圆的长短轴的方向。分析图 5-6a 所示的图形可知，图中的菱形为与圆外切的正方形的轴测投影，椭圆长轴的方向与菱形的长对角线重合，椭圆短轴的方向垂直于椭圆的长轴，即与菱形的短对角线重合。椭圆的长短轴和轴测轴有关，即圆所在的平面平行于 $X_1O_1Y_1$ 坐标面时，椭圆的长轴垂直于 O_1Z_1 轴，O_1Z_1 轴为短轴方向；圆所在的平面平行于 $X_1O_1Z_1$ 坐标面时，椭圆的长轴垂直于 O_1Y_1 轴，O_1Y_1 轴为短轴方向；圆所在的平面平行于 $Y_1O_1Z_1$ 坐标面时，椭圆的长轴垂直于 O_1X_1 轴，O_1X_1 轴为短轴方向。

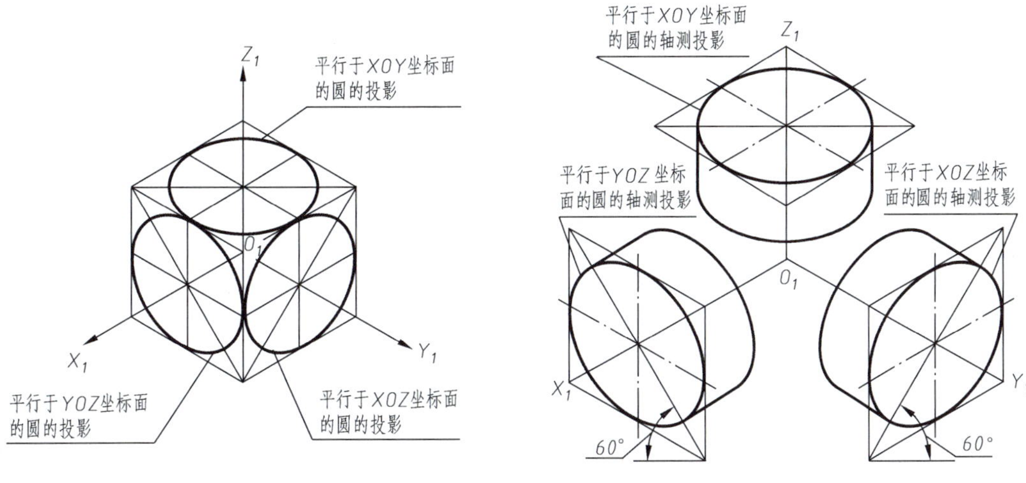

a) 不同方向圆的正等轴测图　　b) 不同方向圆柱的正等轴测图

图 5-6　平行于三个不同坐标面的圆的正等轴测图

例 5-3　绘制平行于 XOY 坐标面的圆的正等轴测图。

分析：各椭圆的长轴都在外切菱形的长对角线上，短轴在短对角线上。在正等轴测图中，椭圆一般用四段圆弧代替。

作图：

1）选取圆心为坐标原点作坐标轴，在俯视图中作圆的外切正方形，如图 5-7a 所示。

2）作轴测轴，再按圆的外切正方形画出菱形，如图 5-7b 所示。

3）连接 $1D_1$、$1C_1$、$2A_1$、$2B_1$，交菱形对角线于 3、4，则 1、2、3、4 即为四段圆弧的圆心，如图 5-7c 所示。

4）分别以 1、2 为圆心，以 $1D_1$ 为半径作圆弧；以 3、4 为圆心，以 $3B_1$ 为半径作圆弧，四个圆弧连成近似椭圆，即为所求，如图 5-7d 所示。

例 5-4　绘制图 5-8a 所示圆柱的正等轴测图。

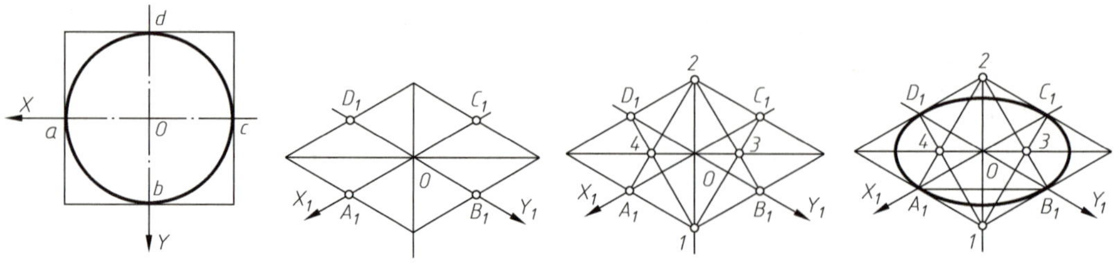

a) b) c) d)

平行于XOY坐标面圆的正等轴测图画法

图 5-7 平行于 *XOY* 坐标面的圆的正等轴测图画法

分析：圆柱是组成机件的常见形体，掌握圆柱正等轴测图的画法，是绘制回转体正等轴测图的基础。绘制圆柱正等轴测图的关键是绘制圆柱端面圆的正等轴测图，只要将顶面和底面的椭圆画好，然后作两椭圆的公切线，即得圆柱的正等轴测图。

作图：

1）选定坐标轴及坐标原点，在投影为圆的视图上作圆的外切正方形，如图 5-8a 所示。

2）画轴测轴，作顶面圆的外切正方形的轴测图（菱形）。沿着 Z 轴量取圆柱高度 H，用同样方法作出底面圆的外切正方形，如图 5-8b 所示。

3）作圆柱顶面圆的轴测投影椭圆，如图 5-8c 所示。

4）将三个圆心 2、3、4 沿 Z 轴平移距离 H，作圆柱底面圆的轴测投影椭圆，如图 5-8c 所示。

5）作两椭圆的公切线，擦去多余的图线，整理描深完成圆柱的正等轴测图，如图 5-8d 所示。

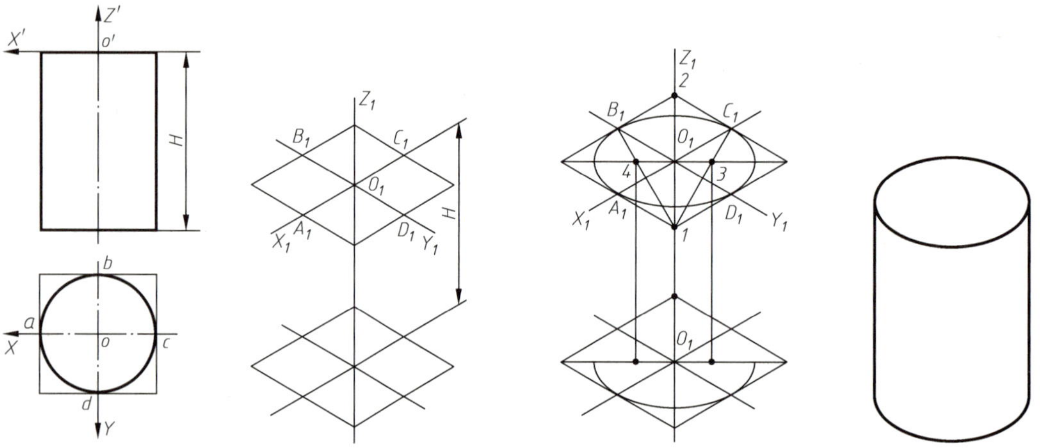

a) b) c) d)

圆柱正等轴测图的画法

图 5-8 圆柱正等轴测图的画法

例 5-5 绘制图 5-9a 所示开槽圆柱体的正等轴测图。

分析：图 5-9a 所示为开槽圆柱体的主、左视图，圆柱轴线垂直于侧面，左端中央开一通槽，开槽交线与圆柱底面圆弧是平行关系。

作图：

1）作轴测轴 O_1Y_1、O_1Z_1，画出圆柱左端面的正等测椭圆。作轴测轴 O_1X_1，圆心沿 O_1X_1 轴右移距离等于圆柱长度 L，作右端面正等测椭圆的可见部分，作两椭圆的公切线，如图 5-9b 所示。

2）由左端面圆心右移距离等于槽口深度 H，作槽口底面椭圆，如图 5-9c 所示。

3）量取槽口宽度 S，作出槽口部分的正等轴测图，如图 5-9d 所示。

4）描深可见部分轮廓线，完成开槽圆柱体的正等轴测图，如图 5-9e 所示。

例 5-6 绘制图 5-10a 所示圆角平板的正等轴测图。

分析：图 5-10a 所示为圆角平板，其圆角由 1/4 的圆柱面形成，则平行于坐标面的圆角的正等轴

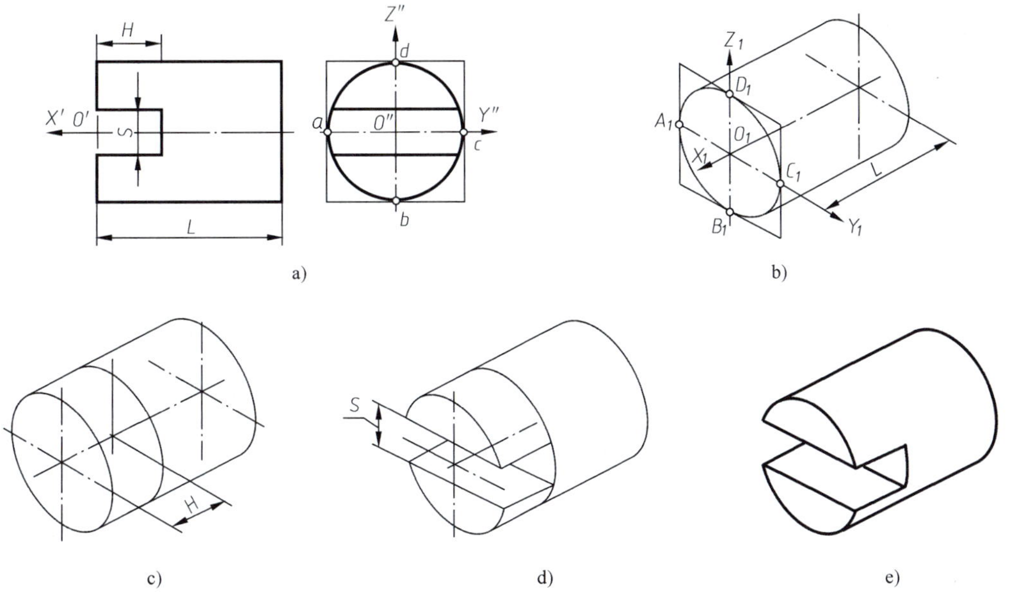

图 5-9　开槽圆柱体正等轴测图的画法

测图为上述近似椭圆的四段圆弧中的一段。

作图：

1）作出平板的轴测图，并根据圆角半径 R，在平板上底面相应的棱线上作出切点 1、2、3、4，如图 5-10b 所示。

2）过切点 1、2 分别作相应棱线的垂线，得交点 O_1，过切点 3、4 分别作相应棱线的垂线，得交点 O_2，如图 5-10c 所示。

3）以 O_1 为圆心，$O_1$1 为半径作圆弧，以 O_2 为圆心，$O_2$3 为半径作圆弧，得平板上底面两圆角的轴测图。将圆心 O_1、O_2 下移平板厚度，再用与上底面圆弧相同的半径分别作两圆弧，得平板下底面圆角的正等轴测图，如图 5-10d 所示。

4）在平板右端作上、下小圆弧的公切线，描深可见部分轮廓线，完成圆角平板的正等轴测图，如图 5-10e 所示。

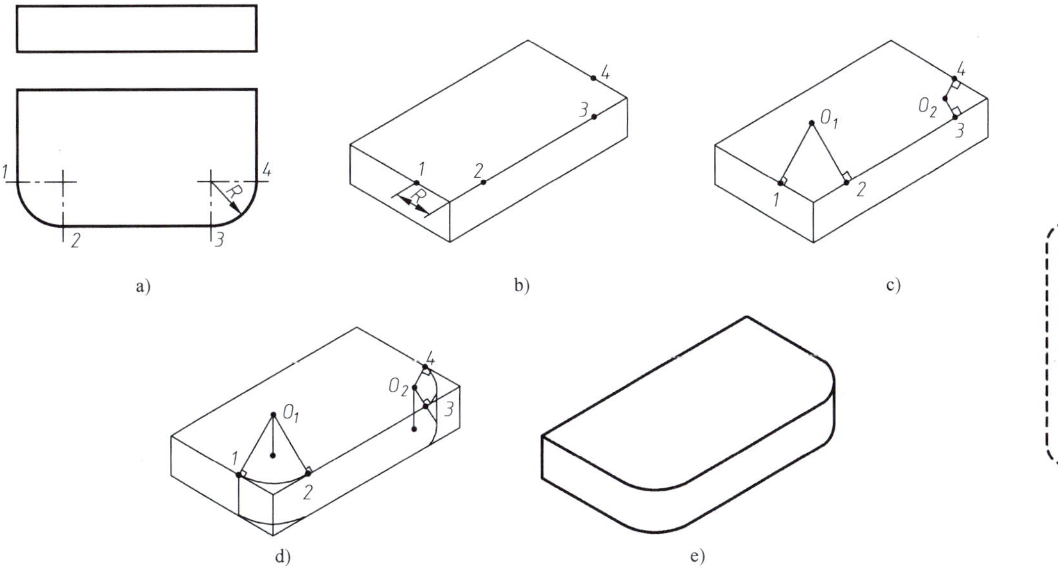

圆角平板正等轴测图的画法

图 5-10　圆角平板正等轴测图的画法

【任务实施】

支座正等轴测图的作图步骤见表 5-1。

表 5-1　支座正等轴测图的作图步骤

步骤	1. 作出圆角平板的轴测图	2. 作出底板两侧的圆孔及立板顶部的圆弧，定下角点 A、B、C、D 并作圆的切线
图例	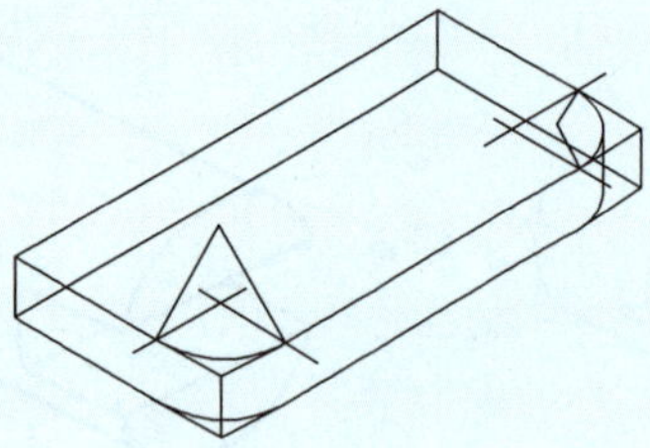	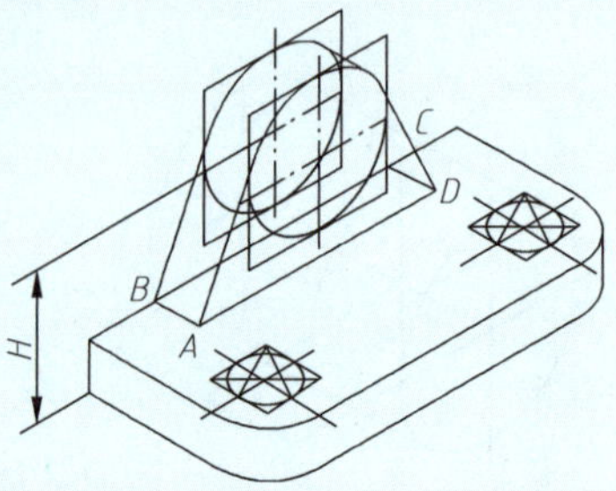
步骤	3. 作出立板中间的圆孔	4. 检查图线，描深可见部分轮廓线，完成正等轴测图
图例	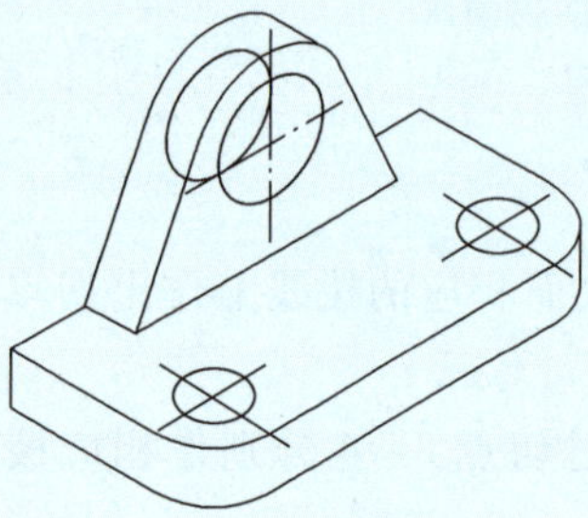	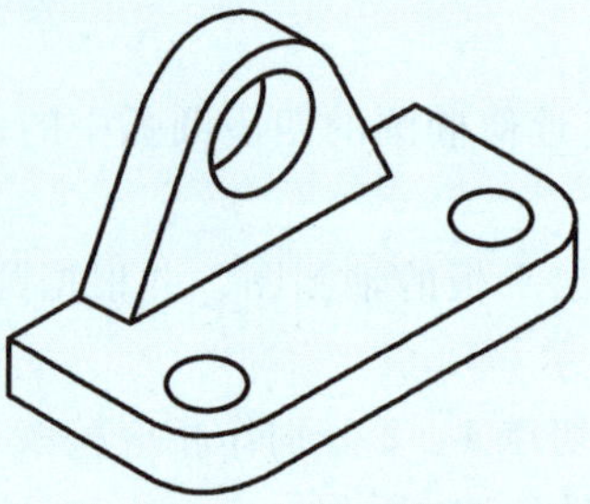

项目二　绘制斜二等轴测图

任务　绘制形体的斜二等轴测图

【任务描述】

根据图 5-11 所示形体的两视图，绘制其斜二等轴测图。

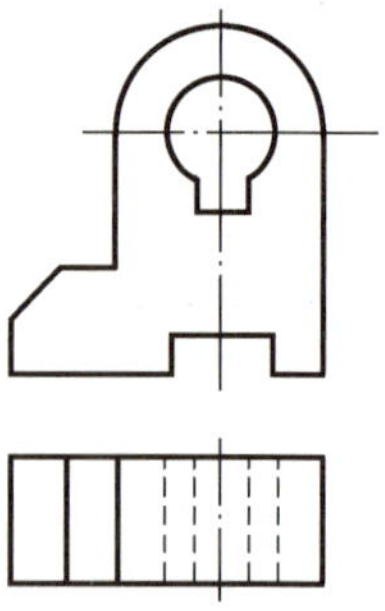

图 5-11　形体的两视图

【任务分析】

如图 5-11 所示，此形体平行于正面（XOZ 面）的方向上具有较多的圆或圆弧。如果画正等轴测图，就要画很多椭圆，作图繁琐。如果用斜二等轴测图来表达，就会大大简化作图步骤。

【知识链接】

一、斜二等轴测图的形成过程

如图 5-12 所示，如果使物体的 XOZ 坐标面与轴测投影面处于平行的位置，采用平行斜投影法也能得到具有立体感的轴测图，这样所得到的轴测投影就是斜二等测轴测图，简称斜二测。

二、斜二等轴测图的轴间角和轴向伸缩系数

如图 5-13 所示，表示斜二等轴测图的轴间角和轴向伸缩系数等参数及画法。从图中可以看出，在斜二等轴测图中，$O_1X_1 \perp O_1Z_1$ 轴，O_1Y_1 与 O_1X_1、O_1Z_1 的夹角均为 135°，三个轴向伸缩系数分别为 $p_1=r_1=1$，$q_1=0.5$。

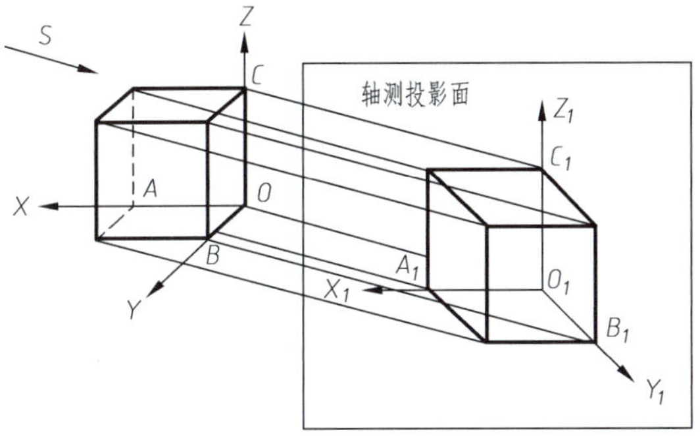

图 5-12 斜二等轴测图的形成

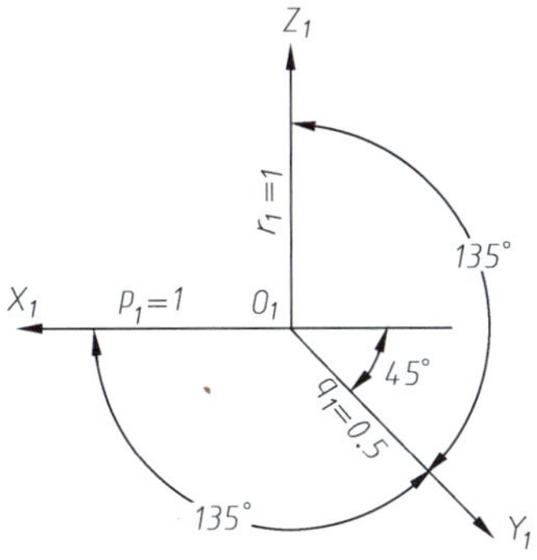

图 5-13 斜二等轴测图的轴间角和轴向伸缩系数

【任务实施】

图 5-11 所示形体斜二等轴测图的作图步骤见表 5-2。

表 5-2 斜二等轴测图的作图步骤

步骤	1. 确定坐标轴	2. 作轴测轴，将形体上各平面分层定位，并画出各平面的对称线、中心线，再画主要平面的形状	3. 画各层主要部分形状和各细节及孔洞的可见部分形状	4. 擦去多余图线，描深可见部分轮廓线，完成斜二等轴测图
图例	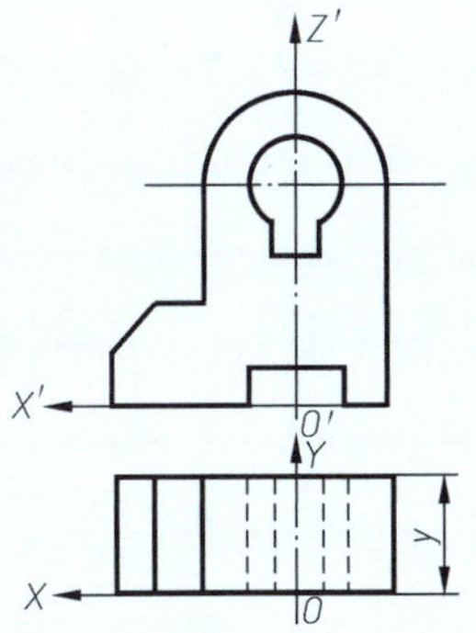	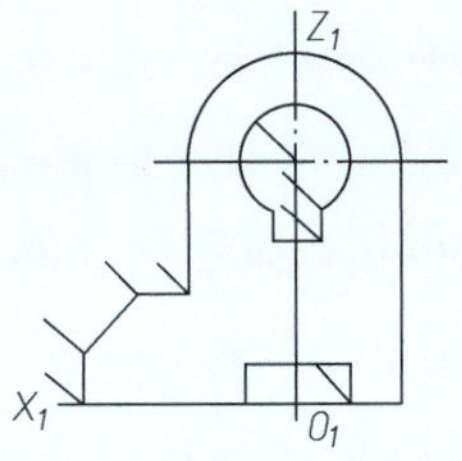	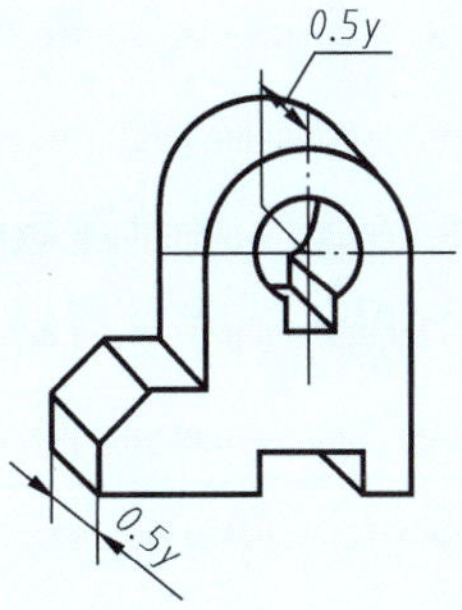	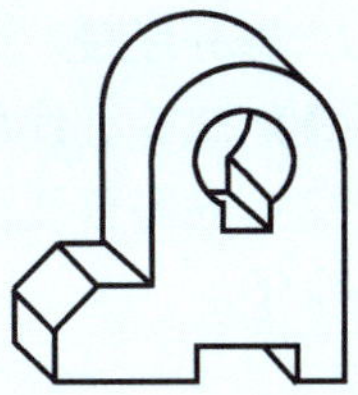

项目三 绘制轴测草图

不用绘图仪器和工具，通过目测形体各部分之间的相对比例，徒手画出的图样称为草图。草图是创意构思、技术交流、测绘机器常用的绘图方法，具有很大的实用价值。虽然草图是徒手绘制的，但仍应做到图形正确、线型粗细分明、字迹工整、图面整洁。画草图的铅笔一般用 HB 或 B。草图的图纸一般不固定，初学者可在方格纸上进行练习。

任务 绘制螺栓毛坯的正等轴测图草图

【任务描述】

绘制图 5-14 所示螺栓毛坯的正等轴测图草图。

【任务分析】

如图 5-14 所示，螺栓毛坯由六棱柱、圆柱及圆台组成。徒手绘制该图形时，必须掌握徒手绘制直线及椭圆的基本方法。

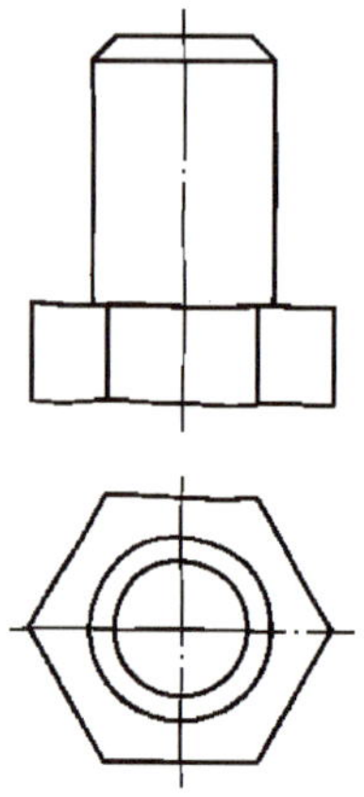

图 5-14 螺栓毛坯

【知识链接】

一、徒手画直线

1. 直线的画法

徒手画图时，手腕和手指微触纸面。画短线时，以手腕运笔；画长线时，移动手臂运笔，眼睛注视线段终点，以眼睛的余光控制运笔方向，移动手腕使笔尖沿要画线的方向做直线运动。画水平线时，为了便于运笔，可将图纸微微左倾，自左向右画线，如图 5-15a 所示；画竖直线时，应自上而下运笔画线，如图 5-15b 所示。

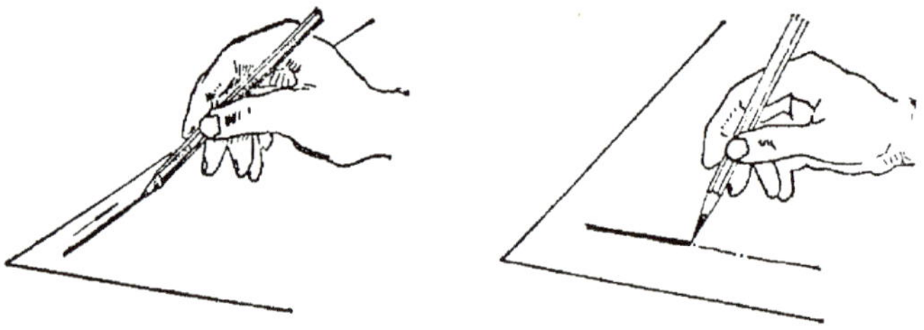

a) b)

图 5-15 徒手画直线

2. 等分线段

（1）四等分线段（图 5-16a） 先目测取得中点 2，再取等分点 1、3。

（2）五等分线段（图 5-16b） 先目测以 1：4 的比例将线段分成不相等的两段，然后将较长的一段四等分。

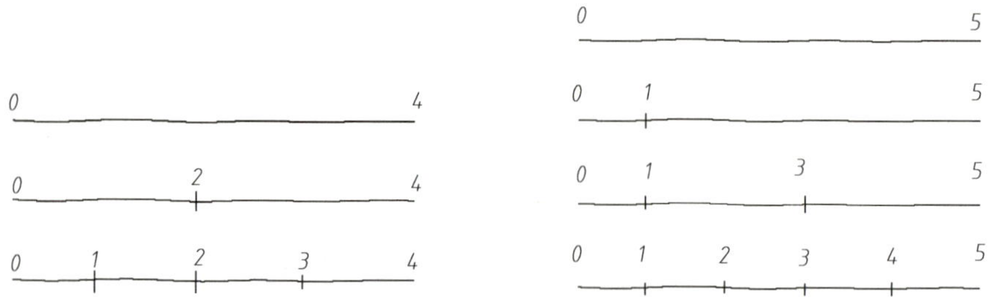

a) b)

图 5-16 等分线段

3. 常用角度的画法

画 30°、45°、60°等常见角度斜线时，可根据两直角边的比例关系，先定出两端点，然后连接两端点即为所画角度线，如图 5-17 所示。

二、徒手画圆和椭圆

1. 画圆

画圆时，先确定圆心位置，并过圆心画出两条中心线；画小圆时，可在中心线上按半径目测出四点，然后徒手连点；当圆直径较大时，可以通过圆心多画几条不同方向的直线，按半径目测出一些直径端点，再徒手连点画圆，如图 5-18 所示。

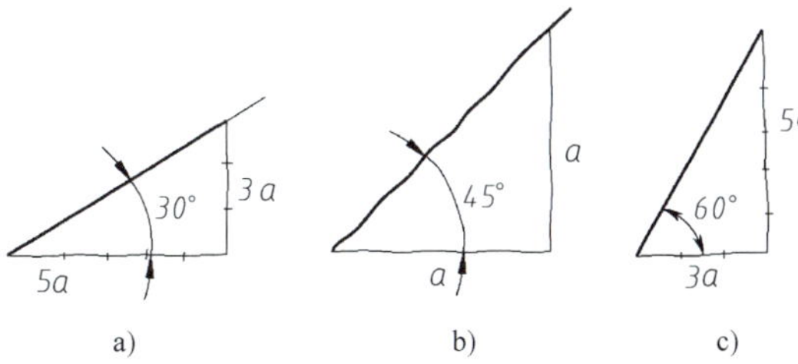

图 5-17　常用角度的画法

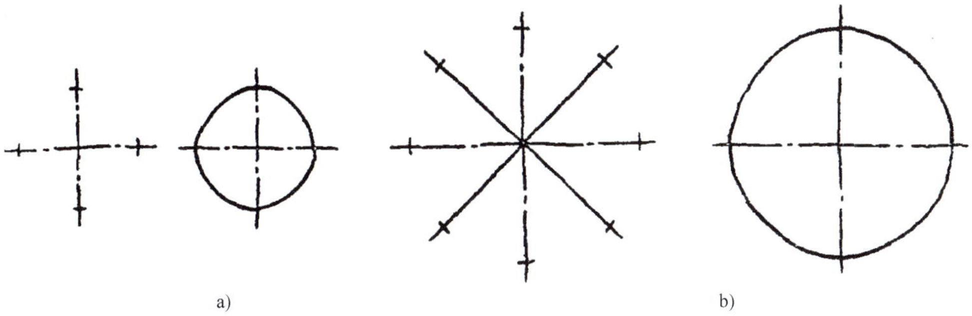

图 5-18　徒手画圆

2. 画椭圆

画椭圆时，先在中心线上定出长、短轴的四个端点，作矩形或平行四边形，再作四段椭圆弧，如图 5-19 所示。

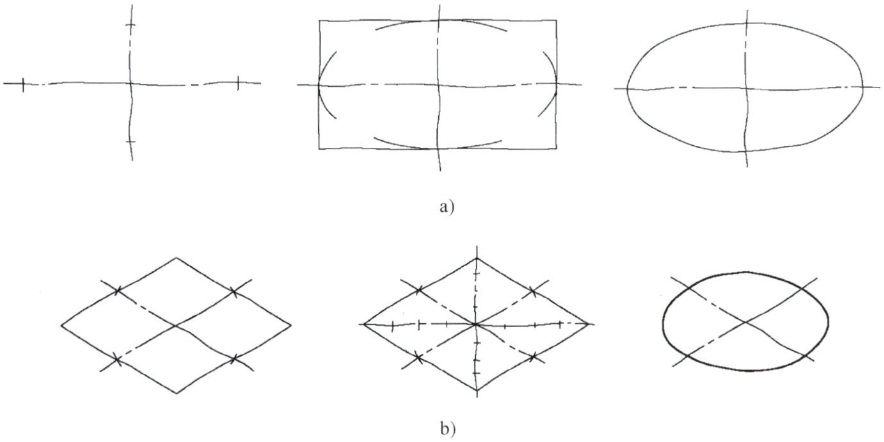

图 5-19　徒手画椭圆

徒手画图，最重要的是要保持物体各部分的比例关系，确定出长、宽、高的相对比例。画图过程中随时注意将测定线段与参照线段进行比较、修改，避免图形与实物失真太大。对于较小的机件，可利用手中的笔估量各部分的大小；对于较大的机件，则应取一参照尺度，目测机件各部分与参照尺度的倍数关系。

【任务实施】

螺栓毛坯正等轴测图草图的作图步骤见表 5-3。

表 5-3　螺栓毛坯正等轴测图草图的作图步骤

步骤	1. 确定坐标轴	2. 作轴测轴，在 OZ 轴上定出各底面的中心 O_1、O_2、O_3，过各中心点作平行轴测轴 X、Y 的直线	3. 画出各底面的图形	4. 画出六棱柱、圆柱及圆台的外形轮廓 5. 擦去多余图线，描深可见部分轮廓线，完成正等轴测图草图
图例	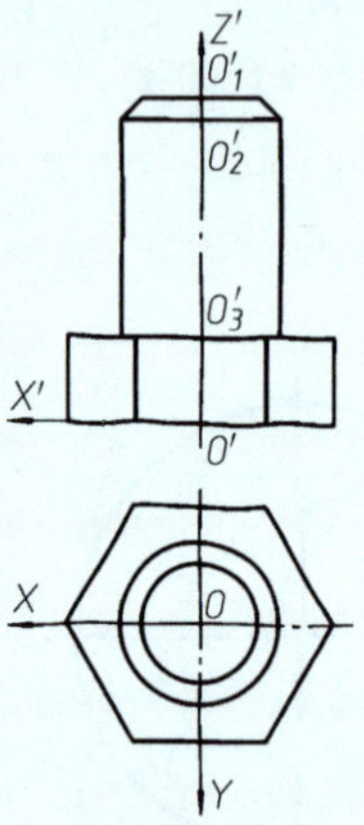	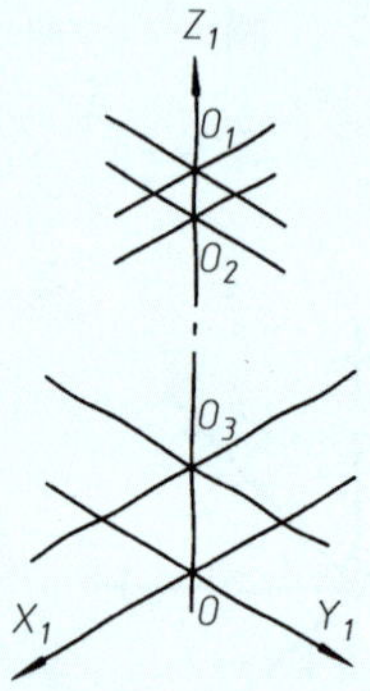	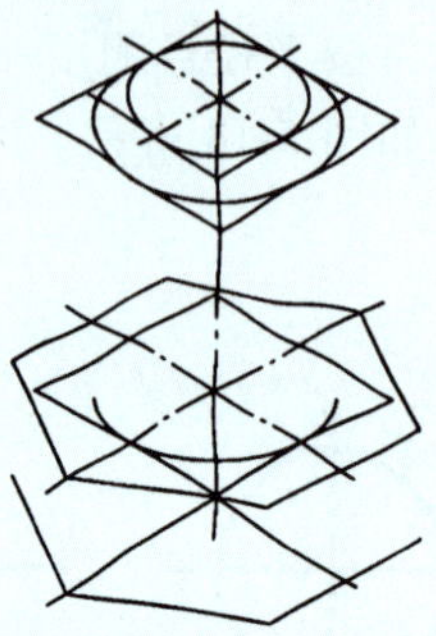	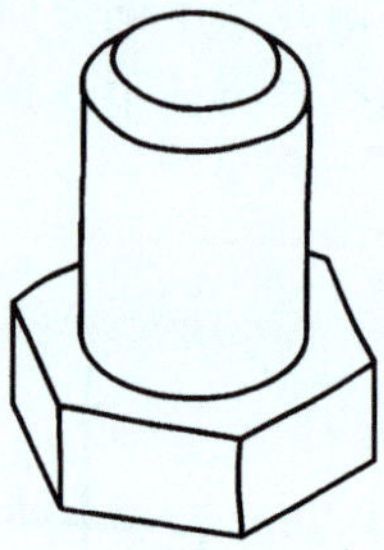

模块六　机械图样的表达方法

学习目标

素质目标：

1）培养学生形体分析及结构表达的能力。

2）培养综合运用知识和解决问题的能力。

3）在绘图技能的训练中，培养学生敬业、精益、专注、创新等方面的“工匠”精神，以及认真负责、踏实敬业的工作态度和严谨求实、一丝不苟的工作作风。

知识目标：

1）掌握视图、剖视图和断面图的基本概念、画法、标注方法和适用范围。

2）熟悉局部放大图和常用的简化画法。

能力目标：

1）能够根据零件的结构，选择合理的视图表达方法，比较完整、清晰地表达机件的内部与外部的形状结构。

2）能够识读图样中所表达的机件形状结构，初步具备绘制与识读机械图样的能力。

项目一　视　　图

视图是用正投影法将机件向投影面投射所得的图形。在机械图样中，它主要用来表达机件的外部形状。运用视图表达机件时，其画法应遵循有关标准的规定，一般只画出机件可见结构，必要时才用细虚线画出不可见结构。

国家标准规定，表达机件外形的视图有基本视图、向视图、局部视图及斜视图四种。

任务　完成压紧杆的视图表达

【任务描述】

请用合理的表达方式，将图 6-1a 所示某企业生产的压紧杆的外部形状结构表达清楚。

【任务分析】

由于压紧杆左端耳板是倾斜的，所以俯视图和左视图都不反映实形，画图比较困难，形状结构表达不清楚，如图 6-1b 所示。为了清晰地表达压紧杆的形状结构，可用局部俯视图，表达圆筒和连接部分厚度及其前后相对位置；用斜视图表达耳板，以反映耳板的实形；用局部视图表达凸台的实形。

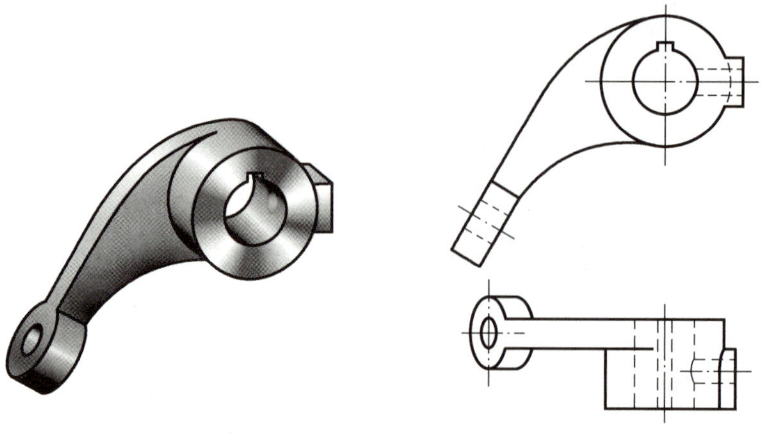

a)　　b)

图 6-1　压紧杆

压紧杆

【知识链接】

一、基本视图

基本视图是将机件向基本投影面投射所得的视图。

国家标准规定，用正六面体的六个面作为基本投影面，机件的图形按正投影法绘制，并采用第一角投影法（即机件处在观察者与对应投影面之间）。如图 6-2a 所示，将机件置于正六面体中，分别由前、后、上、下、左、右六个方向向六个基本投影面作正投影，可得到机件的六个基本视图。六个基本视图的名称及投射方向规定如下：

主视图——由前向后投射所得的视图；后视图——由后向前投射所得的视图；

俯视图——由上向下投射所得的视图；仰视图——由下向上投射所得的视图；

左视图——由左向右投射所得的视图；右视图——由右向左投射所得的视图。

六个基本投影面的展开方法如图 6-2b 所示，即正投影面保持不动，其他投影面按箭头所指方向展开至与正投影面在同一个平面上。展开后，六个基本视图的固定配置如图 6-3 所示，即称六个基本视

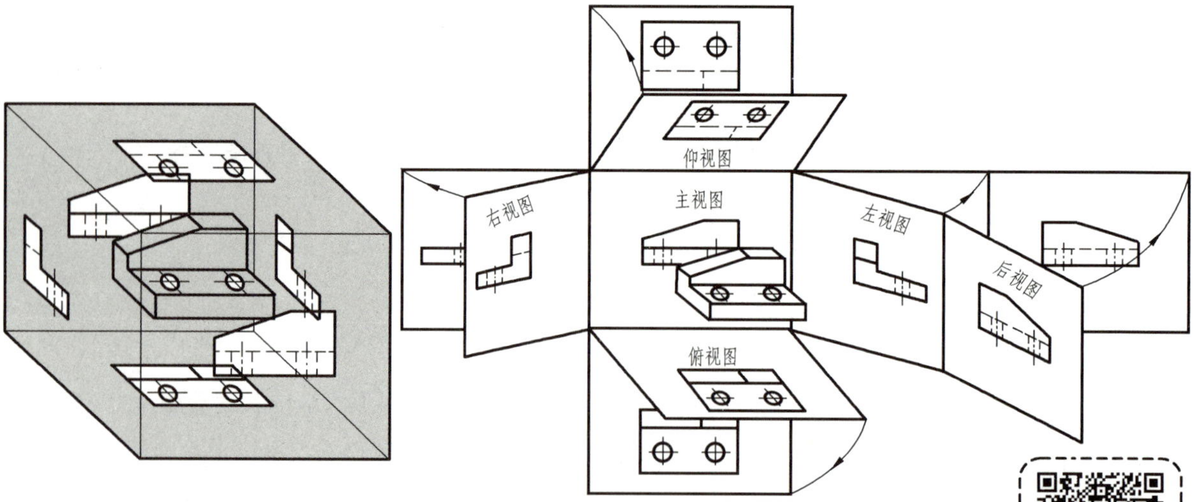

a) 基本投影面　　b) 六个基本投影面的展开方法

图 6-2　基本视图的形成

基本视图的形成

图按投影关系配置，各视图不需要标注视图名称。

六个基本视图仍然符合“长对正、高平齐、宽相等”的投影规律，即

主视图、俯视图、仰视图、后视图长对正；

主视图、左视图、右视图、后视图高平齐；

俯视图、仰视图、左视图、右视图宽相等。

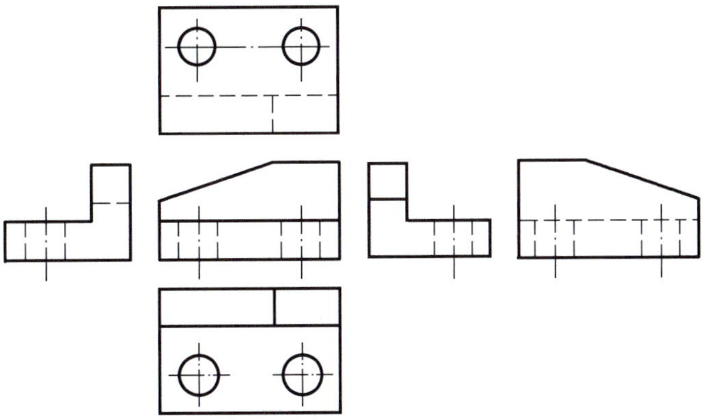
图 6-3　六个基本视图的固定配置

以主视图为基准，除后视图以外，其他视图中靠近主视图的一侧为机件后面，远离主视图的一侧为机件前面；后视图的右侧表示机件的左面，左侧表示机件的后面。

国家标准规定了六个基本视图，但不是任何机件都要用六个基本视图来表达。实际画图时，应根据机件的结构特点，灵活选用必要的基本视图，一般优先选用主、俯、左三个基本视图，然后再考虑其他基本视图。

二、向视图

向视图是可以自由配置的基本视图。

国家标准规定了向视图，可以不按规定位置配置基本视图。但为了便于读图，需要进行标注。在向视图的上方中间位置用大写字母标注视图的名称“×”（“×”为大写拉丁字母，如 *A*、*B*、*C* 等），并在相应视图附近，用箭头指明投射方向，并标注相同的字母“×”，如图 6-4b 所示。

绘制向视图时应注意，向视图中表示投射方向的箭头应尽可能配置在主视图上，使得到的视图与基本视图一致，如图 6-4b 中 *A* 向视图、*B* 向视图所示；而表示后视的投射方向应配置在左视图或右视图，如图 6-4b 中 *C* 向视图所示。

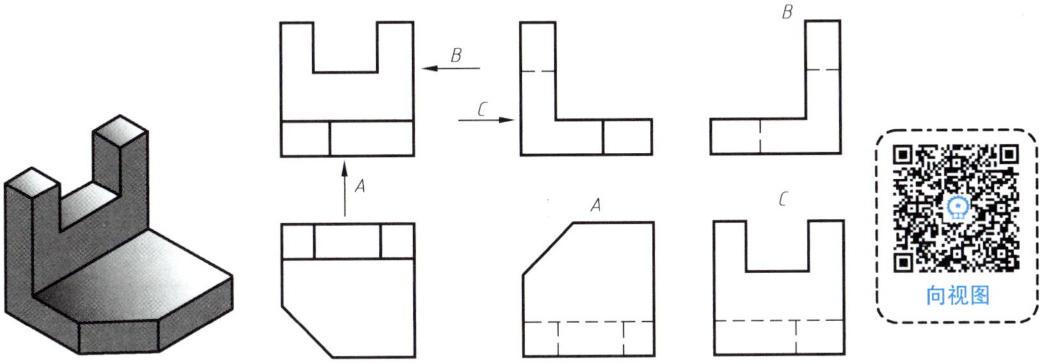

a)　b)

图 6-4　向视图

三、局部视图

局部视图是将机件的某一部分向基本投影面投射所得的视图。如图 6-5 所示，该机件采用主、俯两个基本视图将其主要结构已表达清楚，但左右两侧凸台的结构不够清楚，若用左视图或右视图表达，则大部分属于重复表达。这时可采用局部视图来表达左右两侧凸台的结构，这样既简练又能突出重点。

局部视图的配置与标注：

1）在绘制局部视图时，应在局部视图的上方标注“×”（×为大写拉丁字母），在相应视图的附近

用箭头指明投射方向，并注明相同的字母。

2）局部视图可按基本视图的形式配置，也可按向视图的形式配置。当局部视图按基本视图的形式配置，中间又没有其他图形隔开时，可省略标注，如图 6-5 所示的 *A* 向局部视图；当局部视图按向视图的形式配置时，视图名称不能省略标注，如图 6-5 所示的 *B* 向局部视图。

3）绘制局部视图时，局部视图的断裂边界用波浪线或双折线表示。当所表达的局部视图结构是完整的，且外轮廓线封闭时，波浪线可省略不画，如图 6-5 所示的 *B* 向局部视图。波浪线应画在机件的实体上，不能超过断裂机件的轮廓线，不能与其他图线重合。

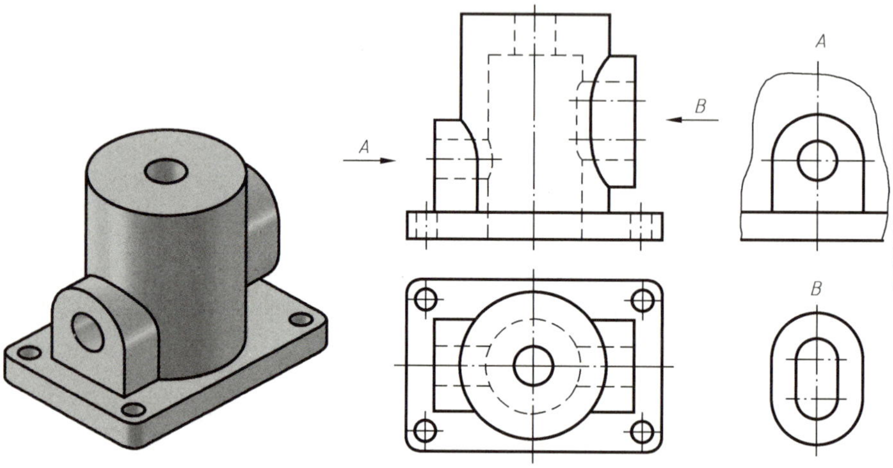

局部视图

a)　　b)

图 6-5　局部视图

四、斜视图

当机件上有倾斜于基本投影面的结构时，为了表达倾斜部分的实形，可设置一个与倾斜结构平行且垂直于一个基本投影面的辅助投影面，然后将该倾斜结构向辅助投影面投射并展平，所得的视图称为斜视图，如图 6-6a 所示。

斜视图常用于表达机件上的倾斜结构。画出倾斜结构的实形后，机件的其余部分不必画出，此时可在适当的位置用波浪线或双折线断开即可。

斜视图一般按投影关系配置，也可配置在其他适当位置。斜视图必须标注，在斜视图的上方中间位置标注视图名称“×”，并在相应视图上用箭头表示投射方向，并标注相应的大写拉丁字母“×”，如图 6-6b 所示。必要时，允许图形旋转配置，一般以不大于 90°旋转放正为宜，并在图形上方中间位置标注旋转符号，在靠近旋转符号的箭头端标注相应的字母“×”，如图 6-6c 所示。

斜视图

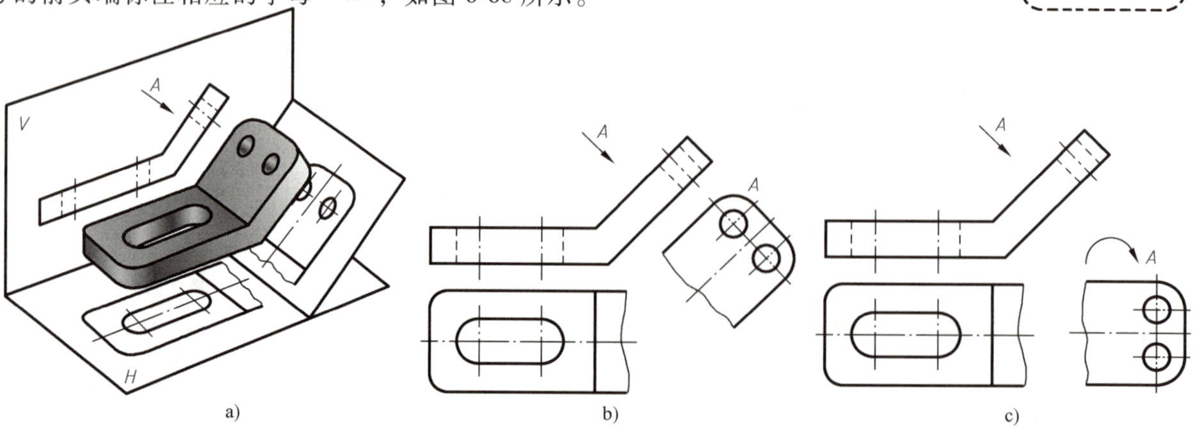

a)　　b)　　c)

图 6-6　斜视图

【任务实施】

压紧杆的视图表达见表 6-1。

表 6-1　压紧杆的视图表达

步骤	1. 绘制局部俯视图	2. 绘制斜视图
图例	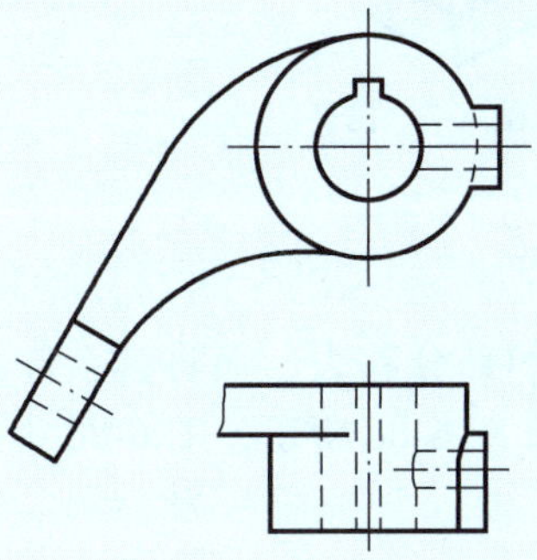	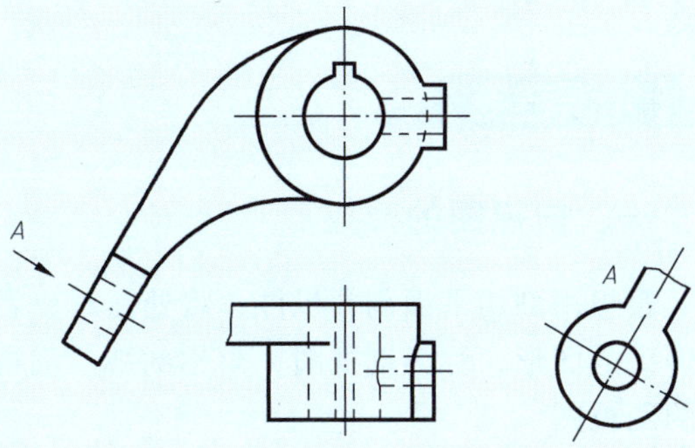
步骤	3. 绘制局部视图 4. 整理图形，按线型描深图线	
图例	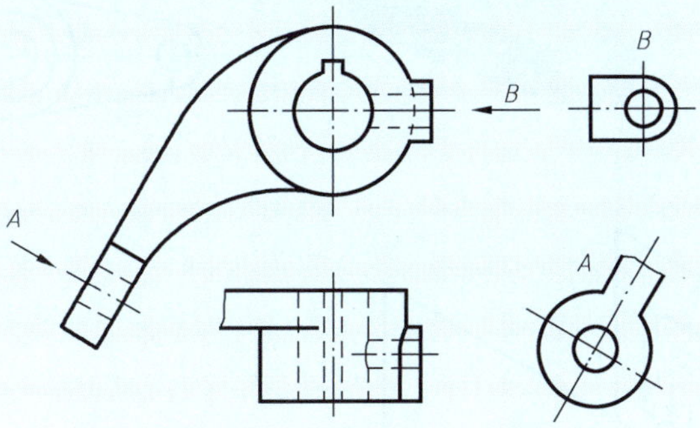	

项目二　绘制剖视图

视图主要用来表达机件的外部形状，机件上看不见的内部结构（如孔、槽等）用虚线表示。当机件内部比较复杂时，视图上会出现许多虚线。这些虚线与其他图线交叠，使得图形不清晰，不便于画图、读图和标注尺寸。为了将内部结构表达清楚，避免出现虚线，按国家标准 GB/T 17452—1998 和 GB/T 4458.6—2002 的有关规定，采用剖视图来表达。

任务一　绘制机件的全剖视图

【任务描述】

如图 6-7 所示，按照国家标准规定，用合理的剖切形式将该机件的内部结构表达清楚。

【任务分析】

用视图表达机件形状时，机件上不可见的内部结构（如孔、槽等）要用细虚线表示。如果机件的内部结构比较复杂，图上会出现较多的细虚线，既不便于画图和读图，也不便于标注尺寸。为了清晰地表达零件的内部结构，假想用一剖切平面将其剖开，用剖视图来表达机件的内部结构。该机件的内部结构比较复杂，外部结构比较简单，因此可以采用全剖视图进行表达。

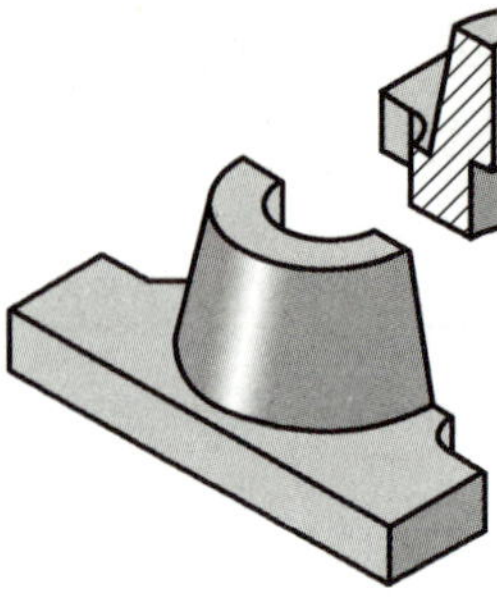

图 6-7　机件

机件1

【知识链接】

一、剖视图的形成

假想用剖切平面剖开机件，将处在观察者和剖切面之间的部分移去，而将其余部分向投影面投射所得到的图形，称为剖视图，简称剖视。剖视图的形成过程如图 6-8c 所示，图 6-8d 中的主视图即为机件的剖视图。

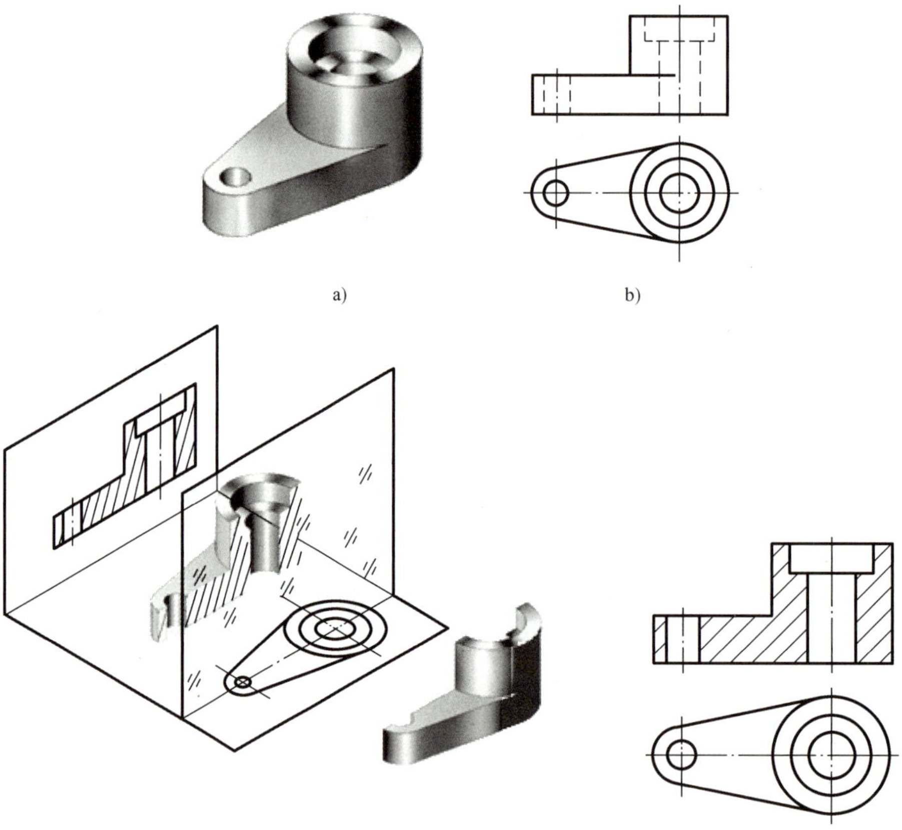

a)　b)

c)　d)

图 6-8　剖视图的形成过程

二、剖面区域与剖面线

剖切平面与被剖机件相接触的部分称为剖面区域。原来在视图中，机件内部结构为虚线，如图 6-8b 所示，采用剖视图后则变为粗实线，如图 6-8d 所示。按国家标准标定，需在剖面区域内画出剖面符号，以便区别机件的实体与空心部分。

剖面符号一般与机件的材料有关，见表 6-2。在各类机械中，机件多采用金属材料制造，根据国家标准 GB/T 4457. 5—2013 规定，金属材料的剖面符号是一组间隔相等的平行细实线，称为剖面线。

表 6-2　剖面符号

材料名称	剖面符号	材料名称	剖面符号
金属材料 （已有规定剖面符号者除外）	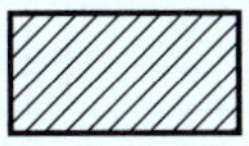	木质胶合板 （不分层数）	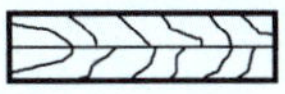
线圈绕组元件	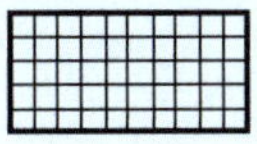	基础周围的泥土	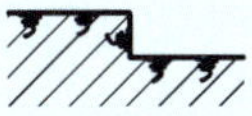
转子、电枢、变压器和电抗器等的叠钢片	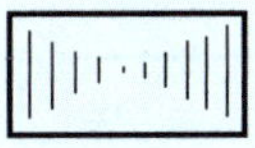	混凝土	
非金属材料 （已有规定剖面符号者除外）	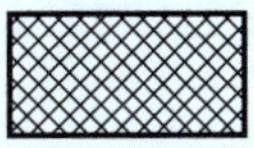	钢筋混凝土	
型砂、填砂、粉末冶金、砂轮、陶瓷刀片、硬质合金刀片等	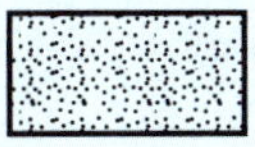	砖	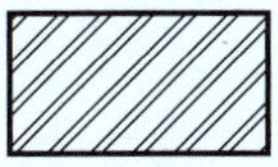
玻璃及供观察用的其他透明材料		格网 （筛网、过滤网等）	
木材　纵断面	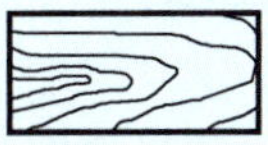	液体	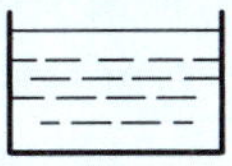
木材　横断面	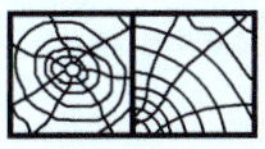		

注：1. 剖面符号仅表示材料的类别，材料的代号和名称必须另行注明。
2. 叠钢片的剖面线方向，应与束装中叠钢片的方向一致。
3. 液面用细实线绘制。

绘制剖面线时，其方向应与主要轮廓或剖面区域的对称线成 45°角，如图 6-9 所示。剖面线的间隔与剖面区域的大小有关，区域大则间隔大；反之则小。同一机件，所画剖面线方向和间隔必须一致，如图 6-10 所示。

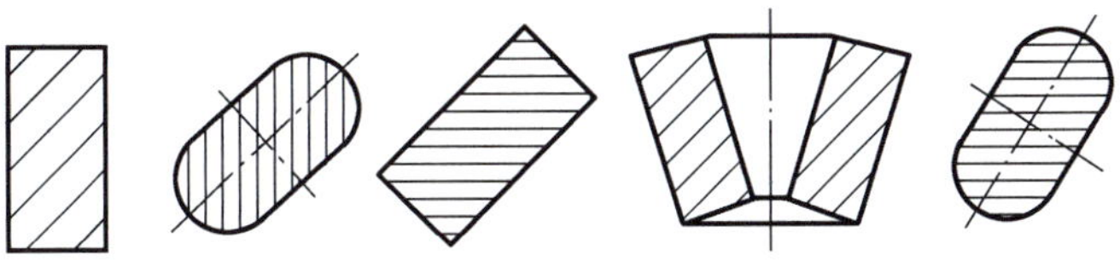

图 6-9　剖面线的画法（一）

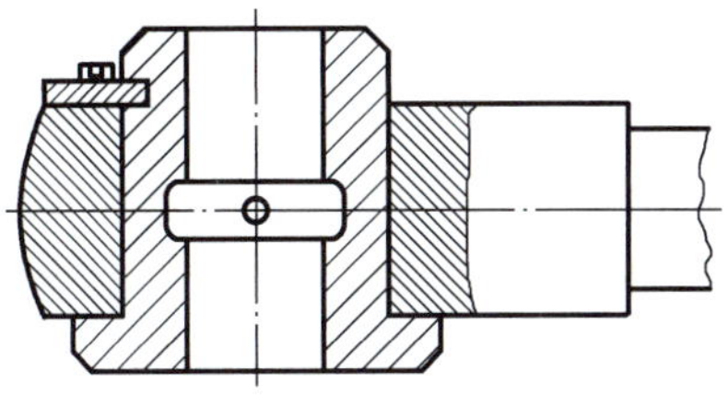

图 6-10　剖面线的画法（二）

三、剖视图的标注与配置

剖切符号用于指示剖切平面的起止和转折位置，用粗短线（线宽为轮廓粗实线的 1～1.5 倍）表示，箭头用于指明投射方向。剖切符号的粗短线不能与轮廓线相交或重合，应留少量间隙；箭头垂直于起止位置的粗短线的外侧，如图 6-11 所示。

一般应在剖视图上方居中位置标注剖视图的名称“×—×”（“×”为大写拉丁字母），并在相应视图的剖切符号起止和转折处标注相同字母“×”。同一图样上同时有几个剖视图时，应采用不同字母加以标注，如图 6-11 所示的“*A*—*A*”“*B*—*B*”。

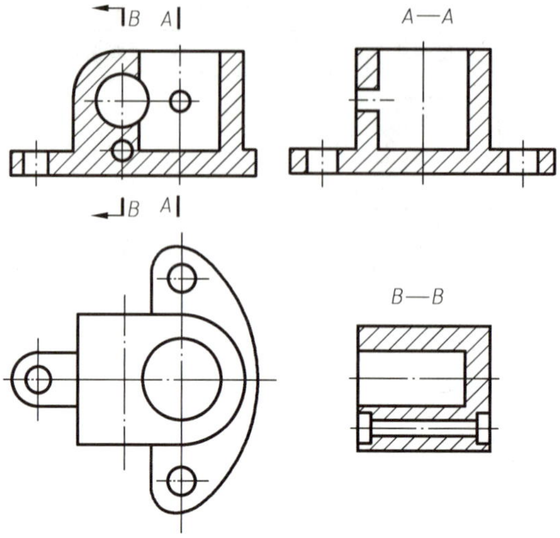

图 6-11　剖视图的标注

绘制剖视图时，首先考虑按投影关系进行配置，一般将剖视图配置在基本视图位置，如图 6-11 中“A—A”所示；必要时可根据图面布局将剖视图配置在其他适当位置，如图 6-11 中“B—B”所示。

剖视图标注的内容，在下列场合可以省略：

1）当剖视图按投影关系配置，且中间没有其他图形隔开时，可省略箭头，如图 6-11 中的“A—A”剖切符号的箭头可省略。

2）当单一剖切面通过机件对称平面或基本对称平面，且剖视图按投影关系配置、中间没有其他图形隔开时，可以省略标注，如图 6-13 所示的主视图。

四、绘制剖视图应注意的问题

1）剖视只是假想把机件切开，因此在表达机件结构的一组视图中，除剖视图外，其他视图仍完整地画出，如图 6-8d 所示的俯视图。

2）剖切平面一般应垂直于某一投影面，且通过零件上孔、槽的轴线或对称面，以避免剖切后产生不完整的结构要素。

3）在剖切平面后面的可见轮廓线的投影须用粗实线画出，如图 6-12 所示；剖切平面后面的不可见轮廓线，若其结构已在剖视图或其他视图中表达清楚，应该省略虚线，如图 6-13a 所示；但对没有表达清楚的结构，在保证图面清晰的情况下允许画少量虚线，以减少视图的数量，如图 6-13b 所示。

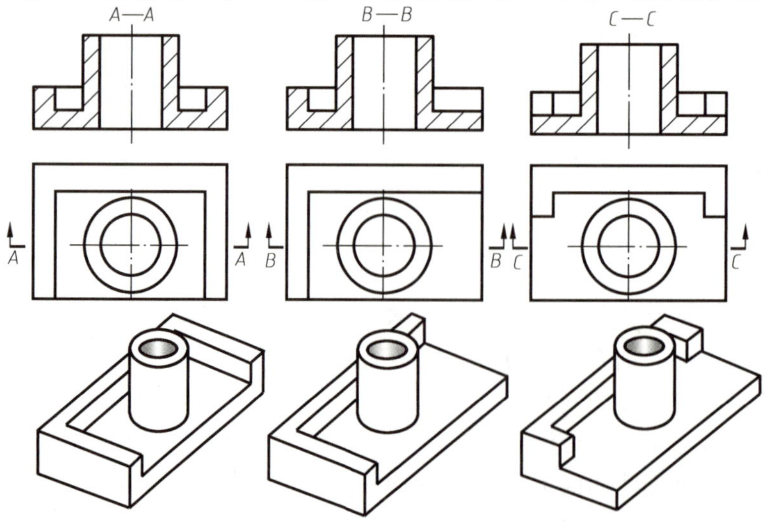

图 6-12　剖切面后面可视轮廓线的画法

尤其注意空腔中线、面的投影，不能遗漏或多画，如图 6-14 所示。

4）当机件上的肋板被剖切平面纵向剖切时，规定肋板不画剖面线，而用粗实线将其与相邻部分区分开，如图 6-15 所示。

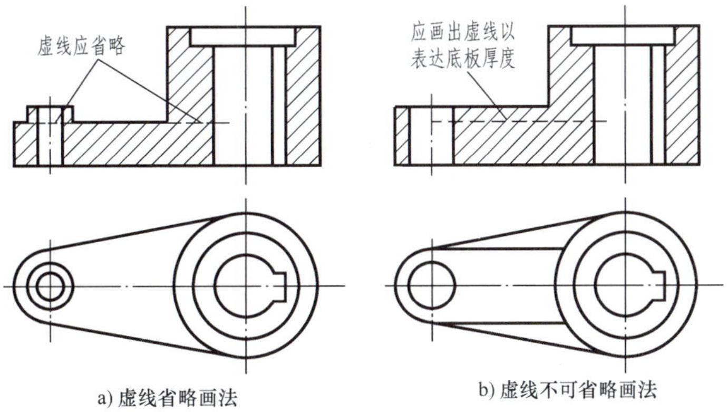

图 6-13　剖视图中虚线的画法

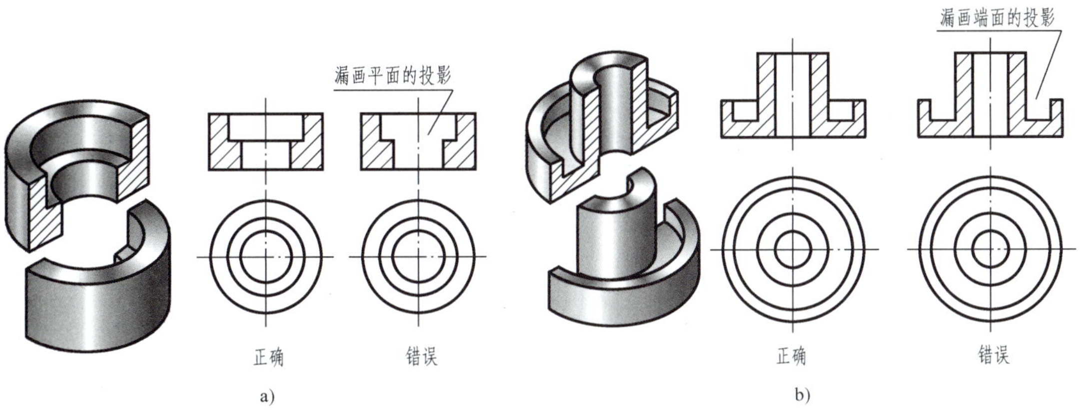

图 6-14　剖视图画法的常见错误

五、全剖视图

用剖切平面完全地剖开机件所得到的剖视图称为全剖视图（简称全剖视），如图 6-16 所示。全剖视图主要用于外形简单、内部复杂的不对称机件。有些外形简单的对称机件，为了将内部显示完整，便于标注尺寸，也常采用全剖视图。

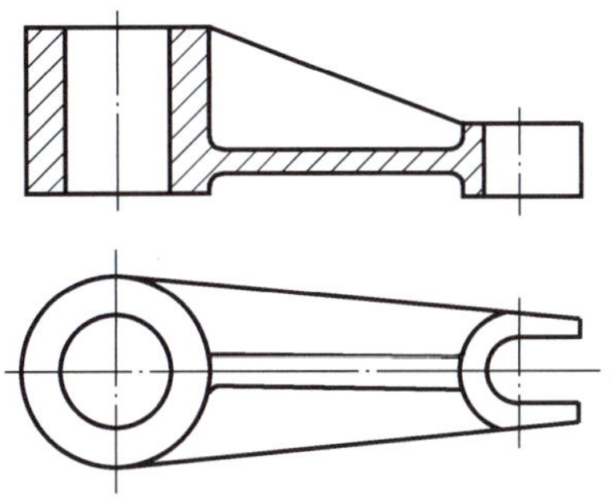

图 6-15　肋板纵剖画法示例

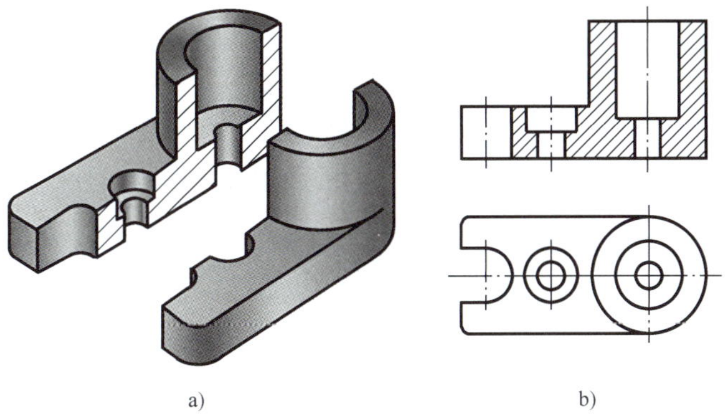

图 6-16　全剖视图

【任务实施】

机件全剖视图的作图步骤见表 6-3。

表 6-3　机件全剖视图的作图步骤

步骤	1. 画出机件的视图	2. 确定剖切面的位置，画出剖切区域及剖切平面后所有可见部分
图例	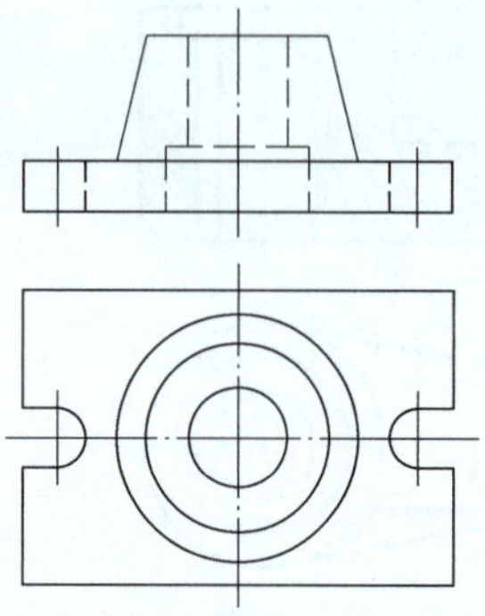	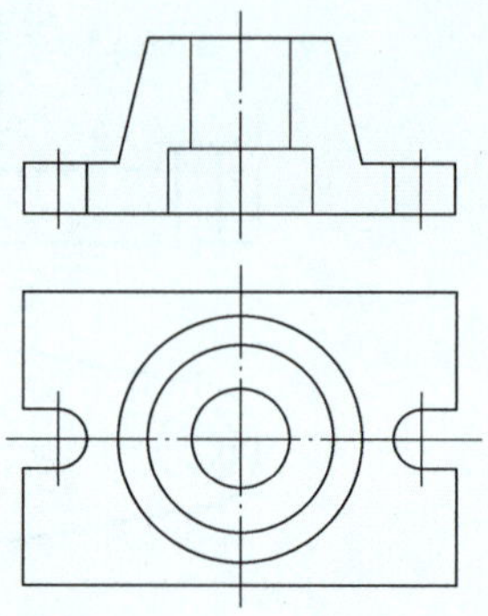
步骤	3. 绘制剖面线 4. 整理图形，按线型描深图线	
图例	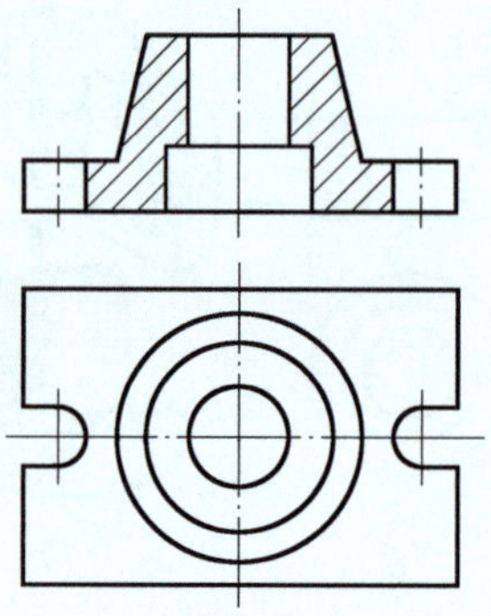	

任务二　绘制机件的半剖视图

【任务描述】

如图 6-17 所示，按照国家标准规定，用合理的剖切形式将该机件的外部、内部结构表达清楚。

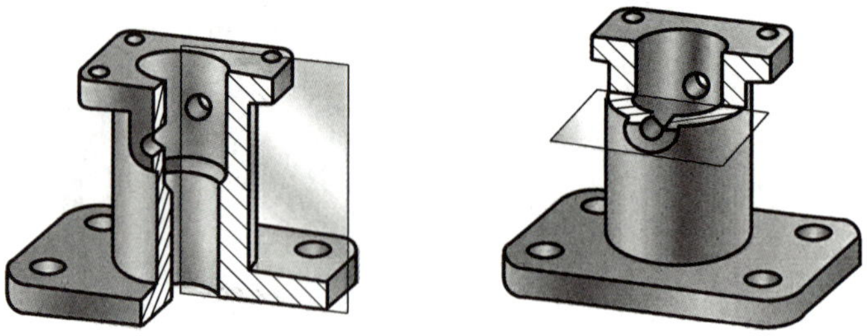

图 6-17　机件

机件2

【任务分析】

该机件的内、外形状都比较复杂，主体部分是一个圆柱筒，上、下底板上分别有四个小圆柱孔，圆筒的上方有小凸台，如果采用全剖视图，则无法表达小凸台的形状，采用半剖视图可兼顾内、外形状的表达。

【知识链接】

一、半剖视图

当机件具有对称平面时，把向垂直于对称平面的基本投影面上投射所得的图形，以对称中心线为界，一半画成剖视图，别一半画成视图，这样的图形称为半剖视图，如图 6-18 所示。半剖视图既能表达机件内部结构，又能表达外部形状。因此，半剖视图常用于表达内、外形状都比较复杂的对称机件。

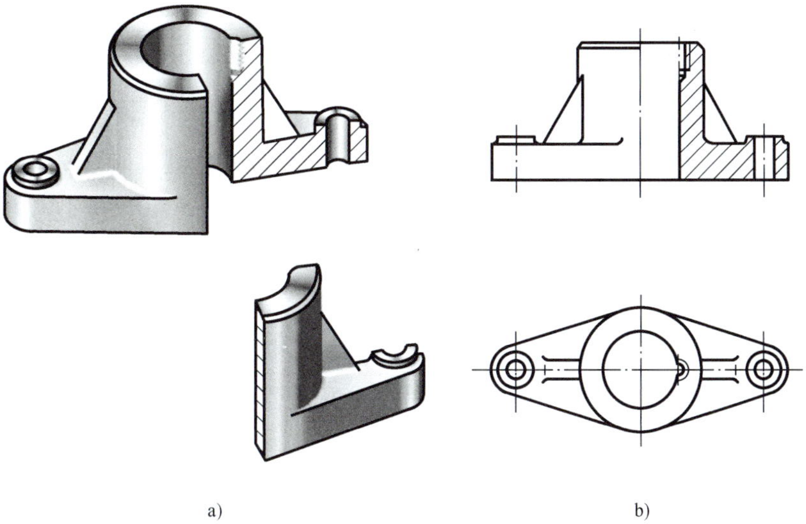

图 6-18　半剖视图（一）

二、半剖视图的标注与配置

半剖视图的标注与配置和全剖视图一致。

三、绘制半剖视图应注意的问题

1）半剖视图与半个视图之间的分界线应是细点画线（对称中心线），不能画出粗实线，也不应该与轮廓线重合。

2）鉴于图形对称，机件的内部结构形状在半剖视图中已表达清楚的，则在另半个视图中的虚线应省略；否则，应该画出相应的虚线。

3）画半剖视图时，若视图与剖视图左右配置，习惯上把剖视图画在右边，如图 6-18 所示；若上下配置，习惯上把剖视图画在下边。

4）若机件的结构形状接近于对称，且不对称部分已在其他视图中表达清楚的，则可以采用半剖视图而不用全剖视图，如图 6-19 所示。

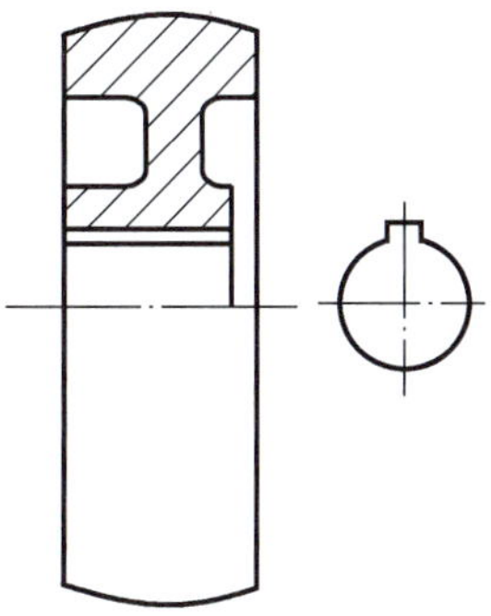

图 6-19　半剖视图（二）

【任务实施】

机件半剖视图的作图步骤见表 6-4。

表 6-4　机件半剖视图的作图步骤

步骤	1. 画出机件的视图	2. 将主视图的右半部分绘制成剖视图	3. 将主视图的左半部分绘制成视图，虚线部分省略
图例	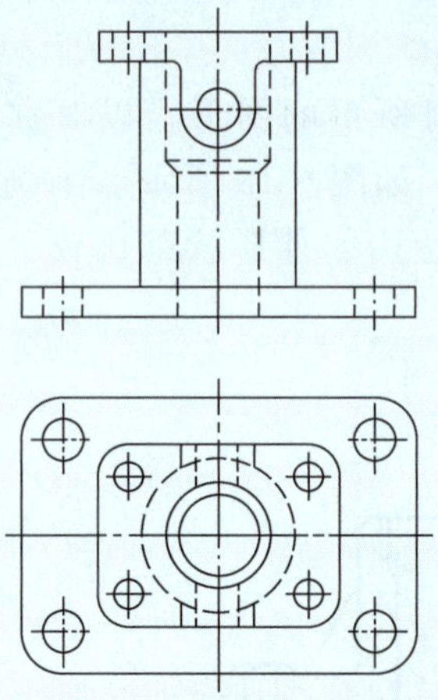	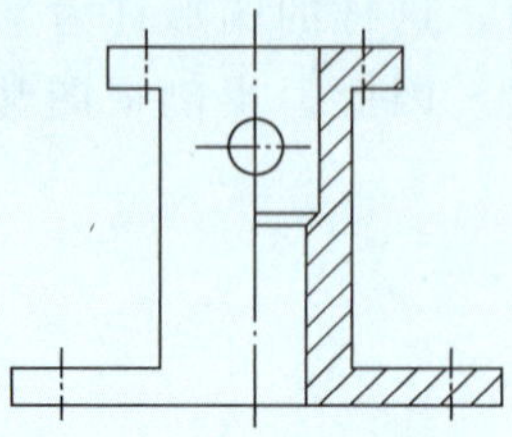	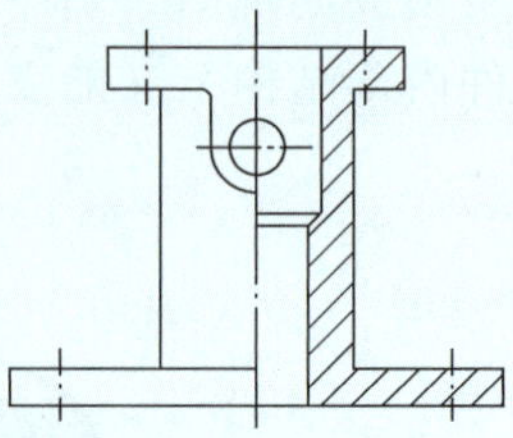
步骤	4. 将俯视图改画成半剖视图（主视图的半剖可完全省略标注，俯视图的半剖不能省略剖切符号和字母，以表示剖切位置和剖视图名称）	5. 为了表达上、下底板上的小孔结构，在主视图中还采用了局部剖视图的表达方法（下个任务重点讨论） 6. 整理图形，按线型描深图线	
图例	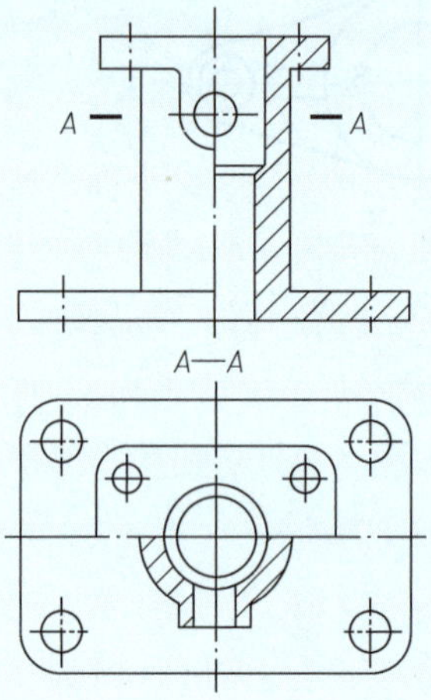	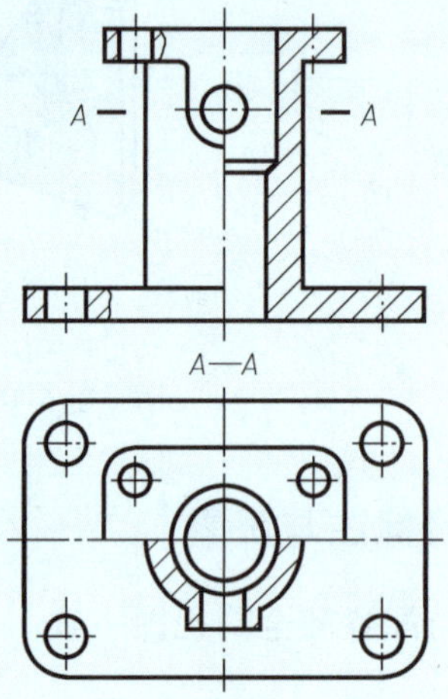	

任务三　绘制机件的局部剖视图

【任务描述】

如图 6-20 所示，按照国家标准规定，用合理的剖切形式将该机件的外部、内部结构表达清楚。

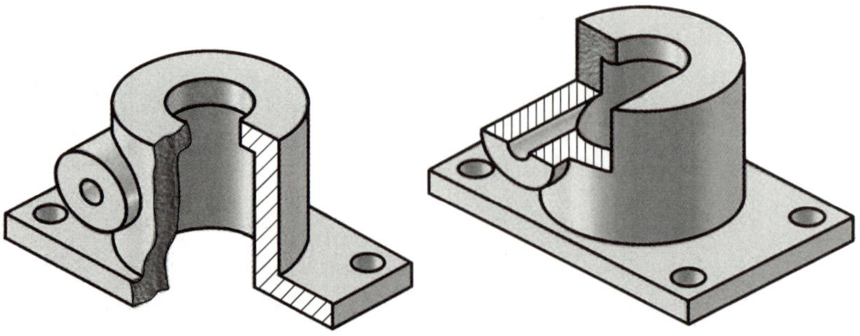

机件3

图 6-20　机件

【任务分析】

该机件的主视图若采用全剖视图，虽然机件的内部空腔结构可以表达清楚，但凸台被剖掉，底板上的小孔也没有表达清楚。另外，由于结构不对称，也不适合采用半剖视图表达。这时可采用局部剖视图。

【知识链接】

一、局部剖视图

用剖切面局部地剖开机件所得的剖视图，称为局部剖视图，如图 6-21 所示。

局部剖视图既能把机件的局部内形表达清楚，又能保留机件的某些外形，其剖切位置和剖切范围根据需要而定，是一种比较灵活的表达方法，通常适用于以下几种情况：

1）对内、外形状都比较复杂而又不对称的机件，为了把内、外形状都表达清楚，不必或不宜采用全剖视图时，可用局部剖视图表达，如图 6-21 所示。

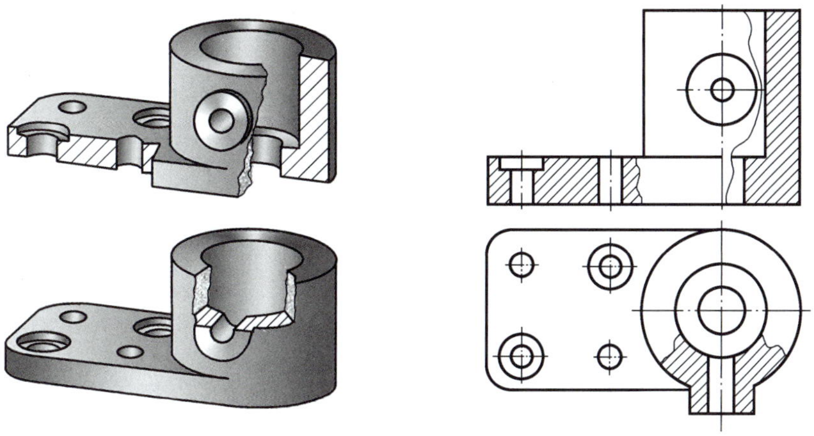

a)　　b)

图 6-21　局部剖视图（一）

2）对内、外形状都要表达的对称机件，因其轮廓线与对称中心线重合，不宜采用半剖视图时，可用局部剖视图表达，如图 6-22 所示。

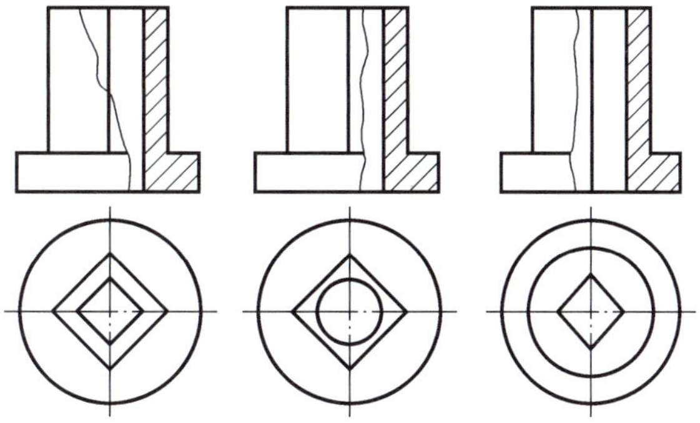

图 6-22　局部剖视图（二）

3）对轴、杆等实心机件上有孔或槽等结构时，可用局部剖视图表达，如图 6-23 所示。

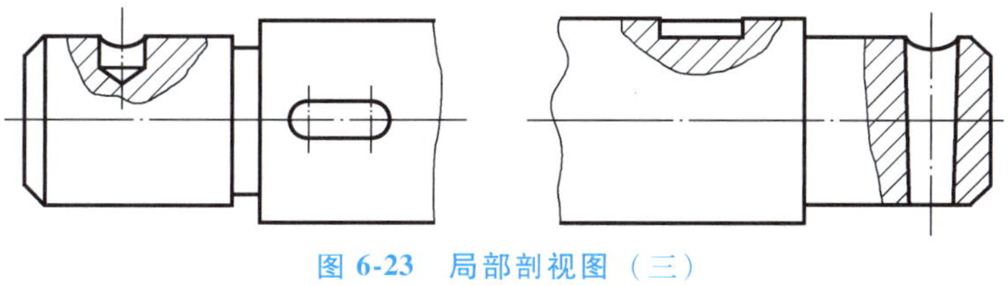

图 6-23　局部剖视图（三）

二、绘制局部剖视图应注意的问题

1）一个视图中，局部剖视图的数量不宜过多，在不影响外形表达的情况下，应尽可能用大面积的局部剖视，以减少局部剖视图的数量。

2）局部剖视图用波浪线分界，波浪线应画在机件的实体上，不能超出实体轮廓线，也不能画在机件的中空处，如图 6-24a 所示。

3）波浪线不应画在轮廓的延长线上，也不能用轮廓线代替，或与图样上其他图像重合，如图 6-24b 所示。

4）当被剖物体是回转体时，允许将该结构的轴线作为局部剖视图中剖与不剖的分界线，如图 6-24c 所示。

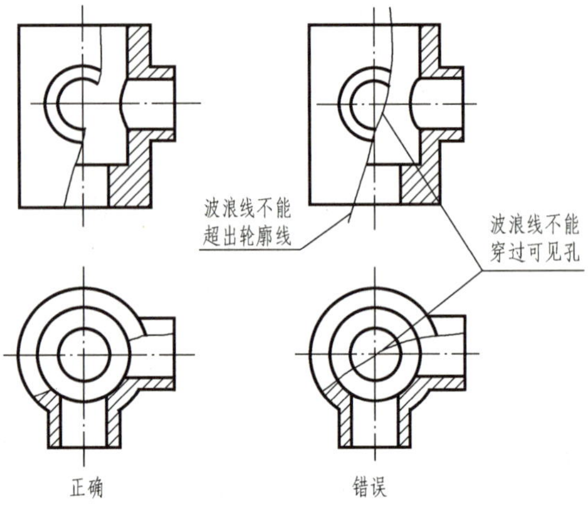

a)

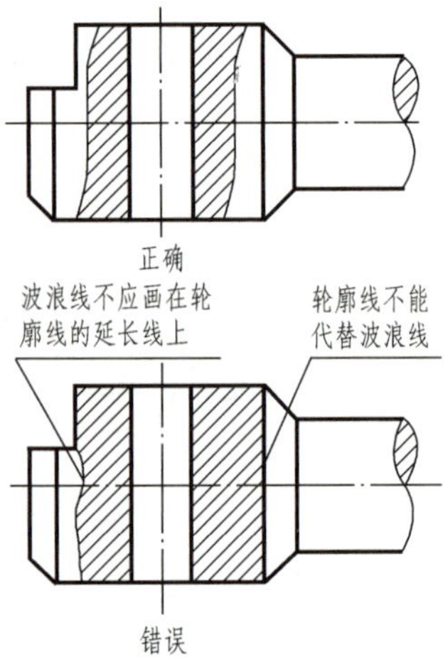

b)

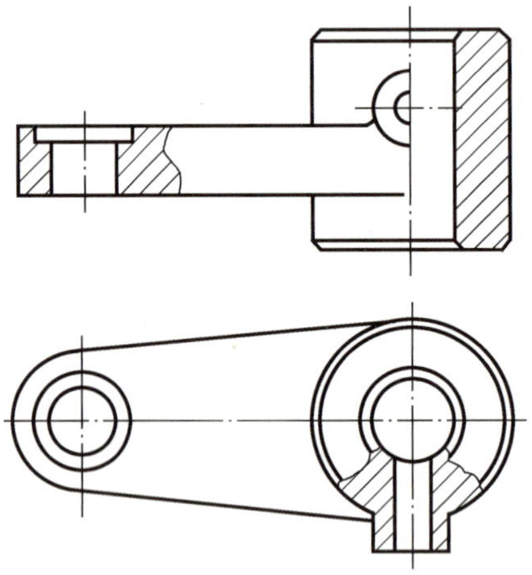

c)

图 6-24　绘制局部剖视图时的注意事项

【任务实施】

> **讨论：**哪种剖切方式更加灵活？

机件局部剖视图的作图步骤见表 6-5。

表 6-5　机件局部剖视图的作图步骤

步骤	1. 画出机件的视图	2. 绘制壳体部分的局部剖视图
图例	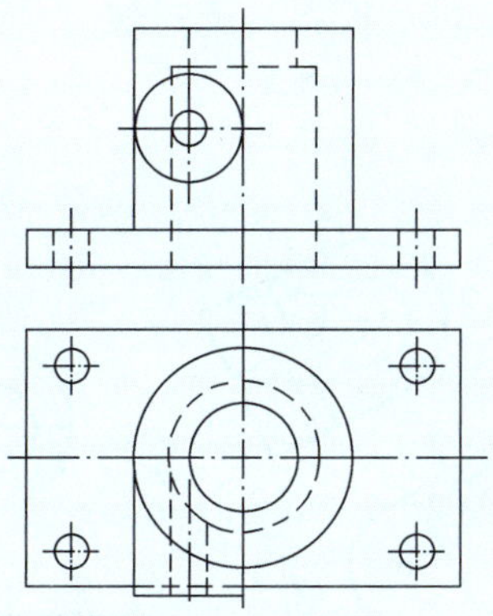	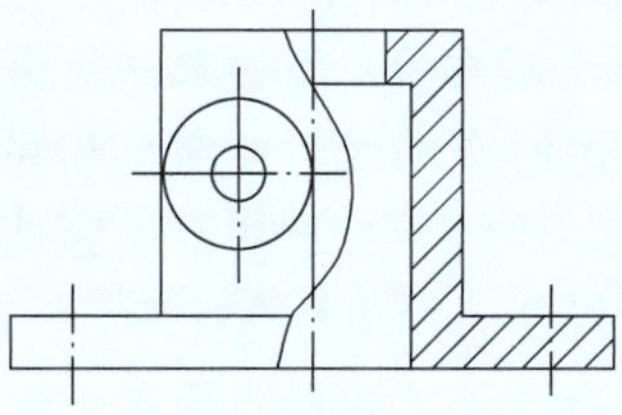
步骤	3. 绘制底板部分的局部剖视图	4. 绘制俯视图的局部剖视图 5. 整理图形，按线型描深图线
图例	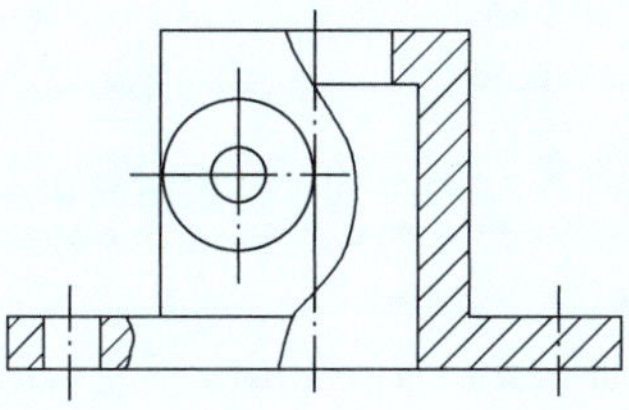	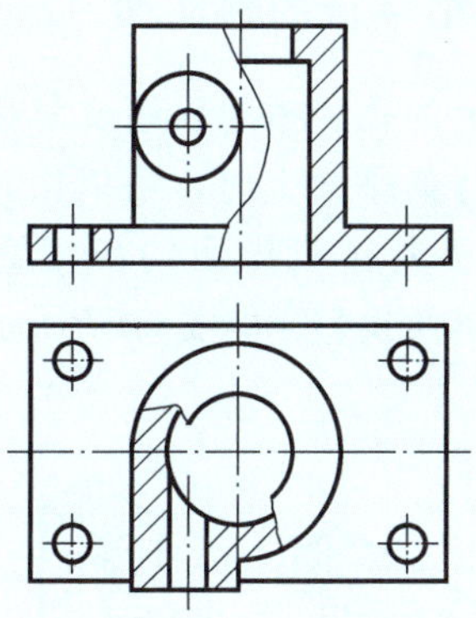

任务四　绘制机件的剖视图

【任务描述】

如图 6-25 所示，按照国家标准规定，用合理的剖切形式将该机件的外部、内部结构表达清楚。

【任务分析】

该机件上有倾斜结构，当采用水平面进行剖切时，没办法表达出倾斜结构的孔的内部形状。这时，可采用与倾斜结构平行的剖切平面进行剖切。这种剖切面称为不平行于基本投影面的剖切面。

机件4

图 6-25　机件

【知识链接】

一、剖切面的种类

由于机件的内部结构多种多样，因此画剖视图时，应根据机件的结构特点，选用不同的剖切面，以便使机件的内部形状得到充分的表达。

根据国家标准 GB/T 17452—1998 的规定可选择以下剖切面剖切物体：单一剖切面、几个平行的剖切面、几个相交的剖切面。

二、单一剖切面

单一剖切面包括两种：

1. 平行于基本投影面的单一剖切面

如前所述的全剖视、半剖视和局部剖视所举图例大多是用平行于基本投影面的单一剖切面剖开机件而得到的剖视图。

2. 不平行于基本投影面的单一剖切面

这种剖视图一般应与倾斜部分保持投影关系，但也可以配置其他位置。为了画图和读图方便，可把视图转正，但必须按规定标注，如图 6-26 所示。

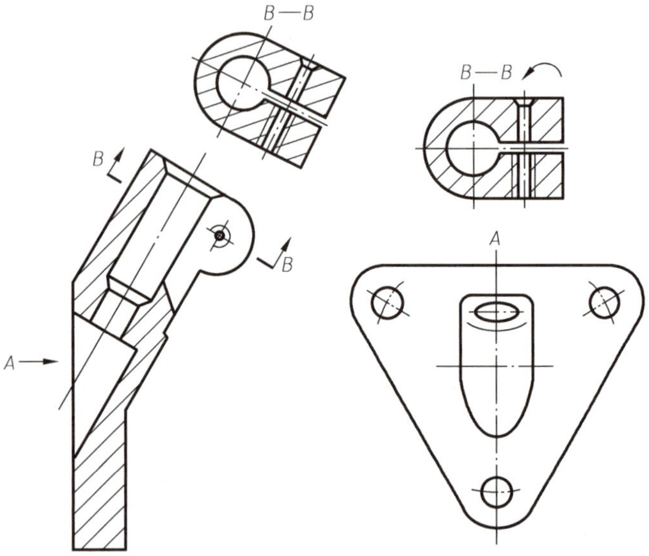

图 6-26　不平行于基本投影面的单一剖切面

三、几个平行的剖切面

当机件上的孔、槽的轴线或对称面位于几个相互平行的平面上时，可以用几个相互平行且平行于基本投影面的剖切面剖开机件，再向投影面投射，如图 6-27 所示。

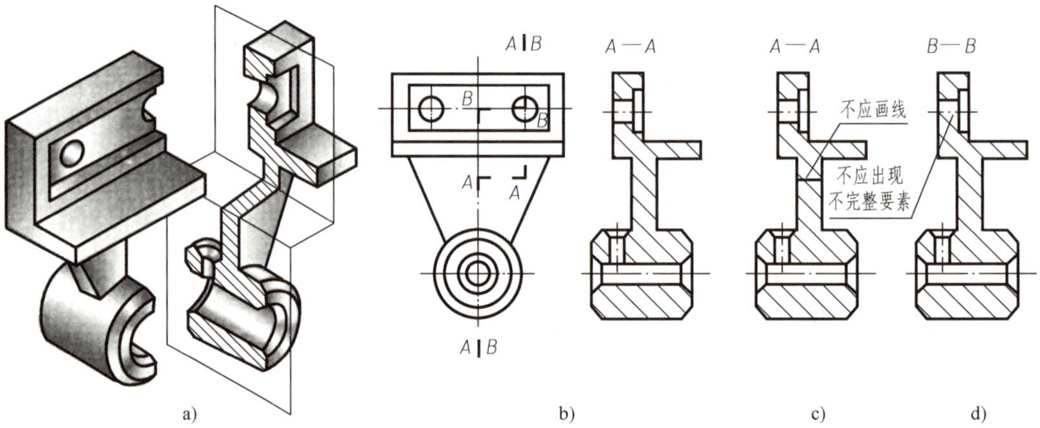

图 6-27　用两个平行剖切面剖切

采用这类剖切面绘制剖视图时应注意以下几点：

1）因为剖切面是假想的，应把几个平行的剖切面作为一个平面来考虑，不要在剖视图上画出剖切面转折界线的投影，如图 6-27c 所示。

2）不应出现不完整的结构要素，如图 6-27d 所示。仅当两个要素在图形上有公共对称中心线或轴线时，才允许以对称中心线或轴线为界线各画一半，如图 6-28 所示。

3）应对剖视图加以标注。剖切符号的起止及转折处用相同字母标出，剖切符号的转折处不得与轮廓线重合，但当转折处空间狭小又不致引起误解时，转折处允许省略字母。

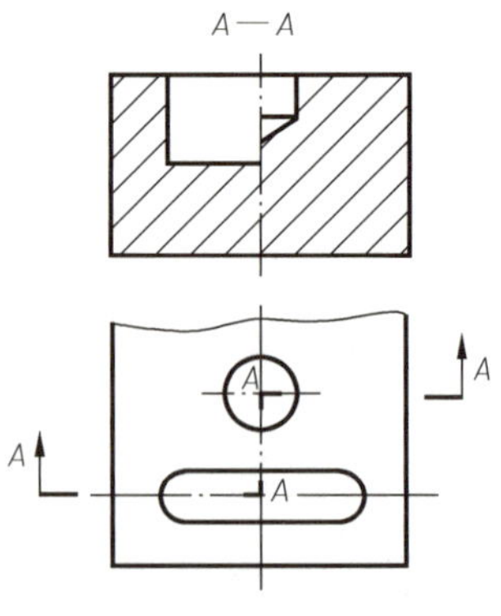

图 6-28　具有公共对称中心线要素的剖视图

四、几个相交的剖切面

用几个相交的剖切面（须保证其交线垂直于某单一基本投影面）剖切机件，可以用来表达内部结构用单一剖切面不能完整表达而又具有回转轴的机件，如图 6-29 所示。

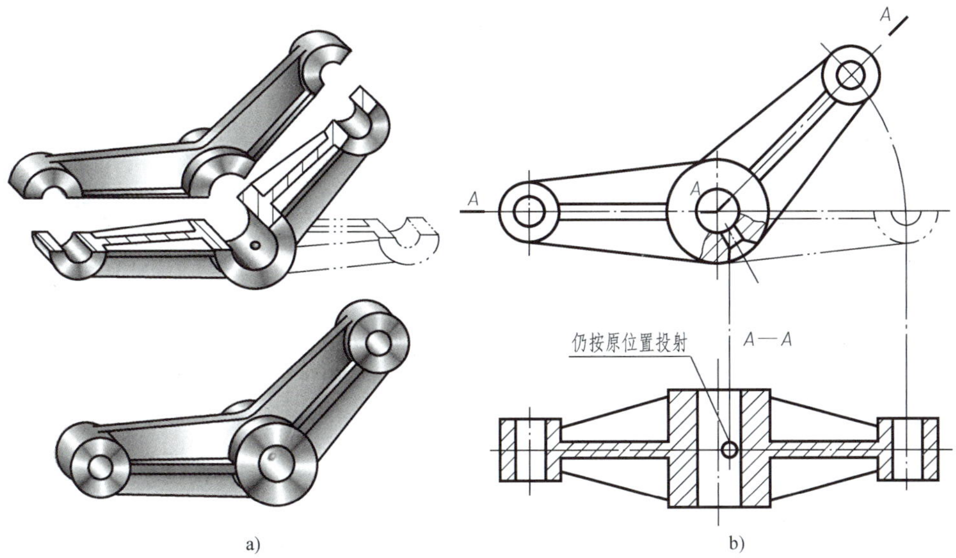

图 6-29　用两个相交剖切面剖切

采用这类剖切面绘制剖视图时应注意以下几点：

1）相邻两剖切面的交线应垂直于某一投影面。

2）应按“先剖切，后旋转”的方法画出剖视图。即先假想按剖切位置剖开机件，然后将被剖结构的倾斜部分旋转到与选定基本投影面平行时再进行投射，旋转部分的某些结构与原相应视图就不再保持投影关系，如图 6-29b 所示机件中倾斜部分的剖视图。位于剖切面后面的其他可见机构，一般仍按原来位置投射，如图 6-29b 所示的小圆孔。

3）当剖切后产生不完整的要素时，此部分按不剖绘制，如图 6-30 所示。

4）应对剖视图加以标注。剖切符号的起止及转折处用相同字母标出，但当转折处空间狭小又不致引起误解时，转折处允许省略字母。

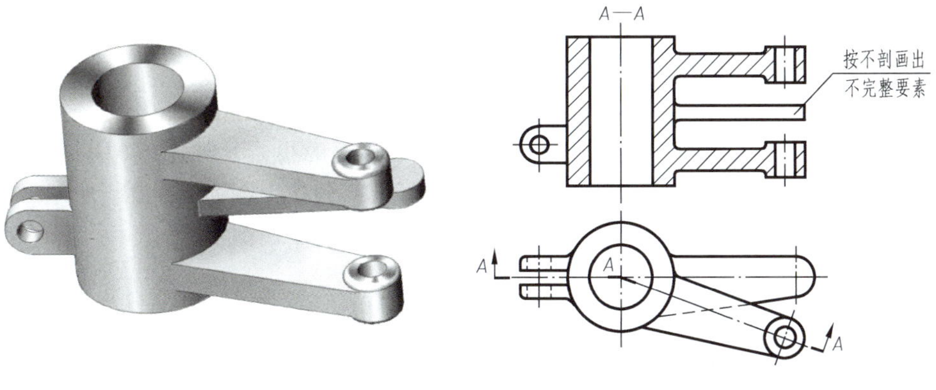

图 6-30　剖切后产生的不完整要素按不剖绘制

【任务实施】

机件剖视图的作图步骤见表 6-6。

表 6-6 机件剖视图的作图步骤

步骤	1. 画基准线	2. 根据斜视图画剖视图的断面形状及其他轮廓线
图例	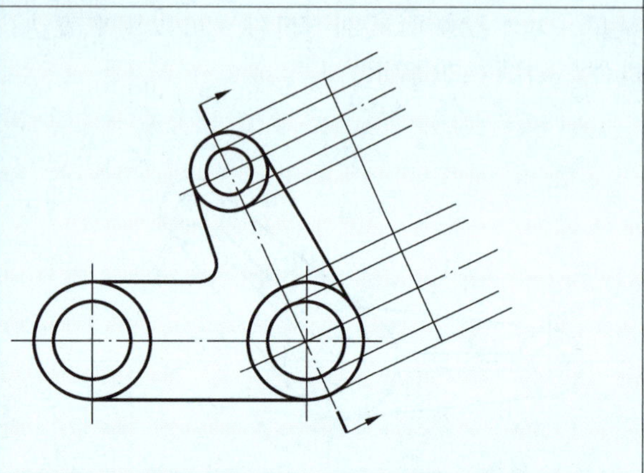	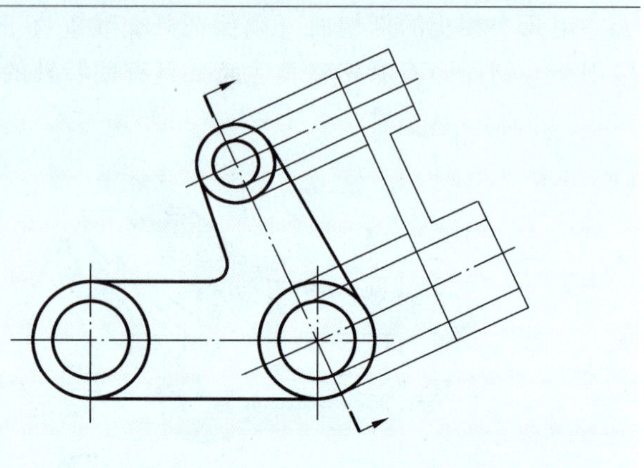
步骤	3. 检查，去掉绘图辅助线，画上剖面线，对剖视图进行标注，完成全图。为了画图方便，可把剖视图转正 注意：字母应标注在箭头端	4. 绘制剖面 B—B 视图，按投影关系进行配置，并进行标注
图例	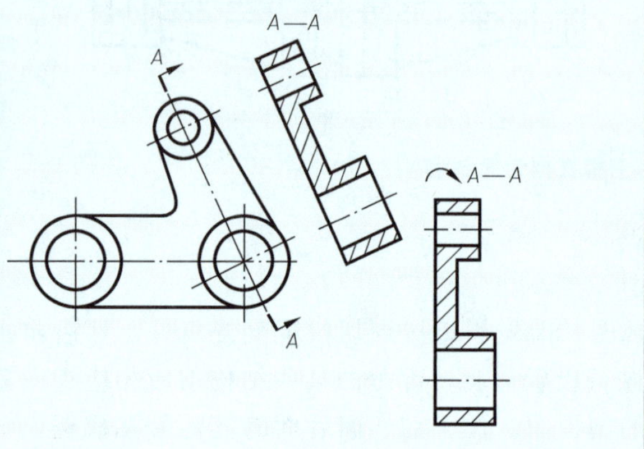	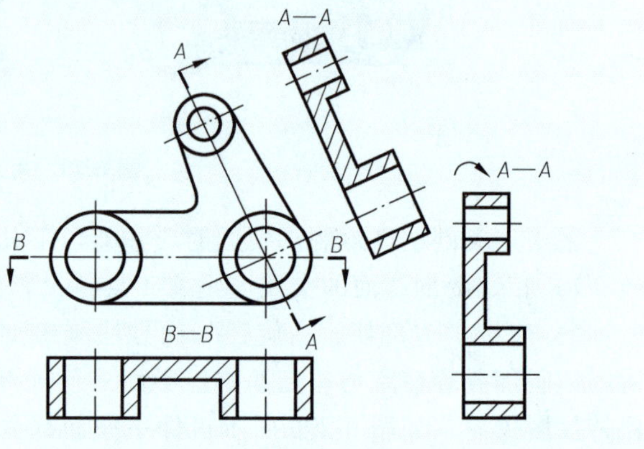

项目三 绘制断面图

假想用剖切平面将机件的某处切断，只画出剖切面与机件接触部分的图形，称为断面图，简称断面。断面图通常用来表示机件上某一局部结构的断面形状，如轴上的键槽和孔、零件上的肋板、轮辐等，以及各种型材的断面，如图 6-31 所示。

断面图与剖视图的区别：断面图仅画出机件被剖切处断面的投影，如图 6-31b 所示；剖视图除画出剖切处断面的投影外，还要画出剖切平面后面的其他可见部分投影，如图 6-31c 所示。

根据断面图配置位置的不同，断面图分为移出断面图和重合断面图。

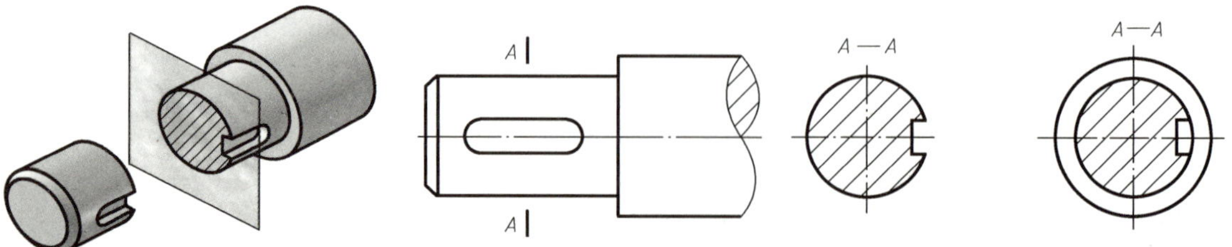

a) b) c)

图 6-31 断面图

任务　绘制轴的移出断面图

【任务描述】

如图 6-32 所示，按照国家标准规定，用合理的表达形式将该轴的结构表达清楚。

【任务分析】

如果采用左视图表达轴的键槽和小孔的话，既不清晰也不便于标注尺寸，所以采用断面图来表达。

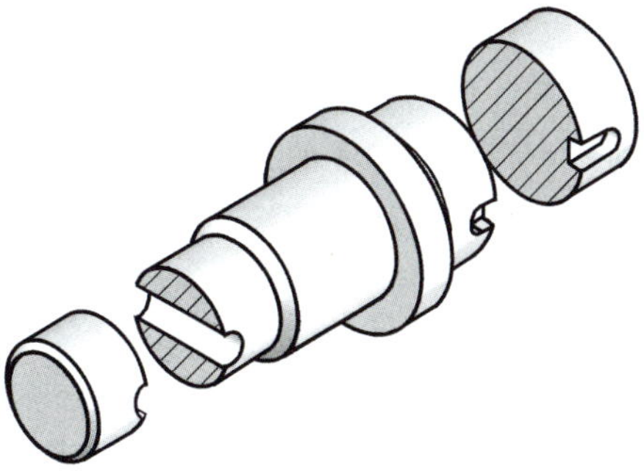

图 6-32　轴

轴1

【知识链接】

一、移出断面图

画在视图之外的断面图称为移出断面图。移出断面的轮廓线用粗实线绘制。

移出断面图的画法：

1）当剖切平面通过回转体形成的孔或凹坑的轴线时，这些结构的断面图应按剖视图的规则绘制，如图 6-33a 所示。

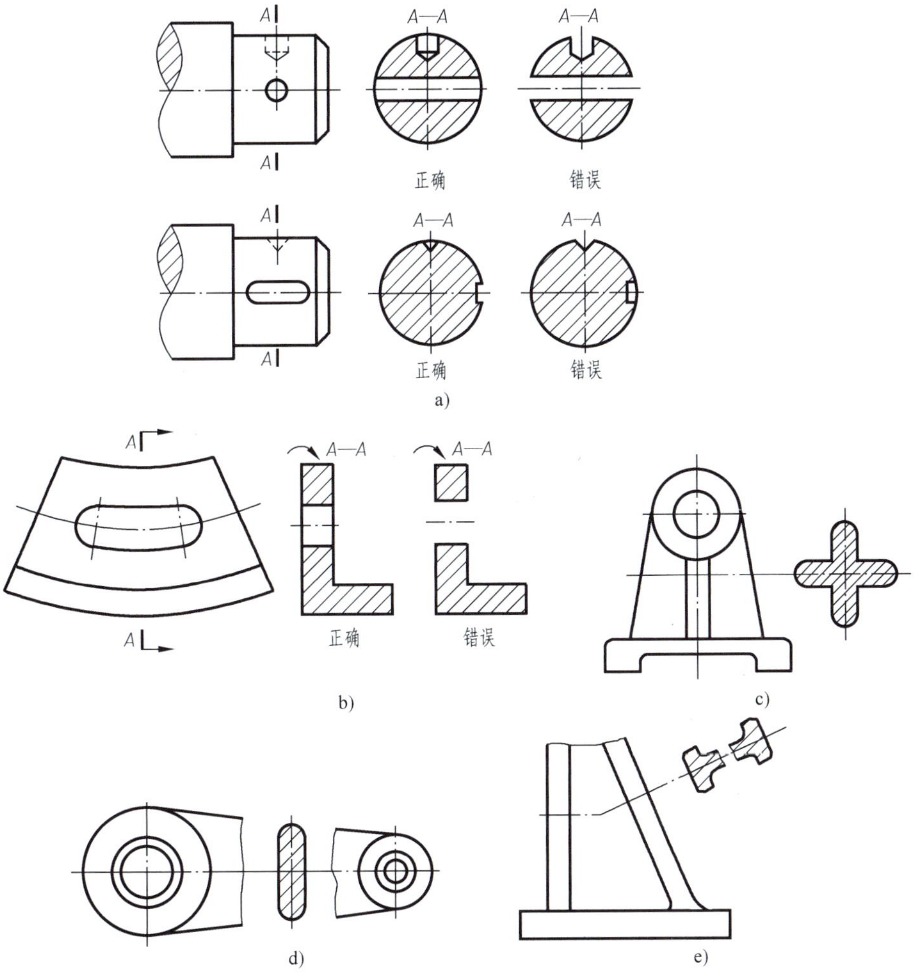

图 6-33　移出断面图的画法

2）当剖切平面通过非圆孔并导致出现完全分离的断面时，这些结构也应按剖视图画出，如图 6-33b 所示。

3）为了看图方便，移出断面图应尽量画在剖切位置线的延长线上，如图 6-33c 所示，必要时，也可配置在其他适当位置。

4）如果机件的断面形状一致或按一定规律变化，移出断面图可画在视图的中断处，如图 6-33d 所示。

5）剖切面一般应垂直于被剖切部分的主要轮廓。由两个或多个相交的剖切面得到的移出断面图，中间一般用波浪线断开，如图 6-33e 所示。

移出断面图通常配置在剖切线的延长线上，也可以配置在其他位置。画出移出断面图后应按国家标准的规定进行标注。移出断面图的标注方法与剖视图的标注方法基本一样，用剖切符号表示剖切位置和投射方向（用箭头表示），并标注大写拉丁字母“×”，在相应的移出断面图上方中间位置标注“×—×”。移出断面图的配置与标注见表 6-7。

表 6-7　移出断面图的配置与标注

断面配置	移出断面图形状对称	移出断面图形状不对称
配置在剖切线或剖切符号延长线上	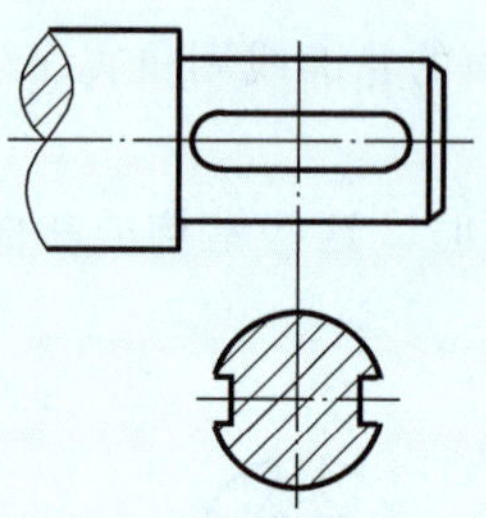 省略标注	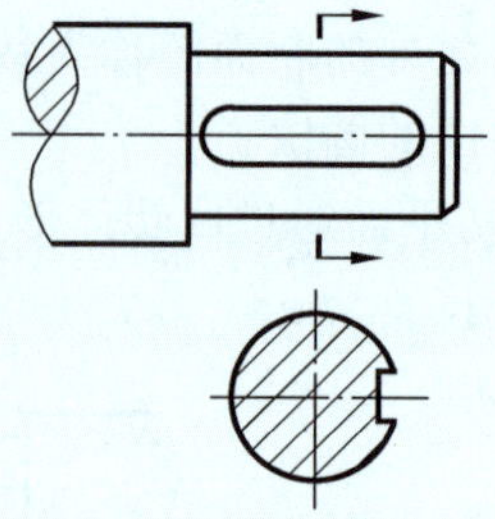 省略字母
按投影关系配置	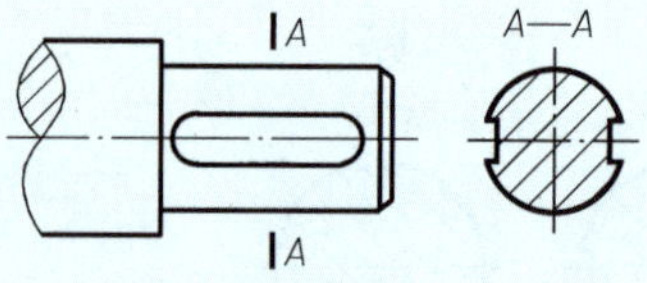 省略箭头	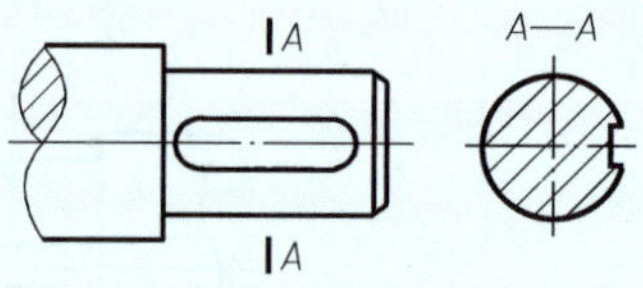 省略箭头
配置在其他位置	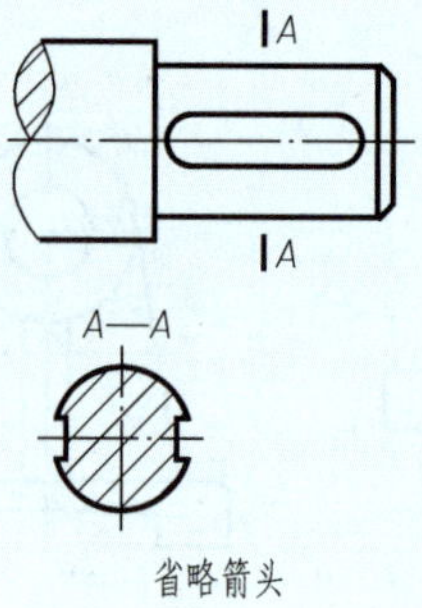 省略箭头	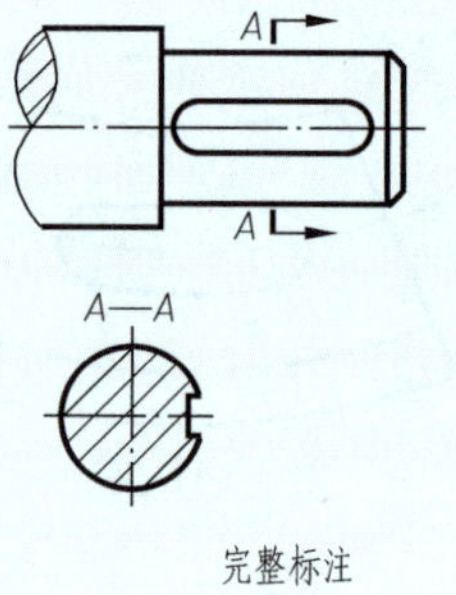 完整标注

二、重合断面图

重合断面图是将断面图形画在视图轮廓线之内的断面图。重合断面图的轮廓线用细实线绘制。当视图中的轮廓线与重合断面的图形重叠时，视图中的轮廓线仍应连续画出，不可间断。

重合断面图的标注规定不同于移出断面图。对称的重合断面图不必标注，如图 6-34a 所示；不对称的重合断面图，在不致引起误解时可省略标注，如图 6-34b 所示。

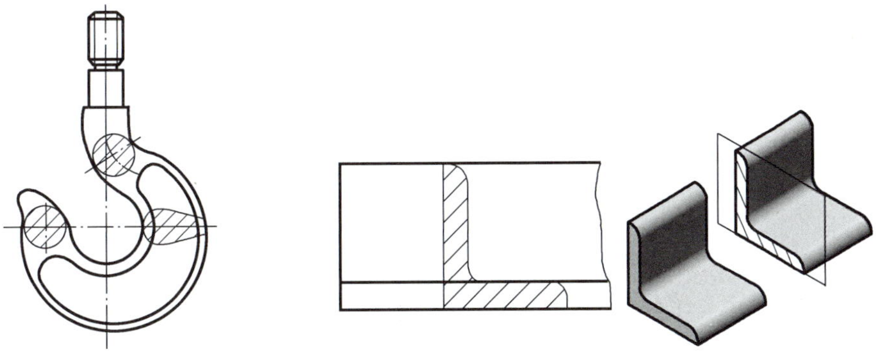

a)　　　　b)

图 6-34　重合断面图

【任务实施】

移出断面图的作图步骤见表 6-8。

表 6-8　移出断面图的作图步骤

步骤	1. 确定轴的放置位置，绘制主视图	2. 在主视图的键槽和孔中心线所在的位置，绘制断面符号，并标注字母 A、B
图例	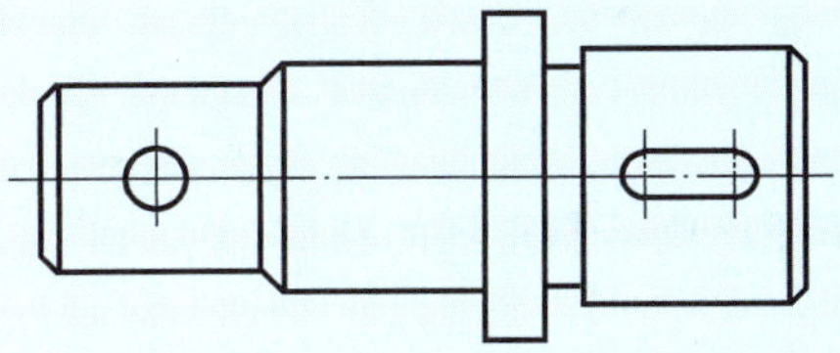	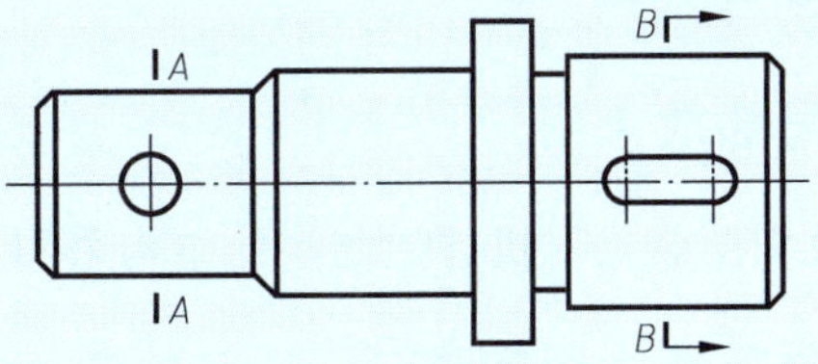
步骤	3. 绘制断面图，断面图 A—A 按剖视图绘制，并在断面图上方的中间标注视图名称	
图例	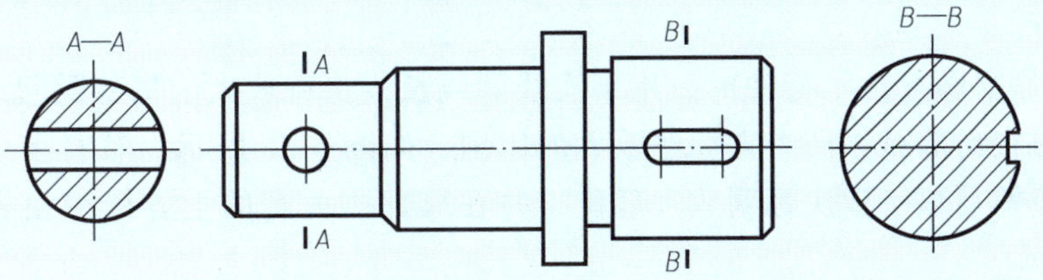	

项目四　其他表达方法

在表达机件的图样中，除了可以采用上述视图、剖视图和断面图等表达方法之外，在不影响对机件表达完整和清晰的前提下，应力求制图简便，因而国家标准规定了一些规定画法和简化画法，如局部放大图和简化画法等进行表达。

任务　绘制轴的局部放大图

【任务描述】

如图 6-35 所示轴的视图，其键槽、孔等结构通过断面图已表达清楚，按照国家标准规定，用合理的表达形式将该轴的细小特征表达清楚。

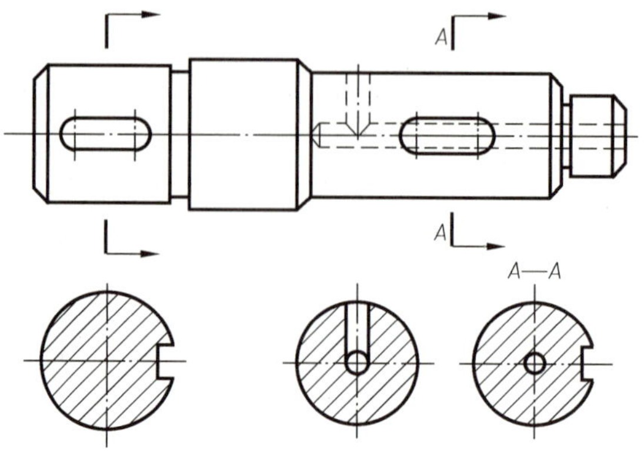

图 6-35　轴

轴2

【任务分析】

针对机件中一些细小的结构，相对于整个视图较小，无法在视图中清晰地表达出来，或无法标注尺寸、添加技术要求，可以引入局部放大图，将机件的这部分结构用大于原图形的比例绘制出来，将其表达清楚。

【知识链接】

一、局部放大图

局部放大图就是对机件上细小的结构采用大于原图的作图比例绘制得到的图形。

二、局部放大图的画法

1）局部放大图可画成视图、剖视图和断面图，它与被放大部位的表达方法无关，但应尽量配置在被放大部位的附近。

2）局部放大图必须标注。标注时，用细实线圆或长圆将待放大的局部圈起来。当图样中只有一处局部放大时，只需在局部放大图上方标注放大的比例，如图 6-36 所示；若有多处局部放大，须从圆圈上画指引线和标注罗马数字依次标明放大部位，并在局部放大图的上方标注相应的罗马数字和作图比例，如图 6-37 所示。

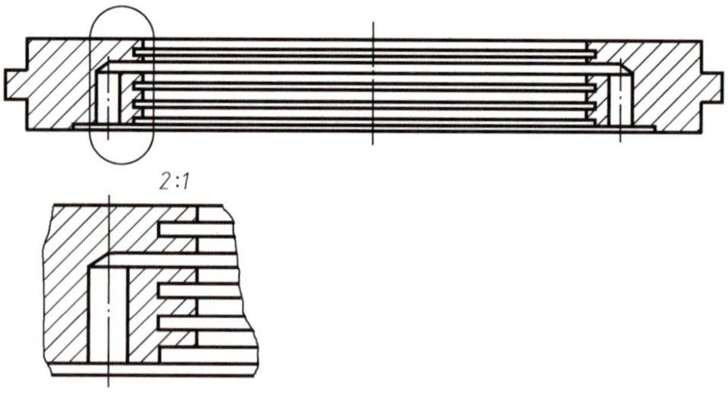

图 6-36　局部放大图（一）

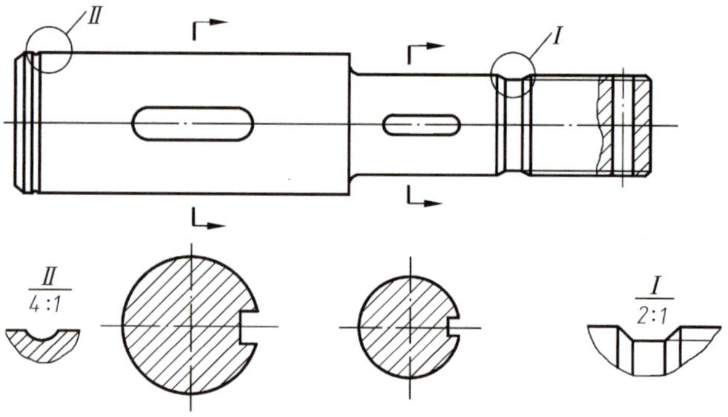

图 6-37　局部放大图（二）

3）局部放大图的绘图比例应根据结构需要选定，与原图的绘图比例无关。同一机件上有几个部位需要同时放大时，各局部放大图的比例不要求统一，如图 6-37 所示。

4）同一机件上不同部位的局部放大图，当图形相同或对称时，只需画出一个，如图 6-38 所示；必要时可采用几个图形表达同一被放大部分的结构，如图 6-39 所示。

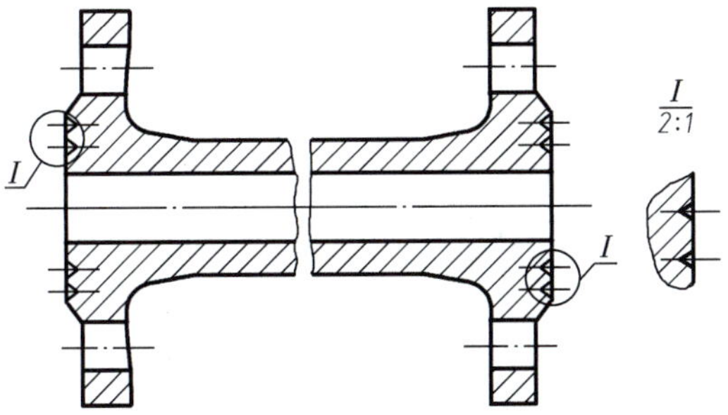

图 6-38　局部放大图（三）

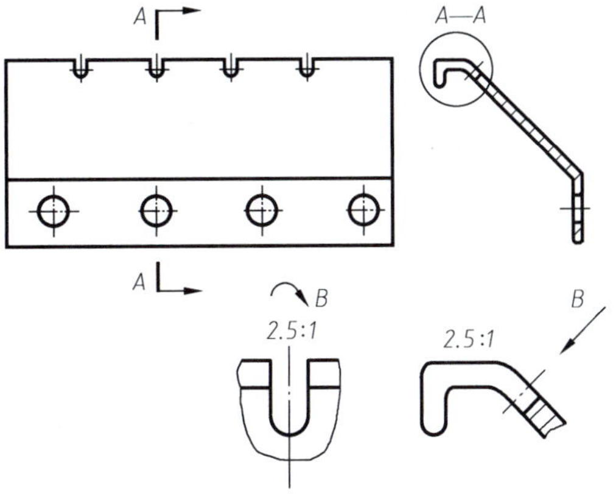

图 6-39　局部放大图（四）

【任务实施】

轴的局部放大图的作图步骤见表 6-9。

表 6-9　轴的局部放大图的作图步骤

步骤	1. 确定轴上需要局部放大的位置
图例	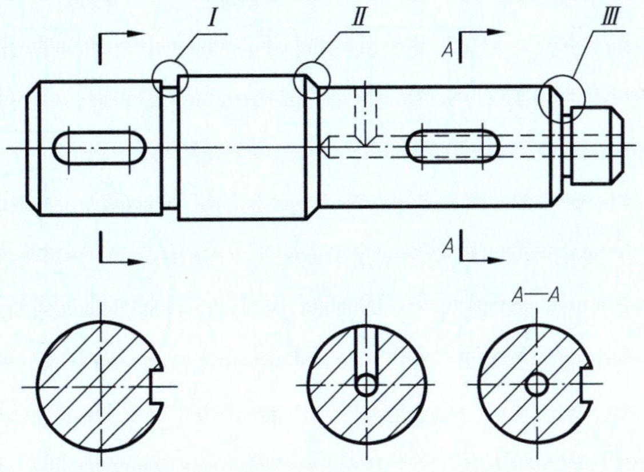
步骤	2. 确定放大比例，绘制局部放大图并标注
图例	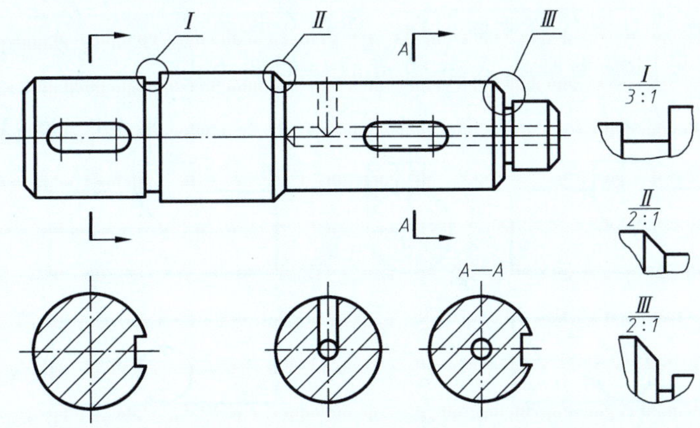

【知识拓展】

一、肋板剖切的画法

对于机件上的肋、轮辐和薄壁等结构，当剖切面沿纵向（通过轮辐、肋等的轴线或对称平面）剖切时，规定在这些结构的剖切面上不画剖面符号，但必须用粗实线将它与邻接部分分开，如图 6-40 中的左视图。但当剖切平面沿横向（垂直于结构轴线或对称面）剖切时，须画出剖面符号，如图 6-40 中的俯视图。

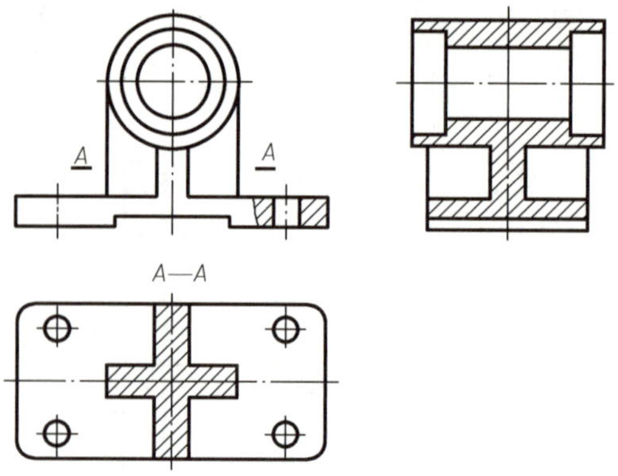

图 6-40　肋板剖切的画法

二、均布肋、轮辐、孔剖切的画法

当回转体机件上均匀分布的肋、轮辐、孔等结构不处于剖切平面上时，可将这些结构假想旋转到剖切平面上画出，如图 6-41 所示。

三、均布孔的简化画法

国家标准规定，按一定规律分布的相同结构，可只画一个，其余的只表示其中心位置。

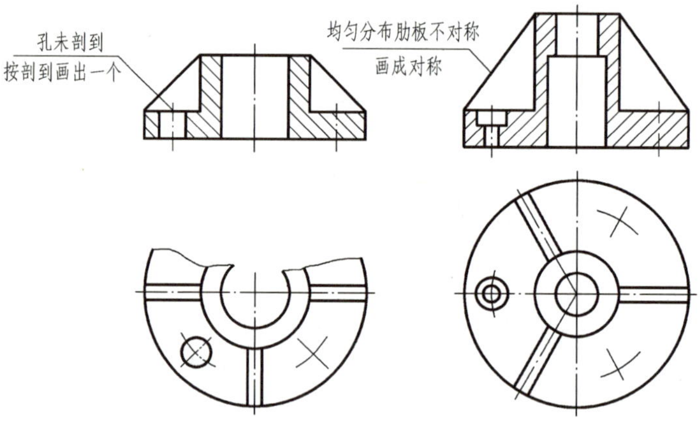

a)　　b)

图 6-41　均布肋、孔剖切的画法

四、机件上某些交线和投影的简化画法

1）在不致引起误解时，图形中的过渡线、相贯线可以简化。例如，用圆弧或直线代替非圆曲线，如图 6-42 和图 6-43 所示。也可以采用模糊画法表示相贯线，如图 6-44 所示。

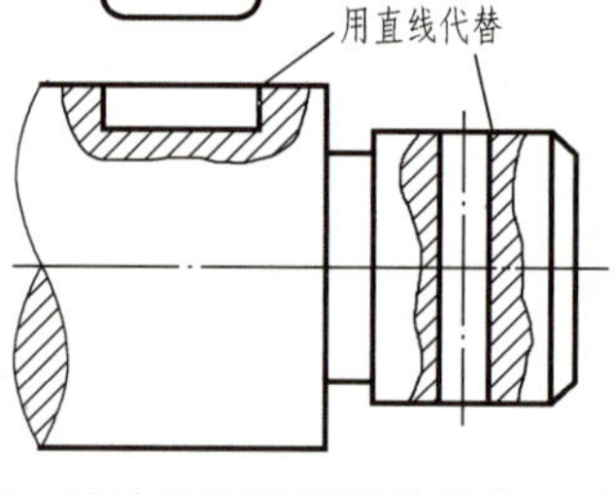

图 6-42　过渡线和相贯线的简化画法（一）

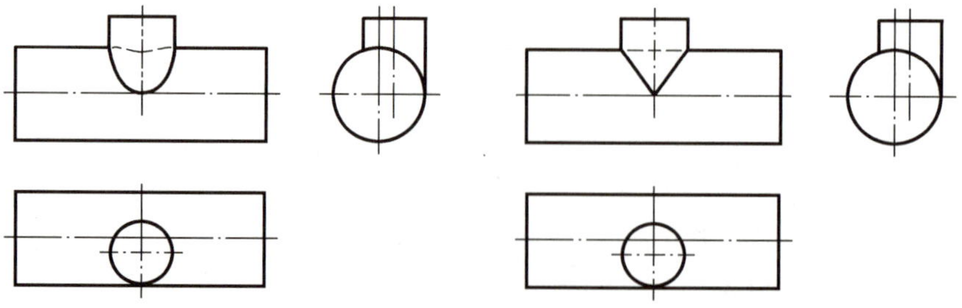

a) 简化前　　b) 简化后

图 6-43　过渡线和相贯线的简化画法（二）

2）与投影面倾斜角度小于或等于30°的圆或圆弧，其投影可以用圆或圆弧代替真实投影的椭圆，如图6-45a所示；斜度不大的结构，在一个图中已表达清楚，其他图形按实体小端画出，如图6-45b所示。

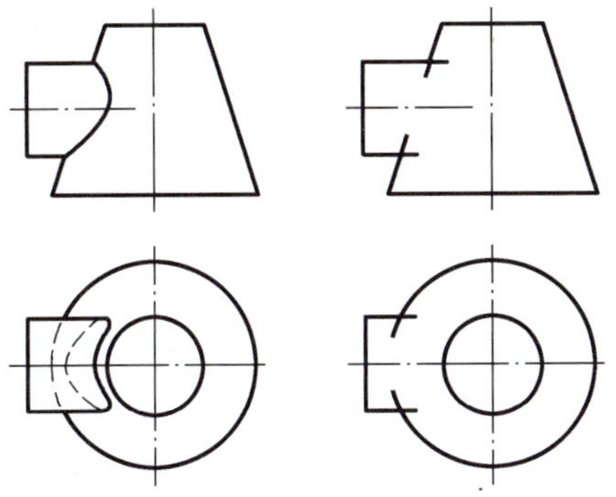

a) 简化前　　b) 简化后

图6-44　过渡线和相贯线的简化画法（三）

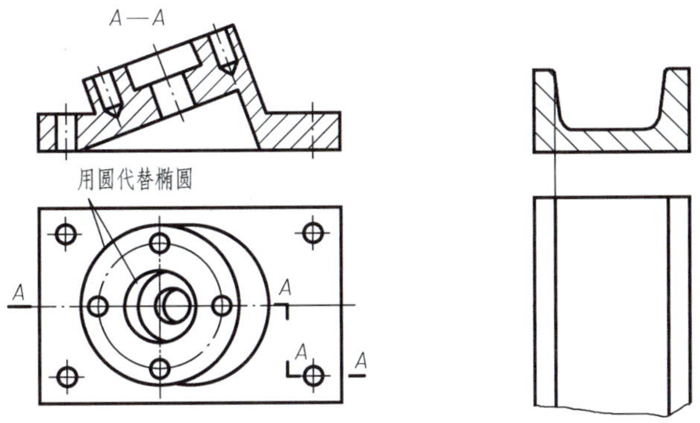

a)　　b)

图6-45　倾斜投影的简化画法

3）当回转体零件上的平面在视图中不能充分表达时，可采用平面符号（两条相交的细实线）表示这些平面，如图6-46所示。

4）在不致引起误解时，对于对称机件的视图可只画1/2或1/4，并在对称中心线的两端画出两条与其垂直的平行细实线，如图6-47所示。

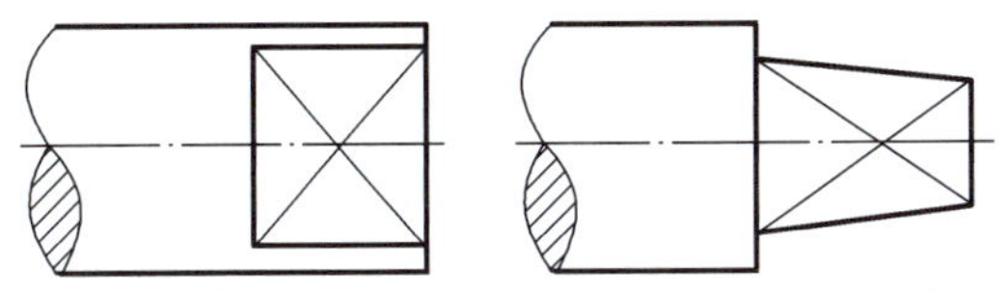

a)　　b)

图6-46　回转体上平面的简化画法

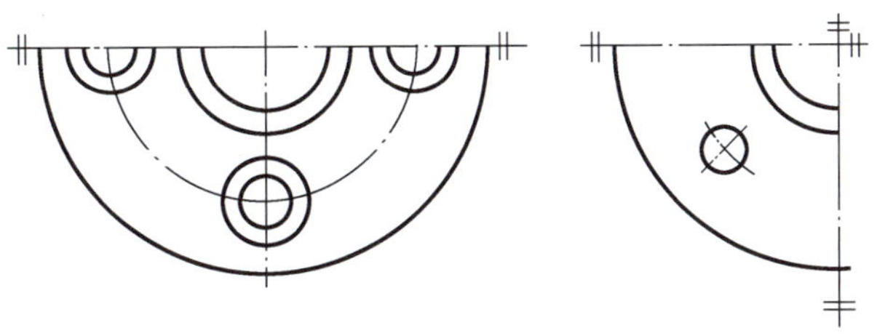

a)　　b)

图6-47　对称机件视图的简化画法

五、相同结构的简化画法

1）若干直径相同且按规律分布的孔（圆孔、螺孔、沉孔等）、管道等，可以仅画出一个或几个，其余只需表明其中心位置，但在零件图中应注明其总数，如图6-48所示。

2）当机件具有若干相同结构（齿、槽等），并按一定规律分布时，只需画出几个完整的结构，其余用细实线连接，但必须在图中注明该结构的总数，如图6-49所示。

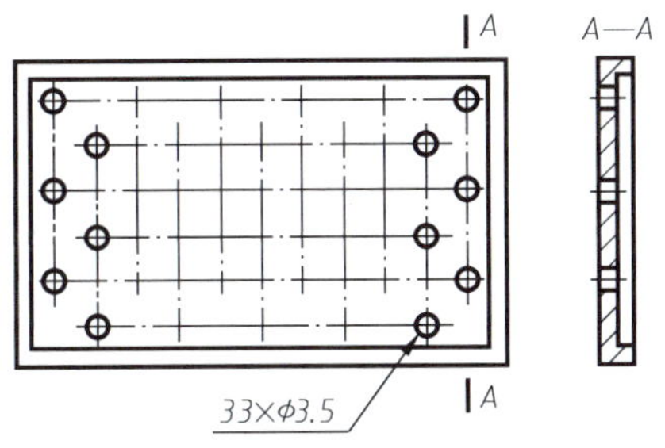

图6-48　相同结构的简化画法（一）

3）圆柱形法兰和类似结构上按圆周均匀分布的孔，可按图6-50所示的方式表达。

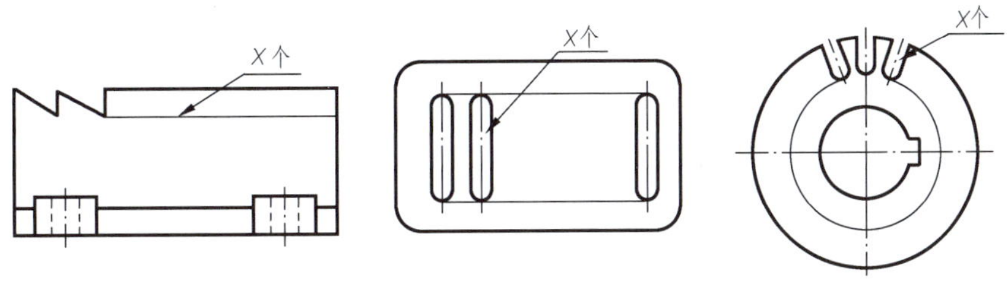

a)　　b)　　c)

图6-49　相同结构的简化画法（二）

4）网状物、编织物或机件上的滚花部分，可在轮廓线之内示意地画出一部分粗实线，并加旁注或在技术要求中注明这些结构的具体要求，如图 6-51 所示。

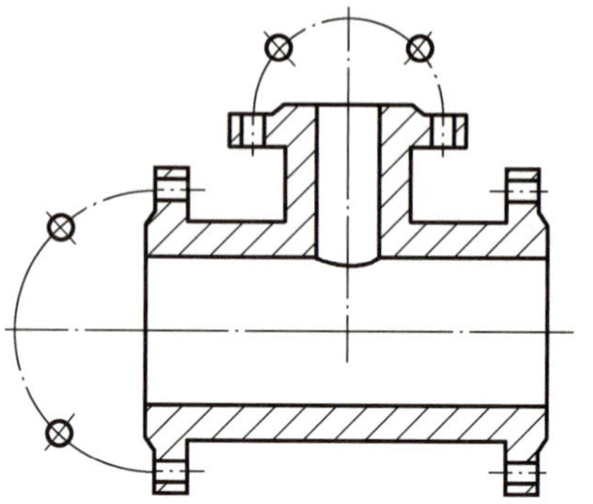

图 6-50 圆柱形法兰均布孔的简化画法

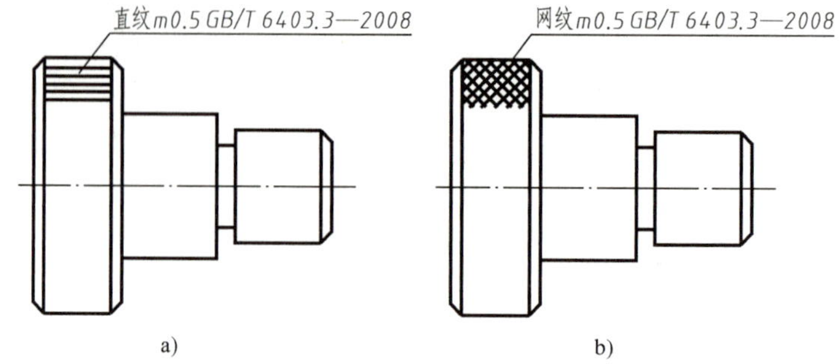

图 6-51 滚花的局部简化画法

5）较长的机件（轴、型材、连杆等）沿其长度方向的形状一致或按一定规律变化时，可断开后缩短绘制，如图 6-52 所示。断裂处的边界线可采用波浪线、中断线、双折线绘制，但必须按原来的实际长度标注尺寸。

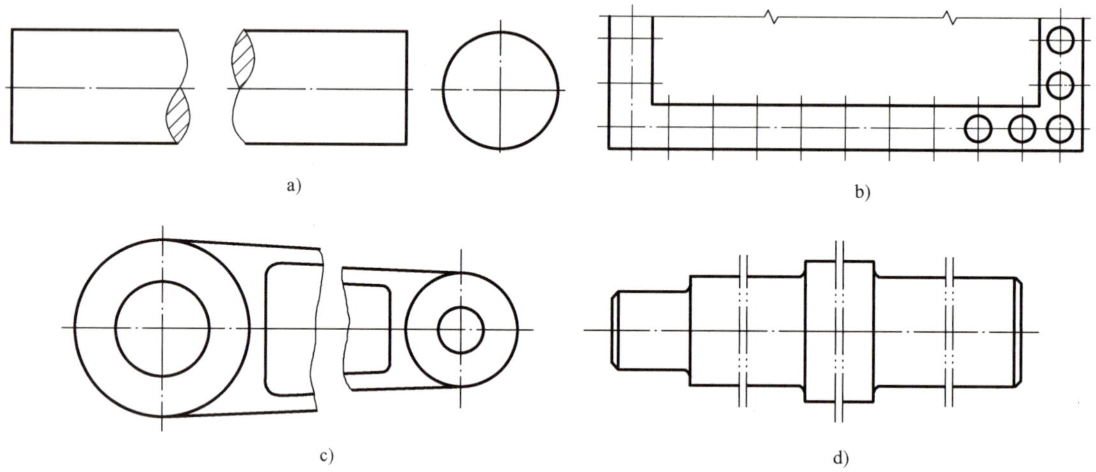

图 6-52 较长机件的简化画法

六、机件上较小结构的简化画法

1）机件上的较小结构，若已在一个图形中表示清楚，在其他图形中可简化或省略，如图 6-53 所示。

2）在不致引起误解时，机件上的小圆角、小倒圆或 45°小倒角，在图上允许省略不画，但必须注明其尺寸或在技术要求中加以说明，如图 6-54 所示。

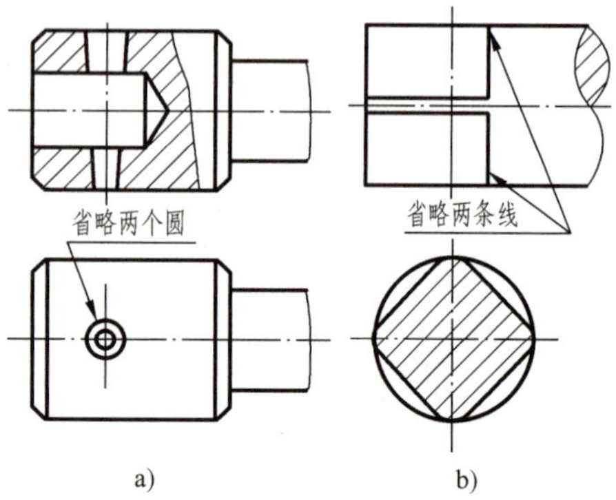

图 6-53 较小结构的简化画法

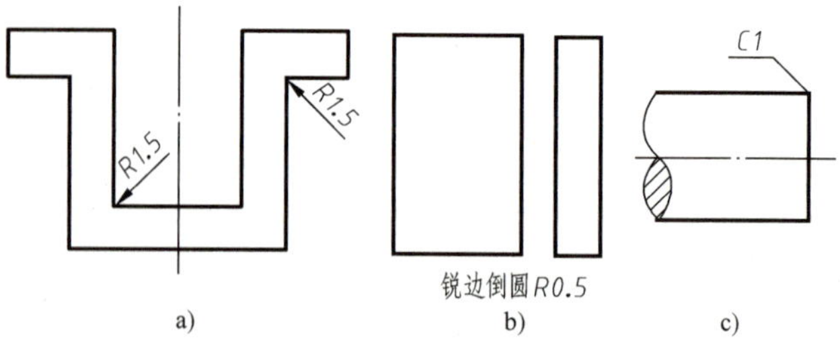

图 6-54 圆角、倒角的简化画法

模块七　标准件与常用件

学习目标

素质目标：

1）培养学生的标准意识养成及查阅资料的能力。

2）养成严格遵守各种标准规定的习惯，培养良好的道德品质。

知识目标：

1）掌握螺纹的规定画法和标注方法。

2）掌握螺纹紧固件的简化画法、标记和连接画法。

3）掌握直齿圆柱齿轮及其啮合的规定画法，了解锥齿轮及蜗轮、蜗杆的规定画法。

4）了解键、销、滚动轴承及弹簧的规定画法。

能力目标：

1）能够按照国家标准规定的画法和标记方法绘制常用件并标记。

2）能够根据标准件的标记查阅其相关标准。

项目一　绘制螺纹紧固件连接的视图

任务　绘制螺栓连接图

【任务描述】

螺纹连接在机械行业中应用非常广泛，螺纹紧固件是用一对配合的内、外螺纹来连接和紧固被连接的零件，常用的螺纹紧固件有螺栓、螺钉、螺柱、螺母和垫圈等。

螺栓连接是工程上经常使用的一种连接方式，试根据图 7-1 所示螺栓连接的结构示意图绘制螺栓连接图。

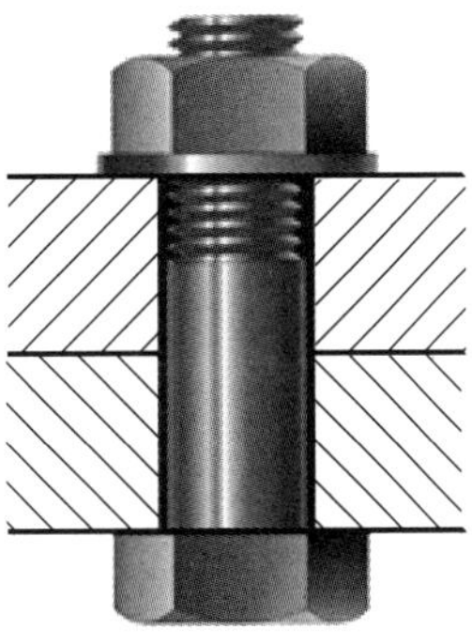

图 7-1　螺栓连接的结构示意图

螺栓连接
示意图

【任务分析】

螺栓连接是用螺栓、螺母和垫圈将两个都不太厚且能钻成通孔的零件连接在一起。装配时，将螺栓穿过两个被连接件的通孔，套上垫圈，再用螺母拧紧。其连接特点是两个被连接件上的通孔，其直径略大于螺纹外径，装配后通孔与螺杆之间有间隙，在画图时要充分注意并合理表达。

【知识链接】

一、螺纹的形成

螺纹是在圆柱或圆锥表面上，沿螺旋线所形成的具有规定牙型的连续凸起和沟槽。在圆柱或圆锥外表面上形成的螺纹称为外螺纹，如图 7-2a 所示；在圆柱或圆锥内表面上形成的螺纹称为内螺纹，如图 7-2b 所示。

螺纹的加工方法很多。图 7-2a、b 为在车床上加工内、外螺纹的示意图。在车削螺纹时，零件在车床上绕轴线等速旋转，刀具沿轴线方向做等速直线运动即形成螺旋线运动。只要刀具切入零件一定深度，就车削成螺纹。加工直径较小的螺孔时，可先用钻头钻出光孔，再用丝锥攻螺纹，如图 7-2c 所示。

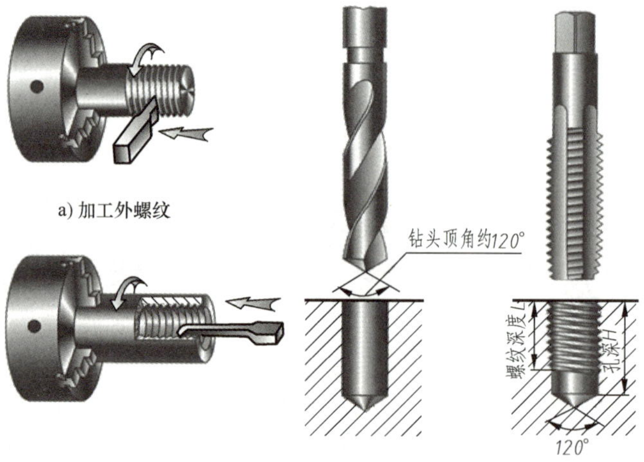

图 7-2 螺纹的加工

二、螺纹的结构要素

1. 牙型

通过螺纹轴线断面的螺纹的轮廓形状称为螺纹牙型。它由牙顶、牙底和两牙侧构成，并形成一定的牙型角。常见的螺纹牙型有三角形、梯形、锯齿形和矩形等。其中，矩形螺纹尚未标准化，其余牙型的螺纹均为标准螺纹，如图 7-3 所示。

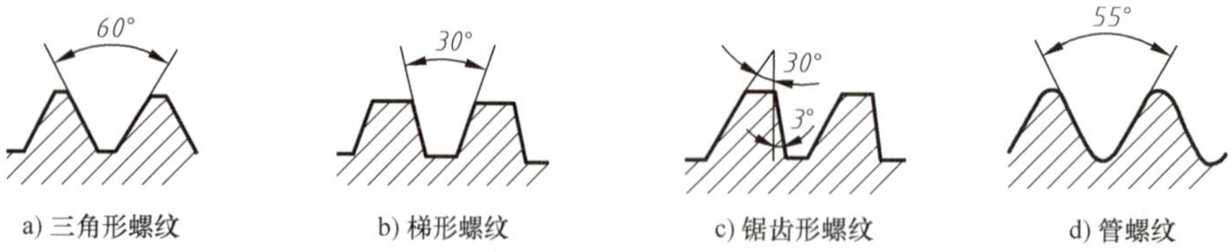

图 7-3 螺纹的牙型

2. 直径

直径有大径（d、D）、中径（d_2、D_2）和小径（d_1、D_1）之分，如图 7-4 所示。小写字母表示外螺纹直径，大写字母表示内螺纹直径。

1）大径是指与外螺纹牙顶或内螺纹牙底相重合的假想圆柱或圆锥的直径，即螺纹的最大直径。

2）小径是指与外螺纹牙底或内螺纹牙顶相重合的假想圆柱或圆锥的直径。

3）中径是指假想圆柱或圆锥的直径，该圆柱或圆锥的母线通过牙型上沟槽和牙厚宽度相等的地方。中径是控制螺纹精度的主要参数之一。

4）公称直径是代表螺纹尺寸的直径，除管螺纹外，公称直径是指螺纹的大径。

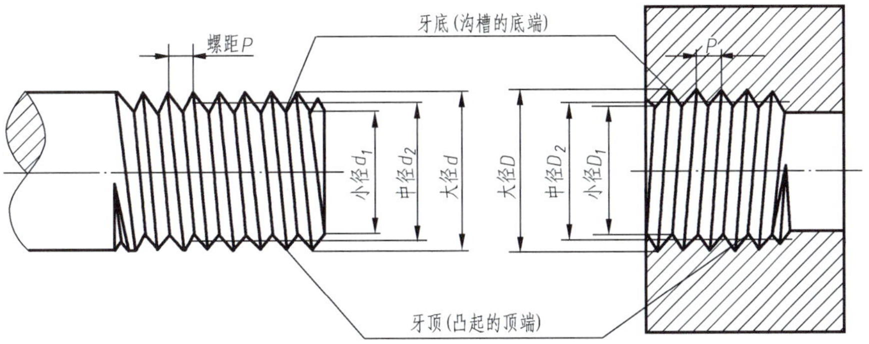

图 7-4　螺纹各部分名称

3. 线数

螺纹有单线螺纹和多线螺纹，沿一条螺旋线形成的螺纹为单线螺纹，沿两条或两条以上沿轴向等距分布的螺旋线形成的螺纹为双线或多线螺纹。最常用的是单线螺纹，如图 7-5 所示。

4. 螺距和导程

螺纹上相邻两牙在中径线上对应两点间的轴向距离称为螺距，用 P 表示；同一螺旋线上相邻两牙在中径线上对应两点间的轴向距离称为导程，用 P_h 表示。单线螺纹的导程等于螺距，即 $P_h=P$，如图 7-5a 所示；多线螺纹的导程等于线数乘以螺距，即 $P_h=nP$，如图 7-5b 所示的双线螺纹，$P_h=2P$。

5. 旋向

螺纹分左旋和右旋两种。当内外螺纹旋合时，顺时针方向旋入者为右旋，逆时针方向旋入者为左旋，工程上常用的是右旋螺纹。螺纹旋向的判别方法如图 7-6 所示，将外螺纹轴线垂直放置，螺纹的可见部分是左高右低者为左旋螺纹，右高左低者为右旋螺纹。

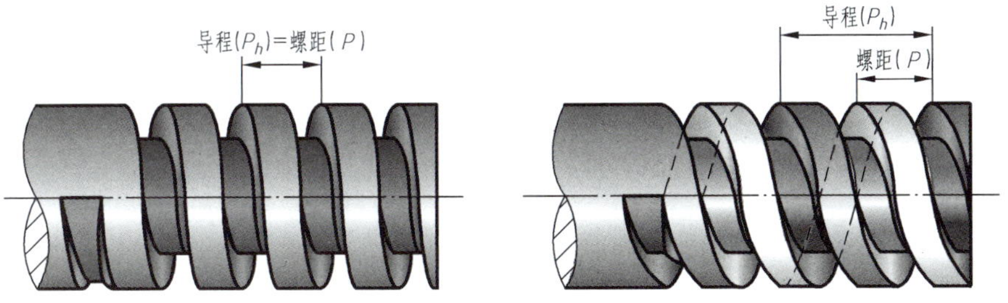

a) 单线螺纹　　b) 双线螺纹

图 7-5　螺纹线数、螺距和导程

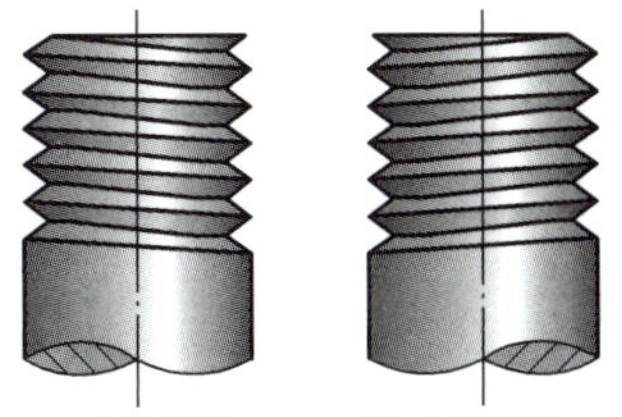

a) 左旋螺纹　　b) 右旋螺纹

图 7-6　螺纹旋向的判别方法

三、螺纹的画法规定

根据国家标准规定，在图样上绘制螺纹按规定画法作图，而不必画出螺纹的真实投影。国家标准 GB/T 4459.1—1995《机械制图　螺纹及螺纹紧固件表示法》规定了螺纹的画法。

1. 外螺纹的规定画法

1）平行于螺纹轴线的视图，螺纹的大径（牙顶圆直径）用粗实线绘制，小径（牙底圆直径）用细实线绘制，并应画入倒角区。通常小径按大径的 85%绘制，但当大径较大或画细牙螺纹时，小径数值应查国家标准；螺纹终止线用粗实线绘制，如图 7-7a 所示。

2）垂直于螺纹轴线的视图，螺纹的大径用粗实线画整圆，小径用细实线画约 3/4 圆，轴端的倒角圆省略不画，如图 7-7a 所示。

3）当要表示螺纹收尾时，螺尾处用与轴线成30°角的细实线绘制，如图7-7b所示。

4）在水管、油管、煤气管等管道中，常使用管螺纹连接，管螺纹的画法如图7-7c所示。

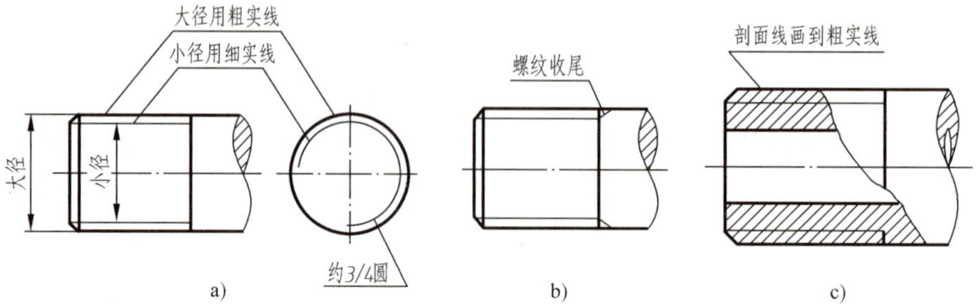

a) b) c)

图7-7 外螺纹的规定画法

2. 内螺纹的规定画法

1）平行于螺纹轴线的视图，一般画成全剖视图，螺纹的大径（牙底圆直径）用细实线绘制，小径（牙顶圆直径）用粗实线绘制，且不画入倒角区，小径尺寸计算同外螺纹。在绘制不通孔时，应画出螺纹终止线和钻孔深度线。钻孔深度=螺孔深度+0.5×螺纹大径；钻孔直径=螺纹小径；钻孔顶角=120°；剖面线画到粗实线处，如图7-8a所示。

2）垂直于螺纹轴线的视图，螺纹的小径用粗实线画整圆，大径用细实线画约3/4圆，倒角圆省略不画，如图7-8a所示。

3）当螺纹不可见时，除螺纹轴线外，所有的图线均用细虚线绘制，如图7-8b所示。

4）当内螺纹为通孔时，其画法如图7-8c所示。

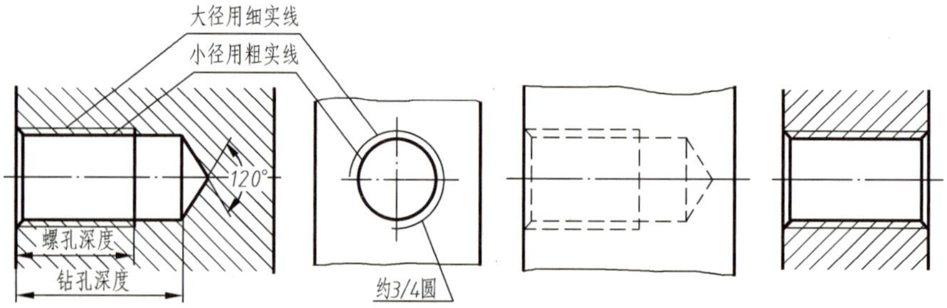

a) b) c)

讨论： 为什么在绘制不通孔时钻孔顶角画120°？

图7-8 内螺纹的规定画法

3. 内外螺纹连接的规定画法

1）内外螺纹连接时，常采用全剖视图画出，其旋合部分按外螺纹绘制，其余部分按各自的规定画法绘制。

2）国家标准规定，当沿外螺纹的轴线剖开时，螺杆作为实心零件按不剖绘制。

3）表示螺纹大、小径的粗、细实线应分别对齐。

4）当垂直于螺纹轴线剖开时，螺杆处应画剖面线，如图7-9所示。

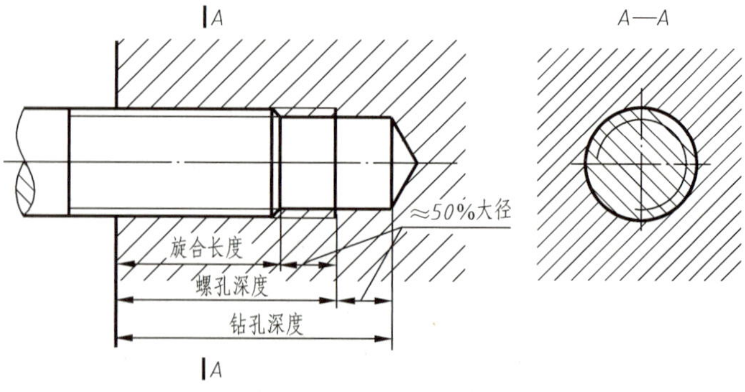

图7-9 螺纹连接的规定画法

4. 螺纹牙型的规定画法

当需要表示螺纹牙型时，可采用剖视或局部放大图画出几个牙型，如

图 7-10 所示。

四、螺纹的种类和标注

1. 螺纹的种类

常用的螺纹按用途可分为连接螺纹（如普通螺纹和管螺纹）和传动螺纹（如梯形螺纹和锯齿形螺纹）两类，前者起连接作用，后者用来传递动力和运动。由于螺纹的规定画法不能表示螺纹种类和螺纹要素，因此，绘制螺纹图样时，必须按照国家标准规定的格式和相应代号进行标注。

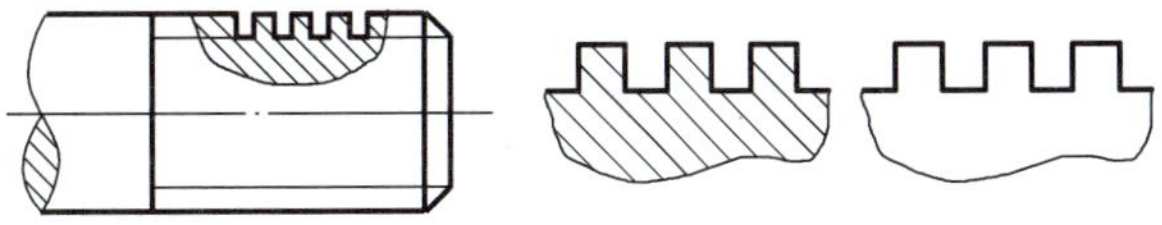

a) 局部剖视表示法　　b) 局部放大表示法

图 7-10　螺纹牙型的规定画法

2. 螺纹的标记规定

常用标准螺纹的标记规定见表 7-1。

表 7-1　常用标准螺纹的标记规定

螺纹类别				特征代号	标记示例	说明
连接螺纹	普通螺纹	粗牙		M	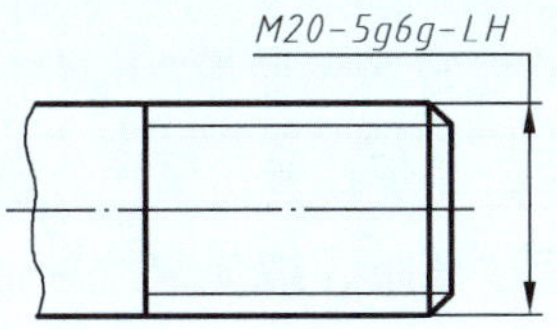	粗牙普通螺纹,公称直径为 20mm,左旋,中径、顶径公差带代号分别为 5g、6g,中等旋合长度
		细牙			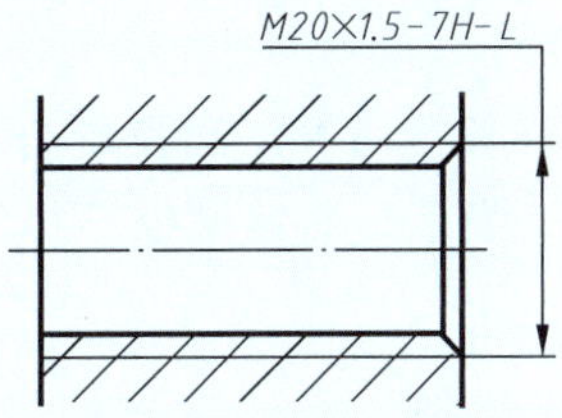	细牙普通螺纹,公称直径为 20mm,螺距为 1.5mm,右旋,中径、顶径公差带代号均为 7H,长旋合长度
	管螺纹	55°非密封管螺纹		G	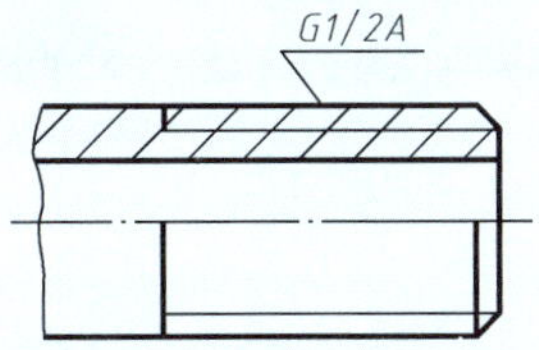	55°非密封管螺纹,尺寸代号为 1/2,公差等级为 A 级,右旋
		55°密封管螺纹	圆锥内螺纹	Rc	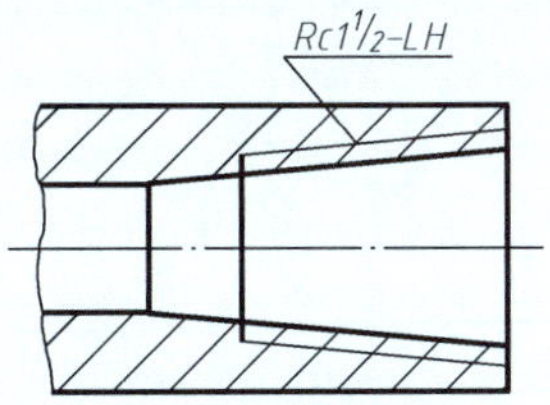	圆锥内螺纹,尺寸代号为 1½,左旋
			圆柱内螺纹	Rp	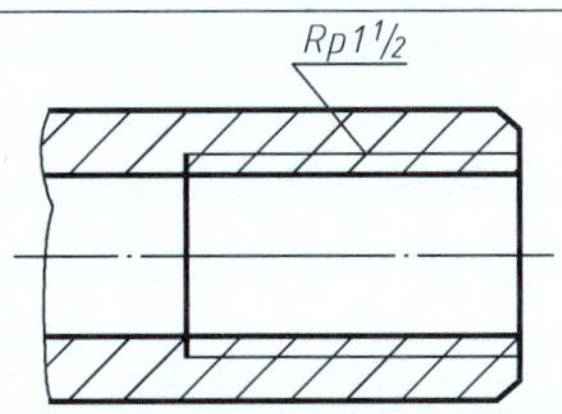	圆柱内螺纹,尺寸代号为 1½,右旋
			圆锥外螺纹	R_1 R_2	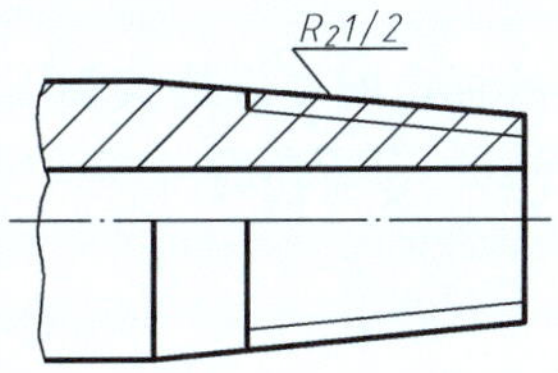	与圆锥内螺纹相配合的圆锥外螺纹,尺寸代号为 1/2,右旋

（续）

螺纹类别		特征代号	标记示例	说明
传动螺纹	梯形螺纹	Tr	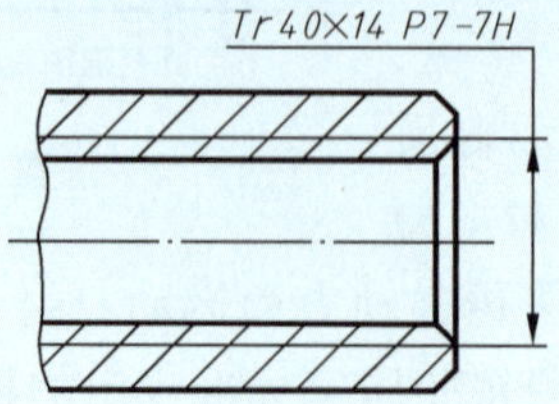	梯形螺纹，公称直径为40mm，双线，导程为14mm，螺距为7mm，右旋，中径公差带代号为7H，中等旋合长度
	锯齿形螺纹	B	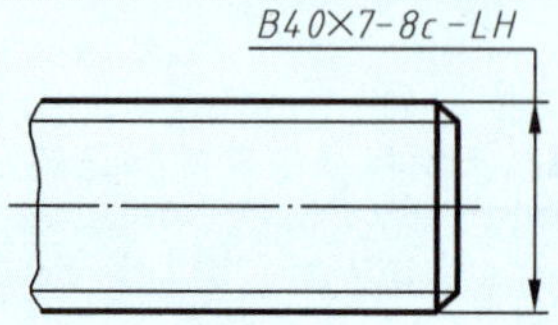	锯齿形螺纹，公称直径为40mm，单线，螺距为7mm，左旋，中径公差带代号为8c，中等旋合长度

（1）普通螺纹的标记　普通螺纹标记的规定格式如下：

螺纹特征代号 公称直径×螺距-中径公差带代号 顶径公差带代号-旋合长度代号-旋向代号

普通螺纹特征代号为M。粗牙螺纹不标注螺距，细牙螺纹标注螺距。

公差带代号由中径公差带代号和顶径公差带代号组成。大写字母代表内螺纹，小写字母代表外螺纹，若两组公差带相同，则只写一组。

旋合长度分为短旋合长度（S）、中旋合长度（N）和长旋合长度（L）三种。一般采用中旋合长度（此时N省略不标）。左旋螺纹以“LH”表示，右旋螺纹不标注旋向。

普通螺纹标记示例：

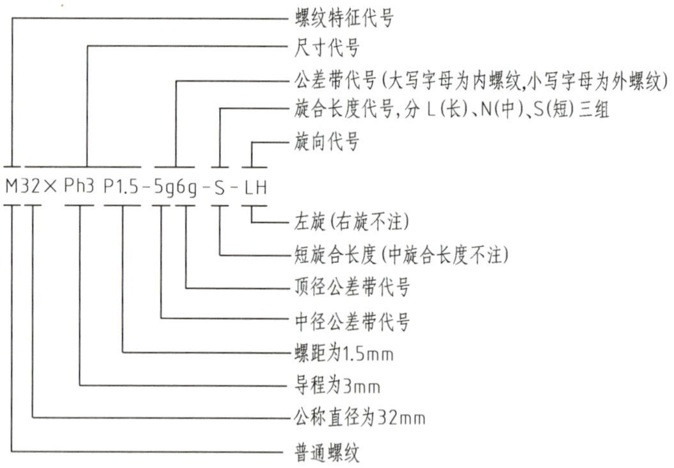

（2）管螺纹的标记

1）55°密封管螺纹。55°密封管螺纹标记的规定格式如下：

螺纹特征代号 尺寸代号 旋向代号

螺纹特征代号：Rc表示圆锥内螺纹，Rp表示圆柱内螺纹，R_1和R_2表示圆锥外螺纹。

尺寸代号用½、¾、1、1½、…表示。

2）55°非密封管螺纹。55°非密封管螺纹标记的规定格式如下：

螺纹特征代号 尺寸代号 公差等级代号-旋向代号

螺纹特征代号用G表示。

尺寸代号用½、¾、1、1½、…表示。

螺纹公差等级代号：对外螺纹分 A、B 两级；内螺纹公差带只有一种，不加标记。

(3) 梯形螺纹和锯齿形螺纹的标记　梯形螺纹和锯齿形螺纹标记的规定格式如下：

单线螺纹：

[螺纹特征代号] [公称直径]×[螺距]-[中径公差带代号]-[旋合长度代号]-[旋向代号]

多线螺纹：

[螺纹特征代号] [公称直径]×[导程（P 螺距）]-[中径公差带代号]-[旋合长度代号]-[旋向代号]

梯形螺纹的特征代号用 Tr 表示。锯齿形螺纹的特征代号用 B 表示。旋合长度分为中等旋合长度（N）和长旋合长度（L）两种，若为中等旋合长度则不标注。

3. 螺纹标记的图样标注

1）对于标准螺纹，应注出相应标准所规定的螺纹标记，普通螺纹、梯形螺纹和锯齿形螺纹，其标记应直接注在大径的尺寸线上或其指引线上，如图 7-11 所示。

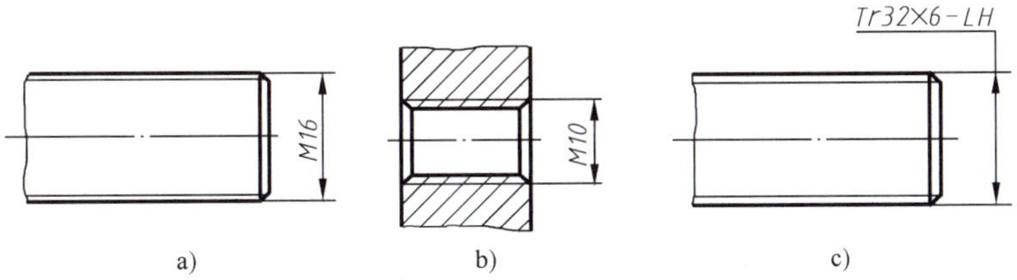

图 7-11　螺纹标记的图样标注（一）

2）管螺纹的标记一律注在指引线上，指引线应由大径引出或由中心对称处引出，如图 7-12 所示。

3）对于非标准螺纹，应画出螺纹的牙型，并注出所需的尺寸及有关要求。

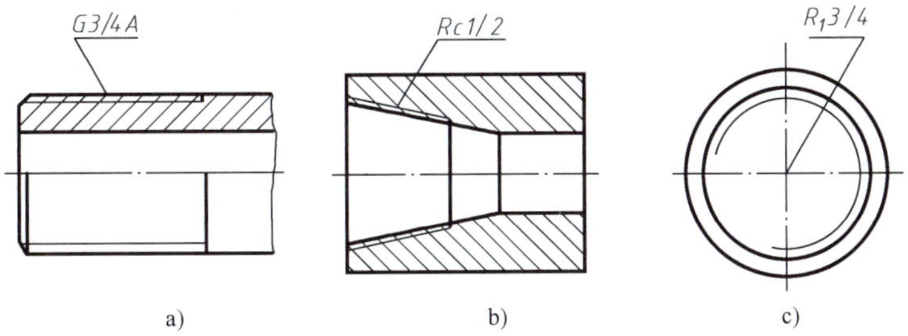

图 7-12　螺纹标记的图样标注（二）

4. 螺纹长度的图样标注

图样中标注的螺纹长度，均指不包括螺尾在内的螺纹长度，如图 7-13 所示。

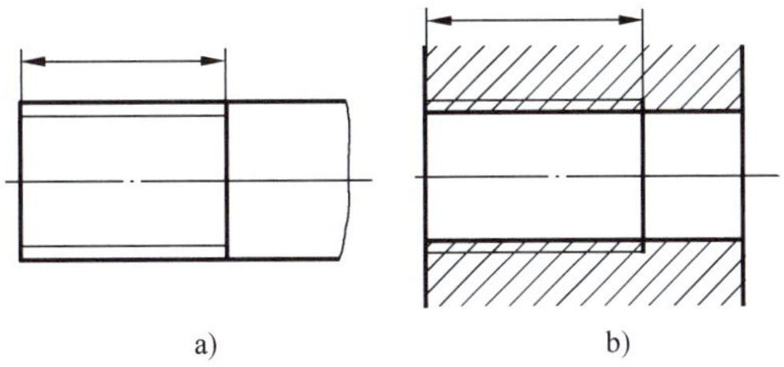

图 7-13　螺纹长度的图样标注

五、螺纹紧固件

常用的螺纹紧固件有螺栓、螺柱、螺钉、螺母、垫圈等，如图 7-14 所示。它们的种类很多，在结构形状和尺寸方面都已标准化，并由专门工厂进行批量生产，根据规定标记就可在国家标准中查到有关的形状和尺寸。

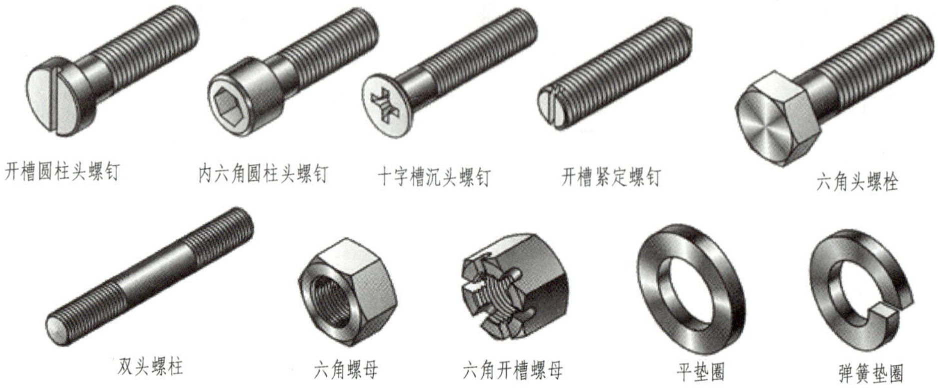

图 7-14　常用螺纹紧固件

六、螺纹紧固件的标记

1. 螺栓

螺栓由头部和杆身组成，常用的为六角头螺栓，如图 7-15 所示。螺栓的规格尺寸是螺纹大径（d）和螺栓公称长度（l），其规定标记为

名称　标准代号　螺纹代号×公称长度

如：螺栓　GB/T 5782　M24×100

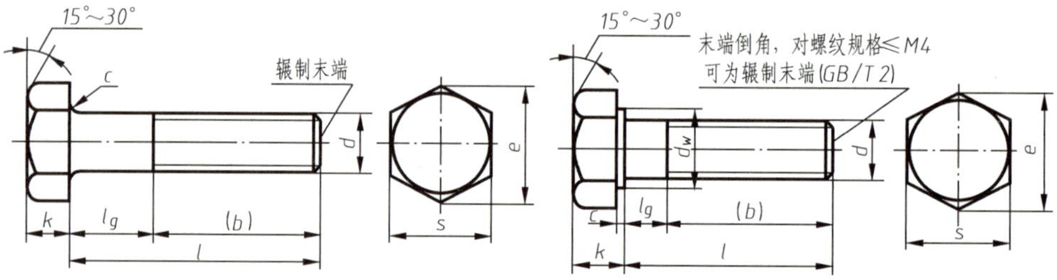

图 7-15　六角头螺栓

2. 螺母

螺母有六角螺母、方螺母和圆螺母等，常用的为六角螺母，如图 7-16 所示。螺母的规格尺寸是螺纹大径（D），其规定标记为

名称　标准代号　螺纹代号

如：螺母　GB/T 6170　M12

3. 垫圈

垫圈一般置于螺母与被连接件之间，常用的有平垫圈和弹簧垫圈（图 7-18）。平垫圈有 A 级和 C 级标准系列。在 A 级标准系列平垫圈中，分带倒角和不带倒角两类结构，如图 7-17 所示。垫圈的规格尺寸为螺栓直径 d，其规定标记为

平垫圈：名称　标准代号　规格尺寸-性能等级

弹簧垫圈：名称　标准代号　规格尺寸

如：垫圈　GB/T 97.2　12-100HV

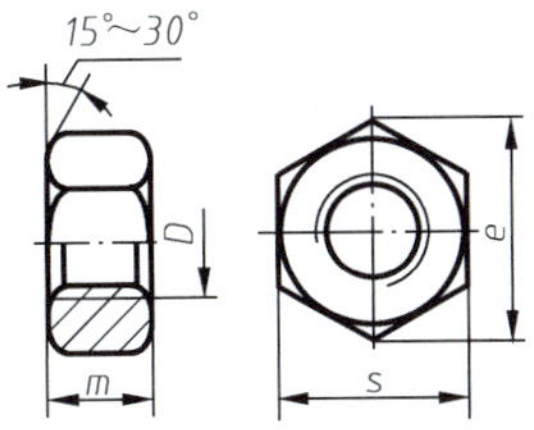

图 7-16　六角螺母

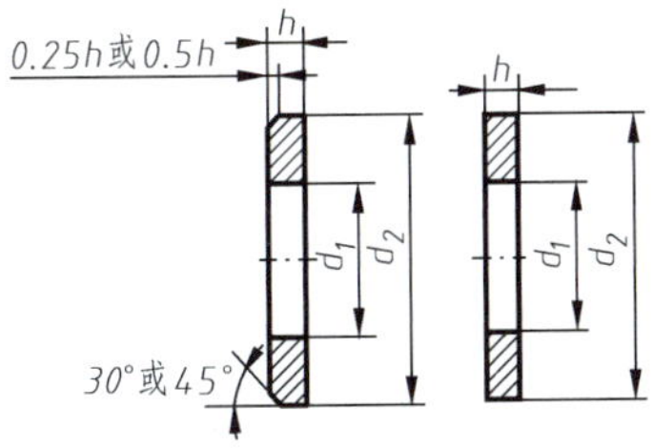

图 7-17　平垫圈

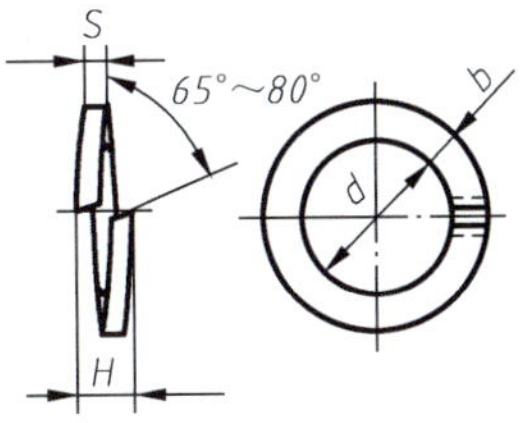

图 7-18　弹簧垫圈

4. 双头螺柱

双头螺柱两端均制有螺纹，旋入螺孔的一端称旋入端（b_m），另一端称紧固端（b）。b_m 的长度与被旋入零件的材料有关：

$b_m=1d$（用于钢或青铜）　GB/T 897—1988；

$b_m=1.25d$（用于铸铁）　GB/T 898—1988；

$b_m=1.5d$（用于铸铁）　GB/T 899—1988；

$b_m=2d$（用于铝合金）　GB/T 900—1988。

双头螺柱的结构型式为 A 型、B 型两种，如图 7-19 所示。A 型是车制的，B 型是辗制的。双头螺柱的规格尺寸是螺纹大径（d）和双头螺柱公称长度（l），其规定标记为

名称　标准代号　类型　螺纹代号×公称长度

如：螺柱　GB/T 897　AM10×50

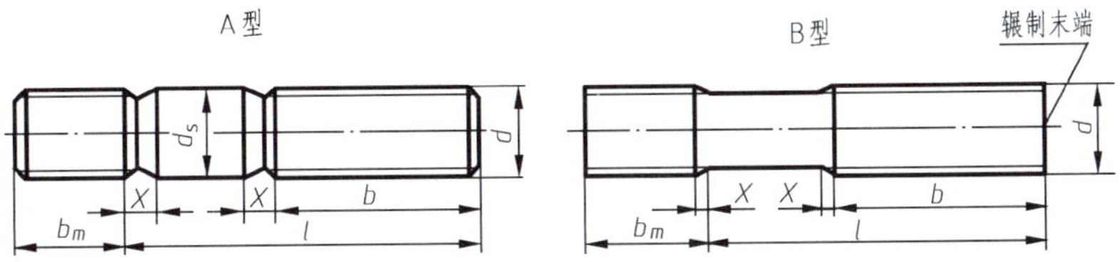

图 7-19　双头螺柱

5. 螺钉

螺钉按其作用可分为连接螺钉和紧定螺钉。常用的连接螺钉有开槽圆柱头螺钉（图 7-20）、盘头螺钉、沉头螺钉及半沉头螺钉等。常用的紧定螺钉按其末端型式不同有锥端紧定螺钉、平端紧定螺钉、长圆柱端紧定螺钉等。螺钉的规格尺寸是螺纹大径（d）和螺钉公称长度（l），其规定标记为

名称　标准代号　螺纹代号×公称长度

如：螺钉　GB/T 67　M5×20

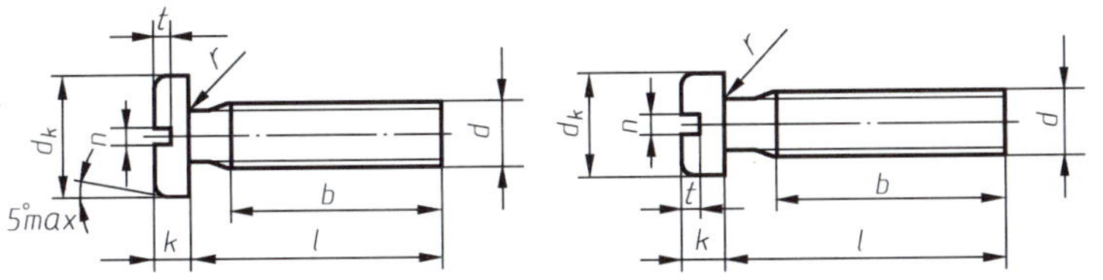

图 7-20　开槽圆柱头螺钉的结构

七、螺纹紧固件的画法

画螺纹紧固件视图，可先从标准中查出各部分尺寸，然后按规定画出。但为提高画图速度，通常以公称直径的一定比例画出。

1. 常用螺纹紧固件的比例画法

根据螺纹公称直径（D、d），按与其近似的比例关系，计算出各部分尺寸后作图。图 7-21 所示为螺纹紧固件的比例画法。

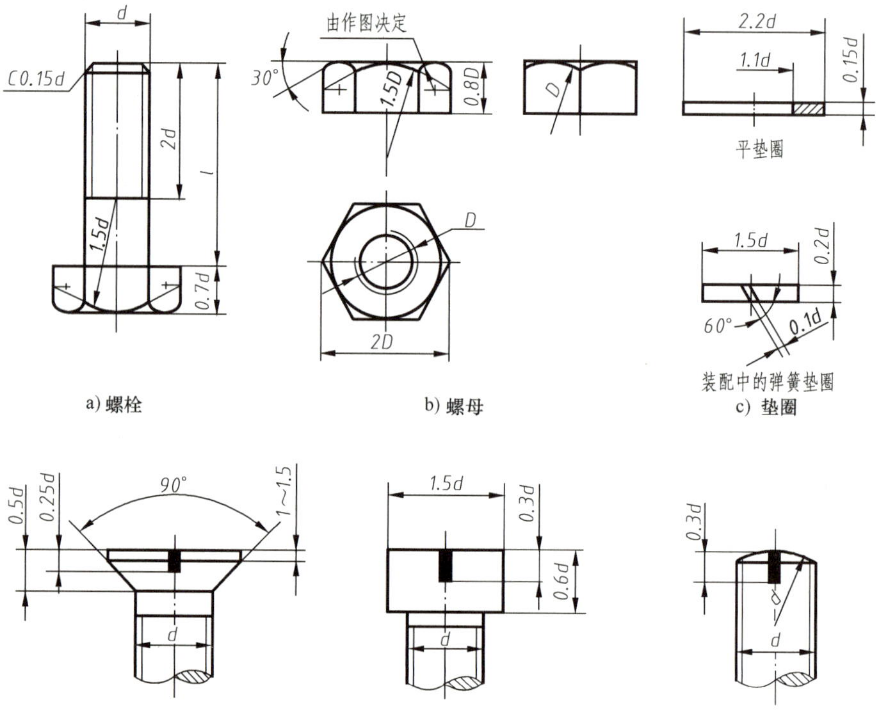

a) 螺栓　b) 螺母　c) 垫圈

d) 开槽沉头螺钉　e) 开槽圆柱头螺钉　f) 紧定螺钉

图 7-21　螺纹紧固件的比例画法

2. 常用螺纹紧固件的简化画法

在装配体中，零件与零件或部件间常用螺纹紧固件进行连接，最常用的连接形式有螺栓连接、螺柱连接和螺钉连接。由于装配图主要是表达零部件之间的装配关系，因此，装配图中的螺纹紧固件不仅可按比例画法绘制，也可按简化画法绘制。在装配图中，常用螺纹紧固件的简化画法见表 7-2。

表 7-2　常用螺纹紧固件的简化画法

形式	简化画法	形式	简化画法
六角头（螺栓）	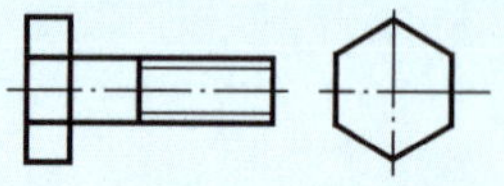	方头（螺栓）	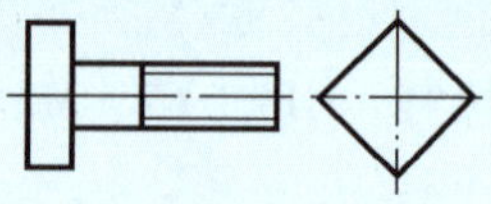
内六角圆柱头（螺钉）	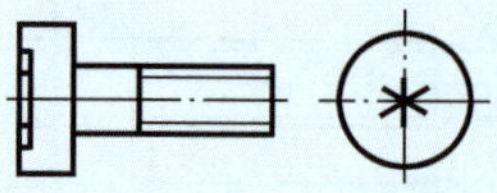	内六角无头（螺钉）	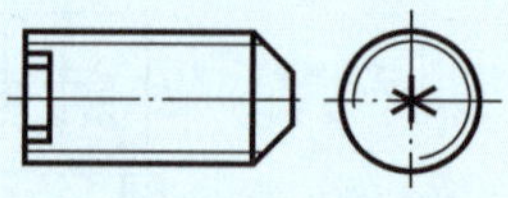
开槽无头（螺钉）	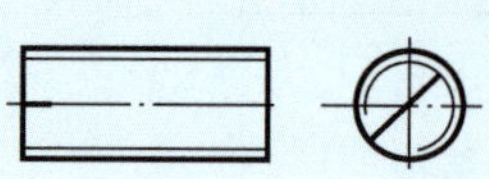	开槽沉头（螺钉）	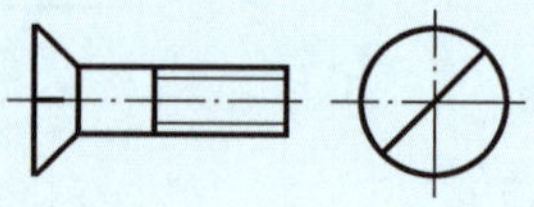

（续）

形式	简化画法	形式	简化画法
开槽半沉头（螺钉）	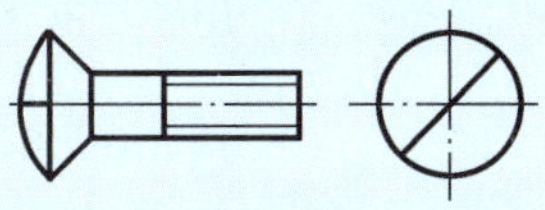	开槽圆柱头（螺钉）	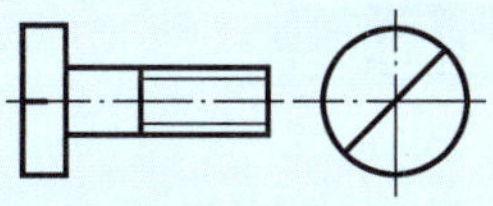
开槽盘头（螺钉）	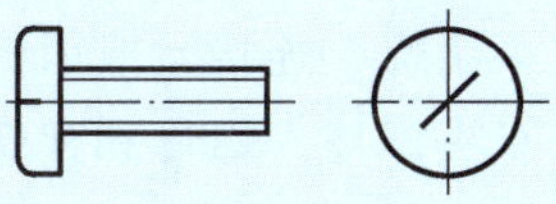	开槽沉头（自攻螺钉）	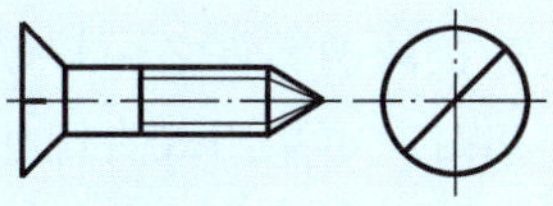
六角（螺母）	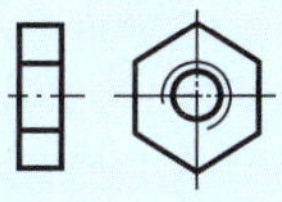	方头（螺母）	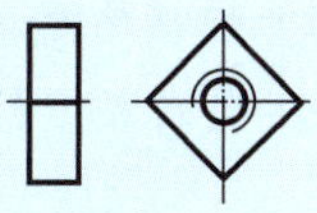
六角开槽（螺母）	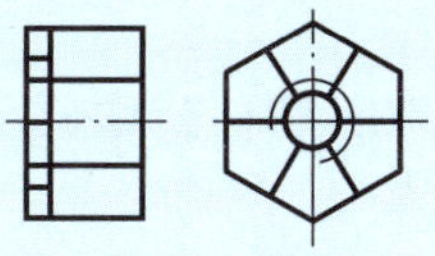	六角法兰面（螺母）	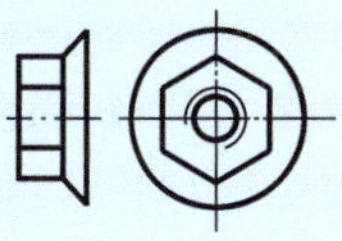
蝶形（螺母）	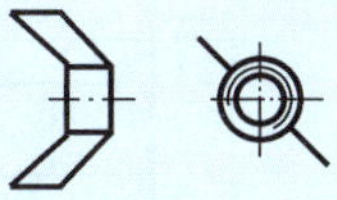	十字槽沉头（螺钉）	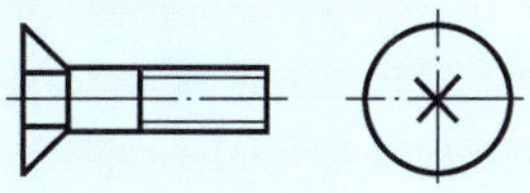
十字槽半沉头（螺钉）	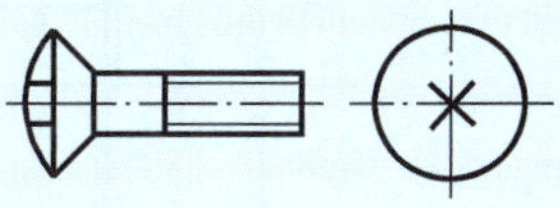		

【任务实施】

为连接不同厚度的零件，螺栓有各种长度规格。螺栓公称长度计算方法为

$$l \geqslant \delta_1+\delta_2+h+m+a$$

式中，δ_1、δ_2 为被连接件的厚度；h 为垫圈厚度；m 为螺母厚度；a 为螺栓伸出螺母的长度。h、m 均以 d 为参数按比例或查表画出，$a \approx (0.2 \sim 0.3)d$。根据 l 从相应的螺栓公称长度系列中选取与它相近的标准值。螺栓连接的规定画法如图 7-22 所示。

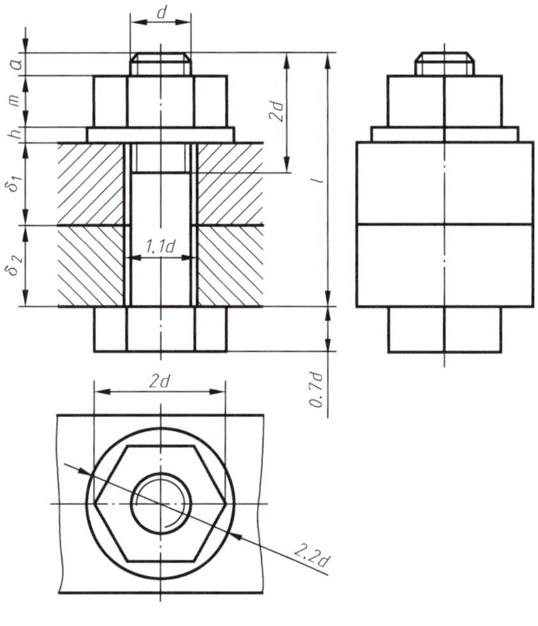

图 7-22　螺栓连接的规定画法

绘制螺栓连接时应注意以下几点：

1）两个零件接触面处只画一条粗实线，不得将轮廓线特意加粗。凡不接触的表面，不论间隙多小，在图中都应画出轮廓线。

2）在剖视图中，相互接触的两个零件其剖面线方向相反。而同一个零件在各剖视图中，剖面线的倾斜方向和间隔应相同。

3）当剖切平面通过螺栓、螺柱、螺钉、螺母及垫圈等紧固件的轴线时，应按未剖切绘制，即只画外形。

4）螺纹紧固件应采用简化画法，六角头螺栓和六角螺母的头部曲线可省略不画。螺纹紧固件上的工艺结构，如倒角、退刀槽、缩颈、凸肩等均可省略不画。

【知识拓展】

一、双头螺柱连接

当被连接的两零件之一较厚，或不允许钻成通孔而不宜采用螺栓连接，或因拆装频繁，又不宜采用螺钉连接时，可采用双头螺柱连接。双头螺柱连接一般由双头螺柱、螺母和弹簧垫圈组成。双头螺柱没有头部，两端均加工有外螺纹。连接时，它的一端旋入带有螺纹孔的零件中，另一端穿过带有通孔的零件，套上弹簧垫圈、旋上螺母，如图 7-23 所示。

双头螺柱的公称长度计算方法为

$$l \geqslant \delta + h + m + a$$

式中，各参数含义与螺栓连接相同。计算出的 l 值应在相应的双头螺柱公称长度系列中选取与其相近的标准值。双头螺柱连接的规定画法如图 7-24 所示。

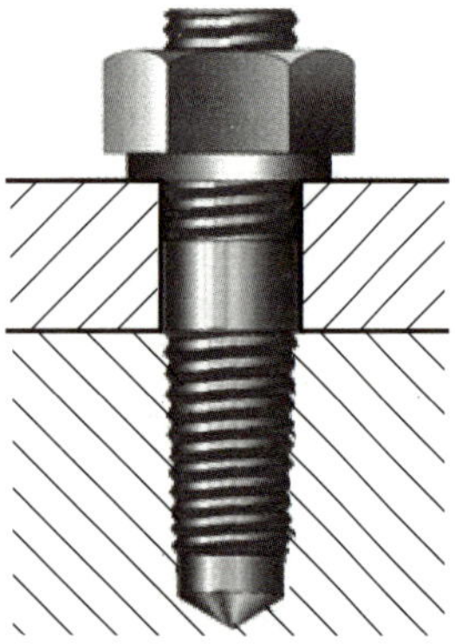

图 7-23　双头螺柱连接

双头螺柱连接

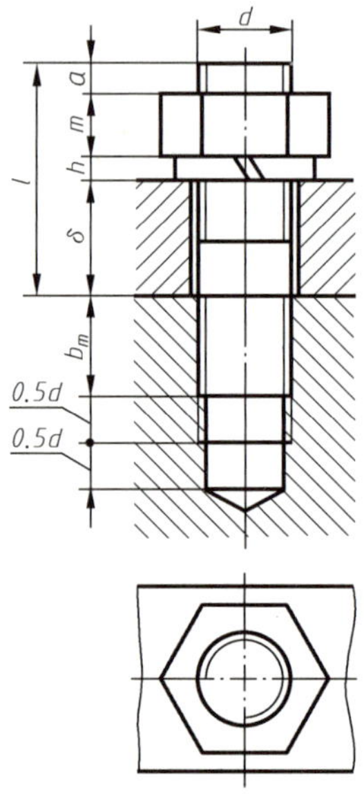

图 7-24　双头螺柱连接的规定画法

绘制双头螺柱连接时应注意以下几点：

1）为保证连接牢固，应使旋入端完全旋入螺孔中，旋入端的螺纹终止线应与接合面平齐。

2）弹簧垫圈用作防松，螺栓外径比垫圈小，弹簧垫圈开槽方向应是阻止螺母松动方向，在图中应画成与水平线成 60°角，且向左上角倾斜的两平行的粗实线或一条加粗线（线宽为粗实线线宽的 2 倍）。

3）旋入端的长度 b_m 与被旋入零件的材料有关，钢或青铜 $b_m = d$，铸铁 $b_m = 1.25d$ 或 $b_m = 1.5d$，铝 $b_m = 2d$。

4）在装配图中，不穿通的螺纹孔可不画出钻孔深度，仅按螺纹孔深度画出。

二、螺钉连接

螺钉按用途可分为连接螺钉和紧定螺钉两种，前者用于连接零件，后者用于固定零件。

1. 连接螺钉

连接螺钉一般用于受力不大而又不需经常拆装的零件连接中。它的两个被连接件中，较厚的零件加工出螺孔，较薄的零件加工出带沉孔（或埋头孔）的通孔，沉孔（或埋头孔）直径稍大于螺钉头直径。连接时，直接将螺钉穿过通孔拧入螺孔中，如图 7-25 所示。

螺钉的公称长度计算方法为

$$l \geqslant \delta + b_m$$

式中，b_m 的取值方式与双头螺柱连接相同。计算出的 l 值应在相应的螺钉公称长度系列中选取与其相近的标准值。螺钉连接的规定画法如图 7-26 所示。

绘制螺钉连接时应注意以下几点：

1）在螺钉连接中螺纹终止线应高于两零件的接触面，表示螺钉有拧紧的余地，保证连接紧固，或者螺杆的全长上都有螺纹。

2）螺钉头部与沉孔间有间隙，画两条轮廓线。

3）在投影为圆的视图上，螺钉头部的一字槽（或十字槽）的投影应画成与中心线倾斜 45°的斜线，线宽为粗实线线宽的 2 倍，槽宽小于 2mm 时，可涂黑表示。

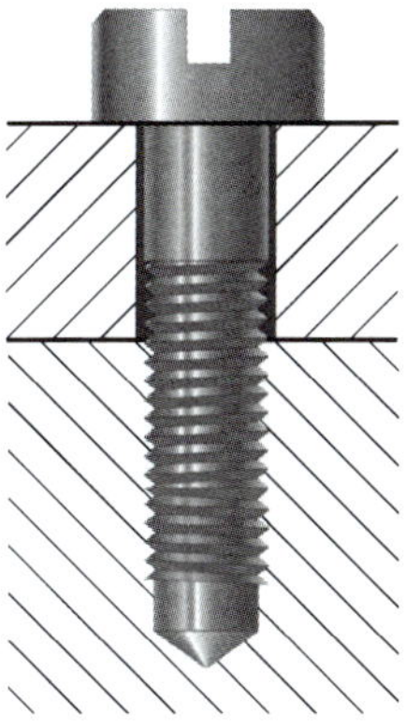

图 7-25　螺钉连接

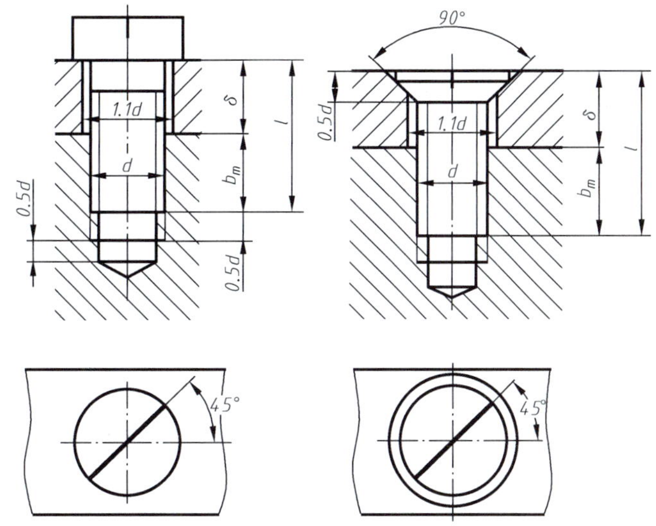

图 7-26　螺钉连接的规定画法

螺钉连接

2. 紧定螺钉

紧定螺钉用来固定两个零件的相对位置，防止两个配合零件之间产生相对运动。如图 7-27 所示，将一个开槽锥端紧定螺钉旋入轮毂（图中齿轮仅画出轮毂部分）的螺孔中，并将其尾端压在轴的锥坑中，从而固定齿轮和轴的相对位置，使它们不能产生相对运动。

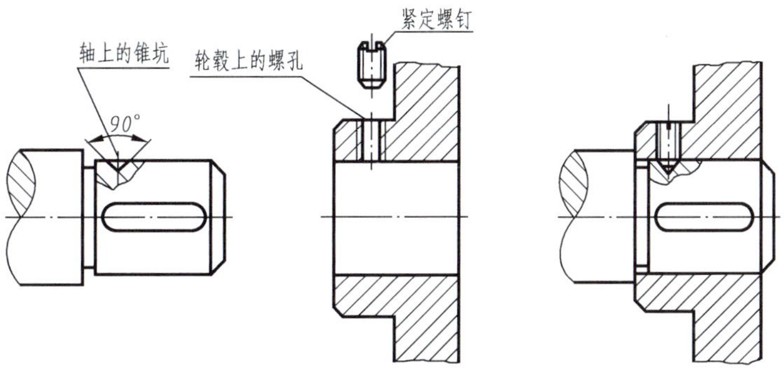

图 7-27　紧定螺钉连接的画法

项目二　绘制齿轮的视图

任务　绘制直齿圆柱齿轮的视图

【任务描述】

齿轮是机械中广泛应用的传动件，必须成对使用，可用来传递动力，改变转速和旋转方向。齿轮的种类繁多，常用的有圆柱齿轮、锥齿轮、蜗杆副，如图 7-28 所示。

根据图 7-28a 所示直齿圆柱齿轮传动的示意图，绘制单个直齿圆柱齿轮及齿轮啮合的视图。

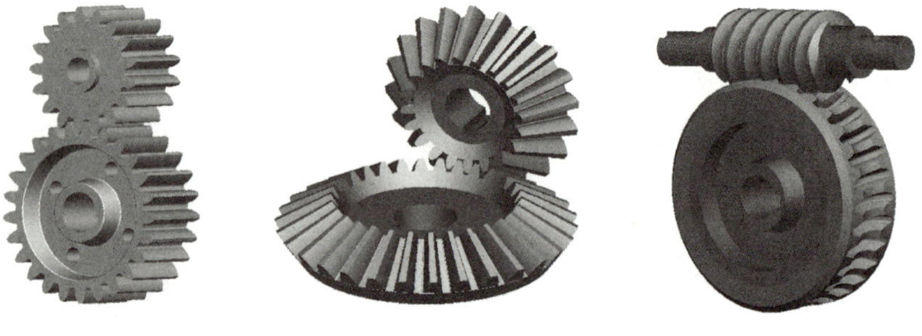

齿轮传动

a) 直齿圆柱齿轮　　b) 锥齿轮　　c) 蜗杆副

图 7-28　齿轮传动

【任务分析】

齿轮一般由轮体和轮齿两部分组成，齿轮的轮齿部分应按国家标准的规定绘制，其余部分结构按真实投影绘制。

【知识链接】

一、直齿圆柱齿轮各部位的名称及有关参数

直齿圆柱齿轮各部位的名称及代号如图 7-29 所示。

（1）齿顶圆（d_a）　通过圆柱齿轮齿顶部的圆。

（2）齿根圆（d_f）　通过圆柱齿轮齿根部的圆。

（3）分度圆（d）　齿轮设计和加工时，计算尺寸的基准圆称为分度圆，它位于齿顶圆和齿根圆之间，是一个约定的假想圆。

（4）节圆（d'）　两齿轮啮合时，位于连心线 O_1O_2 上两齿廓的接触点 C，称为节点。分别以 O_1、O_2 为圆心，O_1C、O_2C 为半径作两个相切的圆，为节圆。标准齿轮中，分度圆和节圆是一个圆，即 $d=d'$。

（5）齿高（h）　齿顶圆与齿根圆之间的径向距离。

（6）齿顶高（h_a）　齿顶圆与分度圆之间的径向距离。

（7）齿根高（h_f）　齿根圆与分度圆之间的径向距离。

（8）齿距（p）　相邻两齿的同侧齿廓之间的分度圆

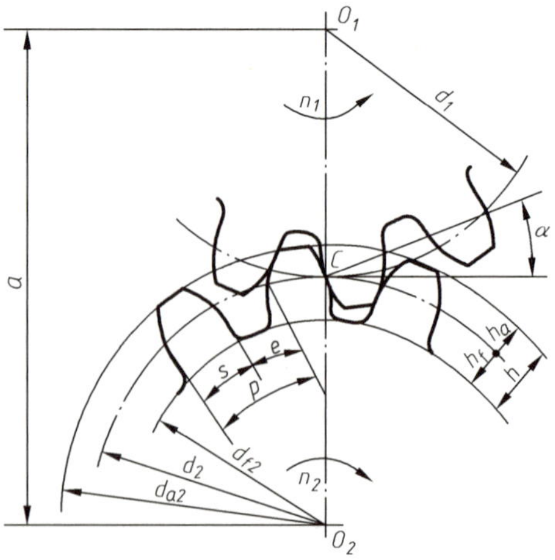

图 7-29　直齿圆柱齿轮各部位的名称及代号

弧长。

(9) 齿厚 (s)　一个轮齿的两侧齿廓之间的分度圆弧长。

(10) 槽宽 (e)　一个齿槽的两侧齿廓之间的分度圆弧长。$p=s+e$，对于标准齿轮，$s=e$。

(11) 齿宽 (b)　齿轮轮齿的轴向宽度。

(12) 齿数 (z)　一个齿轮的轮齿的总数。

(13) 压力角 (α)　两相互啮合的轮齿齿廓在接触点处的受力方向（齿廓曲线的公法线）与运动方向（两节圆的公切线）间的夹角称为压力角，又称啮合角或齿形角。我国标准齿轮的压力角为20°。

(14) 模数 (m)　若以 z 表示齿数，则分度圆周长为 $\pi d=zp$，分度圆直径为 $d=zp/\pi$，其中 π 为无理数，为了计算方便，把 p/π 的值加以规定，称为模数，用 m 表示，单位为 mm。模数是设计、制造齿轮的重要参数，模数越大，轮齿越大，承受力也就越大。一对啮合齿轮的模数应相等。为了便于设计、计算和制造，国家规定了标准模数系列，见表 7-3。

表 7-3　标准模数系列（GB/T 1357—2008）　　（单位：mm）

第一系列	1,1.25,1.5,2,2.5,3,4,5,6,8,10,12,16,20,25,32,40,50
第二系列	1.125,1.375,1.75,2.25,2.75,3.5,4.5,5.5,(6.5),7,9,11,14,18,22,28,35,45

注：选用模数时应优先选用第一系列，其次选用第二系列，括号内的模数尽可能不用。

(15) 中心距 (a)　两啮合齿轮轴线之间的距离称为中心距。

二、标准直齿圆柱齿轮各尺寸计算

在设计齿轮时，先要确定齿数和模数，其他各部位尺寸都可由齿数和模数计算出来，见表 7-4。

表 7-4　标准直齿圆柱齿轮各部分尺寸的计算公式

名称	代号	公式	名称	代号	公式
模数	m	$m=p/\pi$，根据强度计算或测绘而得	分度圆直径	d	$d=mz$
齿顶高	h_a	$h_a=m$	齿顶圆直径	d_a	$d_a=m(z+2)$
齿根高	h_f	$h_f=1.25m$	齿根圆直径	d_f	$d_f=m(z-2.5)$
齿高	h	$h=h_a+h_f=2.25m$	中心距	a	$a=(d_1+d_2)/2=m(z_1+z_2)/2$

【任务实施】

一、绘制单个直齿圆柱齿轮的视图

齿轮上轮齿的结构复杂且数量多，为简化作图，GB/T 4459.2—2003 对齿轮画法做出规定：

1) 视图画法：齿顶线用粗实线绘制，分度线用细点画线绘制，齿根线既可用细实线绘制，也可省略不画，如图 7-30a 所示。

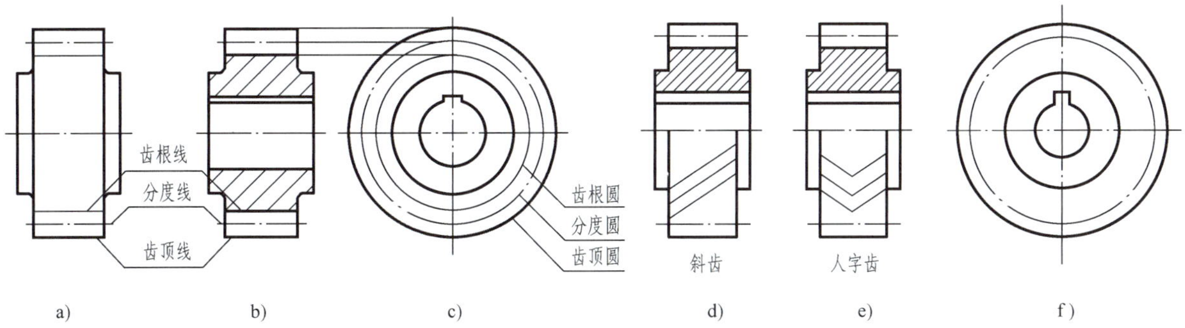

图 7-30　单个直齿圆柱齿轮的画法

2) 剖视画法：当剖切平面通过齿轮的轴线时，轮齿一律按不剖处理（不画剖面线）。齿顶线用粗实线绘制，分度线用细点画线绘制，齿根线用粗实线绘制，如图 7-30b 所示。

3）端面视图画法：在表示齿轮端面的视图中，齿顶圆用粗实线绘制，分度圆用细点画线绘制，齿根圆既可用细实线绘制，也可省略不画，如图 7-30c、f 所示。

4）当需要表示斜齿或人字齿的齿线形状时，可用三条与齿线方向一致的细实线表示，如图 7-30d、f 所示。

二、绘制直齿圆柱齿轮啮合的视图

直齿圆柱齿轮啮合的规定画法：

1）视图画法：平行于圆柱齿轮轴线的投影面的视图中，啮合区内的齿顶线不必画出，节线用粗实线绘制，其他处的节线用细点画线绘制，如图 7-31a、e 所示。

2）剖视画法：当剖切平面通过两啮合齿轮的轴线时，在啮合区内，将一个齿轮的轮齿用粗实线绘制，另一个齿轮的轮齿被遮挡的部分用细虚线绘制，如图 7-31b 所示。

3）端面视图画法：在垂直于圆柱齿轮轴线的投影面的视图中，两圆柱齿轮节圆应相切，啮合区内的齿顶圆均用粗实线绘制，如图 7-31c 所示；也可将啮合区内的齿顶圆省略不画，如图 7-31d 所示。

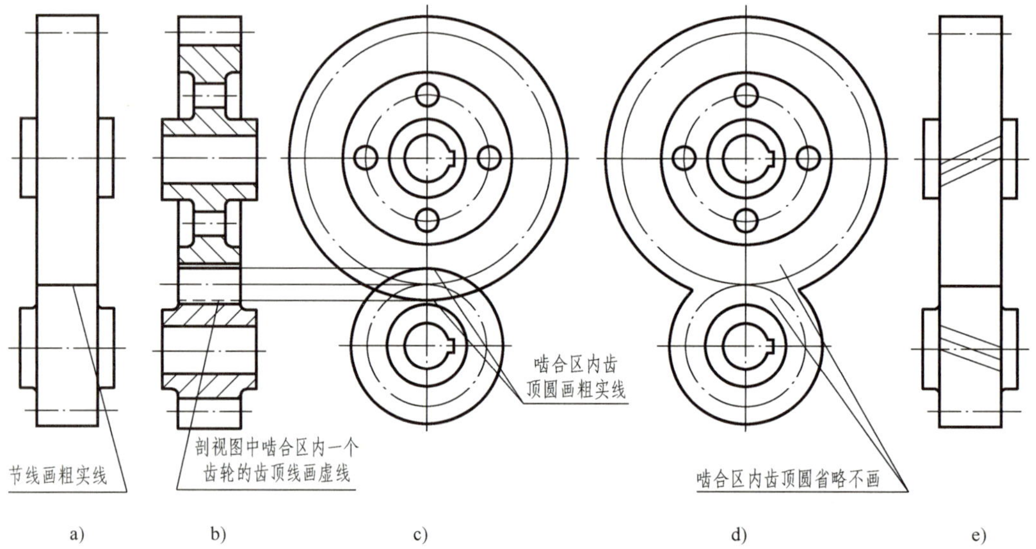

图 7-31 啮合圆柱齿轮的画法

【知识拓展】

一、锥齿轮

锥齿轮的齿形是在圆锥体上加工出来的，所以锥齿轮的形状是一端大，一端小。为了计算和制造方便，规定锥齿轮大端的模数为标准模数。

1. 单个锥齿轮的画法（图 7-32）

1）在平行于轴线的投影面的视图中，锥齿轮一般采用全剖视，轮齿按不剖处理，齿顶线和齿根线用粗实线绘制，分度线用细点画线绘制。

2）在端面视图中，大端分度圆用细点画线绘制，大小两端齿顶圆用粗实线绘制，大小端齿根圆及小端分度圆不必画出。

2. 锥齿轮啮合画法（图 7-33）

1）在平行于轴线的投影面的视图中，锥齿轮啮合时一般画成全剖视图，两锥齿轮的节圆锥面相切处用细点画线画出，啮合区内，一个齿轮的齿顶线画粗实线，另一个齿轮的齿顶线画细虚线或省略不画。

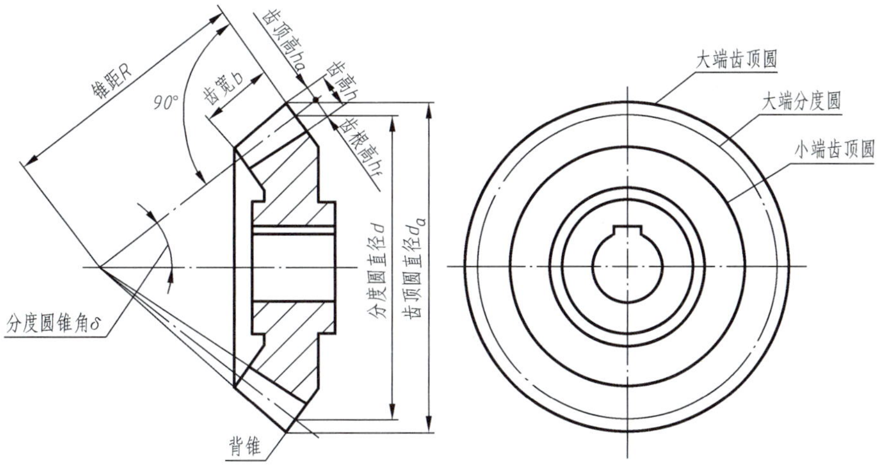

图 7-32　锥齿轮的画法

2）在表示某个锥齿轮端面的视图中，两齿轮的节圆投影相切，被遮挡部分的轮廓省略不画。

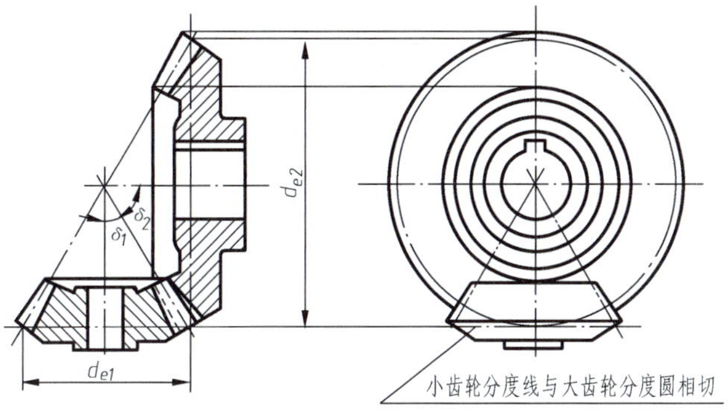

图 7-33　锥齿轮的啮合画法

二、蜗杆副

蜗杆副用来传递交叉两轴间的运动和动力，如图 7-28c 所示，以两轴交叉垂直者为常见。一般情况下，蜗杆是主动的，蜗轮是从动的。蜗杆实际上是一齿数不多的斜齿圆柱齿轮，常用蜗杆的轴向剖面齿形与梯形螺纹相似。蜗杆的齿数称为头数，相当于螺纹的线数。蜗轮相当于斜齿圆柱齿轮，其轮齿分布在圆环面上，使轮齿能包住蜗杆，以改善接触状况，延长使用寿命。

蜗杆与蜗轮成对使用，可得到很大的传动比。其缺点是摩擦大，产生摩擦热多，传动效率低。

1. 蜗杆的规定画法

蜗杆的形状如梯形螺杆，轴向剖面齿形为梯形，顶角为 40°，一般用一个视图表达。它的齿顶线、分度线、齿根线画法与圆柱齿轮相同，牙型可用局部剖视或局部放大图画出，如图 7-34 所示。图中用细实线表示的齿根线可省略不画。

2. 蜗轮的规定画法

蜗轮的画法与圆柱齿轮基本相同，如图 7-35 所示。在投影为圆的视图中，轮齿部分只需画出分度

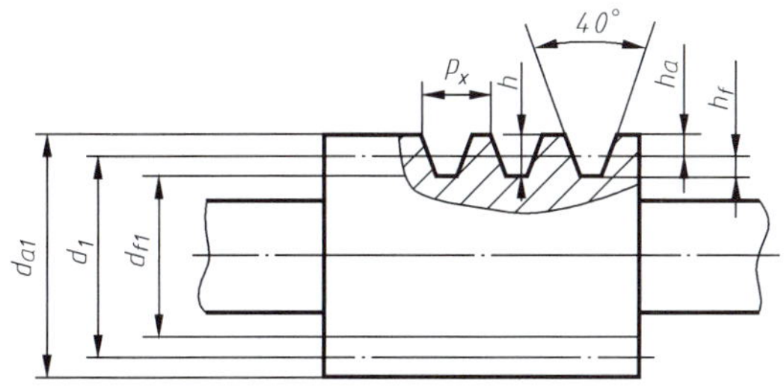

图 7-34　蜗杆的规定画法

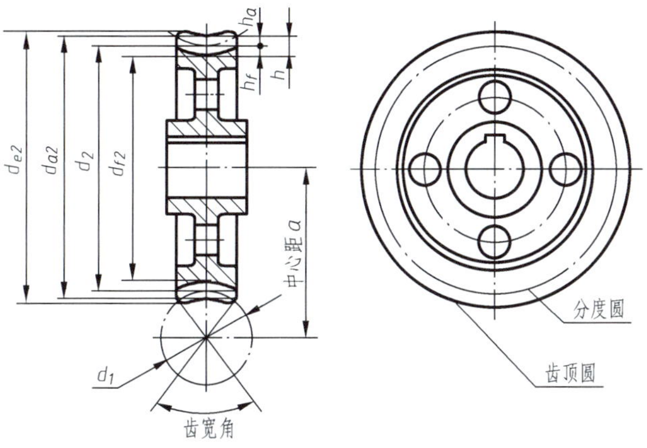

图 7-35　蜗轮的规定画法

圆和齿顶圆，其他圆可省略不画，其他结构形状按投影绘制。在投影为非圆的视图中常采用全剖视或半剖视，轮齿的画法与圆柱齿轮相同。在与其相啮合的蜗杆轴线位置画出蜗杆分度圆和中心线，以便标注有关尺寸和中心距。

3. 蜗轮与蜗杆的啮合画法

（1）视图画法　用视图表示蜗杆与蜗轮的外形时，在蜗杆投影为圆的视图中，蜗杆与蜗轮投影重合的部分只画蜗杆。在蜗轮投影为圆的视图中，蜗杆和蜗轮按各自的规定画法绘制，啮合区内蜗杆的分度线与蜗轮的分度圆相切，蜗杆齿根线可省略，如图 7-36a 所示。

（2）剖视画法　在蜗杆投影为圆的视图中采用全剖视，蜗杆与蜗轮投影重合的部分只画蜗杆。在蜗轮投影为圆的视图中采用局部剖视，蜗轮的喉圆用粗实线绘制，蜗杆齿顶线画至与蜗轮喉圆相交而止。啮合区内蜗杆的分度线与蜗轮的分度圆相切，如图 7-36b 所示。

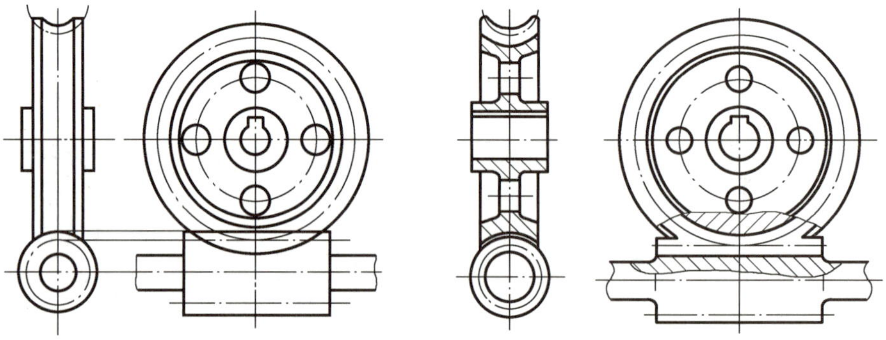

a) 视图画法　　b) 剖视画法

图 7-36　蜗轮与蜗杆的啮合画法

项目三　绘制键、销连接图

任务一　绘制普通平键连接图

【任务描述】

图 7-37 所示为轴与齿轮间的普通平键连接，在被连接的轴上和轮毂中都加工了键槽，先将键嵌入轴上的键槽内，再对准轮毂孔中的键槽（该键槽是穿通的），将它们装配在一起，便可达到连接的目的。下面认识普通平键的形状和标记，并绘制连接图。

【任务分析】

键是用来连接轴及轴上零件（如齿轮、带轮等）的标准件，起传递转矩的作用。键的结构尺寸可根据轴的直径查键的标准得出，同时也可查得键槽的宽度和深度。键的长度 L 则应根据轮毂长度及工作要求选取相应的系列值。

图 7-37　轴与齿轮间的普通平键连接

普通平键连接

【知识链接】

一、键的种类和形状

键是标准件，常用的键有普通平键、半圆键和钩头楔键等，如图 7-38 所示。普通平键有 A 型（圆头）、B 型（平头）和 C 型（单圆头）三种，其结构见表 7-5。

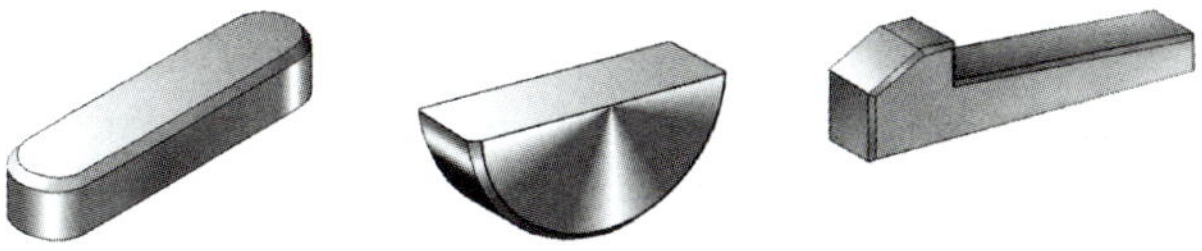

a) 普通平键　　b) 半圆键　　c) 钩头楔键

图 7-38　常用的几种键

二、键的标记

常用键的型式和标记见表 7-5。

表 7-5　常用键的型式和标记

名称		图例	规定标记及示例
普通平键	A 型	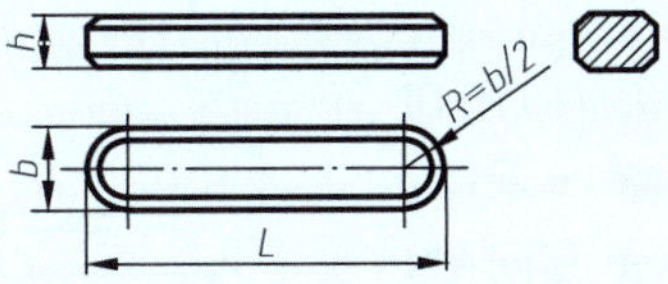	例：$b=18\text{mm}$，$h=11\text{mm}$，$L=100\text{mm}$ 标记：GB/T 1096　键 18×11×100
普通平键	B 型	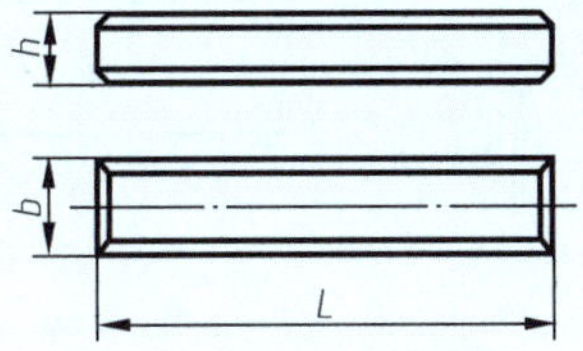	例：$b=18\text{mm}$，$h=11\text{mm}$，$L=100\text{mm}$ 标记：GB/T 1096　键 B 18×11×100 （B 不能省略）
普通平键	C 型	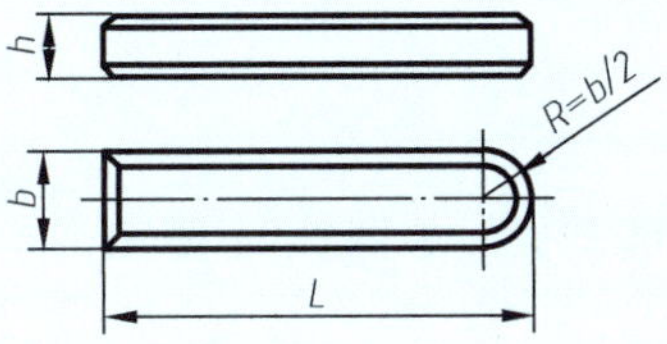	例：$b=18\text{mm}$，$h=11\text{mm}$，$L=100\text{mm}$ 标记：GB/T 1096　键 C 18×11×100 （C 不能省略）
半圆键		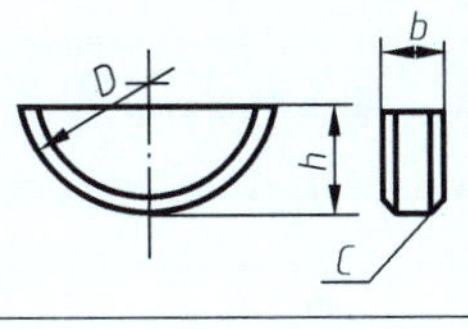	例：$b=6\text{mm}$，$h=10\text{mm}$，$D=25\text{mm}$ 标记：GB/T 1099.1　键 6×10×25
钩头型楔键		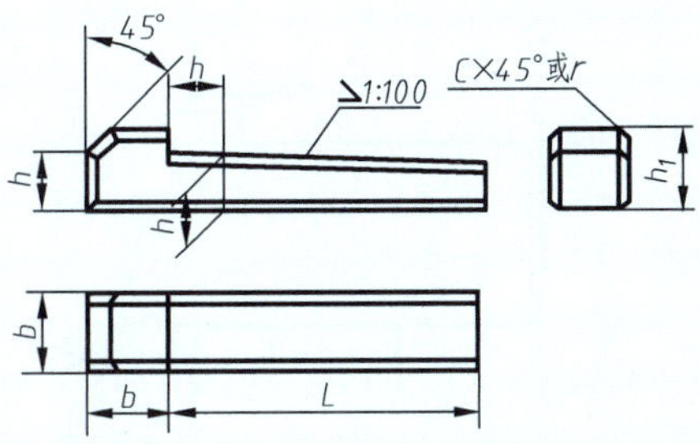	例：$b=18\text{mm}$，$h=11\text{mm}$，$L=100\text{mm}$ 标记：GB/T 1565　键 18×100

【任务实施】

一、键槽画法及尺寸标注

因为键是标准件，所以一般不必画出零件图，但要画出零件上与键相配合的键槽。轴和齿轮轮毂上键槽的画法如图 7-39 所示。

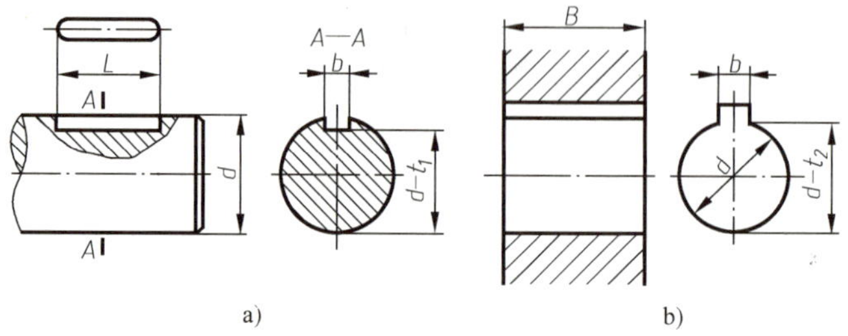

图 7-39 轴和齿轮轮毂上的键槽

二、绘制普通平键连接图

普通平键的两侧面为工作面，因此连接时，平键的两侧面与轴和轮毂键槽侧面之间相互接触，没有间隙，只画一条线。而键与轮毂的键槽顶面之间是非工作面，不接触，应留有间隙，画两条线。当剖切平面通过轴和键的轴线时，根据画装配图时的规定画法，轴和键均按不剖画出，此时，为了表示键在轴上的装配情况，轴采用局部剖视，键做不剖处理，横向剖切时，键应画剖面线，如图 7-40 所示。

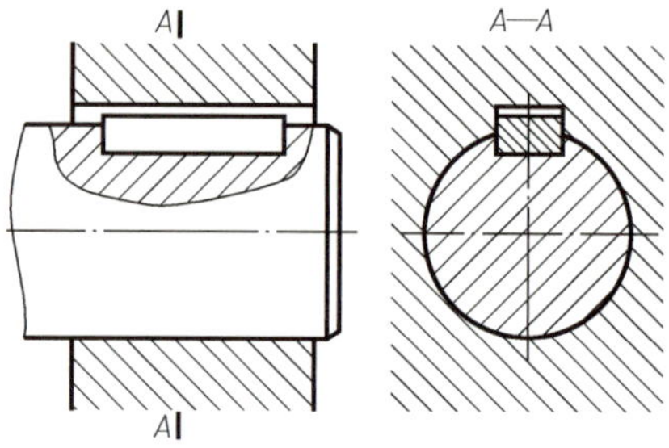

图 7-40 普通平键连接画法

【知识拓展】

一、半圆键连接画法

半圆键的两个侧面为工作面，连接方式和普通平键类似，如图 7-41 所示。

二、钩头型楔键连接画法

钩头型楔键上下两面是工作面，键的上表面和轮毂槽的面各有 1∶100 的斜度，装配时需打入，靠楔紧作用传递转矩。因此，键的上表面和轮毂槽的底面在装配图中应画成一条线，这是与平键及半圆键画法的不同之处，如图 7-42 所示。

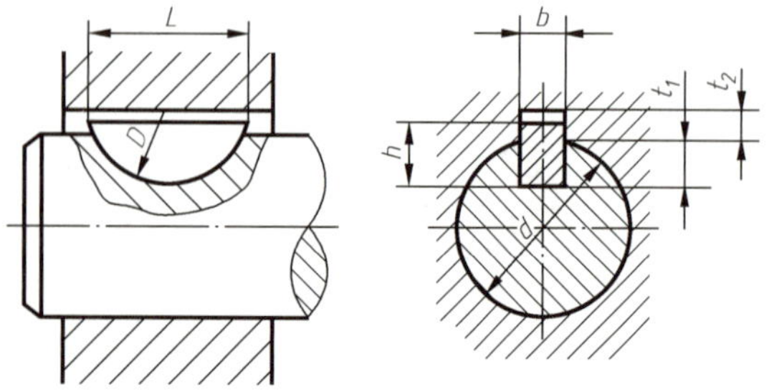

图 7-41 半圆键连接画法

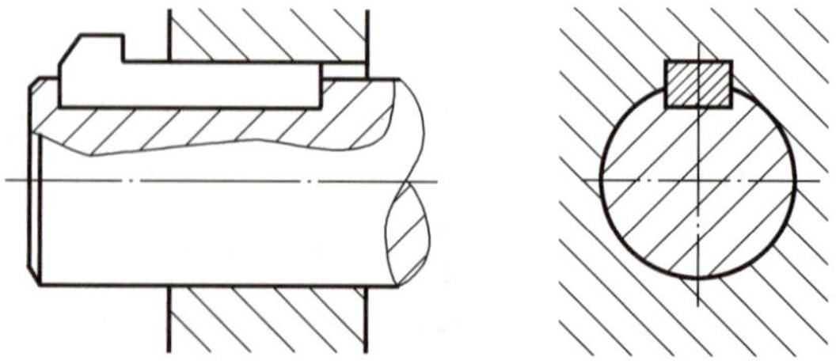

图 7-42 钩头型楔键连接画法

任务二　绘制销连接图

【任务描述】

根据图 7-43 所示销的结构图，绘制销连接图。

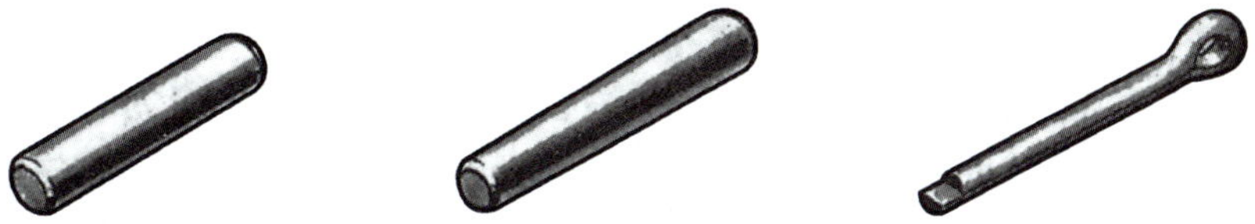

a) 圆柱销　　b) 圆锥销　　c) 开口销

图 7-43　销

【任务分析】

销是标准件，销的结构尺寸设计可根据销孔的直径查销的标准得出。销的长度 L 则应根据要连接的件选取相应的系列值。销和销孔之间是配合关系，绘图时配合表面画一条线。

【知识链接】

销的结构和标记

销通常用于零件之间的连接、定位和防松，常见的有圆柱销、圆锥销和开口销等，它们都是标准件。

圆柱销用作定位零件时，为保证其定位精度，两零件的销孔应该用钻头同时钻出，然后用铰刀铰孔。圆锥销的锥度为 1∶50，以小端直径为公称直径。圆锥销用作定位零件时，销孔的加工方法同圆柱销孔一样。开口销一般用于锁紧螺栓与螺母，它的公称直径 d 是指销穿过的孔的直径，它的实际直径小于 d。

常见销的名称、标准号、画法及标记见表 7-6。

表 7-6　常见销的名称、标准号、画法及标记

名称	标准号	图例	标记示例
圆锥销	GB/T 117—2000	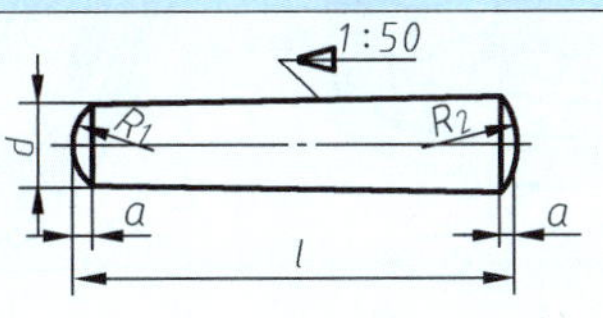 $R_1\approx d, R_2\approx d+\frac{a}{2}+\frac{(0.021)^2}{8a}$	公称直径 d=10mm，公称长度 l=100mm，材料为 35 钢，热处理硬度为 28～38HRC，表面氧化处理的 A 型圆锥销。圆锥销的公称尺寸是指小端直径 销　GB/T 117　10×100
圆柱销	GB/T 119.1—2000	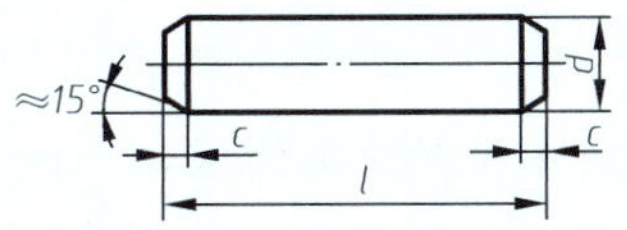	公称直径 d=10mm，公差为 m6，公称长度 l=80mm，材料为钢，不经表面处理 销　GB/T 119.1　10 m6×80
开口销	GB/T 91—2000	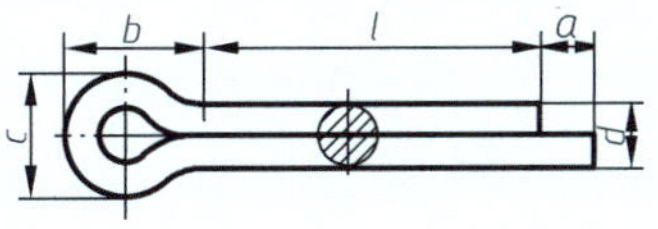	公称规格 d=4mm(指销孔直径)，公称长度 l=20mm，材料为低碳钢，不经表面处理 销　GB/T 91　4×20

【任务实施】

销连接画法

圆柱销和圆锥销可以连接零件，也可以起定位作用（限定两零件间的相对位置），如图 7-44a、b 所示。开口销常用在螺纹连接的装置中，以防止螺母的松动，如图 7-44c 所示。

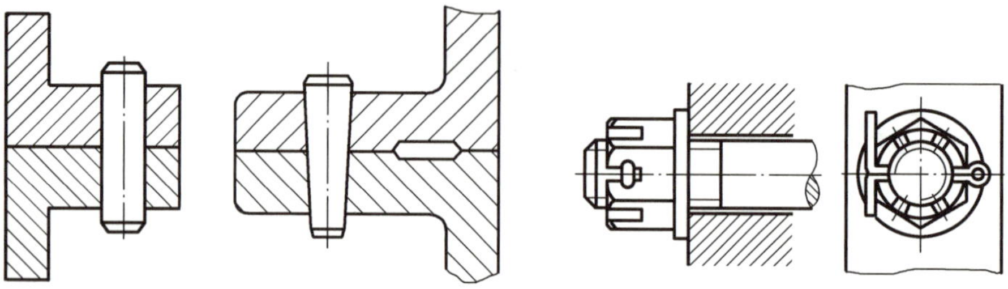

a) 圆柱销连接　b) 圆锥销连接　c) 开口销连接

图 7-44　销连接画法

项目四　绘制滚动轴承的视图

任务　绘制常用滚动轴承的视图

【任务描述】

在机器中，滚动轴承是用来支撑轴的标准部件，由于它可以大大减小轴与孔相对旋转时的摩擦力，具有机械效率高、结构紧凑等优点，因此应用极为广泛。

图 7-45 所示为几种常见的滚动轴承结构，了解常见滚动轴承的表示法。

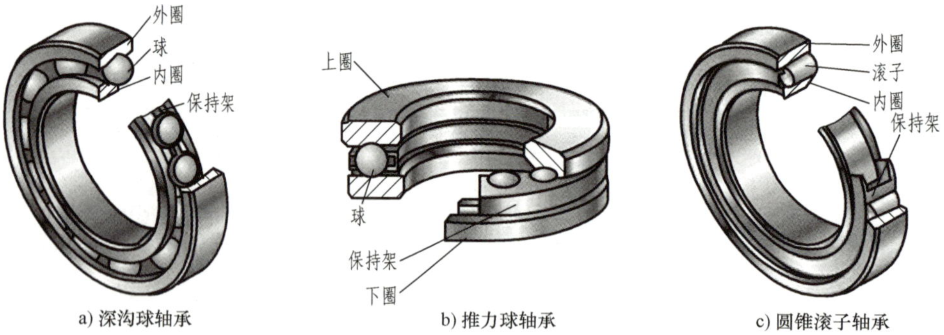

a) 深沟球轴承　b) 推力球轴承　c) 圆锥滚子轴承

图 7-45　常见的滚动轴承结构

【任务分析】

由图 7-45 可知，滚动轴承是由外圈、内圈、滚动体和保持架组成的。国家标准规定了滚动轴承的表达方法有通用画法、规定画法和特征画法三种。

【任务实施】

一、滚动轴承的结构及表示法

常用滚动轴承的表示法见表 7-7。

表 7-7　常用滚动轴承的表示法

轴承类型	通用画法	特征画法	规定画法
深沟球轴承 （GB/T 276—2013）		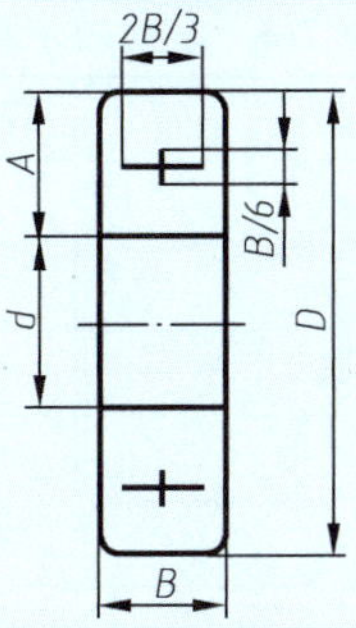	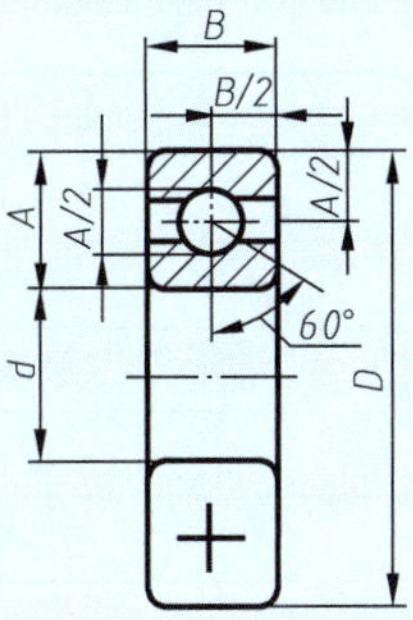
圆锥滚子轴承 （GB/T 297—2015）	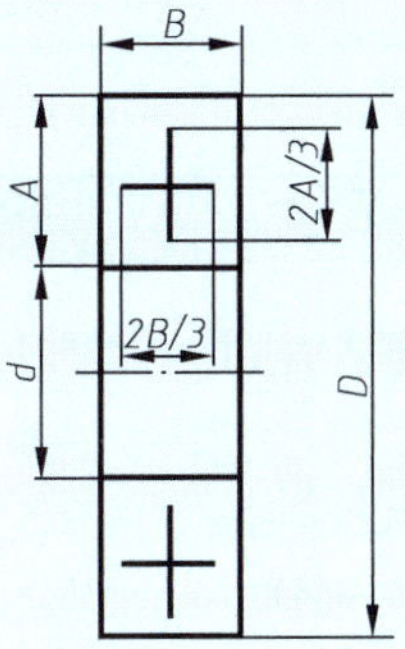	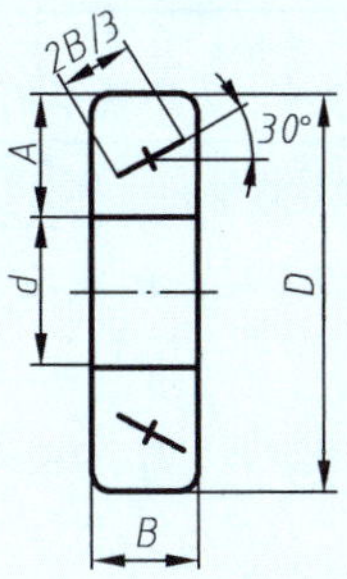	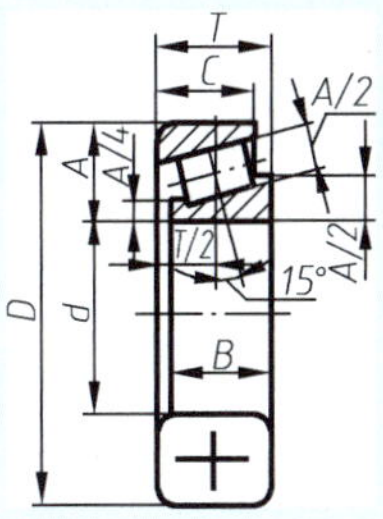
推力球轴承 （GB/T 301—2015）		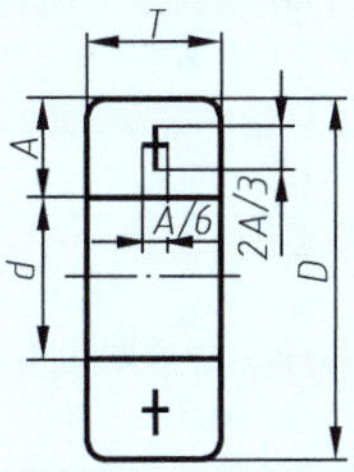	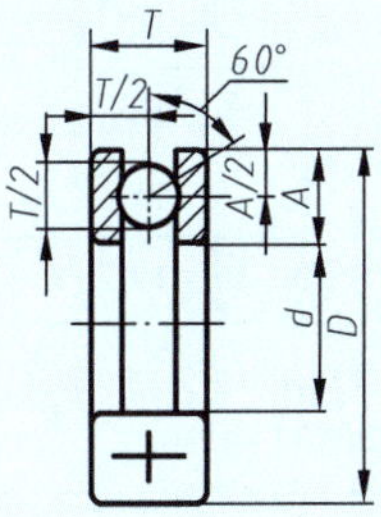
画法选用	当不需要确切地表示滚动轴承的外形轮廓、承载特征和结构特征时采用	当需要较形象地表示滚动轴承的结构特征时采用	在滚动轴承的产品图样、产品样本、产品标准和产品使用说明书中采用

注意：

1）三种画法中的各种符号、矩形线框和轮廓线均用粗实线绘制。

2）采用通用画法或特征画法绘制滚动轴承时，在同一图样中一般只采用其中一种画法。

3）采用规定画法时，滚动体不画剖面线，其内外圈可画成方向和间隔相同的剖面线。规定画法一般绘制在轴的一侧，另一侧按通用画法绘制。

二、滚动轴承的标记

轴承的标记由三部分组成，即：

轴承名称　轴承代号　标准编号

例：滚动轴承　6204　GB/T 276—2013

滚动轴承代号是表示滚动轴承的结构、尺寸、公差等级、技术性能的产品特征符号。滚动轴承的代号由前置代号、基本代号和后置代号三部分组成。

1. 基本代号

轴承的基本代号由类型代号、尺寸系列代号和内径代号组成。基本代号最左边的一位数字（或字母）为类型代号，见表 7-8。

尺寸系列代号由宽（高）度和直径系列代号组成。它的主要作用是区别内径相同而宽（高）度和外径不同的轴承。具体代号需查阅相关国家标准。

内径代号表示轴承的公称内径，其表达方法见表 7-9。

表 7-8　滚动轴承类型代号

代号	轴承类型	代号	轴承类型
0	双列角接触球轴承	6	深沟球轴承
1	调心球轴承	7	角接触球轴承
2	调心滚子轴承和推力调心滚子轴承	8	推力圆柱滚子轴承
3	圆锥滚子轴承	N	圆柱滚子轴承(双列或多列用字母 NN 表示)
4	双列深沟球轴承	U	外球面球轴承
5	推力球轴承	QJ	四点接触球轴承

表 7-9　滚动轴承的内径代号

轴承公称内径/mm		内径代号	示例
0.6~10(非整数)		用公称内径毫米数直接表示,在其与尺寸系列代号之间用“/”分开	深沟球轴承　618/2.5　$d=2.5$mm
1~9(整数)		用公称内径毫米数直接表示,对深沟球及角接触球轴承 7、8、9 直径系列,内径与尺寸系列代号之间用“/”分开	深沟球轴承　625　$d=5$mm 深沟球轴承　618/5　$d=5$mm
10~17	10	00	深沟球轴承　6200　$d=10$mm
	12	01	深沟球轴承　6201　$d=12$mm
	15	02	深沟球轴承　6202　$d=15$mm
	17	03	深沟球轴承　6203　$d=17$mm
20~480 (22、28、32 除外)		公称内径除以 5 的商数,商数为个位数,需在商数左边加“0”,如 08	圆锥滚子轴承　30308　$d=40$mm 深沟球轴承　6215　$d=75$mm
≥500 以及 22、28、32		用公称内径毫米数直接表示,但在其与尺寸系列之间用“/”分开	调心滚子轴承　230/500　$d=500$mm 深沟球轴承　62/22　$d=22$mm

2. 前置代号、后置代号

前置代号、后置代号是在轴承结构形式、尺寸、公差和技术要求等有所改变时，在其基本代号前后添加的补充代号。前置代号用字母表示，后置代号用字母（或加数字）表示。前置代号、后置代号有许多种，其含义需查阅 GB/T 272—2017。

例如：轴承代号 6204 中，6 为类型代号，表示深沟球轴承；2 为尺寸系列代号“02”，其中“0”为宽度系列代号，按规定省略未写，“2”为直径系列代号；04 为内径代号，表示该轴承内径尺寸 = 4mm×5 = 20mm。

项目五　绘制弹簧的视图

任务　绘制圆柱螺旋弹簧的视图

【任务描述】

弹簧是机械中常用的零件，具有功能转换特性，可用来减振、夹紧、测力及储存能量等。弹簧种类很多，应用很广，最常见的是圆柱螺旋弹簧。圆柱螺旋弹簧根据用途可分为压缩弹簧、拉伸弹簧和扭转弹簧，如图 7-46 所示。

绘制图 7-46a 所示压缩弹簧的视图。

图 7-46　常用弹簧

【任务分析】

圆柱螺旋弹簧整体可分成两部分——两端支承圈和中间有效圈，有效圈部分是有规律的重要结构，绘图时可以简化。

【知识链接】

一、圆柱螺旋弹簧的各部分名称及代号（图 7-47）

（1）线径 d　弹簧材料直径。

（2）弹簧直径

1）弹簧中径 D：弹簧内、外径的平均值，$D=(D_2+D_1)/2=D_1+d=D_2-d$。

2）弹簧内径 D_1：弹簧最小直径，$D_1=D-2d$。

3）弹簧外径 D_2：弹簧的最大直径。

（3）节距 t　相邻两有效圈间的轴向距离。

（4）有效圈数 n、支承圈数 n_z 和总圈数 n_1　为了使压缩弹簧工作时受力均匀，保证轴线垂直于支承端面，两端常并紧且磨平。这部分圈数起支承作用，故叫支承圈。常用的支承圈数（n_z）有 1.5 圈、2 圈和 2.5 圈三种。2.5 圈用得较多，即两端各并紧 1¼圈，其中包括磨平 3/4 圈。压缩弹簧除支承圈外，具有相等节距的圈数称为有效圈数，有效圈数 n 与支承圈数 n_z 之和称为总圈数 n_1，即 $n_1=n+n_z$。

（5）自由高度（或长度）H_0　弹簧在不受外力时的高度称为自由高度，$H_0=nt+(n_z-0.5)d$。

（6）弹簧展开长度 L　制造时弹簧丝的长度。由螺旋线的展开可知 $L\approx n_1\sqrt{(\pi D)^2+t^2}$。

二、圆柱螺旋压缩弹簧的规定画法

圆柱螺旋压缩弹簧可画成视图、剖视图或示意图，如图 7-48 所示。

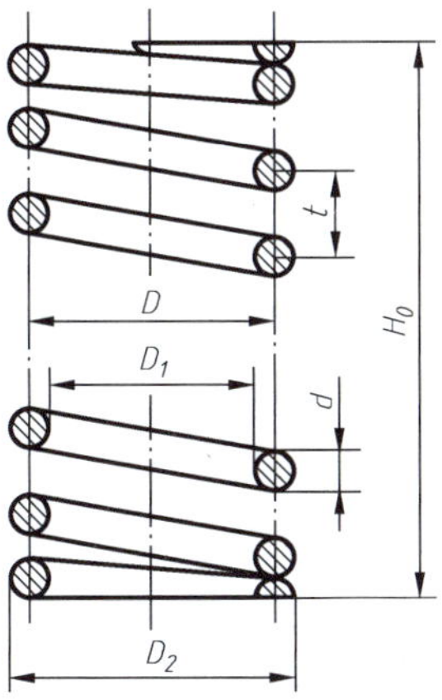

图 7-47　圆柱螺旋弹簧的各部分名称及代号

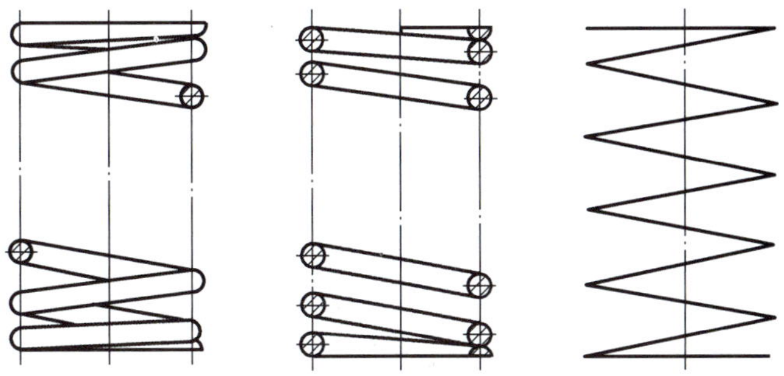

图 7-48　圆柱螺旋压缩弹簧的画法

【任务实施】

根据圆柱螺旋压缩弹簧的外径、线径、节距和圈数等，可计算出弹簧的中径和自由高度，从而绘制出弹簧的视图，其作图方法如图 7-49 所示。

注意：

1）国家标准规定，不论弹簧的支承圈是多少，均按 2.5 圈绘制，必要时，也可按支承圈的实际结构绘制。

2）有效圈数在 4 圈以上的螺旋弹簧，可只画出其两端的 1～2 圈，中间用细点画线连接，且可适当缩短图形长度。

3）左旋弹簧和右旋弹簧均可画成右旋，但左旋要注明“LH”。

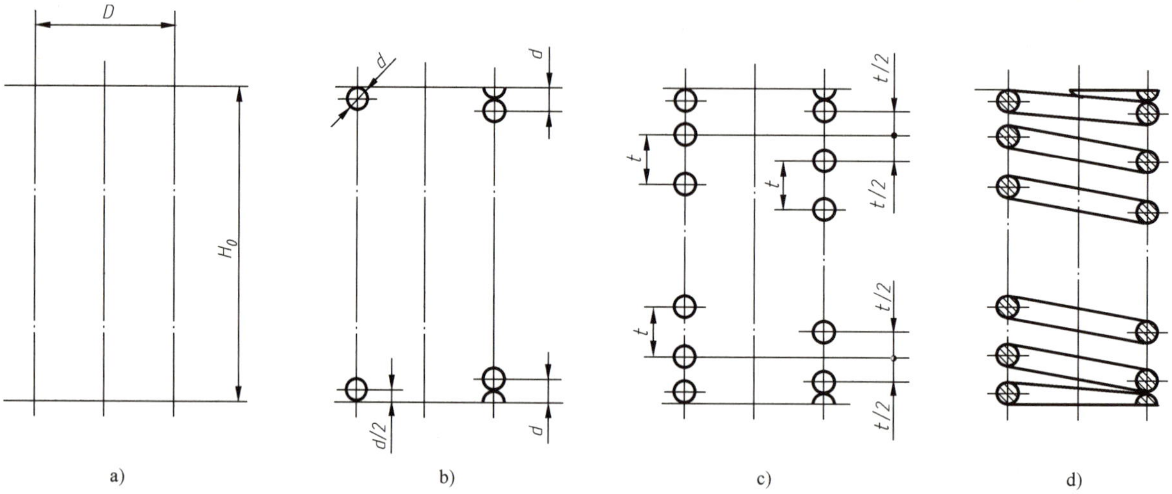

图 7-49　圆柱螺旋压缩弹簧的作图方法

【知识拓展】

圆柱螺旋压缩弹簧在装配图中的画法

1）在装配图中，中间各圈取省略画法后，后面被挡住的结构一般不画，可见部分只画到弹簧钢丝的剖面轮廓或中心线处，如图 7-50a 所示。

2）在装配图中，弹簧钢丝直径在图形上等于或小于 2mm 时弹簧钢丝的断面用涂黑表示，如图 7-50b 所示。

3）弹簧钢丝直径<1mm 时，可采用示意画法，如图 7-50c 所示。

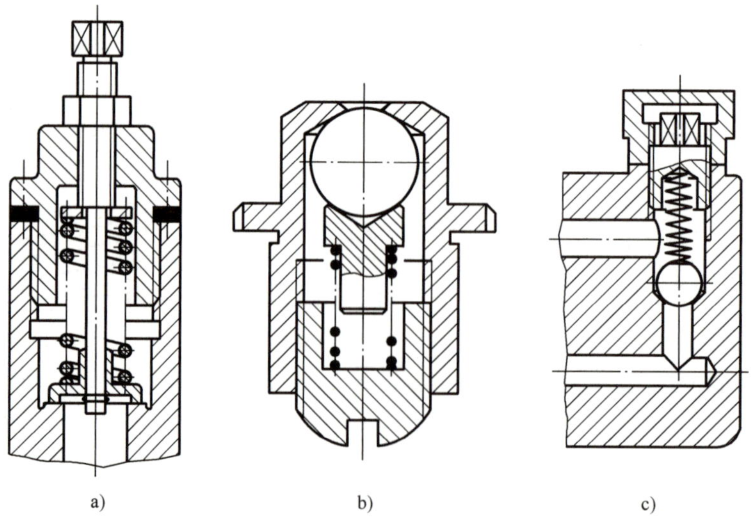

图 7-50　圆柱螺旋压缩弹簧在装配图中的画法

模块八 零 件 图

学习目标

素质目标：

1）培养学生识读图样和独立解决问题的能力。

2）培养学生的质量观和工程意识。

3）绘制和阅读零件图时，培养学生对技术精益求精的良好职业品质。

知识目标：

1）了解零件图的作用与内容，掌握识读和绘制（测绘）零件图的基本方法。

2）掌握轴套类、轮盘类、叉架类及箱体类等典型零件的结构特点和表达方法。

3）掌握尺寸基准的选择和标注尺寸的基本要求。

4）掌握表面粗糙度的表示方法，掌握尺寸公差的概念及查表计算方法，了解几何公差代号的含义及识读方法。

5）了解零件上常见的工艺结构。

能力目标：

1）能够读懂中等复杂程度的零件图。

2）在绘制（测绘）零件图时，能够正确、完整、清晰、合理地标注零件的尺寸，能够正确注写尺寸公差、几何公差及表面粗糙度。

项目一 认识零件图

任务一 认识齿轮轴零件图

【任务描述】

通过某企业给定的齿轮轴零件图，如图 8-1 所示，了解零件图的组成。

【任务分析】

表达零件结构、大小及技术要求的图样称为零件图。在零件的生产过程中，要根据零件图上注明的材料和数量进行备料，然后根据零件图表达的形状、大小和技术要求进行加工制造，最后还要根据零件图进行检验。

【任务实施】

图 8-1 所示齿轮轴零件图就是一张完整的零件图，包括图形、尺寸、技术要求和标题栏。

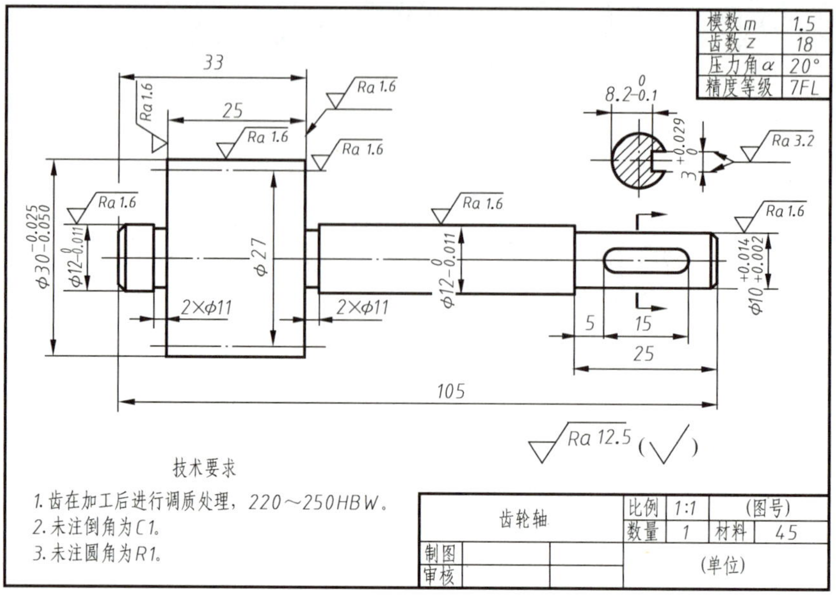

齿轮轴零件图

图 8-1　齿轮轴零件图

一、一组图形

选用适当的视图、剖视图、断面图等表达方法，正确、完整、清晰、简便地表示出零件的内外结构形状，如图 8-1 中的主视图和断面图。

二、尺寸

应正确、完整、清晰、合理地标注出制造和检验该零件所需的全部尺寸。

三、技术要求

用国家标准中规定的符号、代号、标记和文字说明等简明地给出零件在制造和检验时所应达到的各项技术指标和要求，如尺寸公差、几何公差、表面结构以及热处理等。

四、标题栏

填写零件的名称、比例、数量、材料、图号以及责任人员的签名和日期等。

任务二　轴承座零件图的视图选择

【任务描述】

图 8-2 所示为某企业生产的轴承座立体图，请选择合适的表达方式将该轴承座的形状结构表达清楚。

【任务分析】

从形体上看轴承座是由轴承孔、底板、支承板、肋板等组成的。这四部分主要形体的相对位置关系是支承板外侧及肋板左、右两面与轴承孔外表面相交。

轴承座

图 8-2　轴承座立体图

【知识链接】

一、选择主视图

主视图是一组视图的核心。无论是绘图还是识图都从主视图开始，因此，主视图选择合理与否，直接影响绘图和识图是否方便。在选择零件的主视图时，应考虑以下三个原则：

1. 结构形状特征原则

主视图的选择应尽可能多地反映零件的各组成部分的结构形状特征和位置特征，如图 8-3 所示。

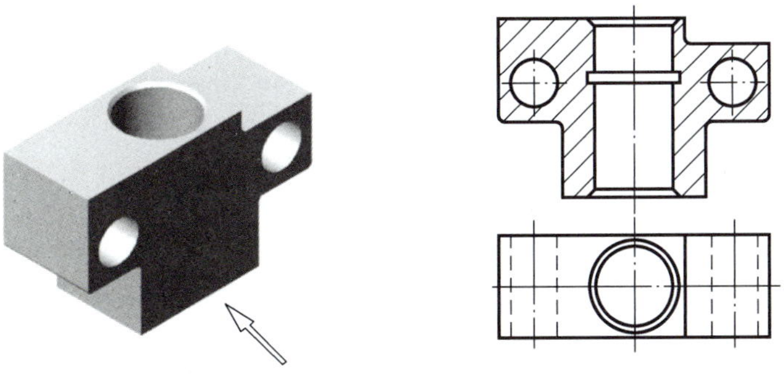

a) b)

图 8-3 阀体主视图的选择

2. 加工位置原则

主视图投射方向应尽量与零件主要加工位置一致。如图 8-4 所示，轴类零件的加工主要在车床上完成，因此，零件主视图应选择其轴线水平放置，以便于看图、加工。对轴、套、轮、盘类等回转体零件，选择主视图时，一般应遵循这一原则。

3. 工作位置原则

主视图的投射方向应符合零件在机器中的工作位置。对支架、箱体等加工方法和加工位置多变的零件，主视图应选择工作位置，以便与装配图直接对照。如图 8-5 所示，吊钩主视图既显示了吊钩的形状特征，又反映了工作位置。

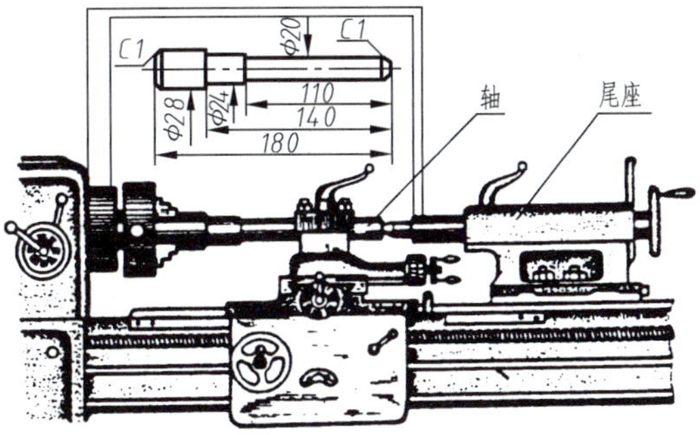

图 8-4 轴类零件的主视图选择

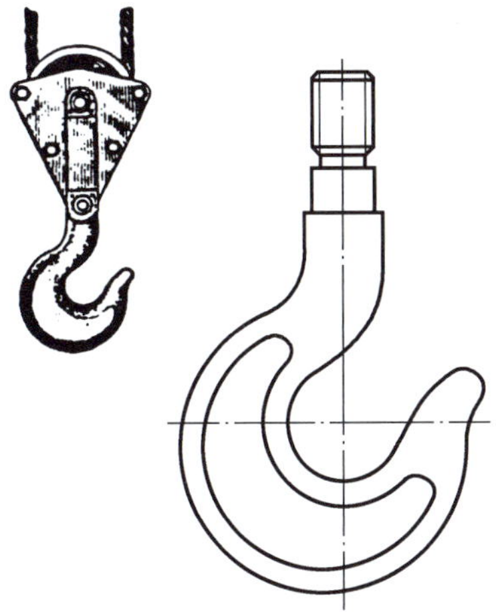

图 8-5 吊钩的工作位置

以上是零件主视图的选择原则，在运用时必须灵活掌握。三项原则中，在保证表达清楚结构形状特征的前提下，先考虑加工位置原则。但有些零件形状比较复杂，在加工过程中装夹位置经常发生变化，加工位置难分主次，则主视图应考虑选择其工作位置。还有一些零件既无明显的主要加工位置，又无固定的工作位置，或者工作位置倾斜，则可将它们的主要部分放正（水平或竖直），以利于布图和标注尺寸。

二、选择其他视图

零件主视图确定后，要分析还有哪些形状结构没有表达清楚，以及如何将主视图未表达清楚的部位用其他视图进行表达，并使每个视图都有表达的重点。其他视图的选择一般应遵循以下原则：

1）在选择视图时，应优先采用基本视图及在基本视图上作剖视图，并尽可能按投射方向配置各视图。

2）视图的数量取决于零件结构的复杂程度，在完整、清晰地表达零件结构形状的前提下，尽量减少视图的数量，力求制图简便。

3）尽量避免使用细虚线。

【任务实施】

一、主视图的选择

按其工作位置选择，主视图表达了零件的主要部分：轴承孔的形状特征，各组成部分的相对位置，三个螺钉孔，凸台也得到了表达，如图 8-6 所示。

二、其他视图的选择

方案一　如图 8-7 所示。

1）选全剖的左视图，表达轴承孔的内部结构及肋板形状。

2）选择 *C* 向视图表达底板的形状。

3）选择移出断面图表达支承板断面及肋板断面的形状。

4）*B* 向局部视图表达上面凸台的形状。

方案二　如图 8-8 所示。

1）将方案一的主视图和左视图位置对调。

2）俯视图选用 *A*—*A* 剖视图表达底板与支承板断面及肋板断面的形状。

3）*B* 向局部视图表达上面凸台的形状。

缺点：俯视图前后方向较长，图纸幅面安排欠佳。

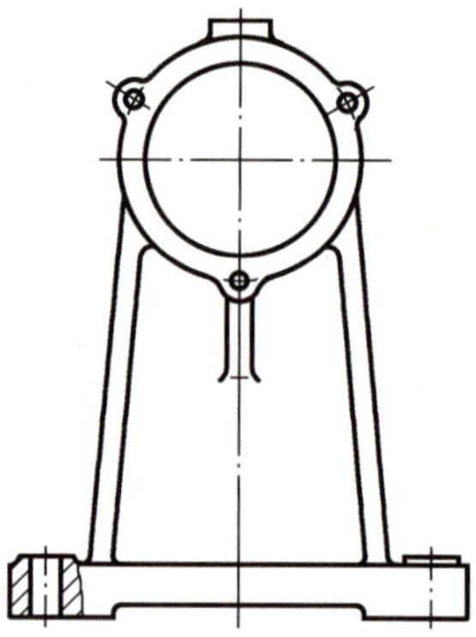

图 8-6　轴承座主视图

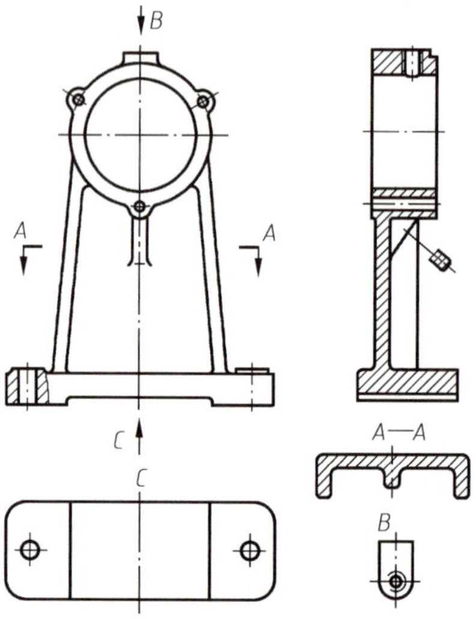

图 8-7　方案一

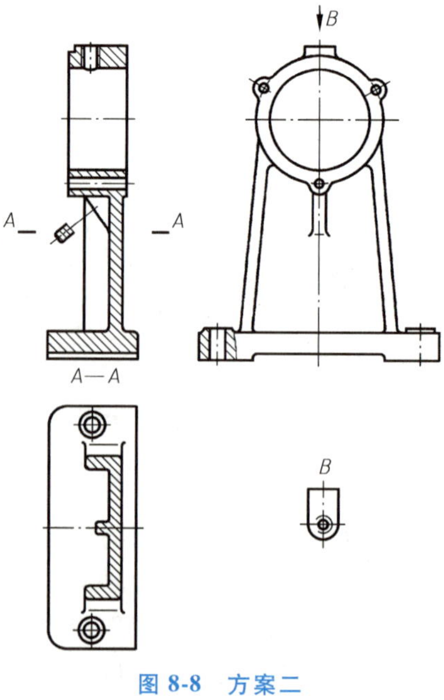

图 8-8　方案二

方案三 如图 8-9 所示。

俯视图采用 A—A 剖视图，其余视图同方案一。

比较、分析三个方案，选第三方案较好。

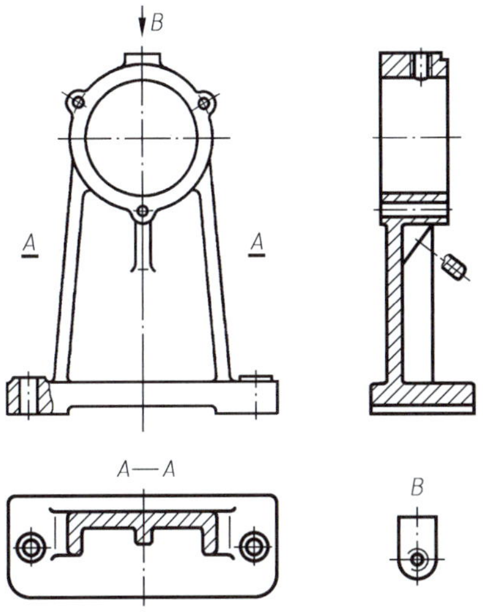

图 8-9 方案三

【知识拓展】

典型零件的表达方法

根据零件结构的特点和用途，大致可分为轴套类、轮盘类、叉架类和箱体类四类典型零件。它们在视图表达方面虽有共同原则，但各有各的特点。

一、轴套类零件

1. 结构特点

轴套类零件是机器中最常见的一种零件，其中轴类零件常用来支承传动零件（如带轮、齿轮等）和传递动力，而套类零件通常安装在轴上，起轴向定位、支承或连接等作用。轴套类零件的主体结构多数是由几段直径不同的圆柱体、圆锥体所组成的，构成阶梯状。轴套类零件的轴向尺寸远大于其径向尺寸。轴上常加工有键槽、螺纹、挡圈槽、倒角、退刀槽及中心孔等结构。

2. 常用的表达方法

轴套类零件主要在车床和磨床上加工。为了加工时读图方便，轴类零件的主视图按加工位置选择，一般将轴线水平放置，表达各轴段的形状及相对位置。轴上的局部结构一般采用断面图、局部剖视图、局部放大图及局部视图来表达。如图 8-10 所示，该零件图采用了一个主视图，两个移出断面图表达轴

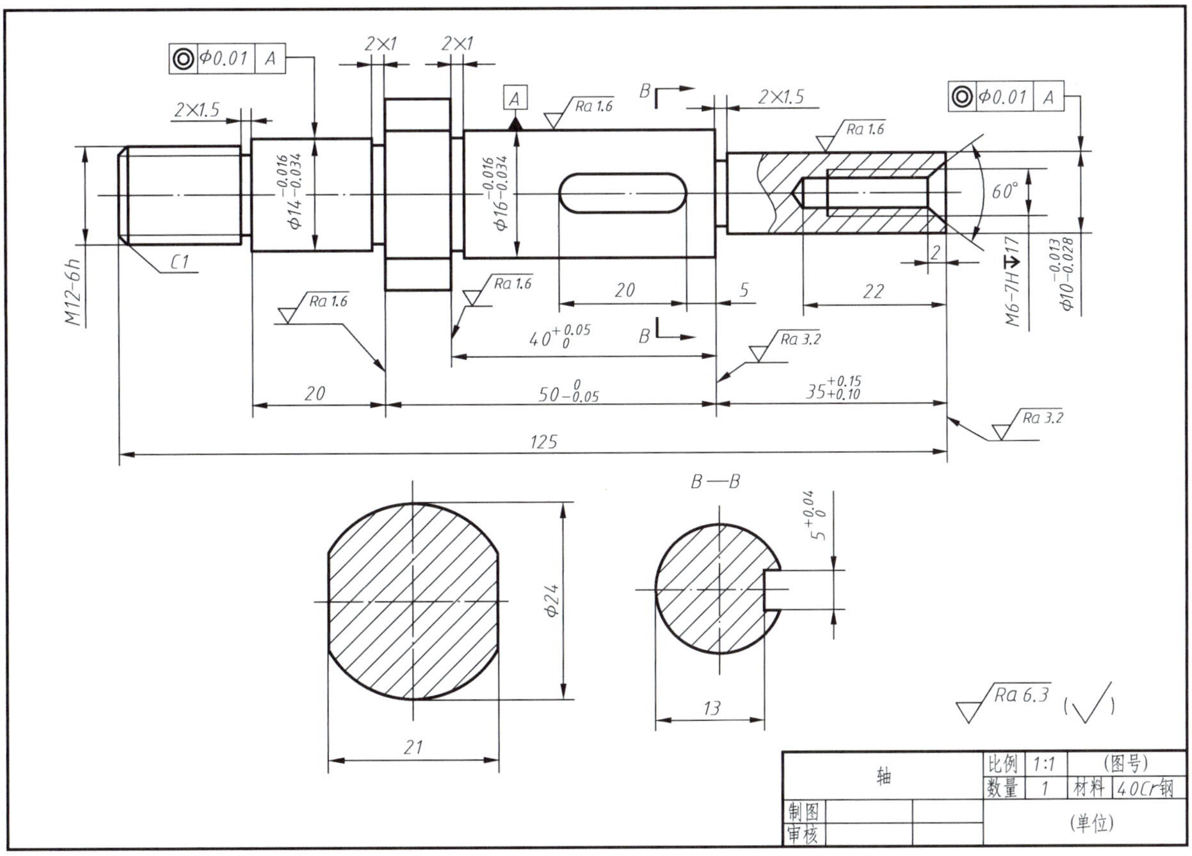

图 8-10 轴零件图

的形状结构。主视图按其加工位置选择，将轴线水平放置，结合尺寸标注就能清楚地反映轴的各段形状、相对位置以及轴上各局部结构的轴向位置，并且主视图还采用了局部剖视，用来表达 ϕ10mm 轴段上螺纹孔的形状结构。两个断面图分别表达了 ϕ24mm 轴段的断面形状，ϕ16mm 轴段上键槽的形状结构。

轴零件图

套类零件的主要结构仍由回转体组成，与轴类零件不同之处在于：套类零件是空心的，因此其主视图多采用轴线水平放置的全剖视图或半剖视图来表达。

二、轮盘类零件

1. 结构特点

轮盘类零件主要有齿轮、带轮、手轮、法兰盘和端盖等。这类零件在机器中主要起传动、支承、轴向定位或密封等作用。轮盘类零件的基本形状为扁平的盘状，由几个同轴线不同直径的回转体或其他形状的扁平板组成，其轴向尺寸往往比其他两个方向的尺寸小，零件上常有螺孔、销孔、轮辐、肋和槽等结构。

2. 常用的表达方法

轮盘类零件主要是在车床上加工，有的表面则需在磨床上加工，因此在表达这类零件时，其主视图经常是将轴线水平放置，并作全剖视图。除主视图以外，还需要增加其他基本视图来表达。零件上的细小结构常采用局部放大图和简化画法来表达。如图 8-11 所示，该零件图采用了两个基本视图和一个局部放大图来表达法兰盘的形状结构。主视图按加工位置选择，轴线水平放置，采用两个相交的剖切平面将机件全部剖开，以表达法兰盘上孔及阶梯孔的内部结构。左视图则表达法兰盘的基本外形和五个孔的分布情况以及两侧平面的形状。局部放大图则表达的是法兰盘上密封槽的形状结构。

法兰盘零件图

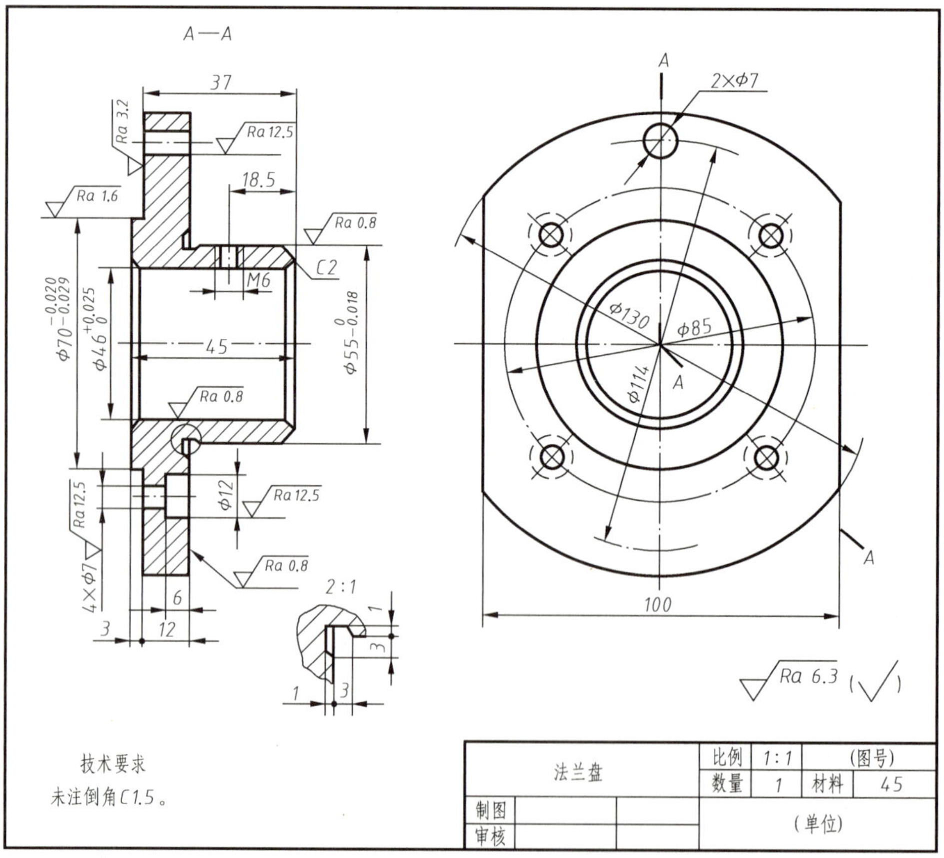

图 8-11 法兰盘零件图

三、叉架类零件

1. 结构特点

叉架类零件包括拨叉、连杆及支架等零件。拨叉主要用在各种机器的操纵机构上，起操纵、调速作用；连杆起传动作用；支架主要起支承和连接作用。叉架类零件一般由三部分构成，即支承（或安装）部分、工作部分和连接部分。连接部分多为肋板结构，支承部分和工作部分细小结构较多，如圆孔、螺孔、油槽、油孔及沉孔等。

2. 常用的表达方法

由于叉架类零件加工工序较多，其加工位置经常变化，因此选主视图时，主要考虑零件的结构形状特征和工作位置。叉架类零件常需要两个或两个以上的基本视图，根据具体结构形状，可采用局部剖视图、断面图及局部视图等表达方式。如图 8-12 所示，该零件图用两个基本视图、一个斜剖视图及一个移出断面图来表达杠杆的形状结构。主视图按照安装位置进行投影，以突出杠杆的形体结构特征。主视图上有一处做了局部剖视，以表达 ϕ3mm 小孔的结构；俯视图采用两处局部剖视，以表达 ϕ9H9 和 ϕ6H9 两孔的内部结构；*A—A* 斜剖视图则表达了 ϕ9H9 和上部 ϕ6H9 的内部结构以及连接板和加强肋的形状结构；移出断面图表达了连接板的断面结构。

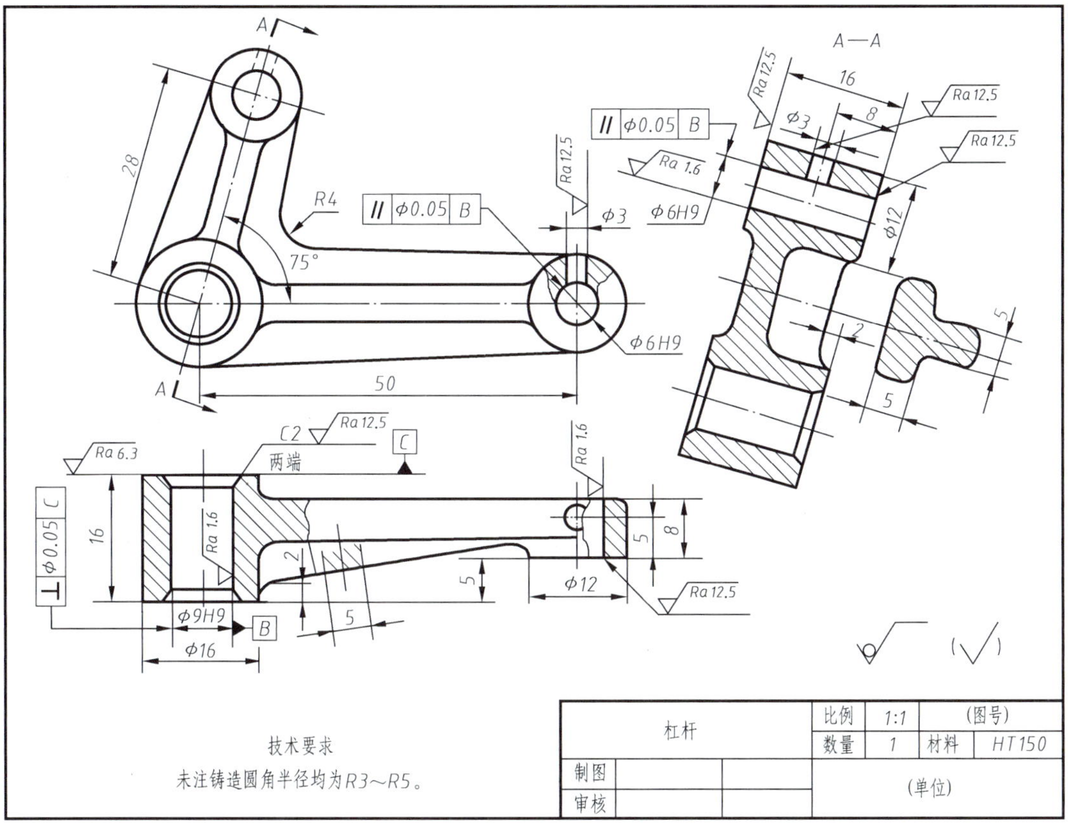

杠杆零件图

图 8-12　杠杆零件图

四、箱体类零件

1. 结构特点

箱体类零件主要有泵体、阀体、变速箱箱体及机座等，在机器或部件中用于容纳和支承其他零件。箱体类零件多为铸件，结构形状比较复杂，且加工工序多。它们通常都有一个由薄壁所围成的较大空腔和与其相连供安装用的底板；在箱壁上有多个配合面和接触面，从而有较多的技术要求；箱体类零件还有许多细小结构，如凸台、凹坑、起模斜度、铸造圆角、螺孔、销孔和倒角等。

2. 常用的表达方法

箱体类零件由于结构复杂，加工位置变化较大，所以一般以工作位置放置，以最能反映形状结构特征和各部分相对位置的方向作为主视图的投射方向。表达箱体类零件，一般需用三个以上视图，如果内部结构复杂，采用全剖视图表达；如果内、外结构都复杂，且具有公共对称平面，可以考虑采用半剖视图表达；对细小结构可采用局部剖视图、局部视图及断面图来表达。如图 8-13 所示，该零件图采用了三个基本视图来表达滑动轴承座的形状结构。主视图是按工作位置来选择的，采用半剖视图同时表达其内部与外部的形状结构；左视图为采用两个平行的剖切平面剖切所得的全剖视图，表达轴承孔以及滑动轴承座底部凹槽的形状结构；俯视图主要表达滑动轴承座的外部形状结构。

滑动轴承座零件图

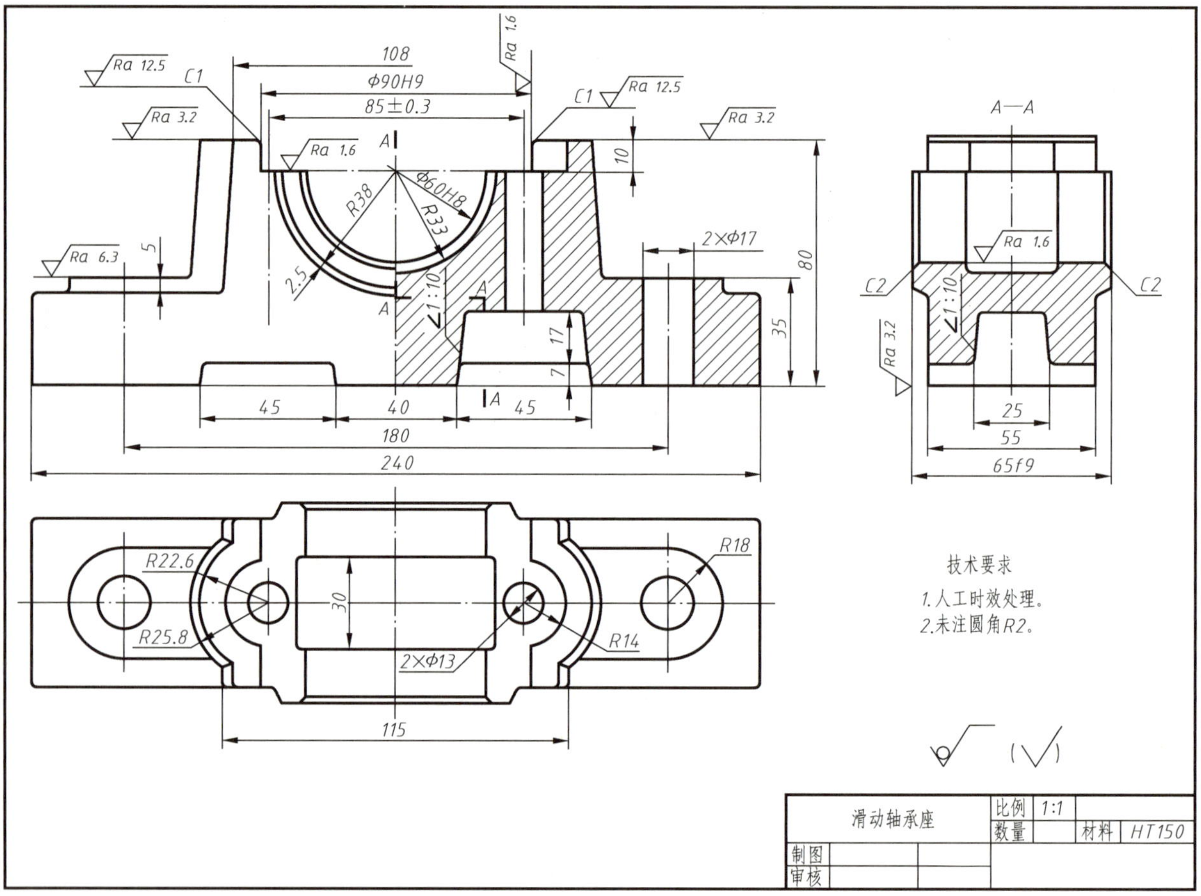

图 8-13　滑动轴承座零件图

任务三　轴承座零件图的尺寸标注

【任务描述】

标注图 8-2 所示轴承座的所有尺寸。

【任务分析】

零件尺寸的标注，除了前面所述的正确、清晰、完整的基本要求外，还应考虑尺寸标注的合理性。合理标注尺寸是指所注尺寸既符合设计要求，保证机器的使用性能，又满足工艺要求，便于加工、测量和检验。

需要标注的轴承座尺寸应该包括组成轴承座五部分各自的尺寸及相互之间的位置关系的尺寸，不能遗漏，还要考虑加工制造以及检验方便。

【知识链接】

一、合理选择尺寸基准

1. 尺寸基准的分类

尺寸基准是标注尺寸和量取尺寸的起点，零件上的点、线、面均可作为尺寸基准。在零件的设计和生产中，根据基准作用的不同，可把基准分为设计基准和工艺基准。

1）设计基准：根据设计要求用于确定零件结构的位置所选定的基准叫设计基准。如图 8-14 所示，通常一根轴需要有两个轴承来支承，其轴承孔的轴线应处于同一轴线上，且一般应与底面平行。因此，在标注轴承支承孔 $\phi16^{+0.027}_{0}$ 高度方向的定位尺寸时，应以轴承座的底面 *B* 为基准；长度方向以左右对称面 *C* 为基准；宽度方向以后端面 *D* 为基准。故可选择以底面 *B* 和对称面 *C* 作为该轴承座的设计基准。

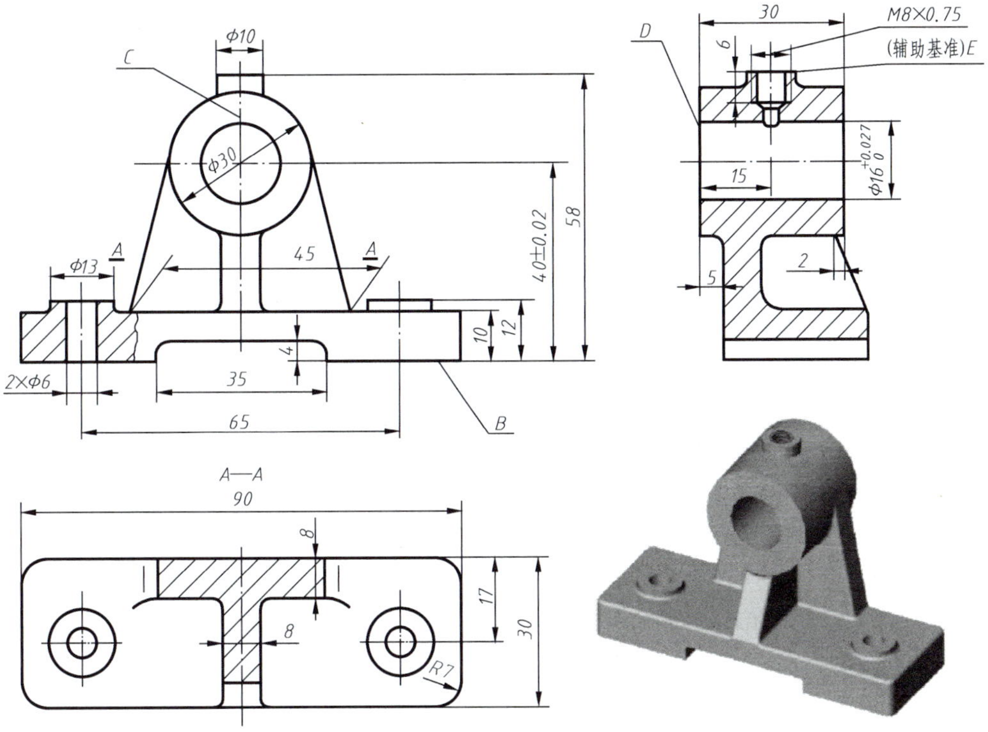

图 8-14　轴承座的尺寸基准

2）工艺基准：在零件加工过程中，为满足加工和测量要求而确定的基准叫工艺基准。如图 8-15 所示，在车床上车削阶梯轴各段长度时，以阶梯轴的右端面 *F* 为测量轴向尺寸的起点，因此，以右端面

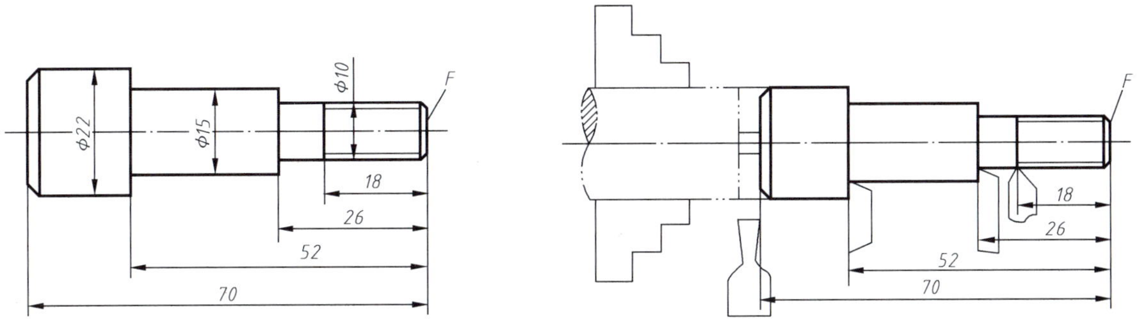

a)　　b)

图 8-15　阶梯轴的尺寸基准

F 为轴向尺寸的工艺基准。

为了减小误差以及保证零件的设计要求，在选择基准时，最好使设计基准和工艺基准重合。

零件有长、宽、高三个度量方向，每个方向都应有尺寸基准。当零件较复杂时，一个方向只选一个基准往往不够用，还要附加一些基准，其中起主要作用的是主要基准，起辅助作用的为辅助基准。如图 8-14 所示，底面 *B* 为高度方向尺寸的主要基准，凸台顶面 *E* 为高度方向的辅助基准。主要基准与辅助基准之间及两辅助基准之间应有尺寸直接联系，如图 8-14 所示的尺寸 58。

2. 选择尺寸基准的注意事项

1）相互关联的零件，在标注其相关的尺寸时，应以同一个平面或直线（如接合面、对称面、轴线等）作为尺寸基准，如图 8-16 所示。

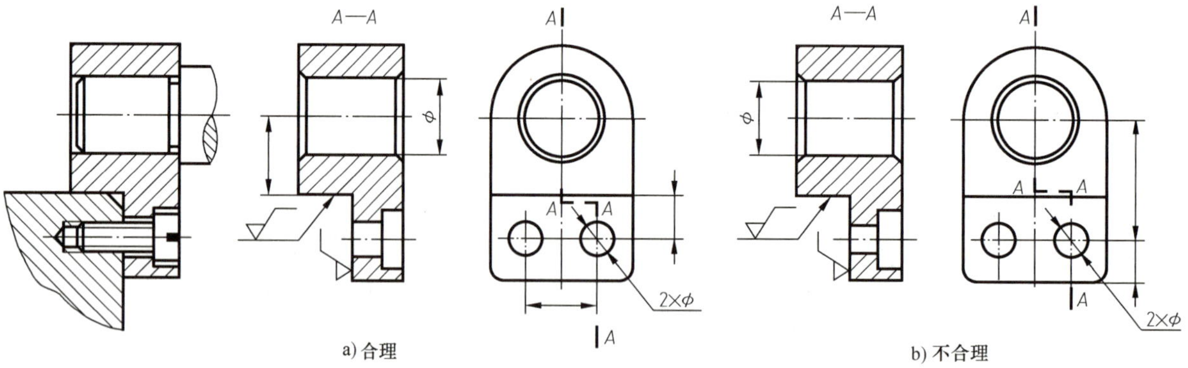

a) 合理　　b) 不合理

图 8-16　相互关联零件的尺寸基准的选择

2）以加工面作为尺寸基准时，在同一方向，同一个加工表面不能作为两个或两个以上的非加工面的基准，如图 8-17 所示。

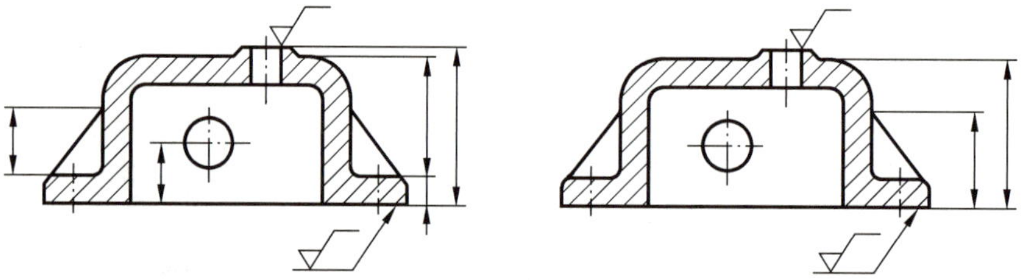

a) 合理　　b) 不合理

图 8-17　以加工面为基准

3）要保证轴线之间的距离时，应以轴线为基准，注出轴线之间的距离。如图 8-18a 所示，以零件

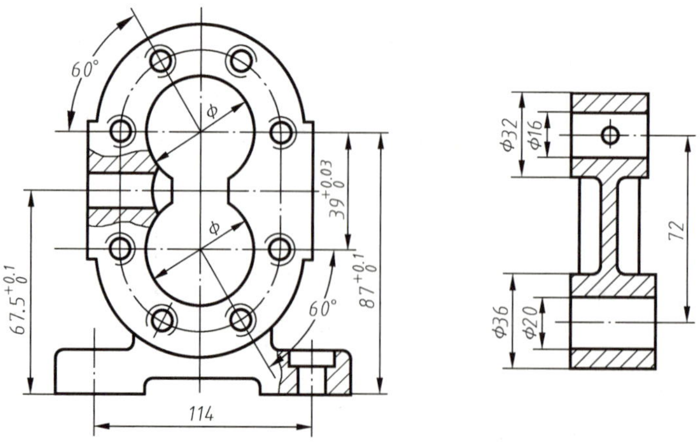

a)　　b)

图 8-18　以轴线为基准

底面为高度方向的主要尺寸基准注出尺寸 $87^{+0.1}_{0}$ 以后，又以上孔轴线为基准直接注出两孔中心距尺寸 $39^{+0.03}_{0}$；图 8-18b 也是直接注出两孔中心距尺寸 72。

4）要求对称的要素，应以对称面（或对称线）为基准注出对称尺寸，如图 8-19a 中的尺寸 26 和 52、图 8-19b 中的尺寸 $8^{+0.1}_{0}$ 所示。

二、尺寸标注的注意事项

1. 直接注出功能尺寸

零件的功能尺寸又称主要尺寸，是指影响机器规格性能、工作精度和零件在部件中的准确位置及有配合要求的尺寸。这些尺寸应该直接注出，而不应由计算得出。如图 8-20a 所示，轴孔中心高 h_1 是主要尺寸，若按图 8-20b 中标注，则尺寸 h_2 和 h_3 将产生较大的积累误差，使孔的中心高不能满足设计要求。另外，为安装方便，图 8-20a 中底板上两孔的中心距 l_1 也应该直接注出，若按图 8-20b 中标注尺寸 l_3，间接确定 l_1，则不能满足装配要求。

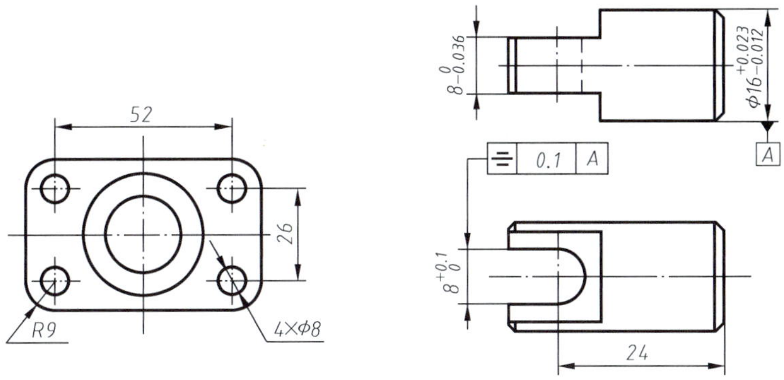

a)　　b)

图 8-19　以对称面为基准

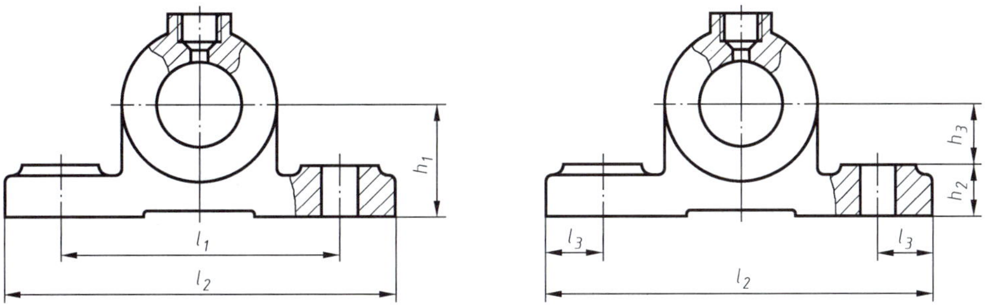

a) 合理　　b) 不合理

图 8-20　直接注出功能尺寸

2. 避免注成封闭尺寸链

如图 8-21b 所示，轴长度方向的尺寸，除了标注总长度以外，又对轴的各段长度进行了标注，即注成了封闭尺寸链。由于 $l=l_1+l_2+l_3$，在加工时，尺寸 l_1、l_2、l_3 都可能产生误差，每一段的误差都会积累到尺寸 l 上，使总长 l 不能保证设计的精度要求。若要保证尺寸 l 的精度要求，就要提高每一段的精度要求，造成加工困难且成本提高。为此，选择其中一个不重要的尺寸空出不注，称为开口环，使所有的尺寸误差都积累在这一段上。

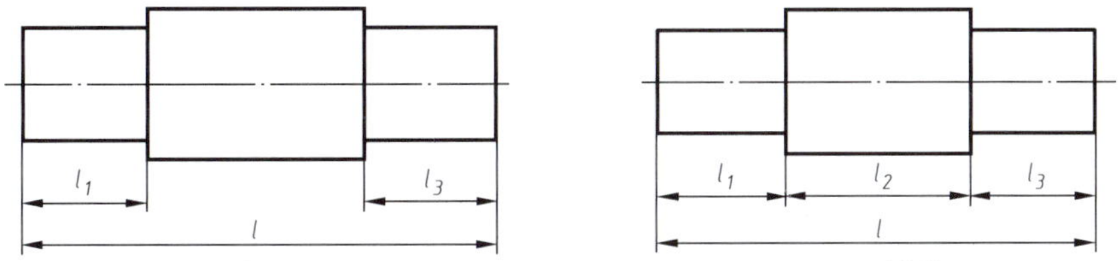

a) 合理　　b) 不合理

图 8-21　避免注成封闭尺寸链

3. 应考虑加工方法，符合加工顺序

同一零件的加工方法及加工过程可以不同，所以适用于它们的尺寸注法也应不同。图 8-22 所示为

一些常见图例。

图 8-22a、b 所示为在车床上一次装夹加工阶梯轴时，长度尺寸的两种注法。尺寸 A 将主要尺寸基准与工艺上的支承基准联系起来。

图 8-22c 所示为在车床上两次装夹加工时，轴的长度尺寸的注法。

图 8-22d 所示为用圆钢棒料车制轴时的尺寸注法。

图 8-22e 所示为一般阶梯孔深度尺寸的注法。若采用扩孔钻加工，其深度尺寸的注法需与扩孔钻的尺寸相符，如图 8-22f 所示。

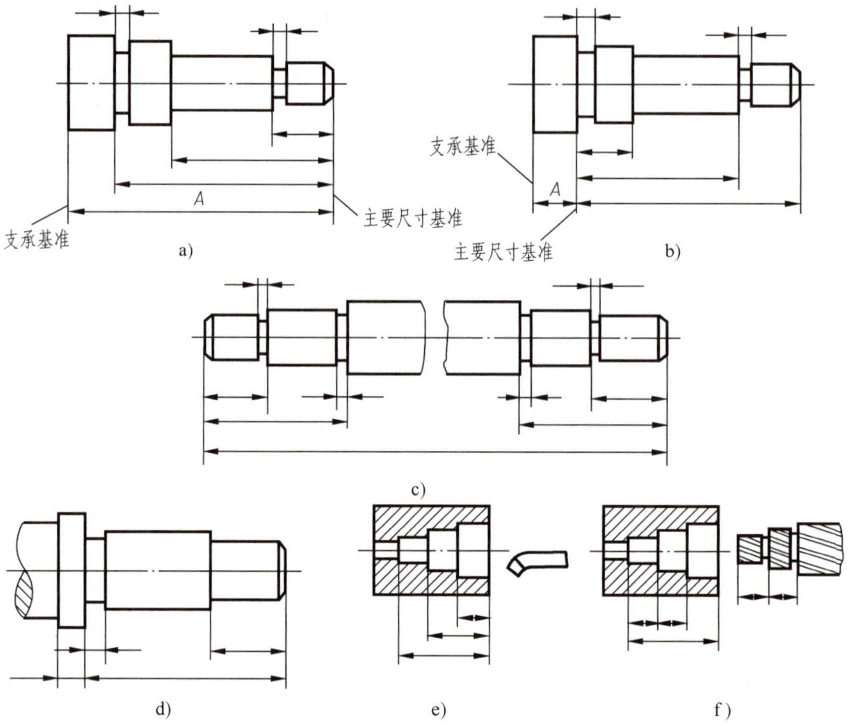

图 8-22　不同加工方法及加工过程对应的不同的尺寸注法

4. 应符合使用的工具

如图 8-23 所示，用槽铣刀铣制键槽，在主视图上应注出所用的铣刀直径，以便选定铣刀。

5. 应考虑加工的可能性

图 8-24b 中所注斜孔的定位尺寸是错误的，因为无法按此尺寸由大孔内部确定斜孔的位置。

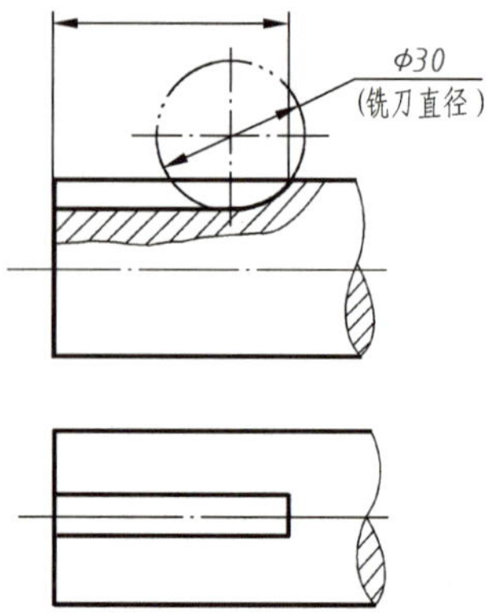

图 8-23　尺寸标注符合使用的工具

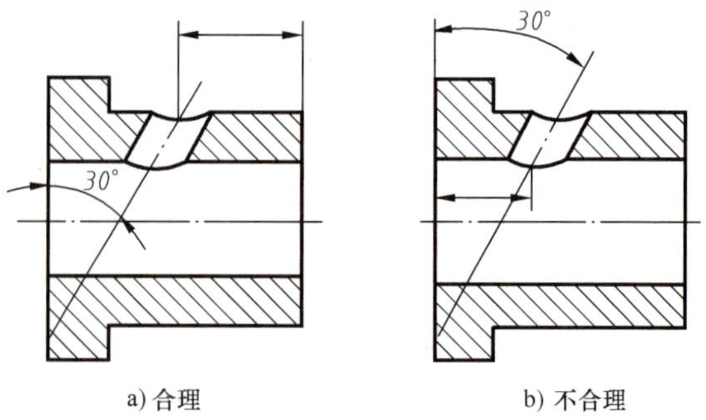

图 8-24　标注尺寸应考虑加工的可能性

6. 应考虑测量方便

如图 8-25 所示，所注尺寸要便于测量。图 8-25b 中标注的尺寸，测量时几何中心是无法实际测量的。图 8-25d 中当台阶孔中小孔的直径较小时，这样标注将不利于孔深的测量。

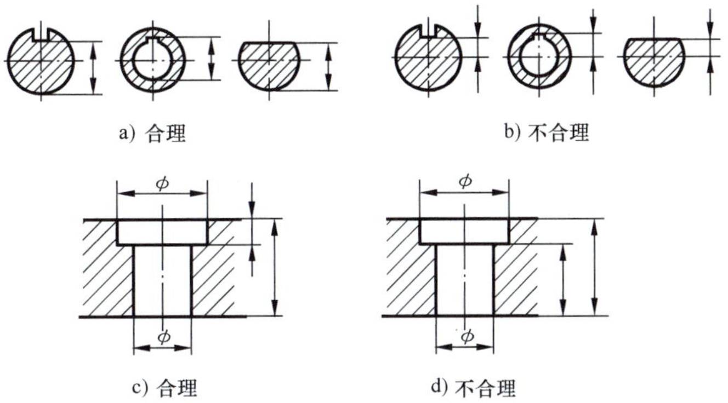

图 8-25　尽可能不标注不便于测量的尺寸

7. 同一个工序的尺寸应集中标注

如图 8-26 所示，两个安装孔的定位尺寸集中在俯视图中标注，定形尺寸集中在主视图中标注，这样可使看图方便。

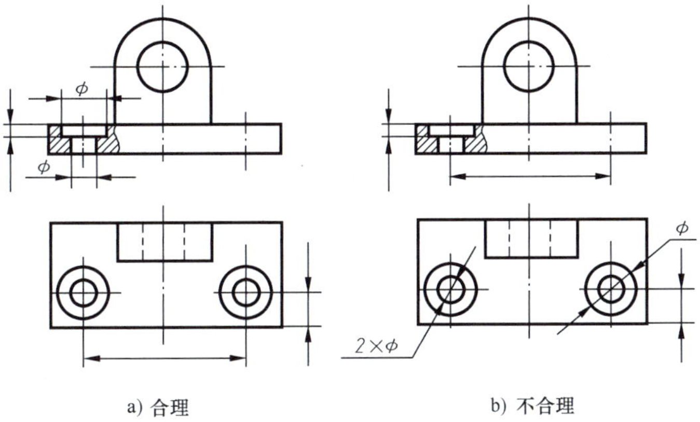

图 8-26　同一个工序的尺寸应集中标注

三、各种孔的简化注法

零件上各种孔（光孔、沉孔、螺孔）的简化注法见表 8-1。

表 8-1　各种孔的简化注法

零件结构类型		简化注法	一般注法	说明
光孔	一般孔	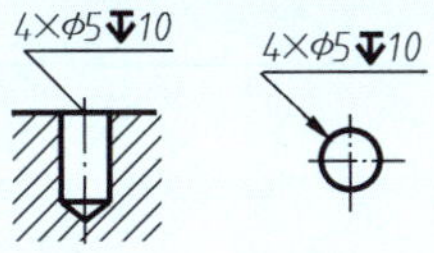	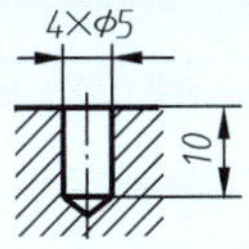	4×φ5 表示直径为 5mm 的四个光孔，孔深可与孔径连注
	精加工孔	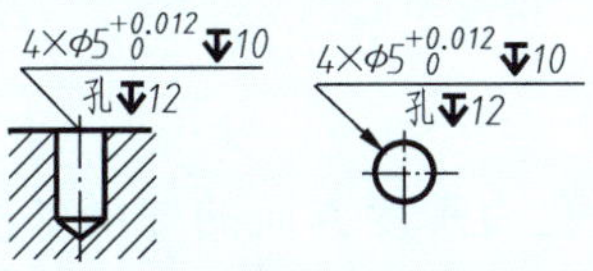	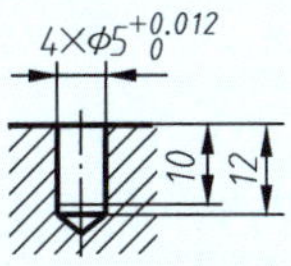	光孔深为 12mm，钻孔后需精加工至 φ5$^{+0.012}_{0}$，深度为 10mm
	锥孔	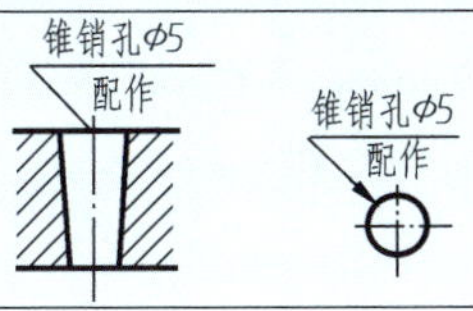	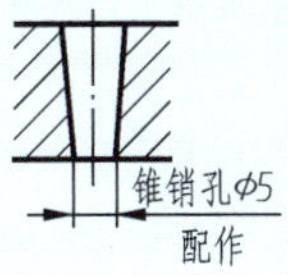	φ5mm 为与锥销孔相配的圆锥销小头直径（公称直径）。锥销孔通常是两零件装在一起后加工的，故应注明“配作”

（续）

零件结构类型		简化注法	一般注法	说明
沉孔	锥形沉孔	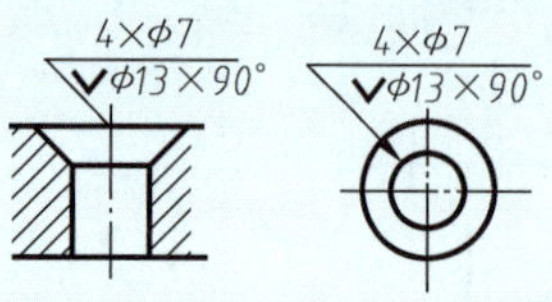	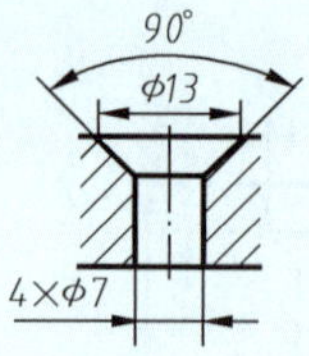	4×ϕ7 表示直径为 7mm 的四个孔。90°锥形沉孔的最大直径为 ϕ13mm
	柱形沉孔	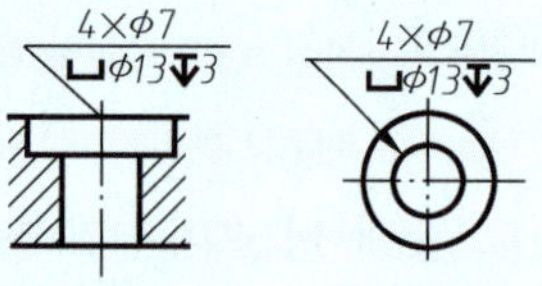	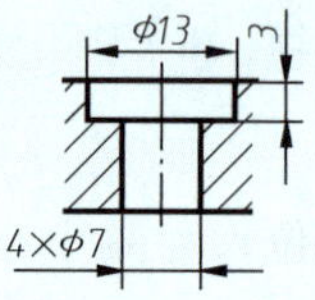	四个柱形沉孔的直径为 ϕ13mm，深度为 3mm
	锪平沉孔	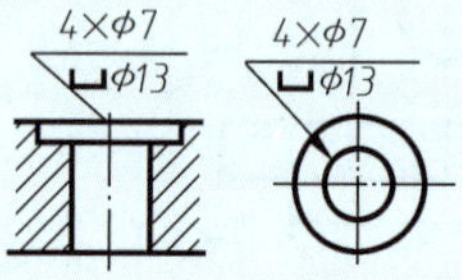	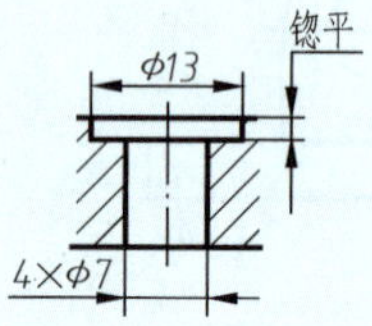	锪孔 ϕ13mm 的深度不必标注，一般锪平到不出现毛面为止
螺孔	通孔	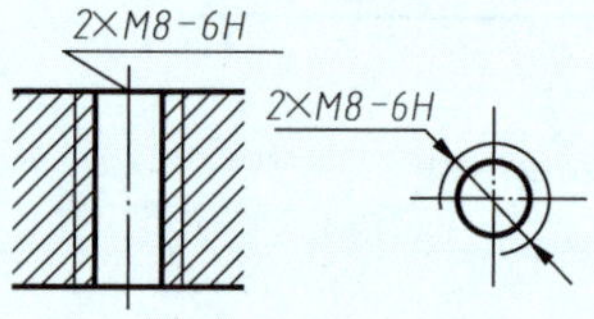	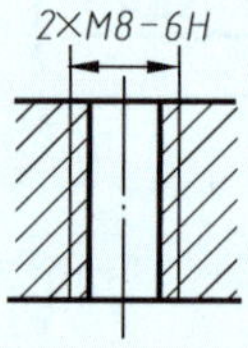	2×M8 表示公称直径为 8mm 的两螺孔，中径和顶径的公差带为 6H
	不通孔	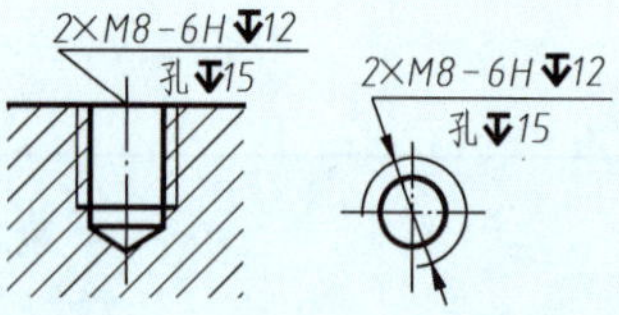	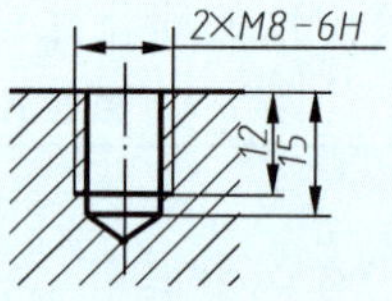	表示两个螺孔 M8 的螺纹长度为 12mm，钻孔深度为 15mm，中径和顶径的公差带代号为 6H

【任务实施】

一、选择基准

根据轴承的工作状态，高度方向应选择底面为基准，轴承孔为高度方向的辅助基准，长度方向选择左右对称面为基准，宽度方向选择轴承孔后端面为基准。

二、标注尺寸

轴承座尺寸标注如图 8-27 所示。

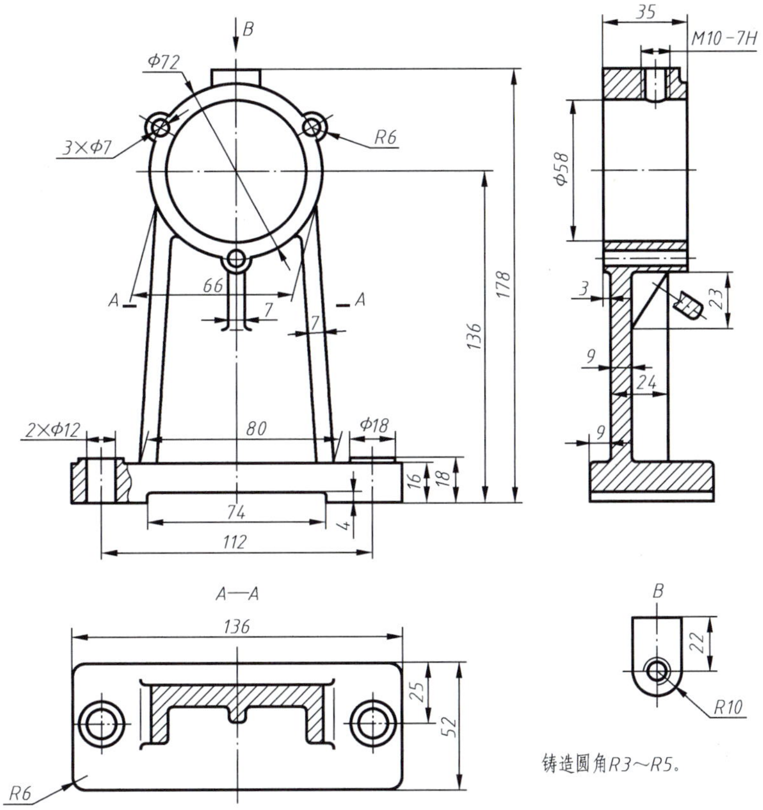

图 8-27　标注轴承座尺寸

项目二　零件图中的技术要求

零件图中除了图形和尺寸外，还有制造该零件时应满足的一些加工要求，通常称为“技术要求”，如表面粗糙度、尺寸公差、几何公差以及材料热处理等。技术要求一般用符号、代号或标记标注在图形上，或者用文字注写在图样的适当位置。

任务一　在零件图上标注表面结构要求

【任务描述】

根据要求在图 8-28 所示轴的零件图上标注以下表面结构要求：

1）ϕ50mm 圆柱外表面用去除材料方法得到的表面结构要求为 $Ra=1.6\mu m$，两侧面用去除材料方法得到的表面结构要求为 $Ra=0.8\mu m$。

2）两处 ϕ20mm 圆柱外表面用去除材料方法得到的表面结构要求为 $Ra=1.6\mu m$。

3）ϕ16mm 圆柱外表面用去除材料方法得到的表面结构要求为 $Ra=3.2\mu m$。

4）键槽两侧面用去除材料方法得到的表面结构要求为 $Ra=6.3\mu m$。

5）其余各表面用去除材料方法得到的表面结构要求为 $Ra=12.5\mu m$。

【任务分析】

如图 8-28 所示，轴各部分有不同的表面结构要求，需要一一标注正确，不能遗漏，也不能重复标注。

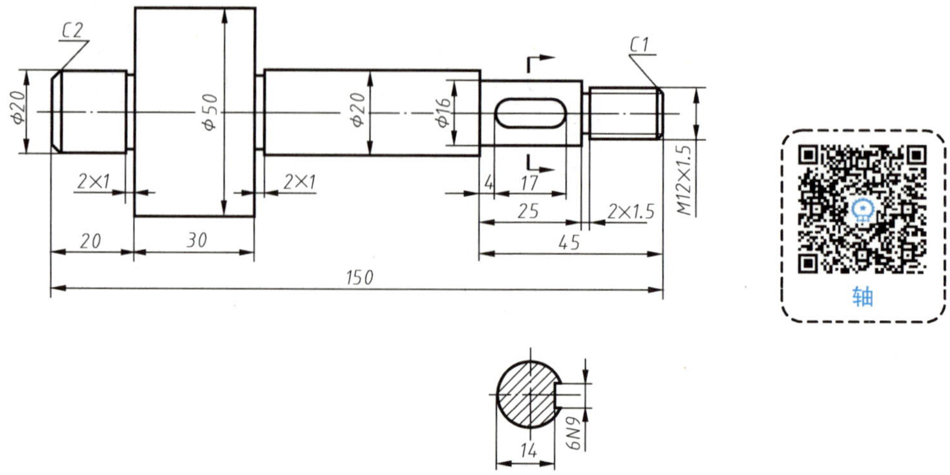

图 8-28　轴

【知识链接】

一、表面粗糙度

由于机床的振动、材料的塑性变形、刀痕等原因，经加工的零件表面看起来很光滑平整，但在显微镜下观察时，则可看到如图 8-29 所示的许多微小的高低不平的峰谷。零件加工表面上具有较小间距的峰谷所组成的微观几何形状特性，称为表面粗糙度。

表面粗糙度是评定零件表面质量的一项重要技术指标，对于零件的耐磨性、耐蚀性、密封性以及配合质量等都有显著影响，是零件图中必不可少的一项技术要求。表面粗糙度的选用应该既满足零件表面的功能要求，又要考虑经济合理。一般情况下，表面粗糙度参数值越小，表面质量越高，加工成本也越高。因此，应根据零件表面的作用，选择适当的表面粗糙度。

国家标准规定了评定表面粗糙度的几个主要参数，其中，轮廓参数是我国机械图样中最常用的评定参数，评定粗糙度轮廓有两个高度参数 *Ra* 和 *Rz*。

（1）轮廓算术平均偏差 *Ra*　在一个取样长度内，轮廓偏距绝对值的算术平均值称为轮廓算术平均偏差。

（2）轮廓最大高度 *Rz*　在一个取样长度内，最大轮廓峰高与最大轮廓谷深之间的距离称为轮廓最大高度。

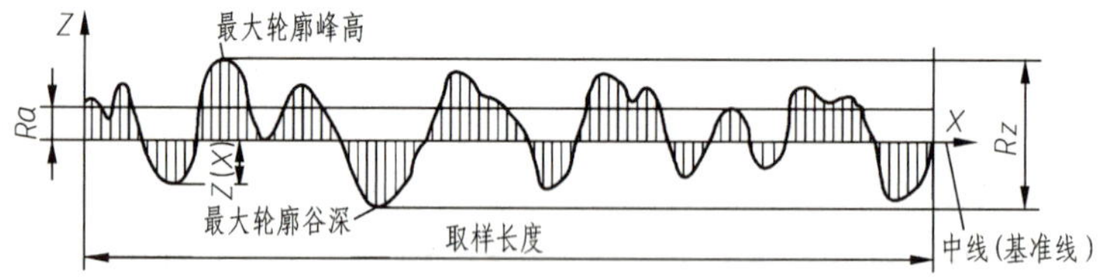

图 8-29　轮廓算术平均偏差 *Ra* 和轮廓最大高度 *Rz*

二、表面结构的图形符号

在国家标准 GB/T 131—2006 中规定了表面结构的图形符号，见表 8-2。

表 8-2　表面结构的图形符号

符号	说　明
√	基本图形符号，仅用于简化代号标注，没有补充说明时不能单独使用

（续）

符号	说　明
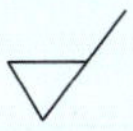	扩展图形符号。在基本符号上面加一横线，表明指定表面是用去除材料的方法获得的，如通过车、铣、刨、磨、钻、抛光、腐蚀、电火花等机械加工方法获得的表面
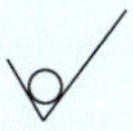	扩展图形符号。在基本符号上面加一个圆圈，表明指定表面是用不去除材料的方法获得的，如通过铸、锻、冲压变形、热轧、冷轧、粉末冶金等方法获得的表面
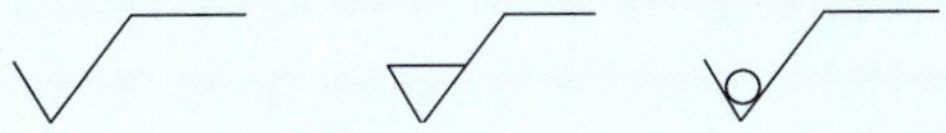	完整图形符号。当要求标注表面结构特征的补充信息时，在基本图形符号和扩展图形符号的长边上加一横线
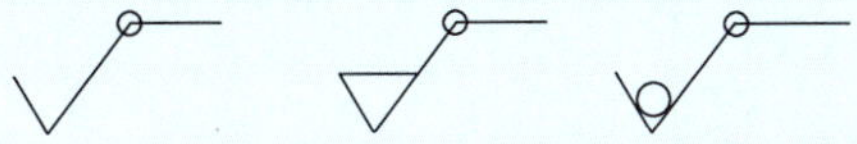	当在图样某个视图上构成封闭轮廓的各表面有相同的表面结构要求时，应在完整图形符号上加一圆圈，并且标注在图样中工件的封闭轮廓线上，如下图所示 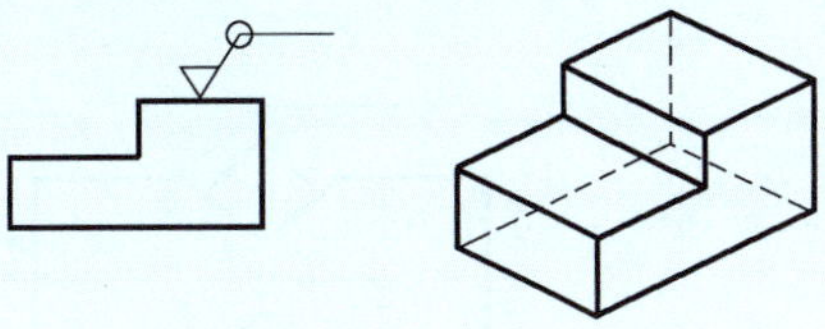

三、表面结构图形符号的画法和尺寸

表面结构图形符号的画法如图 8-30 所示，图形符号及附加标注的尺寸见表 8-3。

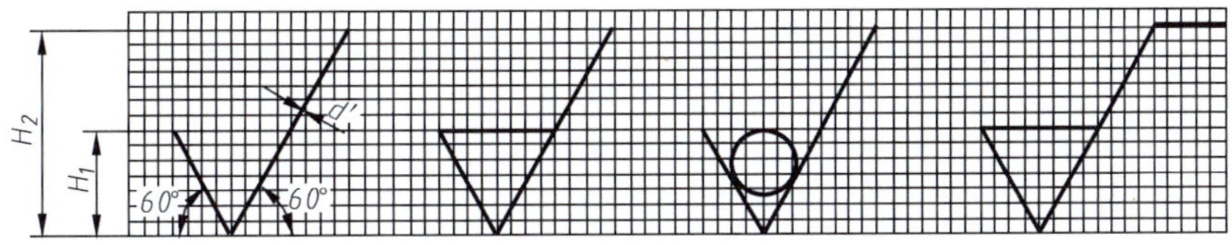

图 8-30　表面结构图形符号的画法

表 8-3　表面结构图形符号的尺寸　（单位：mm）

数字和字母的高度	2.5	3.5	5	7	10	14	20
符号线宽 d'	0.25	0.35	0.5	0.7	1	1.4	2
字母线宽 d	0.25	0.35	0.5	0.7	1	1.4	2
高度 H_1	3.5	5	7	10	14	20	28
高度 H_2（最小值）	7.5	10.5	15	21	30	42	60

四、表面结构要求在图形符号中的注写位置

为了明确表面结构要求，除了标注表面结构参数和数值外，必要时应标注补充要求，包括取样长度、加工工艺、表面纹理及方向、加工余量等。这些要求在图形符号中的注写位置如图 8-31 所示。

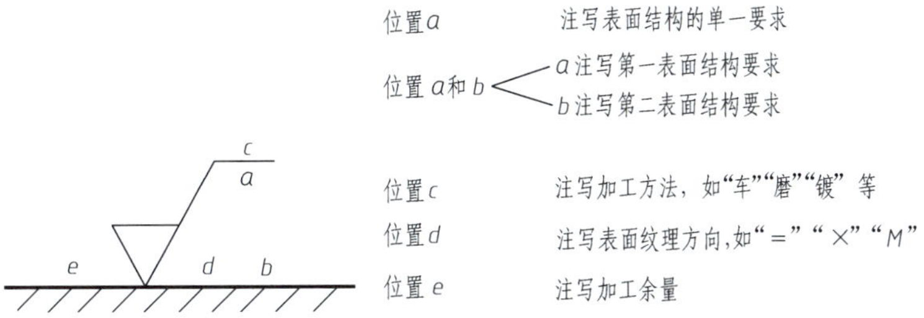

图 8-31　补充要求的注写位置

五、表面结构的标注

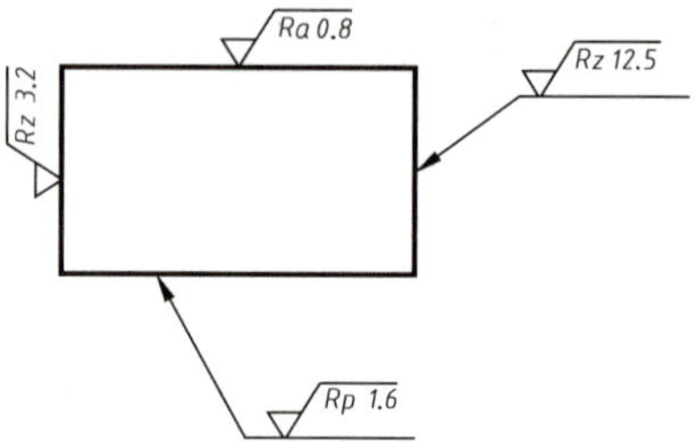

图 8-32　表面结构要求的注写方向

表面结构要求对每一表面一般只标注一次，并尽可能标注在相应的尺寸及公差所在的同一视图上。除非另有说明，否则所标注的表面结构要求均是对完工零件表面的要求。

（1）表面结构符号、代号的标注方向　表面结构要求的注写和读取方向应与尺寸的注写和读取方向一致，如图 8-32 所示。

（2）表面结构要求的标注　表面结构要求在图样中的标注位置和方向见表 8-4。

表 8-4　表面结构要求在图样中的标注位置和方向

标注位置	标注图例	说　明
标注在轮廓线或其延长线上	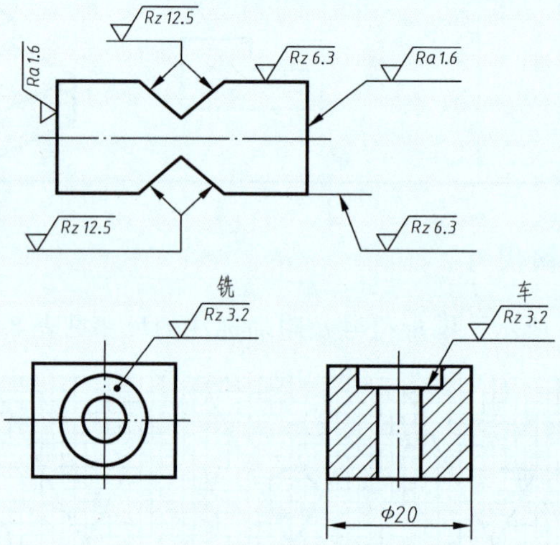	其符号应从材料外指向并接触表面或其延长线，或用箭头指向表面或其延长线，必要时可以用黑点或箭头引出标注
标注在特征尺寸的尺寸线上	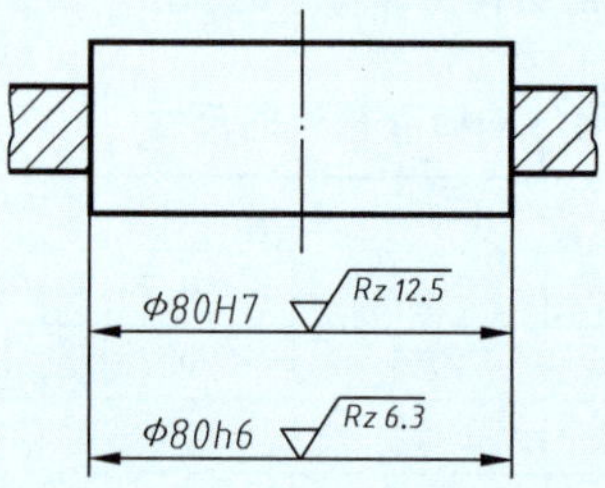	在不至于引起误解时，表面结构要求可以标注在给定的尺寸线上
标注在几何公差框格的上方	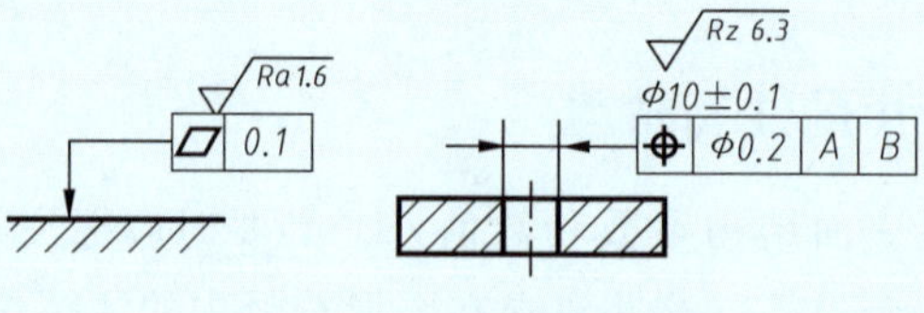	表面结构要求可以标注在几何公差框格的上方
标注在圆柱和棱柱表面上	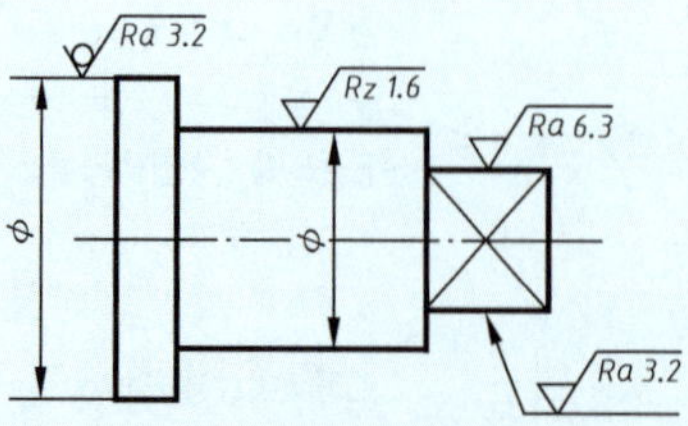	圆柱和棱柱表面的结构要求只标注一次，如果每个表面有不同的表面结构要求，则应分别单独标注

（3）表面结构要求的简化注法　表面结构要求的简化注法见表 8-5。

表 8-5　表面结构要求的简化注法

<table>
<tr><th>项目</th><th colspan="2">标注图例</th><th>说明</th></tr>
<tr><td rowspan="2">有相同表面结构要求的简化注法</td><td colspan="2">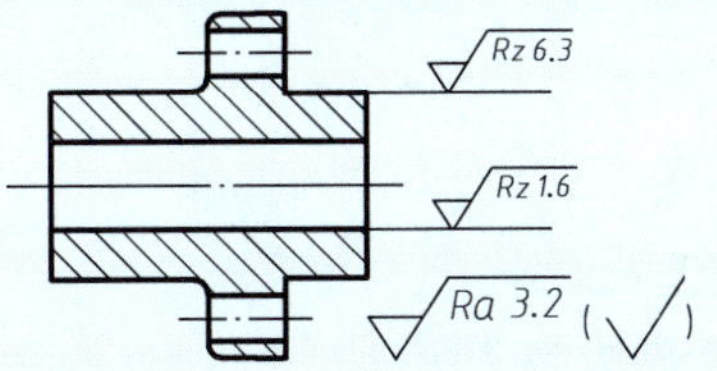
注：在圆括号内给出无任何其他标注的基本符号</td><td rowspan="2">如果工件的多数(包括全部)表面有相同的表面结构要求，则其表面结构要求可统一标注在图样的标题栏附近。此时(除全部表面有相同要求的情况外)，表面结构符号的后面应有表示无任何其他标注的基本符号或不同的表面结构要求</td></tr>
<tr><td colspan="2">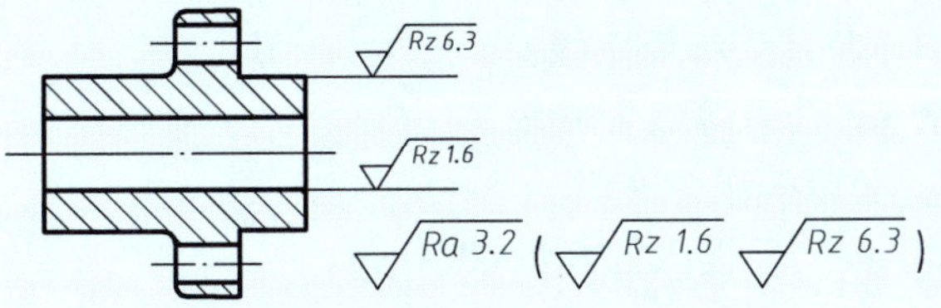
注：在圆括号内给出不同的表面结构要求</td></tr>
<tr><td rowspan="2">多个表面有共同要求的注法</td><td>用带字母的完整符号的简化注法</td><td>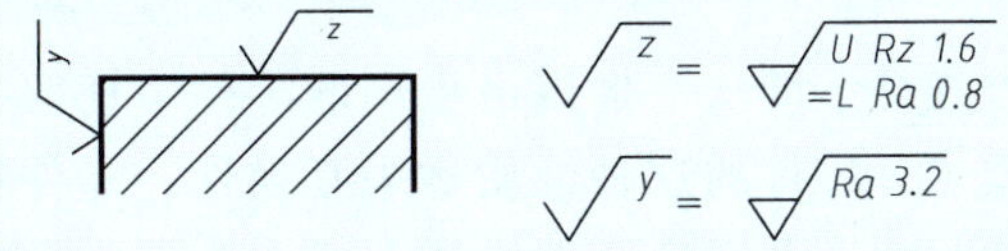</td><td>当多个表面具有相同的表面结构要求或图样空间有限时，可以采用简化注法</td></tr>
<tr><td>只用表面结构符号的简化注法</td><td>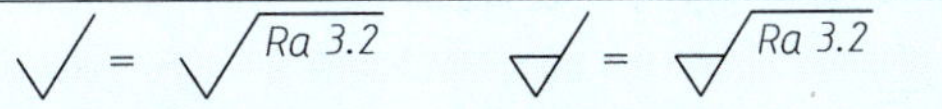
注：未指定工艺方法的多个表面结构要求的简化注法　注：要求去除材料的多个表面结构要求的简化注法

注：不允许去除材料的多个表面结构要求的简化注法</td><td>可以用表面结构符号，以等式的形式给出对多个表面共同的表面结构要求</td></tr>
</table>

（4）两种或多种工艺获得同一表面的表面粗糙度要求的注法　由几种不同的工艺方法获得的同一表面，当需要明确每种工艺方法的表面结构要求时，可按图 8-33 所示的方法标注，Fe/Ep · Cr25b 表示钢件，镀铬。

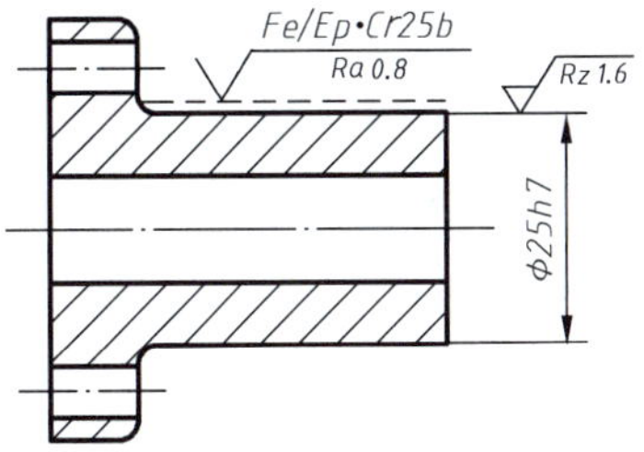

图 8-33　不同工艺获得同一表面的表面结构要求的注法

【任务实施】

标注图 8-28 所示轴的表面粗糙度，如图 8-34 所示。

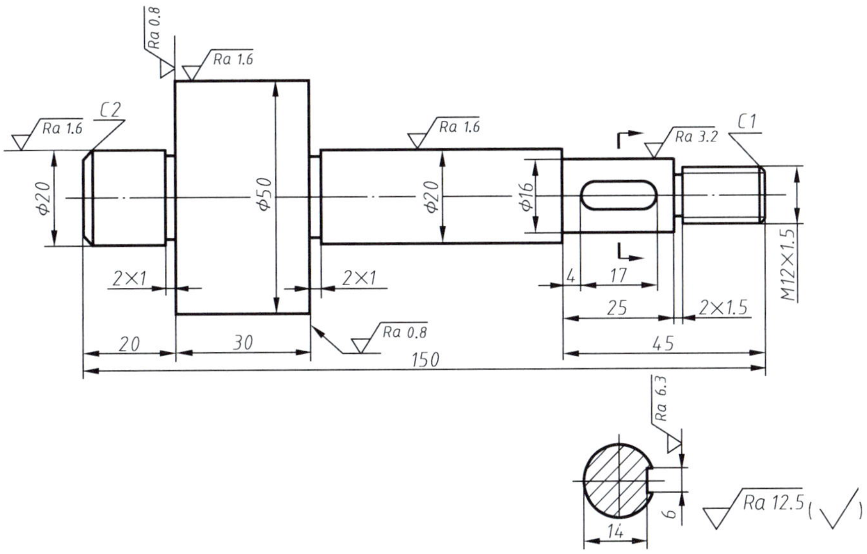

图 8-34　轴（标注表面粗糙度）

任务二　在零件图上标注尺寸公差

【任务描述】

根据要求在图 8-34 所示轴上标注尺寸公差：

1）尺寸 ϕ50mm 基本偏差代号为 f，公差等级为 7 级。

2）两处尺寸 ϕ20mm 基本偏差代号为 f，公差等级为 7 级。

3）尺寸 30mm 基本偏差代号为 f，公差等级为 7 级。

4）尺寸 ϕ16mm 基本偏差代号为 k，公差等级为 6 级。

5）键槽宽度基本偏差代号为 N，公差等级为 9 级。

6）键槽深度尺寸上极限偏差为 0mm，下极限偏差为-0.1mm。

【任务分析】

大规模生产要求零件具有互换性，即从一批规格相同的零件中任取一件，不经修配就能立即装到机器或部件上，并能保证使用要求，零件的这种性质称为互换性。零件具有互换性，不仅给机器的装配、维修带来了方便，而且能满足生产部门广泛的协作要求，为大批量生产、缩短生产周期及降低成本提供了有利条件。

为使零件具有互换性，必须保证零件的结构形状、尺寸、技术要求等的一致性。就尺寸而言，互换性并不是要求将零件都加工成一个指定的尺寸，而只是限定其在一个合理的范围内变动；对于相互配合的零件，这个范围要求在使用和制造上是合理的、经济的，并保证相互配合的尺寸之间形成一定的配合关系，以满足不同的使用要求，由此产生了极限与配合制度。

【知识链接】

一、尺寸公差

为保证零件之间的互换性，应对其尺寸规定一个允许变动的范围，这个允许尺寸变动的量称为尺寸公差，简称公差。零件加工后测量出的尺寸（即实际尺寸），只要在尺寸允许变动的范围内，该尺寸就是合格的。以图 8-35 所示圆柱孔尺寸为例，简要说明关于尺寸公差的一些名词。

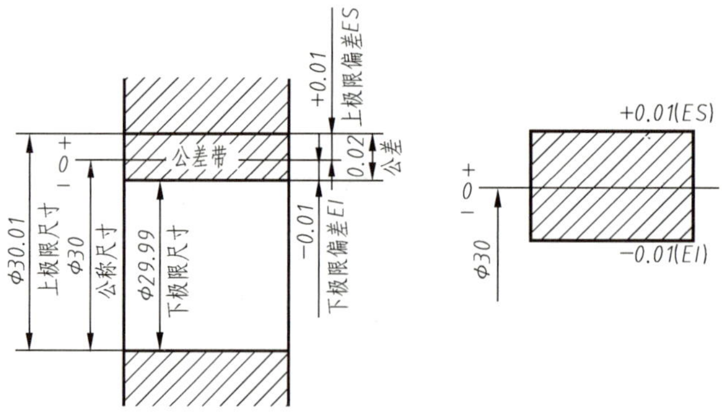

a) 尺寸公差　　b) 公差带图

图 8-35　尺寸公差名词解释与公差带图

（1）公称尺寸　指设计给定的尺寸，如 ϕ30mm。

（2）极限尺寸　允许尺寸变化的两个极限值，即上极限尺寸和下极限尺寸。

上极限尺寸：30mm+0.01mm=30.01mm。

下极限尺寸：30mm−0.01mm=29.99mm。

（3）实际尺寸　零件经过测量所得到的尺寸，若实际尺寸在上极限尺寸和下极限尺寸之间，即为合格。

（4）极限偏差　极限尺寸与公称尺寸的代数差。上极限尺寸减其公称尺寸所得的代数差为上极限偏差；下极限尺寸减其公称尺寸所得的代数差为下极限偏差。孔的上、下极限偏差分别用 ES 和 EI 表示；轴的上、下极限偏差分别用 es 和 ei 表示。

上极限偏差：ES=30.01mm−30mm=+0.01mm。

下极限偏差：EI=29.99mm−30mm=−0.01mm。

（5）尺寸公差　允许尺寸的变动量，即上极限尺寸与下极限尺寸之差 30.01mm−29.99mm=0.02mm，也等于上极限偏差减去下极限偏差 0.01mm−(−0.01mm)=0.02mm。公差总是大于零的正数。

（6）公差带　在公差带图中，由代表上、下极限偏差的两条直线限定的区域。它是由公差大小和基本偏差（确定公差带相对公称尺寸位置的那个极限偏差）来确定的。

二、标准公差与基本偏差

国家标准 GB/T 1800.1—2020 中规定，公差带是由标准公差和基本偏差组成的。标准公差确定公差带的大小，基本偏差确定公差带的位置，如图 8-36 所示。

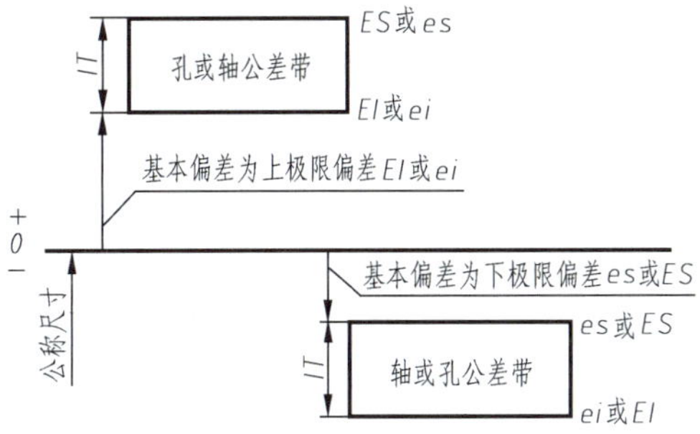

图 8-36　公差带大小及位置

（1）标准公差　由国家标准规定的公差值，其大小由两个因素决定，一个是公差等级，另一个是公称尺寸。公差等级用来确定尺寸的精确程度。国家标准将标准公差分为 20 级，即 IT01、IT0、IT1、IT2、…、IT18。IT 表示标准公差，数字表示公差等级。IT01 公差最小，尺寸精度最高；IT18 公差最大，尺寸精度最低。公称尺寸在 3150mm 内的各级标准公差的数值见表 8-6。

表 8-6　标准公差数值（摘自 GB/T 1800.1—2020）

公称尺寸/mm		标准公差等级																			
		IT01	IT0	IT1	IT2	IT3	IT4	IT5	IT6	IT7	IT8	IT9	IT10	IT11	IT12	IT13	IT14	IT15	IT16	IT17	IT18
大于	至	标准公差数值																			
		μm													mm						
—	3	0.3	0.5	0.8	1.2	2	3	4	6	10	14	25	40	60	0.1	0.14	0.25	0.4	0.6	1	1.4
3	6	0.4	0.6	1	1.5	2.5	4	5	8	12	18	30	48	75	0.12	0.18	0.3	0.48	0.75	1.2	1.8
6	10	0.4	0.6	1	1.5	2.5	4	6	9	15	22	36	58	90	0.15	0.22	0.36	0.58	0.9	1.5	2.2
10	18	0.5	0.8	1.2	2	3	5	8	11	18	27	43	70	110	0.18	0.27	0.43	0.7	1.1	1.8	2.7
18	30	0.6	1	1.5	2.5	4	6	9	13	21	33	52	84	130	0.21	0.33	0.52	0.84	1.3	2.1	3.3
30	50	0.6	1	1.5	2.5	4	7	11	16	25	39	62	100	160	0.25	0.39	0.62	1	1.6	2.5	3.9
50	80	0.8	1.2	2	3	5	8	13	19	30	46	74	120	190	0.3	0.46	0.74	1.2	1.9	3	4.6
80	120	1	1.5	2.5	4	6	10	15	22	35	54	87	140	220	0.35	0.54	0.87	1.4	2.2	3.5	5.4
120	180	1.2	2	3.5	5	8	12	18	25	40	63	100	160	250	0.4	0.63	1	1.6	2.5	4	6.3
180	250	2	3	4.5	7	10	14	20	29	46	72	115	185	290	0.46	0.72	1.15	1.85	2.9	4.6	7.2
250	315	2.5	4	6	8	12	16	23	32	52	81	130	210	320	0.52	0.81	1.3	2.1	3.2	5.2	8.1
315	400	3	5	7	9	13	18	25	36	57	89	140	230	360	0.57	0.89	1.4	2.3	3.6	5.7	8.9
400	500	4	6	8	10	15	20	27	40	63	97	155	250	400	0.63	0.97	1.55	2.5	4	6.3	9.7
500	630			9	11	16	22	32	44	70	110	175	280	440	0.7	1.1	1.75	2.8	4.4	7	11
630	800			10	13	18	25	36	50	80	125	200	320	500	0.8	1.25	2	3.2	5	8	12.5

（续）

公称尺寸/mm		标准公差等级																			
		IT01	IT0	IT1	IT2	IT3	IT4	IT5	IT6	IT7	IT8	IT9	IT10	IT11	IT12	IT13	IT14	IT15	IT16	IT17	IT18
大于	至	标准公差数值																			
		μm													mm						
800	1000			11	15	21	28	40	56	90	140	230	360	560	0.9	1.4	2.3	3.6	5.6	9	14
1000	1250			13	18	24	33	47	66	105	165	260	420	660	1.05	1.65	2.6	4.2	6.6	10.5	16.5
1250	1600			15	21	29	39	55	78	125	195	310	500	780	1.25	1.95	3.1	5	7.8	12.5	19.5
1600	2000			18	25	35	46	65	92	150	230	370	600	920	1.5	2.3	3.7	6	9.2	15	23
2000	2500			22	30	41	55	78	110	175	280	440	700	1100	1.75	2.8	4.4	7	11	17.5	28
2500	3150			26	36	50	68	96	135	210	330	540	860	1350	2.1	3.3	5.4	8.6	13.5	21	33

（2）基本偏差　用以确定公差带相对公称尺寸位置的那个极限偏差，一般指靠近公称尺寸位置的那个偏差（上极限偏差或下极限偏差）。基本偏差代号用字母或字母组合表示，孔用大写字母表示，轴用小写字母表示。GB/T 1800.1—2020 对孔和轴各规定了 28 个基本偏差，如图 8-37 所示。

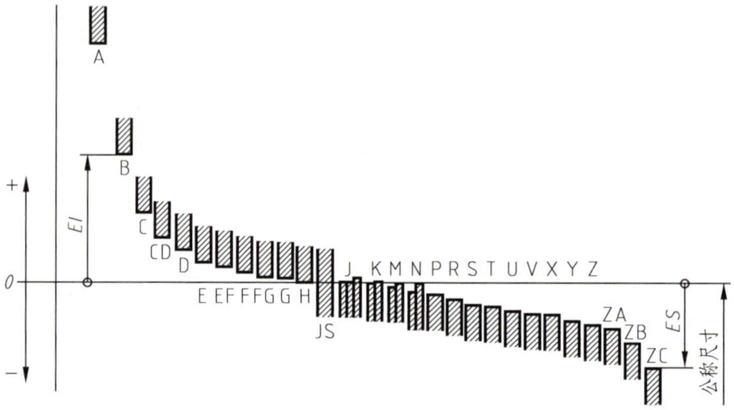

a) 孔(内尺寸要素)

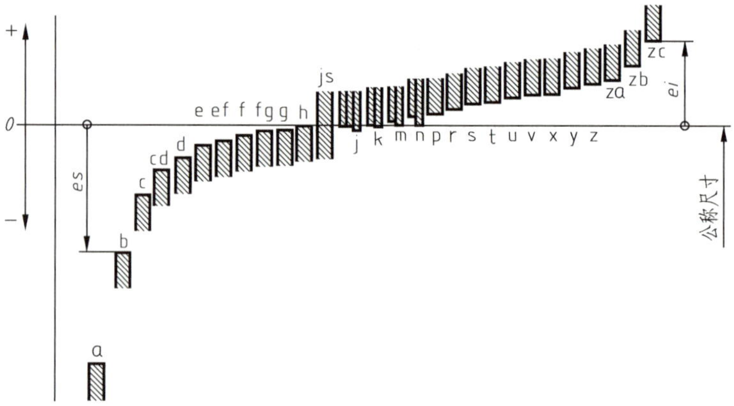

b) 轴(外尺寸要素)

图 8-37　基本偏差系列

从基本偏差系列图中可以看到：孔的基本偏差 A～H 为下极限偏差，J～ZC 为上极限偏差；轴的基本偏差 a～h 为上极限偏差，j～zc 为下极限偏差；JS 和 js 的公差带对称分布于公称尺寸位置两边，孔和轴的上、下极限偏差分别是+IT/2、−IT/2。

基本偏差系列图只表示公差带的位置，不表示公差的大小，因此，公差带一端是开口的，由标准公差限定。

(3) 公差带代号　由基本偏差代号与公差等级代号组成，例如：

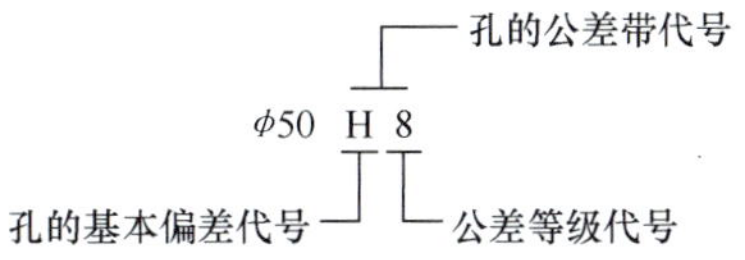

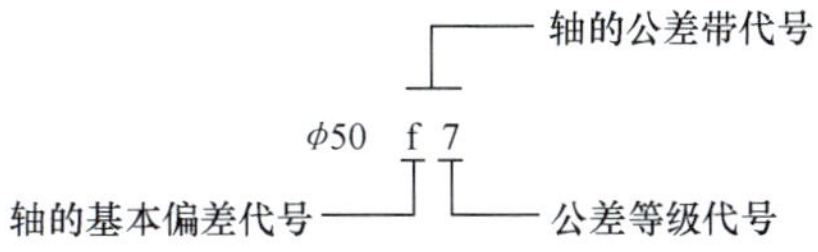

三、配合

公称尺寸相同的两个互相结合的孔和轴公差带之间的关系，称为配合。根据使用要求不同，国家标准规定配合分为三类：间隙配合、过盈配合、过渡配合。

(1) 间隙配合　孔与轴配合时，孔的公差带在轴的公差带之上，具有间隙（包括最小间隙等于零）的配合，如图 8-38a 所示。

(2) 过盈配合　孔与轴配合时，孔的公差带在轴的公差带之下，具有过盈（包括最小过盈等于零）的配合，如图 8-38b 所示。

(3) 过渡配合　孔与轴配合时，孔的公差带与轴的公差带相互交叠，可能具有间隙或过盈的配合，如图 8-38c 所示。

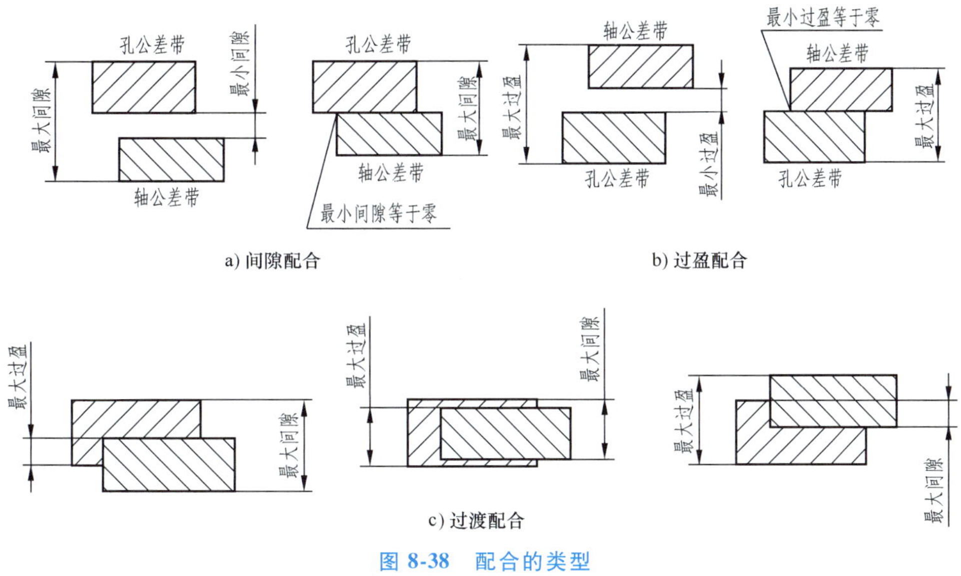

a) 间隙配合　　b) 过盈配合

c) 过渡配合

图 8-38　配合的类型

四、配合制

在制造相互配合的零件时，使其中一种零件作为基准件，它的基本偏差固定，通过改变另一种零件的基本偏差来获得各种不同性质配合的制度，称为配合制。国家标准规定了两种配合制，即基孔制和基轴制。

(1) 基孔制　基本偏差为一定的孔的公差带，与不同基本偏差的轴的公差带形成各种配合的一种制度，如图 8-39 所示。基孔制配合中的孔称为基准孔。基准孔的下极限偏差为零，并用代号 H 表示。

(2) 基轴制　基本偏差为一定的轴的公差带，与不同基本偏差的孔的公差带形成各种配合的一种制度，如图 8-40 所示。基轴制配合中的轴称为基准轴，基准轴的上极限偏差为零，并用代号 h 表示。

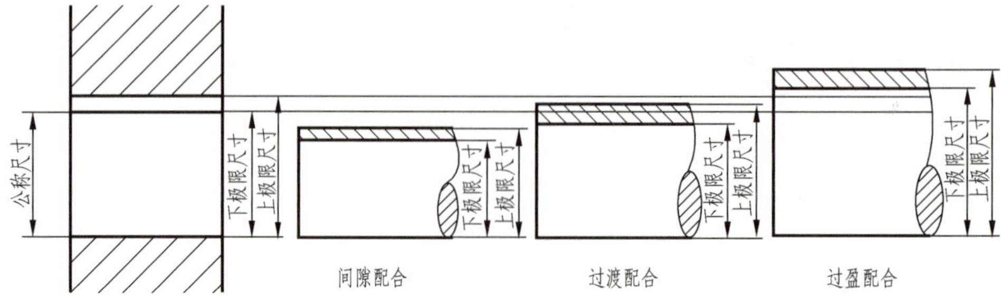

图 8-39　基孔制配合

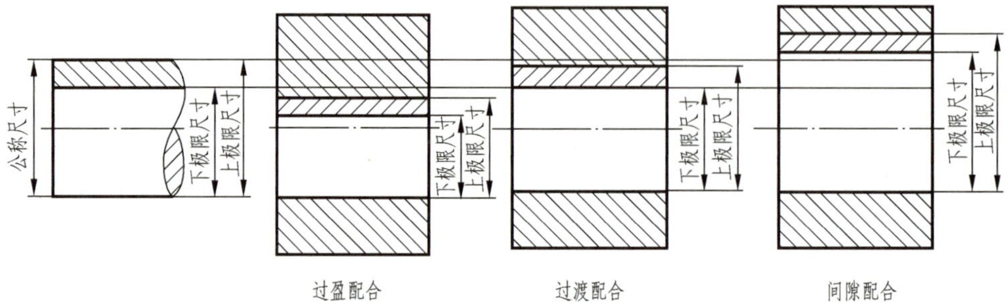

图 8-40　基轴制配合

由于孔的加工难度比轴的大，国家标准中规定，优先选用基孔制配合。同时，采用基孔制可以减少加工孔所需要的定值刀具的品种和数量，降低生产成本。

五、优先、常用配合

20 个标准公差等级和 28 种基本偏差可组成大量的配合。为了便于生产制造，国家标准规定了基孔制和基轴制的优先配合和常用配合，见表 8-7、表 8-8。选择时，首先选用表中的优先配合，其次选用常用配合。

表 8-7　基孔制优先、常用配合（GB/T 1800. 1—2020）

基准孔	轴公差带代号																
	间隙配合							过渡配合				过盈配合					
H6						g5	h5	js5	k5	m5	n5	p5					
H7					f6	g6	h6	js6	k6	m6	n6	p6	r6	s6	t6	u6	x6
H8				e7	f7		h7	js7	k7	m7				s7		u7	
			d8	e8	f8		h8										
H9			d8	e8	f8		h8										
H10	b9	c9	d9	e9			h9										
H11	b11	c11	d10				h10										

注：优先选择框中的公差带代号。

表 8-8　基轴制优先、常用配合（GB/T 1800. 1—2020）

基准轴	孔公差带代号																
	间隙配合							过渡配合				过盈配合					
h5						G6	H6	JS6	K6	M6	N6	P6					
h6					F7	G7	H7	JS7	K7	M7	N7	P7	R7	S7	T7	U7	X7
h7				E8	F8		H8										
h8			D9	E9	F9		H9										
h9				E8	F8		H8										
			D9	E9	F9		H9										
	B11	C10	D10				H10										

注：优先选择框中公差带代号。

六、极限与配合在图样中的标注

1. 在零件图中的标注

极限与配合在零件图中标注有三种形式，如图 8-41 所示。

（1）标注公差带代号（图 8-41a） 公差带代号由基本偏差代号及标准公差等级代号组成，注在公称尺寸的右边，代号字体与尺寸数字字体的高度相同。这种注法一般用于大批量生产，由专用量具检验零件的尺寸。

（2）标注极限偏差（图 8-41b） 上极限偏差标注在公称尺寸的右上方，下极限偏差与公称尺寸注在同一底线上，偏差数字的字体比尺寸数字字体小一号，小数点必须对齐，小数点后的位数也必须相同。当某一偏差为“零”时，用数字“0”标出，并与上极限偏差或下极限偏差的小数点前的个位数对齐。这种注法用于少量或单件生产。

当上、下极限偏差数值相同时，偏差值只需要注一次，并在偏差值与公称尺寸之间注出“±”符号，偏差数值的字体高度与公称尺寸数字的字体相同。

注意：所注的上、下极限偏差的单位为 mm。

（3）公差带代号与极限偏差一起标注（图 8-41c） 偏差数值注在尺寸公差带代号之后，并加圆括号。这种注法在设计过程中因便于审图，故使用较多。

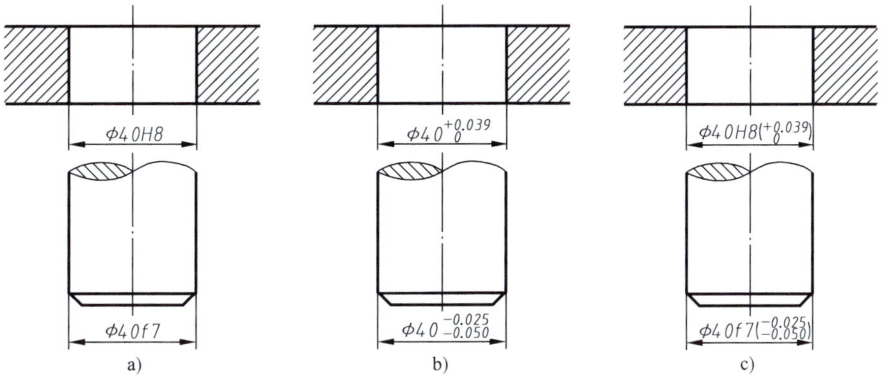

图 8-41 极限与配合在零件图中的标注

2. 在装配图中的注法

在装配图上标注极限与配合时，其代号必须在公称尺寸的右边，用分数形式注出，分子为孔的公差带代号，分母为轴的公差带代号。其注写形式有三种，如图 8-42a、b、c 所示。当标注标准件、外购件与零件的配合关系时，可仅标注相配零件的公差带代号，如图 8-42d 所示滚动轴承与轴和孔的配合尺寸 ϕ62JS7 和 ϕ30k6。

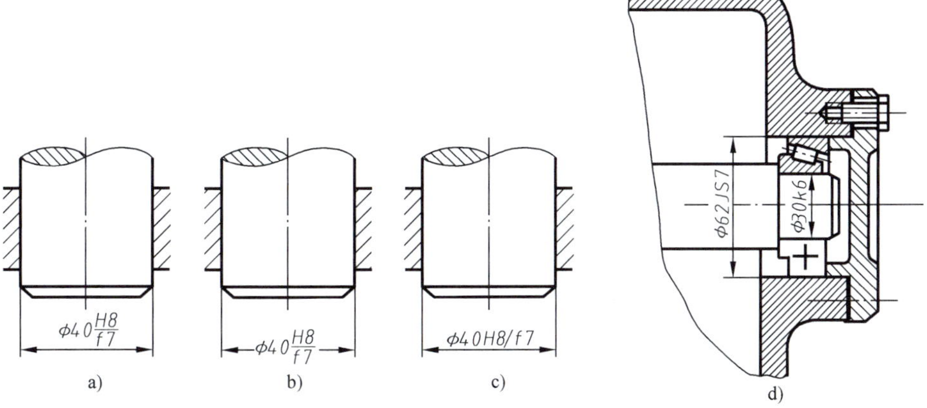

图 8-42 极限与配合在装配图中的标注

【任务实施】

标注图 8-28 所示轴的尺寸公差，如图 8-43 所示。

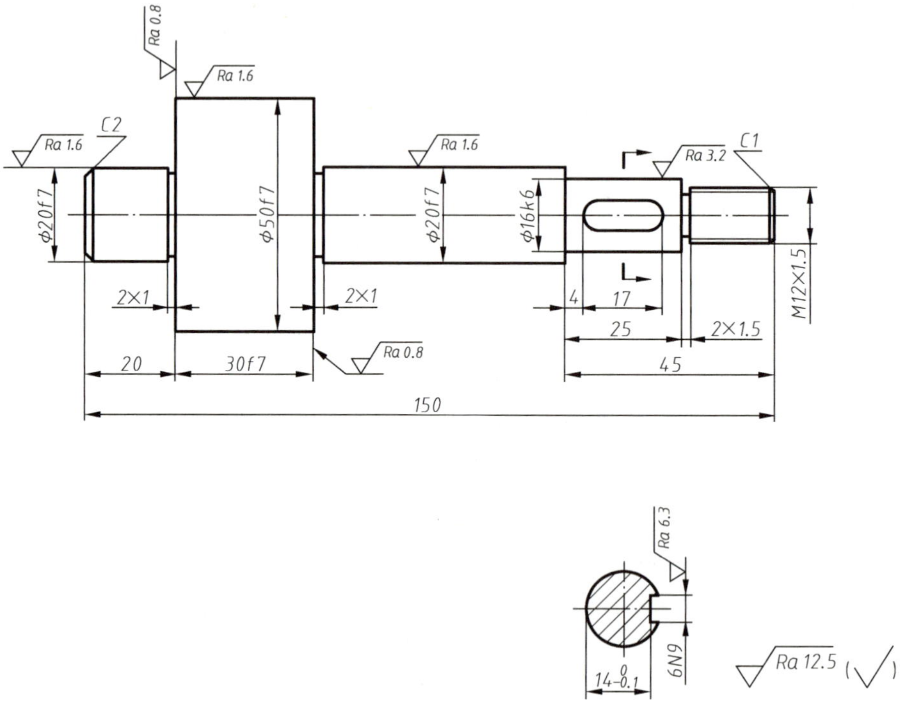

图 8-43　轴（标注尺寸公差）

任务三　在零件图上标注几何公差

【任务描述】

根据要求在图 8-43 所示轴上标注几何公差：

1）ϕ50f7 圆柱外表面圆柱度要求为 0. 05mm。

2）ϕ50f7 圆柱左端面相对于两处 ϕ20f7 圆柱轴线的垂直度要求为 0. 015mm。

3）ϕ50f7 圆柱轴线相对于两处 ϕ20f7 圆柱轴线的同轴度要求为 ϕ0. 05mm。

4）ϕ20f7 圆柱表面相对于两处 ϕ20f7 圆柱轴线的圆跳动要求为 0. 015mm。

【任务分析】

由于零件的表面形状和相对位置的误差过大会影响机器的性能，因此对精度要求高的零件，除了尺寸精度外，还应控制其形状和位置的误差。对形状和位置误差的控制是通过几何公差来实现的。在零件图样上正确标注几何公差十分重要。

【知识链接】

一、几何公差的几何特征及符号

GB/T 1182—2018 对几何公差的特征项目、名词、术语、代号、数值、标注方法等都做了明确规定。几何公差的几何特征符号见表 8-9。

表 8-9　几何公差的几何特征符号（GB/T 1182—2018）

公差类型	几何特征	符号	有无基准
形状公差	直线度	—	无
	平面度	▱	无
	圆度	○	无
	圆柱度	⌭	无
	线轮廓度	⌒	无
	面轮廓度	⌓	无
方向公差	平行度	//	有
	垂直度	⊥	有
	倾斜度	∠	有
	线轮廓度	⌒	有
	面轮廓度	⌓	有
位置公差	位置度	⌖	有或无
	同心度（用于中心点）	◎	有
	同轴度（用于轴线）	◎	有
	对称度	⌯	有
	线轮廓度	⌒	有
	面轮廓度	⌓	有
跳动公差	圆跳动	↗	有
	全跳动	⌰	有

二、几何公差的标注

1. 公差框格

用公差框格标注几何公差时，公差要求注写在划分成两格或多格的矩形框格内，框格中的内容从左到右按几何特征符号、公差值、基准字母的次序填写，其标注的基本形式及其框格、几何特征符号、数字规格、基准三角形的画法等如图 8-44 所示。

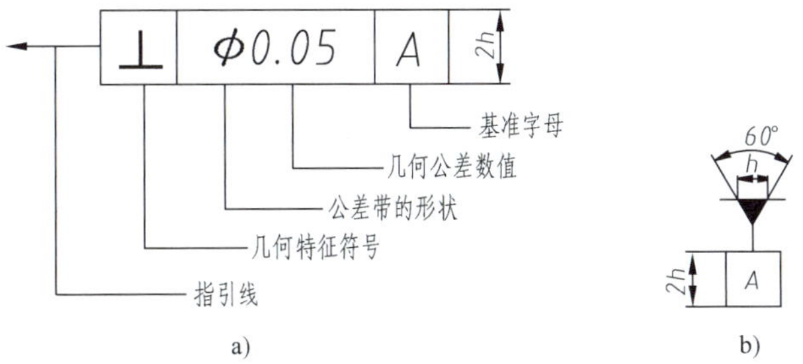

图 8-44　几何公差代号及基准代号

2. 被测要素的标注

用带箭头的指引线将框格与被测要素相连，按以下方式标注：

1）当被测要素为轮廓线或表面时，如图 8-45 所示，将箭头置于被测要素的轮廓线或轮廓线的延长线上，但必须与尺寸线明显地错开。箭头也可指向引出线的水平线，引出线引自被测面。

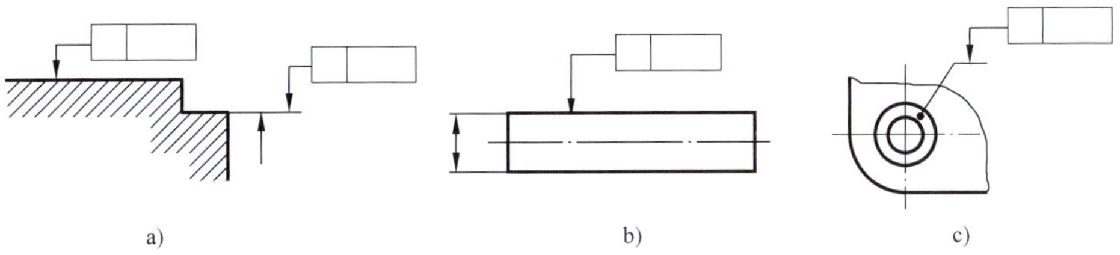

图 8-45　被测要素为轮廓线或表面

2）当被测要素为轴线、对称面时，带箭头的指引线应与尺寸线对齐，如图 8-46 所示。

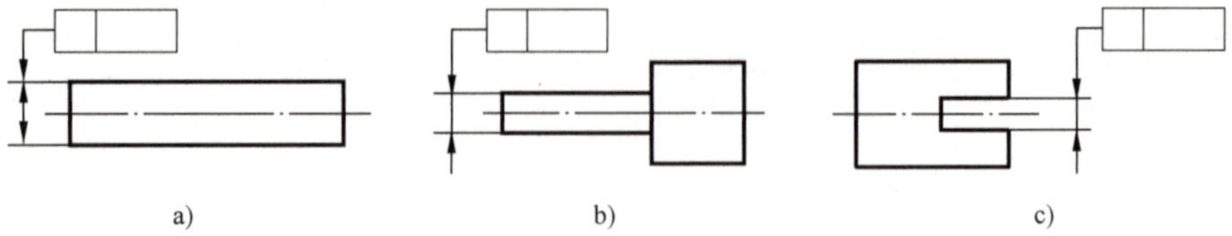

图 8-46　被测要素为轴线和对称面

3. 基准要素的标注

1）当基准要素是轮廓线或表面时，如图 8-47 所示，基准符号置于要素的外轮廓线上或它的延长线上，但应与尺寸线明显地错开。

2）当基准要素是轴线或对称面时，则基准三角形应与尺寸线对齐。若尺寸线安排不下两个箭头，则另一个箭头可用基准三角形代替，如图 8-48 所示。

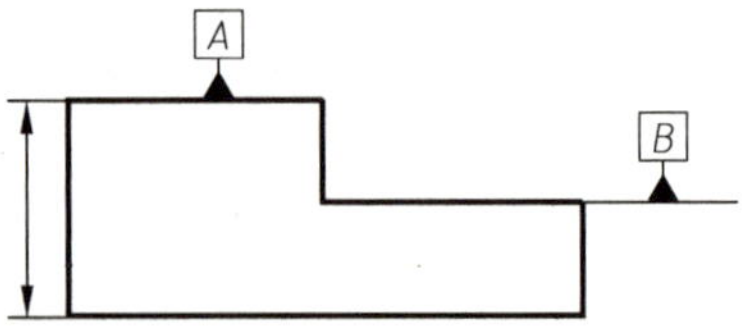

图 8-47　基准要素为轮廓线或表面

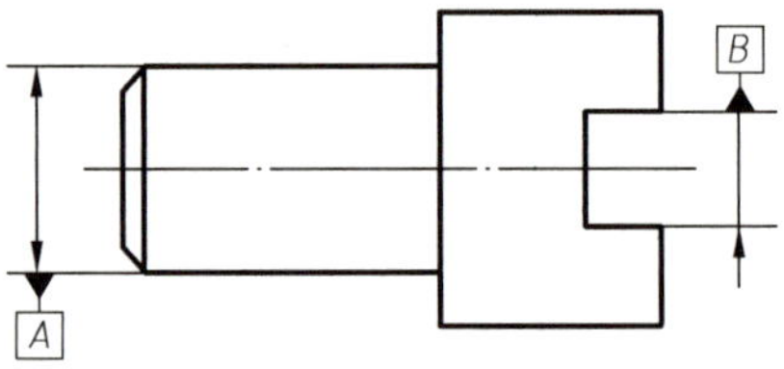

图 8-48　基准要素是轴线或对称面

3）当多个被测的要素有相同的几何公差要求时，可以从一个框格内的同一端引出多个指示箭头，如图 8-49a 所示；当同一个被测要素有多项几何公差要求时，可在一个指引线上画出多个公差框格，如图 8-49b 所示。

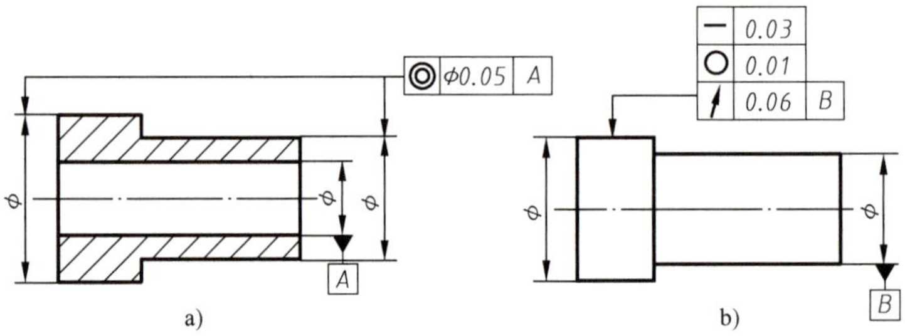

图 8-49　多个被测要素或多项几何公差要求

4）由两个或两个以上的被测要素组成的基准称为公共基准，如图 8-50 所示的公共轴线。应将公共基准的各个字母用横线连接起来，并书写在公差框格的同一个格子内。

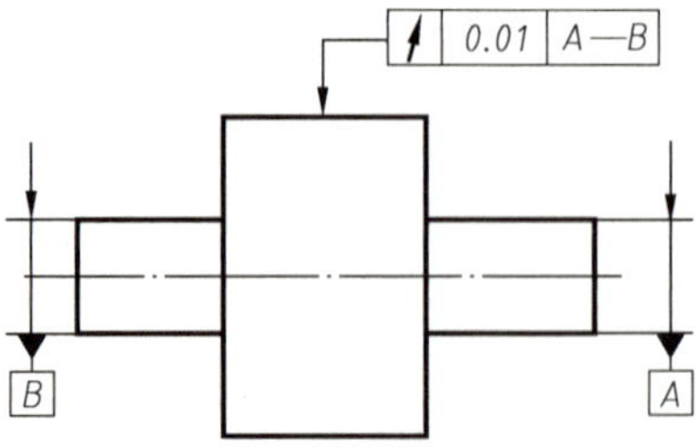

图 8-50　公共基准

【任务实施】

标注图 8-28 所示轴的几何公差，如图 8-51 所示。

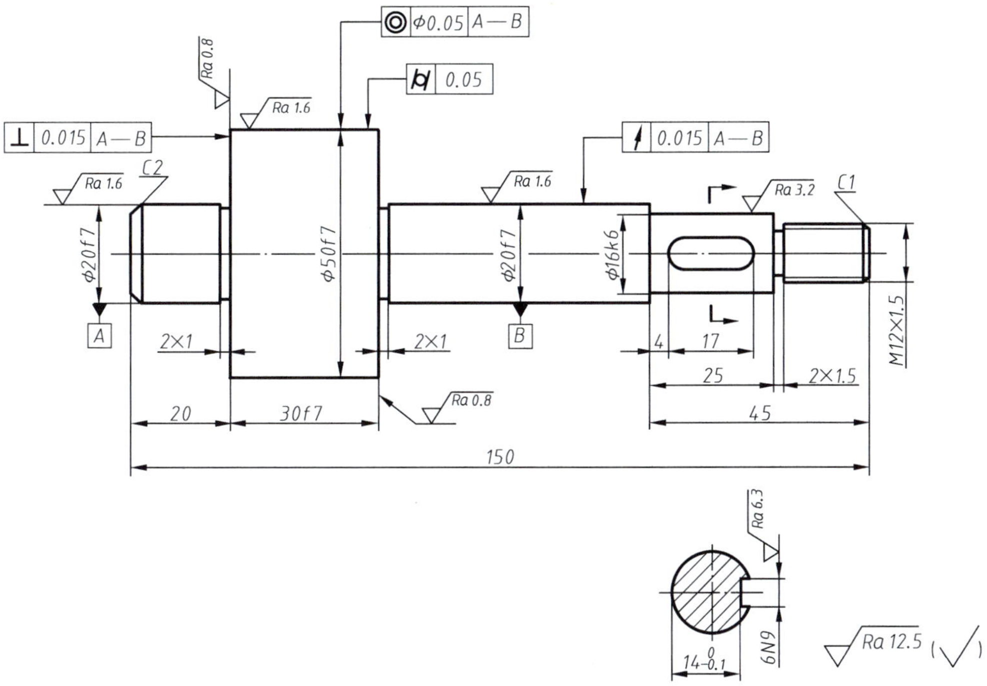

图 8-51 轴（标注几何公差）

项目三 识读零件图

任务 识读泵体零件图

【任务描述】

识读图 8-52 所示泵体零件图。

泵体零件图

【任务分析】

识读零件图的目的是通过图样的表达方法想象出零件的形状结构，理解每个尺寸的作用和要求，了解各项技术要求的内容和实现这些要求应该采取的工艺措施等，以便加工出符合图样要求的合格零件。

【知识链接】

读零件图的方法与步骤

一、读标题栏

首先读标题栏，了解零件名称、材料、数量和比例等内容。由零件名称可判断该零件属于哪一类零件；由材料可大致了解其加工方法；根据比例可估计零件的实际大小。对不熟悉的比较复杂的零件图，可对照装配图了解该零件在机器或部件中与其他零件的装配关系等，从而对零件有初步的了解。

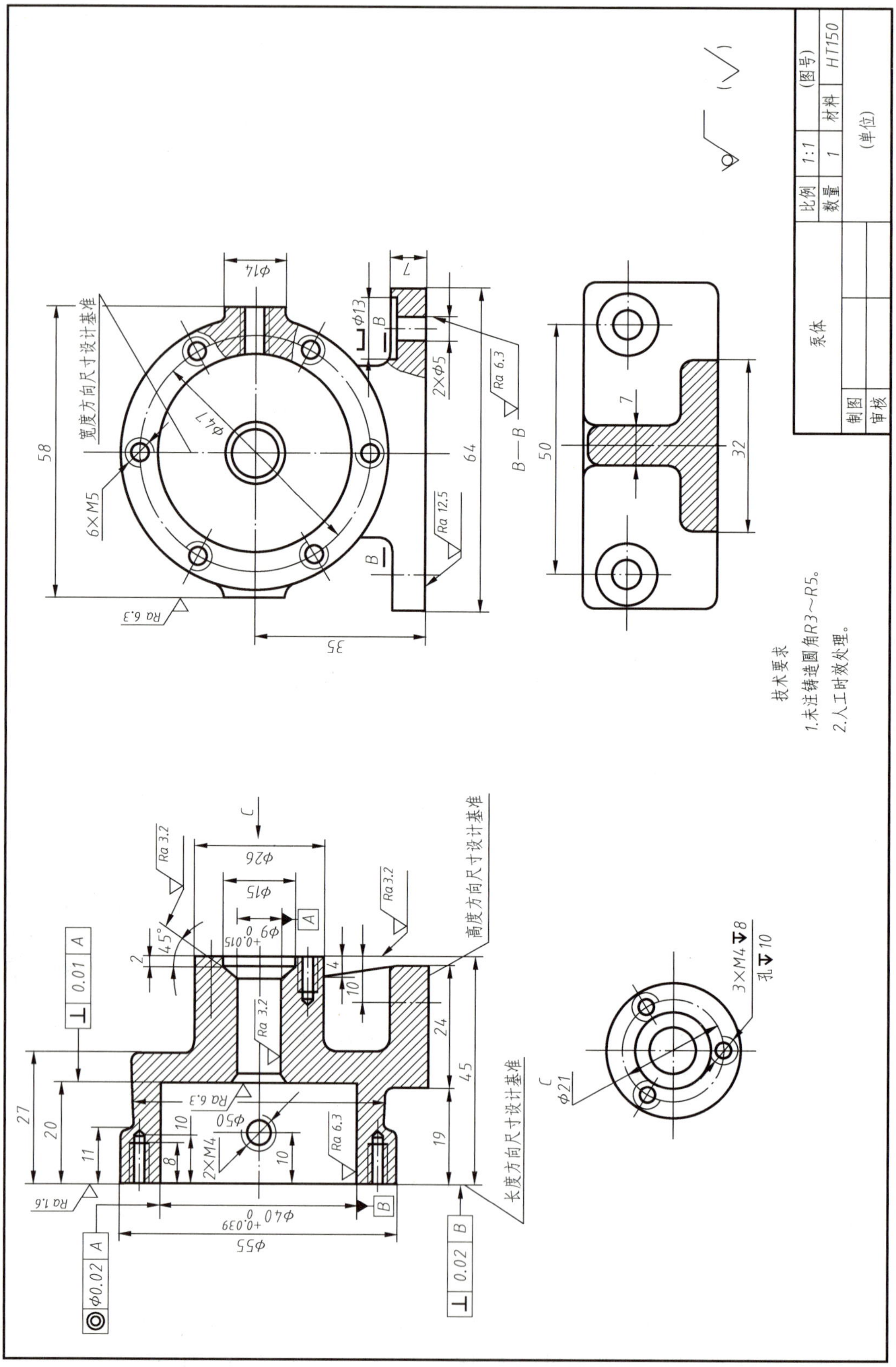
技术要求
1.未注铸造圆角R3~R5。
2.人工时效处理。
泵体
比例 1:1
数量 1
材料 HT150
(图号)
(单位)
制图
审核
B—B
宽度方向尺寸设计基准
高度方向尺寸设计基准
长度方向尺寸设计基准
6×M5
2×Φ5
3×M4↧8
孔↧10
2×M4

图 8-52 泵体零件图

二、分析视图

首先应找出主视图，再分析零件各视图的配置以及视图之间的关系，进而识别出其他视图的名称及投射方向。若采用剖视图或断面图的表达方法，还需确定出剖切位置。要运用形体分析法读懂零件各部分结构，想象出零件的结构形状。零件的结构形状是读零件图的重点，组合体的读图方法仍适用于读零件图。读零件图的一般顺序是先整体、后局部；先主体结构、后局部结构；先读懂简单部分，再分析复杂部分。

三、分析尺寸

零件图上的尺寸是制造、检验零件的重要依据。分析尺寸的主要目的是根据零件的结构特点、设计和制造的工艺要求，找出尺寸基准，分清设计基准和工艺基准，明确尺寸种类和标注形式；分析影响性能的主要尺寸标注是否合理，标准结构要素的尺寸标注是否符合要求，其他尺寸是否满足工艺要求；校核尺寸标注是否完整等。

四、读技术要求

零件图上的技术要求是零件的制造质量指标。读图时应根据零件在机器中的作用，分析配合面或主要加工面的加工精度要求，了解其表面结构要求、尺寸公差、几何公差及其代号含义；再分析其余加工面和非加工面的相应要求，了解零件的热处理、表面处理及检验等其他技术要求，以便根据现有加工条件，确定合理的加工工艺，保证技术要求。

通过上述方法和步骤读图，可对零件有全面的了解，但对某些比较复杂的零件，还需参考有关技术资料和相关的装配图，才能彻底读懂。读图的各个步骤也可视零件的具体情况灵活运用，交叉进行。

【任务实施】

一、读标题栏

从标题栏中可知零件名称是泵体，材料是 HT150，比例是 1∶1。

二、分析视图

泵体共用四个视图，即主视图和左视图，*C* 局部视图及 *B*—*B* 局部剖视图来表达。主视图采用全剖，表达了内部结构；左视图上有两处局部剖，表达了孔的结构；*C* 局部视图表达了连接面的形状及连接螺纹孔的布局；*B*—*B* 局部剖视图表达了底板的形状结构和连接板的断面结构。

三、分析尺寸

由于箱体结构比较复杂，尺寸数量繁多，因此通常运用形体分析的方法逐个分析尺寸。一般将箱体的对称面、重要孔的轴线、较大的加工平面或安装基面作为尺寸的主要基准。

该泵体以底面为安装基面，因此泵体底面为高度方向尺寸的设计基准。此外，在机械加工时首先加工泵体底面，然后以底面为基准加工各轴孔，因此底面又是工艺基准。宽度方向以泵体的前后对称平面为基准，长度方向以泵体的左端面为基准。

箱体类零件的尺寸标注应特别注意各轴孔的定位尺寸以及轴孔之间的定位尺寸，因为这些尺寸的正确与否，将直接影响传动轴的位置和传动的准确性，如泵体零件图中的尺寸 35。

四、读技术要求

重要的箱体孔和重要的表面，其表面粗糙度值要低。如泵体零件图中孔 $\phi9^{+0.015}_{0}$ 的表面粗糙度值

为 $Ra3.2\mu m$，左端面的表面粗糙度值为 $Ra1.6\mu m$，右端面的表面粗糙度值为 $Ra3.2\mu m$。箱体上重要的轴孔应根据要求注出尺寸公差，如泵体零件图中的尺寸 $\phi9^{+0.015}$、$\phi40_{0}^{+0.039}$。

对箱体上某些重要的表面和重要的轴孔中心线应给出几何公差要求。如泵体零件图中孔 $\phi40_{0}^{+0.039}$ 轴线相对于 $\phi9_{0}^{+0.015}$ 轴线的同轴度为 $\phi0.02$；$\phi40_{0}^{+0.039}$ 孔的右端面相对于 $\phi9_{0}^{+0.015}$ 轴线的垂直度为 0.01；箱体的左端相对于 $\phi40_{0}^{+0.039}$ 轴线的垂直度为 0.02。

项目四　零件测绘

任务　端盖的测绘

【任务描述】

零件测绘是针对现有零件进行分析，目测尺寸，徒手绘制草图，测量并标注尺寸及技术要求，然后参考有关资料整理绘制出零件图的过程。零件测绘对推广先进技术，改造现有设备，修配机器及其部件等都有重要作用。因此，零件测绘是工程技术人员必须掌握的基本技能之一。

现根据给定的某企业生产的端盖（图 8-53）进行测绘，完成端盖零件图。

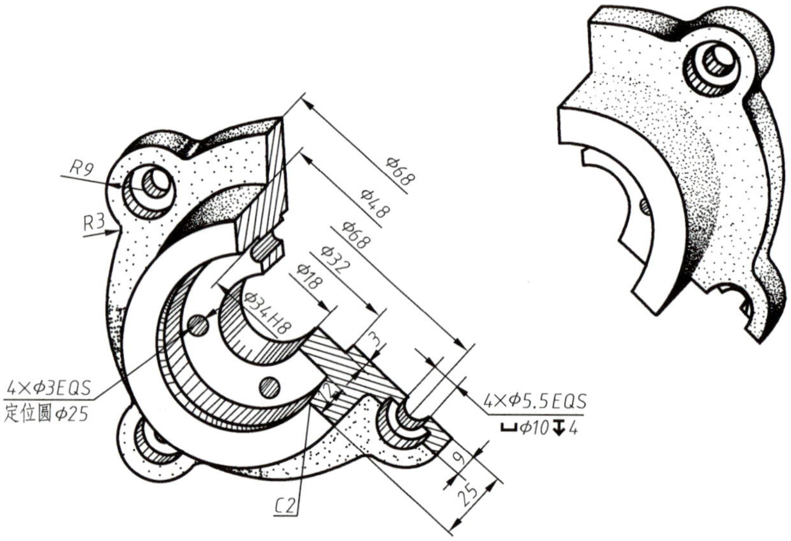

端盖

图 8-53　端盖的轴测图

【任务分析】

测绘之前，首先要了解零件的结构及主要功用，然后测量并标注零件的尺寸，最后绘制其零件图。

【知识链接】

一、零件尺寸的测量方法

测量尺寸是零件测绘过程中必要的步骤，零件上全部尺寸的测量应集中进行，这样可以提高工作效率，避免遗漏。

测量尺寸时，要根据零件尺寸的精确程度选用相应的量具。常用的量具有钢直尺、内外卡钳及游标卡尺等。测量工具及其使用方法如图 8-54～图 8-57 所示。

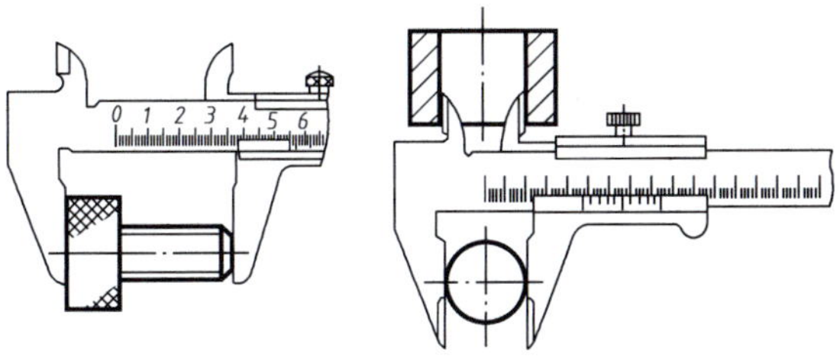

图 8-54　用游标卡尺测量零件

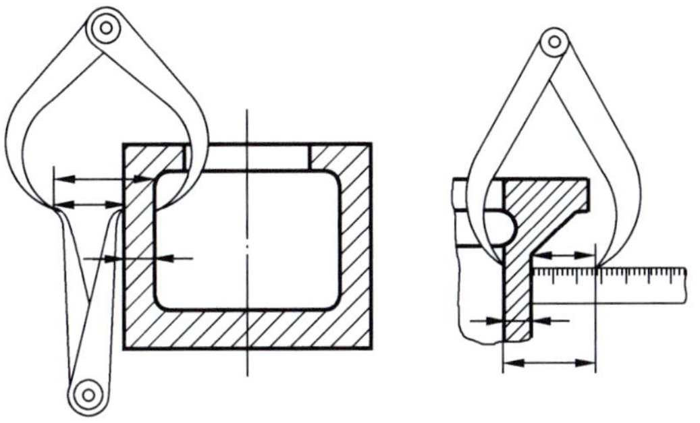

图 8-55　用卡钳测量壁厚

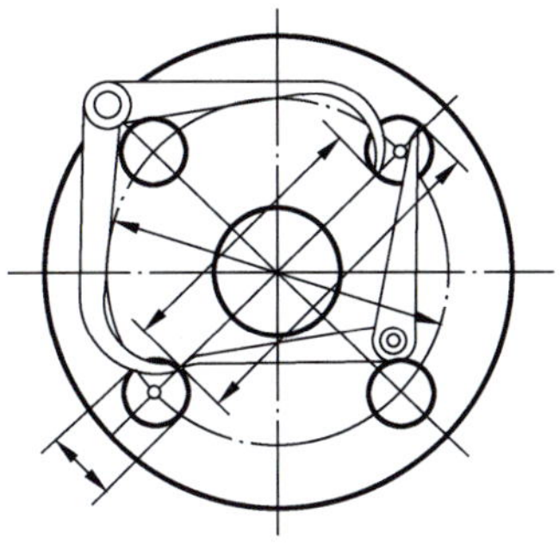

图 8-56　用卡钳测量孔间距

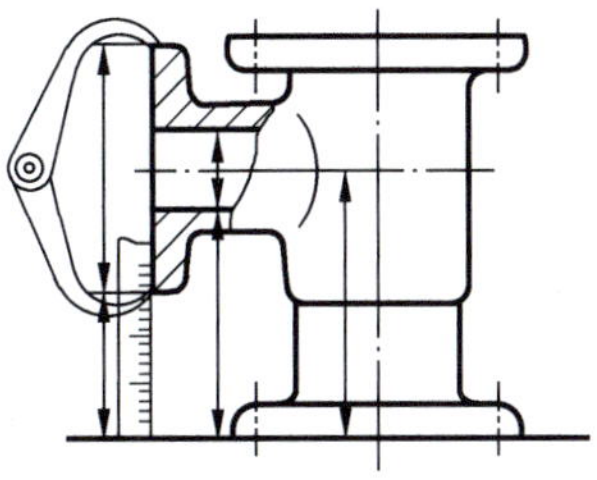

图 8-57　用卡钳测量中心高

二、零件上常见的工艺结构

1. 铸造工艺结构

（1）起模斜度　在铸造生产中，为了从砂型中顺利取出木模而不破坏砂型，常沿模型的起模方向做成 3°～6°的斜度，这个斜度称为起模斜度。起模斜度在图样上可以不必画出，不加标注，由木模直接做出，如图 8-58a 所示。

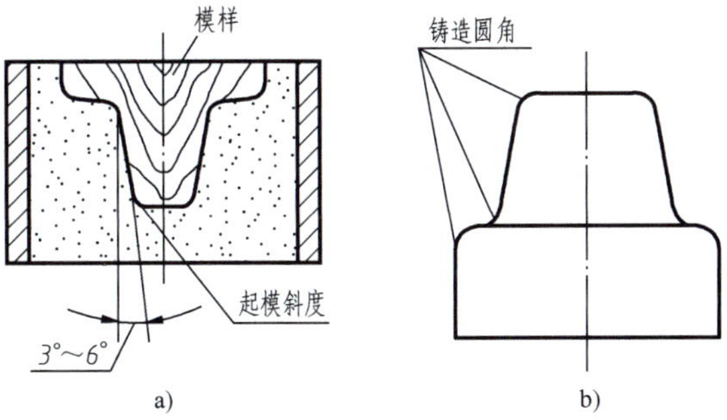

图 8-58　起模斜度、铸造圆角

（2）铸造圆角　为了便于脱模和避免砂型尖角在浇注时落砂，避免铸件尖角处产生裂纹和缩孔，在铸件表面转角处做成圆角，称为铸造圆角。一般铸造圆角半径为 $R3$～$R5$mm，如图 8-58b 所示。

（3）铸件壁厚　铸件壁厚的设计是否合理，对铸件质量有很大影响。铸件的壁越厚，冷却越慢，就越容易产生缩孔；壁厚变化不均匀，在突变处易产生裂隙，如图 8-59a、c 所示结构合理，图 8-59b、d 所示结构不合理，即铸件壁厚要均匀，避免突然变厚和局部肥大。

2. 机械加工工艺结构

（1）倒角和倒圆　为了去除零件在机械加工后的锐边和毛刺，便于装配，常在轴孔的端部加工成 45°、30°或 60°倒角；为避免应力集中而产生裂纹，在轴肩处常采用圆角过渡，称为倒圆，如图 8-60 所示。当倒角、倒圆尺寸很小时，在图样上可不画出，但必须注明尺寸或在“技术要求”中加以说明。

（2）退刀槽和越程槽　在车削或磨削零件时，为保证加工质量，便于车刀进入或退出，以及砂轮

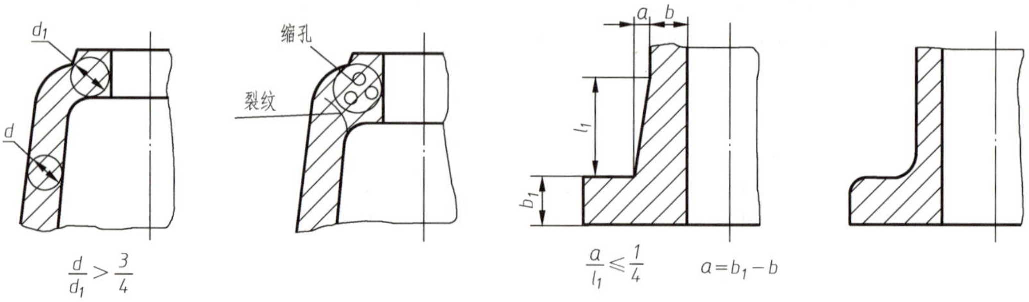

a) 壁厚均匀　b) 壁厚不均匀　c) 壁厚过渡变化　d) 壁厚突变

图 8-59　铸件壁厚

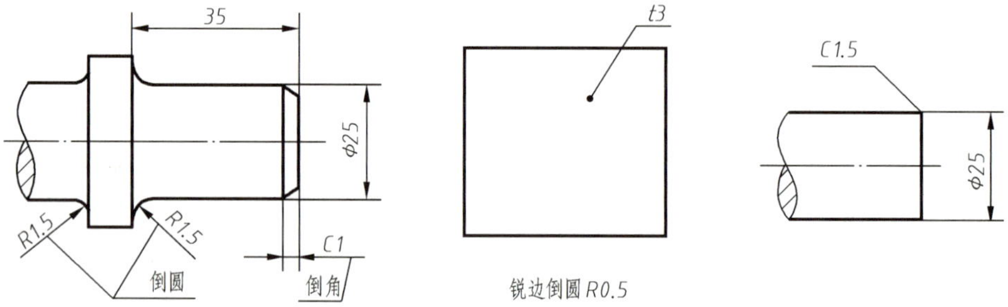

图 8-60　倒角和倒圆

的越程需要，常在轴肩处、孔的台肩处预先车削出退刀槽或砂轮越程槽，如图 8-61 所示。具体尺寸与结构可查阅有关标准和设计手册。

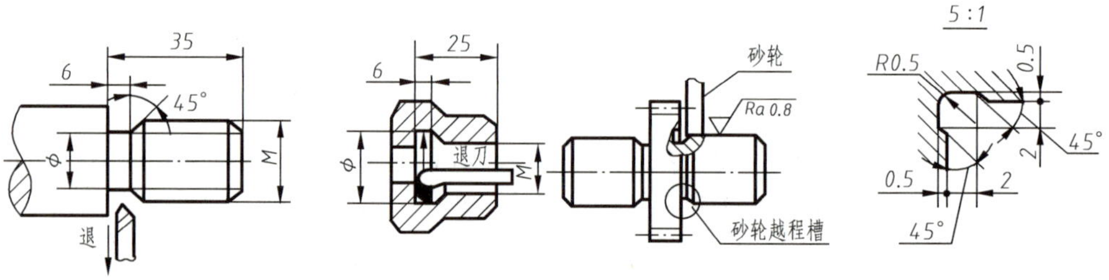

图 8-61　退刀槽和越程槽

图 8-62 所示给出了退刀槽和越程槽的三种常见的尺寸标注方法。

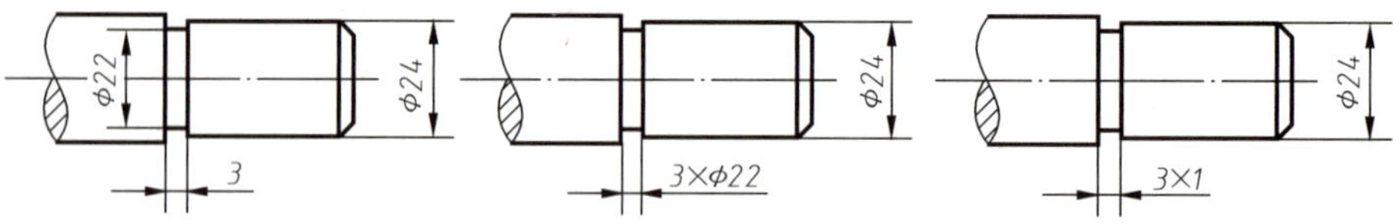

图 8-62　退刀槽和越程槽的尺寸注法

（3）凸台和凹坑　两零件的接触面一般都要进行机械加工，为减少加工面积，并保证良好接触，常在零件的接触部位设置凸台或凹坑，如图 8-63 所示。

（4）钻孔结构　钻孔时，钻头的轴线应与被加工表面垂直，否则会使钻头弯曲，甚至折断。当被加工面倾斜时，可设置凸台或凹坑；钻头钻透时的结构，要考虑到不使钻头单边受力，否则钻头也容易折断，如图 8-64 所示。

3. 过渡线

在铸造零件上，两表面相交处一般都有小圆角光滑过渡，因而两表面之间的交线就不像加工面之间的交线那么明显。为了看图时能分清不同表面，在投影图中仍应画出这种交线，即过渡线。

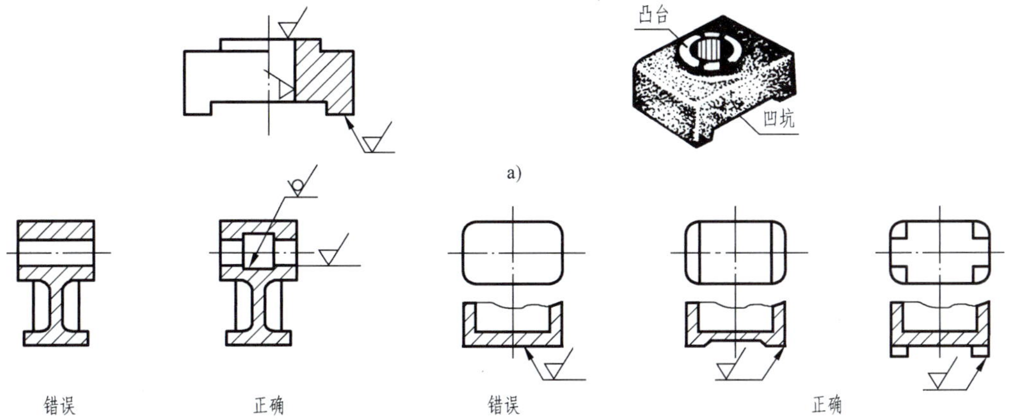

图 8-63　凸台和凹坑

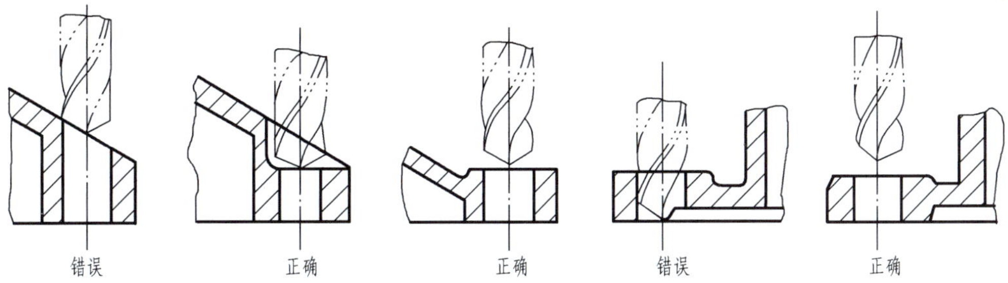

图 8-64　钻孔结构

1）过渡线的画法和相贯线的画法相同，但为了区别于相贯线，过渡线用细实线绘制，在过渡线的两端与圆角的轮廓线之间应留有间隙，如图 8-65 所示。

2）当两曲面的轮廓线相切时，过渡线在切点附近应断开，如图 8-65 所示。

3）图 8-66 所示为连接板与圆柱相交时过渡线的画法，其过渡线的形状与连接板的截断面形状、连接板与圆柱的组合形式有关。

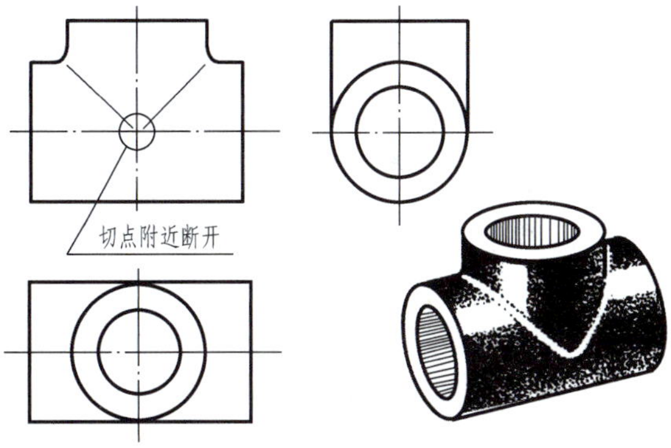

图 8-65　两表面相切时过渡线画法

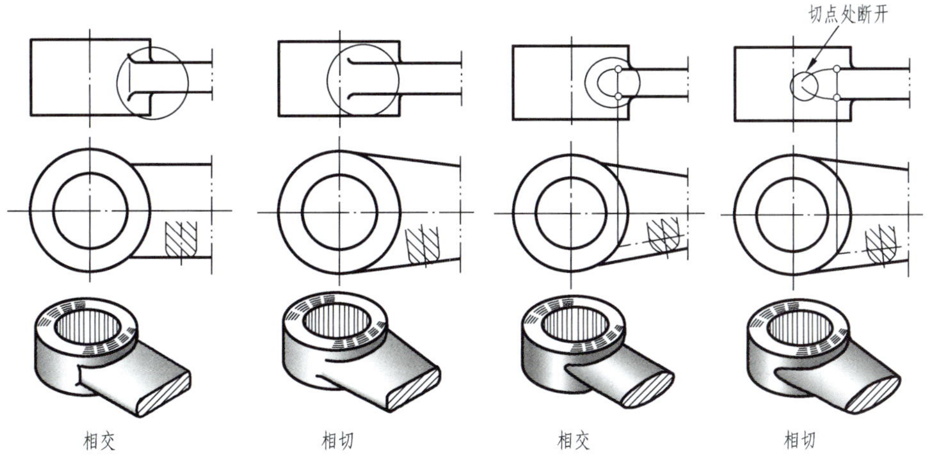

图 8-66　连接板与圆柱相交时过渡线的画法

【任务实施】

一、了解和分析被测绘零件

首先应了解被测绘零件的名称、材料，它在机器（或部件）中的位置、作用及与相邻零件的关系，然后对零件的内、外结构形状进行分析。

二、确定零件的表达方案

先根据零件的形状特征、加工位置、工作位置等情况选择主视图，再按零件内外结构特点选择其他视图和剖视图、断面图等表达方法。

该端盖为轮盘类零件，这类零件主要是在车床上加工，所以主视图按加工位置选择。画图时，将零件的轴线水平放置，便于加工时读图和看尺寸。根据轮盘类零件的特点，一般用两个视图表达，主视图为全剖视图表达内孔的结构，左视图为表达外形的视图。

三、画零件草图

1）根据零件的总体尺寸选定绘图比例，确定适当图幅，画出图框和标题栏。布置图形定出各视图的位置，画主要轴线、中心线、作图基准线，如图 8-67a 所示。

2）目测比例，徒手详细地画出各视图。注意：一般先画主体结构，再画局部结构，各视图之间要符合投影规律，如图 8-67b 所示。

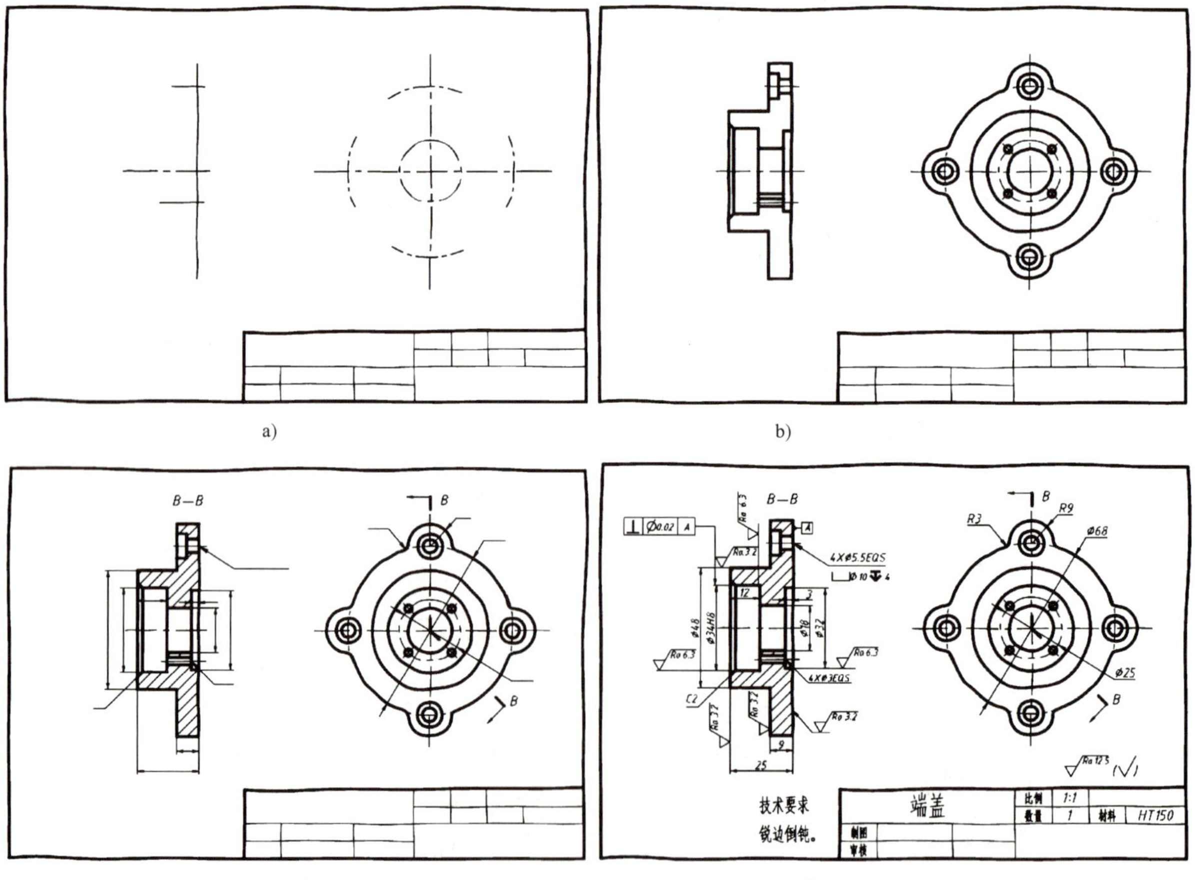

a)　b)　c)　d)

图 8-67　端盖零件草图

四、测量并标注尺寸

1）选定尺寸基准，使用合适的工具测量各部分尺寸，画出全部尺寸界线、尺寸线和箭头，要确保尺寸齐全、清晰、不遗漏、不重复，仔细核对后描深轮廓线并画出剖面线，如图 8-67c 所示。

2）集中测量尺寸，填写尺寸数值。

3）根据实践经验或用样板比较，确定表面粗糙度；查阅有关资料，确定零件的材料、尺寸公差、几何公差及热处理等要求，并标注在图中，如图 8-67d 所示。

五、根据草图画零件图

绘制零件图前需对草图的视图表达方案、尺寸标注、技术要求等进行审核，经过补充修改后即可根据草图绘制零件图，如图 8-68 所示。

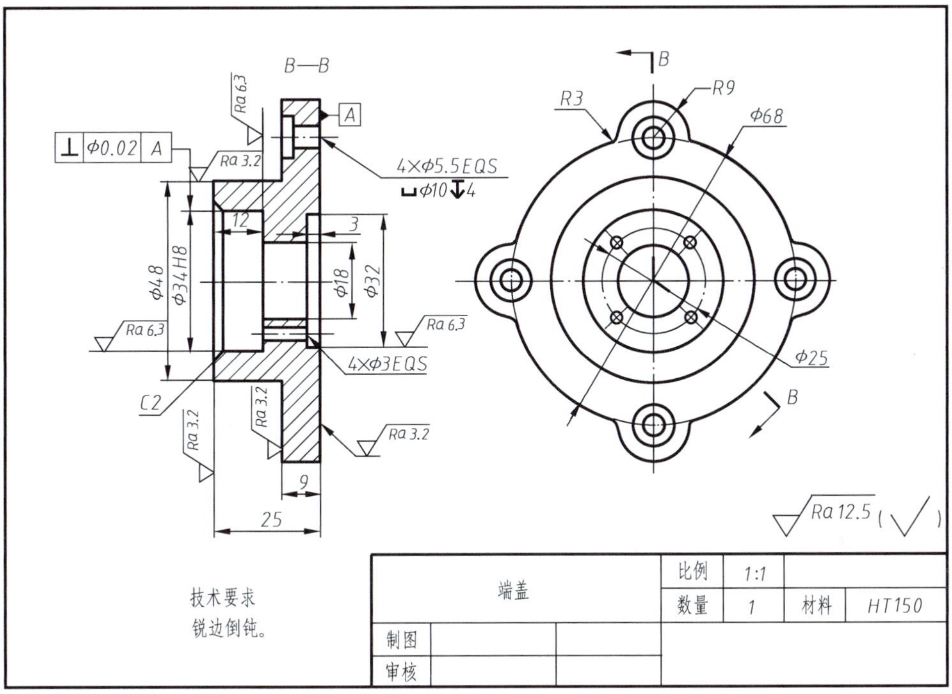

图 8-68　端盖零件图

六、零件测绘时的注意事项

1）零件上的制造缺陷（如铸造时产生的缩孔、裂纹，以及该对称的不对称等）和长期使用所造成的磨损、变形等，均不应画出。

2）零件上的工艺结构，如倒角、铸造圆角及退刀槽等必须全部画出，不能省略。

3）零件上的标准结构要素，如螺纹、键槽及齿形等，应将测得的数值与相应标准对照，使相关尺寸符合标准结构要求。

4）测量尺寸应在画好视图，注全尺寸界线和尺寸线后集中进行。

5）对相邻零件有配合功能要求的尺寸，一般只需要测量出它的公称尺寸，若有小数点应适当取整数。

6）严格检查尺寸是否遗漏或重复，相关零件尺寸是否协调，以保证零件图、装配图的顺利绘制。

模块九　装　配　图

学习目标

素质目标：

1）培养学生识读机械图样的工程能力。

2）培养学生的部件表达能力及独立分析问题、解决问题的能力。

3）通过完成装配图的绘制，培养学生具有制订并实施工作计划的能力，以及具有一定的岗位意识及适应能力。

知识目标：

1）了解装配图的作用和内容，掌握装配图的表达方法。

2）掌握识读装配图的方法和步骤。

能力目标：

1）能够根据装配图拆画零件图。

2）能够正确识读和绘制中等复杂程度的装配图。

项目一　识读装配图

在机械行业中，组装、检验、使用和维修机器，或技术交流、技术革新时都会用到装配图。读装配图是工程技术人员必备的能力，通过装配图来了解机器或部件的性能、作用和工作原理，了解零件间的装配关系、拆装顺序，各零件的主要结构形式和作用，以及机器的主要尺寸和技术要求等。

任务一　识读机用虎钳装配图

【任务描述】

图 9-1 所示为某企业生产的机用虎钳的装配图，识读机用虎钳装配图，掌握装配图的识读方法。

机用虎钳

【任务分析】

机用虎钳是安装在机床工作台上，用于夹紧工件以便切削加工的一种通用夹具，共由 11 种零件组成。

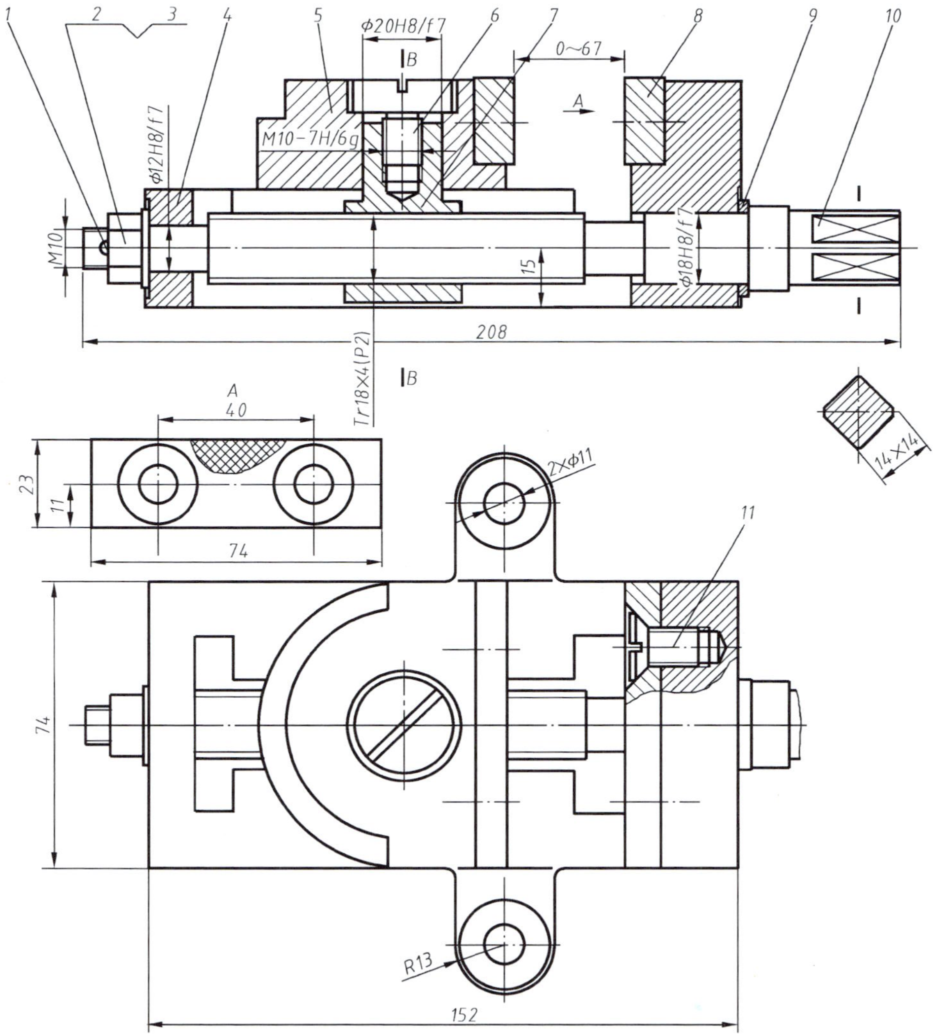

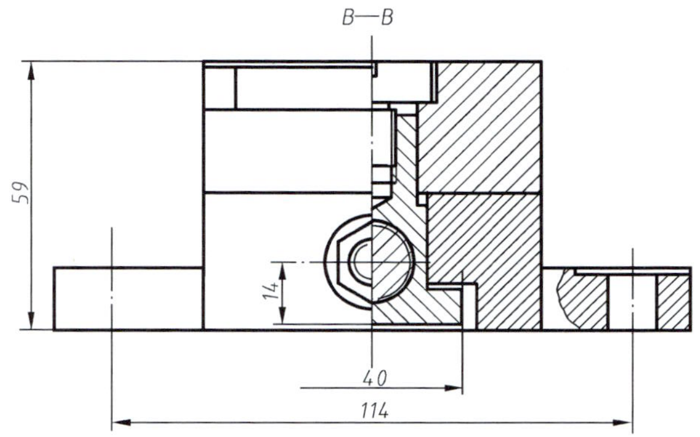

技术要求

1.装配前，所有零件用煤油清洗。

2.表面涂灰色油漆。

11	GB/T68—2016	螺钉	Q235A	4	
10		螺杆	45	1	
9	GB/T97.1—2002	垫圈	Q235A	1	
8		护口板	45	2	
7		方块螺母	Q235A	1	
6		螺钉	Q235A	1	
5		活动钳口	45	1	
4		钳座	HT200	1	
3	GB/T97.2—2002	垫圈	Q235A	1	
2	GB/T6170—2015	螺母	Q235A	1	
1	GB/T119.1—2000	圆柱销	35	1	
序号	代号	名称	材料	数量	备注

机用虎钳	比例		(图号)
	质量		共 张 第 张
制图			(单位)
审核			

图 9-1 机用虎钳装配图

【知识链接】

一、装配图的内容

由图 9-1 所示可以看出，该装配图包括了以下四个方面的内容。

1. 一组视图

用一组图形正确、完全、清晰地表达机器或部件的工作原理、传动关系、装配关系和连接方式，以及零件的主要结构形状。

2. 必要尺寸

标注出反映机器或部件的规格（性能）尺寸、安装尺寸、零件之间的装配尺寸以及外形尺寸等。

3. 技术要求

用文字说明或标记代号指明机器（或部件）在装配、检验、调试、运输和安装等方面所需达到的技术要求。

4. 零件的序号、明细栏和标题栏

装配图中的零件编号、明细栏用于说明每个零件的名称、代号、数量和材料等。标题栏包括零部件名称、比例、绘图及审核人员的签名等。

二、装配图的规定画法

图样画法的规定在装配图中同样可以采用，但由于装配图和零件图表达的侧重点不同，因此，装配图又有了一些规定画法，如图 9-2 所示。

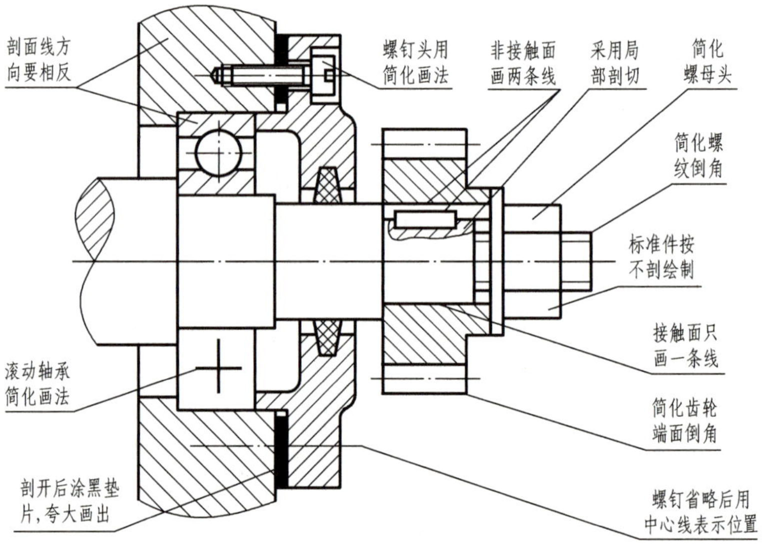

图 9-2 装配图的规定画法

1. 实心零件的画法

在装配图中，对于紧固件以及轴、连杆、球、键、销等实心零件，若按纵向剖切，且剖切平面通过其对称平面或轴线，则这些零件均按不剖绘制。如果需要特别表明这些零件上的局部结构，如凹槽、键槽及销孔等，可用局部剖视图表示。

2. 零件间接触面、配合面的画法

两相邻零件的接触面或配合面只用一条轮廓线表示。而对于未接触的两表面、非配合面（公称尺寸不同），用两条轮廓线表示。若间隙很小或狭小剖面区域，则可以夸大表示。

3. 剖面线的画法

相邻的两个金属零件，剖面线的倾斜方向应相反，或者方向一致而间隔不等，以示区别。同一零件在不同视图中的剖面线方向和间隔必须一致。剖面区域厚度小于 2mm 的图形可以以涂黑来代替剖面符号。

三、装配图的特殊画法

零件图的各种表示法（视图、剖视图、断面图）同样适用于装配图，但装配图着重表达装配体的结构特点、工作原理和各零件间的装配关系。针对这一特点，国家标准制定了表达机器或部件装配图的特殊画法。

1. 拆卸画法

在装配图中，可假想沿某些零件的接合面剖切，即将剖切平面与观察者之间的零件拆掉后再进行投射，此时在零件接合面上不画剖面线，但被切部分（如螺杆、螺钉等）必须画出剖面线。

当装配体上某些零件，其位置和基本连接关系等在某个视图上已经表达清楚时，为了避免遮盖某些零件的投影，在其他视图上可假想将这些零件拆去不画。图 9-3 所示的左视图就是拆去端盖之后的投影。当需要说明时，可在所得视图上方注出“拆去×××”字样。

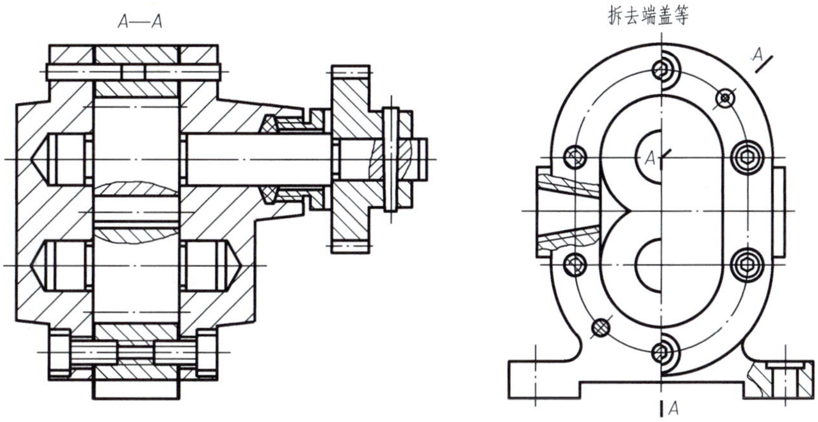

图 9-3　装配图的拆卸画法

2. 假想画法

部件中某些零件的运动范围和极限位置，可用细双点画线画出其轮廓。如图 9-4 所示，当齿轮板在位置 Ⅰ 时，齿轮 2、3 均不与齿轮 4 啮合；当处于位置 Ⅱ 时，齿轮 2 与 4 啮合，传动路线为齿轮 1—2—4；当处于位置 Ⅲ 时，传动路线为齿轮 1—2—3—4。由此可见，齿轮板的位置不同，齿轮 4 的转向和转速也不同。图中工作极限位置 Ⅱ 、Ⅲ 均采用细双点画线画出。

对于与本部件有装配关系但不属于本部件的相邻零部件，可用细双点画线画出，如图 9-4 所示中的主轴箱。

3. 展开画法

当轮系的各轴线不在同一平面内时，为了表示传动关系及各轴的装配关系，可假想用剖切平面按传动顺序沿它们的轴线剖开，然后将其展开画出图形，这种表达方法称为展开画法，如图 9-4 所示。这种展开画法，在表达机床的主轴箱、进给箱以及汽车的变速器等较复杂的变速装置时经常使用。

4. 夸大画法

凡装配图中直径、斜度、锥度或厚度小于 2mm 的结构，如垫片、细小弹簧及金属丝等，可以不按实际尺寸画，允许在原来的尺寸上稍加夸大画出，如图 9-2 所示。实际尺寸大小应在该零件的零件图上给出。

5. 简化画法

对于重复出现且有规律分布的螺纹连接零件组、键连接等，可仅详细地画出一组或几组，其余只

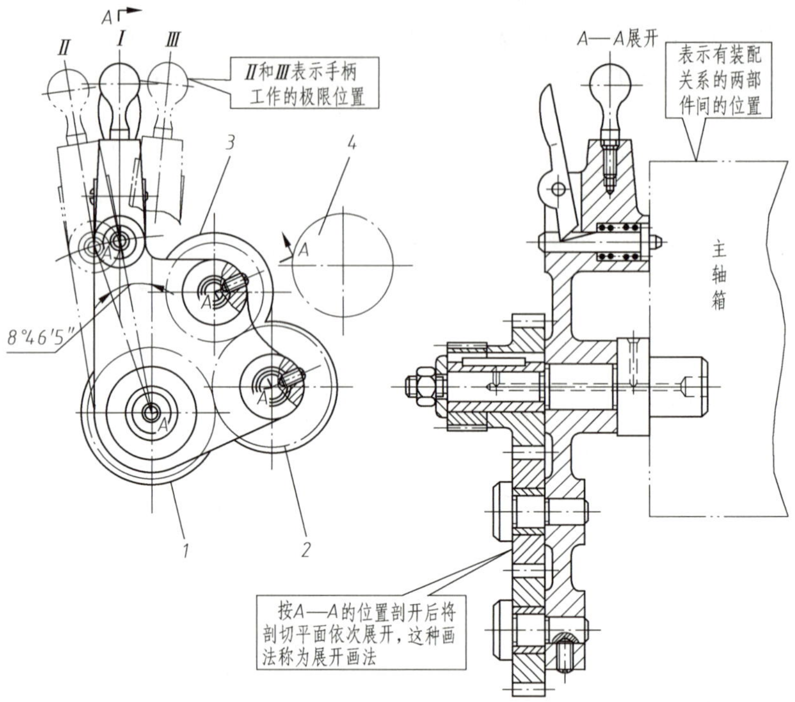

图 9-4 装配图的展开画法

需用细点画线表示其位置即可，如图 9-5a 所示。零件的某些工艺结构，如圆角、倒角及退刀槽等在装配图中允许不画。螺栓头部和螺母也允许按简化画法画出，如图 9-5b 所示。

在装配图中，可用粗实线表示带传动中的带，如图 9-5c 所示，用细点画线表示链传动中的链，如图 9-5d 所示。

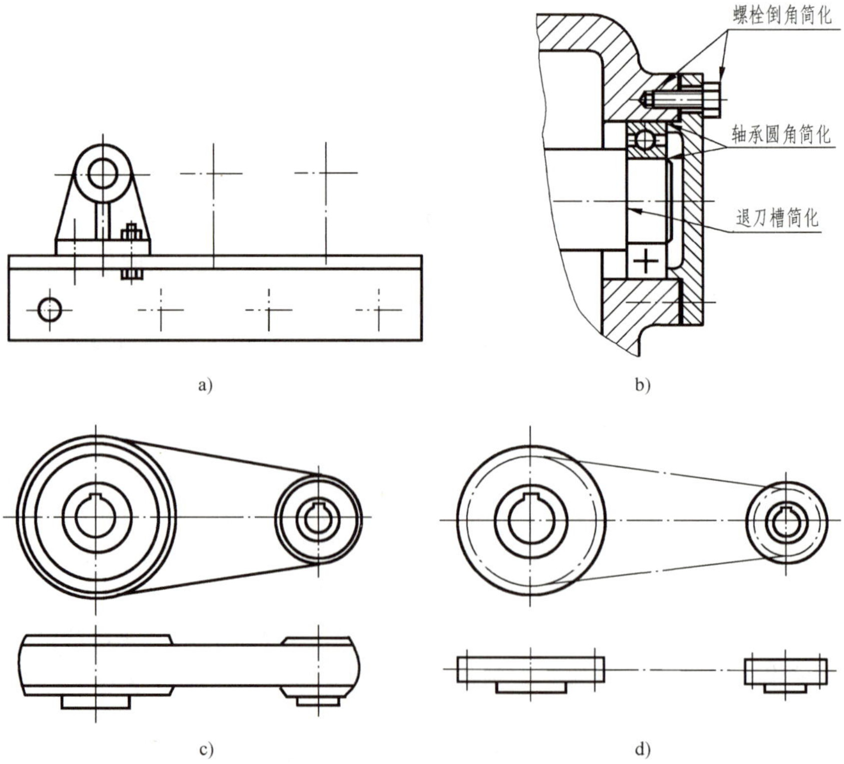

图 9-5 装配图的简化画法

6. 单独表达某零件

在装配图上，如果需要将某一个零件的某个方向投影表达出来，可以单独画出某一零件的视图，但必须在所画视图上方注出该零件的视图名称，在相应视图附近用箭头指明投射方向，并注上同样的字母。

【任务实施】

一、概括了解

看标题栏、明细栏等了解机器或部件的名称、用途以及装配体中各零件的名称和数量等内容，并由其名称分析装配体的用途，由比例和外形尺寸了解装配体的大小。

读图 9-1 所示机用虎钳装配图标题栏、明细栏和产品说明书等有关技术资料，了解到机用虎钳是机床上夹持工件的一种部件，它由 11 种零件组成，其最大夹持厚度为 67mm。

二、了解工作原理和装配关系

首先要找到主视图，再根据投影关系识别出其他视图；找出剖视图、断面图所对应的剖切位置，识别出表达方法的名称，从而明确各视图表达的意图和重点，为下一步深入看图做准备。

机用虎钳装配图视图共包括三个基本视图、一个断面图和一个单个零件的向视图。主视图采用了通过螺杆轴线的全剖视图，主要反映机用虎钳的工作原理和零件的装配关系。左视图采用了局部剖视图、*B—B* 半剖视图，主要表达钳座 4、活动钳口 5 和方块螺母 7 三个零件之间的装配关系。俯视图主要表达机用虎钳的外形，并通过局部剖视图表达护口板 8 与钳座 4 连接的局部结构。断面图表达螺杆的断面结构。单个零件的向视图表达护口板 8 的形状。

对于比较简单的装配体，可以直接对装配图进行分析。对于比较复杂的装配体，需要借助说明书等技术资料来阅读图样。读图时，可先从反映工作原理、装配关系较明显的视图入手，抓主要装配干线或传动路线，分析研究各相关零件间的连接方式和装配关系，判明固定件与运动件，搞清传动路线和工作原理。

工作原理：用扳手顺时针或逆时针方向旋转螺杆 10，使方块螺母 7 带动活动钳口 5 沿螺杆 10 轴向做水平直线运动，以实现夹紧或松开工件，从而进行切削加工。被夹工件厚度可在 0~67mm 范围内变化。

装配关系：方块螺母 7 从钳座 4 下方空腔装入工字形槽内，再装入螺杆 10，并用垫圈 9、垫圈 3 以及螺母 2、圆柱销 1 将螺杆轴向固定；通过螺钉 6 将活动钳口 5 与方块螺母 7 连接；最后用螺钉 11 将两块护口板 8 分别与钳座 4 和活动钳口 5 连接。

三、分析零件，读懂零件结构形状

利用装配图特有的表达方法和投影关系，将零件的投影从重叠的视图中分离出来，从而读懂零件的基本结构形状和作用。

1）利用剖面线的方向和间距来分析。国家标准规定，同一零件的剖面线在各个视图上的方向和间距应一致。

2）利用规定画法来分析。如实心件在装配图中规定沿轴线剖开，不画剖面线，据此能很快地将螺钉、螺杆及圆柱销等区分出来。

3）利用零件序号，对照明细栏进行分析。

钳座、活动钳口、螺杆、方块螺母是机用虎钳的主要零件，它们在结构和尺寸上都有非常密切的联系，要读懂装配图，必须看懂它们的结构形状。

钳座，根据主、俯、左视图，可知其结构左低右高，下部有一空腔，且有一工字形槽。空腔的作用是放置螺杆和螺母，工字形槽的作用是使螺母带动活动钳身沿水平方向左右移动。

活动钳口，由三个基本视图可知其主体左侧为阶梯半圆柱，右侧为长方体，前后向下探出的部分包住固定钳身。

螺杆，由主视图、俯视图可知，螺杆左端加工出销孔，右端加工出矩形平面。

方块螺母，由主、左视图可知，其结构为上圆下方，上部圆柱与活动钳口相配合，并通过螺钉调节松紧度；下部方形内的螺纹孔可旋入螺杆，将螺杆的旋转运动转变为螺母的左右水平移动，带动活动钳口沿螺杆轴线移动，达到夹紧或松开的目的；底部凸台的上表面与钳座工字形槽的下导面相接触，故而有较高的表面结构要求。

四、分析尺寸，了解技术要求

装配图中标注必要的尺寸，包括规格（性能）尺寸、装配尺寸、安装尺寸和总体尺寸。其中装配尺寸与技术要求有密切关系，应仔细分析。

例如，机用虎钳装配图中标注的规格尺寸为 0~67mm；装配尺寸为 ϕ20H8/f7、ϕ18H8/f7、ϕ12H8/f7、M10—7H/6g；安装尺寸为 40mm、114mm、2×ϕ11mm；总体尺寸为 208mm、114mm、59mm。

技术要求：装配前，所有零件用煤油清洗；表面涂灰色油漆。

五、归纳总结

在以上分析的基础上，对整个装配体及其工作原理、连接、装配关系有了全面的认识，从而对其使用时的操作过程有了进一步的了解。图 9-6 所示为该机用虎钳的立体图。

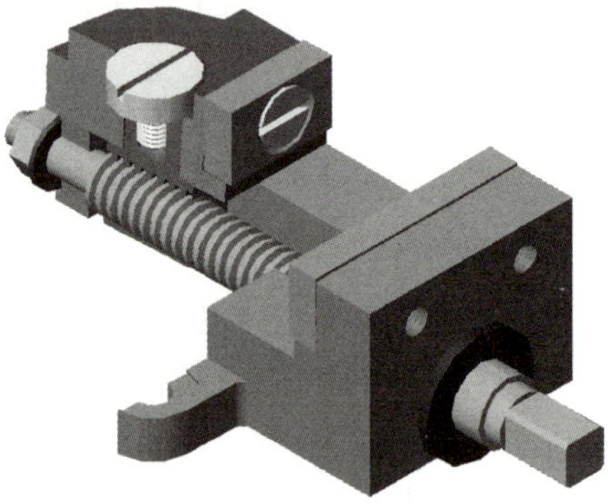

图 9-6 机用虎钳的立体图

任务二 根据装配图拆画钳座零件图

【任务描述】

在全面读懂图 9-1 所示机用虎钳装配图的基础上，按照零件图的内容和要求拆画钳座零件图。

【任务分析】

由装配图拆画零件图，简称拆图，不仅是机械设计中的重要环节，而且是考核读装配图效果的重要手段，它是在看懂装配图的基础上进行的。拆图工作分为两种类型：一种是在部件测绘过程中拆图，另一种是在新产品设计过程中拆图。部件测绘中的拆图，可根据画好后的装配图和零件草图进行；新产品设计中的拆图只能根据装配图进行。

【知识链接】

一、拆画零件图的要求

1）拆画前，应认真阅读装配图，全面深入了解设计意图，弄清工作原理、装配关系、技术要求和每个零件的结构形状。

2）画图时，不但要从设计方面考虑零件的作用和要求，而且要从工艺方面考虑零件的制造和装配，应使所画的零件图符合设计和工艺要求。

二、拆画零件图要处理的几个问题

1. 零件的分类

拆画零件图前，要对机器或部件中的零件进行分类处理，以明确拆画对象。零件按不同情况可分为以下几类：

（1）标准零件　标准零件多数属于外购件，不需要画出零件图，只要按照标准零件的规定标记代号列出标准件的汇总表即可。

（2）借用零件　借用零件是指借用定型产品上的零件。对于这类零件，可利用已有的图样，不必另行画图。

（3）特殊零件　特殊零件是设计时所确定下来的重要零件，在设计说明书中都附有这类零件的图样或重要数据。

（4）一般零件　这类零件基本上按照装配图所体现的形状、大小和有关的技术要求来画图，是拆画零件图的主要对象。

2. 对表达方案的确定

装配图的表达方案是从整个机器或部件的角度出发考虑的，重点是表达机器或部件的工作原理和装配关系。而零件图的表达方案是根据零件的结构形状特点考虑的，不强求与装配图一致，因此，在拆画零件图时不应机械地照搬零件在装配图中的视图方案，而应重新考虑，一般应注意以下几点：

（1）主视图的选择　一般壳体、箱座类零件主视图所选的位置可以与装配图一致，这样装配机器时，便于对照。

（2）其他视图的选择　根据零件的结构形状和复杂程度确定其他视图的数量和表达方法。

3. 对零件结构形状的处理

在装配图中，对零件上某些局部结构往往未完全绘出，对零件上某些标准结构也未完全表达。拆画零件图时，应结合考虑设计和工艺的要求，补画这些结构。如果零件上某部分需要与某零件在装配时一起加工，则应在零件图上注明。

4. 对零件图上尺寸的处理

装配图上的尺寸往往不能完全确定零件的尺寸，但各零件结构形状的大小，已经过设计人员的考虑，基本上是合适的。因此，根据装配图画零件图，可以从图样上按比例直接量取尺寸，尺寸的大小与注法应根据不同情况分别处理。

（1）装配图已注出的尺寸　凡装配图已注出的尺寸都是比较重要的尺寸，这些尺寸数值可直接抄注在相应的零件图上。对于配合尺寸，某些相对位置尺寸要注出极限偏差值。

（2）标准结构尺寸　零件上一些标准结构（如倒角、圆角、退刀槽、螺纹、销孔及键槽等）的尺寸数值，应从有关标准或明细栏中查取，核对后进行标注。

（3）计算尺寸　零件图上的某些尺寸应根据装配图所给的数据进行计算后注写，如齿轮的分度圆、齿顶圆直径尺寸等，要经过计算，然后注写。

（4）其他尺寸　其他尺寸均从装配图中直接量取，根据绘图比例标注、但应注意尺寸数字的圆整和取标准化数值。

5. 零件表面粗糙度的确定

零件上各表面的表面粗糙度是根据其作用和要求确定的。一般接触面与配合面的表面粗糙度数值应较小，自由表面的表面粗糙度数值一般较大，有密封、耐腐蚀、美观等要求的表面粗糙度数值应较小。

6. 零件图上技术要求的确定

根据零件的作用，结合设计要求查阅有关手册或参考同类、相近产品的零件图来确定所拆画零件图上的表面粗糙度、公差配合、几何公差等技术要求。

钳座零件图

【任务实施】

钳座零件图如图 9-7 所示。

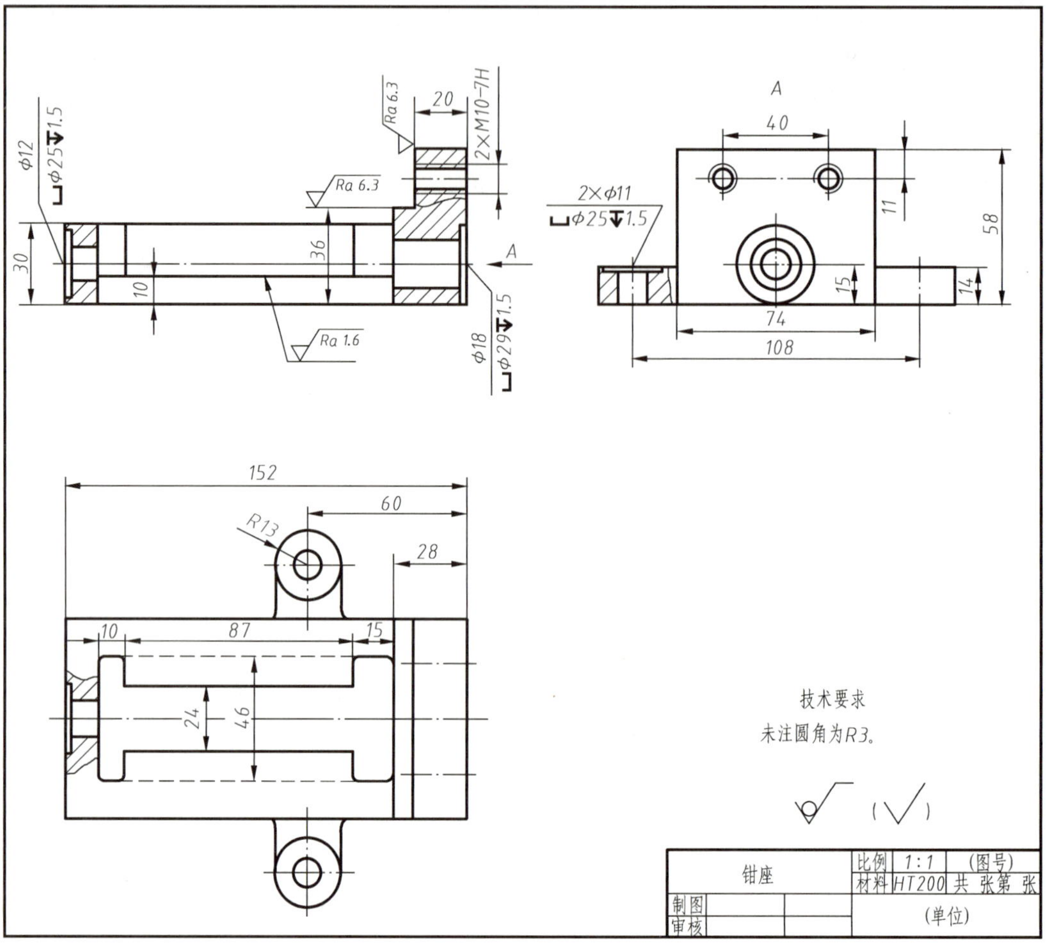

图 9-7　钳座零件图

项目二　绘制装配图

装配图的作用是表达机器或部件的工作原理、装配关系，以及主要零件的结构、形状。因此，在画装配图以前，要对所绘制的机器或部件的工作原理、装配关系以及主要零件的结构、零件与零件之间的相对位置、定位方式等做仔细分析。

任务　绘制滑动轴承装配图

【任务引入】

根据图 9-8 所示滑动轴承的轴测分解图，绘制滑动轴承装配图。

【任务分析】

滑动轴承是支撑旋转轴的部件。工作时，通过油杯向轴承盖和上轴瓦油孔注入润滑油，使之顺着轴瓦内壁的油槽进入轴颈和轴瓦之间，随轴的高速旋转而形成油膜，不断起着润滑转轴的作用。

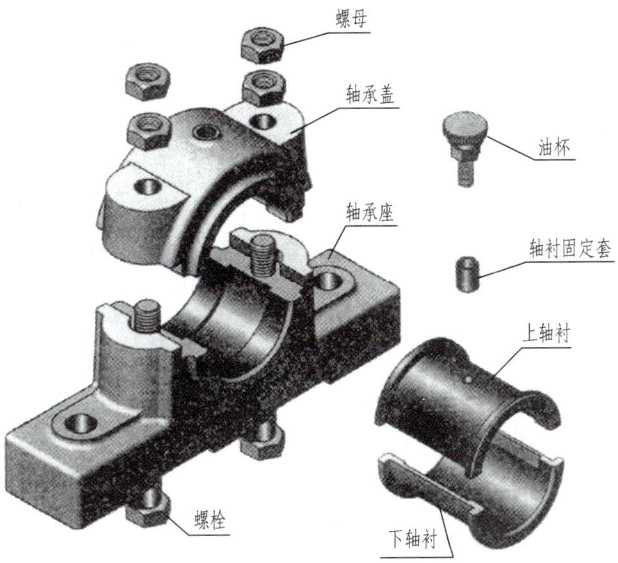

图 9-8 滑动轴承的轴测分解图

【知识链接】

一、装配图的零部件序号、明细栏、标题栏及技术要求

1. 序号

为了便于看图、管理图样和组织生产，需在装配图上对每种零、部件进行编号，这种编号称为零件序号。常用的编号方式有两种：一种是对机器或部件中的所有零件（包括标准件和专用件）按一定顺序进行编号，如图 9-1 所示；另一种是将装配图中标准件的数量、标记按规定标注在图上，标准件不占编号，而对非标准件（即专用件）按顺序进行编号。

装配图中零、部件序号的通用编写方法有以下几种：

1）在指引线末的基准线（细实线）上或圆（细实线圆）内注写序号，序号字高比装配图中所注尺寸数字高度大一号或两号，如图 9-9a、b 所示。

2）在指引线附近注写序号，序号字高比该装配图中所注尺寸数字高度大两号，如图 9-9c 所示。

3）同一装配图中编注序号的形式应一致。相同的零、部件用一个序号，一般只标注一次。对多处出现的相同的零、部件，必要时也可重复标注。

4）指引线应自所指零件投影的可见轮廓内引出，并在末端画一圆点，如图 9-9 所示。若所指零件的投影内不便画圆点（零件太薄或涂黑的剖面区域），可在指引线的末端画出箭头，并指向该部分的轮廓，如图 9-10 所示。

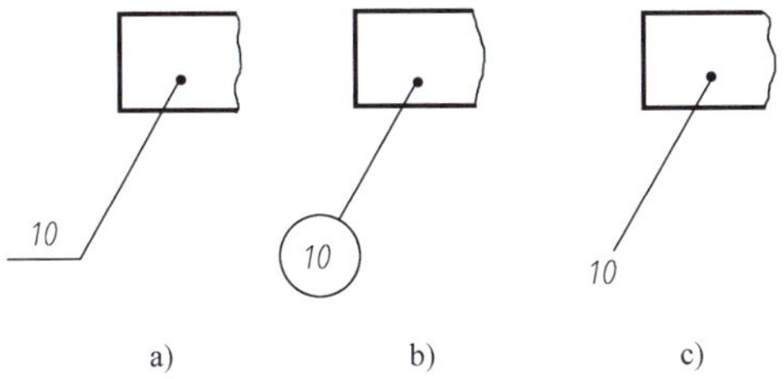

图 9-9 零、部件序号的表示方法

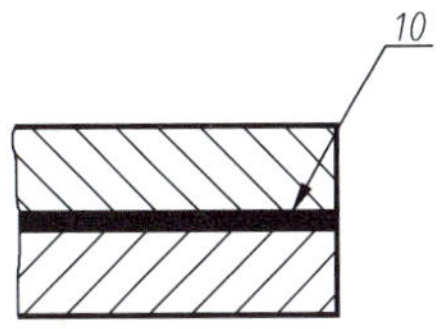

图 9-10 用箭头代替圆点

5）指引线不能相互交叉。通过有剖面线的区域时，指引线不能与剖面线平行。必要时允许将指引线画成折线，但只允许转折一次。

6）一组紧固件以及装配关系清楚的标准化组件，可以采用公共指引线，如图 9-11 所示。

7）装配图中的序号应按水平或竖直方向排列整齐。序号的顺序应按顺时针或逆时针方向顺次排列，尽可能均匀分布。

8）同一装配图编注序号的形式应一致。

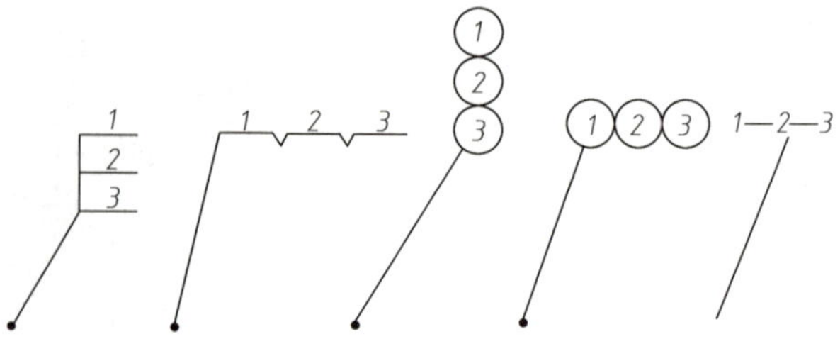

图 9-11　组件序号的表示法

2. 标题栏和明细栏

标题栏格式由 GB/T 10609.1—2008 确定，明细栏则按 GB/T 10609.2—2009 规定绘制。各工厂企业有时也有各自的标题栏、明细栏格式，本书推荐的装配图作业格式如图 9-12 所示。

绘制和填写标题栏、明细栏时应注意以下问题：

1）明细栏和标题栏的分界线是粗实线；外框和内框的竖线都是粗实线，内框的横线均为细实线（包括明细栏最上边一条横线）。

2）明细栏中的序号应自下而上顺序填写，如向上延伸位置不够，可以在标题栏紧靠左边的位置自下而上延续。

3）标准件的国家标准代号可写入“代号”栏。

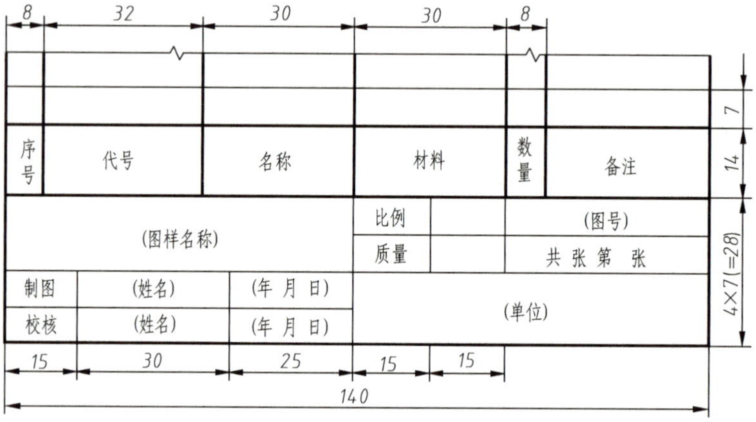

图 9-12　标题栏和明细栏

3. 技术要求

用文字说明机器或部件的装配、安装、检验、运转和使用的技术要求。它们包括表达装配方法，对机器或部件工作性能的要求，检验、试验的方法和条件，包装、运输、操作及维修保养应注意的问题等。

二、常见的装配工艺结构

为使零件合理装配，并给零件的加工和拆卸带来方便，应设计合理的装配工艺结构。

1. 接触面及配合面

1）两零件接触时在同一个方向上只能有一个接触面，这样既可满足装配要求，又可降低加工要求，如图 9-13 所示。

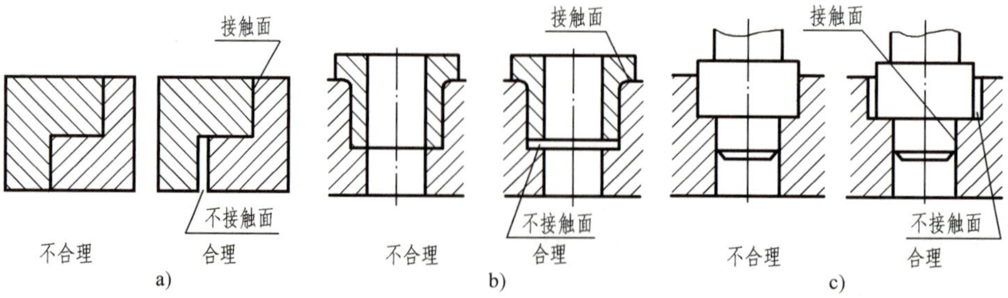

图 9-13　两零件接触面画法

2）当轴孔配合，且轴肩与孔的端面相互接触时，应在接触端面制成倒角、倒圆或退刀槽，以保证良好的接触，如图 9-14 所示。

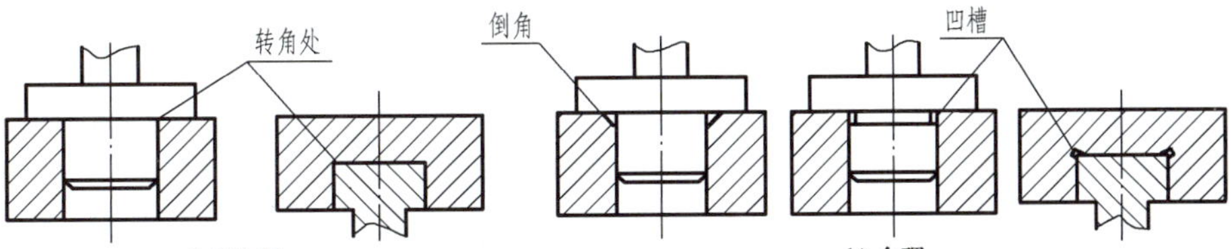

a) 不合理　　b) 合理

图 9-14　接触面转角处结构

3）两锥面配合时，两配合件的端面必须留有间隙，如图 9-15 所示。

4）为了保证连接件（螺栓、螺母、垫圈）和被连接件间的良好接触，应在被连接件上做出沉孔、凸台等结构，如图 9-16 所示。

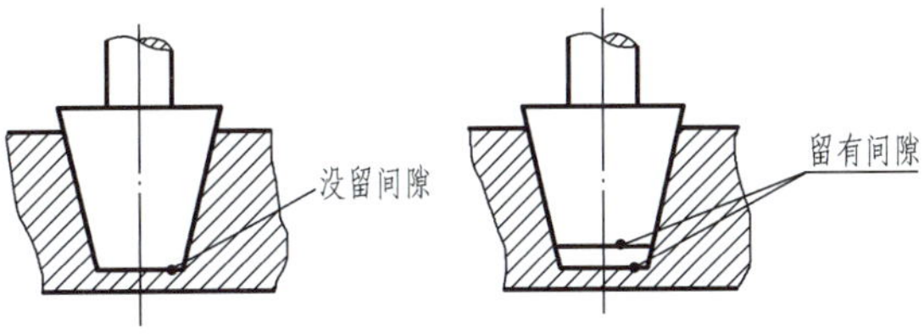

a) 不合理　　b) 合理

图 9-15　锥面配合

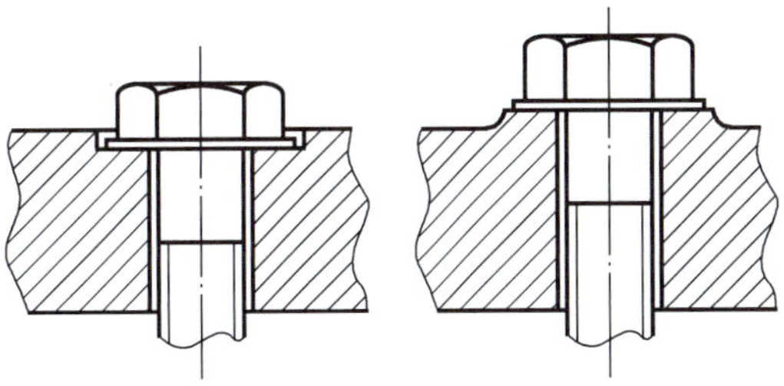

a)　　b)

图 9-16　沉孔和凸台

5）较长的接触平面或圆柱面应制出凹槽，以减少加工面积，如图 9-17 所示。

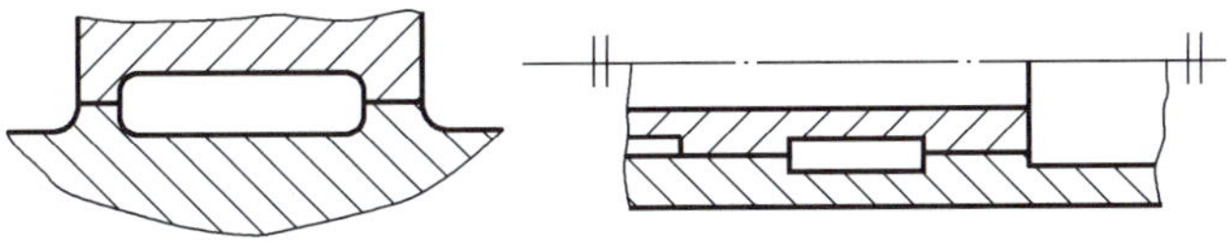

a)　　b)

图 9-17　凹槽

2. 螺纹连接的合理结构和防松结构

（1）螺纹连接的合理结构　螺纹连接是机器上最常用的连接结构。为了保证便于装配、螺纹旋紧和拆装，通常对螺纹连接进行如下设计：

1）为保证螺纹拧紧，螺杆上螺纹终止处应制出退刀槽，如图 9-18a 所示，或在螺孔上制出凹坑或倒角，图 9-18b、c 所示。

2）螺纹的大径应小于定位柱面的直径，如图 9-18d 所示。

3）螺钉头与沉孔之间的间隙应大于螺杆与螺孔之间的间隙，如图 9-18e 所示。

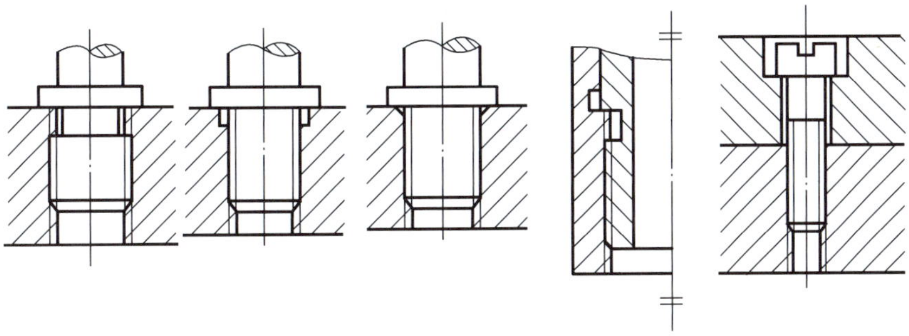

a)　　b)　　c)　　d)　　e)

图 9-18　螺纹连接的合理结构

（2）螺纹连接的防松结构　机器运转时，由于受到振动或冲击，螺纹连接可能发生松动，有时甚至造成严重事故，因此，在某些机构中需要防松。下面是几种常用的防松结构，如图 9-19 所示。

1）双螺母防松：依靠拧紧后在两螺母之间产生的轴向力，使螺母与螺栓之间的摩擦力增大而防止螺母自动松脱，如图 9-19a 所示。

2）弹簧垫圈防松：螺母拧紧后，垫圈受压变平，依靠这个变形力，使螺母与螺栓之间的摩擦力增大，同时垫圈开口的刀刃阻止螺母转动而防止螺母松脱，如图 9-19b 所示。

3）止动垫圈防松：螺母拧紧后，将单耳或双耳止动垫圈分别向螺母和被连接件侧面折弯贴紧，即可将螺母锁住，如图 9-19c 所示。

4）开口销防松：六角开槽螺母拧紧后，将开口销穿入螺栓尾部小孔和螺母的槽内，并将开口销尾部撑开与螺母侧面贴紧，即可防止螺母松动，如图 9-19d 所示。

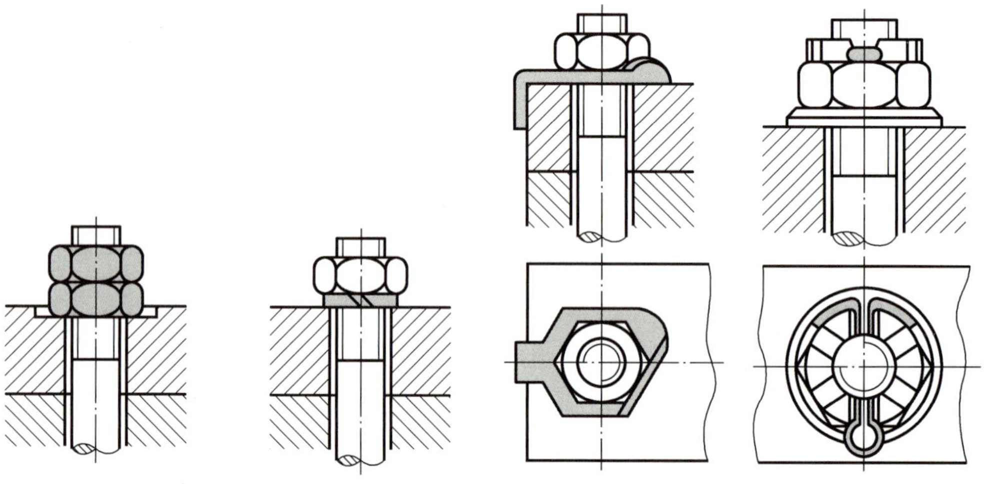

a) 双螺母防松　b) 弹簧垫圈防松　c) 止动垫圈防松　d) 开口销防松

图 9-19　螺纹连接的防松结构

3. 定位销的合理结构

为了保证重装后两零件间的相对位置和精度，常采用圆柱销或圆锥销定位。定位销一般用两个，并配置在配合零件的两端对角位置。在条件允许时，销孔一般应制成通孔，以便拆装和加工，如图 9-20 所示。

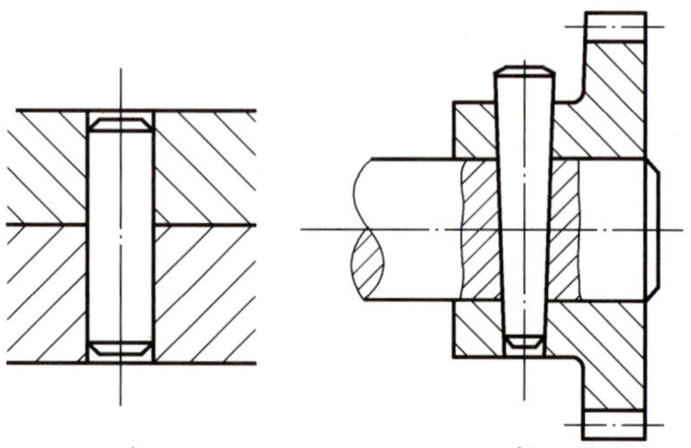

a)　b)

图 9-20　销连接的合理结构

4. 装配与拆卸的合理结构

在装配图上，应充分考虑零件装配、拆卸的可能和使用、维修工作的便利。

1）滚动轴承应考虑装配与拆卸的方便和可能，轴肩径应小于轴承内圈外径，孔肩径应大于轴承外圈内径，如图 9-21 所示。

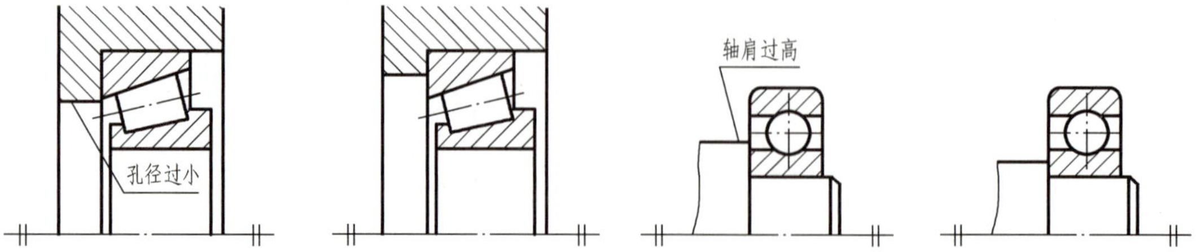

a) 不合理　b) 合理　c) 不合理　d) 合理

图 9-21　滚动轴承应便于拆装

2）应注意留出装拆螺栓、螺钉等紧固件的活动空间。一是留出扳手的转动余地；二是要有装拆的空间，如图 9-22 所示。

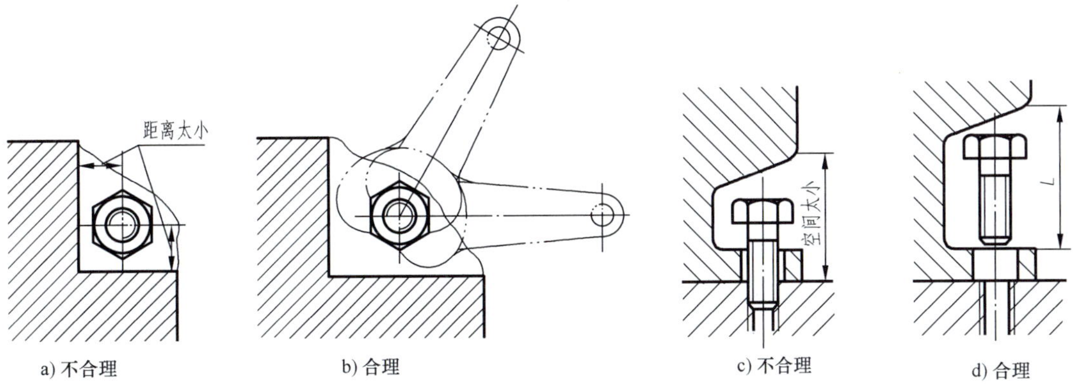

图 9-22　螺栓等紧固件应便于拆装

3）在零件上加衬套，应便于拆卸，设计成图 9-23a 所示的形式，在更换套筒时很难拆卸。若改成图 9-23b 所示在箱壁上钻几个螺纹孔，拆卸时就可用螺钉将套筒顶出。

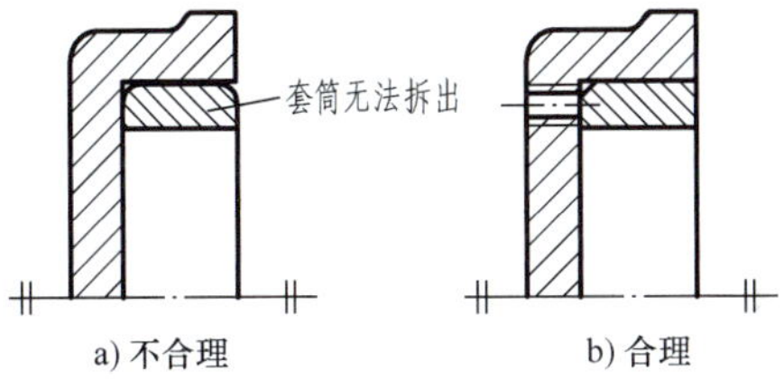

图 9-23　衬套应便于拆卸

5. 密封装置

（1）垫片、密封圈密封　为防止流体沿零件接合面向外渗漏，常在两零件之间加垫片或密封圈进行密封，如图 9-24a 所示。

（2）填料密封　为防止流体沿阀杆与阀体的间隙溢出，在阀体的空腔内装有填料，当压紧填料压盖时，就起到了防漏密封作用。注意：轴与填料压盖之间应留有间隙，以免转动时发生摩擦，如图 9-24b 所示。

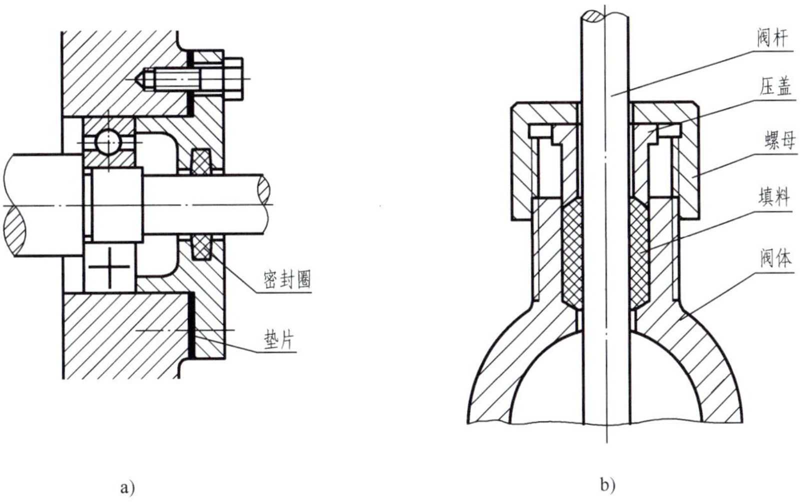

图 9-24　密封装置

【任务实施】

一、确定表达方案

装配图中的主视图一般将机器或部件按工作位置放置，当工作位置倾斜时应放正。滑动轴承的主视图按工作位置选取，以表达各零件之间的装配关系，同时也表达了主要零件的结构形状。由于结构对称，主视图采用半剖，既清楚地表达了轴承座与轴承盖由螺栓连接和止口位置的装配关系，也表达了轴承座与轴承盖的外形结构。俯视图采用沿轴承盖和轴承座接合面剖切的表示方法，其作用除了表示下轴瓦与轴承座的关系外，主要表示滑动轴承的外形。

二、画图步骤

1. 选比例、定图幅

根据滑动轴承的实际大小和结构复杂程度，选择合适的比例和图幅。确定图幅和布图时，除了考虑各视图的位置外，还要考虑标题栏、明细栏、零件序号、标注尺寸和技术要求的位置。

2. 布置视图

在绘制装配图时，一般先画出各视图的作图基准线（对称中心线、主要轴线和底座的底面基线），如图 9-25a 所示。

3. 绘制主要零件的轮廓线

从主视图入手，几个视图一起画，这样可以提高绘图速度，减少作图误差，如图 9-25b 所示。

4. 画结构细节，完成图形底稿

画完主要零件的基本轮廓线之后，可继续绘制零件的详细结构，如油杯、螺栓连接及润滑油槽等，如图 9-25c 所示。

5. 检查、加深图线，绘制剖面线

底稿画完后，要检查校核，擦去多余图线，进行图线描深，绘制剖面线，如图 9-25d 所示。

6. 完成视图

标注尺寸、注写序号、填写明细栏和标题栏，写出技术要求，完成全图，如图 9-25e 所示。

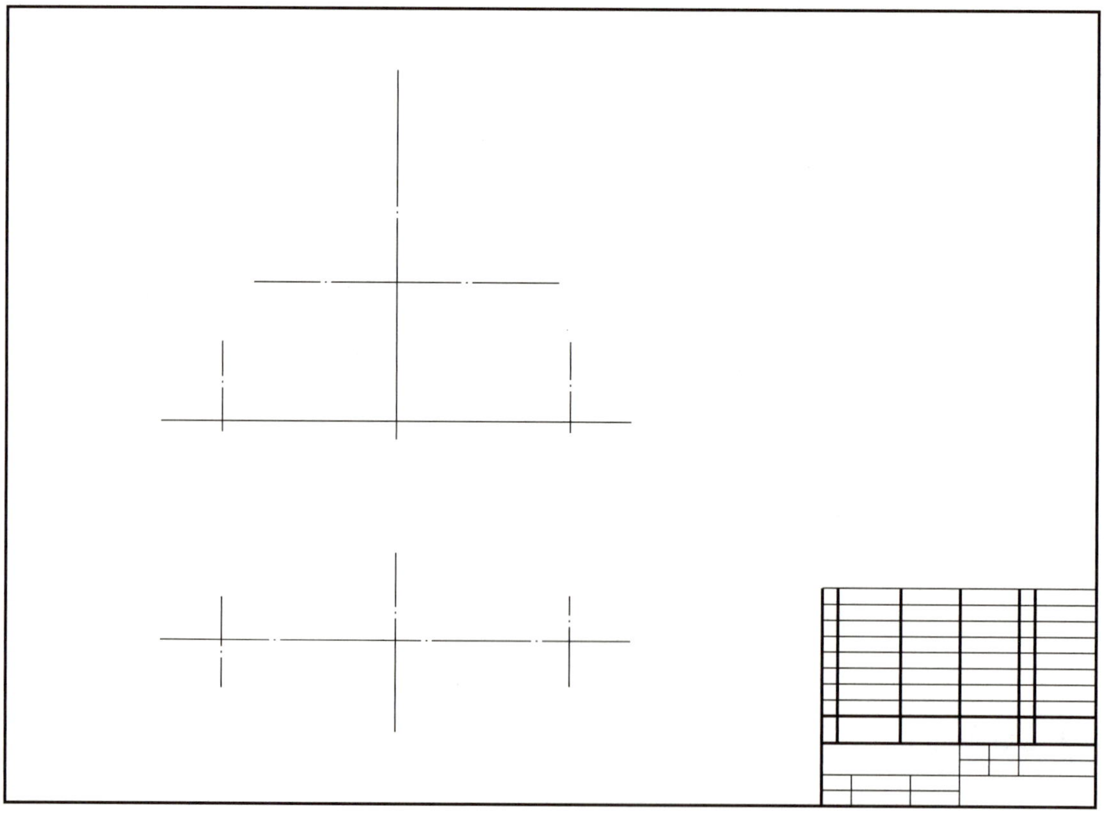

a)

图 9-25　滑动轴承装配图的作图步骤

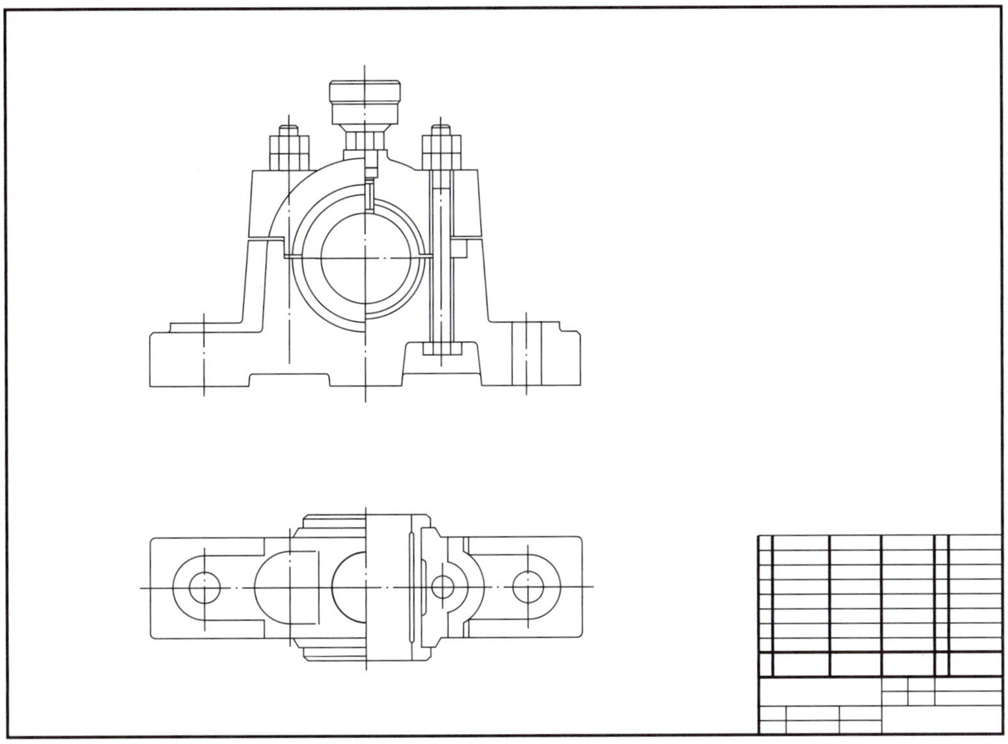

b)

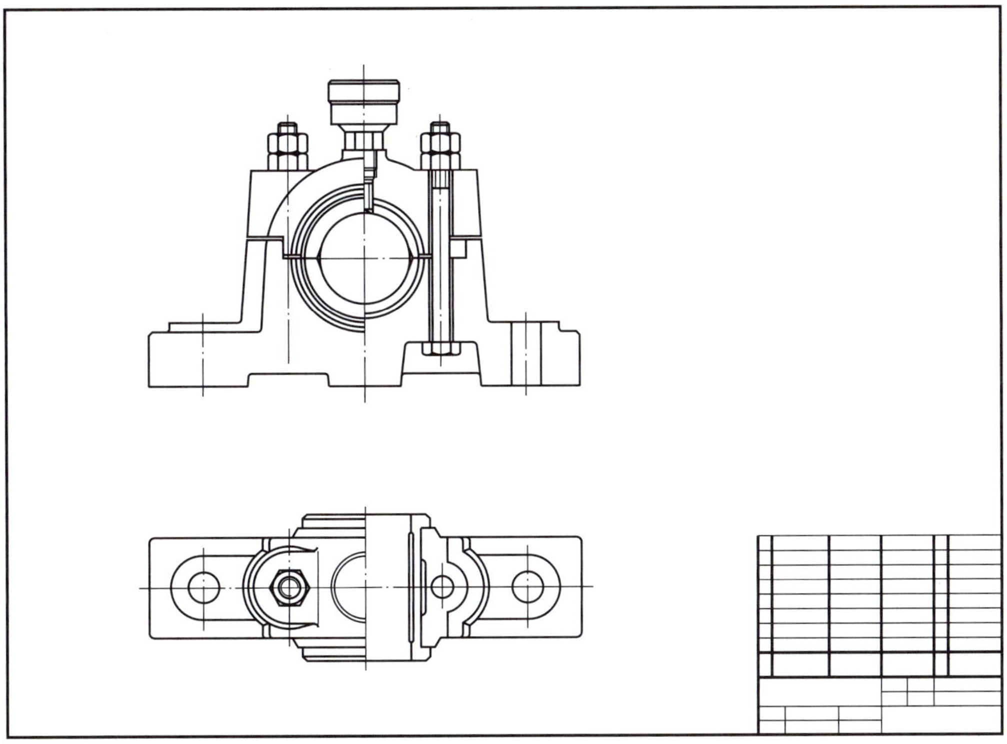

c)

图 9-25　滑动轴承装配图的作图步骤（续）

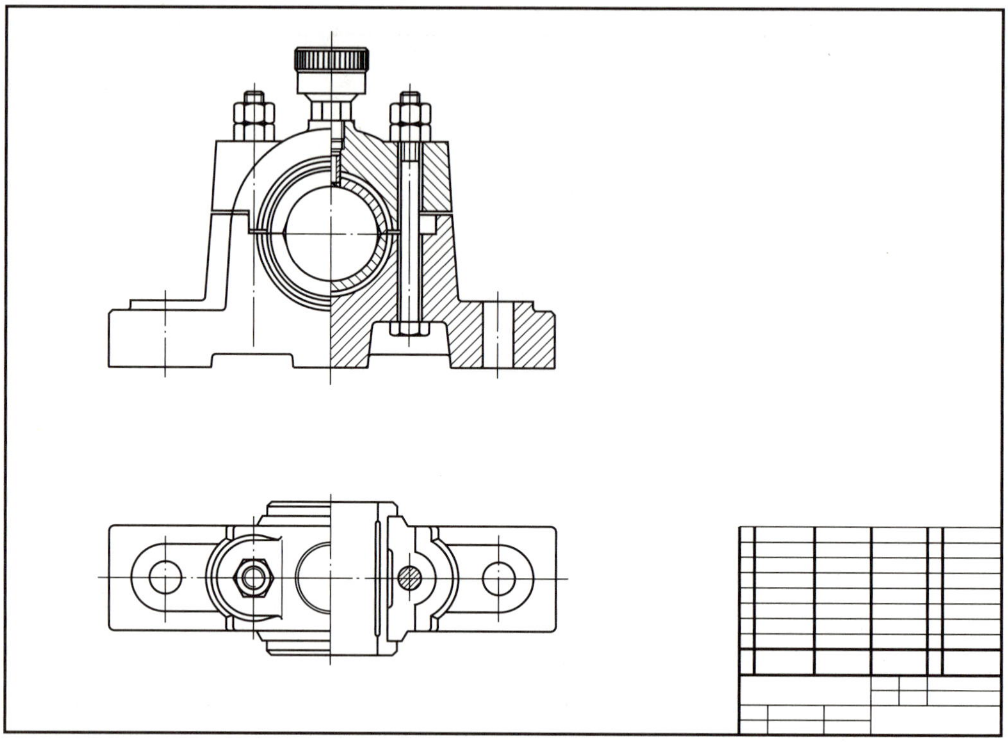

d)

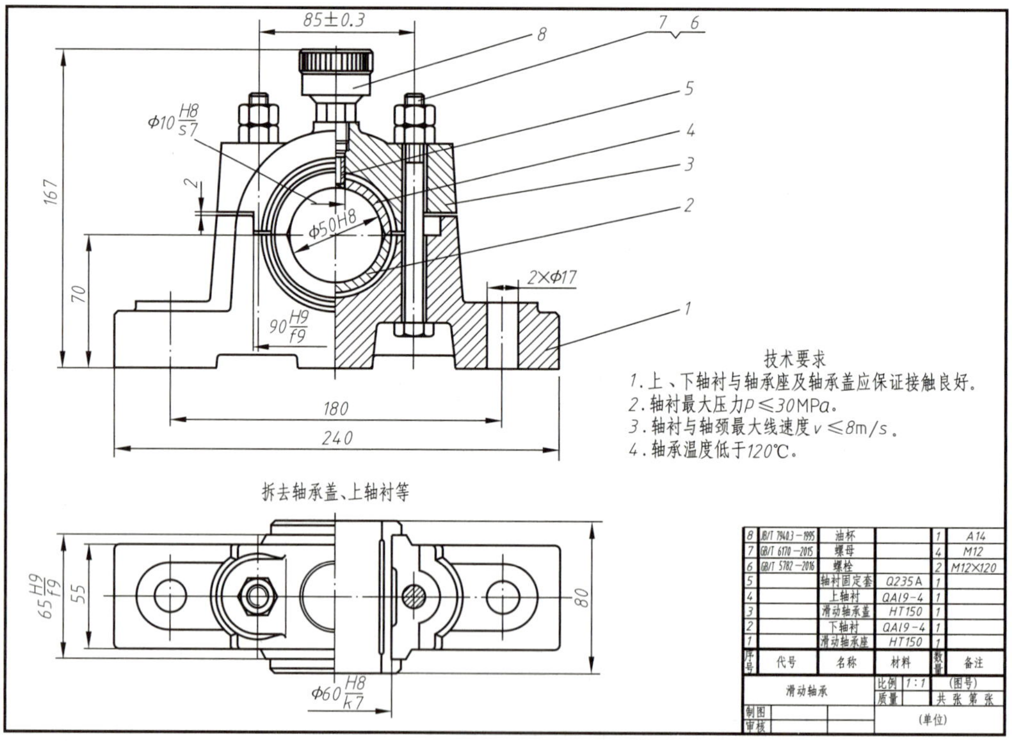

序号	代号	名称	材料	数量	备注
8	JB/T 7940.3—1995	油杯		1	A14
7	GB/T 6170—2015	螺母		4	M12
6	GB/T 5782—2016	螺栓		2	M12×120
5		轴衬固定套	Q235A	1	
4		上轴衬	QAl9-4	1	
3		滑动轴承盖	HT150	1	
2		下轴衬	QAl9-4	1	
1		滑动轴承座	HT150	1	

滑动轴承		比例 1:1	(图号)
		质量	共 张 第 张
制图		(单位)	
审核			

e)

图 9-25　滑动轴承装配图的作图步骤（续）

模块十　计算机绘图

学习目标

素质目标：

1）培养学生的计算机绘图能力。

2）要求学生严格执行机房的管理规范，培养良好的职业素养及爱护公共财物的优秀品德。

知识目标：

1）熟悉 AutoCAD 软件绘图界面。

2）了解 AutoCAD 绘制轴测图的方法。

3）掌握 AutoCAD 绘制零件图和装配图的方法。

能力目标：

能够熟练使用 AutoCAD 软件绘制中等难度的零件图和装配图。

项目一　用 AutoCAD 绘制平面图形

AutoCAD 是由美国 Autodesk 公司开发的通用计算机辅助绘图与设计软件包，可以帮助用户绘制二维图形和三维图形。AutoCAD 具有易于掌握、使用方便及体系结构开放等特点，是一款功能强大的工程绘图软件，使用该软件可以精确、快速地绘制各种图形，因此被广泛应用于机械、建筑、电子、服装和广告设计等行业，深受广大工程技术人员的欢迎。AutoCAD 自 1982 年问世以来，已经进行了多次升级，功能日趋完善，已成为工程设计领域应用最为广泛的计算机辅助绘图与设计软件之一。

任务一　用 AutoCAD 绘制支架平面图

【任务描述】

用 AutoCAD 绘制如图 10-1 所示的支架平面图。

【任务分析】

绘制平面图形时，按照机械制图的要求，首先应该对图形进行线段和尺寸分析，根据定形尺寸和定位尺寸，判断出已知线段、中间线段和连接线段，然后按照已知线段、中间线段、连接线段的绘图顺序完成图形。在图 10-1 所示的线型类型中，已知线段为 ϕ14mm、ϕ24mm、10mm 和 44mm，中间线段为 R43mm，连接线段为 R16mm、R22mm。

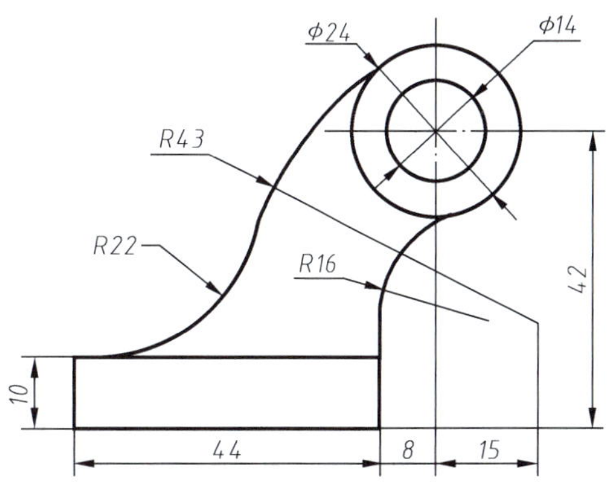

图 10-1　支架平面图

【任务实施】

用AutoCAD绘制支架平面图—1设置图层

用AutoCAD绘制支架平面图—2绘制支架平面图

一、启动 AutoCAD 2022 绘图软件

双击 Windows 桌面上 AutoCAD 2022 图标或单击任务栏中“开始”按钮→“程序”菜单中的 AutoCAD 2022 项即可以启动软件，如图 10-2 所示。单击“新建”，进入 AutoCAD 2022 工作界面，如图 10-3 所示。该界面主要由菜单栏、快速访问工具栏、功能区、绘图区、标题栏、命令行、状态栏等部分组成。

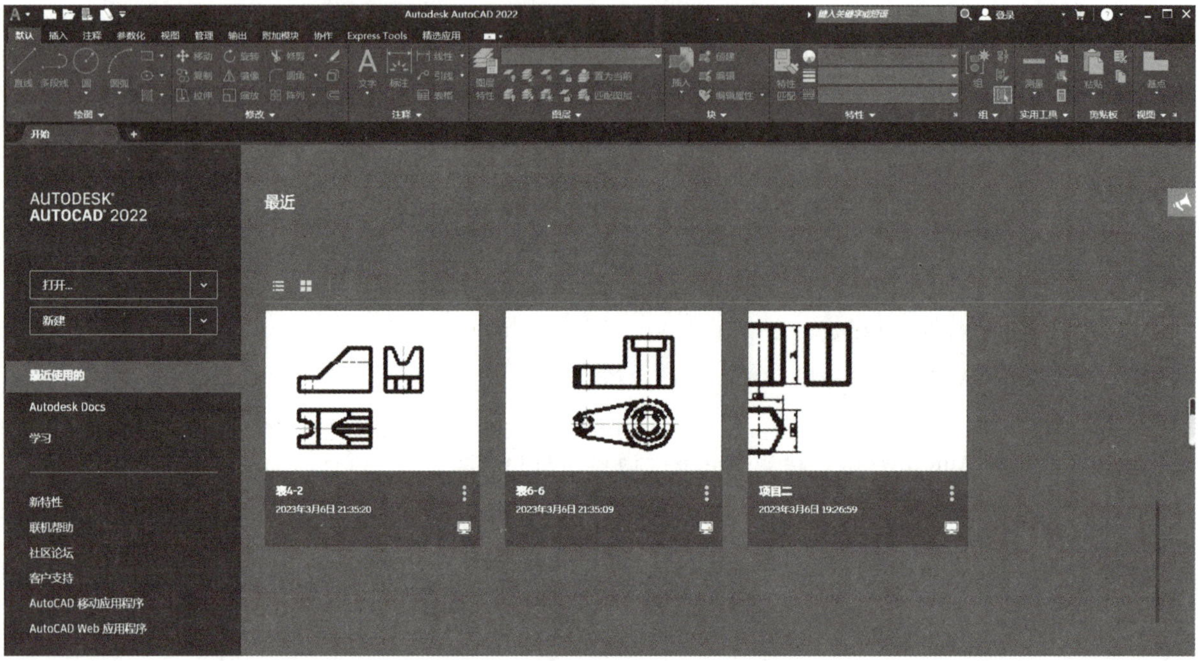

图 10-2　AutoCAD 2022 用户界面

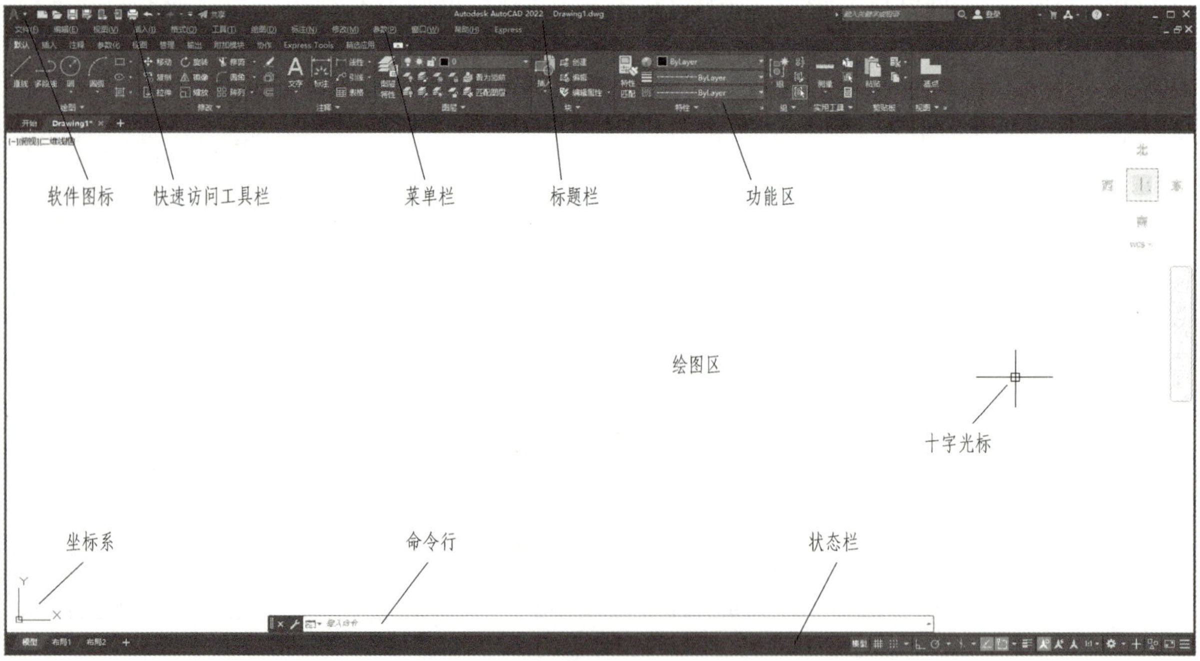

图 10-3　AutoCAD 2022 工作界面

中文版 AutoCAD 2022 为用户提供了“草图与注释”“三维建模”和“三维基础”三种工作空间模式。

二、创建新文件

在菜单栏中依次选择菜单命令“文件”→“新建”（或单击快速访问工具栏中的“ ”按钮，创建新图形），打开“选择样板”对话框，如图 10-4 所示。该对话框中列出了许多用于创建新图形的样板文件，默认的样板文件是“acadiso”。单击“打开(O)”按钮，开始绘制新图形。

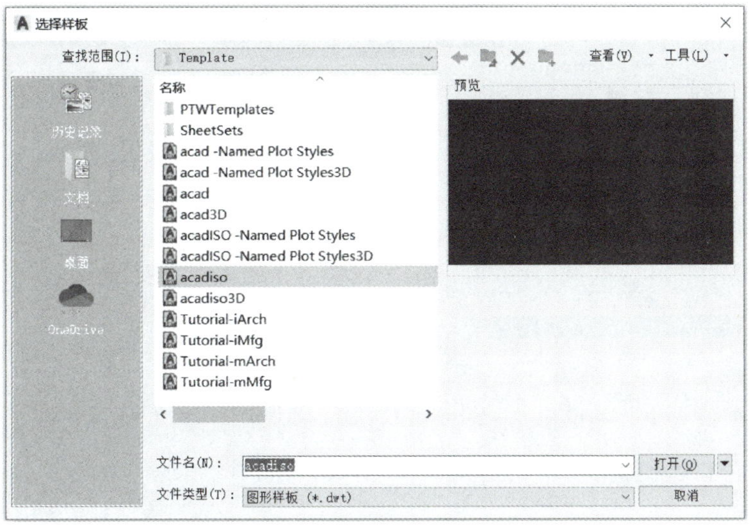

图 10-4 “选择样板”对话框

三、设置图层

AutoCAD 的图形对象总是位于某个图层上。默认情况下，当前图层是 0 层，此时所绘制的图形对象在 0 层上。每个图层都有与其相关联的颜色、线型及线宽等属性信息，用户可以对这些信息进行设定或修改。

1）选择“图层”面板上的“图层特性 ”命令，打开“图层特性管理器”对话框，如图 10-5 所示。

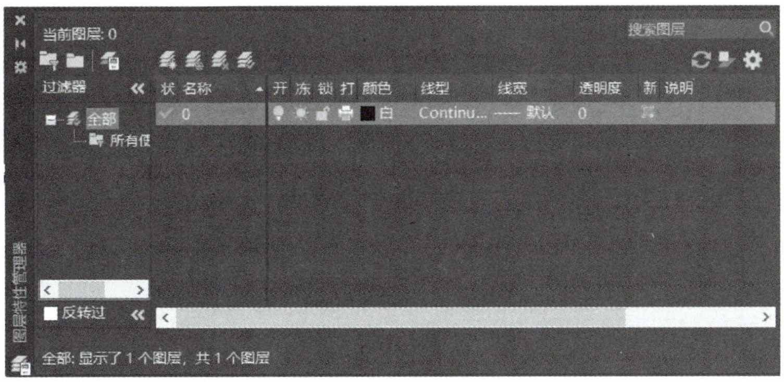

图 10-5 “图层特性管理器”对话框

2）图层特性管理器中，单击“新建图层 ”按钮在图形中创建一个新图层，系统自动命名为“图层 1”。此时图层名称呈现为可编辑状态，选择中文输入法，输入图层名“细点画线”，将该图层命名为“细点画线”，如图 10-6 所示。

3）单击“细点画线”图层上的线型“Continu...”按钮，打开如图10-7a所示的“选择线型”对话框，对话框中只有“Continuous”线型，“细点画线”图层需要选择“CENTER”线型，这时需要单击“加载(L)...”按钮，打开如图10-7b所示的对话框，在列表中找到“CENTER”项，然后单击“确定”按钮，即可完成线型加载，如图10-7c所示。选择“CENTER”线型，单击“确定”按钮，完成线型设置，如图10-7d所示。

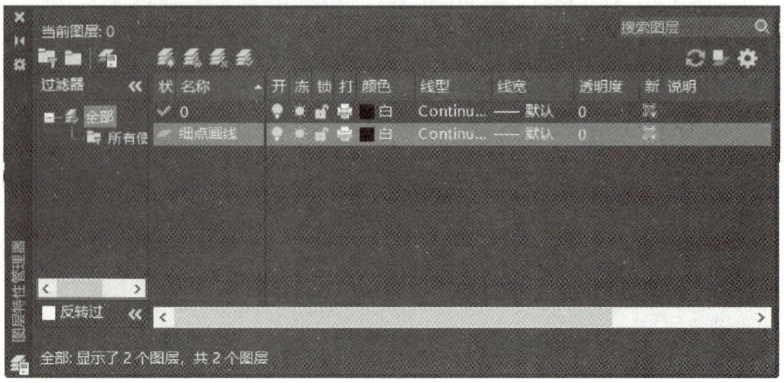

图10-6　新建图层

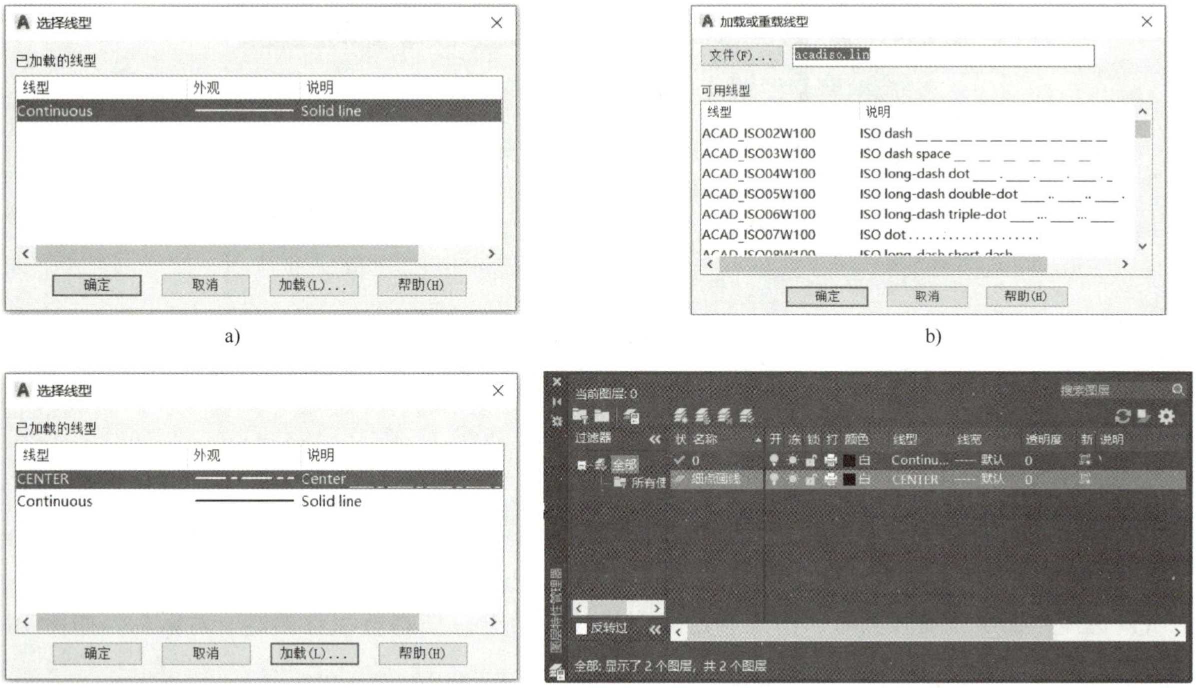

a)　　b)　　c)　　d)

图10-7　设置线型

4）单击“细点画线”图层上的“—— 默认”按钮，打开如图10-8所示的“线宽”对话框，在其中选择“0.25mm”选项，然后单击“确定”按钮完成操作。

如果要使图形对象的线宽在模型空间中显示得更宽或更窄一些，可以调整线宽比例。右击状态栏上的“显示/隐藏线宽”按钮，选择“线宽设置”，打开“线宽设置”对话框，如图10-9所示，在“调整显示比例”分组框中移动滑块来改变显示比例值。

5）颜色在图形中具有非常重要的作用，可用来表示不同的组件、功能和区域。图层的颜色实际上是图层中图层对象的颜色，绘制复杂图形时就可以很容易区分图形的各部分。新建图层后，要改

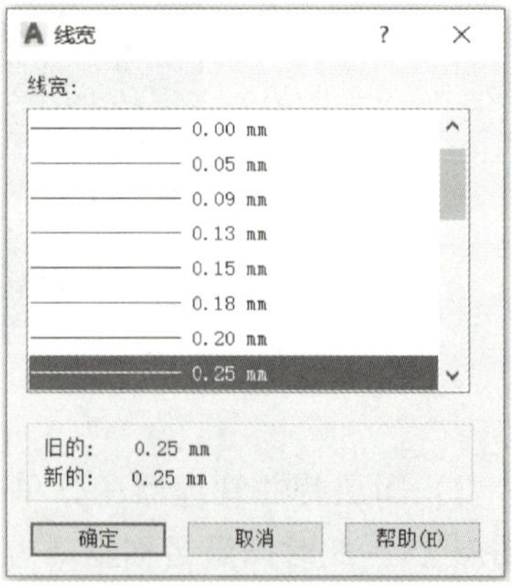

图10-8　“线宽”对话框

变细点画线图层的颜色，可在“图层特性管理器”对话框中单击“细点画线”图层的颜色列对应的“■白”按钮，打开“选择颜色”对话框，如图 10-10 所示。选择红色，单击“确定”按钮，完成颜色设置。

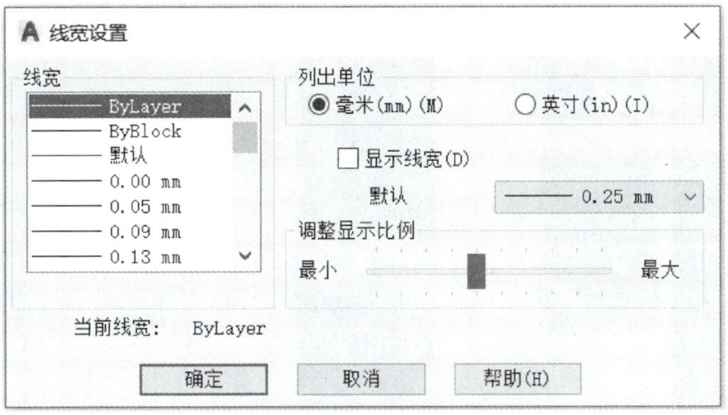

图 10-9　“线宽设置”对话框

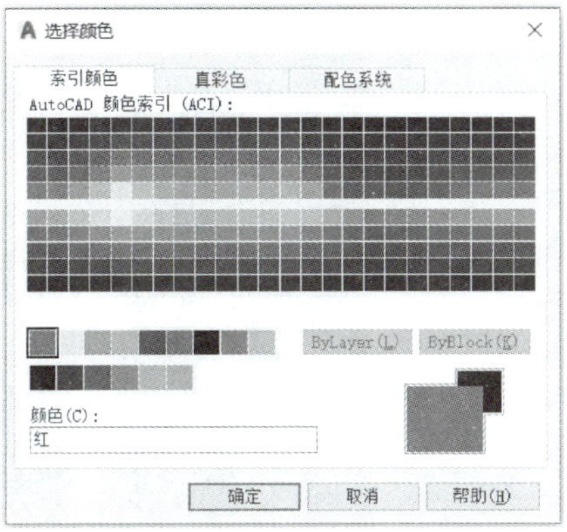

图 10-10　“选择颜色”对话框

6）重复 2)～5）操作步骤，在图层中建立“粗实线”“细实线”“标注”“文字”“填充”等图层，如图 10-11 所示。图层具体参数设置见表 10-1。

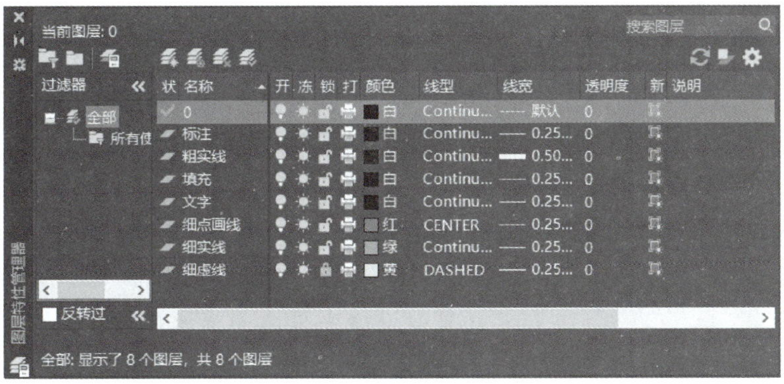

图 10-11　设置其他图层

表 10-1　图层设置参数

图层	线型	线宽/mm	颜色
细点画线	CENTER	0.25	红色
粗实线	Continuous	0.50	白色
细实线	Continuous	0.25	绿色
细虚线	DASHED	0.25	黄色
填充	Continuous	0.25	白色
标注	Continuous	0.25	白色
文字	Continuous	0.25	白色

四、绘制中心线

启动 AutoCAD 命令的方法一般有两种：一种是在命令行中输入命令全称或简称；另一种是单击工具面板上的命令按钮。

选择“绘图”面板上的命令（见图 10-12）是绘制图形最基本、最常用的方法，其中包含了 AutoCAD 2022 的大部分绘图命令。

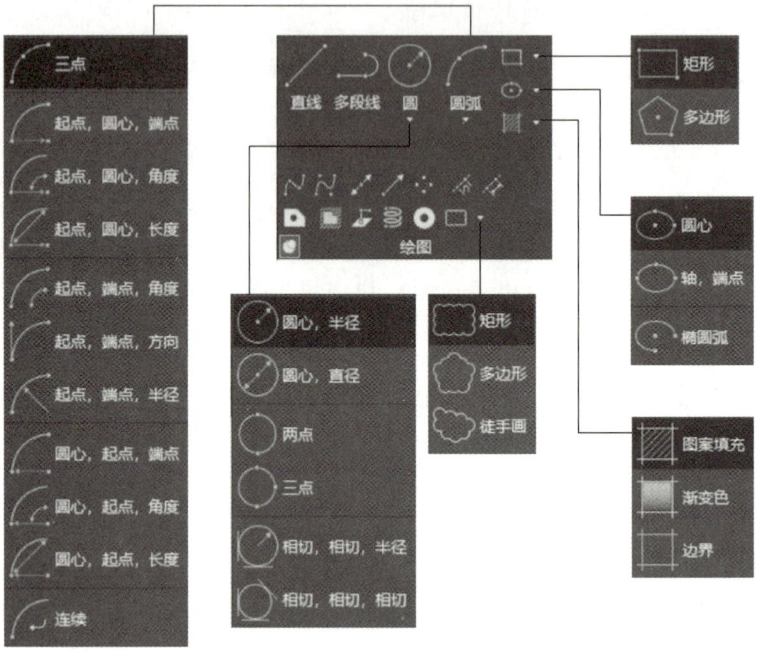

图 10-12 绘图命令

1）单击“图层”面板中的“当前层”列表框右边的下拉箭头，打开图层列表，在列表中选取“细点画线”层。

2）单击状态栏中的“正交限制光标”按钮，打开正交功能，绘制一条长 30mm 的水平中心线，如图 10-13 所示。

图 10-13 绘制水平中心线

选择“绘图”面板上的“直线”命令，命令行提示如下：

命令:_line

指定第一点： （移动鼠标使十字光标移动到绘图区中间某位置，单击，指定水平线的第一点）

指定下一点或[放弃(U)]:30 （向右移动光标，输入线段长度，回车）

指定下一点或[放弃(U)]: （回车）

使用状态栏中的辅助绘图工具（见图 10-14）正交功能，可以方便地绘制水平线和垂直线。单击“正交限制光标”按钮，即可打开正交功能，再次单击“正交限制光标”按钮即关闭该功能。辅助绘图工具栏的其他几个按钮的使用方法和“正交限制光标”按钮相同。

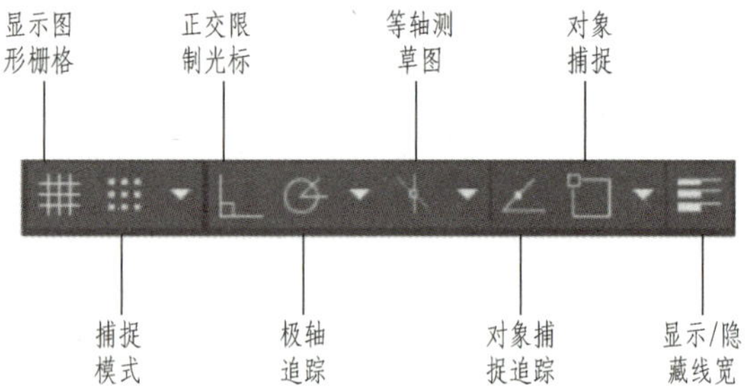

图 10-14 辅助绘图工具

AutoCAD 的命令执行过程是交互式的。当用户输入命令后，需按<Enter>键确认，系统才执行该命令。而执行过程中，系统有时候要等待用户输入必要的绘图参数，如输入命令选项、点的坐标或其他几何数据等。输入完成后，也要按<Enter>键确认，系统才能继续执行下一步操作。

① 命令提示中方括号“[ ]”里以“/”隔开的内容表示各个选项，若要选择某个选项，则需输入圆括号中的字母，可以是大写形式，也可以是小写形式。

② 命令提示中尖括号“<>”中的内容是当前默认值。

③ 当使用某一命令时按<F1>键，AutoCAD 将显示该命令的帮助信息，也可将光标在命令按钮上放

置片刻，则在按钮附近显示该命令的简要提示信息。

④ 绘图时多数情况下用户是通过鼠标发出命令的。

提示

鼠标各键定义如下：

左键：拾取键，用于单击工具栏按钮及选取菜单选项，以发出命令，也可以在绘图过程中指定点和选择图形对象等。

右键：一般作为回车键，命令执行完成后，常右击来结束命令。在有些情况下，右击将打开快捷菜单，该菜单上有“确认”选项。

滚轮：转动滚轮，将放大或缩小图形，默认情况下缩放增量为“10%”，按住滚轮并拖动鼠标，则平移图形。

3）选择“绘图”面板上的“直线”命令，命令行出现操作提示：“指定第一点”。在水平中心线中间上端位置单击，便指定了第一点。操作提示变为“指定下一点”，在竖直方向移动光标到一个合适的位置，单击确定竖直线的第二点（见图 10-15）。

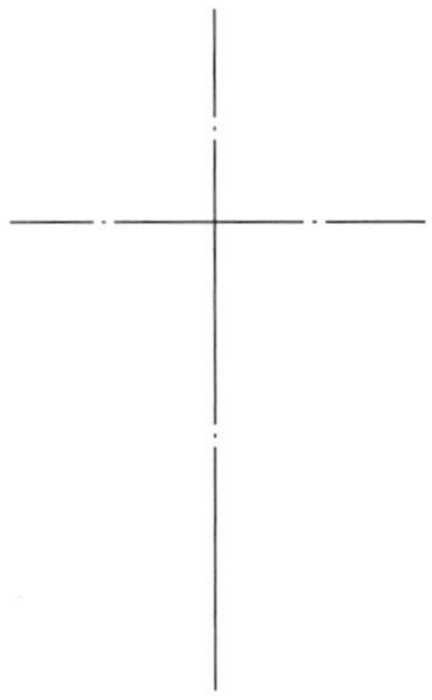

图 10-15　绘制竖直中心线

五、绘制底板

中文版 AutoCAD 2022 的“修改”面板上包含了大部分编辑命令（见图 10-16），通过选择该面板上的命令或子命令，可以帮助用户合理地构造和组织图形，保证绘图的准确性，简化绘图操作。

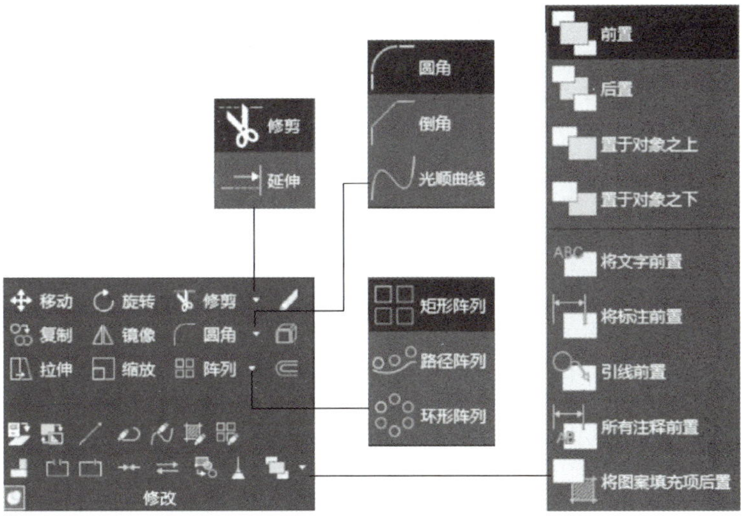

图 10-16　修改面板上的编辑命令

1）选择“修改”面板上的“偏移”命令，命令行提示如下：

指定偏移距离或[通过(T)/删除(E)/图层(L)]<通过>:8

（输入平移距离，回车）

选择要偏移的对象，或[退出(E)/放弃(U)]<退出>:

（十字光标变为小方框即拾取框，移动鼠标，使拾取框框住竖直中心线的任意部位，单击即可拾取竖直中心线）

指定要偏移的那一侧上的点，或[退出(E)/多个(M)/放弃(U)] <退出>:

（在要偏移的方向单击，即可画出左侧的竖直细点画线，如图 10-17a 所示）

选择要偏移的对象，或[退出(E)/放弃(U)]<退出>:

（回车）

“偏移” 命令可以将对象偏移指定的距离，创建一个与原对象类似的新对象。使用该命令时，用户可以通过两种方式创建平行对象：一种是输入平行线之间的距离；另一种是指定新平行线通过的点。

提示

“偏移” 命令选项如下：

① 通过（T）：通过指定点创建新的偏移对象。

② 删除（E）：偏移源对象后将其删除。

③ 图层（L）：指定将偏移后的新对象放置在当前图层或源对象所在的图层上。

2）选择“修改”面板上的“偏移”命令，将水平点画线向下偏移，偏移距离为 42mm，如图 10-17b 所示。

3）将“粗实线”层设置为当前层，选择“绘图”面板上的“直线”命令，命令行提示如下：

命令:_line

指定第一点:　　（单击 *A* 点，如图 10-18 所示）

指定下一点或[放弃(U)]:44　　（向左移动光标，输入线段长度，回车）

指定下一点或[放弃(U)]:10　　（向上移动光标，输入线段长度，回车）

指定下一点或[闭合(C)/放弃(U)]:44　　（向右移动光标，输入线段长度，回车）

指定下一点或[闭合(C)/放弃(U)]:10　　（向下移动光标，输入线段长度，回车）

指定下一点或[闭合(C)/放弃(U)]:　　（回车）

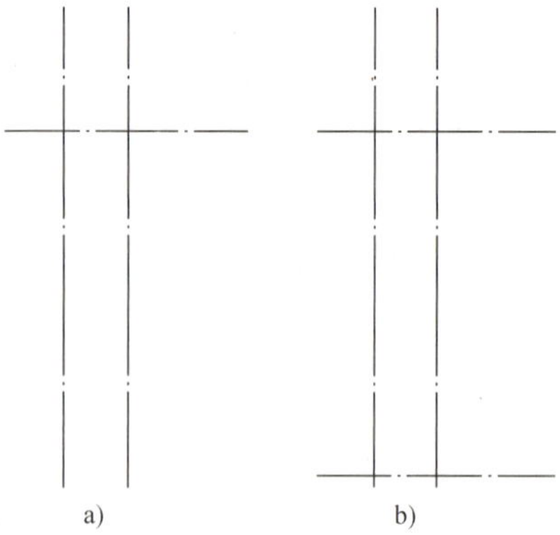

图 10-17　绘制辅助线

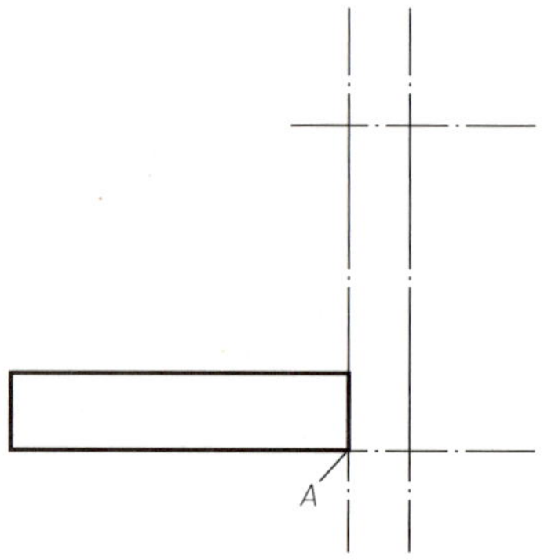

图 10-18　绘制底板

4）选择“修改”面板上的“删除”命令，可删除对象，命令行提示如下：

命令:_erase

选择对象:找到 1 个　　（选择辅助线，如图 10-19a 所示）

选择对象:找到 1 个，总计 2 个

选择对象:　　（按<Enter>键删除图线，如图 10-19b 所示）

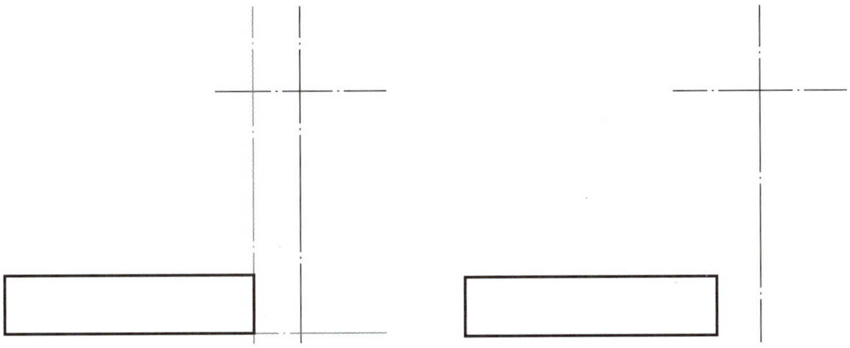

图 10-19 删除辅助线

六、绘制 ϕ14mm、ϕ24mm 两同心圆

选择“绘图”面板上的“圆”命令，命令行提示如下：

命令:_circle

指定圆的圆心或[三点(3P)/两点(2P)/相切、相切、半径(T)]:

(单击水平中心线和竖直中心线的交点)

指定圆的半径或[直径(D)]:7　　(输入半径,回车,即可绘制出直径为 14mm 的圆)

用相同的方法绘制出直径为 24mm 的圆，如图 10-20 所示。

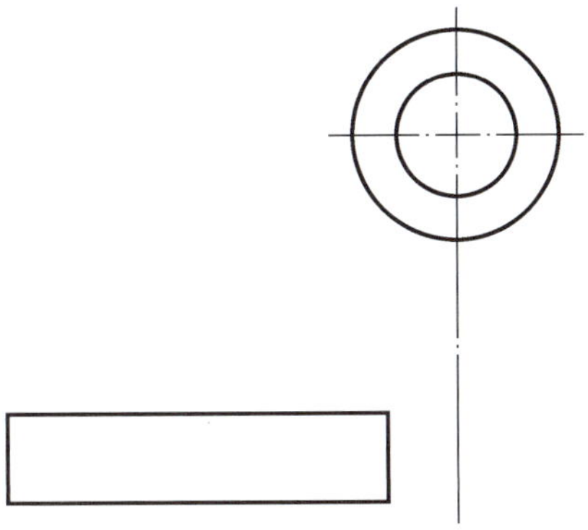

图 10-20 绘制同心圆

选择“绘图”面板上的“圆”命令，或选择“圆”命令中的子命令，即可绘制圆。

提示

“圆”命令选项如下：

① 指定圆的圆心：默认选项。输入圆心坐标或拾取圆心后，AutoCAD 提示输入圆的半径或直径值。

② 三点（3P）：输入 3 个点绘制圆。

③ 两点（2P）：指定直径的两个端点绘制圆。

④ 切点、切点、半径（T）：指定圆的两个切点和半径画圆。

七、绘制 *R*16mm 圆弧

1）单击底板右侧竖直线，图线变为如图 10-21a 所示状态。单击竖直线上面的“小方框”（也称夹点），并向上拖动，到达合适位置，如图 10-21b 所示。按<Esc>键退出拉伸状态，如图 10-21c 所示。

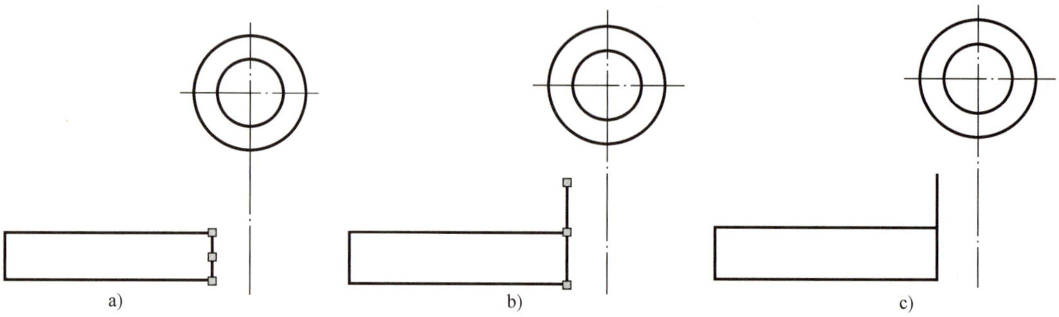

图 10-21 调整图线

2）选择“绘图”面板上的“”命令，命令行提示如下：

指定对象与圆的第一个切点：（捕捉如图 10-22a 所示的 *A* 点，回车）

指定对象与圆的第二个切点：（捕捉如图 10-22a 所示的 *B* 点，回车）

指定圆的半径<12.0000>:16 （输入圆弧半径 16mm，回车）

3）选择“修改”面板上的“”命令，命令行提示如下：

选择要修剪的对象，或按住<Shift>键选择要延伸的对象或

[剪切边(T)/窗交(C)/模式(O)/投影(P)/删除(R)/放弃(U)]:（依次单击底板右侧竖直线、*R*16mm 圆弧）

选择要修剪的对象，或按住<Shift>键选择要延伸的对象或

[剪切边(T)/窗交(C)/模式(O)/投影(P)/删除(R)/放弃(U)]:（回车，如图 10-22b 所示）

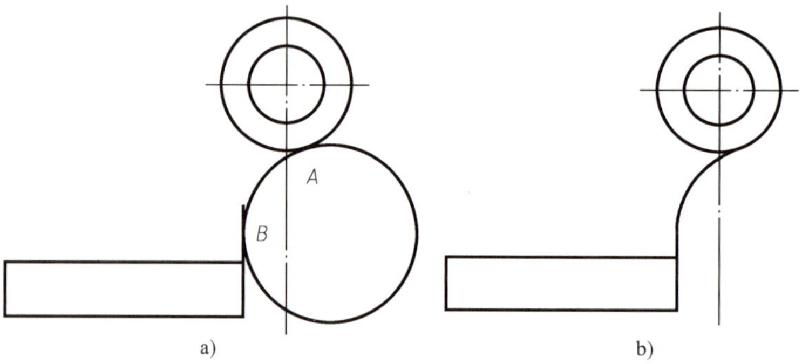

图 10-22 绘制 *R*16mm 圆弧

八、绘制 *R*43mm 圆弧

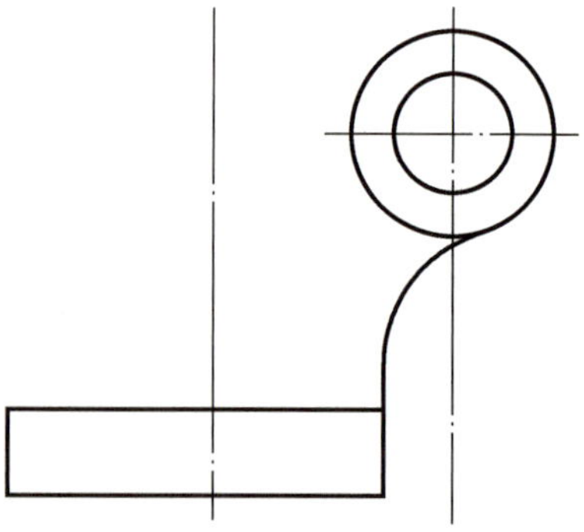

图 10-23 绘制辅助线

1）选择“修改”面板上的“偏移”命令，将竖直点画线向左偏移，偏移距离为 28mm，如图 10-23 所示。

2）选择“绘图”面板上的“”命令，绘制半径为 43mm 的圆，如图 10-24a 所示。

3）选择“修改”面板上的“删除”命令，删除辅助线，如图 10-24b 所示。

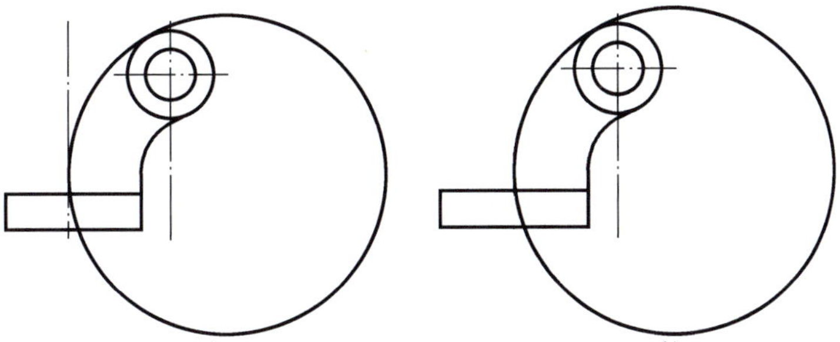

a)　　b)

图 10-24　绘制 *R*43mm 圆弧

九、绘制 *R*22mm 圆弧

1）选择“绘图”面板上的“相切，相切，半径”命令，绘制半径为 22mm 的圆，如图 10-25a 所示。

2）选择“修改”面板上的“修剪”命令，修剪多余图线，如图 10-25b 所示。注意：修剪时要正确选择修剪对象，防止剪错。

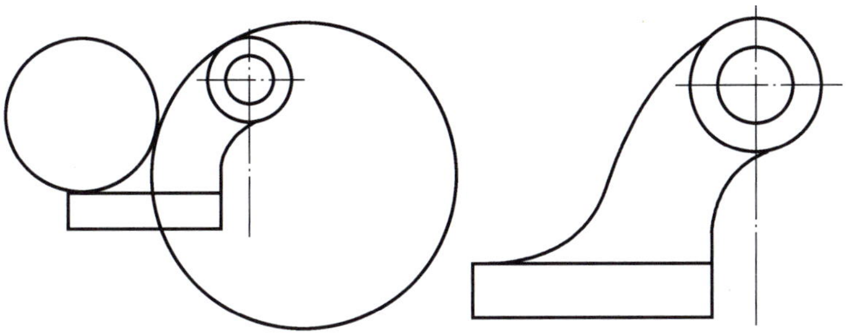

a)　　b)

图 10-25　绘制 *R*22mm 圆弧

十、整理

调整竖直中心线的长度，如图 10-26 所示。

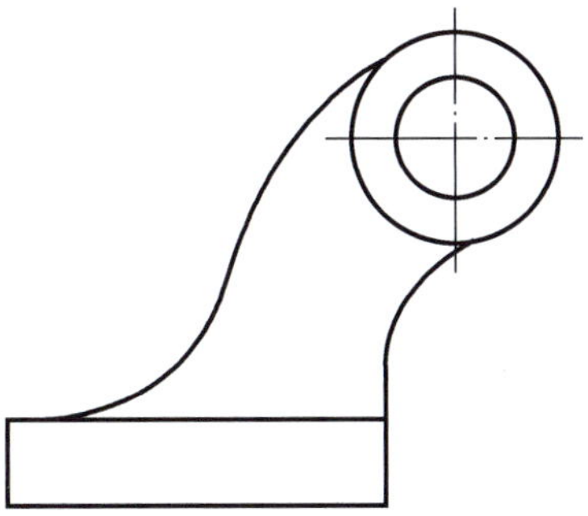

图 10-26　调整竖直中心线的长度

十一、保存

完成吊钩平面图绘制，将该图保存为“支架 . dwg”。注意图形文件扩展名为“. dwg”，样板文件扩展名为“. dwt”。

十二、退出 AutoCAD 2022

单击 AutoCAD 2022 右上角的“关闭”按钮，退出操作。

任务二　用 AutoCAD 绘制吊钩平面图

用AutoCAD绘制吊钩平面图

【任务描述】

用 AutoCAD 绘制图 10-27 所示吊钩平面图。

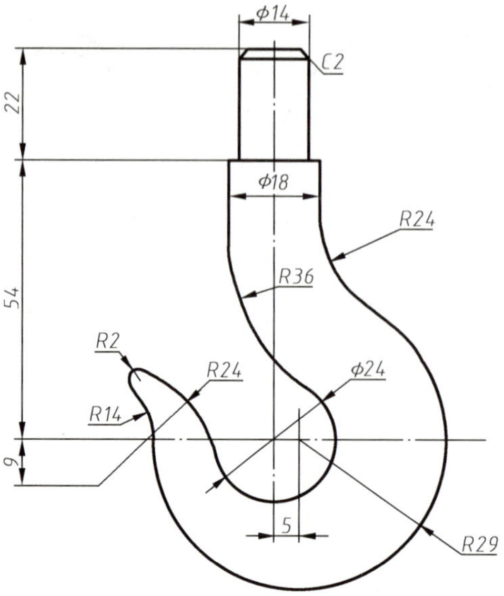

图 10-27　吊钩平面图

【任务分析】

该图形由直线和圆弧线段组成，绘图时先绘制出中心线及直线，然后用圆弧绘制的命令完成圆弧连接。

【任务实施】

一、设置绘图环境

启动 AutoCAD 2022，新建文件，打开“图层特性管理器”对话框设置图层（名称、线型、颜色、线宽）。

二、绘制中心线和辅助线

1）将“细点画线”层设置为当前层，打开状态栏的“正交限制光标”按钮、“对象捕捉”按钮、“对象捕捉追踪”按钮，选择“绘图”面板上的“直线”命令，绘制水平和竖直中心线，如图 10-28a 所示。

2）选择“修改”面板上的“偏移”命令，将水平点画线向上偏移，偏移距离分别为 54mm 和 76mm，将竖直点画线对称偏移，偏移距离分别为 7mm 和 9mm，如图 10-28b 所示。

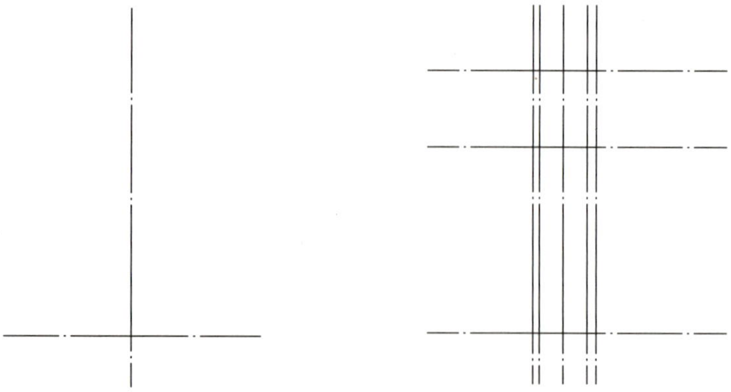

a)　　b)

图 10-28　绘制中心线和辅助线

三、绘制钩柄部分的直线

1）将“粗实线”层设置为当前层，选择“绘图”面板上的“直线”命令，绘制钩柄部分的直线，如图 10-29a 所示。

2）选择“修改”面板上的“删除”命令，命令行提示“选择对象”，选择要删除的辅助线（此时辅助线变为虚线），右击，完成删除，如图 10-29b 所示。

3）选择“修改”面板上的“倒角”命令，命令行将出现如下提示：

选择第一条直线或[放弃(U)/多段线(P)/距离(D)/角度(A)/修剪(T)/方式(E)/多个(M)]:d
　　　　　　　　　　（选择“距离(D)”选项，回车）
指定第一个倒角距离<0.0000>:2　　　（输入倒角距离，回车）
指定第二个倒角距离<2.0000>:　　　　（回车）
选择第一条直线或[放弃(U)/多段线(P)/距离(D)/角度(A)/修剪(T)/方式(E)/多个(M)]:
　　　　　　　　　　（选择倒角的第一条直线）
选择第二条直线，或按住<Shift>键选择直线以应用角点或[距离(D)/角度(A)/方法(M)]:
　　　　　　　　　　（选择第二条直线）

系统按指定的距离完成倒角操作。同理，倒另一侧角，如图 10-29c 所示。

提示

“倒角”命令选项如下：

① 多段线（P）：选择多段线后，AutoCAD 对多段线每个顶点进行倒斜角操作。
② 距离（D）：设定倒角距离。
③ 角度（A）：指定倒角距离及倒角角度。
④ 修剪（T）：指定倒斜角操作后是否修剪对象。
⑤ 方式（E）：设置使用两个倒角距离，还是一个距离一个角度来创建倒角。
⑥ 多个（M）：可以一次创建多个倒角。

4）选择“绘图”面板上的“直线”命令，绘制倒角连线，如图 10-29d 所示。

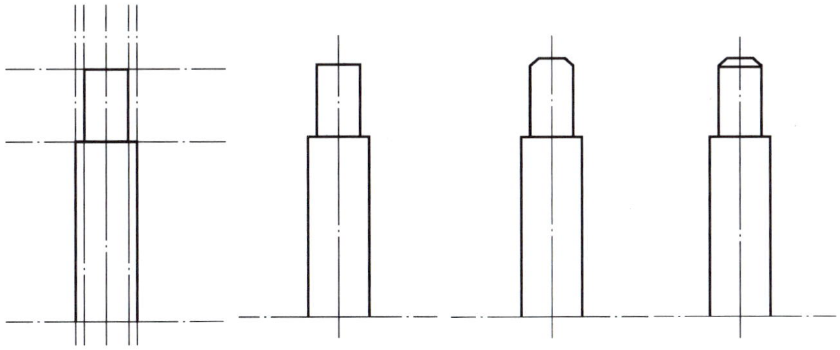

a)　　b)　　c)　　d)

图 10-29　绘制钩柄部分的直线

四、绘制吊钩弯曲中心部分的 ϕ24mm、R29mm 圆弧

1）选择“修改”面板上的“偏移”命令，将竖直点画线向右偏移，偏移距离为 5mm，如

图 10-30a 所示。

2）选择“绘图”面板上的“圆”命令，绘制直径为 24mm 和半径为 29mm 的圆，如图 10-30b 所示。

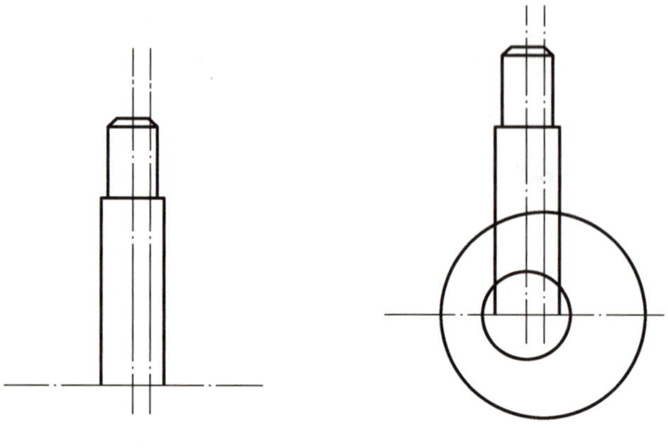

图 10-30　绘制钩子弯曲中心部分

五、绘制钩尖部分的 *R*24mm、*R*14mm 圆弧

1）将“细点画线”层设置为当前层，选择“绘图”面板上的“直线”命令，捕捉 *R*29mm 圆与水平中心线的交点，作竖直辅助线。选择“修改”面板上的“偏移”命令，将竖直辅助线向左偏移，偏移距离为 14mm，如图 10-31a 所示，偏移后的辅助线与水平中心线的交点就是 *R*14mm 圆弧的圆心。将水平点画线向下偏移，偏移距离为 9mm，并以 ϕ24mm 圆的圆心为圆心，作半径为 36mm 的辅助圆，辅助圆与水平辅助线的交点就是 *R*24mm 圆弧的圆心，如图 10-31b 所示。

2）选择“绘图”面板上的“圆”命令，绘制半径为 24mm 和半径为 14mm 的圆，如图 10-31c 所示。

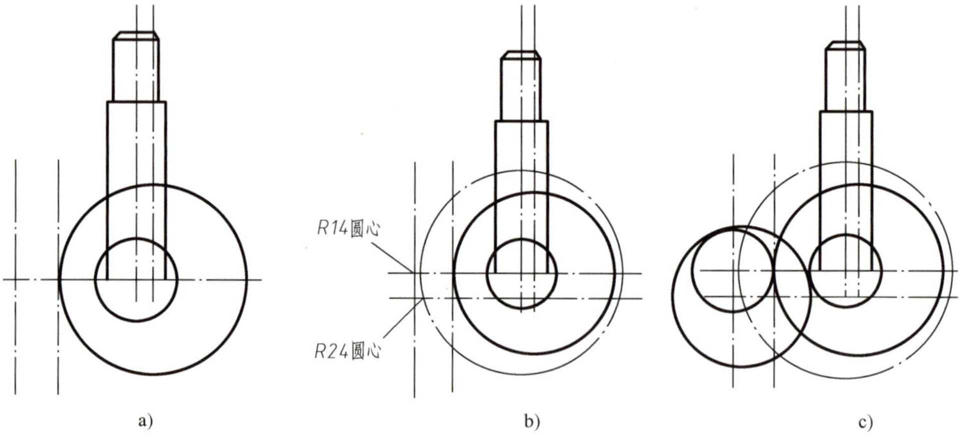

图 10-31　绘制 *R*24mm、*R*14mm 圆弧

六、绘制钩柄部分过渡圆弧 *R*36mm 和 *R*24mm

1）选择“绘图”面板上的“相切，相切，半径”命令，命令行提示如下：

指定对象与圆的第一个切点：（捕捉如图 10-32a 所示的 *A* 点，回车）
指定对象与圆的第二个切点：（捕捉如图 10-32a 所示的 *B* 点，回车）

指定圆的半径<14.0000>:24　　(输入圆弧半径 24mm,回车)

同理，绘制半径为 36mm 的圆，如图 10-32a 所示。

2）选择“修改”面板上的“修剪”命令，修剪掉多余的线条，如图 10-32b 所示。注意：修剪时要正确选择修剪对象，防止剪错。

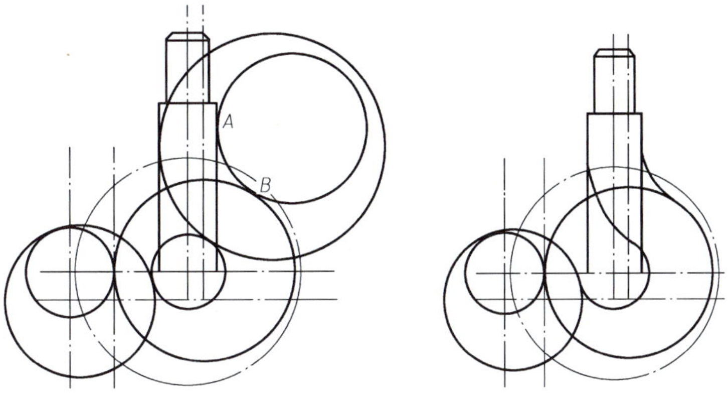

a)　　b)

图 10-32　绘制钩柄部分 $R36$mm 和 $R24$mm 过渡圆弧

七、绘制钩尖部分的圆弧 $R2$mm

1）选择“绘图”面板上的“相切，相切，半径”命令，绘制半径为 2mm 的圆，如图 10-33a 所示。

2）选择“修改”面板上的“修剪”和“删除”命令，修剪掉多余的线条并删除辅助线，如图 10-33b 所示。

八、整理

选择“修改”面板上的“打断”命令，修整 $R29$mm 圆弧的竖直中心线的长度，如图 10-34 所示。

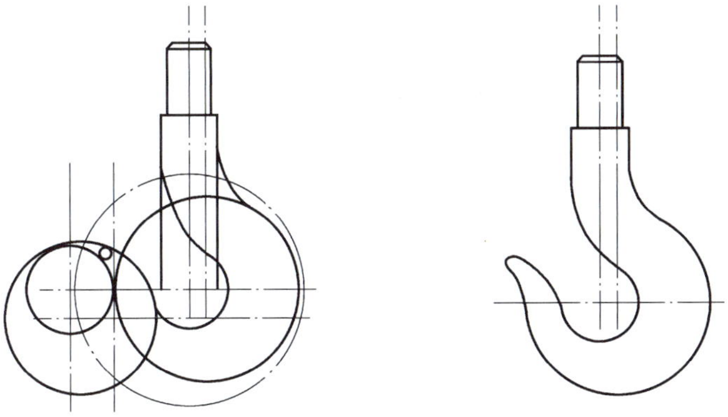

a)　　b)

图 10-33　绘制钩尖部分圆弧 $R2$mm

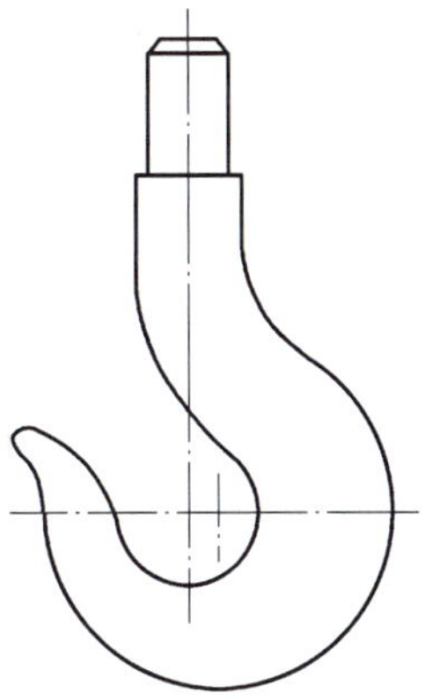

图 10-34　修整图线

九、保存

完成吊钩平面图绘制，将该图保存为“吊钩 .dwg”。

十、退出 AutoCAD 2022

单击 AutoCAD 2022 右上角的关闭按钮，退出操作。

任务三 用 AutoCAD 绘制平面图形

【任务描述】

用AutoCAD
绘制平面图形

用 AutoCAD 绘制图 10-35 所示的平面图形。

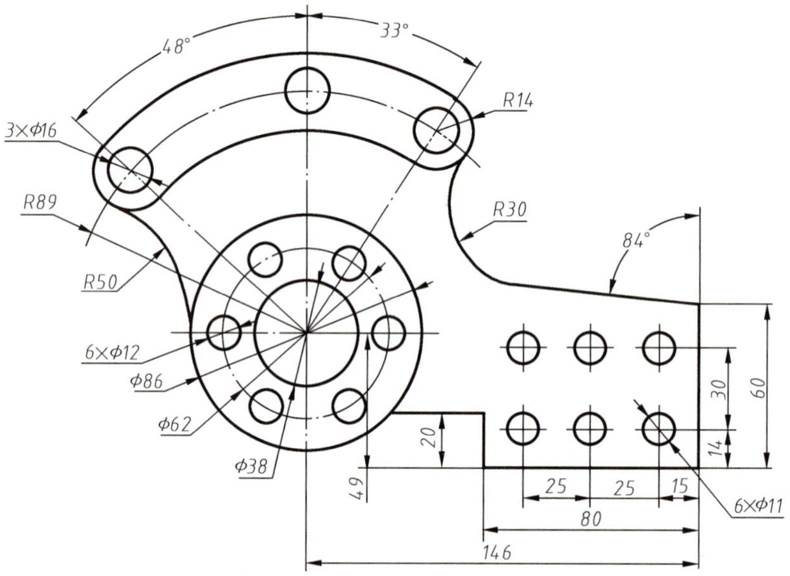

图 10-35 平面图形

【任务分析】

该图形由直线和圆组成，首先画出圆的定位线，然后用圆弧命令完成圆弧连接，并用复制与阵列的命令完成图形。

【任务实施】

一、设置绘图环境

启动 AutoCAD 2022，新建文件，打开“图层特性管理器”对话框设置图层（名称、线型、颜色、线宽）。

二、绘制定位线

1）将“细点画线”层设置为当前层，打开状态栏的“正交限制光标”按钮、“对象捕捉”按钮、“对象捕捉追踪”按钮，选择“绘图”面板上的“直线”命令，绘制水平和竖直中心线，如图 10-36a 所示。

2）选择“绘图”面板上的“直线”命令，命令行提示如下：

命令:_line

指定第一点： （捕捉如图 10-36a 所示图形的交点）

指定下一点或[放弃(U)]:@105<138　　　　　(回车)
指定下一点或[放弃(U)]:　　　　　(回车)
LINE
指定第一点:　　　　　(捕捉如图 10-36a 所示图形的交点)
指定下一点或[放弃(U)]:@105<57　　　　　(回车)
指定下一点或[放弃(U)]:　　　　　(回车,如图 10-36b 所示)

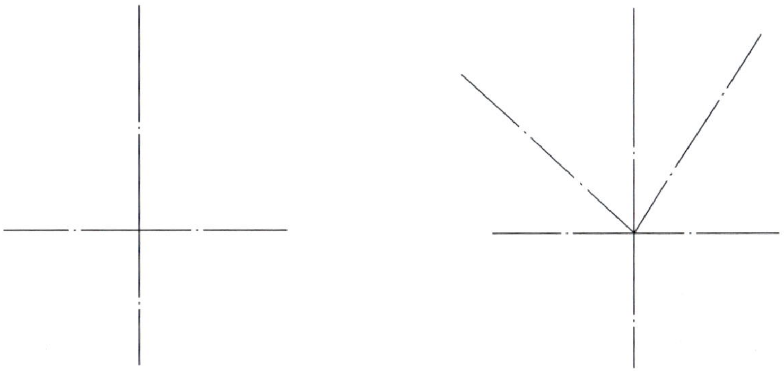

a)　　　　b)

图 10-36　绘制定位线

3）选择“绘图”面板上的“圆”命令，以如图 10-37a 所示 *O* 点为圆心，绘制直径为 62mm 和半径为 89mm 的圆。

4）选择“修改”面板上的“打断”命令，命令行提示如下：
选择对象:　　　　　(单击如图 10-37b 所示 *R*89mm 圆的 *A* 点)
指定第二个打断点或[第一点(F)]:　　　　　(单击如图 10-37b 所示 *R*89mm 圆的 *B* 点)

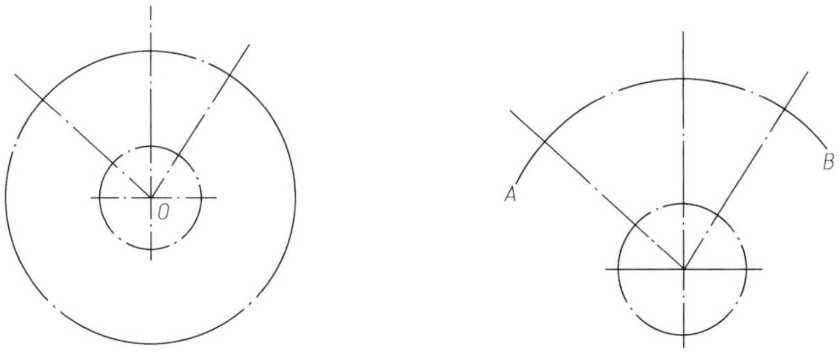

a)　　　　b)

图 10-37　绘制圆形定位线

三、画圆

1）将“粗实线”层设置为当前层，选择“绘图”面板上的“圆心，直径”命令，命令行提示如下：
指定圆的圆心或[三点(3P)/两点(2P)/相切、相切、半径(T)]:
(单击水平中心线和竖直中心线的交点)
指定圆的半径或[直径(D)]:<31.0000>:_d 指定圆的直径<62.0000>: 38 (输入直径,回车)
继续绘制直径为 86mm、直径为 16mm 和半径为 14mm 的圆，如图 10-38a 所示。

2）选择“修改”面板上的“复制”命令，命令行提示如下：

命令:_copy
选择对象:找到 1 个　　(选择圆 *D*,如图 10-38b 所示)
选择对象:　　(回车)
当前设置:复制模式=多个
指定基点或[位移(D)/模式(O)] <位移>:　　(捕捉交点 *A*)
指定第二个点或[阵列(A)]<使用第一个点作为位移>:　　(捕捉交点 *C*)
指定第二个点或[阵列(A)/退出(E)/放弃(U)] <退出>:　　(回车)
命令:
COPY
选择对象:找到 1 个　　(选择圆 *E*,如图 10-38b 所示)
选择对象:　　(回车)
当前设置:复制模式=多个
指定基点或[位移(D)/模式(O)] <位移>:　　(捕捉交点 *A*)
指定第二个点或[阵列(A)]<使用第一个点作为位移>:　　(捕捉交点 *B*)
指定第二个点或[阵列(A)/退出(E)/放弃(U)] <退出>:　　(捕捉交点 *C*)
指定第二个点或[阵列(A)/退出(E)/放弃(U)] <退出>:　　(回车)

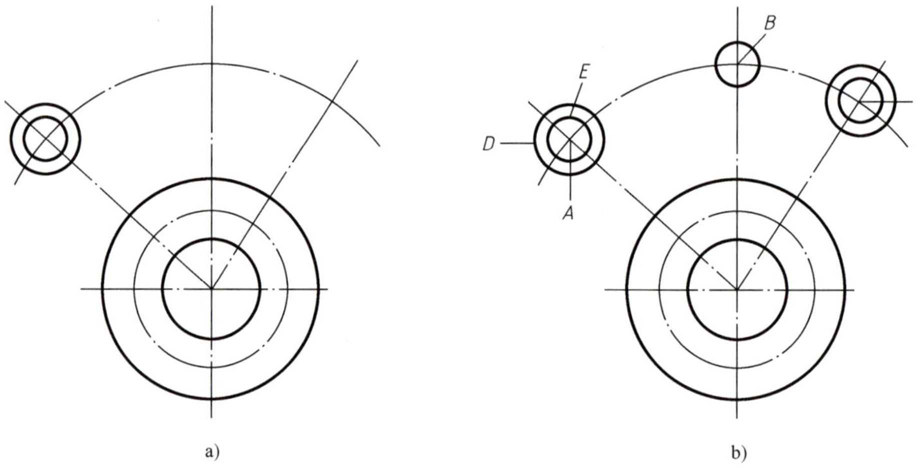

图 10-38　画圆

复制命令用于在不同的位置复制现存的对象。复制的对象完全独立于源对象，可以对它进行编辑或其他操作。启动复制命令后，首先选择要复制的对象，然后通过两点（即基点和第二点）或直接输入位移值指定对象复制的距离和方向，AutoCAD 就将图形元素从原位置复制到新位置。用户一次可以在多个位置上复制对象。

四、绘制直线框

1）选择“修改”面板上的“偏移”命令，将水平中心线向下偏移，偏移距离为 49mm，竖直中心线向右偏移，偏移距离为 146mm，并将偏移后的水平辅助线延长，如图 10-39 所示。

2）选择“绘图”面板上的“直线”命令，绘制直线段，如图 10-40a 所示。继续绘制斜线段，并将辅助线删除，如图 10-40b 所示。

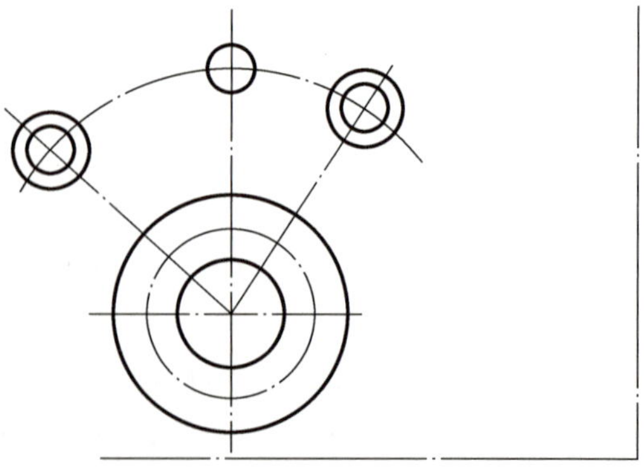

图 10-39　绘制辅助线

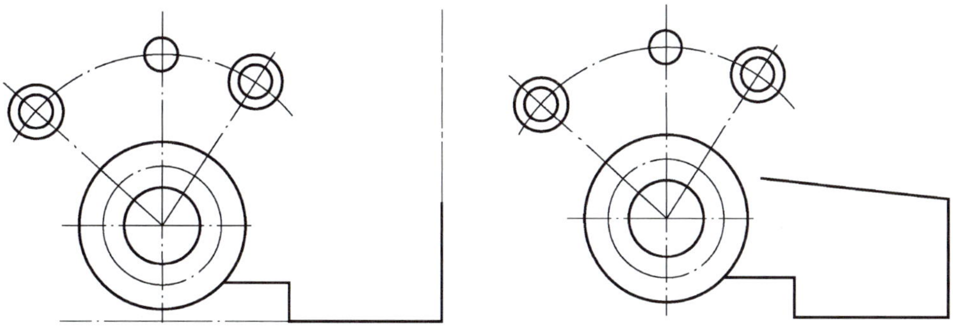

a)　　　　b)

图 10-40　绘制直线框

五、绘制圆弧连接

1）选择“绘图”面板上的“圆”命令，命令行提示如下：

指定圆的圆心或[三点(3P)/两点(2P)/相切、相切、半径(T)]：　(捕捉如图 10-41a 所示 *O* 点)

指定圆的半径或[直径(D)] <19.0000>：　(捕捉 *A* 点)

指定圆的圆心或[三点(3P)/两点(2P)/相切、相切、半径(T)]：　(捕捉 *O* 点)

指定圆的半径或[直径(D)] <103.0000>：　(捕捉 *B* 点)

修剪掉多余线条，如图 10-41b 所示。

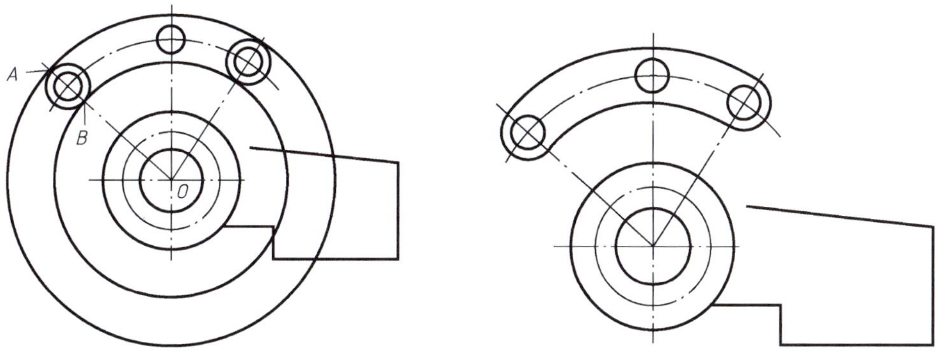

a)　　　　b)

图 10-41　绘制相切圆弧

2）选择“绘图”面板上的“圆”命令，命令行提示如下：

命令:_circle

指定圆的圆心或[三点(3P)/两点(2P)/相切、相切、半径(T)]:t

(选择“相切、相切、半径(T)”选项，回车)

指定对象与圆的第一个切点：　(捕捉如图 10-42a 所示交点 *A*)

指定对象与圆的第二个切点：　(捕捉交点 *B*)

指定圆的半径<75.0000>:50　(输入圆的半径)

CIRCLE

指定圆的圆心或[三点(3P)/两点(2P)/相切、相切、半径(T)]:t

(选择“相切、相切、半径(T)”选项，回车)

指定对象与圆的第一个切点：　(捕捉交点 *C*)

指定对象与圆的第二个切点：　(捕捉交点 *D*)

指定圆的半径<50.0000>:30　　　　　　　　　　　(输入圆的半径)

修剪掉多余线条，如图 10-42b 所示。

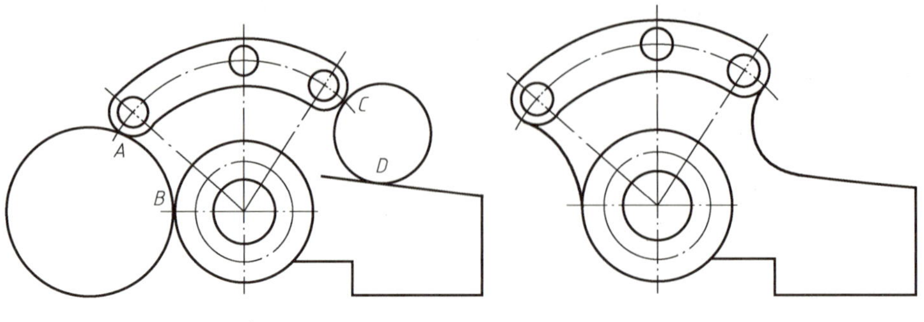

a)　　　　b)

图 10-42　圆弧连接

六、环形阵列对象

阵列命令可创建环形阵列。环形阵列是指把对象绕阵列中心等角度均匀分布。

1）选择“绘图”面板上的“圆”命令，绘制 ϕ12mm 圆，如图 10-43 所示。

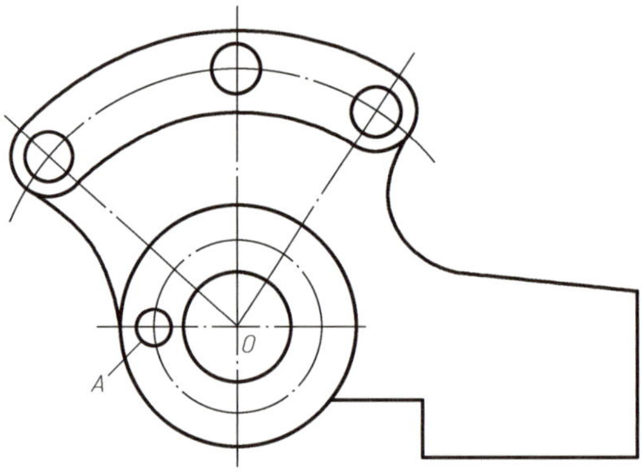

图 10-43　绘制 ϕ12mm 圆

2）选择“修改”面板上的“环形阵列”命令，命令行提示如下：

命令:

命令:_arraypolar

选择对象:找到 1 个　　　　　　　　　　　(选择图形圆 A,回车)

选择对象:

类型 = 极轴　关联 = 是

指定阵列的中心点或[基点(B)/旋转轴(A)]:　　　(捕捉圆点 O,打开环形阵列面板,输入对应的数值,如图 10-44 所示)

选择夹点以编辑阵列或[关联(AS)/基点(B)/项目(I)/项目间角度(A)/填充角度(F)/行(ROW)/层(L)/旋转项目(ROT)/退出(X)] <退出>:　　　(回车,结果如图 10-45 所示)

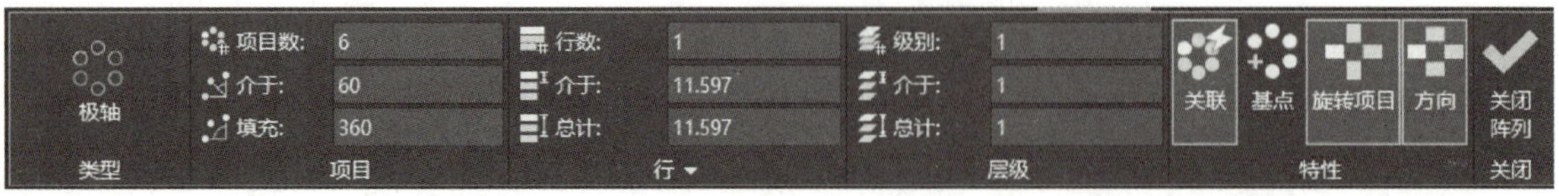

图 10-44　环形阵列面板

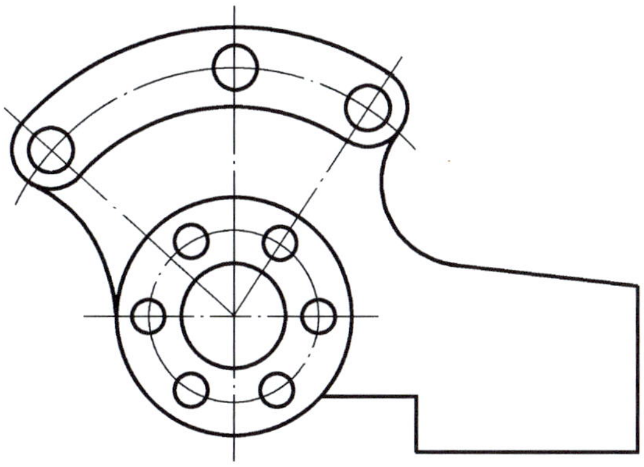

图 10-45　环形阵列

提示

"环形阵列"命令选项如下：

① 基点（B）：指定阵列的基点。

② 旋转轴（A）：指定由两个指定点定义的自定义旋转轴。

③ 关联（AS）：指定是否在阵列中创建项目作为关联阵列对象，或作为独立对象。

是：包含单个阵列对象中的阵列项目，类似于块，可以通过编辑阵列的特性和源对象，快速传递修改；

否：创建阵列项目作为独立对象，更改一个项目不影响其他项目。

④ 项目（I）：指定阵列中的项目数。

⑤ 项目间角度（A）：指定项目之间的角度。

⑥ 填充角度（F）：指定阵列中第一个和最后一个项目之间的角度。

⑦ 行（ROW）：编辑阵列中的行数和行间距，以及它们之间的增量标高。

⑧ 层（L）：指定阵列中的层数和层间距。

⑨ 旋转项目（ROT）：控制在排列项目时是否旋转项目。

⑩ 退出（X）：退出命令。

七、矩形阵列对象

矩形阵列是指将对象按行、列方式进行排列。操作时，用户一般应告诉 AutoCAD 阵列的行数、列数、行间距及列间距等。

1）绘制图 10-46 所示的 ϕ11mm 圆（B）。

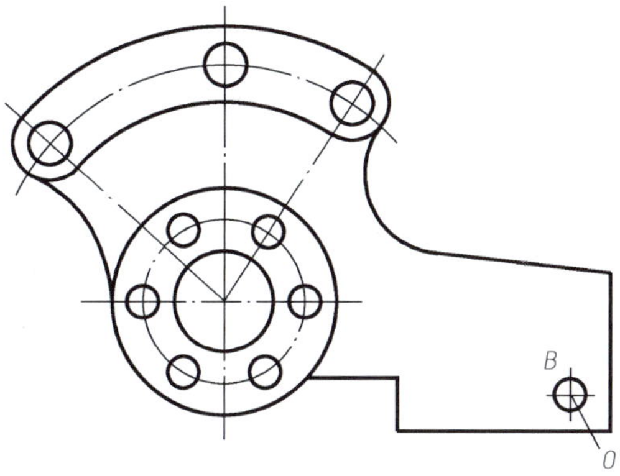

图 10-46　画圆

2）选择“修改”面板上的“矩形阵列”命令，命令行提示如下：

命令：

命令：_arrayrect

选择对象：找到 3 个 （选择图形 *B*，如图 10-46 所示，回车，打开矩形阵列面板，输入对应的数值，如图 10-47 所示）

选择对象：

类型 = 矩形 关联 = 是

选择夹点以编辑阵列或[关联(AS)/基点(B)/计数(COU)/间距(S)/列数(COL)/行数(R)/层(L)/退出(X)] <退出>： （回车，如图 10-48 所示）

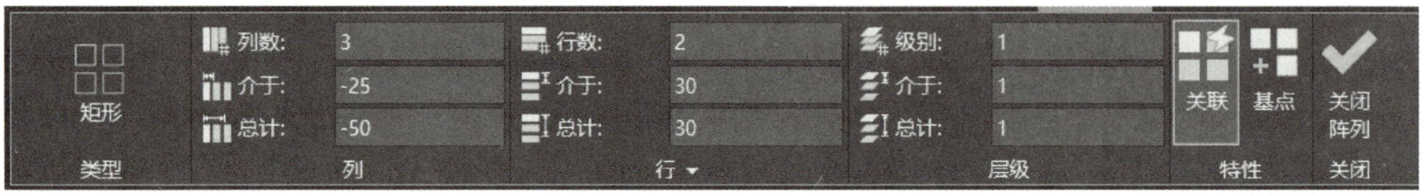

图 10-47 矩形阵列面板

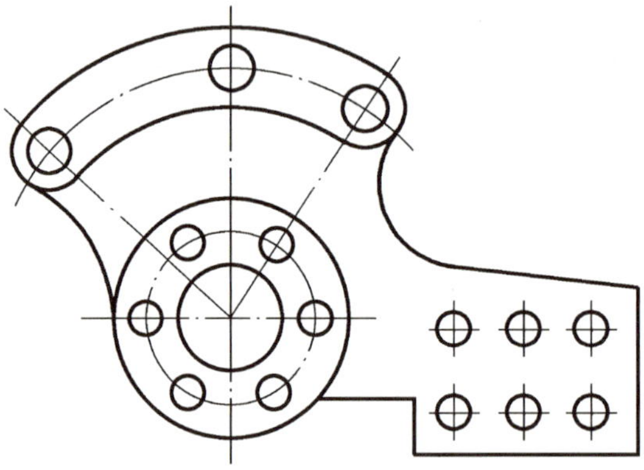

图 10-48 矩形阵列

提示

“矩形阵列”命令选项如下：

① 关联(AS)：指定是否在阵列中创建项目作为关联阵列对象，或作为独立对象。

是：包含单个阵列对象中的阵列项目，类似于块，可以通过编辑阵列的特性和源对象，快速传递修改。

否：创建阵列项目作为独立对象，更改一个项目不影响其他项目。

② 基点(B)：指定阵列的基点。

③ 计数(COU)：指定行数和列数并使用户在移动光标时可以动态观察结果(一种比“行和列”选项更快捷的方法)。

④ 间距(S)：分别指定行间距和列间距。

⑤ 列(COL)：编辑列数和列间距。

⑥ 行(R)：编辑阵列中的行数和行间距，以及它们之间的增量标高。

⑦ 层(L)：指定层数和层间距。

⑧ 退出(X)：退出命令。

八、保存

完成平面图形绘制，将该图保存为“平面图形 . dwg”。

九、退出 AutoCAD 2022

单击 AutoCAD 2022 右上角的关闭按钮，退出操作。

【知识拓展】

一、移动对象

选择“修改”面板上的“移动”命令，命令行提示如下：

命令:_move	
选择对象:找到 1 个	(选择矩形,如图 10-49a 所示)
选择对象:	(回车)
指定基点或[位移(D)]<位移>:	(捕捉点 A)
指定第二个点或<使用第一点作位移>:	(捕捉点 B,结果如图 10-49b 所示)

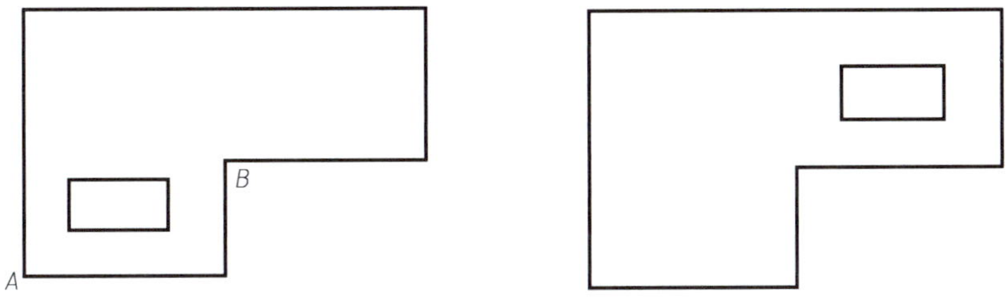

a)　　　　b)

图 10-49　移动对象

二、复制对象

选择“修改”面板上的“复制”命令，命令行提示如下：

命令:_copy	
选择对象:找到 1 个	(选择矩形,如图 10-50a 所示)
选择对象:	(回车)
当前设置:复制模式 = 多个	
指定基点或[位移(D)/模式(O)]<位移>:	
指定第二个点或[阵列(A)]<使用第一个点作为位移>:15	(在屏幕上单击一点,向右追踪并输入追踪距离 15mm,回车)
指定第二个点或[阵列(A)/退出(E)/放弃(U)]<退出>:	(回车)
命令:_copy	
选择对象:找到 1 个	(选择圆形,如图 10-50a 所示)
选择对象:	(回车)
当前设置:复制模式 = 多个	
指定基点或[位移(D)/模式(O)]<位移>:	
指定第二个点或[阵列(A)]<使用第一个点作为位移>:@ 8<45	(单击圆心,输入复制的距离和方向,回车)
指定第二个点或[阵列(A)/退出(E)/放弃(U)]<退出>:	(回车)

使用“移动”或“复制”命令时，可以通过以下方式指明对象移动或复制的距离和方向。

1）在屏幕上指定两个点，这两点的距离和方向代表了实体移动的距离和方向。当命令行提示“指定基点”时，指定移动的基准点。在命令行提示“指定第二个点”时，捕捉第二点或输入第二点相对于基准点的相对直角坐标或极坐标。

2）以“x，y”方式输入对象沿 x 轴、y 轴移动的距离，或用“@距离<角度”方式输入对象位移的距离和方向。当命令行提示“指定基点”时，输入位移值。在命令行提示“指定第二个点”时，按<Enter>键确认，这样 AutoCAD 就以输入的位移值来移动实体对象。

3）打开正交或极轴追踪功能，就能方便地将实体只沿 x 轴或 y 轴方向移动。当命令行提示“指定基点”时，单击一点并把实体向水平或竖直方向移动，然后输入位移的数值。

4）使用“位移（D）”选项。启动该选项后，命令行提示“指定位移”。此时，以“x，y”方式输入对象沿 x 轴、y 轴移动的距离，或用“@距离<角度”方式输入对象位移的距离和方向。

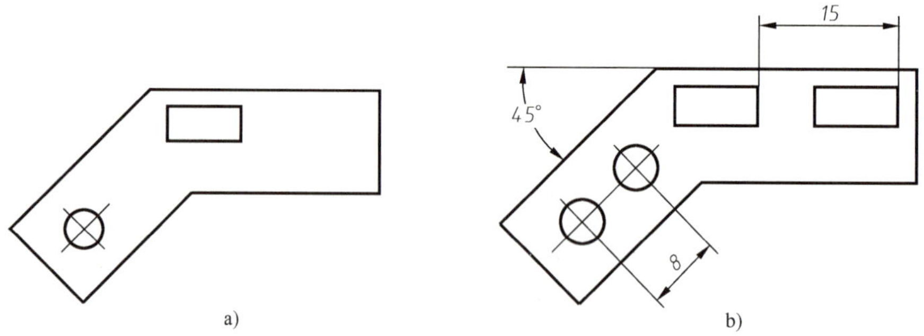

图 10-50　复制对象

项目二　用 AutoCAD 绘制组合体三视图

任务　用 AutoCAD 绘制支座三视图

【任务描述】

用 AutoCAD 绘制图 10-51 所示支座的三视图。

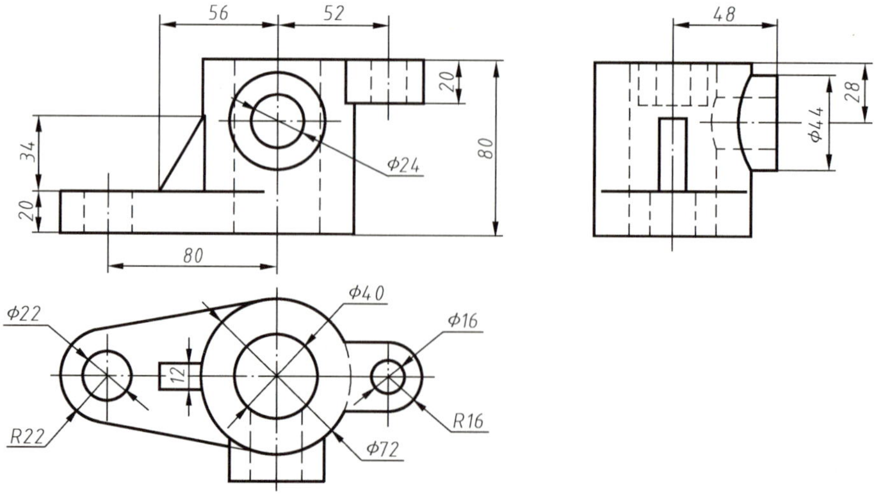

图 10-51　支座的三视图

【任务分析】

应用形体分析法，可将图 10-51 所示支座分为圆柱筒、凸台、底板、肋板和耳板五个部分。绘制该支座图形时，应首先绘制出中心线，确定出三视图的位置；然后分别绘制圆柱筒、凸台、底板、肋板和耳板；最后绘制各个结构的细小部分。

【任务实施】

一、设置绘图环境

启动 AutoCAD 2022，新建文件，打开“图层特性管理器”对话框设置图层（名称、线型、颜色、线宽），并设置文字样式和尺寸标注样式。

1. 设置文字样式

在绘制零件图时，通常需要设置四种文字样式，标题栏中零件名称、技术要求、其余文字和尺寸标注，而对于不同的对象，文字高度要求也不同，各文字样式设置见表 10-2。

表 10-2 “文字样式”设置

文字样式	字体	文字高度/mm
零件名称	gbcbig. shx	10
技术要求	gbcbig. shx	7
其余文字	gbcbig. shx	5
尺寸标注	gbcbig. shx	3. 5

选择格式菜单栏中的“文字样式A”命令，打开“文字样式”对话框，单击“新建(N)...”按钮，打开“新建文字样式”对话框，在“样式名”文本框中输入文字样式的名称“尺寸标注”，如图 10-52 所示。

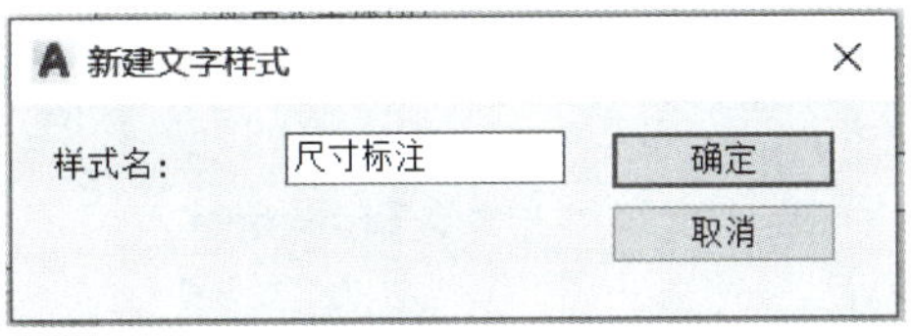

图 10-52 “新建文字样式”对话框

单击“确定”按钮，返回“文字样式”对话框，在“字体”下拉列表中选择“gbeitc. shx”选项，再选中“使用大字体”复选框，然后在“大字体”下拉列表中选择“gbcbig. shx”选项，在“高度”文本框中输入“3. 5”，如图 10-53 所示。单击“应用(A)”按钮，然后单击“置为当前(C)”按钮，使新创建的文字样式成为当前样式，退出“文字样式”对话框。

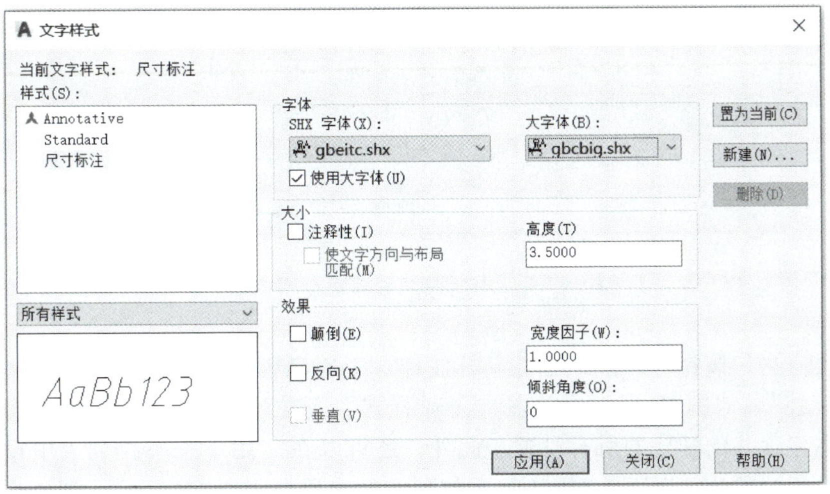

图 10-53 “文字样式”对话框

提示

“文字样式”对话框中的常用选项功能如下：

①“新建(N)...”按钮：单击此按钮，就可以创建新文字样式。

②“删除(D)”按钮：在“样式”列表框中选择一个文字样式，再单击此按钮将删除所选择的文字样式。当前样式以及正在使用的文字样式不能被删除。

③“字体”：在此下拉列表中列出了所有字体的清单。带有双“T”标志的字体是 Windows 系统提供的“TrueType”字体，其他字体是 AutoCAD 自己的字体（*.shx），其中“gbenor. shx”和“gbeitc. shx”（斜体西文）字体是符合国家标准的工程字体。

④“使用大字体”复选框：大字体是指专为亚洲国家设计的文字字体。其中，“gbcbig. shx”字体是符合国家标准的工程汉字字体，该字体文件还包含一些常用的特殊符号。由于“gbcbig. shx”中不包含西文字体定义，因而使用时可将其与“gbenor. shx”和“gbeitc. shx”字体配合使用。

⑤“高度”：输入字体的高度。如果用户在该文本框中指定了文字高度，则当使用 DTEXT（单行文字）命令时，AutoCAD 命令行将不提示“指定高度”。

⑥“颠倒”：选中此复选框，文字将上下颠倒显示，该选项仅影响单行文字。

⑦“反向”：选中此复选框，文字将首尾反向显示，该选项仅影响单行文字。

⑧“垂直”：选中此复选框，文字将沿竖直方向排列。

⑨“宽度因子”：默认的宽度因子为 1。若输入小于 1 的数值，则文字将变窄，否则，文字变宽。

⑩“倾斜角度”：该选项指定文字的倾斜角度。角度值为正时向右倾斜，为负时向左倾斜。

2. 创建标注样式

用AutoCAD绘制支座三视图—1 设置标注样式

选择格式菜单栏中的“标注样式”命令，打开“标注样式管理器”对话框，如图 10-54 所示。

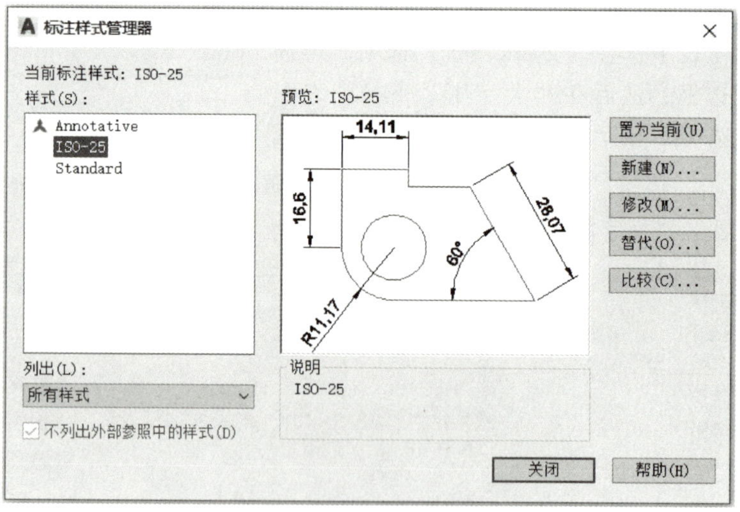

图 10-54 “标注样式管理器”对话框

单击“新建(N)...”按钮，打开“创建新标注样式”对话框，在“新样式名”文本框中输入新的样式名称“工程标注”，如图 10-55 所示。在“基础样式”下拉列表中指定某个尺寸作为新样式的基础样式，则新样式将包含基础样式的所有设置。此外，还可以在“用于”下拉列表中设定新样式对某一类型尺寸的特殊控制。默认情况下，“用于”下拉列表的选项是“所有标注”，即新样式将控制所有类型尺寸。

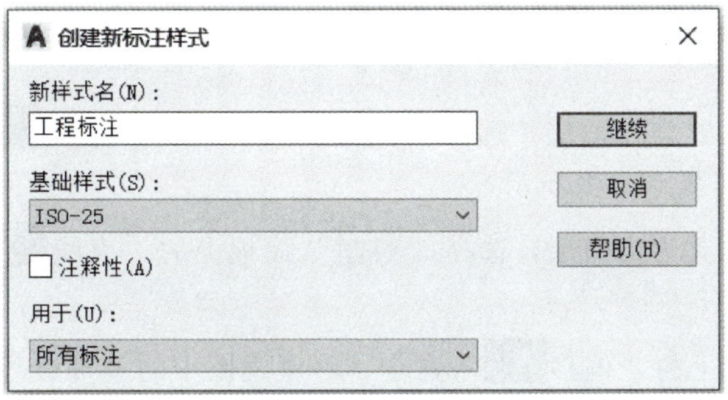

图 10-55　“创建新标注样式”对话框

单击“继续”按钮，打开“新建标注样式：工程标注”对话框，如图 10-56 所示。

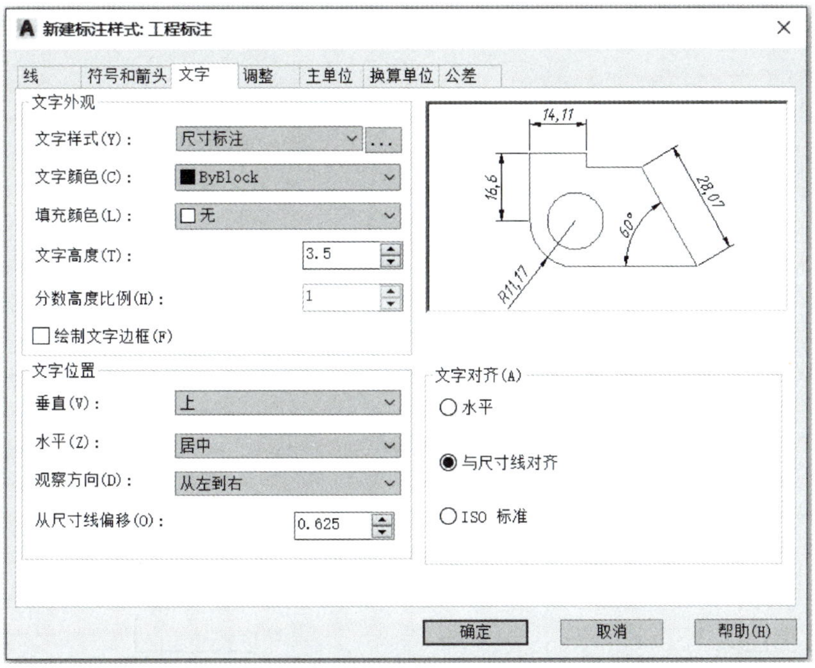

图 10-56　“新建标注样式：工程标注”对话框

在“文字”选项卡的“文字样式”下拉列表中选择“尺寸标注”；在“文字对齐”选项组中选中“与尺寸线对齐”；在“线”选项卡中的“起点偏移量”，输入“0”；在“主单位”选项卡的“线性标注”分组框的“单位格式”“精度”和“小数分隔符”下拉列表中分别选择“小数”“0.00”和“句点”。

单击“确定”按钮，得到一个新的尺寸样式，再单击“置为当前(U)”按钮，使新样式成为当前样式。

二、绘制圆柱筒

用AutoCAD绘制支座三视图—2绘制圆柱筒

1）将“细点画线”层设置为当前层，打开状态栏的“正交限制光标”按钮、“对象捕捉”按钮、“对象捕捉追踪”按钮，选择“绘图”面板上的“直线”命令，在绘图区适当位置绘制各视图的主要中心线。

2）将“细实线”层设置为当前层，选择“绘图”面板上的“直线”命令，绘制 45°辅助线，如图 10-57a 所示。

3）将“粗实线”层设置为当前层，选择“绘图”面板上的“圆”命令，绘制直径为40mm、72mm的同心圆。

4）将“细实线”层设置为当前层，选择“绘图”面板上的“直线”命令，按照“长对正”的投影规律绘制辅助线，如图10-57b所示。

5）将“粗实线”层设置为当前层，选择“绘图”面板上的“直线”命令，绘制圆柱筒轮廓线，删除辅助线。

6）选择“修改”面板上的“偏移”命令，将主视图中的竖直点画线对称偏移，偏移距离为20mm，并将偏移后的图线修改为“细虚线”层。

7）选择“修改”面板上的“修剪”命令，修剪图线，如图10-57c所示。

8）选择“修改”面板上的“复制”命令，将主视图中的图线复制到左视图，如图10-57d所示。

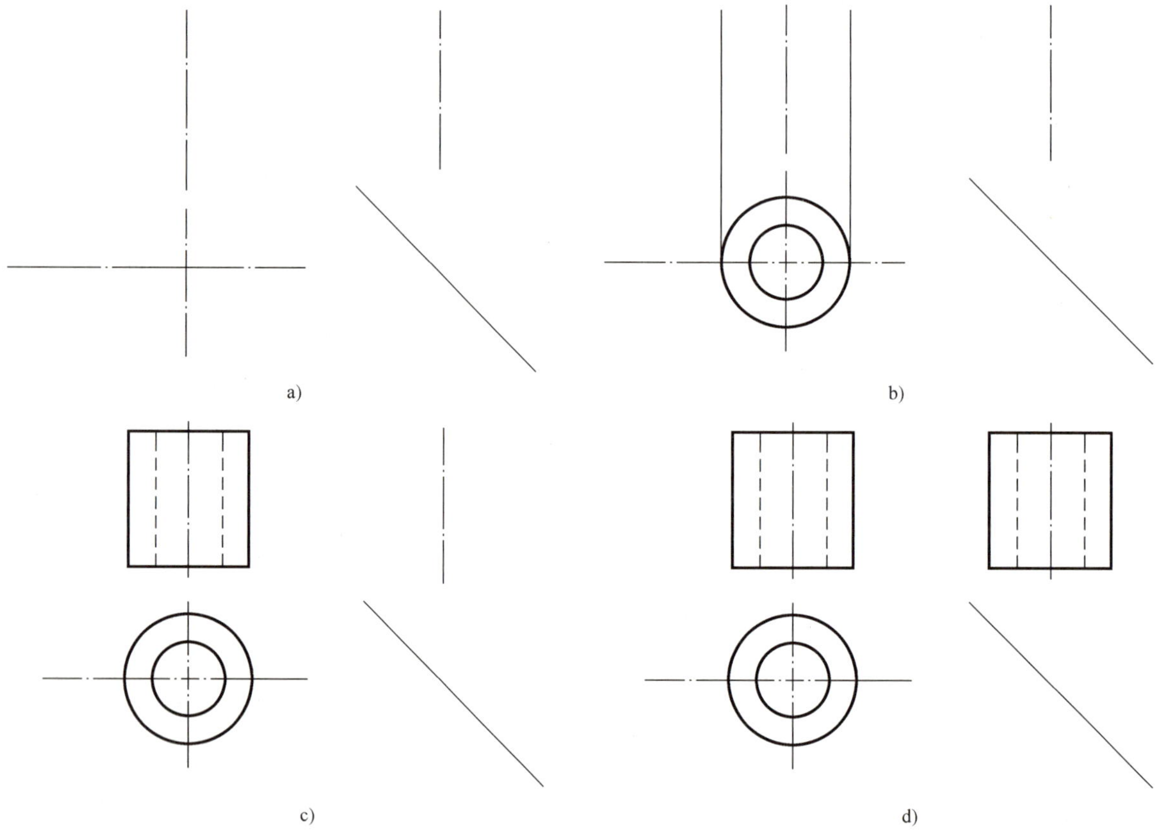

图10-57　绘制圆柱筒

三、绘制凸台

用AutoCAD绘制支座三视图—3绘制凸台

1）选择“修改”面板上的“偏移”命令，将主视图、左视图中圆柱筒的上端面轮廓线向下偏移，偏移距离为28mm，并将偏移后的图线修改为“细点画线”层，利用夹点方式调整点画线的长度，如图10-58a所示。

2）选择“绘图”面板上的“圆”命令，绘制直径为24mm、44mm的同心圆。

3）选择“修改”面板上的“偏移”命令，将水平点画线向下偏移，偏移距离为 48mm，并将偏移后的图线修改为“粗实线”层；将竖直点画线对称偏移，偏移距离为 22mm，并将偏移后的图线修改为“粗实线”层；将竖直点画线对称偏移，偏移距离为 12mm，并将偏移后的图线修改为“细虚线”层，如图 10-58b 所示。

4）选择“修改”面板上的“修剪”命令，修剪图线。

5）选择“修改”面板上的“偏移”命令，将左视图中的竖直点画线向右偏移，偏移距离为 48mm，并将偏移后的图线修改为“粗实线”层；将水平点画线对称偏移，偏移距离为 12mm，并将偏移后的图线修改为“细虚线”层；将水平点画线对称偏移，偏移距离为 22mm，并将偏移后的图线修改为“粗实线”层，如图 10-58c 所示。

6）选择“修改”面板上的“修剪”命令，修剪图线，如图 10-58d 所示。

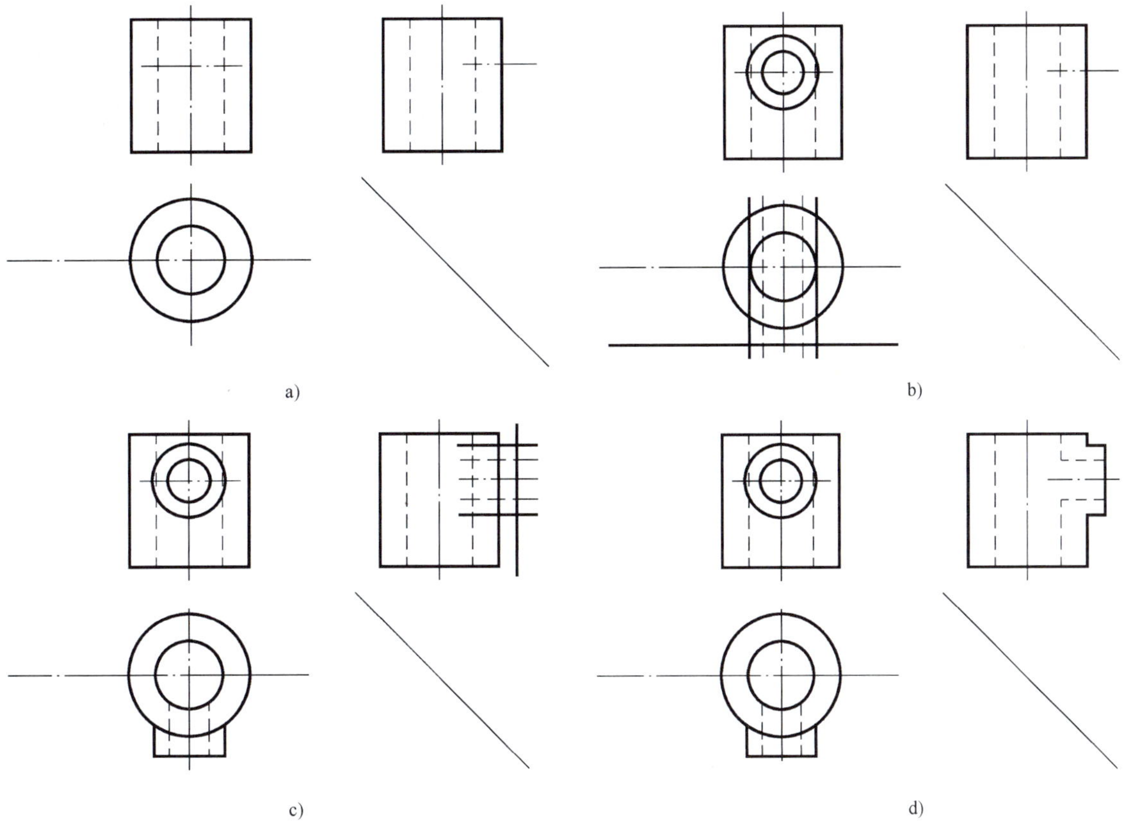

图 10-58　绘制凸台

7）将“细实线”层设置为当前层，选择“绘图”面板上的“直线”命令，绘制相贯线的辅助线，如图 10-59a 所示。

8）将“粗实线”层设置为当前层，选择“绘图”面板上的“圆弧”命令，命令行提示如下：

指定圆弧的起点或[圆心(C)]：	(捕捉交点 1)
指定圆弧的第二个点或[圆心(C)/端点(E)]：	(捕捉交点 2)
指定圆弧的端点：	(捕捉交点 3,如图 10-59b 所示)

9）将“细虚线”层设置为当前层，选择“绘图”面板上的“圆弧”命令，绘制圆柱孔的相贯线，并删除辅助线，如图 10-59b 所示。

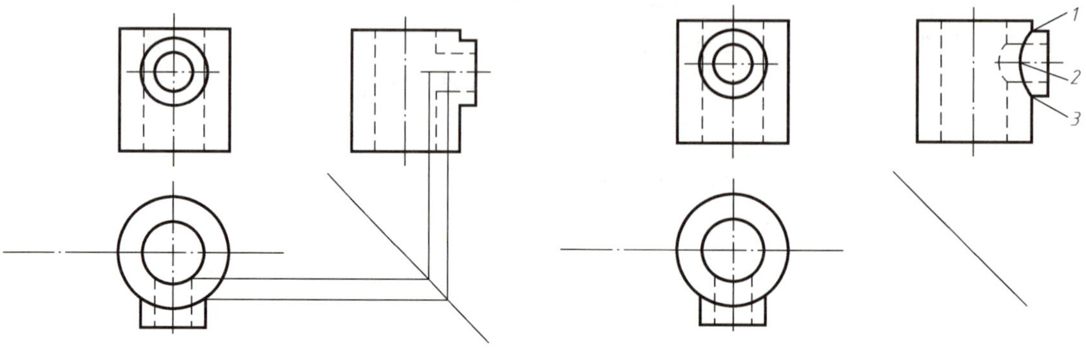

a)　　　　b)

图 10-59　绘制相贯线

四、绘制底板

用AutoCAD绘制支座三视图—4 绘制底板

1）选择“修改”面板上的“偏移”命令，将俯视图中竖直点画线向左偏移，偏移距离为 80mm。

2）将“粗实线”层设置为当前层，选择“绘图”面板上的“圆”命令，绘制直径为 22mm、半径为 22mm 的同心圆，如图 10-60a 所示。

3）选择“绘图”面板上的“直线”命令，绘制底板轮廓线。将“细虚线”层设置为当前层，选择“绘图”面板上的“直线”命令，绘制底板轮廓线。

4）选择“修改”面板上的“修剪”命令，修剪图线，如图 10-60b 所示。

5）利用夹点方式调整主视图底板轮廓线的长度，选择“修改”面板上的“偏移”命令，将主视图、左视图底板轮廓线向上偏移，偏移距离为 20mm，如图 10-60c 所示。

6）将“细实线”层设置为当前层，选择“绘图”面板上的“直线”命令，绘制辅助线，如图 10-60d 所示。

7）选择“修改”面板上的“偏移”命令，将主视图中的竖直点画线向左偏移，偏移距离为 80mm，并将偏移后的点画线对称偏移；将左视图中的竖直点画线对称偏移，偏移距离为 11mm，并将偏移后的图线修改为“细虚线”层。

8）选择“修改”面板上的“修剪”命令，修剪图线，删除辅助线，如图 10-60e 所示。

五、绘制耳板

用AutoCAD绘制支座三视图—5 绘制耳板

1）选择“修改”面板上的“偏移”命令，将主视图、俯视图中的竖直点画线向右偏移，偏移距离为 52mm，利用夹点方式调整点画线的长度。

2）将“粗实线”层设置为当前层，选择“绘图”面板上的“圆”命令，绘制直径为 16mm、半径为 16mm 的同心圆。

3）选择“绘图”面板上的“直线”命令，绘制轮廓线，选择“修改”面板上的“修剪”命令，修剪图线。

4）将“细虚线”层设置为当前层，选择“绘图”面板上的“圆”命令，绘制直径为 72mm 的圆，选择“修改”面板上的“修剪”命令，修剪图线，如图 10-61a 所示。

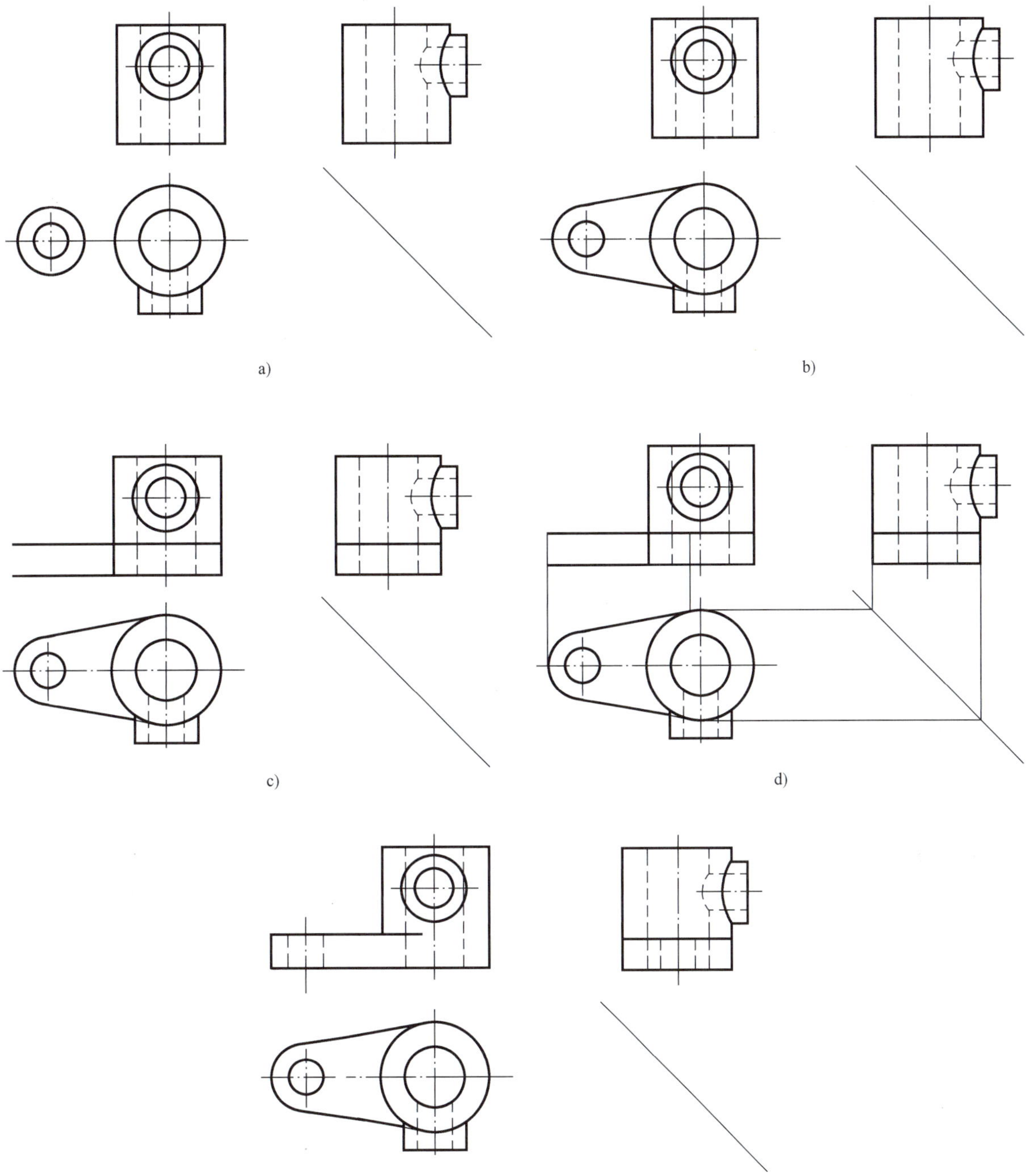

a)　b)　c)　d)　e)

图 10-60　绘制底板

5）将“细实线”层设置为当前层，选择“绘图”面板上的“直线”命令，绘制辅助线。

6）将“粗实线”层设置为当前层，选择“绘图”面板上的“直线”命令，绘制主视图轮廓线，如图 10-61b 所示。

7）选择“修改”面板上的“偏移”命令，将主视图中的右侧竖直点画线对称偏移，偏移距离为 8mm，并将偏移后的图线修改为“细虚线”层；将左视图中的竖直点画线对称偏移，偏移距离分别为 8mm、16mm，并将偏移后的图线修改为“细虚线”层；将左视图中圆柱筒上顶面轮廓线向下偏移，偏移距离为 20mm，并将偏移后的图线修改为“细虚线”层，如图 10-61c 所示。

8）选择“修改”面板上的“修剪”命令，修剪图线，删除辅助线，如图 10-61d 所示。

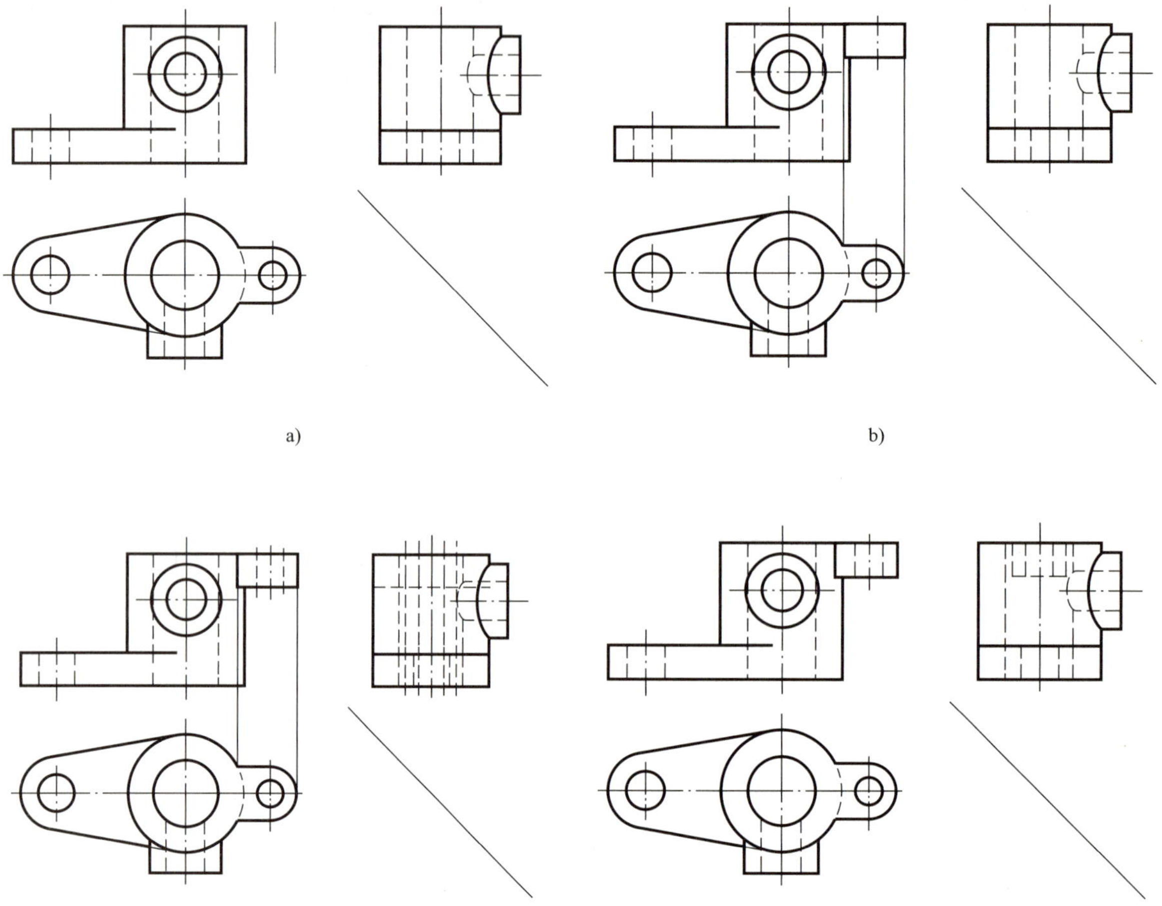

a)　b)　c)　d)

图 10-61　绘制耳板

六、绘制肋板

1）选择“修改”面板上的“偏移”命令，将主视图、俯视图中的竖直点画线向左偏移，偏移距离为 56mm，并将偏移后的图线修改为“粗实线”层；将主视图、左视图中底板上端面轮廓线向上偏移，偏移距离为 34mm，并将偏移后的图线修改为“粗实线”层；将俯视图中的水平点画线、左视图中的竖直点画线对称偏移，偏移距离为 6mm，并将偏移后的图线修改为“粗实线”层，如图 10-62a 所示。

用AutoCAD 绘制支座 三视图—6 绘制肋板

2）选择“修改”面板上的“修剪”命令，修剪图线。

3）将“细实线”层设置为当前层，选择“绘图”面板上的“直线”命令，绘制辅助线，如图 10-62b 所示。

4）将“粗实线”层设置为当前层，选择“绘图”面板上的“直线”命令，绘制主视图轮廓线。

5）选择“修改”面板上的“修剪”命令，修剪图线，删除辅助线，如图 10-62c 所示。

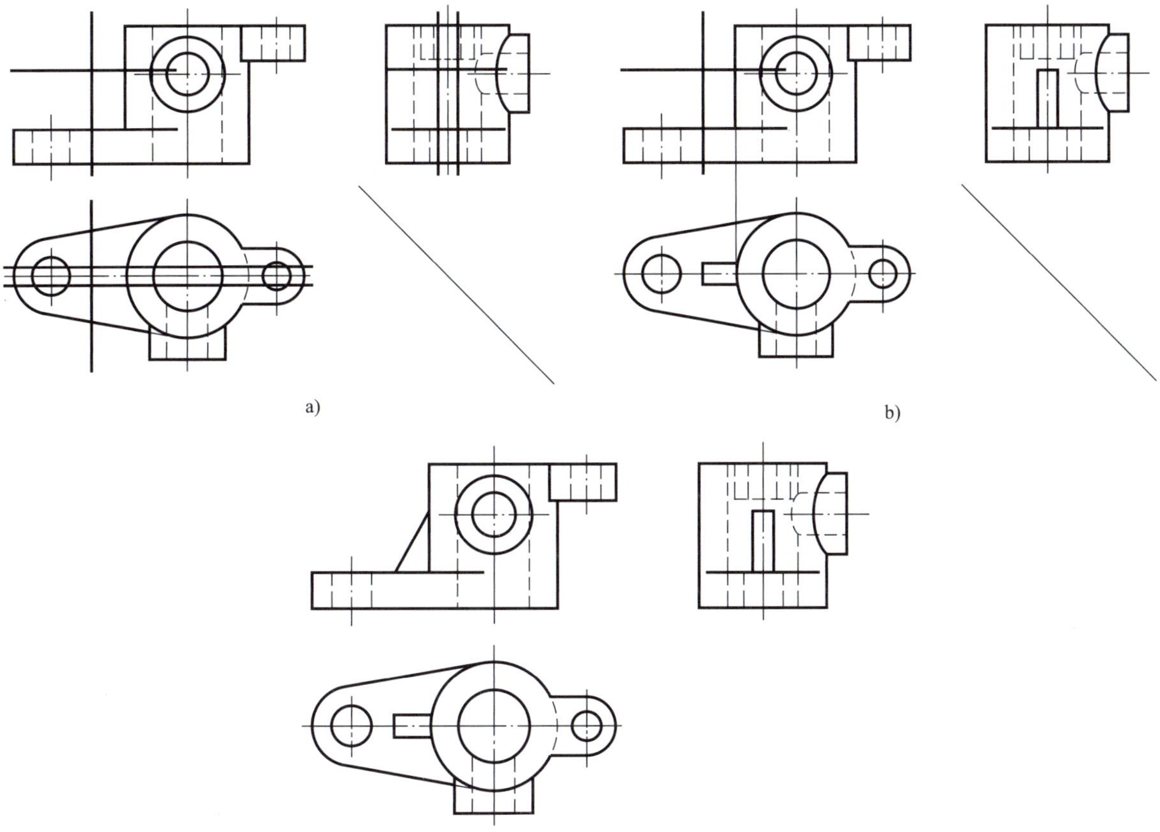

a)　b)　c)

图 10-62　绘制肋板

用AutoCAD绘制支座三视图—7标注尺寸

七、标注尺寸

1）选择“注释”面板上的“线性”命令，命令行提示如下：

指定第一个尺寸界线原点或<选择对象>:　（捕捉点 *A*）

指定第二个尺寸界线原点:　（捕捉点 *B*）

指定尺寸线位置或

[多行文字(M)/文字(T)/角度(A)/水平(H)/垂直(V)/旋转(R)]:t

（选择“文字(T)”选项，回车）

输入标注文字<44>:%%C44　（输入“%%C44”，回车）

指定尺寸线位置或

[多行文字(M)/文字(T)/角度(A)/水平(H)/垂直(V)/旋转(R)]:

（移动光标将尺寸线放置在适当位置，单击，如图 10-63 所示）

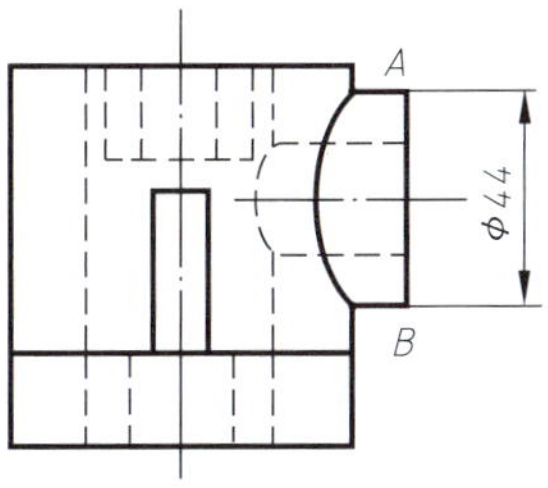

图 10-63　标注 ϕ44mm

提示

“线性”命令选项如下：

① 多行文字（M）：使用该选项则打开“文字编辑器”，利用此编辑器用户可以输入新的标注文字。

② 文字（T）：此选项使用户可以在命令行输入新的尺寸文字。

③角度（A）：通过该选项设置文字的放置角度。

④ 水平（H）/垂直（V）：创建水平或垂直型尺寸。用户也可通过移动光标指定创建何种类型尺寸。如左右移动光标，将生成垂直尺寸；上下移动光标，则生成水平尺寸。

⑤ 旋转（R）：使尺寸线倾斜一个角度，因此可以利用这个选项，标注倾斜的对象。

绘制机械图样时，经常需要输入一些特殊字符，如 ϕ35±0.05、60°等。这些特殊字符不能从键盘上直接输入，可利用 AutoCAD 提供的控制符进行输入。控制符由两个百分号（%）和一个字符组成，常用的控制符及其功能见表 10-3。

表 10-3 AutoCAD 常用的控制符及其功能

控制符	功能	控制符	功能
%%C	输入直径符号（ϕ）	%%O	打开/关闭上划线功能
%%P	输入正负号（±）	%%U	打开/关闭下划线功能
%%D	输入角度值符号（°）		

2）选择“注释”面板上的“半径”命令，命令行提示如下：

选择圆弧或圆：　　　　（单击半径为 16mm 的圆弧）

标注文字 = 16

指定尺寸线位置或[多行文字(M)/文字(T)/角度(A)]:(移动光标将尺寸线放置在适当位置,单击)

3）选择“注释”面板上的“直径”命令，命令行提示如下：

选择圆弧或圆：　　　　（单击直径为 24mm 的圆）

标注文字 = 24

指定尺寸线位置或[多行文字(M)/文字(T)/角度(A)]：（移动光标将尺寸线放置在适当位置,单击）

4）用相同的方法，完成其他尺寸的标注，如图 10-64 所示。

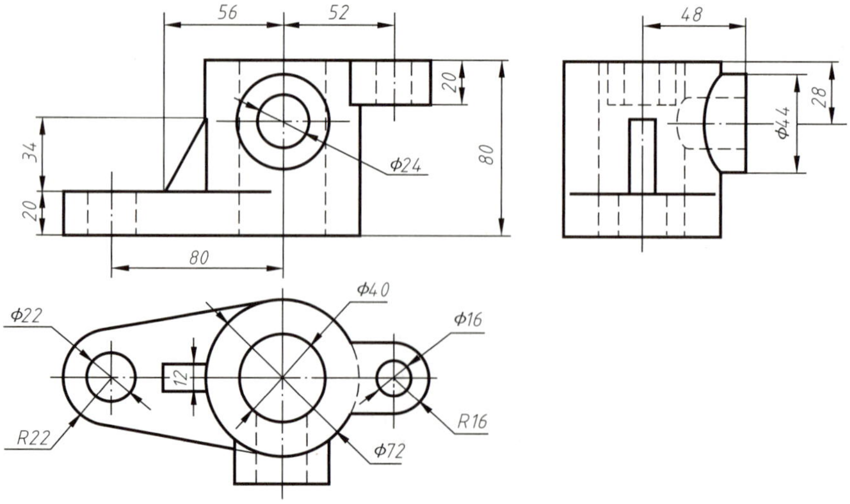

图 10-64 标注尺寸

八、保存

整理图形，使其符合机械制图标准，完成后保存图形。

九、退出 AutoCAD 2022

单击 AutoCAD 2022 右上角的关闭按钮，退出操作。

项目三　用 AutoCAD 绘制轴测图

任务　用 AutoCAD 绘制支座轴测图

【任务描述】

根据图 10-65 所示支座的两视图，用 AutoCAD 绘制其正等轴测图。

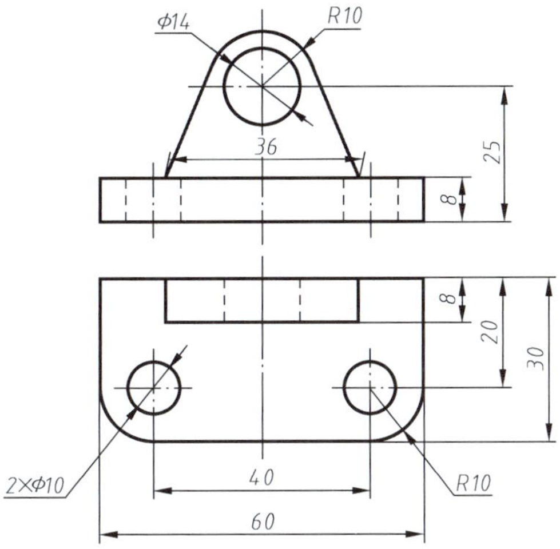

图 10-65　支座

【任务分析】

图 10-65 所示的支座，由两部分组成，底板为带有圆孔的圆角平板，立板为带有圆孔的半圆头板。

【任务实施】

一、设置正等轴测图的绘图环境

1）选择“图层”面板上的“图层特性”命令，打开“图层特性管理器”对话框，创建细点画线、粗实线和细实线三个图层。

2）打开状态栏的“正交限制光标”按钮、“对象捕捉”按钮及“对象捕捉追踪”按钮，将光标移到“对象捕捉追踪”按钮上右击，在弹出的状态栏快捷菜单中选择“对象捕捉追踪设置”选项，在弹出的“草图设置”对话框中打开的“极轴追踪”选项卡，在“增量角”下拉列表框中选择 30，并选中“用所有极轴角设置追踪”，如图 10-66 所示，单击“确定”按钮。

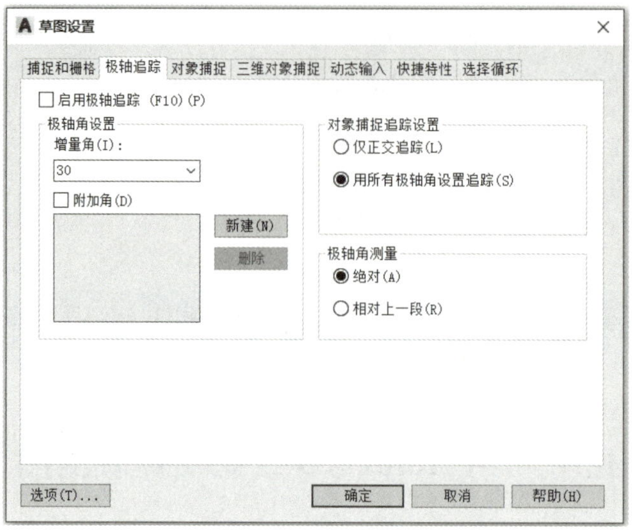

图 10-66　设置对象捕捉追踪

打开状态栏的“等轴测草图”按钮，启动等轴测捕捉模式，原来的十字光标变为轴测光标“ ”，选择“等轴测草图”的子命令，可将三种不同的轴测面切换为当前绘图面，三种平面状态时的光标如图 10-67 所示。

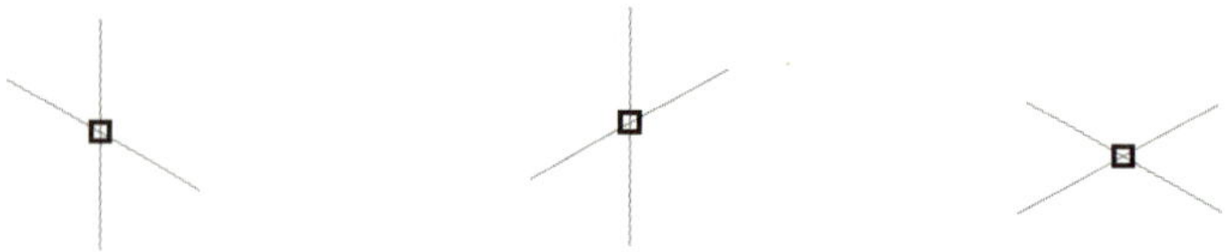

a) 左等轴测平面　　b) 右等轴测平面　　c) 顶部等轴测平面

图 10-67　平面状态时的光标

用AutoCAD绘制支座轴测图—1绘制底板

二、绘制底板

1）将“粗实线”层设置为当前图层，选择“绘图”面板上的“直线”命令，命令行提示如下：

命令:_line

指定第一点:　（在当前绘图区域内适当位置单击点 A）

指定下一点或[放弃(U)]:8　（向下移动光标，输入直线长度 8mm，回车）

指定下一点或[放弃(U)]:30　（向右下方移动光标，输入直线长度 30mm，回车）

指定下一点或[闭合(C)/放弃(U)]:8　（向上移动光标，输入直线长度 8mm，回车）

指定下一点或[闭合(C)/放弃(U)]:　（向左上方移动光标，捕捉点 A）

指定下一点或[闭合(C)/放弃(U)]:<等轴测平面 俯视> 60

（单击状态栏的“等轴测草图”按钮使顶部等轴测面成为当前绘图面，向右上方移动光标，输入直线长度 60mm，回车）

指定下一点或[闭合(C)/放弃(U)]:30　（向右下方移动光标，输入直线长度 30mm，回车）

指定下一点或[闭合(C)/放弃(U)]:　（向左下方移动光标，捕捉点 B）

指定下一点或[闭合(C)/放弃(U)]:　（回车）

LINE

指定第一点:　（捕捉点 C）

指定下一点或[放弃(U)]:60　　(向右上方移动光标,输入直线长度 60mm,回车)

指定下一点或[放弃(U)]:<等轴测平面 右视>　　(单击状态栏的“等轴测草图”按钮使右等轴测面成为当前绘图面,向上方移动光标,捕捉点 F)

指定下一点或[闭合(C)/放弃(U)]:　　(回车,如图 10-68 所示)

2）选择“修改”面板上的“复制”命令，命令行提示如下：

命令:_copy

选择对象:　　(选择线段 AB)

选择对象:找到 1 个　　(回车)

选择对象:

当前设置:复制模式 = 多个

指定基点或[位移(D)/模式(O)]<位移>:　　(捕捉点 B)

指定第二个点或[阵列(A)]<使用第一个点作为位移>:10　(向右上方移动光标,输入“10”,回车)

指定第二个点或[阵列(A)/退出(E)/放弃(U)]<退出>:　(回车,如图 10-69 所示)

选择“修改”面板上的“复制”命令，将线段 BF 向左上方复制，复制距离为 10mm，将线段 EF 向左下方复制，复制距离为 10mm，如图 10-69 所示。

3）单击状态栏中的“顶部等轴测平面”按钮，将顶部等轴测平面设置为当前绘图面，选择“绘图”面板上的“轴，端点”命令，命令行提示如下：

命令:_ellipse

指定椭圆轴的端点或 [圆弧(A)/中心点(C)/等轴测圆(I)]:i (选择“等轴测圆(I)”选项,回车)

指定等轴测圆的圆心:　　(捕捉交点 O)

指定等轴测圆的半径或 [直径 D]:5　　(输入等轴测圆的半径 5mm,回车)

命令:

ELLIPSE

指定椭圆轴的端点或 [圆弧(A)/中心点(C)/等轴测圆(I)]:i (选择“等轴测圆”选项,回车)

指定等轴测圆的圆心:　　(捕捉交点 O)

指定等轴测圆的半径或 [直径 D]:10　　(输入等轴测圆的半径 10mm,回车,如图 10-70 所示)

4）选择“绘图”面板上的“轴，端点”命令，以 O_1 为圆心绘制半径分别为 5mm 和 10mm 的等轴测圆，如图 10-70 所示。

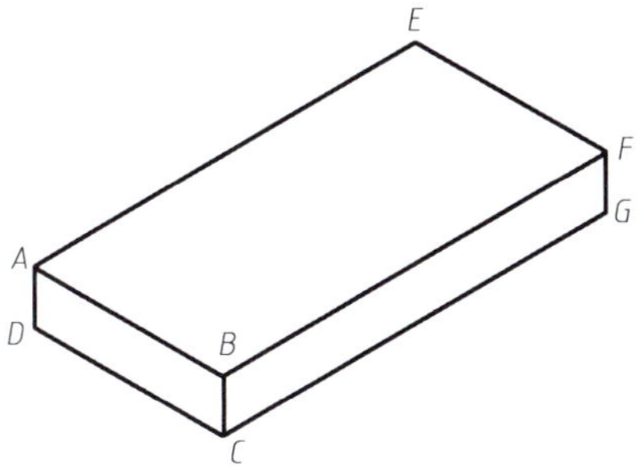

图 10-68　绘制水平底板

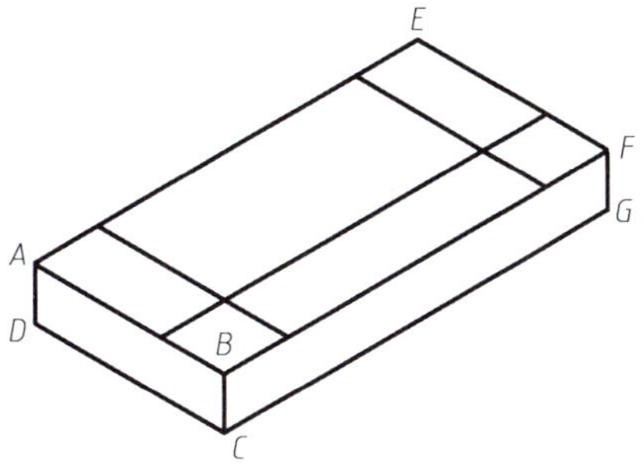

图 10-69　复制线段

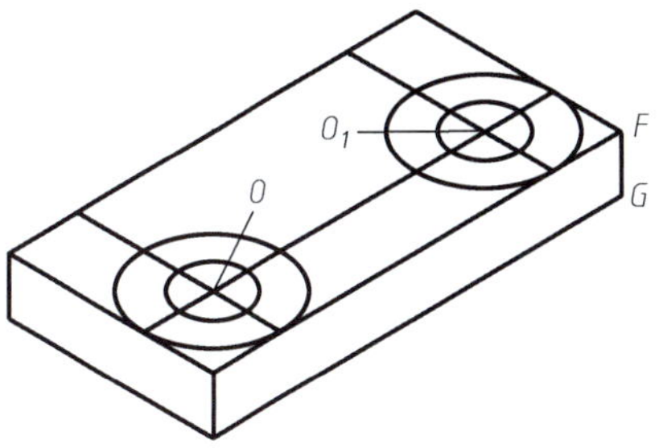

图 10-70　绘制等轴测圆

5）选择“修改”面板上的“复制”命令，向下复制半径分别为 5mm 和 10mm 的等轴测圆，复制距离均为 8mm，如图 10-71 所示。

6）单击状态栏中的“右等轴测平面”按钮，将右等轴测平面设置为当前绘图面，选择“绘图”面板上的“直线”命令，连接等轴测圆的两个左象限点，即绘制等轴测圆的公切线，如图 10-72 所示。

7）选择“修改”面板上的“修剪”命令，修剪掉多余线段，如图 10-73 所示。

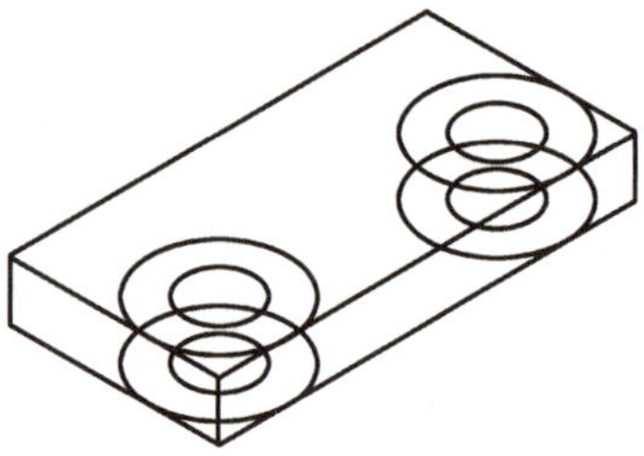

图 10-71　复制等轴测圆

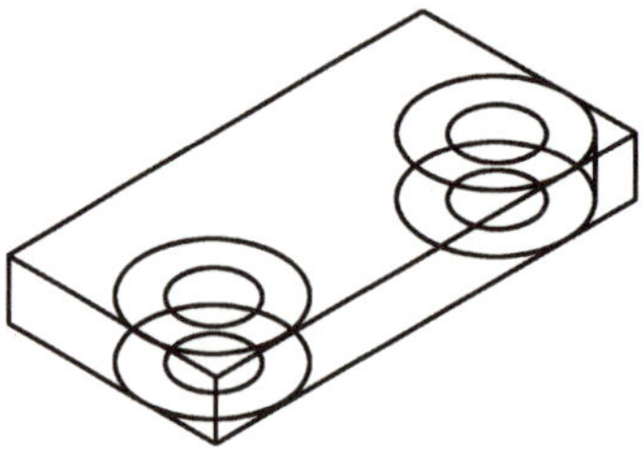

图 10-72　绘制等轴测圆的公切线

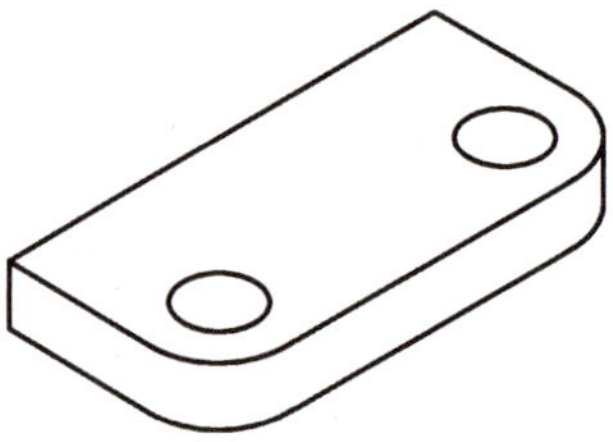

图 10-73　修剪掉多余线段

三、绘制立板

用AutoCAD绘制支座轴测图—2绘制立板

1）单击状态栏中的“顶部等轴测平面”按钮，将顶部等轴测平面设置为当前绘图面，选择“绘图”面板上的“直线”命令，绘制立板底面 *HIJK*，如图 10-74 所示。

2）单击状态栏中的“右等轴测平面”按钮，将右等轴测平面设置为当前绘图面，将“细点画线”层设置为当前图层，选择“绘图”面板上的“直线”命令，利用“直线”命令和对象自动捕捉模式过线段 *IJ* 的中点绘制点画线，如图 10-75 所示。

3）选择“绘图”面板上的“轴，端点”命令，以 O_2 为圆心绘制半径分别为 7mm 和 10mm 的等轴测圆，如图 10-76 所示。

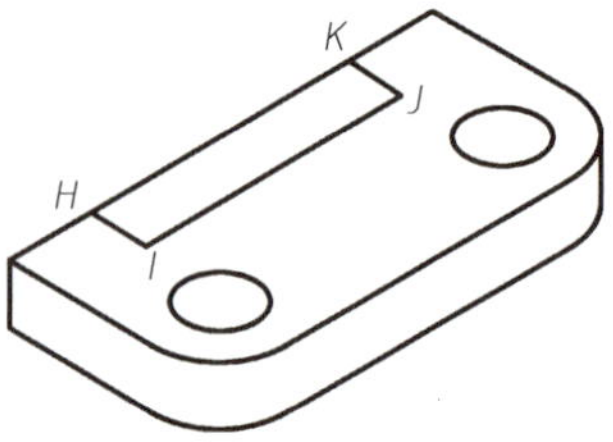

图 10-74　绘制立板底面

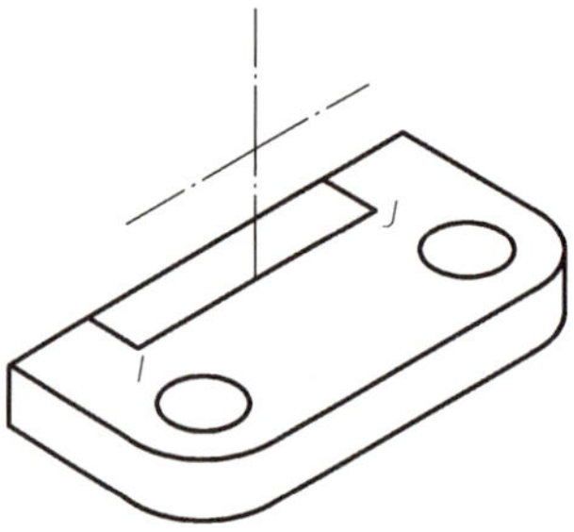

图 10-75　绘制点画线

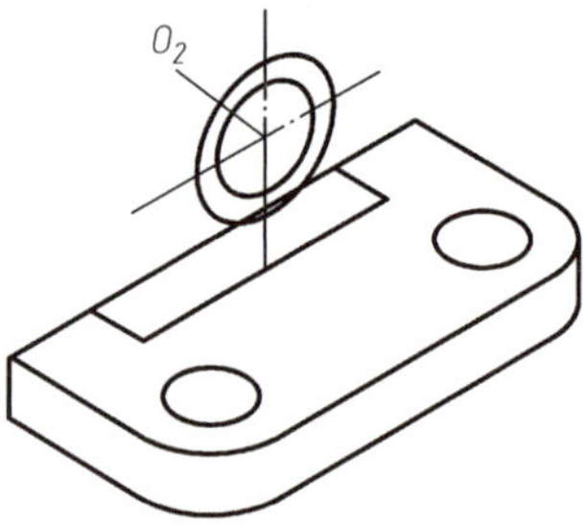

图 10-76　绘制等轴测圆

4）选择“修改”面板上的“复制”命令，向左上方复制半径分别为 7mm 和 10mm 的等轴测圆，复制距离均为 8mm，如图 10-77 所示。

5）选择“绘图”面板上的“直线”命令，过立板底面点 *H*、点 *I*、点 *J*、点 *K* 分别作半径为 10mm 的等轴测圆的切线，如图 10-78 所示。

6）单击状态栏中的“顶部等轴测平面”按钮，将顶部等轴测平面设置为当前绘图面，选择“绘图”面板上的“直线”命令，绘制等轴测圆的公切线，如图 10-79 所示。

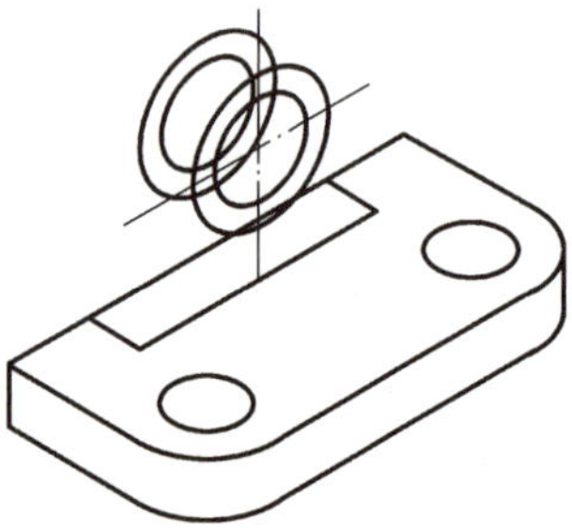

图 10-77　复制等轴测圆

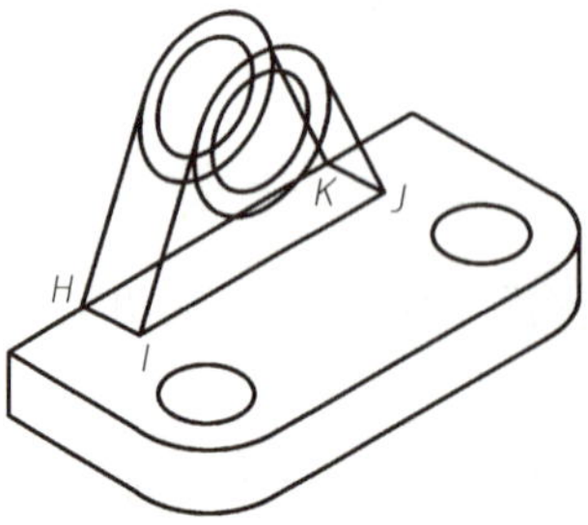

图 10-78　绘制切线

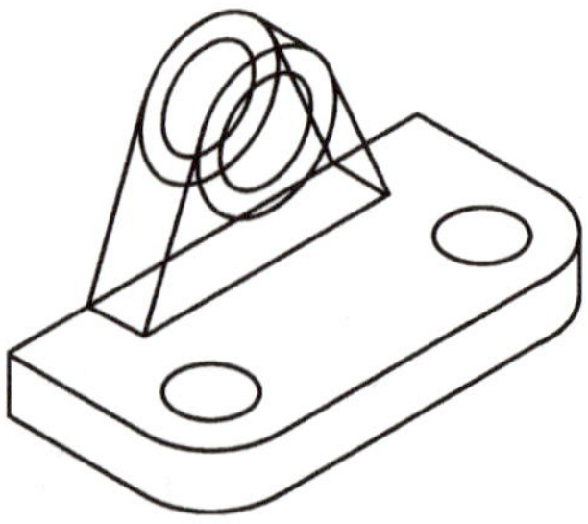

图 10-79　绘制等轴测圆的公切线

7）选择“修改”面板上的“修剪”命令，修剪掉多余线段，如图 10-80 所示。

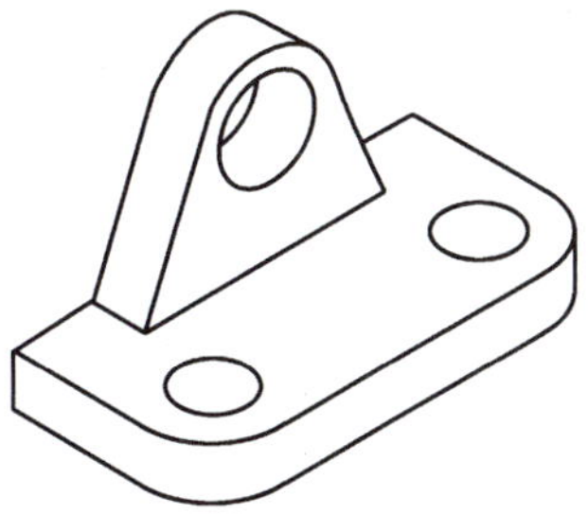

图 10-80 修剪掉多余线段

四、保存

整理图形，使其符合机械制图标准，完成后保存图形。

五、退出 AutoCAD 2022

单击 AutoCAD 2022 右上角的关闭按钮，退出操作。

项目四 用 AutoCAD 绘制剖视图

任务 用 AutoCAD 绘制机件的局部剖视图

【任务描述】

用 AutoCAD 绘制图 10-81 所示机件的视图。

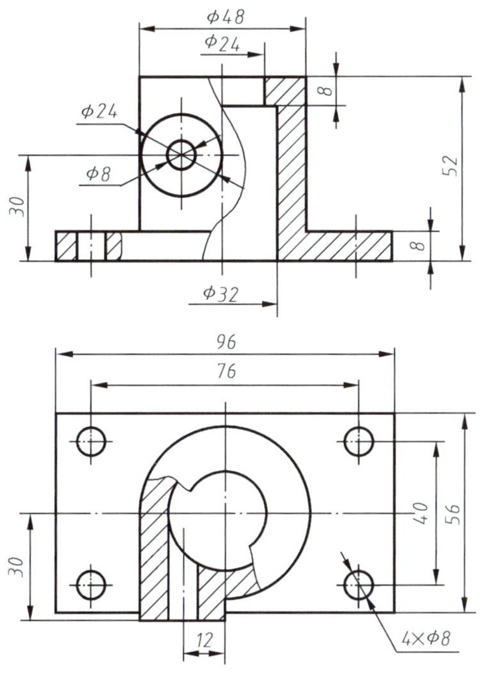

图 10-81 机件的视图

【任务分析】

图 10-81 所示机件的两视图均采用局部剖视的形式表达机件的内部结构。

【任务实施】

一、设置绘图环境

启动 AutoCAD 2022，新建文件，打开“图层特性管理器”对话框设置图层（名称、线型、颜色、线宽），并设置文字样式和尺寸标注样式。

二、绘制主视图

用AutoCAD绘制机件的局部剖视图—1 绘制主视图

1）将“细点画线”层设置为当前层，打开状态栏的“正交限制光标”按钮、“对象捕捉”按钮、“对象捕捉追踪”按钮，选择“绘图”面板上的“直线”命令，在绘图区适当位置绘制中心线。

2）将“粗实线”层设置为当前层，选择“绘图”面板上的“直线”命令，绘制轮廓线，如图 10-82 所示。

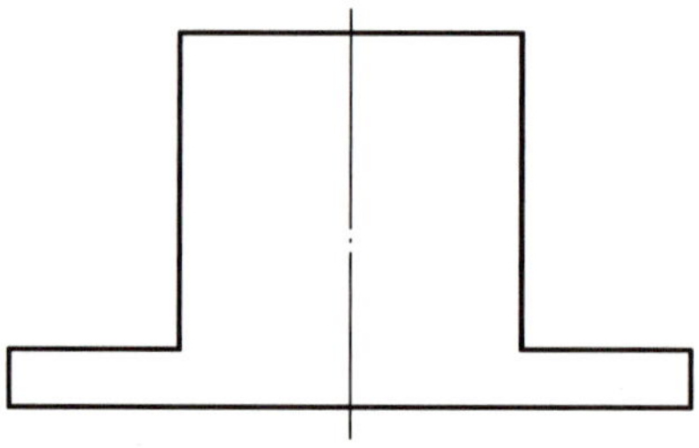

图 10-82 绘制轮廓线

3）选择“修改”面板上的“偏移”命令，将点画线向左偏移，偏移距离为 12mm，将点画线向左、向右偏移，偏移距离为 38mm，将底面轮廓线向上偏移，偏移距离为 30mm，并将偏移后的图线修改为“细点画线”层，利用夹点方式调整点画线的长度，如图 10-83 所示。

4）选择“绘图”面板上的“圆”命令，绘制直径为 8mm、24mm 的同心圆，如图 10-84 所示。

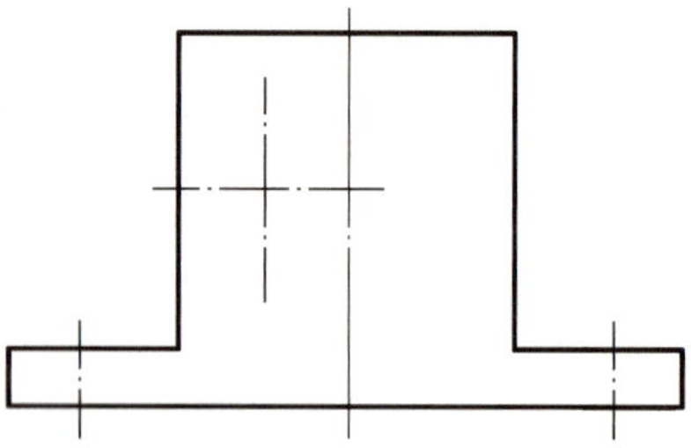

图 10-83 偏移图线

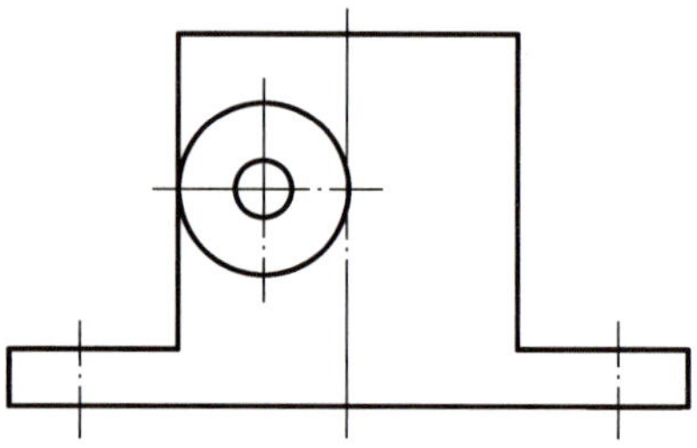

图 10-84 绘制同心圆

5）选择“绘图”面板上的“直线”命令，绘制机件内部轮廓线，如图 10-85 所示。

6）选择“修改”面板上的“偏移”命令，将底板左侧的点画线对称偏移，偏移距离为 4mm，并将偏移后的图线修改为“粗实线”层，利用夹点方式调整直线的长度，如图 10-86 所示。

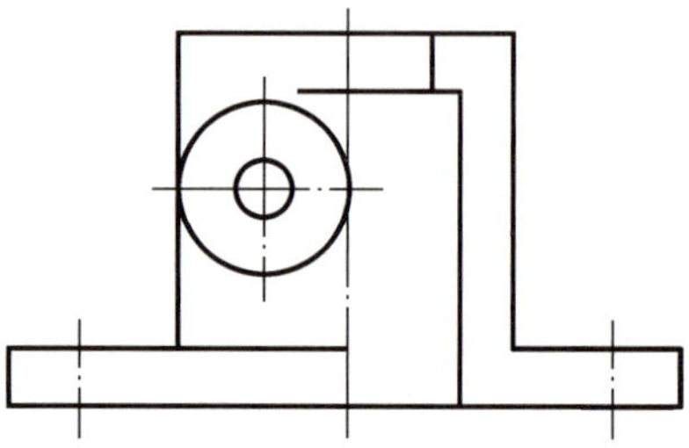

图 10-85 绘制机件内部轮廓线

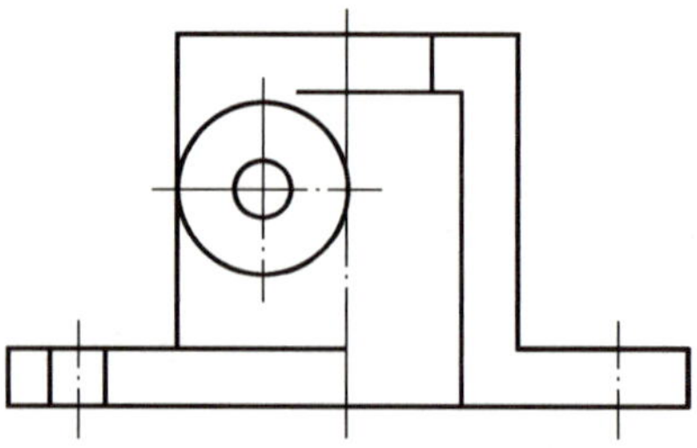

图 10-86 绘制孔的轮廓线

7）关闭状态栏中的“正交限制光标”按钮和“对象捕捉”按钮，将“细实线”层设置为当前层，绘制波浪线，选择“绘图”面板上的“样条曲线拟合”命令，命令行提示如下：

指定第一个点或[方式(M)/节点(K)/对象(O)]：　　(单击点 *A*)
输入下一个点或[起点切向(T)/公差(L)]：　　(单击点 *B*)
输入下一个点或[端点相切(T)/公差(L)/放弃(U)]：　　(单击点 *C*)
输入下一个点或[端点相切(T)/公差(L)/放弃(U)/闭合(C)]：　　(单击点 *D*)
输入下一个点或[端点相切(T)/公差(L)/放弃(U)/闭合(C)]：　　(单击点 *E*)
输入下一个点或[端点相切(T)/公差(L)/放弃(U)/闭合(C)]：　　(单击点 *F*)
输入下一个点或[端点相切(T)/公差(L)/放弃(U)/闭合(C)]：　　(单击点 *G*)
输入下一个点或[端点相切(T)/公差(L)/放弃(U)/闭合(C)]：　　(单击点 *H*)
输入下一个点或[端点相切(T)/公差(L)/放弃(U)/闭合(C)]：　　(回车，如图 10-87 所示)

8）选择“绘图”面板上的“样条曲线拟合”命令，绘制底板上的波浪线，如图 10-87 所示。

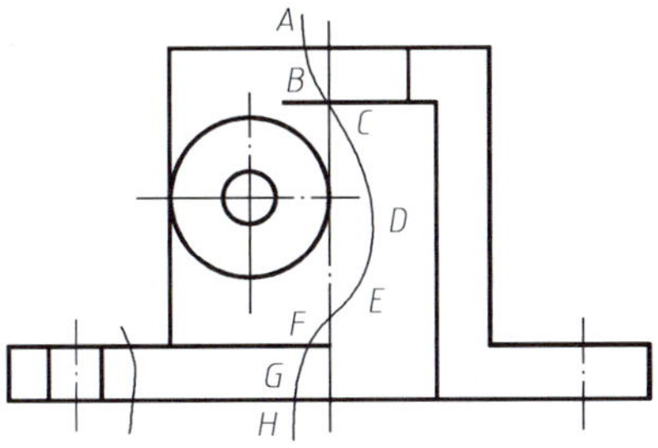

图 10-87　绘制波浪线

提示

“样条曲线拟合”命令选项如下：

① 方式（M）：控制是使用拟合点还是使用控制点来创建样条曲线。

② 节点（K）：指定节点参数化，它是一种计算方法，用来确定样条曲线中连续拟合点之间的零部件曲线如何过渡。

③ 对象（O）：将二维或三维的二次或三次样条曲线拟合多段线转换成等效的样条曲线。

④ 起点切向（T）：指定在样条曲线起点的相切条件。

⑤ 端点相切（T）：指定在样条曲线终点的相切条件。

⑥ 公差（L）：指定样条曲线可以偏离指定拟合点的距离。

⑦ 放弃（U）：删除最后一个指定点。

⑧ 闭合（C）：通过定义与第一个点重合的最后一个点，闭合样条曲线。默认情况下，闭合的样条曲线为周期性的，沿整个环保持曲率连续性。

9）打开状态栏中的“正交限制光标”按钮和“对象捕捉”按钮，选择“修改”面板上的“修剪”命令，修剪波浪线和轮廓线，如图 10-88 所示。

10）将“细实线”层设置为当前层，选择“绘图”面板上的“图案填充”命令，在弹出的“图案填充创建”面板上，将图案类型均设置为 ANSI31，角度设置为 0，填充图案比例设置为 1，如图 10-89 所示，在主视图中需要的填充区域内单击，即可绘制剖面线，如图 10-90 所示。

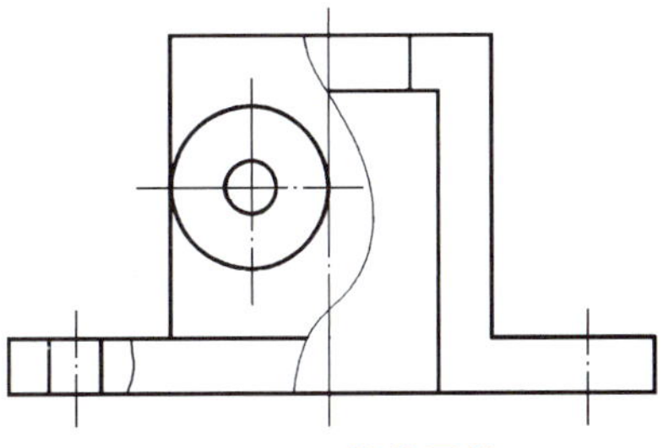

图 10-88　修剪图线

图 10-89　“图案填充创建”面板

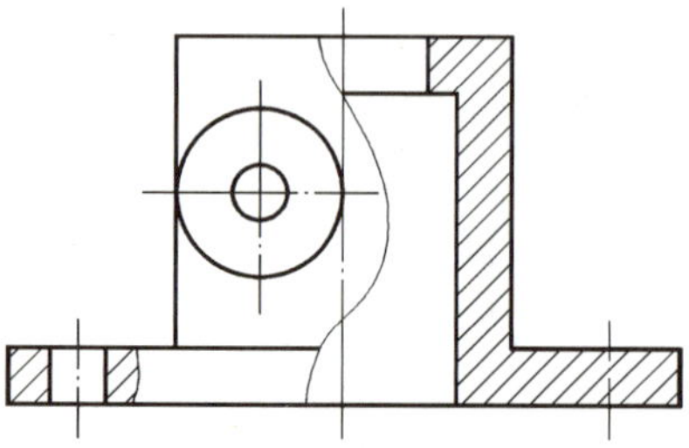

图 10-90　绘制剖面线

三、绘制俯视图

用AutoCAD绘制机件的局部剖视图—2 绘制俯视图

1）将“细点画线”层设置为当前层，利用“绘图”面板上的“直线”命令和“对象捕捉追踪”模式绘制俯视图的水平中心线和竖直中心线。

2）将“粗实线”层设置为当前层，选择“绘图”面板上的“直线”命令，绘制轮廓线，如图 10-91 所示。

3）选择“修改”面板上的“偏移”命令，将竖直点画线向左偏移，偏移距离为 38mm，将水平点画线向上偏移，偏移距离为 20mm，利用夹点方式调整点画线的长度，如图 10-92 所示。

4）选择“绘图”面板上的“圆”命令，绘制直径为 8mm 的圆。

5）选择“修改”面板上的“镜像”命令，完成底板上孔的绘制，如图 10-93 所示。

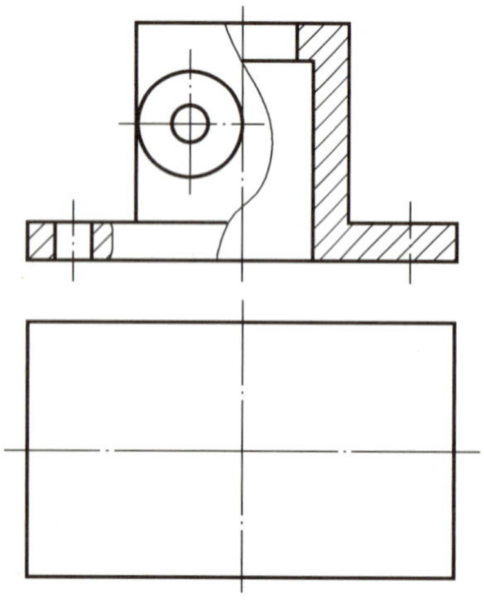

图 10-91　绘制轮廓线

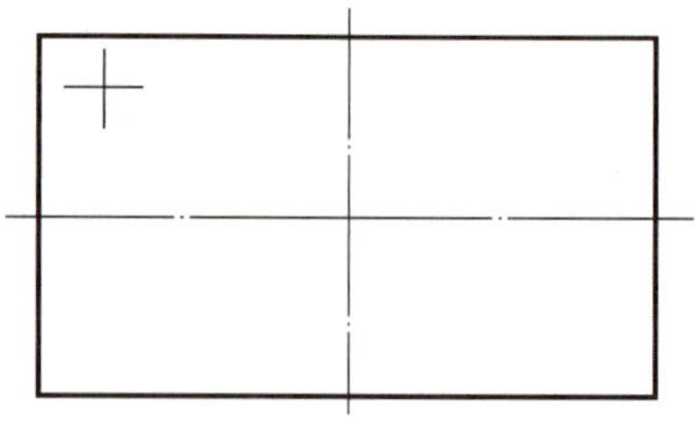

图 10-92　偏移图线

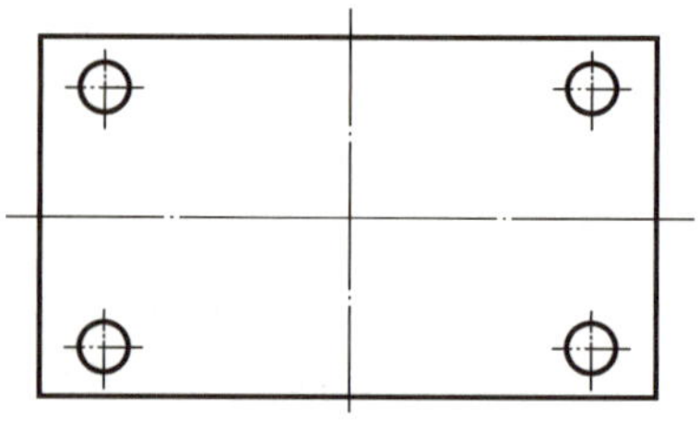

图 10-93　绘制底板上的孔

6）选择“绘图”面板上的“圆”命令，绘制直径为 24mm、32mm、48mm 的同心圆，如图 10-94 所示。

7）选择“修改”面板上的“偏移”命令，将竖直点画线向左偏移，偏移距离为 12mm，将水平点画线向下偏移，偏移距离为 30mm，如图 10-95 所示。

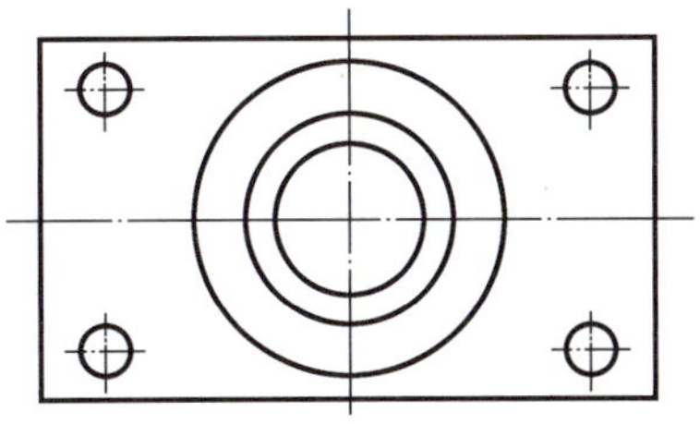

图 10-94　绘制同心圆

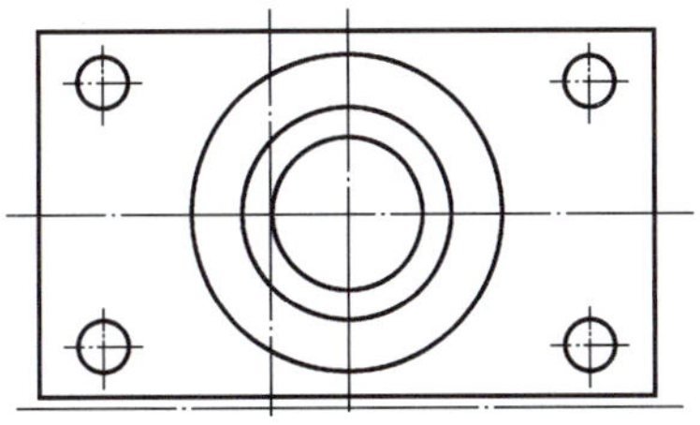

图 10-95　偏移图线

8）选择“绘图”面板上的“直线”命令，绘制轮廓线。

9）单击竖直辅助线，利用夹点方式调整点画线的长度。

10）选择“修改”面板上的“删除”命令，将水平辅助线删除，如图 10-96 所示。

11）关闭状态栏中的“正交限制光标”按钮和“对象捕捉”按钮，将“细实线”层设置为当前层，选择“绘图”面板上的“样条曲线拟合”命令，绘制波浪线，如图 10-97 所示。

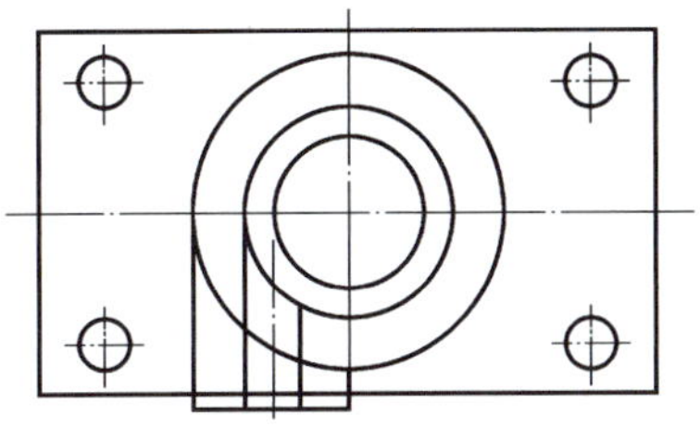

图 10-96　绘制轮廓线

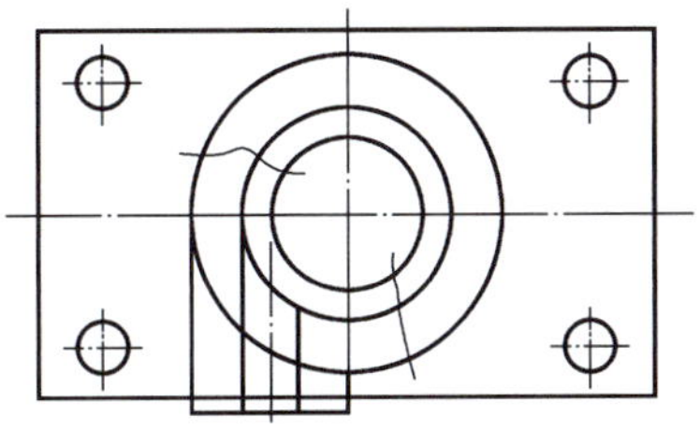

图 10-97　绘制波浪线

12）打开状态栏中的“正交限制光标”按钮和“对象捕捉”按钮，选择“修改”面板上的“修剪”命令，修剪波浪线和轮廓线，如图 10-98 所示。

13）选择“绘图”面板上的“图案填充”命令，绘制出剖面线，如图 10-99 所示。

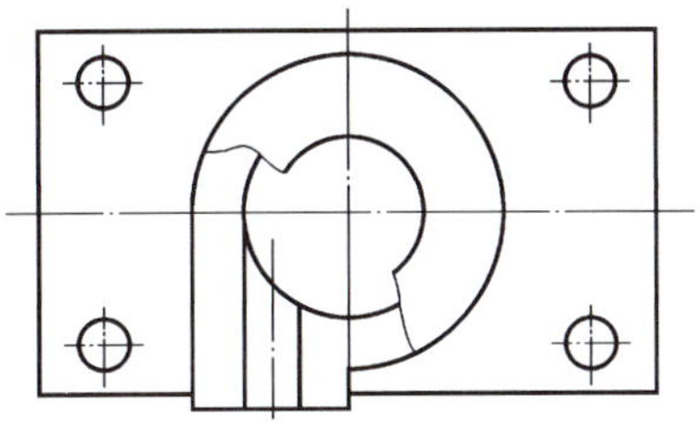

图 10-98　修剪波浪线和轮廓线

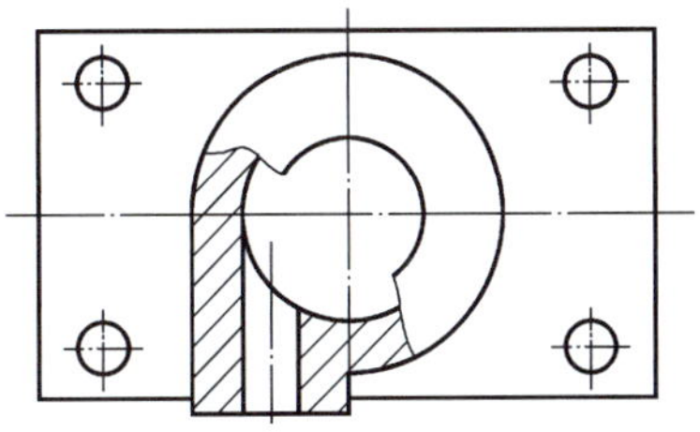

图 10-99　绘制剖面线

四、标注尺寸

标注机件的尺寸。

五、保存

整理图形，使其符合机械制图标准，完成后保存图形。

六、退出 AutoCAD 2022

单击 AutoCAD 2022 右上角的关闭按钮，退出操作。

项目五　用 AutoCAD 绘制零件图

任务　用 AutoCAD 绘制蜗轮轴零件图

【任务描述】

用 AutoCAD 绘制图 10-100 所示蜗轮轴零件图。

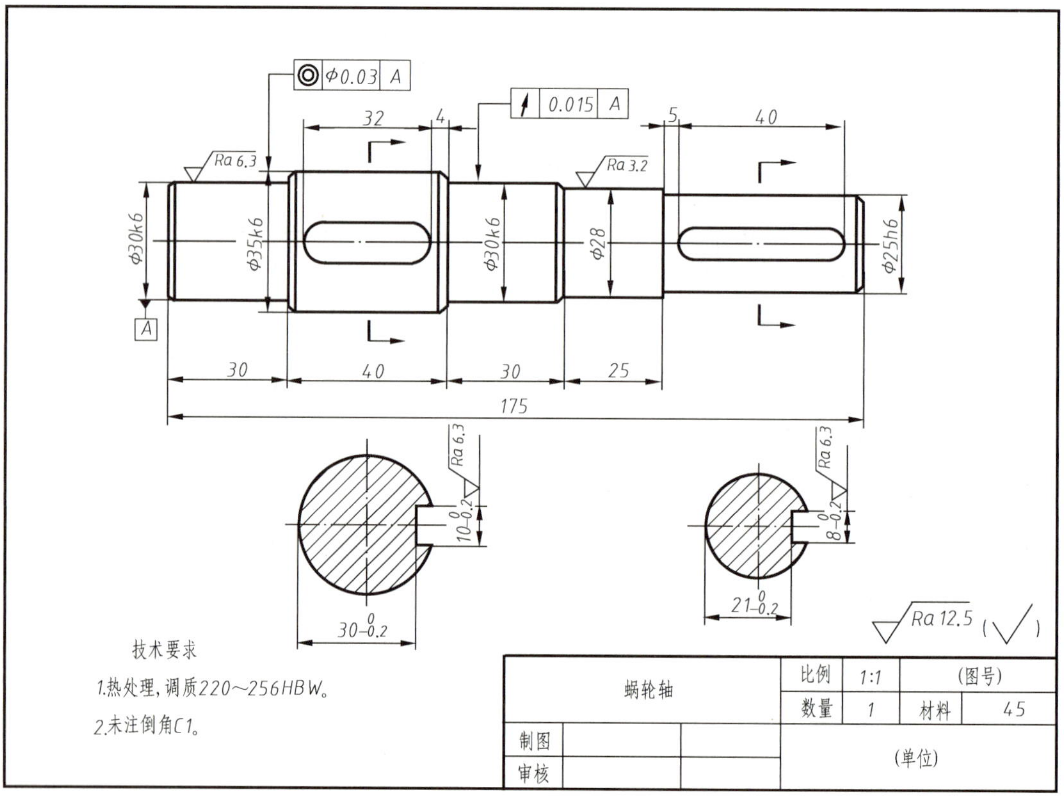

图 10-100　蜗轮轴零件图

【任务分析】

图 10-100 所示蜗轮轴零件图采用主视图、断面图表达蜗轮轴的零件结构。主视图水平放置，通过断面图可知键槽的槽宽和槽深。绘制图形时，先绘制出图框和标题栏，再绘制主视图和断面图，最后标注尺寸、尺寸公差、几何公差、表面粗糙度要求和其他技术要求等内容。

【任务实施】

一、设置绘图环境

启动 AutoCAD 2022，新建文件，打开“图层特性管理器”对话框设置图层（名称、线型、颜色、线宽）、文字样式和尺寸标注样式，并绘制 A4 图纸的图框和标题栏。

用AutoCAD绘制蜗轮轴零件图—1绘制图框和标题栏

1）在使用 AutoCAD 绘图时，绘图边界不能直观显示出来，所以在绘图时还需要通过图框来确定绘图的范围，使所有的图形绘制在图框线之内。图框通常小于绘图边界，要留有一定的距离，且必须符合国家机械制图标准。在此，A4 图纸绘图的图框尺寸为 287mm×200mm。

2）将“粗实线”层设置为当前层，选择“绘图”面板中的“直线”命令，在 A4 图框右下角绘制标题栏外框。选择“修改”工具栏中的“偏移”“修剪”命令绘制标题栏内格线，并将标题栏内格线图层修改为“细实线”层，如图 10-101 所示。

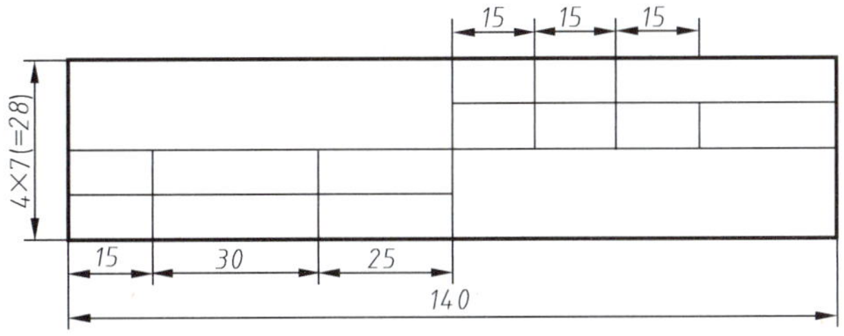

图 10-101　绘制标题栏

3）将“文字”层设置为当前层，选择“注释”面板上的“文字”命令，命令行提示如下：

指定第一角点：　　　　　　　　　　（捕捉 *A* 点）

指定对角点或[高度(H)/对正(J)/行距(L)/旋转(R)/样式(S)/宽度(W)/栏(C)]：

（向右下方移动光标，捕捉 *B* 点，弹出“文字编辑器”面板，如图 10-102 所示）

在文字编辑器中输入文字高度 5mm，单击文字编辑器中“对正”按钮，在下拉列表中选择“✓ 正中 MC”在绘图区的输入框内输入“蜗轮轴”后单击“关闭文字编辑器”按钮，如图 10-102 所示。

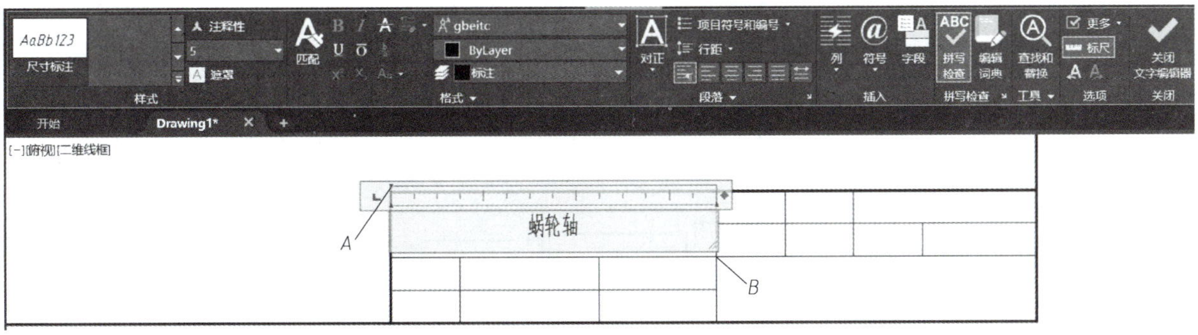

图 10-102　文字编辑

用同样的方法，填写标题栏中的其他文字，如图 10-103 所示。

蜗轮轴			比例	1:1	(图号)	
			数量	1	材料	45
制图			(单位)			
审核						

图 10-103　填写标题栏中的文字

二、绘制主视图

1）将“细点画线”层设置为当前层，选择“绘图”面板上的“直线”命令，在绘图区适当位置绘制中心线。

2）将“粗实线”层设置为当前层，打开状态栏的“正交限制光标”按钮、

用AutoCAD绘制蜗轮轴零件图—2绘制主视图

“对象捕捉”按钮、“对象捕捉追踪”按钮，选择“绘图”面板上的“直线”命令，在中心线上捕捉起点，绘制连续直线，如图 10-104 所示。

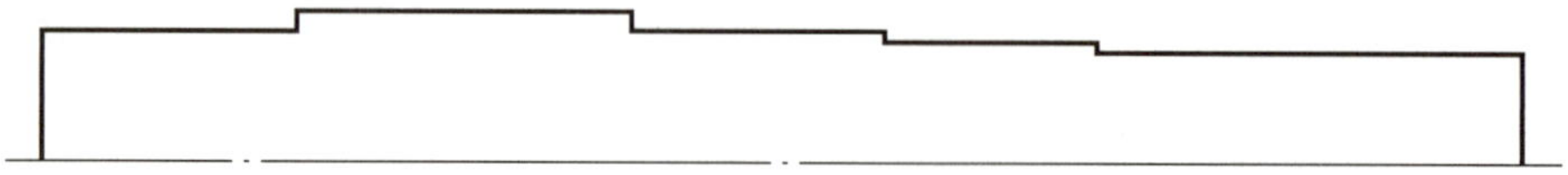

图 10-104　绘制连续直线

3）利用夹点方式调整竖直线的长度，完成竖直轮廓线绘制，如图 10-105 所示。

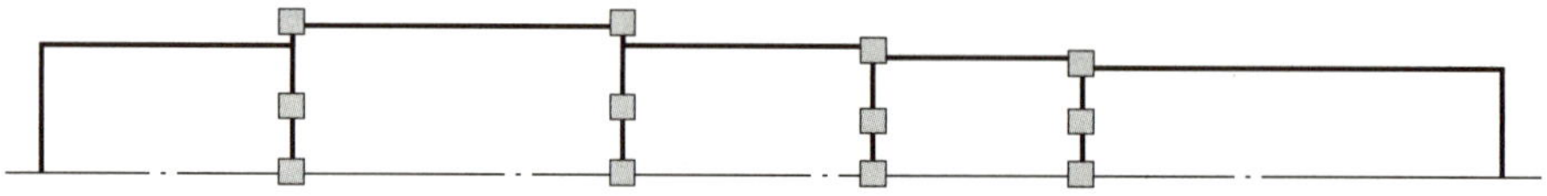

图 10-105　绘制竖直轮廓线

4）选择“修改”面板上的“偏移”命令，将直线 *AB*、*CD* 和 *EF*、*GH* 分别向右、向左偏移，偏移距离为 9mm，将中心线向上偏移，偏移距离分别为 4mm、5mm。

5）将偏移出来的两条点画线的图层修改为“粗实线”层。

6）选择“修改”面板上的“修剪”命令，修剪掉多余图线，如图 10-106 所示。

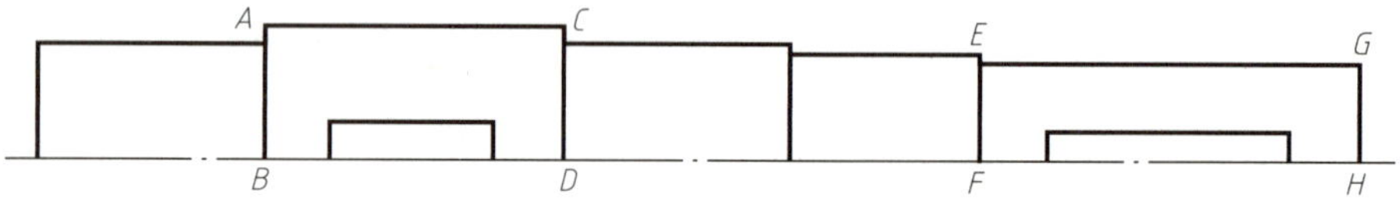

图 10-106　偏移图线、修剪图线

7）选择“修改”面板上的“倒角”命令，绘制倒角距离为 1mm 的倒角。

8）选择“绘图”面板上的“直线”命令，过倒角斜线的端点绘制竖直轮廓线，如图 10-107 所示。

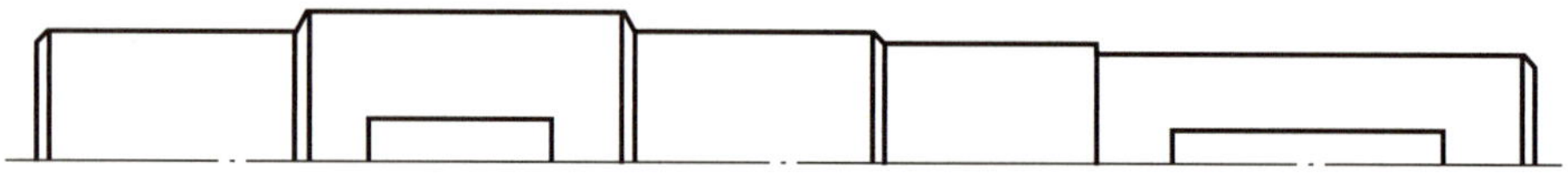

图 10-107　绘制倒角

9）选择“修改”面板上的“镜像”命令，以中心线为镜像线，镜像出蜗轮轴的下半部分图形，如图 10-108 所示。

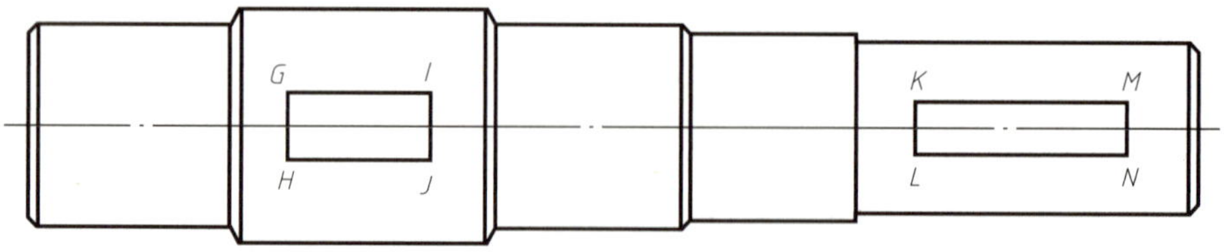

图 10-108　镜像图形

10）选择“修改”面板上的“圆角”命令，在平行线 *GH* 和 *IJ*、*KL* 和 *MN* 之间绘制圆角，圆角半径为 5mm 和 4mm。

11）选择“修改”面板上的“删除”命令，删除直线 *GH* 和 *IJ*、*KL* 和 *MN*，如图 10-109 所示。

12）绘制剖切符号和箭头，如图 10-110 所示。

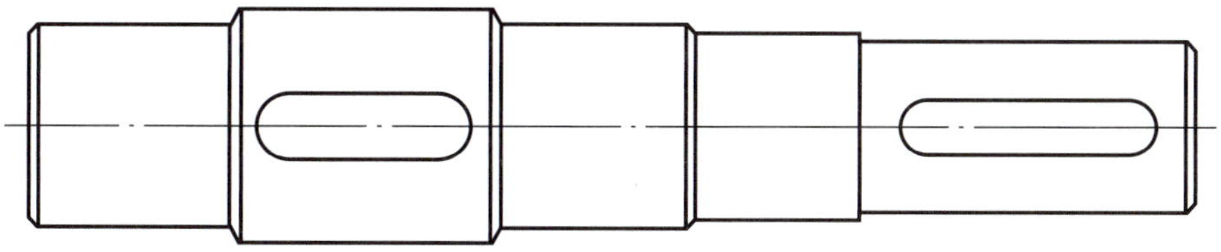

图 10-109　绘制键槽

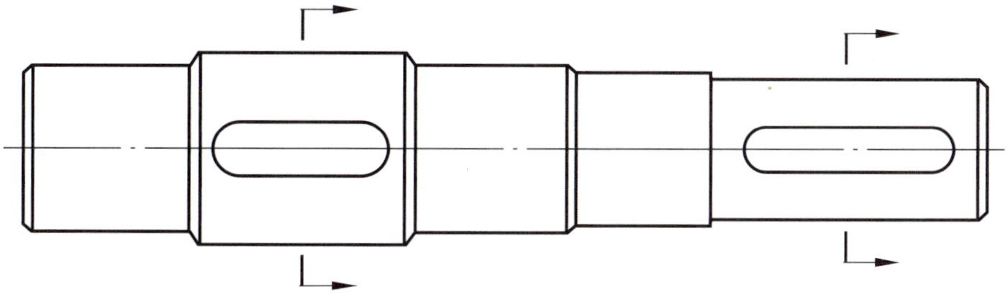

图 10-110　绘制剖切符号

提示

箭头可通过尺寸标注箭头得到。

三、绘制断面图

用AutoCAD绘制蜗轮轴零件图—3绘制断面图

1）将“细点画线”层设置为当前层，选择“绘图”面板上的“直线”命令，在剖切符号的延长线上绘制点画线。

2）将“粗实线”层设置为当前层，选择“绘图”面板上的“圆”命令，以点画线交点为圆心，绘制直径为 35mm、25mm 的圆，如图 10-111 所示。

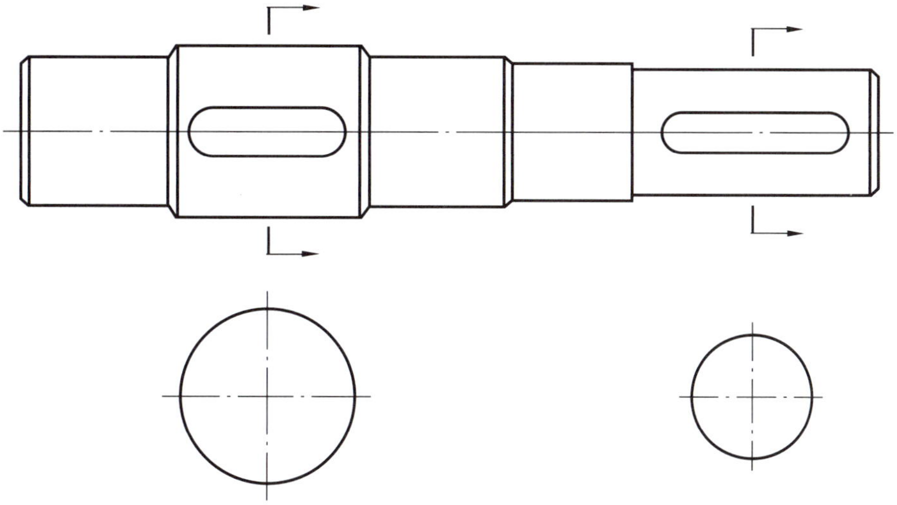

图 10-111　绘制断面圆

3）选择“修改”面板上的“偏移”命令，将直径为 35mm 的圆的水平点画线对称偏移，偏移距离为 5mm，将竖直点画线向右偏移，偏移距离为 12.5mm；将直径为 25mm 的圆的水平点画线对称偏移，偏移距离为 4mm，将竖直点画线向右偏移，偏移距离为 8.5mm。

4）将偏移出来的点画线的图层修改为“粗实线”层。

5）选择“修改”面板上的“修剪”命令，修剪掉多余图线，得到键槽轮廓线。

6）将“细实线”层设置为当前层，选择“绘图”面板上的“图案填充”命令，绘制出剖面线，如图 10-112 所示。

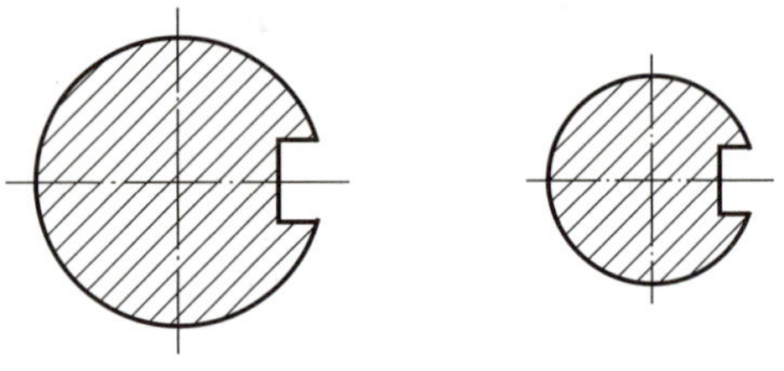

图 10-112　绘制断面图

用AutoCAD绘制蜗轮轴零件图—4标注尺寸

四、标注尺寸

1）将“标注”层设置为当前层，选择“注释”面板上的“线性”命令，标注线性尺寸，如图 10-113 所示。

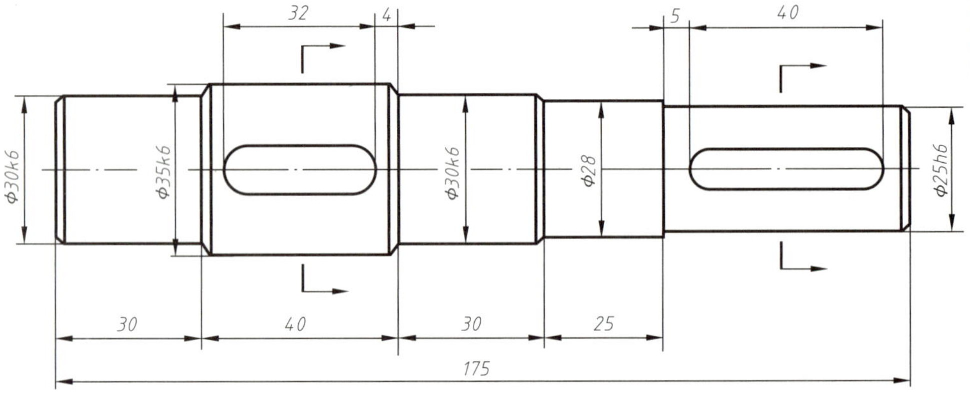

图 10-113　标注线性尺寸

2）选择“注释”面板上的“线性”命令，命令行提示如下：

指定第一个尺寸界线原点或<选择对象>：　　（捕捉点 *A*）
指定第二个尺寸界线原点：　　（捕捉点 *B*）
指定尺寸线位置或
[多行文字(M)/文字(T)/角度(A)/水平(H)/垂直(V)/旋转(R)]:m

（选择“多行文字(M)”选项，回车，将光标移至尺寸10mm之后，输入“0^-0.04”，框选字符“0^-0.04”，单击文字编辑器中“堆叠”按钮，选中的字符即堆叠为“$^{0}_{-0.04}$”移动光标将尺寸线放置在适当位置，单击，如图 10-114 所示）

用同样的方法标注断面图中的尺寸，如图 10-114 所示。

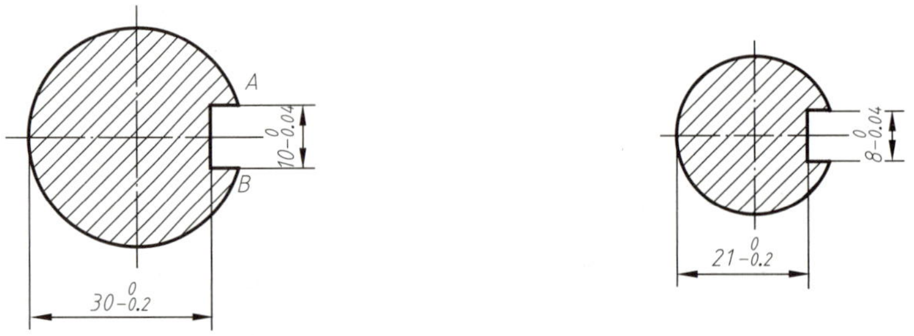

图 10-114　标注公差

提示

“ ”按钮：利用此选项使可层叠的文字堆叠起来，这对创建分数及公差形式的文字很有用，AutoCAD 通过特殊字符“/”“^”“#”表明多行文字是可层叠的。输入层叠文字的方式为左边文字+特殊字符+右边文字，堆叠后，左面文字被放在右边文字的上面。例如：

输入可堆叠文字	堆叠结果
1/3	$\frac{1}{3}$
20 +0.015^-0.003	$20^{+0.015}_{-0.003}$
1#5	$^{1}/_{5}$

五、标注表面粗糙度

用AutoCAD绘制蜗轮轴零件图—5标注表面粗糙度

1）选择“块”面板上的“定义属性 ”命令，打开“属性定义”对话框，在“属性”选项组的“标记”文本框中输入“粗糙度”，在“提示”文本框中输入“请输入粗糙度值”，在“默认”文本框中输入“Ra12.5”。在“对正”下拉列表中选择“左对齐”，在“文字样式”下拉列表中选择“尺寸标注”，如图 10-115 所示，然后单击“确定”按钮，命令行提示如下：

命令：_attdef

指定起点：　　　　（拾取 *A* 点，如图 10-116 所示）

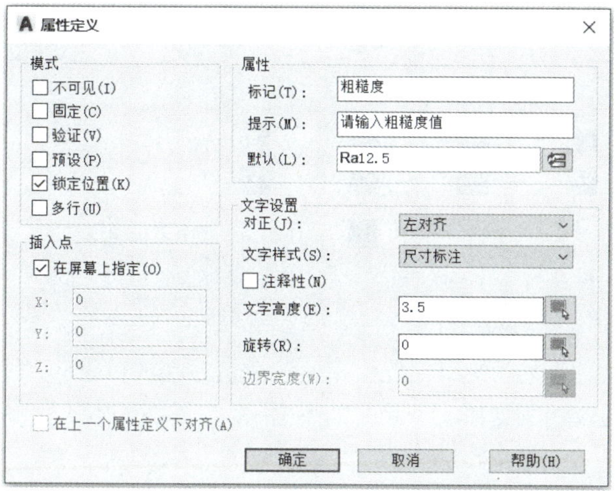

图 10-115　“属性定义”对话框

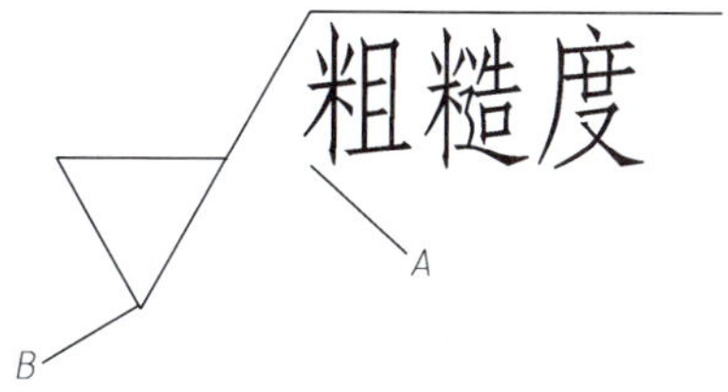

图 10-116　定义属性

2）将属性与图形一起创建成图块。选择“块”面板上的“创建”命令，打开“块定义”对话框，在“名称”文本框中输入新建图块的名称“粗糙度”。单击“拾取点(K)”按钮，返回绘图窗口，并提示“指定插入基点”，捕捉 *B* 点，如图 10-116 所示。返回“块定义”对话框，单击“选择对象(T)”按钮，返回绘图窗口，并提示“选择对象”，选择粗糙度符号及属性，如图 10-116 所示，回车，单击“确定”按钮，打开“编辑属性”对话框，单击“确定”按钮，生成图块。

3）选择“块”面板上的“插入块 ”命令，在下拉列表中选择“粗糙度”，单击“确定”按钮，命令行提示如下：

指定插入点或[基点(B)/比例(S)/X/Y/Z/旋转(R)/分解(E)/重复(RE)]：（捕捉轴段上的点，弹出编辑属性对话框，在“请输入粗糙度值”文本框中输入 Ra6.3，单击“确定”按钮）

4）用同样的方法标注其他的表面粗糙度，在主视图中标注表面粗糙度的结果如图 10-117 所示。

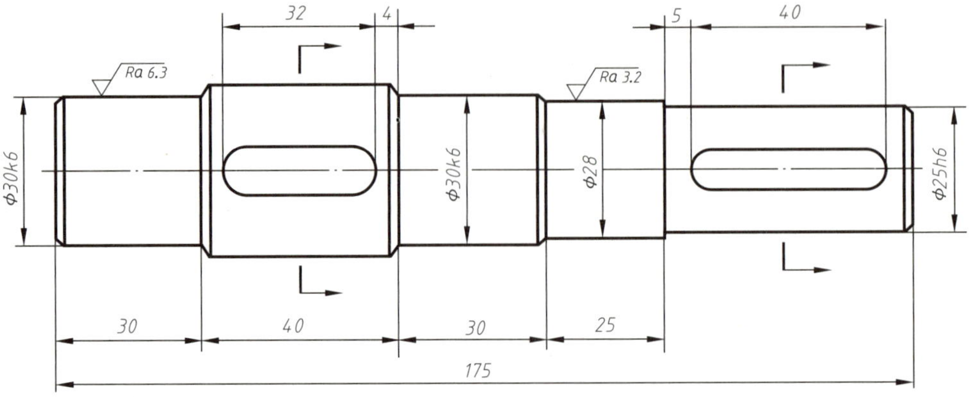

图 10-117　标注表面粗糙度

六、标注几何公差

1）在菜单栏中选择“标注”→“公差”命令，打开“形位公差”[⊖]对话框，如图 10-118 所示。单击“符号”图标框，打开“特征符号”对话框，如图 10-119 所示，在对话框中选择“同轴度”符号，该符号便显示在“形位公差”对话框中。单击“形位公差”对话框的“公差 1”图标框，显示出直径符号“ϕ”，在“公差 1”文本框中输入“0.03”，在“基准 1”文本框中输入字母“A”，单击“确定”按钮，即可标注出同轴度。

用AutoCAD绘制蜗轮轴零件图—6 标注几何公差、输入技术要求

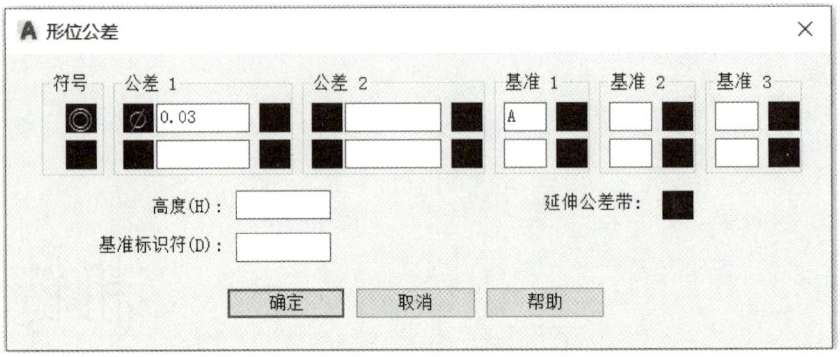

图 10-118　“形位公差”对话框

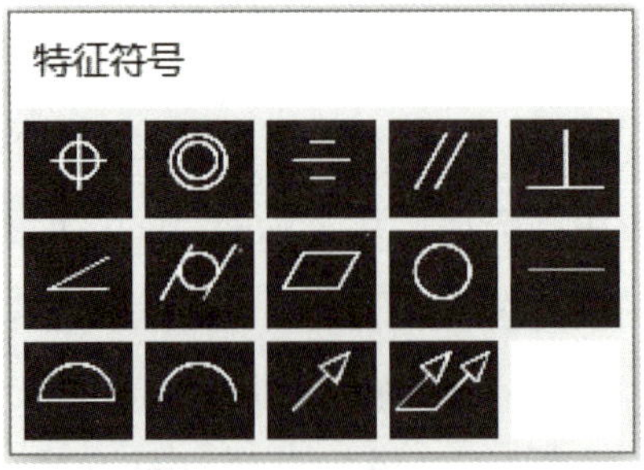

图 10-119　“特征符号”对话框

⊖ 按 GB/T 1182—2018《产品几何技术规范（GPS）几何公差　形状、方向、位置和跳动公差标注》，“形位公差”应改为“几何公差”，但是 AutoCAD 2022 软件中仍采用“形位公差”。

2）用同样的方法可以标注出跳动度，如图 10-120 所示。

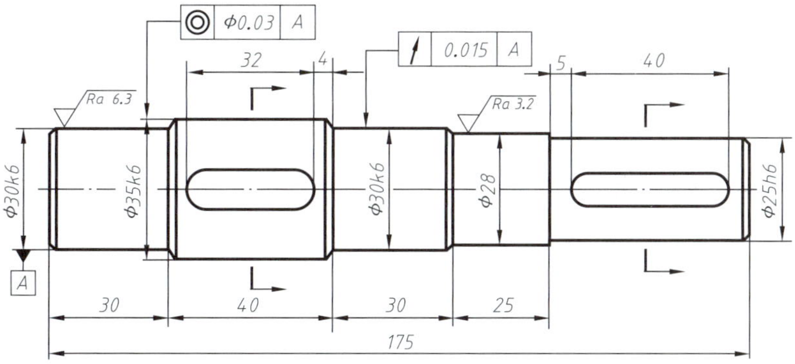

图 10-120　标注几何公差

七、输入技术要求

选择“注释”面板上的“”命令，命令行提示如下：

指定第一角点：　　　　　　　　　　（在适当位置单击）

指定对角点或[高度(H)/对正(J)/行距(L)/旋转(R)/样式(S)/宽度(W)/栏(C)]:

（向右下方移动光标，在适当位置单击，弹出“文字编辑器”对话框，如图 10-121 所示）

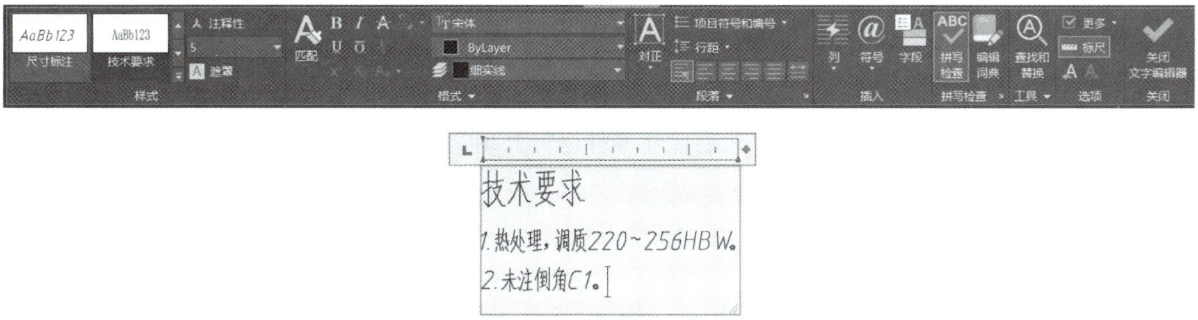

图 10-121　输入技术要求

八、保存

整理图形，使其符合机械制图标准，完成后保存图形。

九、退出 AutoCAD 2022

单击 AutoCAD 2022 右上角的关闭按钮，退出操作。

项目六　用 AutoCAD 绘制装配图

任务　用 AutoCAD 绘制滑动轴承装配图

【任务引入】

用 AutoCAD 绘制图 10-122 所示滑动轴承的装配图。

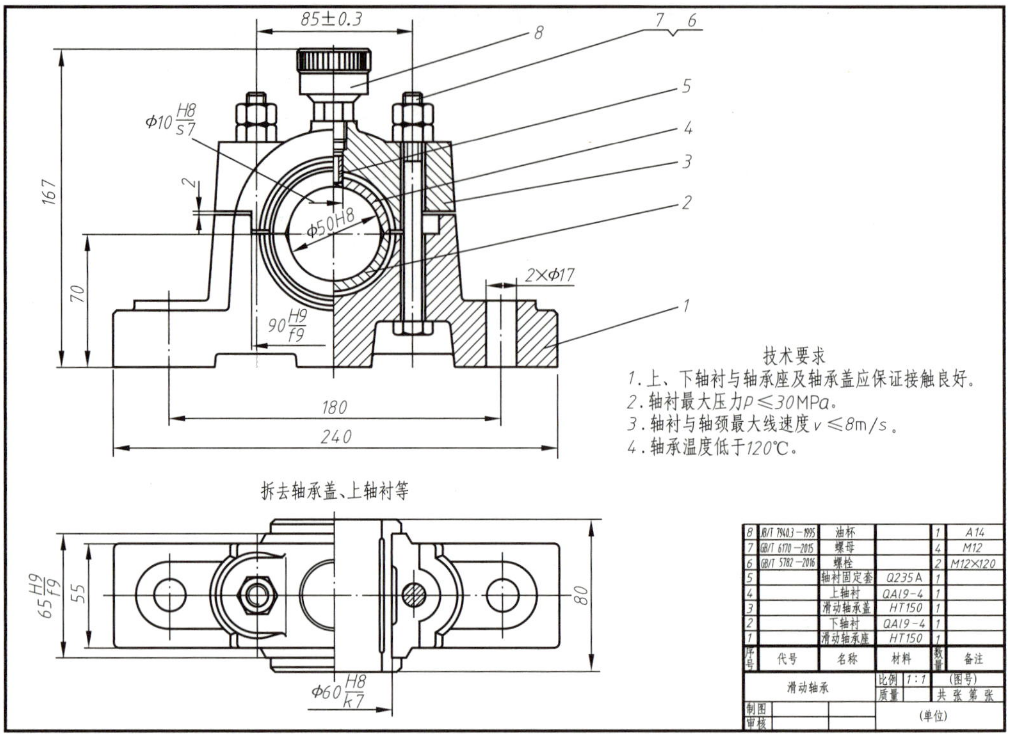

图 10-122　滑动轴承装配图

【任务分析】

图 10-122 所示的滑动轴承装配图是在已经绘制了零件图的基础上，将零件及标准件组合成装配图，绘图时，先插入零件图及标准件，然后标注零件序号并填写明细栏。

【任务实施】

一、设置绘图环境

启动 AutoCAD 2022，新建文件，打开“图层特性管理器”对话框设置图层（名称、线型、颜色、线宽）、文字样式和尺寸标注样式，并绘制 A2 图纸的图框和标题栏，如图 10-123 所示。

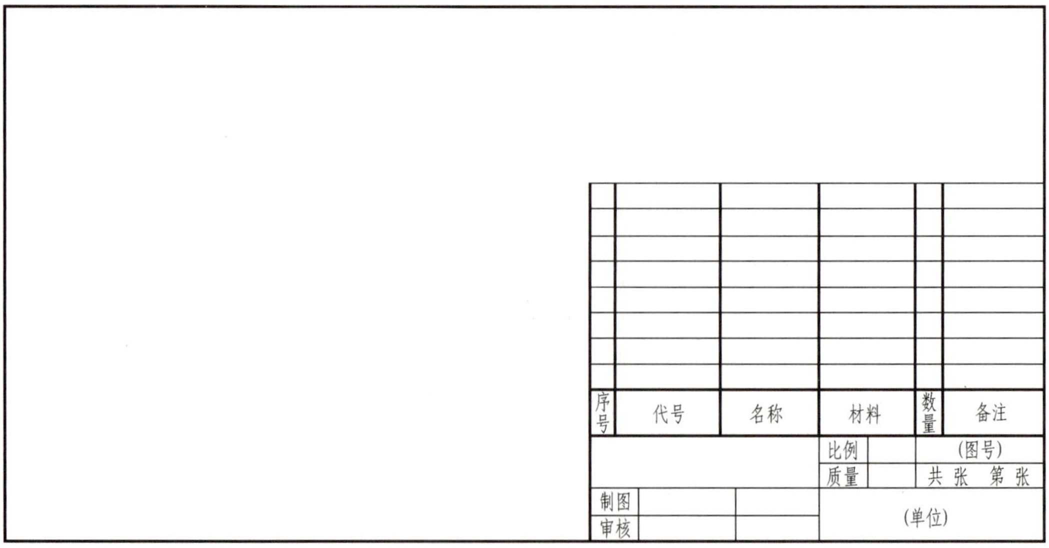

图 10-123　A2 图纸

二、插入零件图

选择“块”面板上的“插入”命令，将教学资源文件“10-1 滑动轴承座 . dwg”“10-2 滑动轴承下轴衬 . dwg”“10-3 滑动轴承盖 . dwg”“10-4 滑动轴承上轴衬 . dwg”“10-5 轴衬固定套”“10-6 螺栓”“10-7 螺母”“10-8 油杯”插入到当前图形文件中，其中插入轴衬固定套、螺母的比例为 0.5，插入其他图形的比例均为 1。在“插入”对话框中均选中“分解”复选按钮。

三、编辑零件图

1）选择“修改”面板上的“删除”命令，删除零件图中无用的对象。

① 零件图中需要删除的对象有：边界线、边框、标题栏、粗糙度、技术要求，以及绝大部分尺寸。

② 滑动轴承盖零件图中保留两个通孔的定位尺寸，俯视图只保留一半，但将两个整圆和螺纹圆删除。

③ 滑动轴承座零件图中保留两个视图及总长尺寸、两个通孔的尺寸及其定位尺寸。

④ 上轴衬零件图只保留左视图，下轴衬零件图只保留两个视图。

⑤ 轴衬固定套只保留主视图。

⑥ 三个标准件的尺寸全部删除，六角螺母图形中的剖视图删除。

结果如图 10-124 所示。

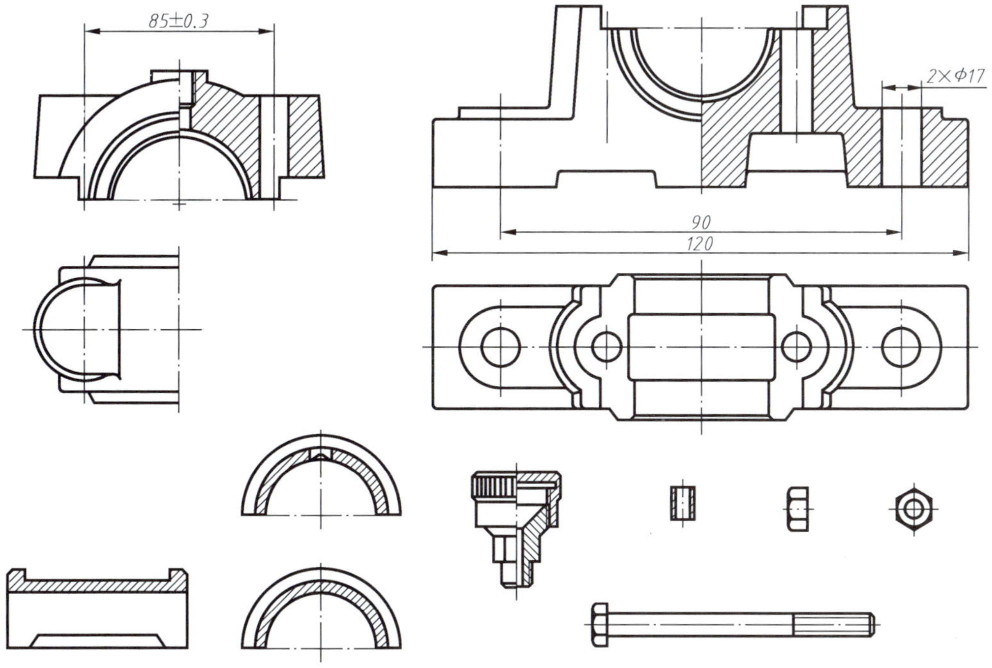

图 10-124　删除零件图中的对象

2）选择“修改”面板上的“镜像”命令，做下轴衬两个视图的水平镜像，即两个视图翻转 180°。

3）选择“修改”面板上的“旋转”命令，将六角头螺栓和六角螺母的图形各旋转 90°，如图 10-125 所示。

四、拼装滑动轴承主视图

1）选择“修改”面板上的“移动”命令，调整滑动轴承盖和滑动轴承座的主视图、上轴衬和

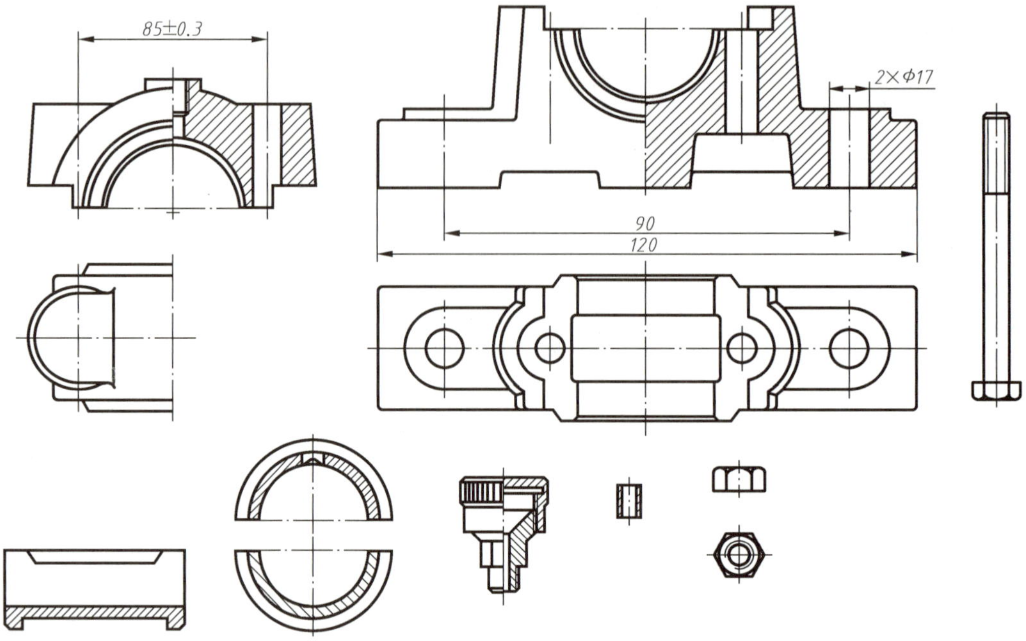

图 10-125 编辑零件图

下轴衬的左视图、上轴衬固定套、六角头螺栓、六角螺母、油杯的位置，使这几个图形能在绘图区内同时显示，如图 10-126 所示。

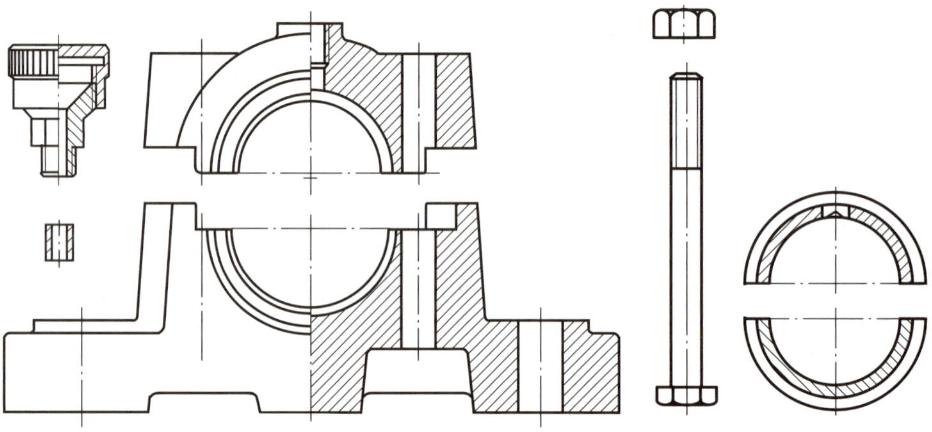

图 10-126 调整图形的位置

2）选择“修改”面板上的“复制”命令，将下轴衬复制，使其和上轴衬组成一个完整的轴衬，如图 10-127 所示。复制的基点为下轴衬同心半圆的圆心，复制的第二点为上轴衬同心半圆的圆心。保留下轴衬的原图形备用。

3）选择“修改”面板上的“移动”命令，将上、下轴衬和滑动轴承座移到一起，如图 10-128 所示。移动的基点为上、下轴衬同心圆的圆心，移动的第二点为滑动轴承座同心半圆的圆心。

4）选择“修改”面板上的“移动”命令，将滑动轴承盖和滑动轴承座移到一起，如图 10-129 所示。移动的基点为滑动轴承盖同心圆弧的圆心，移动的第二点为滑动轴承座同心半圆的圆心。

5）选择“修改”面板上的“删除”命令，将油杯右半部分剖开的图形删除，如图 10-130a 所示。

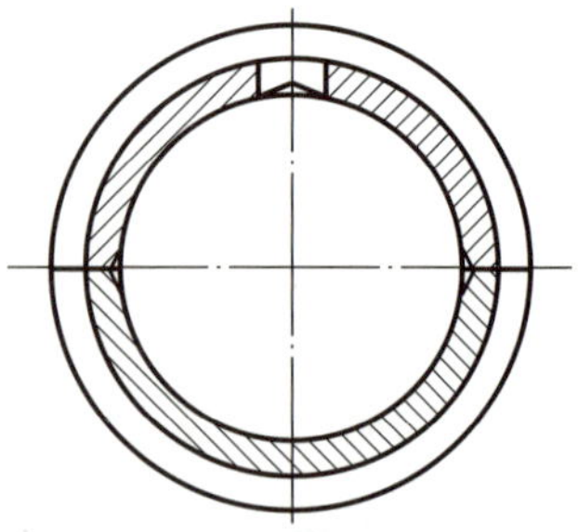

图 10-127 将上轴衬和下轴衬移到一起

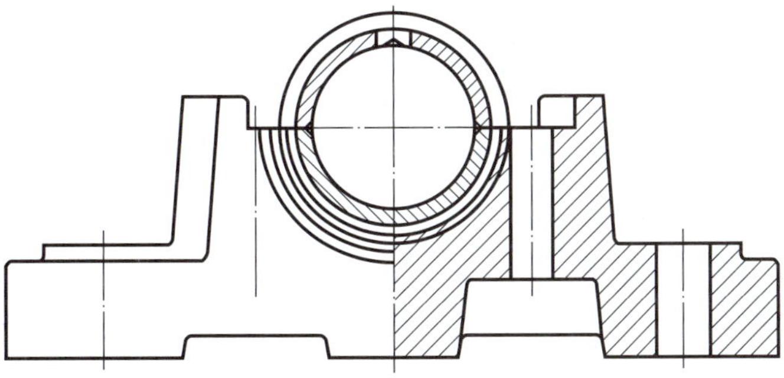

图 10-128 将上、下轴衬和滑动轴承座移到一起

6）选择“修改”面板上的“镜像”命令，做油杯左半部分图形的竖直镜像，得到油杯的外形视图，如图 10-130b 所示。

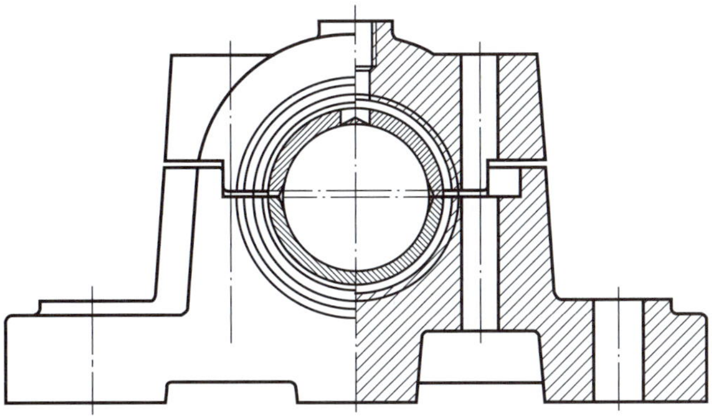

图 10-129 将滑动轴承盖和滑动轴承座移到一起

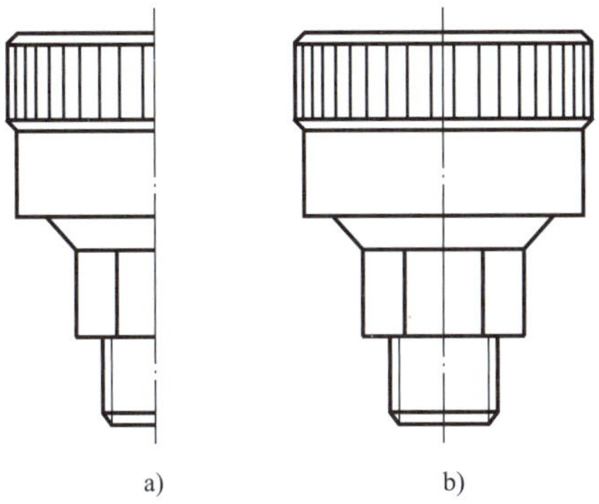

图 10-130 编辑油杯

7）选择“修改”面板上的“移动”命令，将上轴衬固定套、油杯、螺栓与滑动轴承盖、滑动轴承座移到一起，移动的基点分别为 A_1、B_1 和 C_1，移动的第二点分别为 A_2、B_2 和 C_2，如图 10-131 所示。

8）选择“修改”面板上的“复制”命令，将螺母复制到滑动轴承盖上，复制的基点为 D_1，复制的第二点为 D_2 和 D_3，如图 10-131 所示（复制了螺母后，需要将源对象删除）。结果如图 10-132 所示。

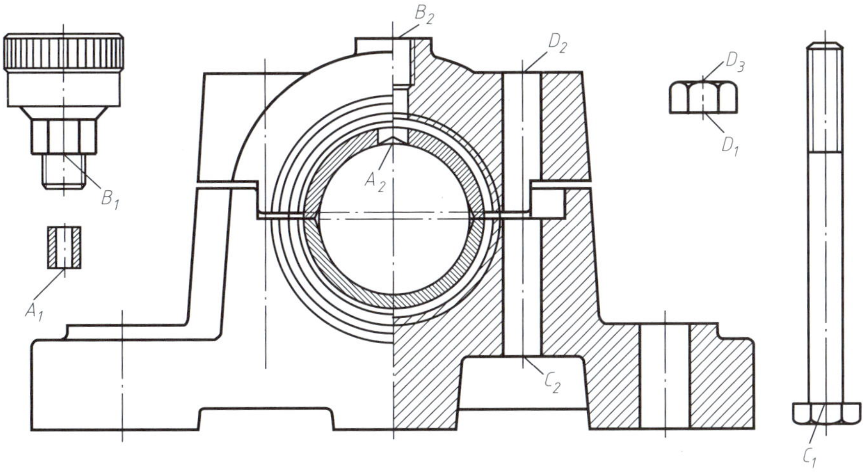

图 10-131 移动和复制图形的基点、第 2 点

9）选择“修改”面板上的“复制”命令，将两个螺母和螺栓的外螺纹轮廓线复制到滑动轴承盖左侧竖直点画线处，复制的基点为 E_1，复制的第二点为 E_2，如图 10-133 所示。

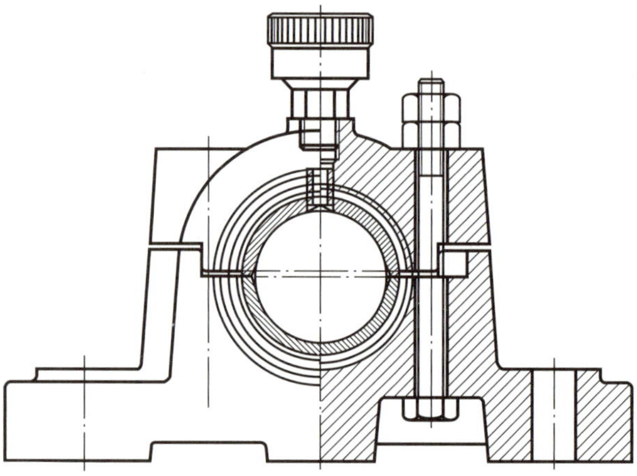

图 10-132　移动和复制图形

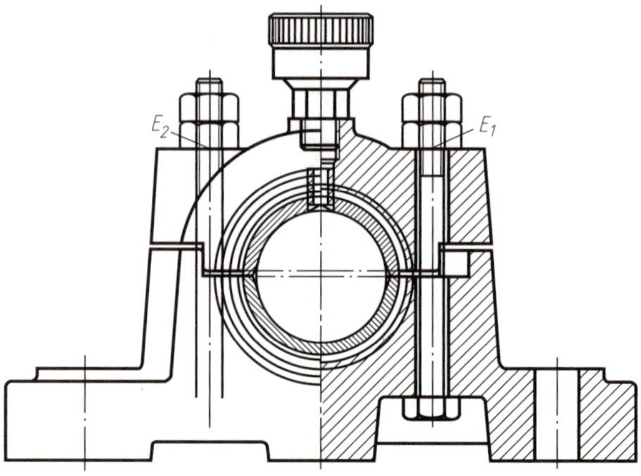

图 10-133　复制螺母和螺栓的外螺纹轮廓线

10）选择“修改”面板上的“修剪”命令和“删除”命令，修剪和删除多余的和不可见的轮廓线。

11）选择“修改”面板上的“删除”命令，删除滑动轴承盖内螺纹的粗实线和细实线，按照内、外螺纹旋合的规定画法，利用“直线”命令对其重新绘制。

12）将重合在一起的点画线删除，只保留其中一条，并将保留的点画线拉长。

13）将滑动轴承盖、滑动轴承座、上轴衬、下轴衬和上轴承固定套的剖面线删除，选择“绘图”面板上的“图案填充”命令，重新绘制剖面线。填充图案均选择 ANSI37，角度和比例为 90°和 1.25、0°和 1.25、0°和 1、90°和 1、0°和 0.5。完成滑动轴承的主视图，如图 10-134 所示。

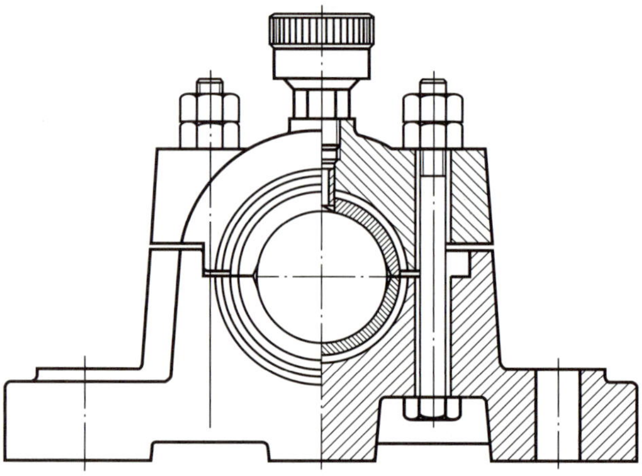

图 10-134　完成滑动轴承的主视图

五、拼装滑动轴承俯视图

1）选择“修改”面板上的“旋转”命令，将下轴衬主视图（已做水平镜像）旋转 90°。

2）选择“修改”面板上的“移动”命令，将旋转后的下轴衬主视图移到其左视图的正下方，即其右侧竖直轮廓线处于左视图竖直中心线的延长线上，如图 10-135a 所示。

3）选择“修改”面板上的“镜像”命令，做图 10-135a 中下方图形的竖直镜像，如图 10-135b 所示。

4）选择“修改”面板上的“复制”命令，将中间竖直线上的相交的倾斜线复制到左右两侧竖直线上，如图 10-135c 所示。

5）选择“修改”面板上的“删除”命令，将中间竖直线和相交的倾斜线删除。

6）选择“绘图”面板上的“直线”命令，过下轴衬左视图中两条倾斜线的四个端点绘制四条竖直线，如图 10-135d 所示。

7）选择“修改”面板上的“修剪”命令，修剪竖直线和倾斜线，并利用“直线”命令绘制

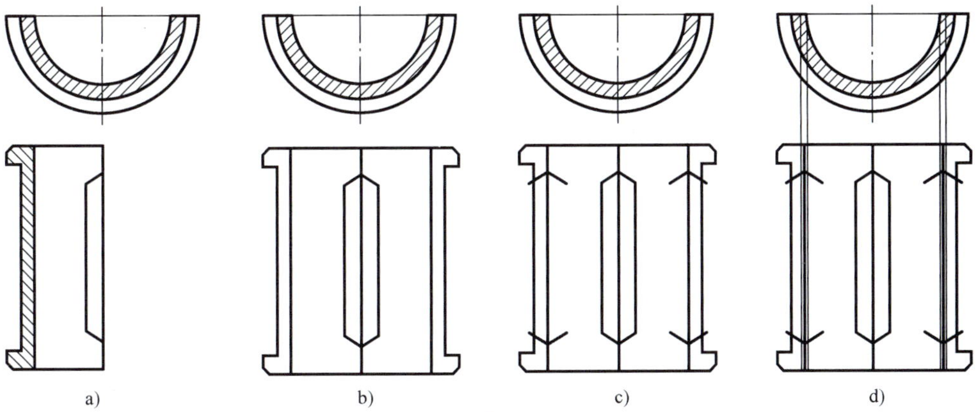

图 10-135　编辑下轴衬

其对称点画线，得到下轴衬的俯视图，如图 10-136a 所示。

8）编辑下轴衬的俯视图，得到上轴衬的俯视图，如图 10-136b 所示。

9）选择“修改”面板上的“移动”命令，将下轴衬俯视图的右半部分和上轴衬俯视图的左半部分拼装在一起，得到两个轴衬在滑动轴承俯视图中的投影，如图 10-136c 所示。

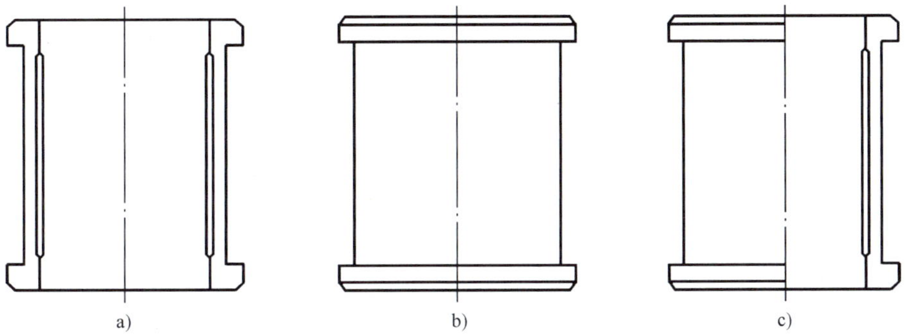

图 10-136　拼装上、下轴衬俯视图

10）选择“修改”面板上的“移动”命令，将螺母俯视图、滑动轴承左俯视图、上下轴衬俯视图、滑动轴承座俯视图移到一起，移到的基点分别为 F_1、G_1 和 H_1，移到的第 2 点为 F_2、G_2 和 H_2，如图 10-137 所示。图中将滑动轴承座左半部分图形中的一些轮廓线删除，如图 10-138 所示。

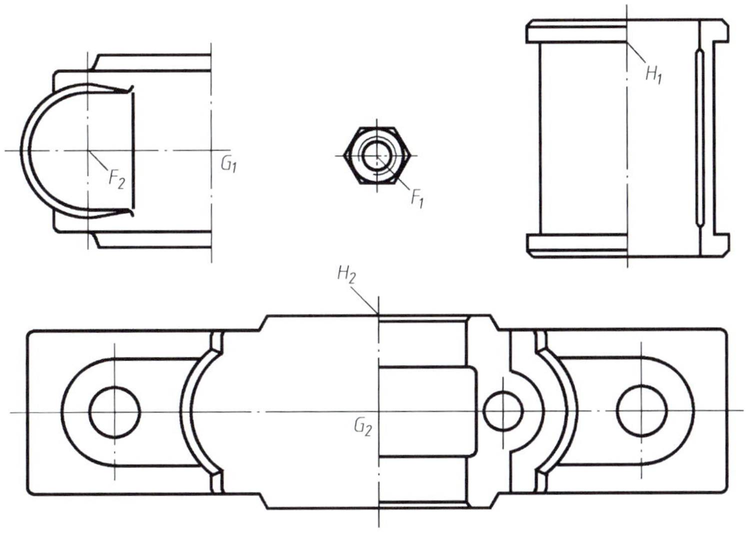

图 10-137　移动图形的基点、第 2 点

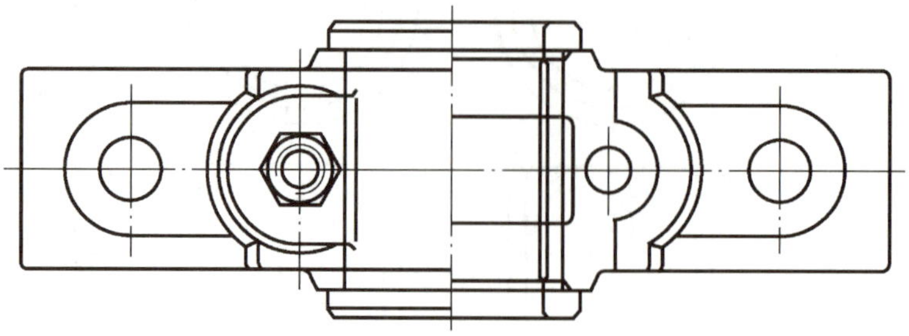

图 10-138 移动图形

11）选择“修改”面板上的“修剪”命令和“删除”命令，修剪和删除多余的不可见轮廓线，如图 10-139 所示。

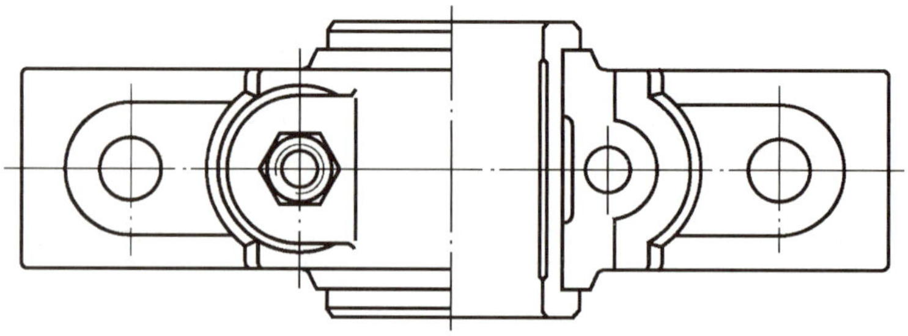

图 10-139 修剪和删除多余的轮廓线

12）选择“绘图”面板上的“圆”命令，以俯视图的两条对称点画线的交点为圆心绘制半径为 19.1mm 和 17.7mm 的同心圆，以直接为 13mm 的圆的圆心为圆心，绘制直径为 12mm 的圆。

13）选择“修改”面板上的“修剪”命令，将绘制的同心圆的右半部分删除，得到油杯在滑动轴承俯视图中的投影。

14）选择“绘图”面板上的“图案填充”命令，在直径为 12mm 的圆内绘制剖面线，填充图案均选择 ANSI37，角度和比例为 0°和 0.75，得到螺栓的断面图。

15）选择“修改”面板上的“合并”命令，将螺母 3/4 细实线圆闭合。

16）将细实线圆的图层修改为“粗实线”层，将与细实线圆同心的圆的图层修改为“细实线”层。

17）选择“修改”面板上的“”命令，将细实线圆打断为 3/4 圆，得到螺栓在俯视图中的投影。

完成滑动轴承的俯视图，如图 10-140 所示。

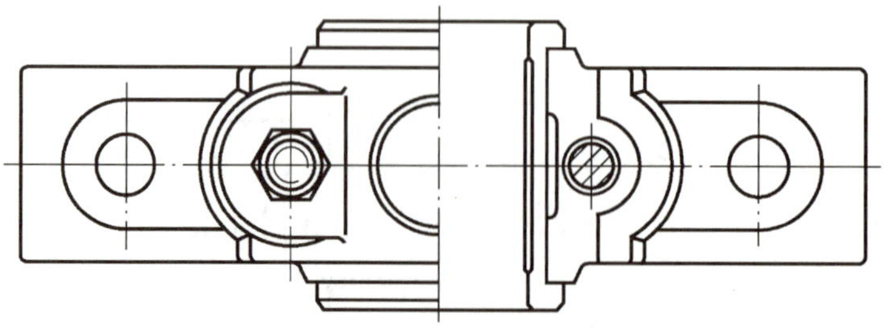

图 10-140 完成滑动轴承的俯视图

六、标注尺寸和序号

1）在滑动轴承装配图中标注尺寸和零件序号，如图 10-141 所示。

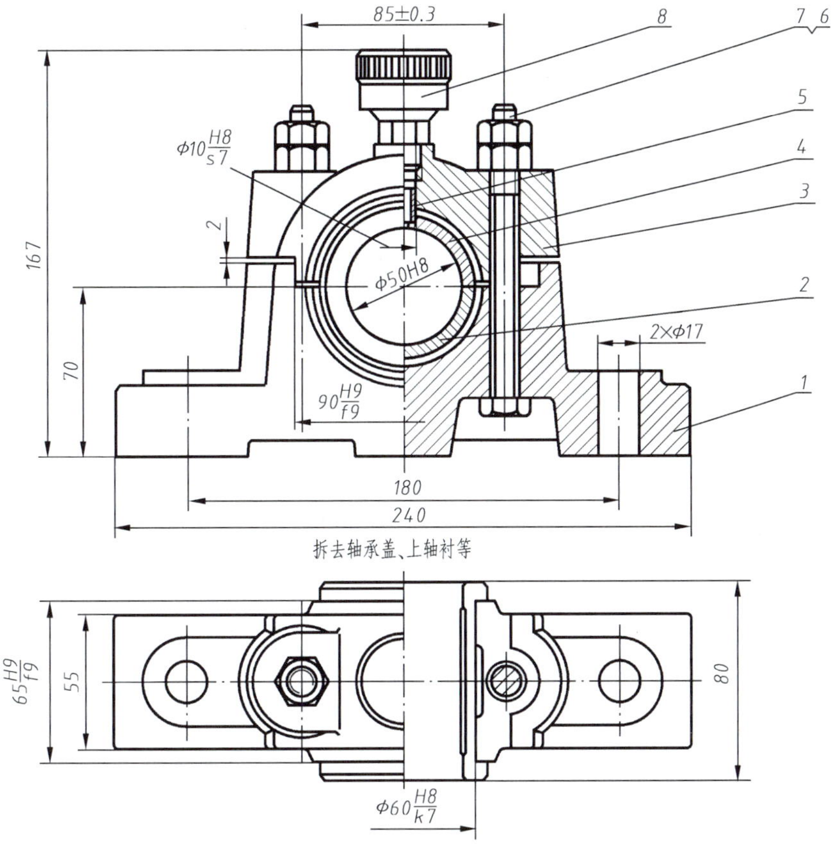

图 10-141　标注尺寸和序号

2）配合标注成上下分子分母的形式，这必须使用标注命令中的“多行文字”选项。

3）装配图中的序号必须顺时针或逆时针排列，且应上下对正、左右对齐，要做到这一点，可以利用“注释”面板上的“ ”命令。

4）序号引线的引出端一般为圆点或箭头（箭头应用于标注非金属的薄板类零件），在滑动轴承中标注序号时，在“引线设置”对话框中将箭头的样式设置为“小点”即可。

七、输入技术要求、填写明细栏和标题栏

1）滑动轴承装配图中的技术要求如图 10-142 所示，利用“多行文字”命令输入即可。

技术要求

1. 上、下轴衬与轴承座及轴承盖应保证接触良好。

2. 轴衬最大压力 $P \leqslant 30$MPa。

3. 轴衬与轴颈最大线速度 $v \leqslant 8$m/s。

4. 轴承温度低于120℃。

图 10-142　输入技术要求

2）滑动轴承装配图中明细栏和标题栏如图 10-143 所示，利用“单行文字”命令输入即可。

8	JB/T7940.3—1995	油杯		1	A18
7	GB/T 6170—2015	螺母		4	M12
6	GB/T 5782—2016	螺栓		2	M12×120
5		轴衬固定套	Q235A	1	
4		上轴衬	QAl 9-4	1	
3		滑动轴衬盖	HT150	1	
2		下轴衬	QAl 9-4	1	
1		滑动轴承座	HT150	1	
序号	代号	名称	材料	数量	备注

滑动轴承		比例	1:1	(图号)	
		质量		共 张	第 张
制图			(单位)		
审核					

图 10-143　填写明细栏和标题栏

八、保存

完成滑动轴承的装配图，整理图形，使其符合机械制图标准，完成后保存图形。

九、退出 AutoCAD 2022

单击 AutoCAD 2022 右上角的关闭按钮，退出操作。

【知识拓展】

一、根据装配图拆画零件图

绘制了精确的机器或部件的装配图后，就可以利用 AutoCAD 的复制及粘贴功能，从该图拆画零件图，具体过程如下：

1）将结构图中某个零件的主要轮廓复制到剪贴板上。

2）通过样板文件创建一个新文件，然后将剪贴板上的零件图粘贴到当前文件中。

3）在已有零件图的基础上进行详细的结构设计，要求精确地进行绘制，以便以后利用零件图检验装配尺寸的正确性。

二、检验零件间装配尺寸的正确性

复杂机器设备常常包含成百上千个零件，这些零件要正确地装配在一起，就必须保证所有配合尺寸的正确性，否则就会产生干涉。若技术人员一张张图样去核对零件的配合尺寸，则工作量非常大，且容易出错。怎样才能更有效地检查配合尺寸的正确性呢？可以先通过 AutoCAD 的复制及粘贴功能将零件图“装配”在一起，然后通过查看“装配”后的图样，就能迅速判定配合尺寸是否正确。

附　录

附表 1　普通螺纹直径与螺距、公称尺寸（GB/T 193—2003 和 GB/T 196—2003）（单位：mm）

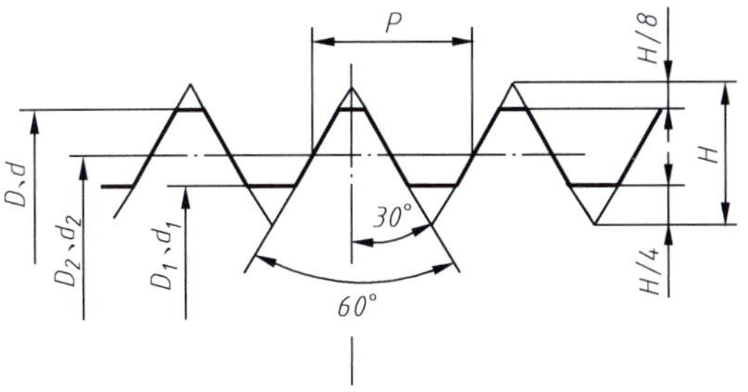

标记示例：

公称直径 24mm、螺距 3mm，右旋粗牙普通螺纹，其标记为 M24

公称直径 24mm，螺距 1.5mm，左旋细牙普通螺纹，公差带代号为 7H，其标记为 M24×1.5-LH

公称直径 D、d		螺距 P		粗牙小径 D_1、d_1	公称直径 D、d		螺距 P		粗牙小径 D_1、d_1
第一系列	第二系列	粗牙	细牙		第一系列	第二系列	粗牙	细牙	
3		0.5	0.35	2.459	16		2	1.5,1	13.835
4		0.7	0.5	3.242		18	2.5	2,1.5,1	15.294
5		0.8		4.134	20				17.294
6		1	0.75	4.917		22			19.294
8		1.25	1,0.75	6.647	24		3	2,1.5,1	20.752
10		1.5	1.25,1,0.75	8.376	30		3.5	(3),2,1.5,1	26.211
12		1.75	1.5,1.25,1	10.106	36		4	3,2,1.5	31.670
	14	2	1.5,1.25①,1	11.835		39			34.670

注：1. 应优先选用第一系列，括号内的尺寸尽可能不用。

2. 第三系列未列入。

① 仅用于发动机火花塞。

附表 2　梯形螺纹直径与螺距、公称尺寸（GB/T 5796.1～4—2022）（单位：mm）

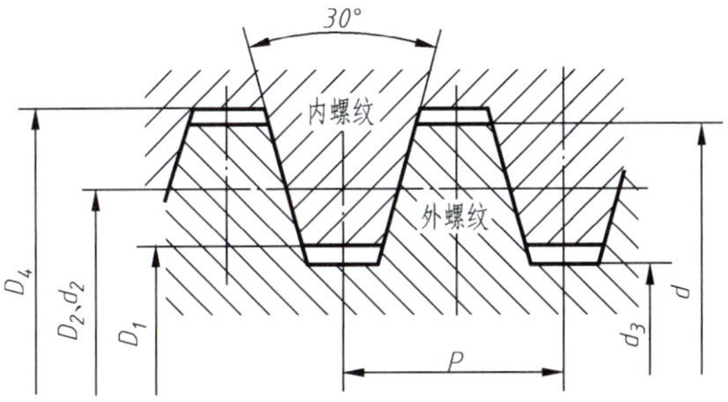

标记示例：

公称直径 28mm，螺距 5mm，梯形螺纹，单线，右旋，中径公差带代号为 7H，其标记为 Tr28×5-7H

公称直径 28mm，导程 10mm，螺距 5mm，梯形螺纹，双线，左旋，中径公差带代号为 8e，其标记为 Tr28×10 P5-8e-LH

（续）

公称直径 d		螺距 P	中径 $d_2=D_2$	大径 D_4	小径		公称直径 d		螺距 P	中径 $d_2=D_2$	大径 D_4	小径	
第一系列	第二系列				d_3	D_1	第一系列	第二系列				d_3	D_1
8		1.5	7.25	8.3	6.2	6.5	28		5	25.5	28.5	22.5	23
	9	2	8	9.5	6.5	7		30	6	27	31	23	24
10		2	9	10.5	7.5	8	32		6	29	33	25	26
	11	2	10	11.5	8.5	9		34	6	31	35	27	28
12		3	10.5	12.5	8.5	9	36		6	33	37	29	30
	14	3	12.5	14.5	10.5	11		38	7	34.5	39	30	31
16		4	14	16.5	11.5	12	40		7	36.5	41	32	33
	18	4	16	18.5	13.5	14		42	7	38.5	43	34	35
20		4	18	20.5	15.5	16	44		7	40.5	45	36	37
	22	5	19.5	22.5	16.5	17		46	8	42	47	37	38
24		5	21.5	24.5	18.5	19	48		8	44	49	39	40
	26	5	23.5	26.5	20.5	21		50	8	46	51	41	42

注：1. 优先选用第一系列的直径。

2. 在每一个直径所对应的诸螺距中，本表仅摘录优先选用的螺距和相应的公称尺寸。

附表 3　管螺纹尺寸代号及公称尺寸

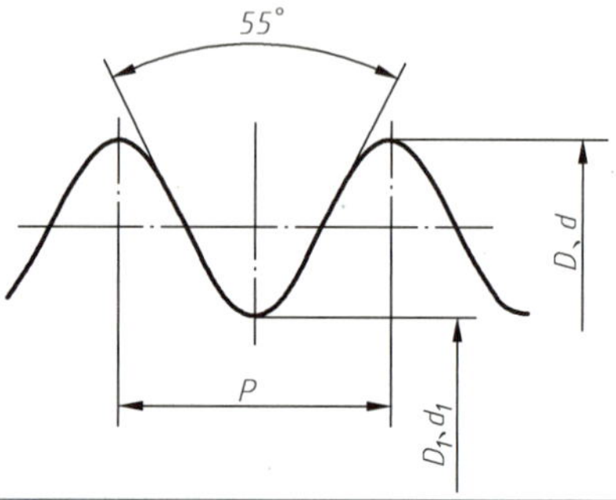

55°非密封管螺纹（GB/T 7307—2001）

标记示例：

尺寸代号为 1/2 的 A 级右旋外螺纹的标记为 G1/2A

尺寸代号为 1/2 的 B 级左旋外螺纹的标记为 G1/2B-LH

尺寸代号为 1/2 的右旋内螺纹的标记为 G1/2

55°密封管螺纹（GB/T 7306.2—2000）

标记示例：

尺寸代号为 1/2 的右旋圆锥外螺纹的标记为 R_2 1/2

尺寸代号为 1/2 的右旋圆锥内螺纹的标记为 Rc 1/2

尺寸代号为 3/4 的右旋圆柱内螺纹的标记为 Rp 3/4

尺寸代号	每 25.4mm 内的牙数 n	螺距 P/mm	大径 $D=d$/mm	小径 $D_1=d_1$/mm	基准距离/mm
1/4	19	1.337	13.157	11.445	6
3/8	19	1.337	16.662	14.950	6.4
1/2	14	1.814	20.955	18.631	8.2
3/4	14	1.814	26.441	24.117	9.5
1	11	2.309	33.249	30.291	10.4
1¼	11	2.309	41.910	38.952	12.7
1½	11	2.309	47.803	44.845	12.7
2	11	2.309	59.614	56.656	15.9

附表 4　六角头螺栓（GB/T 5782—2016、GB/T 5783—2016）　　（单位：mm）

六角头螺栓(GB/T 5782—2016)

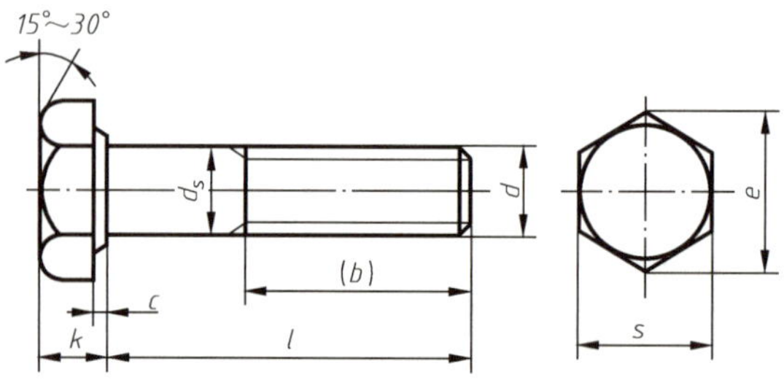

六角头螺栓　全螺纹(GB/T 5783—2016)

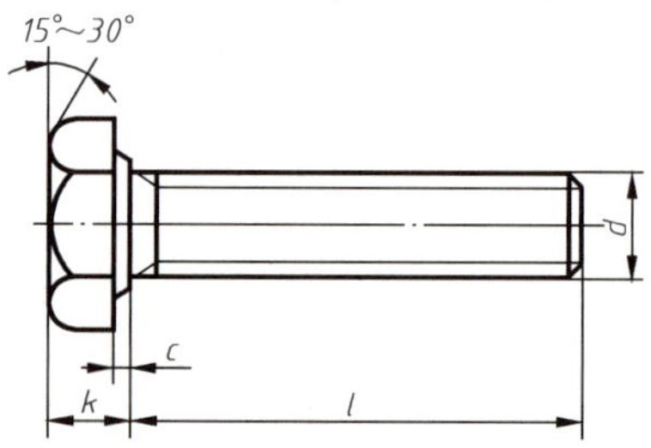

标记示例：

螺栓 GB/T 5782　M12×80

（螺纹规格 d=M12、公称长度 l=80mm、性能等级为 8.8 级、表面不经处理、产品等级为 A 级的六角头螺栓）

螺栓 GB/T 5783　M12×80

（螺纹规格 d=M12、公称长度 l=80mm、全螺纹、性能等级为 8.8 级、表面不经处理、产品等级为 A 级的六角头螺栓）

（续）

螺纹规格	d		M4	M5	M6	M8	M10	M12	M16	M20	M24	M30	M36	M42	M48
b 参考	$l\leqslant125$		14	16	18	22	26	30	38	46	54	66	—	—	—
	$125<l\leqslant200$		20	22	24	28	32	36	44	52	60	72	84	96	108
	$l>200$		33	35	37	41	45	49	57	65	73	85	97	109	121
c_{max}			0.4	0.5		0.6			0.8					1	
k_{max}	产品等级	A	2.925	3.65	4.15	5.45	6.58	7.68	10.18	12.715	15.215	—	—	—	—
		B	3	3.74	4.24	5.54	6.69	7.79	10.29	12.85	15.35	19.12	22.92	26.42	30.42
d_{smax}			4	5	6	8	10	12	16	20	24	30	36	42	48
s_{max}			7	8	10	13	16	18	24	30	36	46	55	65	75
e_{min}	产品等级	A	7.66	8.79	11.05	14.38	17.77	20.03	26.75	33.53	39.98	—	—	—	—
		B	7.50	8.63	10.89	14.2	17.59	19.85	26.17	32.95	39.55	50.85	60.79	71.3	82.6
l 范围	GB/T 5782		25~40	25~50	30~60	40~80	45~100	50~120	65~160	80~200	90~240	110~300	140~360	160~440	180~480
	GB/T 5783		8~40	10~50	12~60	16~80	20~100	25~150	30~150	40~150	50~150	60~200	70~200	80~200	100~200
l 系列	GB/T 5782		20~65（5 进位）、70~160（10 进位）、180~500（20 进位）												
	GB/T 5783		8、10、12、16、20~65（5 进位）、70~160（10 进位）、180、200												

注：1. 末端倒角按 GB/T 2 规定。

2. 螺纹公差带：6g。

3. 产品等级：A 级用于 $d=1.6\sim24$mm 和 $l\leqslant10d$ 或 $l\leqslant150$mm（按较小值）的螺栓；B 级用于 $d>24$mm 和 $l>10d$ 或 $l>150$mm（按较小值）的螺栓。

附表 5 双头螺柱（GB/T 897~900—1988）

（单位：mm）

$b_m=1d$(GB/T 897—1988)　　$b_m=1.25d$(GB/T 898—1988)

$b_m=1.5d$(GB/T 899—1988)　　$b_m=2d$(GB/T 900—1988)

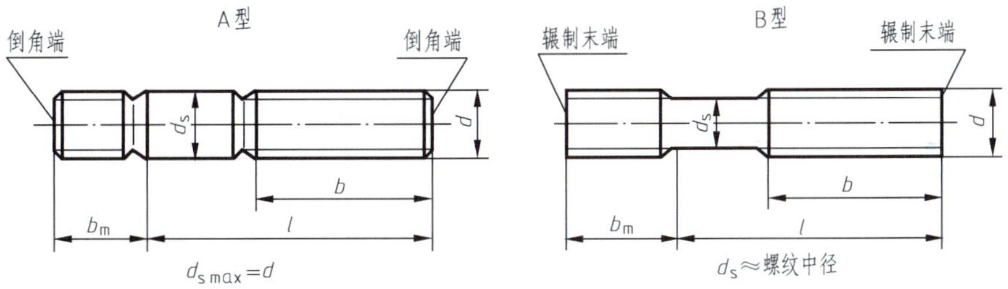

标记示例：

螺柱　GB/T 900　M10×50

（两端均为粗牙普通螺纹、$d=10$mm、$l=50$mm、性能等级为 4.8 级、不经表面处理、B 型、$b_m=2d$ 的双头螺柱）

螺柱　GB/T 900 AM10-M10×1×50

（旋入机体一端为粗牙普通螺纹、旋螺母一端为螺距 $P=1$mm 的细牙普通螺纹、$d=10$mm、$l=50$mm、性能等级为 4.8 级、不经表面处理、A 型、$b_m=2d$ 的双头螺柱）

螺纹规格 d	b_m				l/b
	GB/T 897	GB/T 898	GB/T 899	GB/T 900	
M4	—	—	6	8	$\frac{16\sim22}{8}$　$\frac{25\sim40}{14}$
M5	5	6	8	10	$\frac{16\sim22}{10}$　$\frac{25\sim50}{16}$
M6	6	8	10	12	$\frac{20\sim22}{10}$　$\frac{25\sim30}{14}$　$\frac{32\sim75}{18}$
M8	8	10	12	16	$\frac{20\sim22}{12}$　$\frac{25\sim30}{16}$　$\frac{32\sim90}{22}$
M10	10	12	15	20	$\frac{25\sim28}{14}$　$\frac{30\sim38}{16}$　$\frac{40\sim120}{26}$　$\frac{130}{32}$
M12	12	15	18	24	$\frac{25\sim30}{16}$　$\frac{32\sim40}{20}$　$\frac{45\sim120}{30}$　$\frac{130\sim180}{36}$
M16	16	20	24	32	$\frac{30\sim38}{20}$　$\frac{40\sim55}{30}$　$\frac{60\sim120}{38}$　$\frac{130\sim200}{44}$

（续）

螺纹规格 d	b_m				l/b
	GB/T 897	GB/T 898	GB/T 899	GB/T 900	
M20	20	25	30	40	35~40/25　45~65/35　70~120/46　130~200/52
M24	24	30	36	48	45~50/30　55~75/45　80~120/54　130~200/60
M30	30	38	45	60	60~65/40　70~90/50　95~120/66　130~200/72　210~250/85
M36	36	45	54	72	65~75/45　80~110/60　120/78　130~200/84　210~300/97
M42	42	52	63	84	70~80/50　85~110/70　120/90　130~200/96　210~300/109
M48	48	60	72	96	80~90/60　95~110/80　120/102　130~200/108　210~300/121
l 系列	12、(14)、16、(18)、20、(22)、25、(28)、30、(32)、35、(38)、40、45、50、(55)、60、(65)、70、(75)、80、(85)、90、(95)、100~260(10 进位)、280、300				

注：1. 尽可能不采用括号内的规格。
2. 末端按 GB/T 2 规定。

附表 6　开槽螺钉（GB/T 65—2016、GB/T 67—2016、GB/T 68—2016）　（单位：mm）

开槽圆柱头螺钉(GB/T 65—2016)

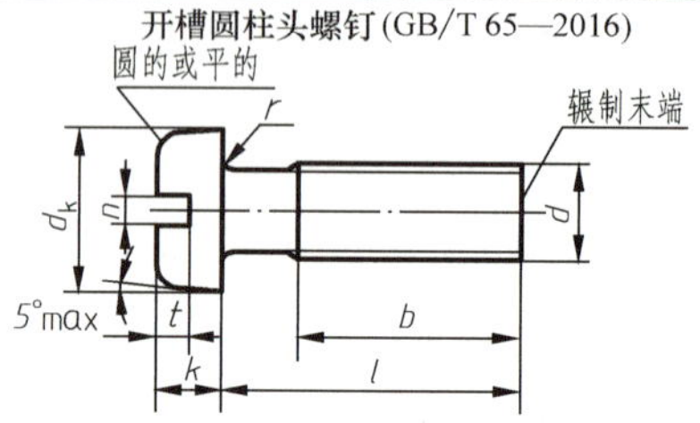

开槽盘头螺钉(GB/T 67—2016)

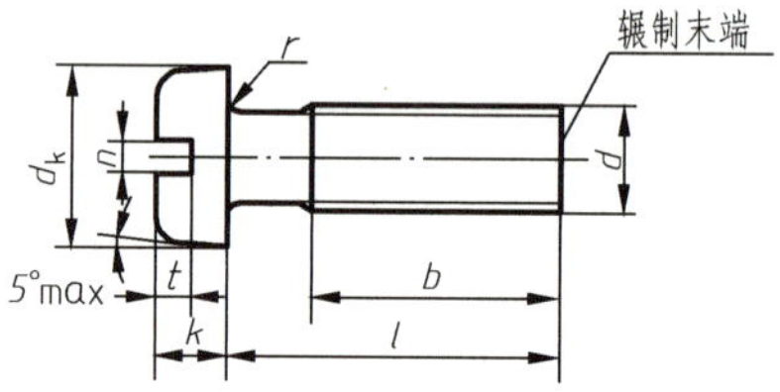

开槽沉头螺钉(GB/T 68—2016)

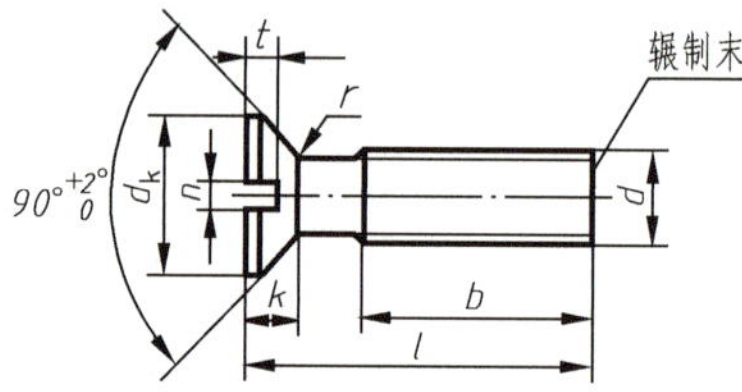

标记示例：
螺钉　GB/T 65　M5×20
（螺纹规格 d=M5、公称长度 l=20mm、性能等级为 4.8 级、表面不经处理的 A 级开槽圆柱头螺钉）

螺纹规格 d		M1.6	M2	M2.5	M3	M4	M5	M6	M8	M10
GB/T 65—2016	d_k	3	3.8	4.5	5.5	7	8.5	10	13	16
	k	1.1	1.4	1.8	2	2.6	3.3	3.9	5	6
	t_{min}	0.45	0.6	0.7	0.85	1.1	1.3	1.6	2	2.4
	r_{min}	0.1	0.1	0.1	0.1	0.2	0.2	0.25	0.4	0.4
	l	2~16	3~20	3~25	4~30	5~40	6~50	8~60	10~80	12~80
	全螺纹时最大长度	30				40				
GB/T 67—2016	d_k	3.2	4	5	5.6	8	9.5	12	16	20
	k	1	1.3	1.5	1.8	2.4	3	3.6	4.8	6
	t_{min}	0.35	0.5	0.6	0.7	1	1.2	1.4	1.9	2.4
	r_{min}	0.1	0.1	0.1	0.1	0.2	0.2	0.25	0.4	0.4
	l	2~16	2.5~20	3~25	4~30	5~40	6~50	8~60	10~80	12~80
	全螺纹时最大长度	30				40				
GB/T 68—2016	d_k	3	3.8	4.7	5.5	8.4	9.3	11.3	15.8	18.3
	k	1	1.2	1.5	1.65	2.7	2.7	3.3	4.65	5
	t_{min}	0.32	0.4	0.5	0.6	1	1.1	1.2	1.8	2
	r_{max}	0.4	0.5	0.6	0.8	1	1.3	1.5	2	2.5
	l	2.5~16	3~20	4~25	5~30	6~40	8~50	8~60	10~80	12~80
	全螺纹时最大长度	30				45				
n		0.4	0.5	0.6	0.8	1.2	1.2	1.6	2	2.5
b_{min}		25				38				
l 系列		2、2.5、3、4、5、6、8、10、12、(14)、16、20、25、30、35、40、45、50、(55)、60、(65)、70、(75)、80								

附表 7　内六角圆柱头螺钉（GB/T 70.1—2008）　　（单位：mm）

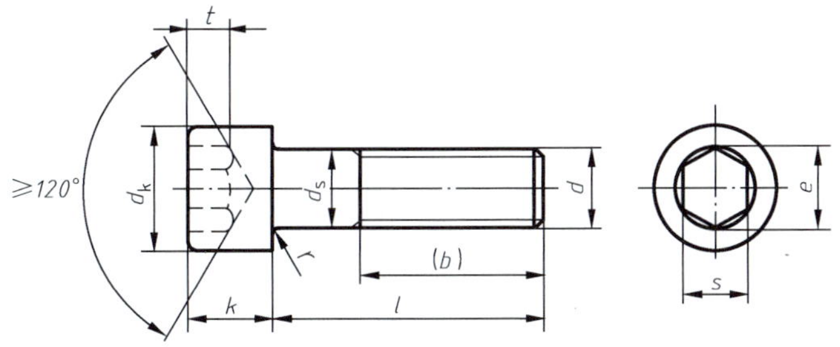

标记示例：

螺钉　GB/T 70.1　M5×20

（螺纹规格 d=M5、公称长度 l=20mm、性能等级为 8.8 级、表面氧化的 A 级内六角圆柱头螺钉）

螺纹规格 d		M4	M5	M6	M8	M10	M12	(M14)	M16	M20	M24	M30	M36
螺距 P		0.7	0.8	1	1.25	1.5	1.75	2	2	2.5	3	3.5	4
b 参考		20	22	24	28	32	36	40	44	52	60	72	84
d_{kmax}	光滑头部	7	8.5	10	13	16	18	21	24	30	36	45	54
	滚花头部	7.22	8.72	10.22	13.27	16.27	18.27	21.33	24.33	30.33	36.39	45.39	54.46
k_{max}		4	5	6	8	10	12	14	16	20	24	30	36
t_{min}		2	2.5	3	4	5	6	7	8	10	12	15.5	19
s 公称		3	4	5	6	8	10	12	14	17	19	22	27
e_{min}		3.443	4.583	5.723	6.683	9.149	11.429	13.716	15.996	19.437	21.734	25.154	30.854
r_{min}		0.2	0.2	0.25	0.4	0.4	0.6	0.6	0.6	0.8	0.8	1	1
d_{smax}		4	5	6	8	10	12	14	16	20	24	30	36
l 范围		6~40	8~50	10~60	12~80	16~100	20~120	25~140	25~160	30~200	40~200	45~200	55~200
全螺纹时最大长度		25	25	30	35	40	45	55	55	65	80	90	100
l 系列		6、8、10、12、16、20~70（5 进位）、80~160（10 进位）、180、200											

注：1. 尽可能不采用括号内的规格。

2. 末端倒角，d≤M4 的为辗制末端，见 GB/T 2 规定。

3. 螺纹公差：性能等级 12.9 级时为 5g6g，其他等级时为 6g。

4. 产品等级：A。

附表 8　紧定螺钉（GB/T 71—2018、GB/T 73—2017、GB/T 75—2018）　　（单位：mm）

开槽锥端紧定螺钉（GB/T 71—2018）　　开槽平端紧定螺钉（GB/T 73—2017）　　开槽长圆柱端紧定螺钉（GB/T 75—2018）

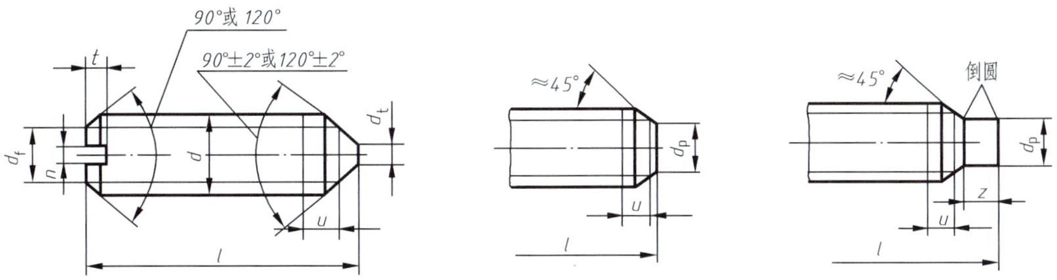

标记示例：

螺钉　GB/T 73 M5×12

（螺纹规格 d=M5、公称长度 l=12mm、硬度等级为 14H 级、表面氧化的开槽平端紧定螺钉）

螺纹规格 d		M1.2	M1.6	M2	M2.5	M3	M4	M5	M6	M8	M10	M12
P		0.25	0.35	0.4	0.45	0.5	0.7	0.8	1	1.25	1.5	1.75
d_f≈		螺纹小径										
d_t	min	—	—	—	—	—	—	—	—	—	—	—
	max	0.12	0.16	0.2	0.25	0.3	0.4	0.5	1.5	2	2.5	3

（续）

螺纹规格 d		M1.2	M1.6	M2	M2.5	M3	M4	M5	M6	M8	M10	M12
d_p	min	0.35	0.55	0.75	1.25	1.75	2.25	3.2	3.7	5.2	6.64	8.14
	max	0.6	0.8	1	1.5	2	2.5	3.5	4	5.5	7	8.5
n	公称	0.2	0.25	0.25	0.4	0.4	0.6	0.8	1	1.2	1.6	2
	min	0.26	0.31	0.31	0.46	0.46	0.66	0.86	1.06	1.26	1.66	2.06
	max	0.4	0.45	0.45	0.6	0.6	0.8	1	1.2	1.51	1.91	2.31
t	min	0.4	0.56	0.64	0.72	0.8	1.12	1.28	1.6	2	2.4	2.8
	max	0.52	0.74	0.84	0.95	1.05	1.42	1.63	2	2.5	3	3.6
z	min	—	0.8	1	1.25	1.5	2	2.5	3	4	5	6
	max	—	1.05	1.25	1.5	1.75	2.25	2.75	3.25	4.3	5.3	6.3
l范围	GB/T 71	2~6	2~8	3~10	3~12	4~16	6~20	8~25	8~30	10~40	12~50	14~60
	GB/T 73	2~6	2~8	2~10	2.5~12	3~16	4~20	5~25	6~30	8~40	10~50	12~60
	GB/T 75	—	2.5~8	3~10	4~12	5~16	6~20	8~25	8~30	10~40	12~50	14~60
l（系列）		2,2.5,3,4,5,6,8,10,12,(14),16,20,25,30,35,40,45,50,(55),60										

注：u（不完整螺纹的长度）$\leqslant 2P$。

附表 9　六角螺母（GB/T 6170—2015、GB/T 6171—2016、GB/T 41—2016）　（单位：mm）

1型六角螺母(GB/T 6170—2015)

1型六角螺母细牙(GB/T 6171—2016)

1型六角螺母　C级 (GB/T 41—2016)

A级和B级

C级

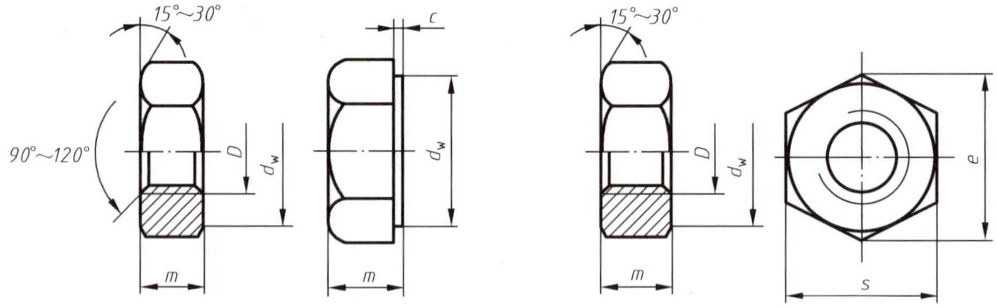

标记示例：

螺母　GB/T 6170　M12

（螺纹规格 D=M12、性能等级为 8 级、表面不经处理、产品等级为 A 级的 1 型六角螺母）

螺母　GB/T 41　M12

（螺纹规格 D=M12、性能等级为 5 级、表面不经处理、产品等级为 C 级的 1 型六角螺母）

螺纹规格 D		M4	M5	M6	M8	M10	M12	M16	M20	M24	M30	M36	M42	M48
P	GB/T 6170	0.7	0.8	1	1.25	1.5	1.75	2	2.5	3	3.5	4	4.5	5
	GB/T 41	—	0.8	1	1.25	1.5	1.75	2	2.5	3	3.5	4	4.5	5
	GB/T 6171	—	—	—	1	1	1.5	1.5	1.5	2	2	3	3	3
c_{max}		0.4	0.5		0.6			0.8					1	
s_{max}		7	8	10	13	16	18	24	30	36	46	55	65	75
e_{min}	A、B 级	7.66	8.79	11.05	14.38	17.77	20.03	26.75	32.95	39.55	50.85	60.79	71.3	82.6
	C 级	—	8.63	10.89	14.2	17.59	19.85	26.17						
m_{max}	A、B 级	3.2	4.7	5.2	6.8	8.4	10.8	14.8	18	21.5	25.6	31	34	38
	C 级	—	5.6	6.4	7.9	9.5	12.2	15.9	19	22.3	26.4	31.9	34.9	38.9
d_{wmin}	GB/T 6170	5.9	6.9	8.9	11.6	14.6	16.6	22.5	27.7	33.3	42.8	51.1	60	69.5
	GB/T 6171	—	—	—	11.63	14.63	16.63	22.49	27.7	33.25	42.75	51.11	59.95	69.45
	GB/T 41	—	6.7	8.7	11.5	14.5	16.5	22	27.7	33.3	42.8	51.1	60	69.5

注：1. P——螺距。

2. A 级用于 $D\leqslant$16mm 的螺母；B 级用于 D>16mm 的螺母；C 级用于螺纹规格为 M5~M64 的螺母。

3. 螺纹公差：A、B 级为 6H，C 级为 7H。机械性能等级：A、B 级为 6、8、10 级，C 级为 5 级。

附表 10　平垫圈（GB/T 97.1—2002、GB/T 97.2—2002）　（单位：mm）

平垫圈　A级（GB/T 97.1—2002）　　　平垫圈　倒角型　A级（GB/T 97.2—2002）

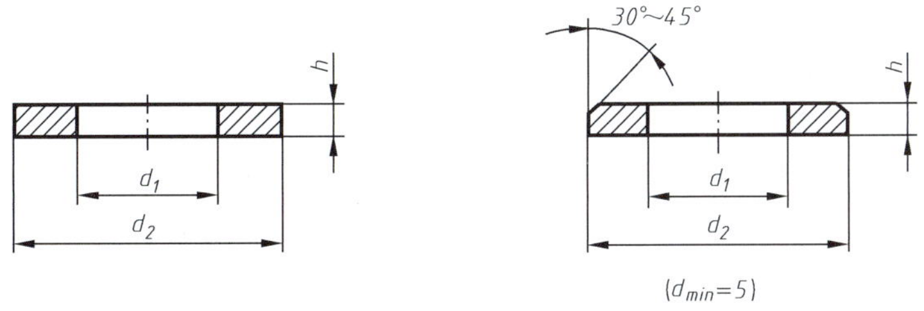

标记示例：

垫圈　GB/T 97.1　8

（标准系列、公称规格为 8mm、由钢制造的硬度等级为 200HV 级、不经表面处理、产品等级为 A 级的平垫圈）

公称规格（螺纹大径 d）	1.6	2	2.5	3	4	5	6	8	10	12	16	20	24	30
内径 d_1	1.7	2.2	2.7	3.2	4.3	5.3	6.4	8.4	10.5	13	17	21	25	31
外径 d_2	4	5	6	7	9	10	12	16	20	24	30	37	44	56
厚度 h	0.3	0.3	0.5	0.5	0.8	1	1.6	1.6	2	2.5	3	3	4	4

附表 11　标准型弹簧垫圈（GB/T 93—1987）　（单位：mm）

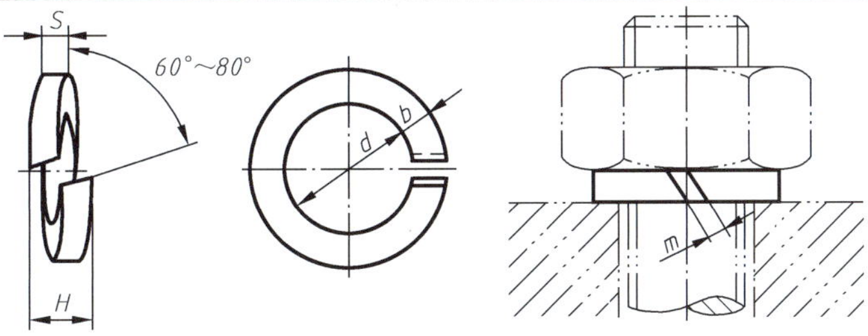

标记示例：

垫圈　GB/T 93　10

（规格为 10mm、材料为 65Mn、表面氧化的标准型弹簧垫圈）

规格（螺纹大径）	4	5	6	8	10	12	16	20	24	30	36	42	48
d_{min}	4.1	5.1	6.1	8.1	10.2	12.2	16.2	20.2	24.5	30.5	36.5	42.5	48.5
$S(b)$公称	1.1	1.3	1.6	2.1	2.6	3.1	4.1	5	6	7.5	9	10.5	12
$m \leqslant$	0.55	0.65	0.8	1.05	1.3	1.55	2.05	2.5	3	3.75	4.5	5.25	6
H_{max}	2.75	3.25	4	5.25	6.5	7.75	10.25	12.5	15	18.75	22.5	26.25	30

注：m 应大于零。

附表 12　圆柱销（GB/T 119.1—2000、GB/T 119.2—2000）　（单位：mm）

圆柱销　不淬硬钢和奥氏体不锈钢(GB/T 119.1—2000)

圆柱销　淬硬钢和马氏体不锈钢(GB/T 119.2—2000)

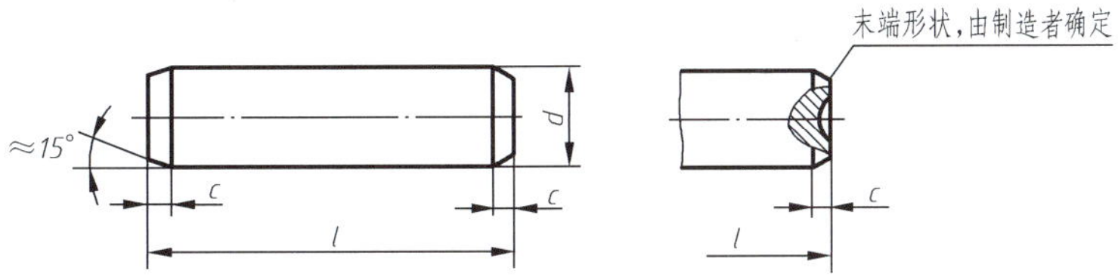

标记示例：

销　GB/T 119.1　6 m6×30

（公称直径 d=6mm、公差为 m6、公称长度 l=30mm、材料为钢、不经淬火、不经表面处理的圆柱销）

销　GB/T 119.2　6×30

（公称直径 d=6mm、公差为 m6、公称长度 l=30mm、材料为钢、普通淬火（A 型）、表面氧化处理的圆柱销）

（续）

公称直径 *d*		3	4	5	6	8	10	12	16	20	25	30	40	50
c≈		0.5	0.63	0.8	1.2	1.6	2	2.5	3	3.5	4	5	6.3	8
公称长度 *l*	GB/T 119.1	8～30	8～40	10～50	12～60	14～80	18～95	22～140	26～180	35～200	50～200	60～200	80～200	95～200
	GB/T 119.2	8～30	10～40	12～50	14～60	18～80	22～100	26～100	40～100	50～100	—	—	—	—
l 系列		2、3、4、5、6～32（2进位）、35～100（5进位）、120～200（20进位）												

注：1. GB/T 119.1—2000 规定圆柱销的公称直径 $d=0.6\sim50$mm，公差为 m6 和 h8，材料为不淬硬钢和奥氏体不锈钢。

2. GB/T 119.2—2000 规定圆柱销的公称直径 $d=1\sim20$mm，公差为 m6，材料为钢：A 型（普通淬火）和 B 型（表面淬火），及马氏体不锈钢。

3. 圆柱销公差为 m6 时，表面粗糙度值为 *Ra*0.8μm；圆柱销公差为 h8 时，表面粗糙度值为 *Ra*1.6μm。

附表 13　圆锥销（GB/T 117—2000）　（单位：mm）

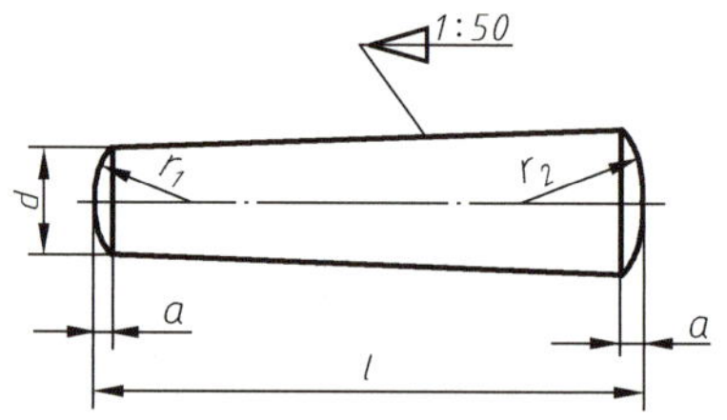

$$r_1 \approx d,\ r_2 \approx \frac{a}{2} + d + \frac{(0.021)^2}{8a}$$

端面 $\sqrt{Ra\ 6.3}$

标记示例：

销　GB/T 117　10×60

（公称直径 $d=10$mm、公称长度 $l=60$mm、材料为 35 钢、热处理硬度为 28～38HRC、表面氧化处理的 A 型圆锥销）

公称直径 *d*	2	2.5	3	4	5	6	8	10	12	16	20	25
a≈	0.25	0.3	0.4	0.5	0.63	0.8	1	1.2	1.6	2	2.5	3
l 范围	10～35	10～35	12～45	14～55	18～60	22～90	22～120	26～160	32～180	40～200	45～200	50～200
l 系列	2、3、4、5、6～32（2进位）、35～100（5进位）、120～200（20进位）											

注：1. 标准规定圆锥销的公称直径 $d=0.6\sim50$mm。

2. 圆锥销有 A 型和 B 型。A 型为磨削，锥面表面粗糙度值为 *Ra*0.8μm；B 型为切削或冷镦，锥面表面粗糙度值为 *Ra*3.2μm。

附表 14　普通型平键及键槽尺寸（GB/T 1095—2003、GB/T 1096—2003）　（单位：mm）

普通平键键槽的尺寸与公差（GB/T 1095—2003）

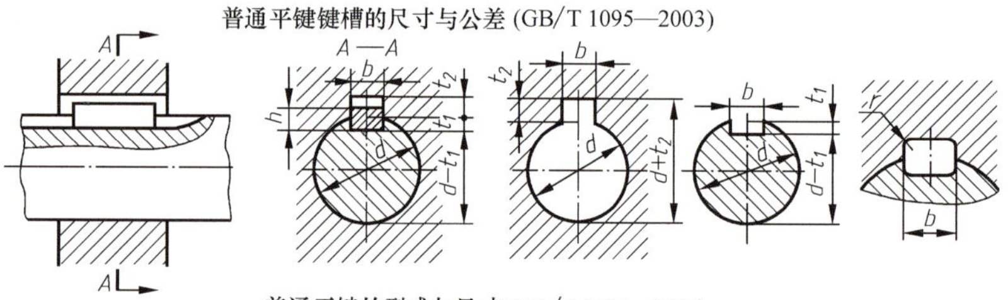

普通平键的型式与尺寸（GB/T 1096—2003）

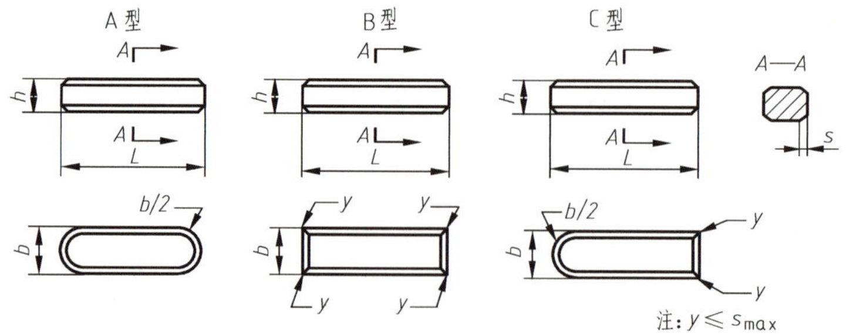

注：$y \leqslant s_{max}$

标记示例：

GB/T 1096　键 16×10×100　（普通 A 型平键，$b=16$mm、$h=10$mm、$L=100$mm）

GB/T 1096　键 B 16×10×100　（普通 B 型平键，$b=16$mm、$h=10$mm、$L=100$mm）

GB/T 1096　键 C 16×10×100　（普通 C 型平键，$b=16$mm、$h=10$mm、$L=100$mm）

（续）

轴	键	键槽											
		宽度 *b*						深度				半径 *r*	
			极限偏差					轴 t_1		毂 t_2			
公称直径 *d*	键尺寸 *b*×*h*	公称尺寸 *b*	正常连接		紧密连接	松连接		公称尺寸	极限偏差	公称尺寸	极限偏差		
			轴 N9	毂 JS9	轴和毂 P9	轴 H9	毂 D10					min	max
>10~12	4×4	4	0 −0.030	±0.015	−0.012 −0.042	+0.030 0	+0.078 +0.030	2.5	+0.1 0	1.8	+0.1 0	0.08	0.16
>12~17	5×5	5						3.0		2.3		0.16	0.25
>17~22	6×6	6						3.5		2.8			
>22~30	8×7	8	0 −0.036	±0.018	−0.015 −0.051	+0.036 0	+0.098 +0.040	4.0	+0.2 0	3.3	+0.2 0		
>30~38	10×8	10						5.0		3.3		0.25	0.40
>38~44	12×8	12	0 −0.043	±0.0215	−0.018 −0.061	+0.043 0	+0.120 +0.050	5.0		3.3			
>44~50	14×9	14						5.5		3.8			
>50~58	16×10	16						6.0		4.3			
>58~65	18×11	18						7.0		4.4			
>65~75	20×12	20	0 −0.052	±0.026	−0.022 −0.074	+0.052 0	+0.149 +0.065	7.5		4.9		0.40	0.60
>75~85	22×14	22						9.0		5.4			
>85~95	25×14	25						9.0		5.4			
>95~110	28×16	28						10.0		6.4			

注：1. *L* 系列：6~22，（2 进位）25、28、32、36、40、45、50、56、63、70、80、90、100、110、125、140、160、180、200、220、250、280、320、360、400、450、500。

2. GB/T 1095—2003、GB/T 1096—2003 中无轴的公称直径一列，现列出仅供参考。

附表 15　滚动轴承（GB/T 276—2013、GB/T 297—2015、GB/T 301—2015）　（单位：mm）

深沟球轴承
(GB/T 276—2013)

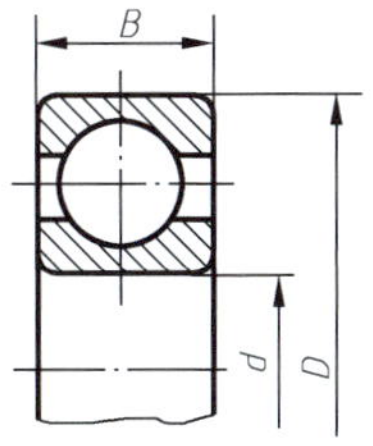

标记示例：
滚动轴承　6310　GB/T 276—2013

圆锥滚子轴承
(GB/T 297—2015)

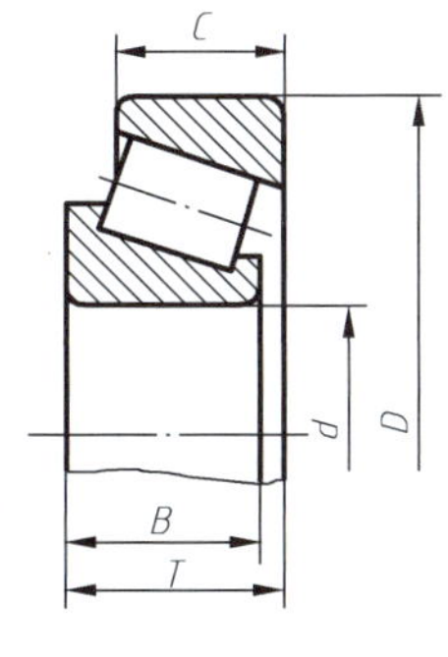

标记示例：
滚动轴承　30212　GB/T 297—2015

推力球轴承
(GB/T 301—2015)

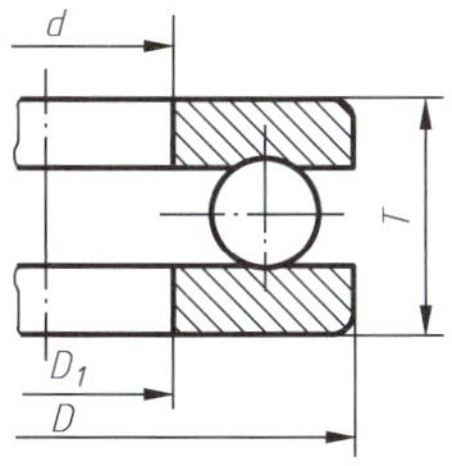

标记示例：
滚动轴承　51305　GB/T 301—2015

轴承型号	尺寸			轴承型号	尺寸					轴承型号	尺寸			
	d	*D*	**B**		*d*	*D*	*B*	*C*	*T*		*d*	*D*	*T*	D_1
尺寸系列[(0)2]				尺寸系列[02]						尺寸系列[12]				
6202	15	35	11	30203	17	40	12	11	13.25	51202	15	32	12	17
6203	17	40	12	30204	20	47	14	12	15.25	51203	17	35	12	19
6204	20	47	14	30205	25	52	15	13	16.25	51204	20	40	14	22
6205	25	52	15	30206	30	62	16	14	17.25	51205	25	47	15	27
6206	30	62	16	30207	35	72	17	15	18.25	51206	30	52	16	32
6207	35	72	17	30208	40	80	18	16	19.75	51207	35	62	18	37
6208	40	80	18	30209	45	85	19	16	20.75	51208	40	68	19	42

（续）

轴承型号	尺寸			轴承型号	尺寸					轴承型号	尺寸			
	d	D	B		d	D	B	C	T		d	D	T	D_1
尺寸系列[(0)2]				尺寸系列[02]						尺寸系列[12]				
6209	45	85	19	30210	50	90	20	17	21.75	51209	45	73	20	47
6210	50	90	20	30211	55	100	21	18	22.75	51210	50	78	22	52
6211	55	100	21	30212	60	110	22	19	23.75	51211	55	90	25	57
6212	60	110	22	30213	65	120	23	20	24.75	51212	60	95	26	62
尺寸系列[(0)3]				尺寸系列[03]						尺寸系列[13]				
6302	15	42	13	30302	15	42	13	11	14.25	51304	20	47	18	22
6303	17	47	14	30303	17	47	14	12	15.25	51305	25	52	18	27
6304	20	52	15	30304	20	52	15	13	16.25	51306	30	60	21	32
6305	25	62	17	30305	25	62	17	15	18.25	51307	35	68	24	37
6306	30	72	19	30306	30	72	19	16	20.75	51308	40	78	26	42
6307	35	80	21	30307	35	80	21	18	22.75	51309	45	85	28	47
6308	40	90	23	30308	40	90	23	20	25.25	51310	50	95	31	52
6309	45	100	25	30309	45	100	25	22	27.25	51311	55	105	35	57
6310	50	110	27	30310	50	110	27	23	29.25	51312	60	110	35	62
6311	55	120	29	30311	55	120	29	25	31.50	51313	65	115	36	67
6312	60	130	31	30312	60	130	31	26	33.50	51314	70	125	40	72

注：圆括号中的尺寸系列代号在轴承代号中省略。

附表 16　轴端挡圈（GB/T 891—1986、GB/T 892—1986）　（单位：mm）

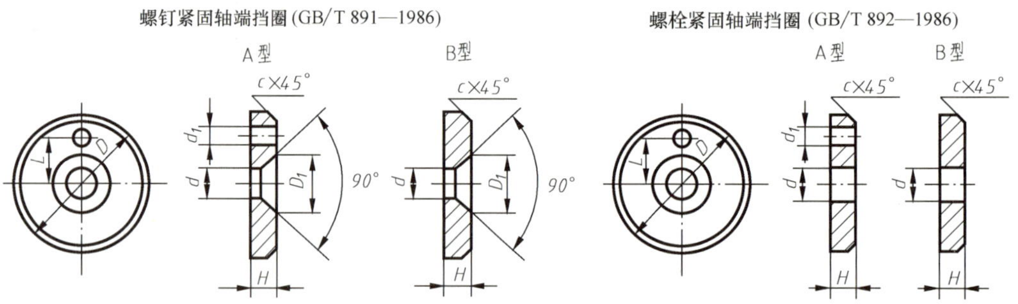

标记示例：

挡圈 GB/T 891—1986—45

（公称直径 D=45mm、材料为 Q235、不经表面处理的 A 型螺钉紧固轴端挡圈）

挡圈 GB/T 891—1986—B45(按 B 型制造时，应加标记 B)

轴径 ≤	公称直径 D	H	L	d	d_1	c	GB/T 891			GB/T 892		
		公称尺寸	公称尺寸				D_1	螺钉 GB/T 819.1	圆柱销 GB/T 119.1	螺栓 GB/T 5783	圆柱销 GB/T 119.1	垫圈 GB/T 93
14	20	4	—	5.5	2.1	0.5	11	M5×12	A2×10	M5×16	A2×10	5
16	22	4	—									
18	25	4	—									
20	28	4	7.5									
22	30	4	7.5									
25	32	5	10	6.6	3.2	1	13	M6×16	A3×12	M6×20	A3×12	6
28	35	5	10									
30	38	5	10									
32	40	5	12									
35	45	5	12									
40	50	5	12									

（续）

轴径 ≤	公称直径 D	H	L	d	d_1	c	GB/T 891			GB/T 892		
		公称尺寸	公称尺寸				D_1	螺钉 GB/T 819.1	圆柱销 GB/T 119.1	螺栓 GB/T 5783	圆柱销 GB/T 119.1	垫圈 GB/T 93
45	55	6	16	9	4.2	1.5	17	M8×20	A4×14	M8×25	A4×14	8
50	60	6	16									
55	65	6	16									
60	70	6	20									
65	75	6	20									
70	80	6	20									
75	90	8	25	13	5.2	2	25	M12×25	A5×16	M12×30	A5×16	12
85	100	8	25									

附表 17　标准公差数值（GB/T 1800.1—2020）　（单位：mm）

公称尺寸/mm		标准公差等级																			
		IT01	IT0	IT1	IT2	IT3	IT4	IT5	IT6	IT7	IT8	IT9	IT10	IT11	IT12	IT13	IT14	IT15	IT16	IT17	IT18
大于	至	标准公差数值																			
		μm													mm						
—	3	0.3	0.5	0.8	1.2	2	3	4	6	10	14	25	40	60	0.1	0.14	0.25	0.4	0.6	1	1.4
3	6	0.4	0.6	1	1.5	2.5	4	5	8	12	18	30	48	75	0.12	0.18	0.3	0.48	0.75	1.2	1.8
6	10	0.4	0.6	1	1.5	2.5	4	6	9	15	22	36	58	90	0.15	0.22	0.36	0.58	0.9	1.5	2.2
10	18	0.5	0.8	1.2	2	3	5	8	11	18	27	43	70	110	0.18	0.27	0.43	0.7	1.1	1.8	2.7
18	30	0.6	1	1.5	2.5	4	6	9	13	21	33	52	84	130	0.21	0.33	0.52	0.84	1.3	2.1	3.3
30	50	0.6	1	1.5	2.5	4	7	11	16	25	39	62	100	160	0.25	0.39	0.62	1	1.6	2.5	3.9
50	80	0.8	1.2	2	3	5	8	13	19	30	46	74	120	190	0.3	0.46	0.74	1.2	1.9	3	4.6
80	120	1	1.5	2.5	4	6	10	15	22	35	54	87	140	220	0.35	0.54	0.87	1.4	2.2	3.5	5.4
120	180	1.2	2	3.5	5	8	12	18	25	40	63	100	160	250	0.4	0.63	1	1.6	2.5	4	6.3
180	250	2	3	4.5	7	10	14	20	29	46	72	115	185	290	0.46	0.72	1.15	1.85	2.9	4.6	7.2
250	315	2.5	4	6	8	12	16	23	32	52	81	130	210	320	0.52	0.81	1.3	2.1	3.2	5.2	8.1
315	400	3	5	7	9	13	18	25	36	57	89	140	230	360	0.57	0.89	1.4	2.3	3.6	5.7	8.9
400	500	4	6	8	10	15	20	27	40	63	97	155	250	400	0.63	0.97	1.55	2.5	4	6.3	9.7
500	630			9	11	16	22	32	44	70	110	175	280	440	0.7	1.1	1.75	2.8	4.4	7	11
630	800			10	13	18	25	36	50	80	125	200	320	500	0.8	1.25	2	3.2	5	8	12.5
800	1000			11	15	21	28	40	56	90	140	230	360	560	0.9	1.4	2.3	3.6	5.6	9	14
1000	1250			13	18	24	33	47	66	105	165	260	420	660	1.05	1.65	2.6	4.2	6.6	10.5	16.5
1250	1600			15	21	29	39	55	78	125	195	310	500	780	1.25	1.95	3.1	5	7.8	12.5	19.5
1600	2000			18	25	35	46	65	92	150	230	370	600	920	1.5	2.3	3.7	6	9.2	15	23
2000	2500			22	30	41	55	78	110	175	280	440	700	1100	1.75	2.8	4.4	7	11	17.5	28
2500	3150			26	36	50	68	96	135	210	330	540	860	1350	2.1	3.3	5.4	8.6	13.5	21	33

附表 18 孔的极限偏差

代号		A	B	C	D	E	F	G	H							
公称尺寸/mm		公差														
大于	至	11	11	*11	*9	8	*8	*7	6	*7	*8	*9	10	*11	12
—	3	+330 +270	+200 +140	+120 +60	+45 +20	+28 +14	+20 +6	+12 +2	+6 0	+10 0	+14 0	+25 0	+40 0	+60 0	+100 0
3	6	+345 +270	+215 +140	+145 +70	+60 +30	+38 +20	+28 +10	+16 +4	+8 0	+12 0	+18 0	+30 0	+48 0	+75 0	+120 0
6	10	+370 +280	+240 +150	+170 +80	+76 +40	+47 +25	+35 +13	+20 +5	+9 0	+15 0	+22 0	+36 0	+58 0	+90 0	+150 0
10	18	+400 +290	+260 +150	+205 +95	+93 +50	+59 +32	+43 +16	+24 +6	+11 0	+18 0	+27 0	+43 0	+70 0	+110 0	+180 0
18	30	+430 +300	+290 +160	+240 +110	+117 +65	+73 +40	+53 +20	+28 +7	+13 0	+21 0	+33 0	+52 0	+84 0	+130 0	+210 0
30	40	+470 +310	+330 +170	+280 +120	+142 +80	+89 +50	+64 +25	+34 +9	+16 0	+25 0	+39 0	+62 0	+100 0	+160 0	+250 0
40	50	+480 +320	+340 +180	+290 +130											
50	65	+530 +340	+380 +190	+330 +140	+174 +100	+106 +60	+76 +30	+40 +10	+19 0	+30 0	+46 0	+74 0	+120 0	+190 0	+300 0
65	80	+550 +360	+390 +200	+340 +150											
80	100	+600 +380	+440 +220	+390 +170	+207 +120	+126 +72	+90 +36	+47 +12	+22 0	+35 0	+54 0	+87 0	+140 0	+220 0	+350 0
100	120	+630 +410	+460 +240	+400 +180											
120	140	+710 +460	+510 +260	+450 +200	+245 +145	+148 +85	+106 +43	+54 +14	+25 0	+40 0	+63 0	+100 0	+160 0	+250 0	+400 0
140	160	+770 +520	+530 +280	+460 +210											
160	180	+830 +580	+560 +310	+480 +230											
180	200	+950 +660	+630 +340	+530 +240	+285 +170	+172 +100	+122 +50	+61 +15	+29 0	+46 0	+72 0	+115 0	+185 0	+290 0	+460 0
200	225	+1030 +740	+670 +380	+550 +260											
225	250	+1110 +820	+710 +420	+570 +280											
250	280	+1240 +920	+800 +480	+620 +300	+320 +190	+191 +110	+137 +56	+69 +17	+32 0	+52 0	+81 0	+130 0	+210 0	+320 0	+520 0
280	315	+1370 +1050	+860 +540	+650 +330											
315	355	+1560 +1200	+960 +600	+720 +360	+350 +210	+214 +125	+151 +62	+75 +18	+36 0	+57 0	+89 0	+140 0	+230 0	+360 0	+50 0
355	400	+1710 +1350	+1040 +680	+760 +400											
400	450	+1900 +1500	+1160 +760	+840 +440	+385 +230	+232 +135	+165 +68	+83 +20	+40 0	+63 0	+97 0	+155 0	+250 0	+400 0	+630 0
450	500	+2050 +1650	+1240 +840	+880 +480											

注：带“*”者为优先选用的，其他为常用的。

（GB/T 1800. 2—2020）　　　　（单位：μm）

JS		K			M	N		P		R	S	T	U
等级													
6	7	6	*7	8	7	6	*7	6	*7	7	*7	7	*7
±3	±5	0 −6	0 −10	0 −14	−2 −12	−4 −10	−4 −14	−6 −12	−6 −16	−10 −20	−14 −24	—	−18 −28
±4	±6	+2 −6	+3 −9	+5 −13	0 −12	−5 −13	−4 −16	−9 −17	−8 −20	−11 −23	−15 −27	—	−19 −31
±4.5	±7	+2 −7	+5 −10	+6 −16	0 −15	−7 −16	−4 −19	−12 −21	−9 −24	−13 −28	−17 −32	—	−22 −37
±5.5	±9	+2 −9	+16 −12	+8 −19	0 −18	−9 −20	−5 −23	−15 −26	−11 −29	−16 −34	−21 −39	—	−26 −44
±6.5	±10	+2 −11	+6 −15	+10 −23	0 −21	−11 −24	−7 −28	−18 −31	−14 −35	−20 −41	−27 −48	—	−33 −54
												−33 −54	−40 −61
±8	±12	+3 −13	+7 −18	+12 −27	0 −25	+12 −28	−8 −33	−21 −37	−17 −42	−25 −50	−34 −59	−39 −64	−51 −76
												−45 −70	−61 −86
±9.5	±15	+4 −15	+9 −21	+14 −32	0 −30	−14 −33	−9 −39	−26 −45	−21 −51	−30 −60	−42 −72	−55 −85	−76 −106
										−32 −62	−48 −78	−64 −94	−91 −121
±11	±17	+4 −18	+10 −25	+16 −38	0 −35	−16 −38	−10 −45	−30 −52	−24 −59	−38 −73	−58 −93	−78 −113	−111 −146
										−41 −76	−66 −101	−91 −126	−131 −166
±12.5	±20	+4 −21	+12 −28	+20 −43	0 −40	−20 −45	−12 −52	−36 −61	−28 −68	−48 −88	−77 −117	−107 −147	−155 −195
										−50 −90	−85 −125	−119 −159	−175 −215
										−53 −93	−93 −133	−131 −171	−195 −235
±14.5	±23	+5 −24	+13 −33	+22 −50	0 −46	−22 −51	−14 −60	−41 −70	−33 −79	−60 −106	−105 −151	−149 −195	−219 −265
										−63 −109	−113 −159	−163 −209	−241 −287
										−67 −113	−123 −169	−179 −225	−267 −313
±16	±26	+5 −27	+16 −36	+25 −56	0 −52	−25 −57	−14 −66	−47 −79	−36 −88	−74 −126	−138 −190	−198 −250	−295 −347
										−78 −130	−150 −202	−220 −272	−330 −382
±18	±28	+7 −29	+17 −40	+28 −61	0 −57	−26 −62	−16 −73	−51 −87	−41 −98	−87 −144	−169 −226	−247 −304	−369 −426
										−93 −150	−187 −244	−273 −330	−414 −471
±20	±31	+8 −32	+18 −45	+29 −68	0 −63	−27 −67	−17 −80	−55 −95	−45 −108	−103 −166	−209 −272	−307 −370	−467 −530
										−109 −172	−229 −292	−337 −400	−517 −580

附表 19　轴的极限偏差

代号		a	b	c	d	e	f	g	h							
公称尺寸/mm		公差														
大于	至	11	11	*11	*9	8	*7	*6	5	*6	*7	8	*9	10	*11	12
—	3	-270 -330	-140 -200	-60 -120	-20 -45	-14 -28	-6 -16	-2 -8	0 -4	0 -6	0 -10	0 -14	0 -25	0 -40	0 -60	0 -100
3	6	-270 -345	-140 -215	-70 -145	-30 -60	-20 -38	-10 -22	-4 -12	0 -5	0 -8	0 -12	0 -18	0 -30	0 -48	0 -75	0 -120
6	10	-280 -338	-150 -240	-80 -170	-40 -76	-25 -47	-13 -28	-5 -14	0 -6	0 -9	0 -15	0 -22	0 -36	0 -58	0 -90	0 -150
10	18	-290 -400	-150 -260	-95 -205	-50 -93	-32 -59	-16 -34	-6 -17	0 -8	0 -11	0 -18	0 -27	0 -43	0 -70	0 -110	0 -180
18	30	-300 -430	-160 -290	-110 -240	-65 -117	-40 -73	-20 -41	-7 -20	0 -9	0 -13	0 -21	0 -33	0 -52	0 -84	0 -130	0 -210
30	40	-310 -470	-170 -330	-120 -280	-80 -142	-50 -89	-25 -50	-9 -25	0 -11	0 -16	0 -25	0 -39	0 -62	0 -100	0 -160	0 -250
40	50	-320 -480	-180 -340	-130 -290												
50	65	-340 -530	-190 -380	-140 -330	-100 -174	-60 -106	-30 -60	-10 -29	0 -13	0 -19	0 -30	0 -46	0 -74	0 -120	0 -190	0 -300
65	80	-360 -550	-200 -390	-150 -340												
80	100	-380 -600	-220 -440	-170 -390	-120 -207	-72 -126	-36 -71	-12 -34	0 -15	0 -22	0 -35	0 -54	0 -87	0 -140	0 -220	0 -350
100	120	-410 -630	-240 -460	-180 -400												
120	140	-460 -710	-260 -510	-200 -450												
140	160	-520 -770	-280 -530	-210 -460	-145 -245	-85 -148	-43 -83	-14 -39	0 -18	0 -25	0 -40	0 -63	0 -100	0 -160	0 -250	0 -400
160	180	-580 -830	-310 -560	-230 -480												
180	200	-660 -950	-340 -630	-240 -530												
200	225	-740 -1030	-380 -670	-260 -550	-170 -285	-100 -172	-50 -96	-15 -44	0 -20	0 -29	0 -46	0 -72	0 -115	0 -185	0 -290	0 -460
225	250	-820 -1110	-420 -710	-280 -570												
250	280	-920 -1240	-480 -800	-300 -620	-190 -320	-110 -191	-56 -108	-17 -49	0 -23	0 -32	0 -52	0 -81	0 -130	0 -210	0 -320	0 -520
280	315	-1050 -1370	-540 -860	-330 -650												
315	355	-1200 -1560	-600 -960	-360 -720	-210 -350	-125 -214	-62 -119	-18 -54	0 -25	0 -36	0 -57	0 -89	0 -140	0 -230	0 -360	0 -570
355	400	-1350 -1710	-680 -1040	-400 -760												
400	450	-1500 -1900	-760 -1160	-440 -840	-230 -385	-135 -232	-68 -131	-20 -60	0 -27	0 -40	0 -63	0 -97	0 -155	0 -250	0 -400	0 -630
450	500	-1650 -2050	-840 -1240	-480 -880												

注：带“*”者为优先选用的，其他为常用的。

（GB/T 1800.2—2020）　　　　　　　　　　　　　　　　　　　　　　　　　　　　（单位：μm）

js	k	m	n	p	r	s	t	u	v	x	y	z
等级												
6	*6	6	*6	*6	6	*6	6	*6	6	6	6	6
±3	+6 0	+8 +2	+10 +4	+12 +6	+16 +10	+20 +14	—	+24 +18	—	+26 +20	—	+32 +26
±4	+9 +1	+12 +4	+16 +8	+20 +12	+23 +15	+27 +19	—	+31 +23	—	+36 +28	—	+43 +35
±4.5	+10 +1	+15 +6	+19 +10	+24 +15	+28 +19	+32 +23	—	+37 +28	—	+43 +34	—	+51 +42
±5.5	+12 +1	+18 +7	+23 +12	+29 +18	+34 +23	+39 +28	—	+44 +33	—	+51 +40	—	+61 +50
							—		+50 +39	+56 +45	—	+71 +60
±6.5	+15 +2	+21 +8	+28 +15	+35 +22	+41 +28	+48 +35	—	+54 +41	+60 +47	+67 +54	+76 +63	+86 +73
							+54 +41	+61 +48	+68 +55	+77 +64	+88 +75	+101 +88
±8	+18 +2	+25 +9	+33 +17	+42 +26	+50 +34	+59 +43	+64 +48	+76 +60	+84 +68	+96 +80	+110 +94	+128 +112
							+70 +54	+86 +70	+97 +81	+113 +97	+130 +114	+152 +136
±9.5	+21 +2	+30 +11	+39 +20	+51 +32	+60 +41	+72 +53	+85 +66	+106 +87	+121 +102	+141 +122	+163 +144	+191 +172
					+62 +43	+78 +59	+94 +75	+121 +102	+139 +120	+165 +146	+193 +174	+229 +210
±11	+25 +3	+35 +13	+45 +23	+59 +37	+73 +51	+93 +71	+113 +91	+146 +124	+168 +146	+200 +178	+236 +214	+280 +258
					+76 +54	+101 +79	+126 +104	+166 +144	+194 +172	+232 +210	+276 +254	+332 +310
±12.5	+28 +3	+40 +15	+52 +27	+68 +43	+88 +63	+117 +92	+147 +122	+195 +170	+227 +202	+273 +248	+325 +300	+390 +365
					+90 +65	+125 +100	+159 +134	+215 +190	+253 +228	+305 +280	+365 +340	+440 +415
					+93 +68	+133 +108	+171 +146	+235 +210	+277 +252	+335 +310	+405 +380	+490 +465
±14.5	+33 +4	+46 +17	+60 +31	+79 +50	+106 +77	+151 +122	+195 +166	+265 +236	+313 +284	+379 +350	+454 +425	+549 +520
					+109 +80	+159 +130	+209 +180	+287 +258	+339 +310	+414 +385	+499 +470	+604 +575
					+113 +84	+169 +140	+225 +196	+313 +284	+369 +340	+454 +425	+549 +520	+669 +640
±16	+36 +4	+52 +20	+66 +34	+88 +56	+126 +94	+190 +158	+250 +218	+347 +315	+417 +385	+507 +475	+612 +580	+742 +710
					+130 +98	+202 +170	+272 +240	+382 +350	+457 +425	+557 +525	+682 +650	+822 +790
±18	+40 +4	+57 +21	+73 +37	+98 +62	+144 +108	+226 +190	+304 +268	+426 +390	+511 +475	+626 +590	+766 +730	+936 +900
					+150 +114	+244 +208	+330 +294	+471 +435	+566 +530	+696 +660	+856 +820	+1036 +1000
±20	+45 +5	+63 +23	+80 +40	+108 +68	+166 +126	+272 +232	+370 +330	+530 +490	+635 +595	+780 +740	+960 +920	+1140 +1100
					+172 +132	+292 +252	+400 +360	+580 +540	+700 +660	+860 +820	+1040 +1000	+1290 +1250

附表 20　零件倒圆与倒角（GB/T 6403.4—2008）　　（单位：mm）

倒圆、倒角型式

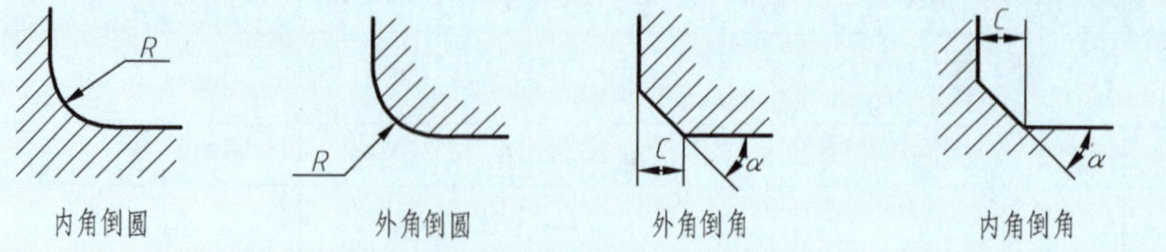

R、C 尺寸系列													
	0.1	0.2	0.3	0.4	0.5	0.6	0.8	1.0	1.2	1.6	2.0	2.5	3.0
	4.0	5.0	6.0	8.0	10	12	16	20	25	32	40	50	—

装配型式

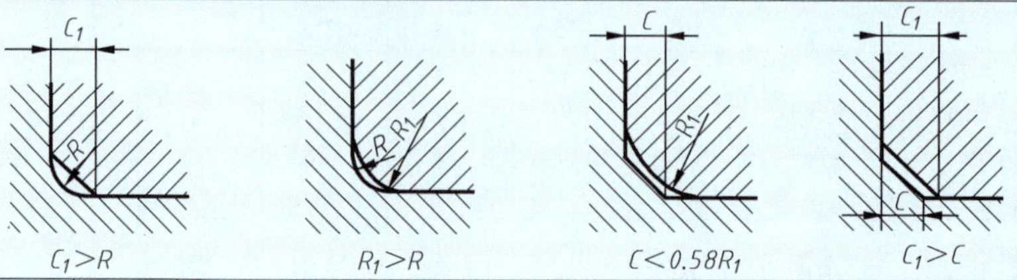

C_{max} 与 R_1 的关系（$C<0.58R_1$）											
R_1	0.1	0.2	0.3	0.4	0.5	0.6	0.8	1.0	1.2	1.6	2.0
C_{max}	—	0.1	0.1	0.2	0.2	0.3	0.4	0.5	0.6	0.8	1.0
R_1	2.5	3.0	4.0	5.0	6.0	8.0	10	12	16	20	25
C_{max}	1.2	1.6	2.0	2.5	3.0	4.0	5.0	6.0	8.0	10	12

C、R 的推荐值									
φ	<3	>3~6	>6~10	>10~18	>18~30	>30~50	>50~80	>80~120	>120~180
C、R	0.2	0.4	0.6	0.8	1.0	1.6	2.0	2.5	3.0
φ	>180~250	>250~320	>320~400	>400~500	>500~630	>630~800	>800~1000	>1000~1250	>1250~1600
C、R	4.0	5.0	6.0	8.0	10	12	16	20	25

注：α 一般采用 45°，也可采用 30°或 60°。

附表 21　砂轮越程槽（GB/T 6403.5—2008）　　（单位：mm）

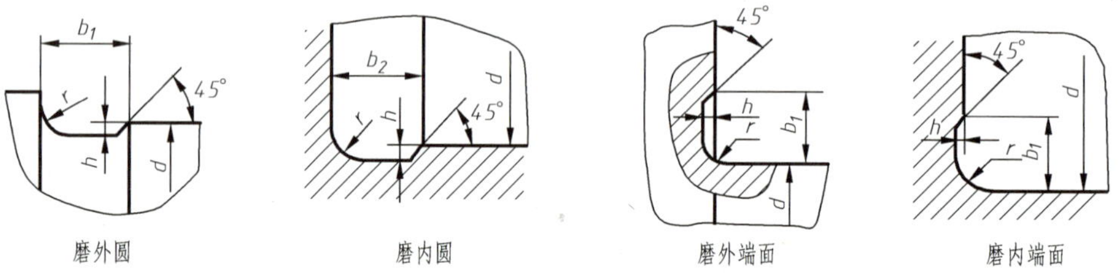

d	-10			>10~50		>50~100		>100	
b_1	0.6	1.0	1.6	2.0	3.0	4.0	5.0	8.0	10
b_2	2.0	3.0		4.0		5.0		8.0	10
h	0.1	0.2		0.3	0.4		0.6	0.8	1.2
r	0.2	0.5		0.8	1.0		1.6	2.0	3.0

附表 22　常用金属材料

名称		牌号	说明	应用举例
钢铁金属	灰铸铁 GB/T 9439—2023	HT150	HT——灰铸铁代号 150——抗拉强度（MPa）	中等强度铸铁，用于一般铸件，如工作台、端盖及底座等
		HT200 HT250		高强度铸铁，用于较重要铸件，如机座、轴承座、齿轮箱、阀体、气缸及床身等
	球墨铸铁 GB/T 1348—2019	QT400-15 QT450-10 QT500-7	QT——球墨铸铁代号 400——抗拉强度（MPa） 15——断后伸长率（%）	具有较高的强度、耐磨性和韧性，用于机械制造业中受磨损和受冲击的零件，如曲轴、气缸套、活塞杯、摩擦片、中低压阀门及轴承座等

（续）

名称		牌号	说明	应用举例
钢铁金属	一般工程用铸造碳钢件 GB/T 11352—2009	ZG200-400 ZG310-570	ZG——铸钢代号 200——屈服强度(MPa) 400——抗拉强度(MPa)	用于各种形状的机座、变速器壳、飞轮、机架、横梁、气缸及齿轮等
	碳素结构钢 GB/T 700—2006	Q215A	Q——屈服强度 215——屈服强度值(MPa) A——质量等级，用A、B、C、D表示，质量依次下降	用于受力不大的零件，如螺钉、垫圈及焊接件等
		Q235A		用于有一定强度要求的零件，如拉杆、连杆、螺栓、螺母、焊接件及型钢等
		Q275B		用于制造强度要求高的零件，如螺栓、螺母、齿轮、链轮、键、销及轴等
	优质碳素结构钢 GB/T 699—2015	35	35——以万分数表示的碳的名义质量分数 MN——w(Mn)=0.70%~1.00%	有良好的强度和韧性，用于制造曲轴、转轴、销、杠杆、连杆、螺栓、螺钉及套筒等
		45		用于制造强度要求高的零件，如齿轮、齿条、链轮、联轴器、机床主轴及衬套等
		65Mn		高强度中碳钢，用于制造弹簧垫圈及螺旋弹簧等
	合金结构钢 GB/T 3077—2015	15Cr 20Cr	15——以万分数表示的碳的名义质量分数 Cr——合金元素以化学符号表示，其质量分数小于1.5%时，仅注出元素符号	渗碳后用于制造小齿轮、凸轮、活塞环、衬套及螺钉等
		20CrMnTi		渗碳钢，用于制造受冲击、耐磨要求高的零件，如齿轮、齿轮轴、蜗杆及离合器等
非铁金属	普通黄铜 GB/T 5231—2022	H62 H68	H——黄铜代号 62——铜的名义质量分数(%)	用于制造散热器、垫圈、弹簧及螺钉等
	铸造铜合金 GB/T 1176—2013	ZCuSn5Pb5Zn5	Z——铸造代号 Cu——基本元素铜的元素符号 Sn5——锡元素符号及其名义质量分数(%)	耐磨性和耐蚀性好，用于制造在较高负荷和中等滑动速度下工作的耐磨、耐腐蚀零件，如轴瓦、衬套、缸套、蜗轮及泵件压盖等
		ZCuAl9Mn2		强度高、耐蚀性好，用于制造耐蚀、耐磨、形状简单的大型铸件，如衬套、齿轮及蜗轮等
	铸造铝合金 GB/T 1173—2013	ZAlCu5Mn (代号 ZL201)	Z——铸造代号 Al——基本元素铝的元素符号	用于制造中等负荷、形状复杂的零件，如泵体、气缸体和电器、仪表和壳体等

附表 23　常用热处理和表面处理

名称	有效硬化层深度和硬度标注举例	说明	目的
退火	退火 163~197HBW 或退火	加热→保温→缓慢冷却	用来消除铸、锻、焊零件的内应力，降低硬度，以利于切削加工、细化晶粒、改善组织、增加韧性
正火	正火 170~217HBW 或正火	加热→保温→空气冷却	用于处理低碳钢、中碳结构钢及渗碳零件，细化晶粒、增加强度与韧性、减少内应力、改善切削性能
淬火	淬火 42~47HRC	加热→保温→急冷 工件加热奥氏体化后，以适当方式冷却获得马氏体或(和)贝氏体的热处理工艺	提高机件强度及耐磨性。但淬火后引起内应力，使钢变脆，所以淬火后必须回火
回火	回火	将淬硬的钢件加热到临界点(Ac_1)以下的某一温度，保温一段时间，然后冷却到室温	用来消除淬火后的脆性和内应力，提高钢的塑性和冲击韧度
调质	调质 200~230HBW	淬火→高温回火	提高韧性及强度，重要的齿轮、轴及丝杠等零件须调质
感应淬火	感应淬火 DS=0.8~1.6， 48~52HRC	用感应电流将零件表面加热→急速冷却	提高机件表面的硬度及耐磨性，而心部保持一定的韧性，使零件既耐磨又能承受冲击，常用来处理齿轮

（续）

名称	有效硬化层深度和硬度标注举例	说明	目的
渗碳淬火	渗碳淬火 DC=0.8~1.2, 58~63HRC	将零件在渗碳介质中加热、保温,使碳原子渗入钢的表面后,再淬火、回火,渗碳深度0.8~1.2mm	提高机件表面的硬度、耐磨性、抗拉强度等,适用于低碳、中碳[w(C)<0.40%]结构钢的中小型零件
渗氮	渗氮 DN=0.25~0.4, ≥850HV	将零件放入氨气内加热,使氮原子渗入钢表面。渗氮层0.25~0.4mm,渗氮时间40~50h	提高机件的表面硬度、耐磨性、疲劳强度和耐蚀能力。适用于合金钢、碳钢及铸铁件,如机床主轴、丝杠及重要液压元件中的零件
碳氮共渗淬火	碳氮共渗淬火 DC=0.5~0.8, 58~63HRC	钢件在含碳、氮的介质中加热,使碳、氮原子同时渗入钢表面,可得到0.5~0.8mm的硬化层	提高表面硬度、耐磨性、疲劳强度和耐蚀性,用于要求硬度高、耐磨的中小型薄片零件及刀具等
时效	自然时效 人工时效	机件精加工前,加热到100~150℃后,保温5~20h,空气冷却,铸件也可自然时效(露天放半年或一年以上)	消除内应力,稳定机件形状和尺寸,常用于处理精密机件,如精密轴承及精密丝杠等
发蓝处理、发黑	发蓝处理或发黑	将零件置于氧化剂内加热氧化,使表面形成一层氧化铁保护膜	防腐蚀、美化,如用于螺纹紧固件
镀镍	镀镍	用电解方法,在钢件表面镀一层镍	防腐蚀、美化
镀铬	镀铬	用电解方法,在钢件表面镀一层铬	提高表面硬度、耐磨性和耐蚀能力,也用于修复零件上磨损了的表面
硬度	HBW(布氏硬度) HRC(洛氏硬度) HV(维氏硬度)	材料抵抗硬物压入其表面的能力,依测定方法不同而有布氏、洛氏、维氏等几种	检验材料经热处理后的力学性能 HBW用于退火、正火、调质的零件及铸件,HRC用于经淬火、回火及表面渗碳、渗氮等处理的零件,HV用于薄层硬化零件

参 考 文 献

[1] 邱卉颖，刘有芳．机械制图与计算机绘图［M］．北京：中国水利水电出版社，2013.
[2] 郭建尊．机械制图与计算机绘图［M］．2版．北京：中国劳动社会保障出版社，2009.
[3] 胡建生．机械制图［M］．北京：机械工业出版社，2019.
[4] 及秀琴．工程制图［M］．北京：清华大学出版社，2007.
[5] 郭君，陈秋霞．AutoCAD机械制图［M］．武汉：武汉大学出版社，2013.
[6] 宋巧莲．机械制图与AutoCAD绘图［M］．北京：机械工业出版社，2018.
[7] 唐卫东．机械制图［M］．3版．北京：高等教育出版社，2021.
[8] 张永茂，王继荣．中文版AutoCAD机械绘图100例［M］．北京：海洋出版社，2011.